普通高等教育土建学科专业『十一五』规划教材

全国高职高专教育土建类专业教学指导委员会规划推荐教材

建筑设备与环境控制

（建筑设计技术专业适用）

本教材编审委员会组织编写

周晓萱 主编

马松雯

季翔 主审

中国建筑工业出版社

图书在版编目（CIP）数据

建筑设备与环境控制/本教材编审委员会组织编写. —北京：中国建筑工业
出版社，2008（2020.11重印）
普通高等教育土建学科专业"十一五"规划教材. 全国高职高专教育土建类
专业教学指导委员会规划推荐教材. 建筑设计技术专业适用
ISBN 978－7－112－09819－4

Ⅰ. 建… Ⅱ. 本… Ⅲ.①房屋建筑设备－高等学校：技术学校－教材
②建筑工程－环境控制－高等学校：技术学校－教材 Ⅳ.TU8 TU-023

中国版本图书馆 CIP 数据核字（2008）第 004876 号

本书讲述了建筑声学基本知识、吸声材料和隔声材料、噪声控制、室内音质控制、建筑
热环境、建筑围护结构的传热知识、建筑保温设计、围护结构的防潮设计、建筑防热、光与
视觉、光与光源、照度的计算、建筑电气系统、安全用电及建筑防雷、自动控制设备在建筑
中的应用、室内给水系统、室内排水工程、室内采暖与热水供应、通风与空调等内容。

本书适用于高职高专建筑设计专业的所有学生教师，以及相关专业的学生，同时也可
以作为相关人员的培训教材。

责任编辑：朱首明　杨　虹
责任设计：董建平
责任校对：刘　钰　兰曼利

普通高等教育土建学科专业"十一五"规划教材
全国高职高专教育土建类专业教学指导委员会规划推荐教材

建筑设备与环境控制

（建筑设计技术专业适用）
本教材编审委员会组织编写
周晓萱　主编
马松雯
季　翔　主审

*

中国建筑工业出版社出版、发行（北京西郊百万庄）
各地新华书店、建筑书店经销
北京嘉泰利德公司制版
北京建筑工业印刷厂印刷

*

开本：787×1092毫米　1/16　印张：30½　字数：680千字
2008 年 6 月第一版　2020 年 11 月第四次印刷
定价：**48.00**元
ISBN 978 - 7 - 112 - 09819 - 4
（16523）

序　言

全国高职高专教育土建类专业教学指导委员会建筑类专业指导分委员会是建设部受教育部委托，由建设部聘任和管理的专家机构。其主要工作任务是，研究如何适应建设事业发展的需要设置高等职业教育专业，明确建设类高等职业教育人才的培养标准和规格，构建理论与实践紧密结合的教学内容体系，构筑"校企合作、产学结合"的人才培养模式，为我国建设事业的健康发展提供智力支持。

在建设部人事教育司和全国高职高专教育土建类专业教学指导委员会的领导下，自成立以来，全国高职高专教育土建类专业教学指导委员会建筑类专业指导分委员会的工作取得了多项成果，编制了建筑类高职高专教育指导性专业目录；在重点专业的专业定位、人才培养方案、教学内容体系、主干课程内容等方面取得了共识；制定了"建筑装饰技术"等专业的教育标准、人才培养方案、主干课程教学大纲；制定了教材编审原则；启动了建设类高等职业教育建筑类专业人才培养模式的研究工作。

全国高职高专教育土建类专业教学指导委员会建筑类专业指导分委员会指导的专业有建筑设计技术、室内设计技术、建筑装饰工程技术、园林工程技术、中国古建筑工程技术、环境艺术设计等6个专业。为了满足上述专业的教学需要，我们在调查研究的基础上制定了这些专业的教育标准和培养方案，根据培养方案认真组织了教学与实践经验较丰富的教授和专家编制了主干课程的教学大纲，然后根据教学大纲编审了本套教材。

本套教材是在高等职业教育有关改革精神指导下，以社会需求为导向，以培养实用为主、技能为本的应用型人才为出发点，根据目前各专业毕业生的岗位走向、生源状况等实际情况，由理论知识扎实、实践能力强的双师型教师和专家编写的。因此，本套教材体现了高等职业教育适应性、实用性强的特点，具有内容新、通俗易懂、紧密结合实际、符合高职学生学习规律的特色。我们希望通过这套教材的使用，进一步提高教学质量，更好地为社会培养具有解决工作中实际问题的有用人才打下基础。也为今后推出更多更好的具有高职教育特色的教材探索一条新的路子，使我国的高职教育办的更加规范和有效。

全国高职高专教育土建类专业教学指导委员会建筑类专业指导分委员会
2007 年 6 月

前　　言

　　建筑设备与环境控制一书是高等职业技术学院建筑设计及装饰专业的专业基础教课书，本书将声学、热学、光学、电学、给水排水、采暖、通风、空调技术融会贯通于建筑设备与环境控制技术之中，通过基础理论的论述和实例的介绍，使学生能够真正掌握建筑设备与建筑的关系。

　　从学科的角度看，建筑设备与环境控制是一门综合性的学科，如果说数学、物理学、化学等是它的基础学科，那么建筑学、声学、热学、美学、心理学、生理学则是它的边缘学科，由于建筑设备与环境控制又是一门应用性学科，具有极强的实践性，所以又与施工、建筑装饰技术、建筑安装技术、建筑给水、排水、采暖、通风等专业密切相关，也可以说建筑设备与环境控制是一门新兴的应用性综合学科。

　　随着社会经济的不断发展和人民生活水平的不断提高，人们对居住环境的要求也从满足生活需求，到追求安全、适用、经济、时尚。目前我国的建筑设计正向着新材料、新设备、新能源及建筑工业化施工的方向发展。所以作为一名专业设计人员，常具有扎实的基础理论和实践能力，才能适应现代化进程的需要。

　　本书共分19章，第1章～第4章由黑龙江建筑职业技术学院马龙编写；第5章～第9章由黑龙江建筑职业技术学院王楠编写，第10章～第15章由黑龙江建筑职业技术学院周晓萱、张植莉编写，第16章～第19章由徐州建筑职业技术学院程鹏、陈宏振编写，第13章装饰照明设计实例中电照平面图由哈尔滨师范大学艺术学院环艺系学生董晏欣设计。指导教师周晓萱。第16章～第19章的插图由北京选择建筑设计咨询有限公司胡延珍、北京鼎盛时代投资有限公司戚海波、北京清尚环艺建筑设计院有限公司王莹修绘完成。本书主编周晓萱、副主编张植莉，主审季翔、马松雯。参审程梅。

　　本书在编写过程中得到了张鸿勋、付静及哈尔滨医科大学眼科医院吕冰洁等同志的指导和帮助，在此深表谢意。

　　由于水平有限，在编写过程中难免出现错误或不当之处，恳请广大读者批评指正。

编者

目　录

建筑设备与环境控制

第 1 章　建筑声学基本知识

我们生活在一个充满声音的世界里。有些声音来源于大自然，如阴雨天的雷声、雨水拍打地面的声音或者树林中的阵阵风声；有些声音则是生物有目的发出的，如狮子、老虎的吼叫、鸟儿的鸣叫、猫、狗的低吠以及我们人类的交谈；还有一些是污染环境的噪声，如机器的轰鸣声、汽车尖锐的喇叭声、市场里人们熙熙攘攘的嘈杂声。

声音无处不在，时时刻刻影响着我们的日常生活，因此如何合理有效地控制它、运用它就显得尤为重要。而建筑声学正是一门研究建筑中声学环境的科学。它主要研究室内音质和建筑环境的噪声控制。

本篇主要介绍声学的基本知识、吸声材料和隔声材料、噪声控制以及室内音质设计。

1.1 声音的产生

1.1.1 声音的来源

声音来源于振动。昆虫飞行时的"嗡嗡"声来自于它们翅膀的振动，人们说话的声音来自于声带的振动，摇滚乐里充满刺激性的声音则来自于各种琴弦乐器在受到敲击、拨动时所产生的振动，我们每时每刻听到的声音都是由振动产生的。

1.1.2 振动及其产生过程

振动的形式多种多样，这里仅就最简单的振动形式——简谐振动作一下介绍。在现实生活中，大多数声源的振动都属于简谐振动。

把质量为 M 的小球放置在光滑的水平面上，小球一端固定在弹簧上，弹簧的另一端固定在墙壁上。如图1-1，假定一切接触面都无摩擦，弹簧质量可忽略不计，系统无能量损耗。设小球静止时的位置为 O 点，小球在外力的作用下被推至 A 点。当撤去外力时，小球在弹簧弹力的作用下开始由 A 点运动，经过 O 点瞬间弹簧恢复原长，小球在惯性作用下继续运动到 B 点；在 B 点弹簧被拉到最长，小球受到弹簧拉力的作用再次经过 O 点，最终回到 A 点，之后小球不停地重复着这样的运动过程。对于这样的运动我们称之为往复运动，即简谐振动。

简谐振动具有周期性，在图1-1中，小球由 A 点开始，经过 O 点到达 B 点，再次经过 O 点最终回到 A 点的这样一个过程称为一次全振动，小球完成一次全振动所用的时间称为周期 T，国际单位用秒（s）表示；在单位时间内完成的振动次数称为频率 f，国际单位用赫兹（Hz）表示，它们都是表示振动快慢的物理量，并且周

图 1-1　简谐振动系统模型

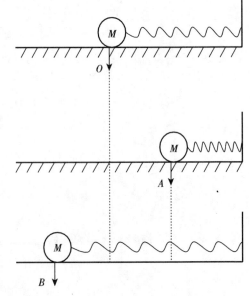

期和频率互成反比，用公式（1-1）表示为：

$$f = \frac{1}{T} \tag{1-1}$$

而小球所能离开平衡位置 O 的最大距离 OA、OB 称为振幅。在简谐振动中虽然振幅会随着时间的变化以及系统的能量损耗而变化，但振子（小球）的振动频率却始终不变，可见振子的频率只与系统本身的性质如弹簧劲度系数及振子质量有关，与振幅的大小无关，因此又称简谐振动的频率为简谐振动系统的固有频率，如式（1-2）所示。

$$f_0 = \frac{1}{2\pi}\sqrt{\frac{K}{M}} \tag{1-2}$$

式中　f_0——系统固有频率（Hz）；

　　　K——弹簧劲度系数，不同种类弹性物体系数不同；

　　　M——物块质量（kg）。

从上面我们可以看出，声音就是像小球这样来回振动所形成的一种现象，并且如所有的简谐振动一样，每个声音、声源都有它自己固有的频率。

1.2　声音的传播

1.2.1　声波

声音的传播是能量在介质中的不断传递。无论任何声音它的传播都需要一定的物质作为媒介才能够达到能量的传递，真空是不能传递声音的；如声音在空气中的传播，空气就是介质。介质以气体、液体、固体三种形式存在。

为了形象地描述出振动在空气中的传播过程，以活塞振动系统为例。假设在一根无限长的圆管内，放置一个和圆管内径相同的活塞，设系统无摩擦、无能量损耗，现对活塞施加外力使其发生振动，并分析活塞两侧空气质点面的运动状况。

如图1-2所示，活塞初始静止，两边空气质点呈均匀分布，图1-2（a），当其受外力作用向右离开静止位置一段距离后，紧靠活塞右面的空气质点被推挤压缩而变得密集，同时具有一定的势能和动能，图1-2（b）。紧接着由于受力不均并且自身存在动能和势能，密集空气质点开始挤压邻近空气质点层，使其变得密集；由于质点间的弹性碰撞，动能也随之传递出去，图1-2（c）。这样，邻近质点的运动又不断向更远的质点传播，密集的状态也随之逐层依次向右传播，以致离开振源较远的质点也相继运动，图1-2[（d）、（e）]。同理，紧靠活塞左侧的空气质点由于活塞的向右运动而变

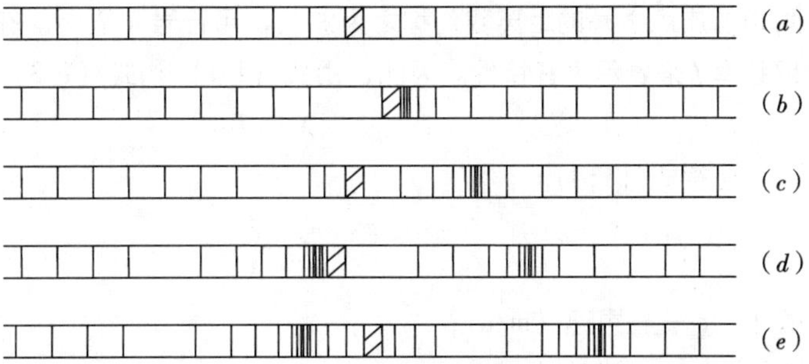

图1-2　活塞振动系统模型

得稀疏，而这一稀疏层也如同右侧的密集层一样逐层依次向左传播。从图 1-2（f）可以看出当活塞完成一次全振动再次向右振动的时候，第一次推挤所形成的密集层仍然存在，并且继续向更远处传播，而在它后面由于活塞的再次推挤，第二个密集层已经形成。这样随着活塞的不断来回运动，它的两侧就相继形成疏密相间的质点层，并不断向远处传播，这就是声波。

需要特别注意的是，空气质点只是在自己的平衡位置附近不停地做受迫振动而并没有随着疏密波的传播向远处移动，移动的只是疏密波这种振动形式。

1.2.2 声速

声音在温度或材质不同的介质中传播的速度各不相同。气体中声速每秒约数百米，随温度升高而增大，0℃时空气中声速为331.4m/s，15℃时为340m/s，温度每升高1℃，声速约增加0.6m/s。通常，固体介质中声速最大，液体介质中的声速较小，气体介质中的声速最小（表1-1）。

声音在部分介质中的传播速度 表1-1

介质	声音传播速度	介质	声音传播速度
空气（15℃）	340m/s	海水（25℃）	1531m/s
空气（25℃）	346m/s	铜（棒）	3750m/s
软木	500m/s	大理石	3810m/s
煤油（25℃）	1324m/s	铝（棒）	5000m/s
蒸馏水（25℃）	1497m/s	铁（棒）	5200m/s

在建筑物理中我们主要研究的是声音在空气中的各种传播现象，所以我们用 c 来表示声音在常温空气中的传播速度。

$$c = 340\mathrm{m/s}$$

1.2.3 声音的周期、频率、波长及波阵面

在简谐振动系统中我们知道了周期与频率的概念。在传播路径上，两相邻同相位质点之间的距离我们称之为波长，用符号 λ 表示。在建筑物理中我们常用频率 f 来表示声音特性。因此，由式（1-1）和式（1-3）

$$\lambda = cT \tag{1-3}$$

可得式（1-4）

$$f = \frac{c}{\lambda} \tag{1-4}$$

式中　c ——声速（m/s）；

　　　λ ——波长（m）；

　　　f ——频率（Hz）。

人耳能感觉到的声波频率范围大概在 20~20000Hz 之间，低于 20Hz 的声波称之为次声波，高于 20000Hz 的声波称之为超声波。次声波和超声波虽然不能被人耳感觉到，但都确确实实存在而且和我们的生活密切相关。

次声波又叫亚声波，因其频率和人体的主要器官固有频率十分接近，并且具有很强的穿透力，当其作用于人体时容易和人体内的脏器产生共振从而对人体造成创伤，常以次声武器的形式应用于军事领域。

超声波有两个主要特点：

（1）具有较好的定向性，多用于超声定位，如探测水中物体、工件内部的缺陷、人体的病变测知，如 B 超。

（2）频率高、携带能量较大并且集中，可以用来切削、焊接、钻孔、清洗机件，还可以用来处理植物种子和促进化学反应。

20~20000Hz 是所有人群的平均听觉范围，建筑物理正是研究该范围的频率对建筑设计的影响。但每个人的听觉限度是不同的，尤其以年龄不同而差异显著。如小孩最高可以听到 30000~40000Hz 的声音。随着年龄的增长，能听到的最高频率也降低，50 岁左右的老年人最高只能听见 13000Hz 的声音，而年逾花甲的老年人一般只能听到 1000~4000Hz 的声音。所以，小孩听来非常热闹的世界，老年人却觉得是沉寂的。我们人耳区别两个不同频率的声音的能力也是有限的。频率很接近的音，如 1000Hz 和 1001Hz 的两个音，我们听不出它们有什么不同，只有频率为 1000Hz 和 1003Hz 的两个音，它们相差 3Hz 时，我们才能分辨出它们的高低来。对高频声音，听觉的分辨能力就更弱。

在同一均匀介质中从声源发出的声波，在某一时刻其波动所达到的各质点振动相同，将这些点联结起来所形成的轨迹我们称之为波阵面。波阵面为平面的称为平面波，波阵面为球面的称为球面波。

声源种类：根据发声物体的尺寸大小不同我们将声源大致分为点声源、线声源、面声源 3 种。而它们所形成的波阵面分别是球面波、柱面波以及平面波。

1.2.4 声音的反射和绕射

当声波在传播过程中遇到障碍物时通常会发生两种现象，那就是反射和绕射。

如图 1-3 所示，由声源 A 点发出的声波遇到障碍物后一部分发生反射，其反射规律严格遵守反射定律。还有一部分声音直接越过障碍物向远处传播；但是与光的传播不同，在障碍物后面的 S 点，假如站一人，他也能听到声音，从图中我们可以看出从声源 A 发出的声音并没有办法直接传播到 S，那么声音是怎么传到 S 点的呢？从图中我们还可以发现，虚线代

图 1-3 声音的反射和
绕射示意图

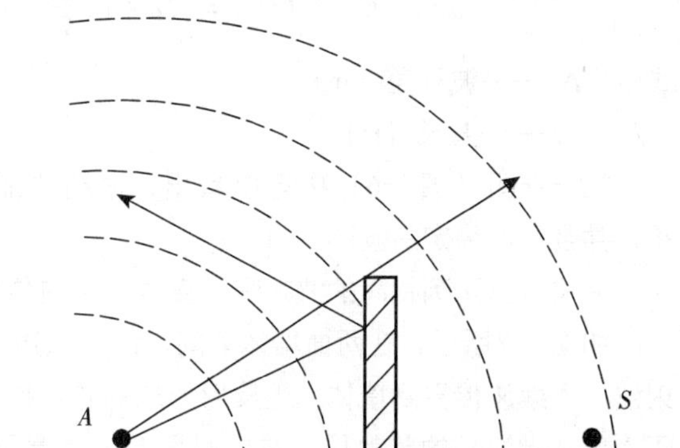

表着点声源 A 所发出的球面波，球面波的传递并没完全受到障碍物的阻隔而是绕过障碍物并在其背后继续传播，这种声波的传播现象我们称之为绕射。

在现实生活中绕射现象主要还体现在小孔和大孔对声波的传播影响。

在图1-4中当孔的直径 $d \leqslant \lambda$ 时，小孔处的质点可近似看作一个集中的新波源，此时绕射后所形成的波性质发生变化，频率、周期等都不再与入射波相等。

在图1-5中当孔的直径 $d \geqslant \lambda$ 时，声波在大孔附近形成非常复杂的波阵面，并不停向外传播，距离大孔越远，出射波的波形越趋近于入射波的波形。

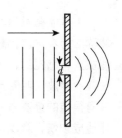

图1-4 声波遇到小孔的传播现象

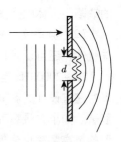

图1-5 声波遇到大孔的传播现象

1.2.5 声音的干涉和驻波

在相同介质中传播的两列声波，当它们在某个区域内相遇后，仍然各自保持原有的特性，如频率、传播方向等，并继续传播不受彼此影响。但是在相遇区域里，质点同时参与了两列波的振动，形成两列波的合振动，这就是波的叠加原理。

干涉：两个完全相同的声源所发出的波，当它们相遇叠加时，在波重叠的区域内某些点处，有些区域振动始终加强，而还有一些区域振动却始终减弱甚至相互抵消，这种现象就称之为波的干涉。

如图1-6所示：从波源 O 发出的波同时到达 O_1、O_2，由孔 O_1、O_2 又形成两个完全相同的新声源，它们发出的波具有相同的振幅、波长、频率等，在它们叠加的区域内发生干涉。从两个新波源 O_1、O_2 发出的波分别到达干涉区域内某点（A 点或 B 点）的距离差称作波程差，记作 ΔS。当 ΔS 的值为零或半波长的偶数倍时，两列波的振动同相位，合振动最强，振幅最大，振动加强，如式（1-5）所示；当 ΔS 的值为半波长的奇数倍时，两列波的振动相位相反，彼此相互抵消，合振动最弱，振幅最小，振动减弱。

$$\Delta S = |AO_1 - AO_2| = 2n\left(\frac{\lambda}{2}\right) \quad (n = 0, 1, 2, \cdots) \quad (1-5)$$

$$\Delta S = |BO_1 - BO_2| = (2n+1)\frac{\lambda}{2} \quad (n = 0, 1, 2, \cdots) \quad (1-6)$$

式中　ΔS——波程差（m）；

λ——波长（m）。

在干涉图（图1-6）中可以看出，振动的加强区和减弱区彼此间间隔分布，并且呈现稳定的波形。

驻波：当两列相同的波在同一直线上相向传播时，叠加后产生的波。

如图1-7所示，在两面墙体之间，设一点声源，对墙发出声波，称之为入射波；入射波传播到墙体发生反射形成的波，称之为反射波；当墙体间距 L 等于入射波半波长的整数倍，在反射面合振动最强，且两列波在同一直线上叠加，则形成驻波。

图1-6 声波的干涉

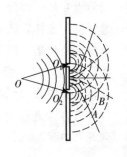

图 1-7 驻波的产生

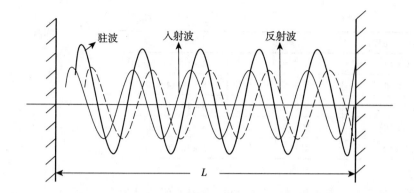

驻波特点：发生驻波时，无论任何时刻、无论两列波如何传播，其叠加形成的驻波波形不动，不发生传播。

$$L = n\frac{\lambda}{2}$$

$$\Rightarrow \lambda = \frac{2L}{n}$$

$$\Rightarrow f = \frac{c}{\lambda} = \frac{nc}{2L} \tag{1-7}$$

1.3 声音的计量和人的听觉特性

人们对声音的感受并不能单纯用频率、振幅、波长这类物理量来表示。针对声音的能量特性常用声功率级、声压级、声强级来衡量。

1.3.1 声功率、声压、声强

声功率：是指声源在单位时间内向外辐射的声能，记为 W，单位为瓦（W）或微瓦（μW）。需要注意的是，电声喇叭、扩音器、麦克风等电声仪器属于模拟电信号，不属于声功率的范畴。此外，声功率一般指在全部可听频率范围所辐射的功率，或者在某个指定有限频率范围所辐射的声功率，在涉及具体实例时需要注意频率范围。

在建筑声学里，声源的声功率通常可以看作声源本身的一种特性，不随外在条件改变而变化（表 1-2）。

不同声源的声功率　　　　　　　　　　　表 1-2

声源	声功率（μW）	声源	声功率（μW）
钢琴	4.0×10^3	语声（男）	2×10^3
小提琴	1.8×10	语声（女）	4×10^3
大提琴	1.8×10	女高音	$10^3 \sim 2 \times 10^5$

声源	声功率（μW）	声源	声功率（μW）
单簧管	5.0×10^4	女中音	$2 \times 10^2 \sim 1.1 \times 10^3$
长笛	5.0×10^4	男中音	$8 \times 10 \sim 4 \times 10^4$
小号	3.0×10^5	男低音	$5 \times 10 \sim 5 \times 10^3$
定音鼓	3.0×10^5	脚步声	$5 \times 10 \sim 5 \times 10^3$
管风管	1.3×10^7	鼓掌	$5 \times 10 \sim 5 \times 10^3$

声强：在单位时间里，在垂直于声波传播方向的单位面积上所通过的声能，称之为声强，记作 I，单位是 W/m^2，如式（1-8）所示。

$$I = \frac{W}{S} \tag{1-8}$$

式中　I——声强（W/m^2）；

　　　W——声功率（W）；

　　　S——声能通过的面积（m^2）。

在理想条件下的空间声场中，点声源发出的球面波均匀地向四周辐射声能。因此有式（1-9）。

$$I = \frac{W}{4\pi r^2} \tag{1-9}$$

该式表示距离点声源 r 的球面上的声强，声强的大小 I 与距离（球体半径）r 的平方成反比（图1-8）；而对于平面波，由于声场内各声线互相平行，既不离散也不汇聚，所以无论通过多远的波阵面声强始终不变，与距离远近无关（图1-9）。

声压：在某瞬间介质中的压强相对于无声波时压强的改变量。因为是压强的改变量，所以符号就是压强符号 p，单位牛顿/平方米（N/m^2）。每一个瞬间的声压叫瞬时声压，某段时间内瞬时声压的平均值称为有效声压，以均方根形式表示，而声学里研究的多是正弦波，正弦波的有效声压为瞬时声压最大值（P_{max}）除以 $\sqrt{2}$，则有 $P = \dfrac{P_{max}}{\sqrt{2}}$。需要注意，通常声压未加特别说明，都指有效声压。

在自由声场中，某处的声强与该处声压的平方成正比，与介质密度和声速两者的乘积成反比，如式（1-10）所示。

图1-8　点声源声强与距离的关系（左）

图1-9　面声源声强与距离的关系（右）

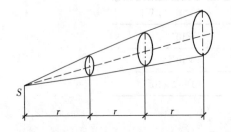

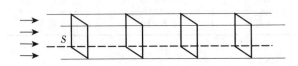

$$I = \frac{p^2}{\rho_0 c} \qquad (1-10)$$

式中　p——有效声压（N/m^2）；

　　ρ_0——介质密度（kg/m^3）；

　　c——空气中的声速（m/s）；

　　$\rho_0 c$——介质特性阻抗，20℃时，值为 $415N \cdot s/m^3$。

1.3.2　声强级、声压级、声功率级及它们的叠加

　　人对声音的感受不能单纯用频率、波长这些声学物理量来表示；声功率、声强、声压虽然可以表示人对声音的感受，但不便于度量，并且其值不与人耳对声音大小的感觉成正比，而是近似地与它们的对数值成正比，所以通常用对数的标度方法来表示，即以 10 倍为一"级"进行划分。

　　声功率级的定义：是声功率 W 和基准功率 W_0 比值关于 10 的对数值，单位贝尔（B）。

　　用式（1-11）表示。

$$L_W = \lg \frac{W}{W_0} \qquad (1-11)$$

　　在实际应用中，贝尔单位过大，不便于测量计算，工程中常用它的十分之一作单位，称之为分贝尔，简称分贝，单位分贝（dB）。这样，声功率级用公式（1-12）表示。

$$L_W = 10\lg \frac{W}{W_0} \qquad (1-12)$$

　　同理，声强级、声压级用式（1-13）、式（1-14）表示。

$$L_I = 10\lg \frac{I}{I_0} \qquad (1-13)$$

$$L_p = 20\lg \frac{p}{p_0} \qquad (1-14)$$

　　上述式（1-11）～式（1-14）中　L_I、L_p、L_W 分别是声强级、声压级、声功率级；I_0、p_0、W_0 分别是基准声强、基准声压、基准声功率；其值分别是：

$$I_0 = 10^{-12} W/m^2, \ p_0 = 2 \times 10^{-5} N/m^2, \ W_0 = 10^{-12} W$$

　　特别需要注意的是各个声级的叠加运算应符合对数运算法则，不能简单地加减乘除。例如：测得某房间内有 5 个声强相等的声音，每个声强级为 $50\lg \frac{I}{I_0}$，那么它们叠加后所得的总声强级

$$L_I \neq 5 \times 50\lg \frac{I}{I_0}$$

　　而是

$$L_I = 50\lg \frac{I}{I_0} + 50\lg \frac{I}{I_0} + 50\lg \frac{I}{I_0} + 50\lg \frac{I}{I_0} 50\lg \frac{I}{I_0} = 50\lg \frac{I}{I_0} + 10\lg 5$$

1.3.3 响度级、总声级和声源的指向性

通常把只具有单一频率的声音称作纯音。通过试验可知，频率相同但强度不等的两个纯音听起来并不一样响；而两个频率不同，强度不等的声音，有时候反而听起来一样响。可以看出，声音的客观物理量与人们的主观感受并不一致或者呈简单的线性关系。为了定量地确定某个声音对人听觉器官能产生多响的感觉，引入了响度级的概念。

响度级：如果某一声音与已选定的 1000Hz 的纯音听起来一样响，那么就把这个 1000Hz 纯音的声压级值定义为待测声音的响度级，单位方（phon）。通过对一系列标准音与纯音的比较，国际标准化组织（ISO）在 1959 年确定了纯音等响曲线图（图1-10）。从图中可以看出，声压级 80dB 的 1000Hz 纯音，和声压级 85dB 的 100Hz 的纯音响度相同，都是 80phon。图中最下面的一条曲线是可闻阈，表示刚能使人听到的声音界限；最上边的曲线是疼痛阈，表示能使人产生疼痛感觉的界限，可以看出人耳感受的声压级不能超过这两条曲线所包含的范围。

在现实生活中的声音多数是由多种声音混合而成的复合声，建筑物理研究的声音，如果未加特殊说明，即指复合声。纯音等响曲线对于复合声显然是不适用的。目前测量声音响度时常使用一种叫"声级计"的仪器，读数为"声级"，单位分贝（dB）。在声级计中设有 A、B、C、D 四个计权网络，它们的频率特性如图 1-11 所示。需要说明的是 D 声级主要应用在航空噪声的测量中，在建筑设计中并不涉及，仅作了解即可。

在对某一声音进行测量时，如果所得声级与 A、B、C 三档声级相近，可知它主频为中高频；如果测得 A 计权网络声级小于 B 计权网络声级，B 计权网络声级小于 C 计权网络声级，则主频为低频；若测得 B 计权网络声级等于 C 计权网络声级，并大于 A 计权网络声级，则主频为中频。

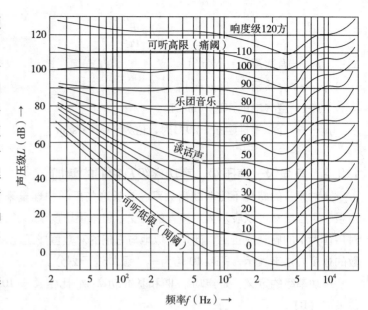

图 1-10 纯音等响曲线

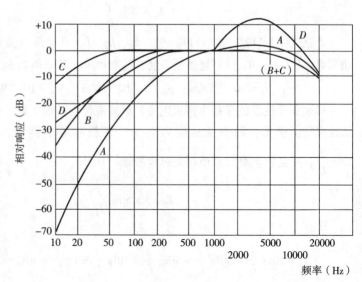

图 1-11 声级计权网络

声音的指向性对一个在自由空间中辐射声音的声源，是能够描述其声音强度分布情况的重要特性。

对于点声源，由于距离声源中心等远处声压级相等，波阵面呈球形，故无方向性。而当声源的尺寸与波长相近或者更大时，它就不再是点声源，可看作是许多点声源的合成体，如线声源和面声源。此时由于波的叠加结果在空间各方向辐射不同，从而具有了指向性。声源尺寸比波长大得越多，指向性就越强。同样，频率越高，声音的指向性就越强，则直达声音越能集中在声源辐射轴线附近。因此，在对厅堂形状的设计、扬声器的布置等，都要考虑声源的指向性问题。

综上，除了上述特性外，声音还有音调、音色、时差效应、双耳闻听效应、掩蔽作用等性质特点，鉴于对建筑音质设计应用有限，暂不介绍。

复习思考题

1. 举例说明什么是简谐振动，并指出它的周期、振幅、波长以及频率与波长的关系。

2. 举例说明声音传播的介质大体分为哪几种？

3. 计算常温空气中，频率为50Hz的声音的波长为多少？

4. 在20℃（常温）的房子里有相距17m的前后两面墙，试计算频率为多少的声音能在两面墙体间引发驻波现象？

5. 试说明声源的种类及其对应波阵面的种类。

6. 试说明什么是声功率级、声压级和声强级，并用数学关系式说明 n 个声压级为 $20\lg\dfrac{p}{p_0}$ 的声音，它们的总声压级是否是 $n\cdot20\lg\dfrac{p}{p_0}$？为什么？

第 2 章　吸声材料和隔声材料

早期的吸声材料和隔声材料主要用于对音质要求较高的特殊场所，如各类剧院、体育场馆和歌舞厅以及与声学有关的录音室、演播室等；随着生活条件的改善，人们对日常居住生活环境的要求也越来越高，吸声材料和隔声材料也就随着人们对音质要求的提高逐渐地进入了人们的视野里，成为建筑设计里不能忽视的一部分。例如，音质设计存在缺陷的走廊，不能合理地吸收消除回声，使得前面人走路、说话的声音在走廊里回荡不绝，还未及消散就和后面走过的人所发出的声音重叠在一起，整个走廊嘈杂不堪，即使装饰得富丽堂皇，人们也无心观赏。如果在适当的位置添加吸声、隔声材料消除回声，人们便可静下心来慢慢地欣赏其华丽的装饰。

2.1 吸声材料与隔声材料的基本概念及区别

2.1.1 声波的透射与吸收

材料的吸声和隔声特点源于声波入射到建筑构件时发生的各种物理现象。如图2-1所示：当声音入射到多孔混凝土墙体时，声能 E_0 的一部分 E_r 被反射，一部分 E_τ 透过板材扩散出去，还有一部分 E_α 由于板材的振动或声音在其中传播时介质的摩擦、热传递等被损耗掉，即声能被吸收。根据能量守恒定律有：$E_0 = E_r + E_\alpha + E_\tau$。其物理意义是，单位时间内入射到建筑构件上的总声能 E_0，等于反射回去的声能 E_r 与构件吸收的声能 E_α 以及透射出去的声能 E_τ 之和。

透射系数：透射声能与入射声能的比称之为透射系数，记作 τ。

反射系数：反射声能与入射声能的比称之为反射系数，记作 r。

则有式（2-1）、式（2-2）：

$$\tau = \frac{E_\tau}{E_0} \tag{2-1}$$

$$r = \frac{E_r}{E_0} \tag{2-2}$$

对于 r 值小的材料，通常称之为吸声材料；对于 τ 值小的材料，通常称之为隔声材料。但对于吸声材料在实际用中，除了反射回原空间的声能外，其余能量都看作被吸声材料吸收。这部分能量与入射声能的比值称作吸声系数，记作 α，则有式（2-3）。

$$\alpha = 1 - r = 1 - \frac{E_r}{E_0} = \frac{E_\alpha + E_\tau}{E_0} \tag{2-3}$$

图2-1 声音的反射、吸收与透射

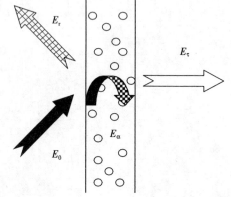

2.1.2 吸声材料和隔声材料的区别

2.1.2.1 材料声学性能的区别

当大部分声能进入材料（被吸收和透射）而反射能量相对较小时，表明材料的吸声性能良好，吸声系数大于

0.2 的材料可称为吸声材料。

用材料或构件隔绝或阻挡声音的传播，以获得安静环境的方法称为隔声。当声音入射至材料表面时，若透过材料进入另一侧的透射声能很少，则表示材料的隔声能力强。

2.1.2.2　材料结构特征的区别

吸声材料要求反射声能小，这意味着声能容易进入和透过这种材料。吸声材料的材质应该是多孔、疏松和透气的。它的结构特征是：材料中具有大量的、互相贯通的、从表到里的微孔，即具有一定的透气性，如玻璃棉、岩矿棉、以植物纤维为原料制成的吸声板等。

隔声材料要求透射声能小，能够阻挡声音的传播。因此，它的材质应该是密实无孔隙或缝隙，有较大的重量，如钢板、铅板、石板等类材料。由于这类隔声材料密实，难于吸收和透过声能，反射声能强，所以它的吸声性能差。

对于单一材料，其吸声能力与隔声效果往往不能兼顾，通常表现为一种能力较强，而另一种能力相对不明显。

吸声和隔声有着本质上的区别，但在具体的工程应用中，它们却常常结合在一起，并发挥了综合的降噪效果。从理论上讲，加大室内的吸声量，相当于提高了分隔墙的隔声量，常见的有：隔声房间、隔声罩、由板材组成的复合墙板、交通干道的隔声屏障、车间内的隔声屏、管道包扎等等。

吸声材料如单独使用，可以吸收和降低声源所在房间的噪声，但不能有效地隔绝来自外界的噪声。反之，隔声材料如果单独使用，虽然可以隔绝相邻空间发出的声音，但会形成空间回音不断，不能有效地吸收控制回声。

为了合理地选用材料，提高建筑物吸声和隔声处理的效果，首先要从概念上将吸声、隔声、吸声材料、隔声材料区别开来，这是建筑物噪声控制中的基本问题。

2.2　吸声材料与吸声结构的作用及类型

2.2.1　吸声材料的作用

吸声材料的主要作用是，在满足建筑物音质使用功能的前提下，弥补、消除其现有的音质缺陷。在实际应用中大致可分为以下几种用途：

（1）控制厅堂音质的混响时间。如音乐厅、影剧院、录音室、演播室、会议室、多功能厅、体育馆、礼堂等，一般是通过选择、布置合适的吸声材料来达到最佳混响时间。

（2）降低室内噪声。对一些公共交通建筑，如机场的候机大厅、车站的候车室等建筑，由于要不断广播飞机、车船的班次信息，可在顶棚和墙面适当布置吸声材料。一方面可以提高广播信息的清晰度；另一方面还可以降低乘客的嘈杂噪声，使环境更加安静一些。

（3）消除厅堂的回声和声聚集等音质缺陷。当直达声和反射声之间的波程差达到17m时，两个声音的时差就达50ms（毫秒），人耳就能听到回声。一些较长的厅堂，其后墙的反射声容易在靠近台口的坐席区产生回声，此时可在后墙布置强吸声材料加以消除。建筑圆弧形的后墙和穹形屋顶等体形，会使厅内产生声聚集。如果要保持原有室内体形，就可以在其内表面上布置强吸声材料来消除厅内产生的声聚集。

（4）提高轻薄板墙的隔声。如石膏板、硅钙板、FC板、TK板以及防火镁水泥板等轻薄板墙，在其夹层中填充多孔性吸声材料，如玻璃棉、岩棉及矿棉等，可明显提高这类板墙的隔声效果。

（5）降低机械设备噪声。对机械设备使用隔声罩以及道路声屏障，面向声源一侧的壁面做成吸声面，可以提高其降噪效果；建筑通风和空调系统的管道消声器，特别是大型的阻性消声器，更需要使用大量的吸声材料。

综上所述，使用吸声材料可以提高室内音质效果，但存在着环保与提高建筑造价的问题。考虑到节约材料、降低耗材、环保以及节省建筑预算开支等，在实际设计中，应在保证建筑室内音质使用功能的基础上，尽可能地少用或者不用吸声材料，避免不必要的浪费。

2.2.2　吸声材料及构造的分类

为了能够合理有效地运用吸声材料，先要了解材料的种类和各种性能。如材料的吸声性、强度、热传导性、耐火性、吸湿性等特性；从设计角度应考虑外观形式及造价；从施工角度还应考虑便于安装。室内音质设计需要根据具体的使用环境、条件进行分析选择吸声材料和构造。

常见的吸声材料和吸声结构种类很多。根据材料的外观特征予以分类，类型见表2-1：

部分吸声材料及构造类型　　　　表2-1

类　型	构造示意	吸声特性
多孔材料		本身具有良好的中高频吸声特性，背后留有空气层时还能吸收低频声
单个共振器		具有良好的中、低频声吸声特性
穿孔板		一般吸收中频声，与多孔材料结合使用可吸收中高频，背后留大空腔还能吸收低频
薄板共振吸声结构		吸收低频声比较有效（吸声系数0.2~0.5）

类 型	构造示意	吸声特性
特殊吸声结构	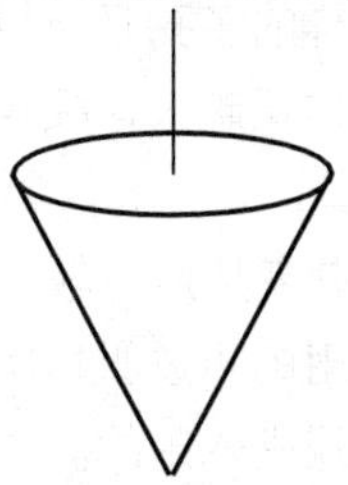	依据设计的不同可吸收到低频不定的声音

其中，特殊吸声材料（或吸声体）一般有两种类型：

（1）是指建筑物装修材料、家具、地板、风口、窗帘、舞台幕布、布景、乐器以及观众厅的座椅和观众等。这些材料和物体都有各自的使用功能，但在声学设计中又必须考虑其吸声性能，可称它们为特殊吸声材料，作为和一般吸声材料及制品的区别。

（2）是指一些具有特殊性能和特殊用途的吸声材料，如吸声尖劈、吸声无纺布等。

表中给出的是悬挂在建筑物顶端的圆锥吸声体，属于特殊吸声体中的第2类。

2.2.3 多孔吸声材料

在建筑设计中，多孔材料是普遍应用的吸声材料。最初的多孔材料多以麻、棉、毛等有机纤维材料制成，现在则被玻璃棉、超细玻璃棉、岩棉、矿棉等无机纤维材料替代。除此之外，还有用适当的胶粘剂制成的板材或毡片。

1）构造特征及吸声原理：在构造上，多孔吸声材料内部具有大量的、互相贯通的、从表到里的微孔或间隙。当声波入射到多孔材料表面时，一部分声能激发孔中的空气振动，被转化成动能；还有一部分声能由于受周边材料空气的摩擦阻力和黏滞阻力作用转化为热能，从而使声波衰减。

2）影响多孔材料吸声系数的主要因素：

（1）材料中的空气流阻：当微量空气流稳定地流过材料时，材料两边的静压差和空气流动速度之比定义为单位面积流阻。流阻越大，多孔材料吸声性能越好，但多孔材料越密实，透气性越小，因此存在一个最佳流阻。

（2）孔隙率：指材料中连通的孔隙体积与材料总体积的比。在保证正常孔隙率的情况下，孔隙率越大，材料的吸声性能越好。每种材料都有固定的孔隙率范围；超出这个范围不但起不到吸声的作用，还会影响材料强度，产生声透射。

（3）材料的密度：即材料单位体积的重量值，也就是材料密度。在保证孔隙率的情况下，密度越大，材料吸声性能越好。

（4）材料的厚度：通常，材料的厚度越大，其吸声性能越好，尤其是对中低频声的吸声系数提高比较明显。

（5）材料的背后条件：在安装多孔吸声材料时，在材料背后留有一定的空腔，形成空气间层。空气间层的吸声作用与该空气层填满同样的多孔吸声材料效果近似。空腔既提高了吸声系数又可以节省材料。空腔的体积越大，吸声效果越好。

（6）声音的频率和入射条件：常用的多孔吸声材料，对中高频声有较大的吸声系数。此外，吸声系数还与声波入射条件有关，垂直入射的声波吸声率最大，其他情况次之；而在实际情况中，绝大多数的声波是无规则入射的。

（7）材料的含湿系数：材料的湿度也会对吸声系数产生影响。湿度越大，空气流阻能力越弱，热交换能力受阻，吸声系数越低。

（8）罩面：罩面作为辅助器材，其功能一方面是保护吸声材料不被空气中的灰尘等堵塞孔隙，影响材料吸声效果；另一方面，也可以防止人因长时间接触吸声材料而受到不必要的伤害。同时由于罩面在选材上通常采用布面或金属细网，都能与入射声波发生摩擦，提高整体吸声效果。

除上述因素外，多孔吸声材料的安装位置也会影响整体的吸声效果；为了声波尽可能地垂直入射，同时不影响建筑的正常使用功能及美观等，吸声材料通常安装在后背墙、后侧墙的上半部。

由上述影响多孔吸声材料的因素可以看出，海绵、保温用泡沫塑料内虽然也有气泡，但大部分闭合、不贯通，所以其吸声系数比一般的多孔吸声材料小得多，不具备良好的吸声能力，通常不能作为吸声材料使用。

2.2.4　空腔共振吸声结构

空腔共振器是一个密闭的、通过一个小的开口面积与外面大气相通的容器。在各种薄板上穿孔并在板后设置空气层，相当于许多空腔共振器的并联组合，必要时还可以在空腔中加衬多孔吸声材料，即组成穿孔板共振吸声结构。这类结构选材方便，可以跟据实际需要选取，如：穿孔的石棉水泥板、胶合板、石膏板、硬质纤维板、胶合板、塑铝板以及钢板等。通过使用各种板材，并结合一定的结构设计，利用不同的施工方法可以很容易地满足吸声特性要求。因其选材灵活多变，而且材料本身具有足够的强度，所以在建筑设计、施工中被广泛使用。其中，最简单、最具代表性的就是亥姆霍兹共振器。

图2-2（a）为亥姆霍兹共振器示意图。由图可见，在容积为 V 的密闭空腔外开一个孔径为 d、深度为 t 的小孔。当 d、t 的值远远小于声波波长时，可将孔径中的空气视为具有质量的轻小物块，在整个结构中作用类似于活塞；而空腔中的空气则起着弹簧的作用。于是，整个共振器形成了类似于图2-2（b）的简谐振动系统。其中物块 M 就是孔径空气，弹簧 K 就是空腔内的空气。当外界入射声波的频率 f 等于系统固有频率 f_0 时，孔径中的空气柱就由共振而产生剧烈的振动，就在这个过程中，声能由于克服摩擦阻力而被消耗。

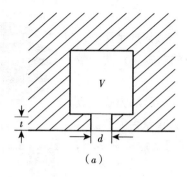
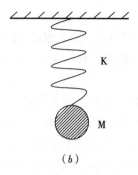

图 2-2　亥姆霍兹共振
　　　器示意图
（a）亥姆霍兹共振器；
（b）共振器原理模型

（a）　　　　　　　　　　（b）

由简谐振动频率公式 $f_0 = \dfrac{1}{2\pi}\sqrt{\dfrac{K}{M}}$ 可推导出共振器的共振频率式（2-4）。

$$f_0 = \frac{c}{2\pi}\sqrt{\frac{S}{V\,(t+\delta)}} \qquad (2\text{-}4)$$

式中　c——声速（340m/s）；

　　　S——径口面积（m²）；

　　　V——空腔容积（m³）；

　　　t——孔径深度（m）；

　　　δ——开口末端修正量（m）。由于孔径附近空气也参与振动，需要加以
　　　　　修正以保证计算结果准确；对于直径为 d 的圆孔有：$\delta = 0.8d$。

　　由于穿孔板共振吸声结构相当于多个共振器的并联（图 2-3），可由式
（2-4）进一步推得穿孔板吸声结构的共振频率公式（2-5）。

$$f_0 = \frac{c}{2\pi}\sqrt{\frac{P}{L\,(t+\delta)}} \qquad (2\text{-}5)$$

式中　P——穿孔率，即穿孔面积与总面积之比［当圆孔呈正方形排列时，

　　　　$P = \dfrac{\pi}{4}\left(\dfrac{d}{B}\right)^2$；当圆孔呈等边三角形排列时，$P = \dfrac{\pi}{2\sqrt{3}}\left(\dfrac{d}{B}\right)^2$；其中

　　　　d 为孔径，B 为孔距］；

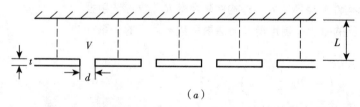

（a）

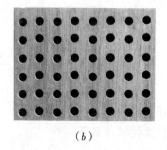
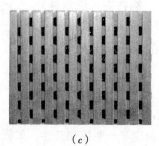

（b）　　　　　　　　　（c）

图 2-3　穿孔板吸声结
　　　构及实例
（a）穿孔板吸声结构；
（b）、（c）穿孔板实例

L——板后空气层厚度（m）。

对于穿孔板吸声结构，主要有以下几个因素会对它的吸声效果产生影响：

（1）孔径：对于一个正常的穿孔板，在穿孔率为定值的前提下，孔径越小，其吸声效果越好。

（2）材料的背后条件：在安装穿孔板吸声结构时，若在板后加铺多孔吸声材料，则可显著提高结构的吸声效果，尤其以中高频吸声效果最为显著。

（3）板后空腔：对于穿孔板吸声结构，在保证正常使用功能的前提下，在板后放置大空腔可以提高吸声结构对于低频的吸收范围。

除了上述材料结构外，在实际建筑设计中还常用薄膜、薄板吸声结构；空间吸声体，见表2-1中的圆锥吸声体；强吸声结构，如尖劈，吸声系数高达0.99以上，专门用于声学试验及测试用的消声室（图2-4），其主要吸声结构就使用的尖劈；帘幕、洞口等等。

（a）

（b）

图2-4　强吸声材料及
　　　　结构实例
（a）尖劈；（b）消声室

2.3　隔声材料及设备减振

2.3.1　隔绝声音的种类及隔声量

隔声是控制噪声的重要手段。入射声能与另一侧的透射声能相差的分贝数，就是材料的隔声量。

想要隔绝噪声，就先要了解噪声的来源。按传播规律分析，声波在围护结构中的传播主要可以分为以下几种途径：

（1）空气声：即由空气直接传播的声音。其中包括通过建筑构件传播的声音，如声音遇到建筑物的墙壁时，在声波的作用下墙壁产生振动，使声音透过墙壁传播到墙壁的另一侧；以及通过建筑构件的缝隙和孔洞传播的声音，如敞开的门窗、门窗的缝隙、各种通风、电缆管道等等。

（2）固体声：即建筑物中的构件受到撞击或振动的直接作用而发出的声音。如楼上重物掉落地上发出的声音、机房中机器运转的振动声等等。

在工程中，常用分贝表示构件的隔声能力，即构件隔声量 R（或称透射损失 TL），它与透射系数 τ 是相反的概念；隔声量 R 与透射系数 τ 之间的关系如式（2-6）。

$$R = 10\lg\frac{1}{\tau} \qquad (2-6)$$

可以看出，隔声量越大，构件隔声性能越好。对于透射系数为千分之一（即0.001）的墙体，其隔声量代入式（2-6）可求得为30dB，仅仅能满足建筑设计中对墙体隔声量要求的最低标准。

2.3.2　空气声的隔绝

若要有效地隔绝空气声，隔声材料的选取是必须的。为了便于材料的选取和计算，对于单层匀质墙体制定了一些简化条件：如假设墙体是柔性墙体且不具有刚度，从而可以忽略墙体弹性与内应力；假设墙面积无限大，因而可以忽略边界条件的影响；还假设所有的声音都是垂直于墙面入射等等。在上述假设条件成立的前提下，从理论上得出墙的隔声量 R_0 的计算式（2-7）

$$R_0 = 10 \lg \left[1 + \left(\frac{\pi M_0 f}{\rho_0 c} \right)^2 \right] \qquad (2-7)$$

式中　R_0——墙体对垂直入射声的隔声量（dB）；

　　　M_0——墙体的单位面积质量（kg/m^2）；

　　　ρ_0——空气密度（kg/m^3）；

　　　c——空气中的声速（m/s）；

　　　f——入射声频率（Hz）。

由于 π、ρ_0、c 均为定值，经过计算，通常 $\frac{\pi M_0 f}{\rho_0 c} \gg 1$，故上式可简化为式（2-8）。

$$R_0 = 20 \lg \frac{\pi M_0 f}{\rho_0 c} = 20 \lg M_0 + 20 \lg f - 42.2 \qquad (2-8)$$

由式（2-8）可以看出，墙的单位面积越大，隔声效果越好。这一规律即称为"质量定律"。需要注意的是，公式为对数关系式，所以当墙体质量或声音频率每增加一倍时，隔声量并不随之成倍增加，经过计算，质量或频率每增加一倍，墙体隔声量增加6dB。

在实际建筑设计中，所有的墙体都是有一定刚度的弹性板，当其被声音激发振动后，要发生沿板面传播的弯曲波以及其他振动方式。如图2-5所示，当某一入射声波 A 入射到墙板后，使其产生振动，振波沿墙板传播，波长为 λ。此时，若有另一波长为 λ_B 的声波 B 以某个恰当的角度入射到墙面，且符合关系 $\lambda = \frac{\lambda_B}{\sin\theta}$，则其激发的新的弯曲波恰好与原板面弯曲波吻合，使合振动最大。

此时墙板将向其另一侧辐射大量的声能，这种现象即称作"吻合效应"。发生吻合效应的墙板，其隔声量在此期间将大幅下降，不再符合质量定律。吻合效应只在某个频率范围内发生，其范围大小和材料的密度、厚度等自身性质有关。因此只要根据建筑周边环境合理选材；例如，对人有显著影响的声音频率在 $200 \sim 25000$ Hz 之间，通常可采用硬而厚的墙板来降低下限频率，或用软而薄的墙板来提高上限频率，从而避免吻合效应在这一频率范围内发生。

除了单层匀质墙面之外，通常用作隔声的材料还有双层匀质密实墙体、轻质墙体以及组合墙体等。此外对于门窗的空气声处理，还可采用对门板嵌添隔声条；在门窗的缝隙加装空心胶条等加以密封；或者在门的设计上由单裁口改为多裁口，在门口设计声闸（门斗）；对窗子玻璃的隔声设计由单层改为双层或三层等等。

图 2-5　吻合效应原理图

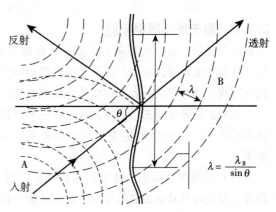

反射　　　　　透射

B

θ

λ

A

入射

$\lambda = \frac{\lambda_B}{\sin\theta}$

在实际建筑设计中，根据建筑物不同的用途需要，对空气隔声量的要求也各自不同。依据《民用建筑隔声设计规范》GBJ 118—88 第 1.0.3 条，隔声减噪设计标准等级按照建筑物实际使用要求确定，分为特级、一级、二级、三级，共四个等级。各标准等级的含义见表 2-2。

建筑物隔声设计标准等级　　　　　表 2-2

特级	一级	二级	三级
特殊标准 （根据特殊要求确定）	较高标准	一般标准	最低限

以住宅和学校为例（表 2-3、表 2-4）。

住宅建筑的空气声隔声标准　　　　　表 2-3

围护结构部位	计权隔声量（dB）		
	一级	二级	三级
分户墙及楼板	≥50	≥45	≥40

学校建筑的空气声隔声标准　　　　　表 2-4

围护结构部位	计权隔声量（dB）		
	一级	二级	三级
有特殊安静要求的房间与一般教室间的隔墙与楼板	≥50	—	—
一般教室与各种产生噪声的活动室间的隔墙与楼板	—	≥45	—
一般教室与教室之间的隔墙与楼板	—	—	≥40

可以看出即便是相同的建筑，针对不同房间的功能需要，其隔声标准也不同。

2.3.3 撞击声的隔绝措施

前面提到，撞击声来源于振源对楼板的直接撞击，使得楼板发生受迫振动，从而发出声音。同时，由于楼板与四周构造的刚性连接，使得振动沿着结构向四周传播，最终导致其他结构也辐射声能。

因此，要降低撞击声的声压级，首先要对振源进行控制，尽可能地避免撞击声的产生；若仍然产生撞击声，就需要改善楼板的隔声性能，其主要措施有：

（1）加装弹性面层：楼板加装弹性面层后，可以在撞击发生时减小撞击声能，从而降低楼板本身的振动，如在地面上铺设地毯、软木地板或加铺塑胶地面等。

（2）加装弹性垫层：在楼板面层与结构层之间做弹性垫层，形成"浮筑式"结构，一旦某个楼板面层发生撞击，可以减弱面层与结构层之间的振动传播，并减小或避免振动通过其他刚性结构传播。

（3）楼板加装隔声吊顶：当楼板整体被撞击而产生振动时，吊顶的加装可以通过空气声隔绝的方法，有效降低楼板产生的固体声。

上述的措施在实际应用中，应根据现场环境、建筑要求、施工和造价等方面综合衡量选择。

除此之外，在对厂房车间进行建筑设计时，还要涉及设备减振。如果减振措施不合理或者欠缺，则极有可能造成贵重、精密仪器的破损甚至报废。其相应的处理方法主要是通过对仪器、减振器、楼板三者所形成的系统进行计算分析，从而选出最恰当的减振器类型。因其大部分涉及机械设计及减振方面的知识，只需作为了解即可。

相对于空气声隔声量规范，撞击声在实际建筑设计中也有其相应的规范，仍以住宅和学校为例（表2-5、表2-6）。

住宅建筑的撞击声隔声标准　　　　　　　　　　　　表2-5

楼板部位	计权标准化撞击声压级（dB）		
	一级	二级	三级
分户层间楼板	≤65	≤75	

学校建筑的撞击声隔声标准　　　　　　　　　　　　表2-6

楼板部位	计权标准化撞击声压级（dB）		
	一级	二级	三级
有特殊安静要求的房间与一般教室之间	≤65	—	—
一般教室与产生噪声的活动室之间	—	≤65	—
一般教室与教室之间	—	—	≤75

复习思考题

1. 当声音入射到墙面时声能被分为哪几种形式，并试用关系式说明什么是透射系数、反射系数以及吸声系数？

2. 举例说明什么是吸声材料，什么是隔声材料，并指出两者的差别。

3. 举例说明吸声材料（构造）的用途及分类。

4. 多孔吸声材料有怎样的结构特性和吸声特性？影响其吸声系数的因素主要有哪几方面？

5. 现有一块穿孔板厚 5mm、孔径 10mm、孔距 20mm，其穿孔按正方形排列，穿孔板后留有 10cm 厚空气层。试求其共振频率。

6. 设有一间听力测试室，其建筑隔声量要求不小于 50dB，经测试，其围护结构墙体透射系数达到万分之一。试计算该墙体是否符合要求？如不符合应换用透射系数在什么范围内的墙体合适？

7. 对一隔声量为 40dB 的单层匀质墙体，若将其质量增加一倍，其隔声量是否提升至 80dB？若不是，计算其隔声量应为多少？

8. 举例说明什么是空气声？什么是固体声？

9. 试说明撞击声的隔绝措施分为哪几种？

噪声是使人感到烦躁、厌恶的刺耳声音的统称。随着现代社会的发展，各种先进工具和设备应用于人们的日常生活当中，随之也产生了大量的人为噪声，如：汽车喇叭声、电梯的振动声、电声喇叭等；噪声已经成为影响我们生活和健康的重要环境问题，是当代社会的四大公害之一。

3.1　噪声源的种类及危害

3.1.1　噪声的种类

根据噪声来源的不同，大致可以将噪声源分为：

（1）交通噪声：交通噪声是指机动车辆、火车、飞机等交通运输工具在运行过程中产生的影响周围环境的声音。

（2）施工噪声：施工噪声是指建造建筑、修筑道路等施工过程中产生的影响周围地区生活环境的声音。如施工现场中各种打桩机、推土机、混凝土搅拌机等发出的轰鸣声；挖掘地面发出的凿击声；工人搬运、施工所发出的嘈杂声等。

（3）工业噪声：工业噪声是指工矿企业和其他单位在生产活动中产生的影响周围地区生活环境的声音。工业噪声由于产生的动力和方式不同，可分为：①机械性噪声，是由机械的撞击、摩擦和转动而产生的，如织布机、球磨机、电锯、锻锤等产生的噪声；②空气动力性噪声，是由气体压力发生突变引起气流的扰动而产生的，如鼓风机、汽笛、喷射器等产生的噪声。根据传播特性的不同，工业噪声又可分为连续噪声和间断噪声；稳态噪声和脉冲噪声等。

（4）生活噪声：生活噪声指人为活动产生的除工业噪声、交通噪声、施工噪声之外干扰周围生活环境的声音。例如：邻居家吵架的声音，隔壁婴儿哭泣的声音，附近人家电器播放音量过大，以及楼体内部电梯、空调机、锅炉运转时发出的巨大响声等等。

3.1.2　噪声的危害

针对不同的事物，噪声所造成的危害也不尽相同，其具体表现为以下几种危害：

3.1.2.1　噪声会影响甚至损害人的听觉器官

一般来说，85dB 以下的噪声虽不至于危害听觉，但长时间地处于这种刺耳的环境中会使人发生耳鸣现象，通过听力计检查，可以发现听力暂时有所下降，只要回到安静的环境里停留一段时间，听力就会逐渐恢复；而超过 100dB 时，将有近一半的人局部或全部逐渐损失听觉，永远不能恢复；一旦人耳突然暴露在 150dB 以上的极强烈噪声中时，听觉器官将在瞬间发生急性外伤，受到永久性的破坏，一次作用就可致人耳聋。

3.1.2.2 噪声对人身心健康的危害

一些实验表明噪声对人的神经系统、心血管系统都有一定影响，长期的噪声污染可引起头痛、惊慌、神经过敏等，甚至引起神经官能症。噪声也能导致心跳加速、血管痉挛、高血压、冠心病等。极强的噪声（如 170dB）还会导致人死亡。

3.1.2.3 噪声降低劳动生产效率

当噪声低于 60dB 时，对人的交谈和思维几乎不产生影响。但当噪声高于 90dB 时，交谈和思维几乎不能进行，它将严重影响人们的工作和学习，致使人们心情烦躁、工作易疲劳、反应迟钝、工作错误率升高。此外，由于噪声分散了人们的注意力，还容易引起工伤事故。不仅对人，在农牧业生产中，噪声的影响也是显而易见的。实验表明，长时间处于高分贝噪声环境下，奶牛的牛奶产量、鸡的蛋产量以及农田的稻米产量都会有不同程度的下降。

3.1.2.4 噪声对正常生活的影响

噪声会影响人的睡眠质量，经实验发现，在 40 ~ 45dB（A）的噪声刺激下，睡眠的人脑电波就出现了觉醒反应，即 45dB（A）的噪声就开始对正常人的睡眠发生影响了。当睡眠受干扰而不能入睡时，就会出现呼吸急促、神经兴奋等现象。长期下去，就会引起失眠、耳鸣、多梦、疲劳无力、记忆力衰退、神经衰弱等。

3.1.2.5 噪声对建筑安全的危害

高强度噪声会损害建筑物。1962 年美国三架军用飞机以超声速低空掠过日本藤泽市，使该市许多民房玻璃振碎、烟囱倒塌、日光灯掉下、商店货架上的物品振落满地，造成巨大损失。1970 年，德国威斯特柏格城及其附近部分村子，受到一次很强的喷气飞机轰声破坏，有 378 起报告受损事件，大部分是玻璃振碎、屋顶瓦掀起、烟囱倒塌、门心板及合页损坏。美国统计了 3000 件喷气飞机使建筑物受损的事件，其中抹灰开裂的占 43%、窗损坏的占 32%、墙开裂的占 15%、瓦损坏的占 6%。对于火箭、导弹一类的空间运载工具，其噪声强度更大。如土星火箭的声功率级达 195dB，离发射点 200m 处的噪声级仍有 143dB，远至数十千米也还有 100dB。在它们周围的建筑物肯定会受到更大的损坏，因此，这些基地都建在空旷荒漠的地方。

此外，工厂中的机器与城市建设中施工机械的噪声与振动，对建筑物也有一定破坏作用。如大型振动筛、冲压机床、空气锤、发动机试验站等，都会对附近建筑物造成不同程度的损坏。

在特高强度的噪声（160dB 以上）影响下，不仅建筑物受损，就是发声体本身也可能因声疲劳而损坏，并使一些自动控制和遥控仪器仪表失效。这种声疲劳现象对火箭发射、飞机航行等精密贵重仪器的影响很大。因此，近年来对高声强及声疲劳的研究开始逐渐引起人们的注意。

3.2 噪声评价标准及噪声级

为了对各种环境条件下的噪声影响给予准确的评价，并用可测量和计算的评价指标来表示影响的程度，人们提出了很多种评价方法；其中，在国际上被广泛采用的就有二十几种。其研究趋势是如何合并简化，并最终形成一个最具权威性的评价方法。而目前在全世界最为广泛使用的评价方法就是 A 声级。

在几乎所有的环境噪声标准中，A 声级都被作为基本评价量使用。它由声级计上的 A 计权网络直接读出，用 L_A 表示，单位是 dB（A）。A 声级反映了人耳对不同频率声音响度的计权，经过长时间的实践及广泛调查，无论噪声强度高低，A 声级都能良好地反映人的主观感觉；A 声级越高，人的感觉就越吵。对于稳态噪声，可以直接测量 L_A 来评价。

对于非稳态噪声，因其 L_A 随时间变化，不能直接用一个 L_A 值来表示；在实际应用中，人们对昼夜环境要求的不同，以及在实际环境中噪声的不稳定性等等。针对这些情况，人们提出相应的评价方法，如：等效连续 A 声级（等效声级）L_{eq}，昼夜等效声级 L_{dn}，累计分布声级 L_n，城市区域环境噪声标准等等。

针对不同频率的噪声，国际标准化组织（ISO）规定了一组评价曲线，用以作为噪声允许标准的评价指标，这就是 NR 曲线。如图 3-1 所示，图中每条曲线都有一个 N 值（或 NR 值）表示，确定了 31.5 ~ 8000Hz 共 9 个倍频带声压级值。这一标准以某条 NR 曲线作为限值曲线，严格地规定了现场实测噪声的各个倍频带声压级值不得超过由该曲线所规定的声压级值，从而规范了实际建筑设计中对噪声声压级的控制。

图 3-1　NR 曲线图

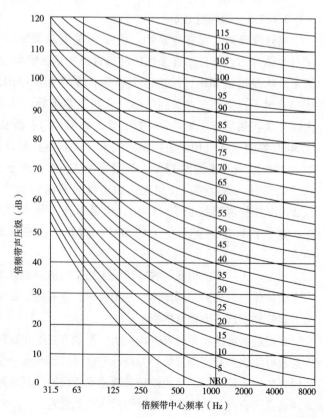

3.3 噪声的允许标准

噪声标准的确定应根据不同场合下的使用要求与经济及技术上的可行性综合考虑。在国外普遍采用国际标准化组织（ISO）的建议。在我国一些标准也是参考 ISO 的标准并综合我国的国情制定的，目前采用的允许噪声标准主要有两种类型：其一是按照一定使用场合确定允许噪声值，如我国制定的《城市区域环境噪声标准》、《民用建筑隔声设计规范》、《工业企业噪声卫生标准》等等。其二是针对某些产生噪声的场合或某类产品而制定的噪声标准，如《工业企业厂界噪声标准》、《建筑施工场界噪声限值》及《机动车辆允许噪声》等。

3.3.1 城市区域环境噪声标准

鉴于噪声对人们日常生活环境的污染及危害，在1989年我国国务院曾发布了《中华人民共和国环境噪声污染防治条例》。之后经过长时间的实践总结，又在此基础上推出了《中华人民共和国环境噪声污染防治法》。而《中华人民共和国城市区域环境噪声标准》GB 3096—93正是一部为贯彻《中华人民共和国环境保护法》及《中华人民共和国环境噪声污染防治条例》所制定的标准，并为其具体实施提供依据。该标准规定了城市五类区域的环境噪声最高限值（乡村生活区域可参照该标准执行），见表3-1。

城市区域环境噪声标准 $[L_{Aeq}(dB)]$　　　　　　表3-1

类　别	昼　间	夜　间
0	50	40
1	55	45
2	60	50
3	65	55
4	70	55

其中：0类标准适用于疗养区、高级别墅区、高级宾馆区等特别需要安静的区域。位于城郊和乡村的这一类区域分别按严于0类标准5dB执行。

1类标准适用于以居住、文教机关为主的区域。乡村居住环境可参照执行该类标准。

2类标准适用于居住、商业、工业混杂区。

3类标准适用于工业区。

4类标准适用于城市中的道路交通干线两侧区域、穿越城区的内河航道两侧区域。穿越城区的铁路主、次干线两侧区域的背景噪声（指不通过列车时的噪声水平）限值也执行该类标准。

另外，标准中昼间、夜间的时间由当地人民政府按当地习惯和季节变化划定。并且对于夜间突发的噪声，其最大值不准超过标准值15dB。

3.3.2 民用建筑允许噪声标准

对于城镇中的人们，每天的绝大部分时间是在民用建筑中度过的，因此在建筑设计中，一个良好的民用建筑噪声标准是必不可少的。如同《城市区域环境噪声标准》GB 3096—93一样，我国也针对民用建筑制定了《民用建筑隔声设计规范》GBJ 118—88。其中对民用建筑的允许噪声给出了明确的标准（表3-2）。

建筑类别	房间名称	允许噪声级			
		特级	一级	二级	三级
住宅	卧房、书房（或卧室兼起居室）		≤40	≤45	≤50
	起居室		≤45	≤50	
学校	有特殊安静要求的房间		≤40	—	—
	一般教室		—	≤50	—
	无特殊安静要求的房间		—	—	≤55
医院	病房、医护人员休息室		≤40	≤45	≤50
	门诊室		≤55		≤60
	手术室		≤45		≤50
	听力测听室		≤25		≤30
旅馆	客房	≤35	≤40	≤45	≤55
	会议室	≤40	≤45	≤50	
	多用途大厅	≤40	≤45	≤50	
	办公室	≤45	≤50	≤55	
	餐厅、宴会厅	≤50	≤55	≤60	—

　　隔声减噪设计标准等级，应按照《民用建筑隔声设计规范》GBJ 118—88第1.0.3条确定，分特级、一级、二级、三级，共四个等级。

　　另外，该规范中的允许噪声级的数值是按白天的要求制定的，其夜间（22：00至次日06：00）噪声级应在白天数值基础上减去10dB（A）以作修正，例如，夜间起居室的一级标准噪声级应不大于35dB（A）。

3.3.3　公共建筑及工业企业允许噪声标准

　　为了保障公用建筑（如：音乐厅、剧院、体育馆、办公室、会议室、图书阅览室）的正常使用，以及在工业企业生产车间或作业场所中工人的身体健康等，我国也针对其各自环境特点并参考ISO标准，分别制定了相应的允许噪声标准。在实际建筑设计中应依据不同的建筑性质执行相应的国家或国际规范。

3.4　城市的噪声控制

　　城市作为大型的人口密集地，其噪声危害最为明显，也最为严重。由于噪声污染十分容易被察觉，因此在不少国家对全国公害诉讼事件的年统计中，噪声问题总占第一位。由此可见，对城市噪声进行控制的迫切性。

　　由于城市环境的复杂性，直接导致了噪声源的多样性及广泛性。而噪声控制的主要途径是对噪声源、传播途径与接收点进行控制。其中，技术角度上的吸声、隔声、消声、减振等在前面都有详细介绍，这里着重介绍的是户外环境噪声的控制。

3.4.1　城市噪声管理上的控制

若要对城市噪声问题加以控制，首先要从管理角度入手，即从法制法规上明确并保障环境噪声标准的实施。因为城市中相当大的一部分噪声来源于人为，因此只有依靠法律才能有效地保证人们在适宜的环境中工作生活，消除人为噪声对环境的污染。近年来我国已根据具体噪声的来源相继出台了多部法律，如《机动车辆允许噪声标准》GB 1495—79 等，并开始试行。

3.4.2　控制城市人口

如前面所说，城市的噪声相当一部分来自于人为。因此，城市的噪声很自然地随着人口的增加而增加。现今世界各大国城市噪声问题严重，其根本就是人口密度过大。美国环保局发表的资料给出了城市噪声与人口密度的关系，其表达见下式。

$$L_{dn} = 10\lg \rho + 22$$

式中　ρ 为人口密度（人/km²）。

由此可见，严格地控制人口密度、防止人口过度密集是实现城市噪声控制的重要手段。

3.4.3　控制合理的中分区

在城市规划中尽量避免民用建筑与工业、商业以及交通运输区域混合（图3-2），可以有效地减少不必要的城市噪声。由图3-2中可以看出，居民生活区、商业区、轻重工业区以及主要交通运输干线的布局关系。一个布局不合理的城市，会造成不必要的噪声，严重影响居民的日常生活。例如将飞机场或铁路安插在居民区之间，那么飞机的起落、火车的汽笛等都会对人们的生活造成非常严重的影响。

图 3-2　合理城市规划布局示意图

3.4.4　道路交通噪声控制

道路交通噪声，是城市环境噪声的主要来源。整个城市约 30% ~ 80% 的面积都要受到它的影响，特别对在道路两侧居住的居民、文教机关、医院等来说，是主要的噪声源。其控制办法一般通过改善道路设施，从而增加交通噪声衰减。例如加宽路面、增设路边快慢隔离带、双行线改为单行线、架设过街天桥及立交桥等。

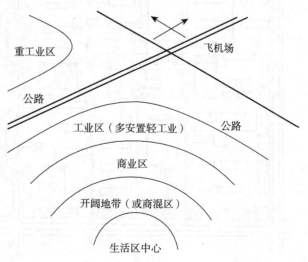

重工业区
飞机场
公路
工业区（多安置轻工业）
公路
商业区
开阔地带（或商混区）
生活区中心

3.4.5 声屏障

对于某些在主干路两旁的建筑物来说，单纯地改善道路设施远远不能满足居住在其中的人们的要求。此时，可以考虑在靠近噪声源侧建筑旁设置声屏障。声屏障，正如其字面意思所表示，是能够阻隔声音的屏障。其材质既可以是周边地理环境自然形成的土坡，也可以是人造玻璃钢等（图3-3）。

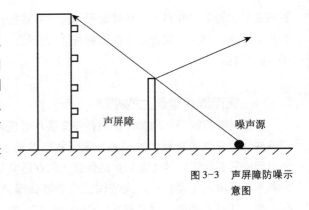

图3-3 声屏障防噪示意图

3.4.6 种植绿化带

这里所指的绿化并不是在道路两旁随意地种植各种植物，而是特指在条件允许的情况下，尽可能种植阔叶植物。这种长有宽阔叶子的植物本身就是一种良好的吸声材料，它宽阔的叶子可以有效地阻挡、反射周边的噪声，茂密的树叶还可以在彼此间形成声波的乱反射，从而极大地损耗了噪声能量，达到减噪的效果。

3.4.7 合理设计建筑总图

现在城市中，居民住宅多以小区形式存在，楼与楼之间相对比较密集。一旦楼体位置设计偏差，便极容易形成噪声。因此，在对居住区进行布局设计时，必须充分考虑到楼体之间的防噪，避免在楼体间形成声强区、强回声区、强声反射区等（图3-4）。

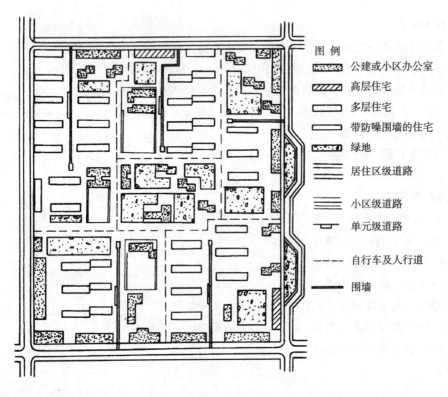

图3-4 考虑防噪设计的居住小区规划示例

图 例
- 公建或小区办公室
- 高层住宅
- 多层住宅
- 带防噪围墙的住宅
- 绿地
- 居住区级道路
- 小区级道路
- 单元级道路
- 自行车及人行道
- 围墙

此外，城市噪声控制还包括建筑内部的吸声减噪。具体方法有：当接收点距离声源很近（与声源距离 $r \to 0$）时，控制噪声源，尽可能地切断、阻断传播途径，或者对接收者进行个人保护；当接收点距离声源非常远（$r \to \infty$）时，则可采用吸声材料，尽可能减小反射声，或加装消声器。

复习思考题

1. 简述噪声源的种类，并举例说明其危害。
2. 试说明什么是 A 声级，及其单位、用途。
3. 简述控制城市噪声主要有哪几种方法？

第4章 室内音质设计

建筑设备与环境控制

室内音质设计是建筑设计中一个非常重要的环节，音质设计的好坏往往成为整个建筑物内部设计成功与否的重要一环。音质的优劣关系到整个建筑物能否正常投入使用，特别是以音质为主要功能的建筑物，如：礼堂、会议室、录音室、运动场馆、音乐厅、电影院、剧院等大型厅堂。室内最终是否具有良好的音质环境，不仅取决于声源本身和电声系统的性能，还取决于室内固有的音质条件。因此，为了创造出理想的室内音质，就必须结合各种建筑声学知识，依据一定的室内声学原理及设计规范，进行音质设计。建筑的音质设计，应与各种功能要求和建筑艺术处理有机结合，最终形成一个整体。

4.1 室内声学原理

在建筑声学设计里，经常会遇到声波在一个封闭空间内（如电影院、播音室等）的传播问题。此时，声波的传播将受到封闭空间中各个界面（如墙壁、门窗、顶棚、地板等）的影响，形成一个比无约束自由空间声场复杂得多的"声场"。这种声场具有一些特有的声学现象，如声音的反射、掠射、透射以及回声现象等。这些现象对室内音质有很大影响。因此，为了做好声学设计，应对声音在室内传播的规律及室内声场的特点有所了解。

4.1.1 混响和混响时间计算

当声音达到稳态时，若声源突然停止发声，室内接收点上的声音并不会立即消失，而是要经过一个过程。首先，直达声随声源停止发声而消失，反射声则将继续下去；每反射一次，声能被吸收一部分，因此，室内声能密度将逐渐减弱，直至完全消失。我们称这个衰减过程为"混响过程"。

混响过程的长短对人们的听音有很大影响，经过人们对这一过程的长期研究，得出了适用于实际工程中的混响时间计算公式。

4.1.1.1 赛宾混响时间计算公式

一百多年前，美国物理学教授赛宾（W. C. Sabine）通过研究首先提出了混响时间的定义：从某声源发出的声音，当声源停止发声后，声音衰减到刚刚听不到的水平所用的时间，即定义为"混响时间"。经过反复试验他发现，这一时间是房间容积和室内吸声量的函数。最终他将混响时间定义为，当室内声场达到稳态，声源停止发声后，声音衰减 60dB 所经历的时间，即赛宾公式[式（4-1）]。

$$T_{60} = \frac{K \cdot V}{A} \tag{4-1}$$

式中　T_{60}——混响时间（s）；

　　　K——常数，一般房间取 0.161，正方形、正六边形等正几何形房间取 0.14；

　　　V——房间容积（m³）；

A——室内吸声总量（m^2）。

其中，室内吸声总量 A 等于粘贴吸声材料的总面积 S 与其平均吸声系数 $\bar{\alpha}$ 的乘积。此时，式（4-1）可变为式（4-2）：

$$T_{60} = \frac{K \cdot V}{\bar{\alpha} \cdot S}$$ (4-2)

由式（4-2）可以发现，对于吸声系数 $\bar{\alpha}$ 有：当 $\bar{\alpha} \to 1$ 时，根据式（4-2）计算 T_{60} 为定值，但在实际应用中 $\bar{\alpha} \to 1$ 意味着吸声系数趋近于 1，即声能全部被吸收，实际混响时间应趋近于 0，与计算结果矛盾；而当 $\bar{\alpha} \to 0$ 时，$T_{60} \to \infty$，计算结果与实际意义相符。经过研究发现赛宾公式必须在一定的条件限制下，其计算结果才与实际情况比较接近。这些条件分别是：

①计算的房间必须是材质、声压级均匀的小房间；②平均吸声系数 $\bar{\alpha} \leqslant 0.2$。

4.1.1.2 伊林混响时间计算公式

由于赛宾公式应用条件的限制，在很多实际建筑设计中，赛宾公式并不适用。经过长时间的研究和修正，在赛宾公式的基础上导出了在工程中普遍应用的伊林（伊林—努特生，Egring Knudsen）公式。这一公式在很大程度上弥补了赛宾公式仅能应用于小房间且平均吸声系数不能高于 0.2 的不足，但仍然需要一定的条件约束（包括赛宾公式）：首先，假定室内声音充分扩散，即在室内任一点，声音强度相同，且在各方向上强度一样；其次，假定室内各表面对声音均匀吸收。在上述条件成立的前提下，可有式（4-3）：

$$\bar{\alpha} = \frac{\alpha_1 S_1 + \alpha_2 S_2 + \cdots + \alpha_n S_n}{S_1 + S_2 + \cdots S_n}$$ (4-3)

式中 S_1，S_2，$\cdots$，S_n——室内不同材料的表面积（m^2）；

α_1，α_2，$\cdots$，α_n——不同材料的吸声系数。

在考虑实际声强衰减率，并结合赛宾公式，根据混响时间定义为声音衰减 60dB 时间，最终推导出伊林公式 [式（4-4）]：

$$T_{60} = \frac{0.161V}{-S\ln(1-\bar{\alpha})}$$ (4-4)

式中 V——房间容积（m^3）；

S——室内总表面积（m^2）；

$\bar{\alpha}$——室内平均吸声系数。

但式（4-4）只考虑了室内表面的吸收作用，对于频率较高的声音（2000Hz 以上），且房间较大时，在传播过程中空气也会起到很大的吸声作用。因此，在针对这种房间的实际计算中，还应将相应的空气吸收系数乘以房间容积所得到的空气吸声量加入式（4-4）中，从而得到式（4-5）：

$$T_{60} = \frac{0.161V}{-S \cdot \ln(1-\bar{\alpha}) + 4mV}$$ (4-5)

其中，$4m$ 为空气吸声系数，$4mV$ 即空气吸声总量。可以看出式（4-5）比赛宾公式 [式（4-1）] 更接近实际情况，特别是当 $\bar{\alpha}$ 值较大时，公式计算结果与实际情况相符，可以准确地反映实际情况。

对于上述混响时间计算公式，即使是经过修正的伊林公式，在很多实际因素影响下，其计算结果与实际测量值一般也会有 10% 左右的误差，某些特殊情况下这个误差会更大。造成这种情况的原因主要有三方面：一是实际情况与公式所假定的条件不完全符合，导致算法不准确，其计算结果必然出现误差；二是在计算中代入公式的各项数据不准确，其计算结果也不会与实际测量值相符；三是测量本身由于仪器精密度以及仪器自身存在误差等原因，也会导致计算结果与实测数据不符。

综上，混响时间的计算与实际测定结果必然有一定的误差，但并不能因此否定它的实用意义。首先，不同使用者对混响时间的要求就存在一定的差异，而非一个准确的定值，只要其值在一定范围内就可以被接受。其次，计算的不准确性可以在施工中进行调整，最终将以调整到观众满意为准，这就可以在很大程度上纠正误差的影响。因此，混响时间计算对"控制性"地指导材料的选择和布置、预计施工效果以及分析现有建筑的音质缺陷等具有实际意义，必不可缺。

4.1.2 室内声压级计算和房间共振

4.1.2.1 室内声压级计算

在实际设计中，室内声压级的计算可以在理论上预计所设计的房间或大厅能否达到满意的声压级，也可以判断声场分布是否均匀。如果采用电声系统，还可计算扬声器所需功率。

当一个点声源在室内发生时，假定声场充分扩散，则可通过式（4-6）计算离开声源不同距离远处的声压级。

$$L_p = 10 \lg W + 10 \lg \left(\frac{1}{4\pi r^2} + \frac{4}{R} \right) + 120 \qquad (4-6)$$

式中　W——声源的声功率（W）；

　　　r——离开声源的距离（m）；

　　R——房间常数，$R = \dfrac{S \cdot \bar{\alpha}}{1 - \bar{\alpha}}$（m²）；

　　$\bar{\alpha}$——室内平均吸声系数；

　　S——室内总表面积（m²）。

在实际设计中，当声源所在位置不同时，还应考虑到声源方向性和所在位置的影响，式（4-6）则改为式（4-7）。

$$L_p = 10 \lg W + 10 \lg \left(\frac{Q}{4\pi r^2} + \frac{4}{R} \right) + 120 \qquad (4-7)$$

其中，Q 为声源指向性因数。在一矩形房间中，随着声源位置的不同 Q 的取值也不尽相同。如图 4-1 所示，当声源在房间的正中间（图中 A 行）时，$Q = 1$；当声源在一面墙的中心（图中 B 行）时，$Q = 2$；当其在两面高墙的交角处（图中 C 行）时，$Q = 4$；当在三面墙的交汇处（图中 D 行）时，$Q = 8$。

4.1.2.2 房间共振及共振频率

当房间受到声音激发时，对不同的声音频率会有不同的响应，最容易被激发的频率是房间的共振频率，从而使房间产生共振现象。如临街房间在某些汽车经过时，其发出的声音会使窗扇、家具或灯罩上的玻璃产生振动而发出声音，并且声音的音调是一定的。即房间被一外来声音激发时，房间将按照它本身所具有的共振频率（固有频率）之一振动。并且激发频率越接近物体的某一共振频率，共振响应就越大。对一个房间，其空气振动的共振频率主要由房间的大小来决定。

对于房间共振，可用波动声学中的驻波说明。对于一个三维空间，在外界声音的激发下，会在其轴向、切向及斜向产生驻波，此时，房间

	点声源位置		指向性因数
A	整个自由空间	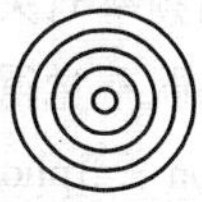	$Q=1$
B	半个自由空间		$Q=2$
C	$\frac{1}{4}$自由空间		$Q=4$
D	$\frac{1}{8}$自由空间		$Q=8$

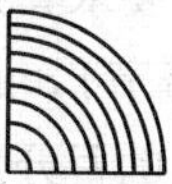

图 4-1　声源指向性因数

的共振机会会增加许多。而在受激发产生的众多共振频率中，会有某些振动方式的共振频率相同，即出现共振频率的重叠现象，或称共振频率的"简并"。在出现"简并"的共振频率范围内，与共振频率相近的声音将会被大大加强，导致室内原有的声音产生失真（或称频率畸变）。

为了防止"简并"现象的出现，使房间共振频率的分布尽可能均匀，需要选择合适的房间尺寸、比例形状等。经过实际测算发现，在房间容积一定的情况下，设计成正方体（长宽高尺度相同）的房间频率分布最密集，极易发生"简并"现象，室内音质最差；只有两个尺度相同的房间，其频率分布相对均匀一些；三个尺度均不相同的房间，其共振频率分布相对最为均匀。可见，正立方体的房间以及尺寸成正比关系的房间最为不利；相反，尺寸越不规则的房间，其音质效果相对越好，其中以黄金分割比例（约 0.618 : 1）设计的房间为最好。此外，如果将房间的墙面或顶棚做成不规则形状，或将吸声材料不规则地分布在室内界面上，也可以适当克服共振频率分布的不均匀性。

4.2　室内音质评价标准

判别室内音质的好坏主要取决于使用者能否得到满意的主观感受。这些主观感受都有相应的客观物理量与之对应。这些客观的物理量能够形成一个标准，通过这个标准可以使建筑设计与构造设计的各项客观物理量符合主要使用功能对良好音质的要求。

4.2.1　主观评价标准

4.2.1.1　响度

人耳感觉到声音的强弱叫做响度。响度是感觉判断的声音强弱，即声音响

亮的程度；根据它可以把声音排成由轻到响的序列。响度的大小主要依赖于声强，也与声音的频率有关。它是室内具有良好音质的基本条件，合适的响度可以使人们听起来既不觉得费力也不觉得吵闹。对于普通房间，要求其响度级变化范围在 70phon ± 3phon 左右；对于大房间，要求其响度级变化范围在 70phon ±（4~5）phon 左右；对音质标准要求较高的房间（演播厅），要求其响度级变化范围在 70phon ± 1.5phon 左右，以便室内声响具有良好的均匀度。

4.2.1.2 清晰度与明晰度

对于语言声，要求其具有一定的清晰度。语言清晰是指对无字义联系的语声信号（单字或音节），通过厅堂的传输（有时还包括扬声器系统的传输），能被听众正确辨认的百分数，即音节清晰度，式（4-8）。

$$音节清晰度 = \frac{听众正确听到的音节数}{测定所发出的全部音节数} \times 100\% \qquad (4-8)$$

经过实验发现：对于汉语的音节清晰度与听音感觉关系见表 4-1。人们在讲话时每句话都有连贯的意思，因此不必听清每个字也能听懂句子的意思，一般用"语言可懂度"表示。其关系与语言清晰度成对应关系，即语言清晰度越高，相应的语言可懂度也越高。

音节清晰度与听音感觉关系 表 4-1

音节清晰度（%）	听音感觉	音节清晰度（%）	听音感觉
>85	优良	65~75	勉强可以
75~85	良好	<60	不满意

母语音节清晰度与听音感觉关系 表 4-2

音节清晰度（%）	听音感觉	音节清晰度（%）	听音感觉
>75	优良	60~65	勉强可以
70~75	良好	<55	不满意

由表 4-2 可以看出，由于实际生活中人们对母语的熟知度，导致对母语音节的清晰度要求相对低于其他语种。

对于音乐声，要求具有一定的明晰度。明晰度有两方面的含义，一是能够清楚地辨别出每一种声源的音色；二是能够听清每个音符，对于节奏较快的音乐也能清楚地感受出其旋律。

4.2.1.3 丰满度

主要是对音乐声音质的评价，声音听感舒适、充沛、富有弹性称之为丰满。具有丰满度声音的特点有：重放声音频带宽，低、中音充分，高音适度，混响恰当。丰满度与音乐的形式和乐器的特性有关，如大型交响乐丰满度最高；而小提琴独奏的声音是纤细的，相对丰满度较低。不同的使用环境对于丰满度的要求也不同，例如演奏交响乐的音乐大厅要求丰满度较高，清晰度次之；而演奏小夜曲、轻音乐、歌剧院的房间则要求清晰度高、丰满度略低。

4.2.1.4 空间感

是指室内声场给听者提供的一种声音在室内的空间传播感觉。其中包括听者对声源方向的判断（即方向感）；距离声源远近的判断（即距离感或亲切感）；以及对室内声场的空间感觉，包括环绕感、围绕感等。

4.2.1.5 没有音质缺陷和噪声干扰

音质缺陷主要指一些对建筑使用者正常听闻产生干扰或是原声音失真的现象。如：声聚焦、回声、颤声、噪声、声影、声空白等。声缺陷会使人产生听觉疲劳、厌烦等情绪，是音质设计中应全力避免的现象。

4.2.2 客观评价标准

为了实现室内音质主观评价标准，就必须找到与之相对应的客观物理量，并通过对客观物理量的设计和调控使室内音质环境满足主观评价标准。多年来国外对音质评价的主、客观评价进行了大量的研究，并提出了许多评价标准，但目前比较被认可的，主要可归纳为以下几点。

4.2.2.1 声压级

各个频率的声压级与该频率声音的响度相对应。

4.2.2.2 混响时间

混响时间是用来评价室内音质的物理量中被发现最早、应用最广、较为稳定的一项指标。混响时间与声音的清晰度和丰满度有对应关系：混响时间较短时，语音的清晰度较高；混响时间较长时，音乐的明晰度较低而丰满度较高。同时，为了保证声源的音质不失真，应使各个频率的混响时间尽量接近。而若要提高声音的浑厚感，则需适当加长低频混响时间。

4.2.2.3 反射声的时间分布

在直达声之后 35~50ms 以内到达的前次（一次、二次）反射声能够加强直达声、提高响度、增加清晰度及丰满度、增加音乐的力度感等。而超过 50ms 之后的反射声，或由于声能衰减失去增强效果，或形成回声对直达声产生不良影响，都无法使用。总之，合理地运用反射声可以在很大程度上提高室内音质效果。

4.2.2.4 反射声的空间分布

能够用于音质设计的反射声需要靠专门设计的反射面来获得。如来自侧墙面的前次反射声有创造环绕感的作用，特别在音乐厅设计中，应尽可能增大侧向的前次反射声在整个反射声能中的比率，以此来增加环绕感。

4.3 房间容积的确定

房间的容积值应在建筑方案设计初期，依据建筑功能和声学要求来确定。房间容积的大小不仅影响到音质效果，也直接影响到建筑的艺术造型、结构体系、各种辅助设备以及经济造价等许多方面。下面仅从建筑学角度出发，以自然声为声源来讨论及确定厅堂容积的值。

4.3.1　足够的响度

在现实生活中，自然声通常指声源发出的直达声与其反射声（常指前次反射声）的合声。而人和乐器所发出的自然声声功率都比较小，若房间容积设计过大，则室内的声能密度就会变小，并且随着与声源距离的增大，直达声的声压级也会衰减很快，从而最终影响房间内自然声的响度。因此，对于不同的建筑物，为了保证有足够的响度，必须对其最大容积作出一定的限制。见表4-3，为不同用途房间的最大允许房间容积。

几种不同用途房间的最大允许容积　　　　　　　　　表4-3

声源种类	最大允许容积（m³）
讲演	2000 ~ 3000
有训练的讲话或戏剧对白	6000
乐器独奏、独唱	10000
大型交响乐队	20000

需要注意的是，表中的声源均指自然声源。此外在实际设计中，考虑到室内音质效果以及节约成本等多方面因素，在能满足合适的响度前提下，房间的容积设计应尽可能地小。

4.3.2　合适的混响时间

为了确保整个房间的音质效果，除了要考虑响度外，还应控制合适的混响时间。从混响公式可以看出，若要控制混响时间，则必须要从厅堂的总容积与室内总吸声系数之比值入手。由赛宾公式可得：$T_{60} = \dfrac{KV}{A} = \dfrac{KV}{A_1 + A_2}$；其中 A_1 为房间固定吸声量，A_2 为附加吸声材料吸声量。在实际建筑设计中，总吸声量的大部分来自观众（或沙发座椅）的吸声量。如在剧院观众厅中，观众的吸声量可占总吸声量的 $1/2 ~ 2/3$。由此可见，控制了厅堂容积 V 和观众人数 n 的比例，也就在一定程度上控制了混响时间。因此在实际设计中，常用每座容积 V/n（m³/座）这一指标。若每座容积选定合理，则可以在少用或不用吸声处理的情况下获得合适的混响时间。此外在实际施工中，出于人性化设计理念，还应充分考虑到每座空间氧气含量是否符合人的正常生理需要，是否会给使用者带来憋、闷、压迫、喘不过气的感觉。经过长时间实践经验，为了达到适当的混响时间，同时保证足够的呼吸空间，对大多数房间可采用表4-4的指标。

各类房间的容积指标 表 4-4

房间用途	容积指标（m³/座）	房间用途	容积指标（m³/座）
戏曲剧	3.5 ~ 4	语言用	3.5 ~ 4.5
话剧	4 ~ 4.5	多功能	3.5 ~ 5
歌舞剧	5 ~ 6	电影	3.5 ~ 5.5
音乐	6 ~ 9		

需要注意的是，房间容积的确定只是在方案设计初期给出的建议，在建筑施工图设计和室内装修设计等过程中，还需根据混响时间、吸声量大小等具体情况作出适当的调节，以达到最为理想的效果。此外，有些建筑设计（如剧场）会以座位数多少（即观众容量）来区分规模大小。例如，特大型剧场要求观众容量 1601 座以上；大型剧场要求为 1201 ~ 1600 座；中型剧场要求观众容量为 801 ~ 1200 座；小型剧场要求观众容量 300 ~ 800 座。因此，也可根据表 4-4 从座位数反推剧场容积的大概范围。

4.4 房间的体形设计

厅堂的体形设计对音质有很大影响，它设计的好坏直接关系到直达声的分布、反射声的空间和时间构成以及是否有声缺陷，是音质设计中的重要环节。此外，厅堂的体形设计还与建筑艺术处理，厅的各种功能（如电声系统的布置、照明、通风等）密切相关。

4.4.1 体形设计方法

在建筑设计中，为了能够简便、直观地分析和描述大厅中声音的传播与反射现象，同时免除不必要的计算，常采用声线几何作图法来检查房间体形是否会产生音质缺陷、声场分布是否均匀等。它的基本原理是，以垂直于声波波阵面的直线（即声线）代表声能传播的方向，在遇到反射体时，声能传播遵循如同光的反射定律，即入射角等于反射角，入射线、反射线和法线在同一平面内，入射线与反射线分居法线两侧。此外，考虑到实际应用，近似认为房间介质（即空气）均匀且为唯一介质，因此不考虑声音在介质中的折射和衍射。同样，当两列声波叠加时，只考虑其能量的相加，而忽略它们的干涉。

图 4-2 为用射线作图法确定房间任意点声音接收情况的例子。如图所示，声源 S 位置已知，A、B 为房间内任意两接收点，连接 SA、SB 得到直达声声线。利用虚声源原理，从声源 S 向每一个反射面作垂线，在该垂线的延长线上截取一点，使该点到垂点的距离与声源点 S 到垂点的距离相等，即为虚声源 S_1、S_2、S_3。各虚声源与接收点分别连接，与各反射面的交点分别为 P_1、P_2、P_3，这些交点即为反射点。将反射点 P_1、P_2、P_3 与接收点 A、B 分别连接，所得的声线即为反射声线。

可以看出，借助声线法能够根据已知的声源、反射点、接收点来确定反射面的位置、角度、大小；反之，也可以根据已知的声源、反射面、接收点来确定反射点的位置等等。此外，加入适当的运算还可以粗略判断接受点是否存在回音等音质缺陷；以图4-2中的 A 点为例，一次反射声与直达声的声程差为 $SP_1 + P_1A - SA$，声速按 $c = 0.34$m/ms计算，则反射声到达的相对延迟时间为式（4-9）所示。

$$\Delta t = \frac{SP_1 + P_1A - SA}{0.34} \quad (4-9)$$

由前面可知，反射时间超过50ms的声音则有可能产生回声。据此，若 $\Delta t < 50$ms 则不会产生回声；若 $\Delta t > 50$ms 则有可能产生回声。

尽管通常用声线几何作图法所分析的厅堂平面与剖面不能完全反映声波在三维空间的传播情况，但这些分析仍具有一定的代表性和科学性。而且，随着计算机的发展和普及，可以利用计算机的三维成像技术配合几何作图法，来更加完善地反映声波在厅堂中的传播情况。同时，由于声线几何作图法的应用既能够大大简化分析工作，又在很大程度上与声音的实际传播情况相符，使其在目前厅堂音质设计初期仍为最常用的手法之一。

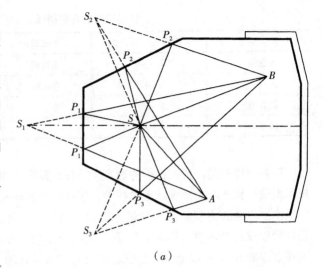
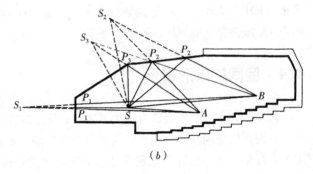

图 4-2 用射线法检查厅堂内任意接收点 A 及 B 的声音接收情况
（a）平面；（b）剖面

4.4.2 体形设计原则

为了获得良好的音质效果，建筑的体形设计必须遵循以下四项基本原则。

4.4.2.1 充分利用直达声

为了减少从声源传向听众的直达声损失，以保证听众的双耳充分暴露于直达声范围之内，不受任何遮挡。通常从两方面进行设计。

其一，抬高声源。对于小型房间，常设置讲台以抬高声源（图4-3），从而保证直达声能够不受遮挡地直接传播到听众的双耳。

其二，地面起坡。在大型厅堂中，由于空间相对较大，且声源高度受前排听众的视觉要求限制，无法设置到满足后排听众听觉要求的高度。此时，除了尽可能地提高声源高度以外，还需将地面从前往后逐渐升高形成坡状（图4-4），最终使后排听众也能清晰地获得直达声。起坡高度一般根据视觉要求计算，但由于声波波长远

图 4-3 房间声源的抬高

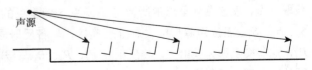

声源

远大于光波波长，为了使声能不被阻挡，需要在此计算的基础上再加高一些为好。

通过上述两种方法可以有效地保证直达声不被遮蔽阻挡，尽可能地避免掠射现象的发生。

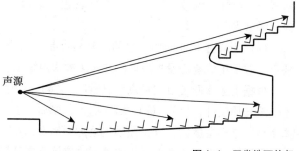

图4-4　厅堂地面的起坡

4.4.2.2　争取前次反射声

不同延时的前次反射声对于音质有不同的作用。由式（4-9）可以得出关于一次反射声延时 Δt 的计算公式（4-10）。

$$\Delta t = \frac{r_1 + r_2 - d}{0.34} \tag{4-10}$$

式中　d 为声源到接收点之间的距离，即直达声经过的距离；

r_1 为声源到反射点之间的距离，即一次反射声入射前经过的距离；

r_2 为反射点到接收点之间的距离，即一次反射声入射后经过的距离。

三者单位都是米（m），具体示意图可参考图4-2。

经过计算可以发现，对于普通房间或小型厅堂。由于体形较小，即便体形不做特殊设计，在绝大多数听众席上都能接收到较为理想的前次反射声。而在大型厅堂中由于建筑空间大，声音反射时间长。若体形不做特殊设计，不但得不到有益的前次反射声，还极易产生回声等音质缺陷。因此，对于大型厅堂，为了争取延时在50ms以内的前次反射声，其体形设计就应做特殊设计。

从平面角度考虑，房间体形设计类型大致分为图4-5中的几种。

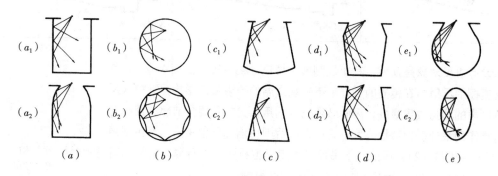

图中，（a）为矩形平面。其特点为：声能分布均匀；座区前部反射声空白区小；观众厅宽度超过30m时，可能产生回声；钟形平面（a_2）对减小反射距离很有效。

图4-5　大厅平面形状与侧向一次反射声分布

（b）为圆形（或半圆形）平面。其特点为：声能分布不均匀；有沿边反射、声聚焦等缺陷；图 b_2 中，沿墙增设扩散面后能纠正其缺点。

（c）为扇形平面。特点为：声学效果决定于侧墙和轴线的关系，夹角越大，反射区域越小，通常夹角不大于22.5°；后墙曲率半径要大，以避免声聚焦和回声。

（d）为六角形平面。特点是：声能分布均匀；座区中部能接收较多的反射声能；平面比例改变时，反射声区域也随之改变，如（d_2）比（d_1）的反射声区域大。

（e）为椭圆形（卵形）平面。其特点是：有声能分布不均匀及声聚焦等缺点；应采用沿墙增设扩散面的方法来解决声缺陷。

根据上述体形各自的特点可以看出：（a）、（c）、（d）类的体形比较适用于建筑音质设计，（b）、（e）类尽可能避免或少用。并且，（a）所示的矩形形体多用于中小型房间；（c）所示的扇形形体及（d）所示的六角形形体多用于大中型厅堂，尤以六角形形体的房间座位接收声音质量最好。

综上，对于房间平面体形的设计应充分发挥侧墙下部的反射作用，侧墙上部宜作吸声或扩散处理。还应注意侧墙的布置，避免声音沿边反射达不到座区。此外，侧墙的开展角在 10° 以内，矩形平面的宽度在 20m 以内都较好。

从剖面角度考虑，房间体形设计类型大致分为图 4-6 所示的几种。

图 4-6　房间剖面一次反射声均匀分布的顶棚设计

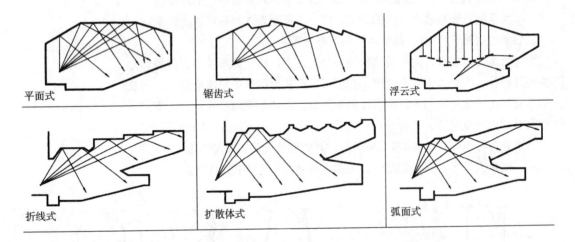

| 平面式 | 锯齿式 | 浮云式 |
| 折线式 | 扩散体式 | 弧面式 |

剖面设计主要对象是顶棚，其次是侧墙、楼座、挑台等。由图 4-6 可以看出，来自顶棚的反射声在传播的过程中不受观众席的掠射吸声影响，其前次反射声对直达声的加强效果最好，因此必须充分利用，尤其是舞台前部的顶棚对增加反射声作用最佳。但顶棚高度不宜过大，否则将增加反射距离，产生回声现象（图 4-7 中的 1、2）。因此，平吊顶只适用于容积较小的厅堂。另外，对于折线形或波浪形顶棚，声线可按照设计要求反射到需要的区域；其扩散性好，声能分布均匀。而圆拱形或球面形顶棚，极易产生声聚焦现象（图 4-7 中的 4），声能分布不均匀，应尽量避免使用，若必须采用时，应在其内表面作有效的扩散或吸声处理，或在其下部设计独立的反射板。

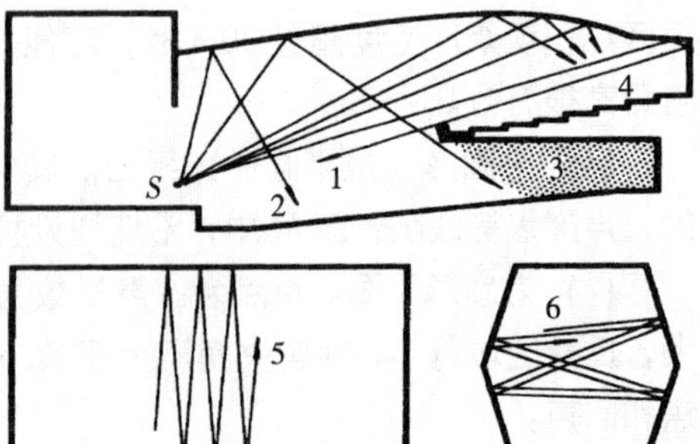

图 4-7　厅堂内的主要音质缺陷示意图

建筑设计中对于侧墙，一般情况下都设计成垂直的。如果不作处理，它能提供给使用者的一次反射声较少，容易形成声空白区；若提供反射声，也有可能因为声音在平行反射面间不断反射，从而出现颤声（图4-7中的5、6）。如果侧墙内表面处理成略向内倾斜，形成不平行反射面，则可大幅度提高侧墙一次反射声的能力。也可在垂直侧墙上竖向布置楔形起伏体，同样能够提高侧墙的一次反射声能力。

在设有挑台的大厅中，挑台下面的座位对前次反射声的接收效果很不理想。若挑台过深还会形成声影区（图4-7中的3）或局部混响时间很短的现象。其解决措施主要有：将池座后背墙前伸，从而减小声影区；加大挑台下部空间的高宽比，尽可能让其进深宽度小于开口高度的一至二倍；还可将挑台下表面设计成反射声面，以提高直达声的一次反射声能力。

4.4.2.3 扩散处理

房间内表面若材料光洁、密实，则吸声系数较小，会出现颤声、回声等音质缺陷；如果构件的尺寸起伏变化在声波波长的范围内，则对声波起扩散反射作用。室内作扩散处理，可使声能分布均匀，消除音质缺陷，这对提高音乐厅、歌剧院、演播和录音室的音质是十分重要的。下面的几种措施可促使声音有效地扩散。

（1）在体形设计中采用不规则的平剖面（图4-8）。需要注意，体形不规则设计的目的是，通过增加声扩散来消除音质缺陷，因此，其形体设计仍应遵循建筑体形设计的基本原则，尽量避免因过于追求体形独特而造成不必要的缺陷及浪费。

（2）在材料布置时采用不同的声学材料交替布置（图4-9）。通过对材料的交替布置，使其自动形成不规则的反射声，起到扩散作用。

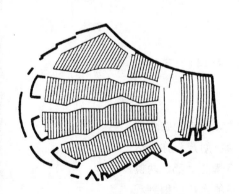 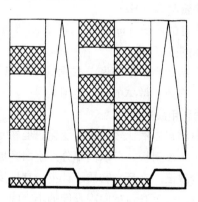

图4-8 采用不规则平面形状的音乐厅（左）

图4-9 不同声学材料的交替布置（右）

（3）厅堂内包厢及装饰的应用。在厅堂内合理地设置包厢及装饰（图4-10、图4-11），如：壁柱、藻井、大吊灯等，不仅美观，还能起到扩散作用。

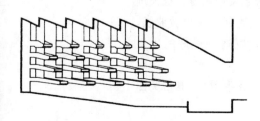 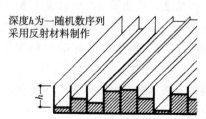

深度h为一随机数序列
采用反射材料制作

图4-10 包厢和吊顶形成良好的扩散（左）

图4-11 声扩散板（右）

像上述各种措施中使用的房梁、凸出墙、包厢、尺寸非常大的吊灯、尺寸非常凸出的装饰及浮雕等，都是建筑设计中常用的扩散体。此外，在近现代的剧场和音乐厅设计中，在顶棚和墙面上还经常安装一些专门设计制作的几何扩散构件，如声扩散板等，以提高音质效果。

声扩散体的几何尺寸应与其扩散反射声波的波长相近，声音的频率越低，声波的波长越大，要求扩散体的尺寸也随之增大。它们的关系可参照图4-12，按式（4-11）、式（4-12）、式（4-13）确定。

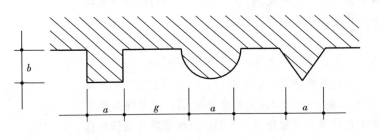

图4-12　扩散体几何尺寸示意图

$$\frac{2\pi f}{c}ga \geqslant 4 \qquad (4-11)$$

$$\frac{b}{a} \geqslant 0.15 \qquad (4-12)$$

$$\lambda \leqslant g \leqslant 3\lambda \qquad (4-13)$$

式中　　a——扩散体宽度（m）；

　　　　b——扩散体凸出高度（m）；

　　　　f——入射声音频率（Hz）；

　　　　λ——入射声音的波长（m）；

　　　　g——扩散体间隔（m）。

可以看出，对于给定频率的声音，根据式（4-11）、式（4-12）、式（4-13）可以得出相应的有效扩散体的尺寸范围。

4.4.2.4　合理利用反射板

反射板的设计与利用虽然比较趋于专业化，但在室内音质设计中，在侧墙和顶棚合理地悬吊一些反射板，可以向部分声空白区提供前次反射声，弥补这些区域缺少反射声的缺陷。在厅堂音质设计中，常用反射板将舞台上部、两侧以及后部封闭，包围成一个开口指向观众厅的小空间，使更多的声能反射到观众厅内，从而显著提高观众席上的声强以及演职人员自我和彼此间的听闻效果。

合理地调整反射板角度，可使最小的反射板获得最大的反射角度，极大地提高了反射板的利用率。此外，还应注意反射板的尺寸应达到大于声波波长，且最好采用密实、表面光滑、反射性能好的材料制作，以达到最好的反射效果。

舞台反射板的类型，按其结构大致可分为：端室式（反射罩）、舞台突出式、分离式以及组合式。

4.5 室内混响设计

根据赛宾公式可知，当声源停止发生之后，声强级衰减 60dB 所需的时间称为混响时间（T_{60}），它的长短及频率特性与室内音质的主观评价标准密切相关。因此，通过设计手段来确保合适的混响时间是室内音质设计的重要环节。

4.5.1 最佳混响时间

通常将频率为 500Hz 声音的 T_{60} 作为各种厅堂的最佳混响时间标准。这是经过对大量已建成的主观评价较好的厅堂研究、测定并加以统计归纳而确定的，是不同使用要求的厅堂在满场情况下较为理想的混响时间。对于使用功能和容积不同的建筑物，其具体数值也不同。如：主要用于语言使用的房间，其混响时间应短些；主要用于欣赏音乐的厅堂，其混响时间则应适当长些。

在实际音质设计中，单凭 500Hz 的混响时间是远远不够的。由于各个界面材料的吸声系数随入射声频率的不同而不同。因此，对于一般厅堂，计算频率常取 125、250、500、1000、2000、4000Hz 六个频率的混响时间来描述其"频率特性曲线"。在该曲线当中，以 500 ~ 1000Hz 时所代表的值为合适的混响时间范围。经过长时间的实践和经验积累，人们总结出了在不同种类的建筑物中，不同频率的混响时间应有的适当比例关系。对于主要用于音乐演出的大厅，为了使音质更加丰满、浑厚，应使低频（125、250Hz）的混响时间为中频（500、1000Hz）的 1.2 ~ 1.3 倍，最多不能超过 1.5 倍；而高频（2000、4000Hz）的混响时间应与中频的相等，但在实际工程中，由于观众与空气对高频声具有较强的吸收作用，很难达到上述要求，因此允许高频的混响时间略低于中频。而对于语言类房间，特别是播音室，为了提高语音清晰度，低频混响时间应不高于中频混响时间，其混响时间频率特征曲线呈平直较好。

4.5.2 混响时间的设计步骤

混响时间计算的具体步骤主要有以下几点：

（1）根据已设计完成的体形，求出厅堂的容积 V 和内表面积 S。

（2）根据厅堂的功能要求和已知条件，确定最佳混响时间 T_{60} 和其特征曲线（制表）。

（3）根据赛宾公式 $T_{60} = \dfrac{K \cdot V}{A}$，求出室内吸声总量 A 的值。

（4）根据所得的 A 减去房间固定吸声量 A_1，求附加吸声材料的吸声量 A_2 的值。

（5）查阅材料的吸声系数 α，从中选择适当的材料，并确定需要铺设材料的总面积 S。

（6）验算所选择材料的实际吸声总量 A_2' 是否与其理论值 A_2 相等，同时绘制 T_{60}' 与 T_{60} 的曲线图，并予以评价。

（7）对于混响时间的选择与计算，其允许误差为 $\pm 10\%$。通过步骤（6）的验算，若所得结果偏差超过 10%，则应重选材料或作相应调整。

由混响时间的计算公式可知：增大房间的容积，可以延长混响时间；而增加室内总表面积则会使混响时间缩短。据此，可以依据实际情况作适当调整，以获得较为理想的混响时间。

此外，对于装饰材料，也应尽量选取测试条件与安装条件相一致的吸声数据。因为，即使是相同的吸声材料，在安装条件发生变化时，如背后空气层的有无、薄厚、大小等，吸声系数也会有一定的差异。即设计时所选吸声系数的测试条件与构造做法，在施工中必须要得到实现，否则会因安装、使用不当致使装饰材料的音质作用失效，从而影响房间的音质效果。

对于各种吸声材料与构造的位置设计。由于观众厅内靠近舞台口附近的墙面、顶棚需要布置反射体，向观众提供前次反射声。因此，吸声材料及构造应尽量布置于厅堂侧墙的中部和上部以及后墙等有可能产生回声的部位。

4.5.3　改造旧建筑时的混响设计

当前，在绝大多数大中型城市中，随着人口密度的增大，各种建筑物也已逐渐趋近于饱和状态。社会对各种建筑的设计需求越来越小，取而代之的是对旧有建筑的各种翻新改造需求越来越大。其中，使用者希望对已有建筑改变使用功能或借助于完善室内装修来提高音质是经常遇到的问题。通常的音质不理想多指混响时间过长，或响度不合适，或存在某些音质缺陷及噪声干扰等。但不同于设计中的建筑，旧建筑的音质改造方案常受到环境和预算经费以及使用者对旧建筑原有结构的保留要求等的制约，通常无法过多地改造原有的结构形式、体形、通风和照明系统。因此，对旧建筑的音质改造最常使用的方法，就是采用吸声处理。

采用吸声处理，首先可以控制混响时间、消除声缺陷、降低噪声干扰，改善原有音质环境；其次，大多数吸声材料体质轻薄，使用灵活方便，可以在尽量不改变旧建筑原有结构形式的前提下，满足使用者的音质要求。

在实际处理时，首先应对有明显音质缺陷或噪声的区域进行处理。然后按照先后墙、再侧墙中后部、最后顶棚的周边和后部的顺序，依照实际情况进行考虑。对于吸声材料的选择，应参照混响时间的设计步骤，在对已有房间的体形特征进行分析的基础上，作出相应的混响设计与计算，并将现有条件的计算结果与同类厅堂的最佳混响时间及频率特性加以比较，找出差异，最终有针对性地作出适当的调整。

4.6　室内电声设计

随着科技的不断进步，电子技术在建筑领域的应用也越来越广泛。其中，在音质设计里最常用到的就是电声系统。这一系统的介入，改变了在自然声状态下，室内音质完全依赖于建筑声学处理的状况，并逐渐与自然建筑声环境共同协调互补，成为建筑中满足听闻功能要求的重要设备系统。在此前提下，建筑设计工作者有必要对电声系统有一定的了解，以便更好地与有关专业技术人员协调设计。

4.6.1 电声系统的组成及作用

电声系统最基本的设备是：传声器、扩音机和扬声器（图4-13）。在比较完善的电声系统中还有：调音台、压缩限幅器、均衡器、分频器、延时器、混响器、反馈抑制器、录音机和唱机等。其工作原理是，传声器把自然声的声压转变为交流电的电压，然后输送到扩音机放大，再由扬声器将已放大的电压转换成声能。依据扬声器播放声音的频率不同，可分为高、中、低音不同形式、不同大小的扬声器。如高音号筒式、中音纸盆式等。将多个不同种类的扬声器组合在一起，就形成了组合音响。

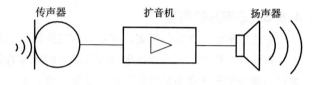

图4-13　电声系统方框简图

由工作原理可以看出，室内电声系统的主要作用是通过扩大自然声，来提高室内声音的响度。其次，还可通过设备的模拟实现完善的室内音质效果。如：高保真效果、人工混响效果、环绕立体声效果、超重低音效果等等。此外，还可借助调音器在扩放过程中美化声源的音质或弥补室内音质中的缺陷，使室内声场更加理想。

4.6.2 电声系统的设置条件及声学要求

若要使用电声系统，首先要了解什么样的条件才适合设置电声系统。

（1）容积大于 20000m³ 的音乐厅，容积大于 1000m³ 的多功能厅等。对于容积过大的厅堂，建筑设计的自然音质效果已经很难满足其实际使用需要。由于声音传播距离相对较远，无法通过对自然声的控制给予弥补。此时，可在适当的位置设置电声系统，来弥补自然声设计的音质缺陷。

（2）观众容量大于 1400 座的歌剧院，观众容量大于 1200 座的话剧院等。前面讲过，观众本身也对声音具有吸收性。对于观众容量较大的厅堂，其声音衰减非常迅速，容易形成声空白区。此外，由于人数较多，观众彼此间极易互相干扰，影响正常听闻。此时，可通过电声系统增加声音传播距离，消除声空白区等音质缺陷。

（3）听众距离声源大于 10m 的会议厅。对于会议厅类的语言用房间，考虑到人的声强和声功率有限，需要借助电声系统达到扩音的目的。

（4）混响时间太长或太短。对于个别房间，其混响时间与标准值相比过长或过短，无法从体形设计上予以弥补。此时，在适当的位置设置电声系统就可以弥补室内的声缺陷。

（5）噪声级较高的场所。对于噪声级较高的场所，为了避免使用者的听闻受到噪声干扰，需要借助电声系统增大声响度。

（6）为了在上述使用条件中起到应有的作用，电声系统本身也应满足一定的声学要求。其具体要求有：①能提供合适响度的声音；②系统频响较宽，且频响曲线无过大起伏；③声场分布均匀；④系统噪声低、失真小；⑤语言清晰度较高；⑥避免产生回声干扰；⑦视听尽量一致。

4.6.3 扬声器的布置

合理地布置扬声器的位置，才能发挥电声系统的最大作用，使全部观众席上的声压分布均匀，还可以使多数观众席上的声源方向感良好。因此，在室内如何布置扬声器是电声系统设计中的重要问题。

扬声器的布置方式大致可分为以下几种类型：

（1）集中式布置方式：在观众席前方或前上方布置有适当指向性的扬声器组合，并将组合扬声器的主轴指向观众席的中后部。其特点是，声音只从一处发出，避免了发自不同处声音之间的相互干扰，有利于语言清晰度，视听比较一致。但在大型场所中，远处座位的声级往往较低，有时还有少量声影区，可设辅助扬声器提高声级。

（2）舞台口中央布置方式：在舞台口上方正中央位置布置有指向性的扬声器组合，并将组合扬声器的主轴指向观众席的中后部。其特点是，清晰度高，视听方向感比较一致，对语言扩声效果好。

（3）三通路立体声布置方式：与舞台口布置方式唯一的区别在于，将扬声器分为左、中、右三路布置在舞台口上方。其特点是，可表现舞台上声源的空间分布和移动，获得立体声效果。但易出现声反馈。一般用于演出扩声。

（4）舞台口两侧布置方式：当采用舞台口中央布置方式或三通路立体声布置方式时，一般还在舞台口两侧较低处设置全频带扬声器，以减轻前排观众感觉声音是来自头顶上方的现象，并改善前排两侧区域声音较低的状况。也有用装在乐池栏杆或舞台前沿的电动式纸盆扬声器来调整声像的。

（5）分散布置方式：将多个单体扬声器分散布置在顶棚上，多使用于高度较低房间内的语言扩声、播放背景音乐等。此外，也可将扬声器装在椅背上，因其距听众较近、清晰度高，特别适于长混响房间内的语言扩声。但同时，也有线路复杂、检修麻烦、成本高的缺点。采用分散布置的特点有，声场分布均匀，直达声较多，清晰度较高，不易产生反馈。对于混响时间较长、平面尺度较大或形状复杂的场所可用此方式。若再加入延时器还可改善视听不一致的情况。

（6）环绕布置方式：在观众席上方，将多个单体扬声器环绕整个场地均匀布置。其特点是，观众席上声场分布比较均匀，声反馈易于控制。但观众听到的声音不只发自一处，各个声音到达的时间不同，可能产生干扰。此外，在场地内演出时，观众的视听方向感可能不一致。

（7）混合布置方式：是一种将集中与分散布置同时并用的方式。当厅堂的规模较大时，只采用集中式布置前面的扬声器不能使后部有足够的声压级；或由于进深较大的挑台造成的声影区内，都有必要用分散式布置的扬声器补足声压，弥补声缺陷。另外，混合布置方式还能模拟出环绕感、混响感等建声效果。

（8）效果声布置方式：类似于混合式，由布置在观众周围的效果扬声器以不同的组合方式、先后顺序，发出各种客观环境中的声音，以渲染气氛，增加真实感。或通过音乐、特别声响创造一种虚幻的境界，以此引起观众的各种情感。效果声布置方式一般只在高级专用剧院设置。

4.6.4 电声系统的室内建筑处理及相关建筑设计

当有电声系统介入室内音质设计时，相应的设计方式也应随之有所改变。例如：多数情况下分散布置扬声器可代替反射板的作用，混响时间取较低值，给加入人工混响留有余地；大量的吸声处理，除了保证短混响时间外，也可防止回声和电声反馈，是使电声设备效果得到充分体现的必要前提条件。

此外，随着电声系统的介入，还要根据电声专业人员的具体要求设计声控室、调音台等必须的空间。

声控室是电声系统的中枢，其主要功能为监听与控制。室内通常设有扬声器、调音台、各种放大器、录音机及各种附属设备。声控台的面积，根据厅堂规模的不同而有所不同。考虑到声控室的监控功能，一般将声控室布置在观众厅的后部或是耳光口附近，使其可以通过观察窗看到全部舞台和部分观众席。并且应对声控室内的顶棚、墙面作吸声处理，以适应监听要求；对地面采用绝缘地板，并留有布线沟，以便实际使用。另外，考虑到各种机器的散热，室内还应设置空调。

调音台是将声监听系统直接置于观众席中，其周边的装修处理应尽可能与观众席的声学性能相近，以方便操作人员边听边对扩音系统进行调整。需要注意的是，调音台所处的位置应在观众厅中有一定的代表性，应使其既独立于观众席，而又不显得过大或过于突出。

4.7 各类厅堂的音质设计

室内音质设计的目的，在于通过对其基本原理与方法的掌握，结合实际情况，灵活地处理各种音质缺陷，有创造性地设计出理想的音质环境。下面，将通过介绍几类具有代表性厅堂的音质设计要点，来进一步加深对室内音质设计的理解。

4.7.1 剧场

剧场可分为歌剧院、戏剧院、话剧院等多种类型。其特点是，有独立于观众厅的大舞台空间，多以镜框式台口与观众厅相连，一般还有乐池。随着戏剧艺术的发展，以及与其他艺术手段（如电影、电视）的竞争，为了增强戏剧艺术表现力以及加强与观众的思想感情交流，舞台已不满足于镜框式台口的限制。国外出现了伸出式、尽端式、大台唇式、岛式或半岛式等舞台。近年来我国很多种类的戏剧表演也已经突出到台口以外，将乐池盖起来或设置升降乐池，扩大表演区，台口外两侧要求开门，以满足演员在台口以外上、下场。图4-14 为北京首都剧场。

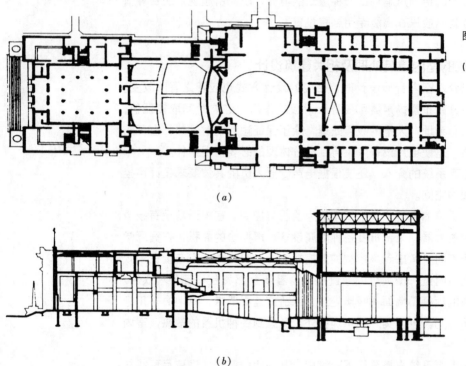

(a)

(b)

图 4-14　北京首都剧场
(a) 平面；*(b)* 剖面

歌剧院是以满足歌唱与音乐演奏为主的一类剧院。其混响时间应当较长，但略小于音乐厅。西方古典歌剧院多为马蹄形平面，侧面与后面有多层包厢。而新式的剧院平面多为扇形、六角形等，其中以大型的、机械化程度较高的舞台最为常见。我国的地方剧院（如京剧院）混响时间应略短于歌剧院，且通常不设乐池，伴奏等多设在侧台。

话剧院一般规模较小，配有镜框式或伸缩式舞台。为了保证有较高的语言清晰度，大厅混响时间应比较短，还应特别注意避免出现回声现象。

对于剧场的设计，由于其功能复杂，且音质要求较高，同时还设置有较为完善的电声系统，需要声、光、电、舞台机械等各工种的大力协作才能完成。因此，必须在设计前深入查找相关资料文献，并与各专业设计人员密切配合。可见，剧场设计实际上是以建筑设计为主的多专业协作产品。

4.7.2　音乐厅

音乐厅在建造数量上并不多，应用范围相对较小，但它的音质可以说是在建筑中要求最高的。其主要用于各种交响乐、室内乐、声乐等音乐演出。由于演出大多靠自然声，所以音乐厅通常不设置电声系统等扩音设备。当有现场转播或录音需要时，还需设置声控室。音乐厅的规模有大有小，其中规模较大的音乐厅主要用于演奏交响乐。

古典音乐厅的平面多是矩形平面，宽度较窄，加上较高的顶棚，人们习惯称这种体形为"鞋盒式"。厅的两侧及后部有较浅的挑台，内墙和顶棚多用木板或抹灰为主材料，内墙表面多有精美华丽的浮雕、壁柱等饰品，且顶部装有多个大型花吊灯。这类音乐厅的音质很受好评，有的至今仍被视为音乐厅音质的典范。

如同剧场，音乐厅的体形设计在近现代逐渐体现出多样化。其共同的特点就是较古典音乐厅平面变宽、顶棚高度变低，还加入了反射板、扩散体等新元素。

由于音乐厅在各类厅堂中对音质要求最高，故音乐厅的音质设计应尽量遵循以下几点原则：

4.7.2.1 使厅堂具有较长的混响时间，以保证厅内声场有足够的丰满度

主观音质评价好的音乐厅都具有较长的混响时间。因此，为了保证厅堂的混响时间足够长，通常少用或不用吸声材料；同时，大厅容积通常设计得比较大，一般每座容积控制在 $8 \sim 10 m^3$ 左右。

4.7.2.2 充分利用前次反射声

均匀分布的前次反射声能够保证绝大多数座位区有足够的响度和亲切感。特别是来自于侧墙的前次反射声，有助于提供良好的环绕感。当厅堂侧墙向两侧展开时，其形状处理必须向厅堂的中部提供反射声。厅堂顶部的处理除了向观众席反射外，还需向演奏席提供反射声，以利于演唱、演奏者彼此的听闻。

4.7.2.3 保证厅内有良好的扩散

为了使声音得到充分的扩散，专门设计布置的扩散体是必不可少的。在古典式音乐厅内，丰富的装饰构件

图 4-15　德国柏林爱乐音乐厅
(a) 平面；(b) 剖面

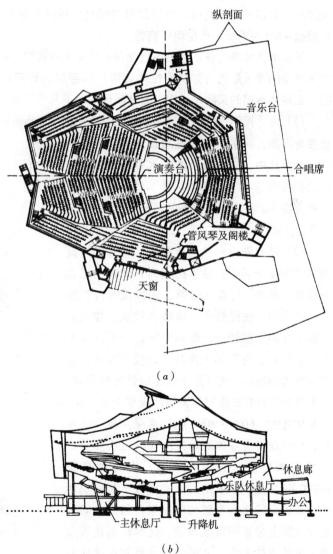

纵剖面

音乐台

演奏台

合唱席

管风琴及阁楼

天窗

(a)

休息廊

乐队休息厅

办公

主休息厅　升降机

(b)

也起到了同样的作用。

此外，由于音乐厅的允许噪声标准要明显高于其他厅堂，致使在选址时应注意远离交通干道等噪声较高的地区，且要在其内部作好隔声，以及对通风系统作好足够的消声、减振处理。图4-15为著名的德国柏林爱乐音乐厅。

4.7.3 体育馆

建造体育馆的主要目的是为了举行体育比赛，一般体育比赛对声学方面的要求是：保证语言清晰即可。而体育馆的一些多功能用途和部分体育项目对声学方面的要求可通过电声系统加以实现。

体育馆主要包括田径馆、体操馆、游泳馆以及综合性体育馆等多种类型。其中，综合性体育馆通常具有容积大、观众多、场地大且空旷、顶棚高的特点。多数情况下每座容积在 $8m^3$ 以上，个别甚至能达到 $10m^3$。由于体育馆顶棚跨度大且多采用凹曲面，导致顶棚与场地之间极易出现多重回声。图4-16为规模4000座的罗马巴里奥体育馆。

不论举行体育比赛还是多用途使用，均要求体育馆不能出现声缺陷。而有的体育馆的建筑形式（如综合性体育馆）却容易出现声缺陷，因此应注意消除。在对体育馆的实际设计中，具体表现为以下几个要点：

（1）为了控制混响时间、防止多重反射、提高音质清晰度，同时也为了防止多重回声，可采用吸声性吊顶或悬挂的空间吸声体。其中，空间吸声体的水平投影面积只占顶棚面积的 40%～50%，既节约造价，又符合审美要求。还应确定适当的每座容积，以 6～ $9m^3$ 为合适。

（2）设置强指向性电声系统。考虑到体育馆的特殊使用环境，每当比赛时，体育馆里便充斥着比赛声、观众叫喊声、各种设备（如空调）的噪声，使得整个环境噪声较高。加上体育馆本身的体形较大，混响时间比一般厅堂长很多。因此，为了消除声缺陷、减少噪声，提高听音的清晰度，必须采用强指向性的扬声器。扬声器的布置方式根据体育馆的规模而定：中、小型体育馆（6000～8000座）多采用集中式布置，使观众有良好的听闻方向感，且不会受到远处扬声器的长延时声干扰；大型体育馆（8000座以上）多采用混合式布置，常在场地中央或演出区上方布置集中式扬声器组，同时在观众席上分散布置扬声器，这样既能使观众席上有足够的响度，又能使观众具有正确的方

图4-16 罗马巴里奥体育馆
(a) 平面；(b) 剖面

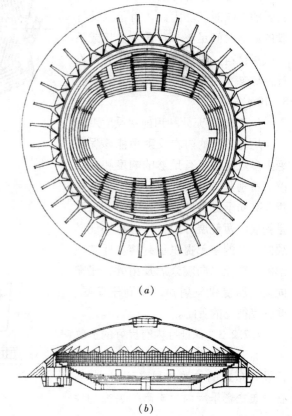

(a)

(b)

向感。

除了上述几种厅堂外，比较具有代表性的厅堂类型还有：电影院、多功能厅（常被称作"影剧院"或"礼堂"）以及报告厅和审判厅等，以上厅堂都应根据各自的使用特点对音质等设计有不同的规范要求。图4-17为我国黑龙江省某高校报告厅。

图4-17 黑龙江省某高校报告厅

(a) 平面；(b) 剖面

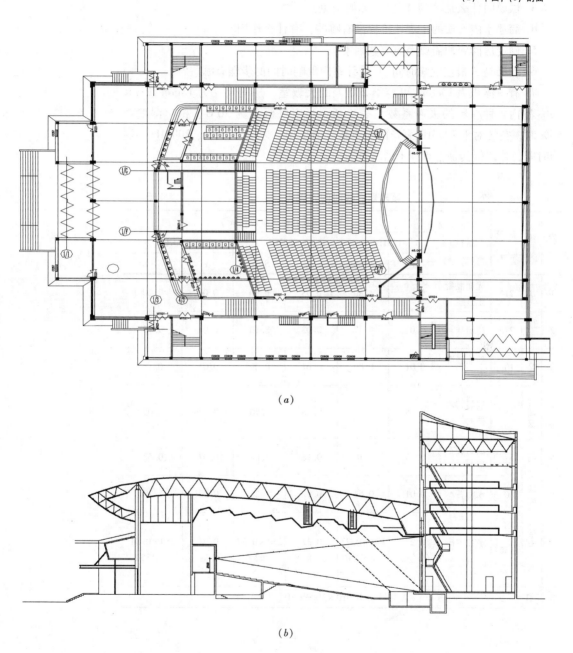

(a)

(b)

复习思考题

1. 简述什么是混响时间？混响声和回声有何区别？与反射声有怎样的联系？

2. 试说明赛宾公式和伊林公式的局限性。

3. 试说明什么是"简并"？应如何避免？

4. 简述室内音质的主观评价标准有哪些？有什么作用？

5. 确定房间容积需要考虑哪些因素？

6. 什么是"最佳混响时间"？设计室内混响时间的步骤有哪些？

7. 有一体积为 $1080m^3$ 可容纳 200 人的大教室，房间尺寸为 $18m \times 12m \times 5m$。室内各种材料的吸声系数见表 4-5。当空气温度为 $20℃$、相对湿度为 50% 时，空气对于 $2000Hz$ 声音的吸声系数为 0.01，求 125、500、$2000Hz$ 的混响时间，并评价其是否有利于语言听闻。

某教室混响时间计算表　　　　　　　　　表 4-5

序号	项目	面积（m²）	材料	吸声系数和吸声单位（m²）					
				125Hz		500Hz		2000Hz	
				α	$S \cdot \alpha$	α	$S \cdot \alpha$	α	$S \cdot \alpha$
1	顶棚	216	光面混凝土砂浆	0.02	4.80	0.03	6.00	0.04	7.20
2	墙面	270	砖墙抹灰	0.02	6.47	0.03	8.10	0.04	9.70
3	黑板	10	玻璃嵌墙上	0.01	0.09	0.01	0.09	0.02	0.18
4	玻璃窗	15	玻璃装木框上	0.35	5.25	0.18	2.70	0.07	1.05
5	门	5	玻璃装木框上	0.35	2.10	0.18	1.08	0.07	0.42
6	地面	80	水磨石	0.01	0.64	0.02	1.28	0.02	1.28
7	学生200人	136	坐在木椅上	0.27（A值）	$250 \times 0.27 = 67.5$	0.37（A值）	$250 \times 0.37 = 92.5$	0.54（A值）	$250 \times 0.54 = 135$
8	$4mV$			$0.010 \times 1000 = 10$					

第 5 章　建筑热环境

从冷热的角度看，建筑的本质就是防寒避暑，为人类提供一个赖以生存的蔽护场所。随着时代的变迁、社会的发展，建筑这一本质要求却始终没有发生改变。建筑是处在自然界中的，不可避免地受到自然界中的季节变化和风霜雨雪等因素影响。而进行建筑设计的基本目的，就是为了创造一个良好的室内热环境，能够抵抗室内外热湿变化带来的负面影响。那么，要创造良好的室内热环境，就应该了解室内的各种环境要素、人对室内的热舒适要求、经济技术状况以及人们的生活、学习、工作的活动情况；同时还要了解建筑物所在地的气候条件，因为气候因素通过围护结构直接影响室内热环境。只有充分了解室内各种环境因素及对人舒适性的影响和各主要气候要素的变化规律及其特征，才能更好地为进行建筑热工设计提供理论依据。

5.1 建筑中的传热现象

建筑的围护结构将热环境分为室内热环境和室外热环境，室内外的热环境之间又存在着能量和物质的转移。在传热学中，我们能知道物体内只要存在温差，就有热量从物体的高温部分传向低温部分；物体之间存在温差，热量也会自发地从高温物体传向低温物体。由于自然界中几乎均有温差存在，所以热量传递已成为自然界中的一种普遍现象。由于围护结构两侧同样也存在温度差，所以围护结构也存在着热量传递现象。

这里所说的围护结构是指建筑物以及房间各面的围挡物。它分透明和不透明两部分：不透明的围护结构有墙、屋顶和楼板等；透明围护结构有窗户、天窗和阳台门等。围护结构按是否同室外空气直接接触，又可分为外围护结构和内围护结构。外围护结构是指同室外空气直接接触的外墙、屋顶、外门、外窗等。内围护结构是指不同室外空气直接接触的隔墙、楼板、内门、内窗等。

房屋存在着通过围护结构接受热量和散失热量的现象。

（1）房屋的受热途径：首先，太阳辐射热量通过窗户直接进入室内，同时太阳辐射也被外墙和屋面吸收传入室内；以及由于室内外温差（室外温度大于室内温度）的存在，热量通过围护结构向内传递。其次是通过门窗缝隙热空气产生的对流，以及建筑内部（如炊事、家电、照明、人体散发）的热量等。这些热量除部分被围护结构本身所吸收和暂时贮存外，大多数热量保存在室内。如图5-1所示。

（2）房屋的散热途径：首先，外墙、屋面、地面由于温差（室内温度大于室外温度）的存在热量通过围护结构向外传递；其次门窗缝隙的空气渗透向外散热。如图5-2所示。

可见，在夏季和冬季围护结构传递热量的方向和特征是不同的。

在冬季，无论供暖房间还是非供暖房间，室内温度一般情况下都大于室外温度，所以其热量是由屋面、墙体、地面、窗户等围护结构流向室外的。所以

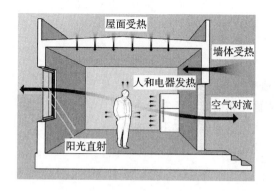

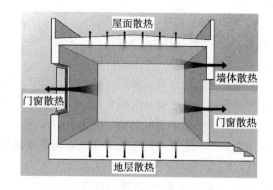

为了更好地保持良好的室内热环境，就必须通过建筑热工设计来提高建筑围护结构的保温性能，减少这种热量的散失。必要时可以采取相应的采暖措施。

图 5-1　房屋受热途径示意图（左）
图 5-2　房屋散热途径示意图（右）

　　而在夏季，就不像冬季那样单一了。对于自然通风的房间，其热量传递的情况为：白天，由于室外较高的气温和强烈的太阳辐射共同作用，热量从室外流向室内，此时建筑围护结构得热；而到了夜晚，室外温度下降，热量又由室内传向室外。这就要求我们在选择围护结构的时候，除了考虑到隔热的要求，还要考虑其散热功能，使得在夜间能够将多余的热量从室内散出去。

　　对于空调房间而言，室内温度较低，白天，热量由室外进入室内；夜间，热量传递的方向，取决于室外的气温。它的热量传递特征同冬季和夏季有所不同，所以还应有其相应的热工对策。

　　由此可见，我们应该根据建筑热量传递的状况、传热的部位、建筑结构形式，结合当地的气候特点，采取不同的热工设计方案。

　　热量的传递称为传热，传热主要有导热、对流、辐射三种形式。

　　导热——同一物体内部或相接触的两个物体通过分子热运动，热量由高温处向低温处转换的现象。

　　对流——流体和流体之间、流体和固体之间发生相对位移时产生热量交换过程的现象。

　　辐射——热量以电磁波的形式由一个物体向另一个物体传递的现象。

图 5-3　冬季室内有采暖设备的传热过程

　　建筑物中的传热都是导热、对流、辐射三种方式的组合。图 5-3 是冬季室内有采暖设备状况下的传热情况，供暖设备向四周辐射传热，并通过与空气的接触进行导热；同时被加热的空气变轻，产生对流，通过对流的方式将热量传给房间的各处，使房间的内表面和室内气温升高；内表面得到热量后由室内（高温）向室外（低温）传递。在围护结构表面发生对流和辐射换热，在围护结构内发生导热。

　　由于围护结构存在以上三种传热方式，就需要研究这三种传热方式的基本原理，应用到热工设计中。第 6 章中将对这三种传热方式的传热机理进行系统介绍。

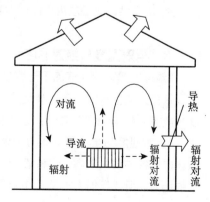

5.2 湿空气物理性质

室内空气的湿度过大时，就会使人体产生不舒适感，易引发各类风湿病，能促使室内物品、食品发霉变质，使围护结构的内表面结露而破坏了内表面质量，加大水蒸气渗透能力而使保温材料受潮。因此，室内的湿作用对于室内热环境就具有一定影响，空气湿度也是衡量建筑热环境优劣的重要指标。

5.2.1 湿空气的成分及分压力

地球上的空气是一种混合气体，它主要是由氮、氧、二氧化碳及水蒸气组成的。我们把水蒸气以外的所有气体称为"干空气"。由"干空气"和"水蒸气"组成的气体称为湿空气。所以把含有水蒸气的空气称为"湿空气"，很显然，通常说的空气（室外空气和室内空气）都是湿空气。

引入理想气体的有关定律，根据道尔顿分压定律：湿空气的总压力 P_w 是干空气分压力 P_d 和水蒸气的分压力 P 之和，即式（5-1）。

$$P_w = P_d + P \tag{5-1}$$

5.2.2 饱和空气与未饱和空气

在温度和压力一定的条件下，一定容积的干空气所能容纳的水蒸气量是有一定限度的。水蒸气的含量未达到限度的湿空气，叫"未饱和湿空气"；达到限度时则叫"饱和湿空气"。

"饱和状态的湿空气"中的水蒸气所呈现的压力叫做"饱和蒸汽压"或"最大水蒸气分压力"，用 P_s 表示。"未饱和湿空气"中的水蒸气的分压力用 P 表示。

由图5-4可以看出：在一定大气压力下，饱和水蒸气分压力随着温度的升高而变大。这是由于温度越高，其一定容积内所容纳的水蒸气就越多，所表现出水蒸气的压力就越大。在不同温度下，水蒸气的分压力 P_s 值由附录 B_1 提供，便于应用于内部冷凝受潮检验。

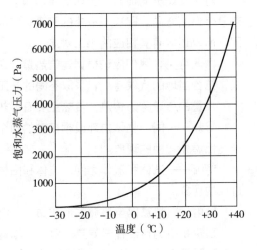

图 5-4　饱和水蒸气分压力与温度的关系

5.2.3 相对湿度与绝对湿度

"湿度"是表示空气的干湿程度的物理量。

每立方米空气中所含水蒸气的重量，称为湿空气的"绝对湿度"。绝对湿度一般用"f（g/m^3）"表示；饱和状态下的绝对湿度用"f_{mas}（g/m^3）"表示。

"绝对湿度"虽然能具体指明单位体积空气中所含水蒸气的真实数量，但从室内气候的要求来看，这种表示方法并不能说明空气的干燥或潮湿程度及吸湿的能力。所以我们引出了"相对湿度"。

相对湿度，是指一定温度和大气压下，湿空气的绝对湿度与同温同压下的饱和空气的绝对湿度的百分比。表示为 φ（%）。即式（5-2）。

$$\varphi = \frac{f}{f_{mas}} \times 100\% \tag{5-2}$$

由于在一定温度下，湿空气中水蒸气的含量多少，与水蒸气分压力成正比。因此，相对湿度也可以用湿空气中水蒸气的分压力 P 与同温度下湿空气的饱和分压力 P_s 的百分比表示。即式（5-3）。

$$\varphi = \frac{P}{P_s} \times 100\% \tag{5-3}$$

"相对湿度" φ 反映的是湿空气中水蒸气含量接近饱和的程度。$\varphi = 100\%$ 的为饱和湿空气，$\varphi = 0$ 的为干空气。实际空气的绝对湿度值为 $0 < \varphi < 100\%$。在某一温度下，φ 值越小，表示空气干燥，具有较大的吸湿能力；φ 值越大，表示空气潮湿，吸湿能力小。

绝对湿度是空气调节工程设计的重要参数，在建筑热工中则广泛应用"相对湿度"。因为相对湿度 φ 能直接说明湿空气对人体热舒适感、房间及围护结构湿状况的影响。一般情况下，对室内热环境而言，正常的 φ 值在 30% ~ 60%。

5.2.4 露点温度

对于饱和水蒸气来说，在一定的温度和压力条件下，空气中所含的水蒸气量是一定的，也就是其绝对湿度不变，那么其实际水蒸气分压力 P 也是一定的。这时对其冷却，随着温度的降低，P_s 值减小，这时相对湿度 φ 随之增大。当 $\varphi = 100\%$，这时湿空气达到饱和状态即 $P = P_s$。这时的温度就是该空气的"露点温度"。我们把这种在大气压力一定、含湿量不变的情况下，未饱和的空气因冷却而达到饱和状态时的温度叫"露点温度"。用 t_d 表示。

如果在空气已经达到饱和的情况下，仍然对其降温，则此时由于水蒸气已经达到饱和状态，所以水蒸气将变成凝结水而析出。寒冷地区建筑物在冬季时，窗户内侧常常出现很多露水，有的甚至结霜。原因就是玻璃保温性能低，其内表面的温度远低于室内的露点温度。当室内的热空气遇冷后就会结露或结霜。

【例】某采暖房间室内气温 $t_i = 18℃$，空气的相对湿度为 $\varphi = 60\%$，试计算该房间的露点温度 t_d 值。

【解】首先查询附录 B_1 可知，当 $t_i = 18℃$ 时，对应的饱和水蒸气压 $P_s = 2062.5Pa$，根据式（5-3）得：

$$P = P_s\varphi = 2062.5 \times 0.6 = 1231.5Pa$$

其次，根据露点温度的定义，当室温下降至 $P_s = 1231.5Pa$ 时，对应的温度，就是该房间空气的露点温度。查附录 B_1 得，对应的温度为：

$$t_d = 10℃$$

计算房间室内空气露点温度，同围护结构的内表面温度进行比较，看其是否会结露或结霜。如果有结露或结霜的现象，我们就必须在设计的时候，增强围护结构保温性能，使内表面的温度高于露点温度。掌握计算露点温度的方法，对实际工程设计具有十分重要的意义。

5.3 室内热环境

随着社会的发展，人们对于建筑室内的环境质量要求越来越高。不仅要满足基本居住、工作、学习等方面的要求，而且要宽敞明亮、温湿度适宜、室内空气清新，更重要的是有利于人体的身心健康以及提高工作、学习效率。因此，创造一个舒适的室内环境是进行建筑设计的根本目的。室内热环境不仅是室内环境的基本构成要素，而且是衡量室内环境优劣的重要指标，所以室内热环境状况的好坏对于建筑设计来说就显得尤为重要。

现在，虽然可以通过空调、采暖、通风等技术手段来调节和控制室内热环境。但是这些热工手段也带来了一些负面的影响，如：噪声、废气、高耗能等。这就要求我们能够通过建筑设计的手段来改善热环境。因此，在进行设计之前，就要充分了解人体热舒适指标、影响热舒适性的因素和评价方法，才能为建筑设计提供实际的依据。

5.3.1 人体热舒适

5.3.1.1 人体热平衡

在室内各种热环境因素的影响下，人体的主要表现是冷热感。而冷热感取决于人体新陈代谢产生的热量和人体与周围环境热量之间的平衡关系。所以首先应该了解人体与室内热环境之间是如何达到平衡的。人体与环境之间的热量交换如图5-5所示。

人体与室内环境的热交换主要是与屋面、墙体内表面和窗口之间发生辐射换热和与周围的空气发生对流换热。当人体的表面温度（即人体皮肤温度，一般为32.5℃）高于环境温度时，人体向环境散热，若低于环境温度时，则环境向人体传热。人体在热交换的过程中，还有一部分热量通过人体呼吸和皮肤表面的无感觉蒸发，向环境散热。这个得热和散热的过程，用下面的式（5-4）来表示。

$$\Delta q = q_m - q_e \pm q_r \pm q_c \quad (5-4)$$

式中 Δq——人体得失热量（W）；

q_m——人体新陈代谢产生的热量（W）；

q_e——人体蒸发散热量（W）；

q_r——人体对流换热量（W）；

q_c——人体辐射换热量（W）。

q_m 主要取决于机体活动的强度，一般处于安静状态的成年人，产热量约为 95～115W，当从事体力劳动时，产热量

图5-5 人体与环境之间的热交换

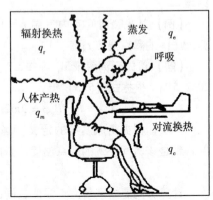

辐射换热 q_r　蒸发 q_e　呼吸

人体产热 q_m　对流换热 q_c

约为 580~700W。

人体尚未出汗时，蒸发散热量 q_e 通过呼吸和无感觉的皮肤蒸发。但当进行一定强度的体力劳动或环境较热时，人体就会出汗，蒸发散热显著增加，不过是有限度的。

人体对流换热量 q_r，取决于人体与室内的气温差。当体表温度高于气温时，人体散热。反之，得热。

人体辐射换热量 q_c，体表温度高于周围的表面温度时，人体散热。反之，得热。

可见人体的热平衡，可能会因为环境的改变而受到破坏。但由于人体有一定的新陈代谢调节机制，所以不至于立即引起体温的变化。例如：当环境过冷时，皮肤温度就会下降，从而减少了散热量。而环境过热时，人体就会出汗，蒸发散热显著增加，不过是有限度的。可见，这时人已经不再舒适。

由此可见，人体与环境虽然已经达到热平衡状态，但是人体并没有处于舒适状态。只有处在一个"正常比例的散热"状态，人才会感觉舒适。所谓按"正常比例散热"，指的是对流换热约占总散热量的 25%~30%，辐射散热约为 45%~50%，呼吸和无感觉蒸发散热约占 25%~30%。

5.3.1.2 热舒适

热舒适是人对热环境满意度的主观评价。那么，热舒适就是人的心理感觉，但是与人的生理反应密切相关。因此，人的性别、年龄、人种、风俗习惯、适应性等都对热舒适有一定的影响。但这些因素都是次要的，一般认为影响热舒适的人体条件可归结为两个——"人体活动强度"和"衣着"。因为两者都直接关系到人体的新陈代谢率，而新陈代谢率是影响热舒适的唯一生理因素。比如，运动着的人与久坐的人、穿着厚衣服的人与裸体的人对热的感觉是不同的。

虽然可以通过生理和衣着调节来满足热舒适，但毕竟有一定的限度。通过调整环境因素来满足热舒适是有效的措施，也是降低能耗的最好途径。我们进行建筑热工设计的根本目的就是通过创造室内环境要素的最佳组合状态来达到人的热舒适感，而且最大限度地降低能耗。

5.3.2 影响人体热舒适的室内热环境要素

5.3.2.1 室内热环境要素

1. 室内空气温度

室内气温主要取决于太阳辐射和大气温度，同时也受生活环境中各种热源的影响。气温对体温调节起主导作用，是描述环境影响人体热反应的主要因素，也是最为直观的因素。

人体健康的基本卫生条件，要求室温不能低于10℃或高于30℃。如果室温低于10℃或高于30℃，人体机能的正常运行将受影响，特别是血液循环和消化系统将不正常，这种环境下，人体容易受寒生病或中暑，不能在建筑内正常生活和工作，典型情况是睡眠不好，或难以入睡，不能安坐学习和工作。一般建筑室内温度为夏季日平均不超过30℃，冬季日平均不低于10℃，人员长久逗留位置不低于10℃。

建筑热环境质量也是保证和提高工作、学习效率的必要条件。民用建筑室温低于18℃或高于28℃，工作效率会急剧下降，脑力劳动的最高工作效率要求室温在25℃左右。所以为了更好地提高工作、学习效率，以及对于人们热舒适性的考虑，舒适性标准为夏季室内温度不超过28℃，冬季室内温度不低于18℃。

根据人们热舒适性的要求，确定了室内设计的温度标准。而且房间按着不同的使用性质，其室内设计的温度是不同的。例如：居住建筑冬季采暖设计温度为18℃，托幼建筑采暖设计温度为20℃，办公建筑夏季空调设计温度为24℃等。

2. 室内空气湿度

根据卫生工作者的研究，对室内热环境而言，正常的湿度范围是30%~60%。冬季，相对湿度较高的房间围护结构内表面易出现结露现象；夏季，则会使人感到更加闷热。

空气湿度主要影响人体蒸发散热，一般在低温环境下对人体热平衡的影响较小，高温环境下影响较大。高气温时，为了舒适，人体需要出汗来保持人体的热平衡，而空气湿度过高将阻碍体表的蒸发散热。麦金太尔和格里菲思（1975年）报道了受试者在23℃和相对湿度为75%时会比处在23℃相对湿度为50%时感到更闷热和空气更不流畅。这就是夏季气温虽然并不太高，但因为相对湿度较高而使人倍感闷热的原因。低气温时，空气湿度增高则由于水分的作用而增加了人体的散热和衣服的导热，冷感提高。例如，我们如果身上带水从浴室中走出来，一定会觉得很冷。

一般来说，相对湿度一般在40%~70%较为适宜。而在设计中，我们应当针对不同的温度来确定适宜的湿度。

3. 气流速度（风速）

室内气流速度除受大自然风力影响外，还与居室门窗的开口大小、形状、高低位置以及局部区域的热源和通风设备有关。当室内温度相同，气流速度不同时，人们热感觉也不相同。如气流速度为0m/s和3m/s时，3m/s的气流速度使人更感觉舒适。

气流能明显地影响人体的对流和蒸发散热。夏季，当气温小于皮肤表面温度时，每增加1m/s的气流速度，会使人感到气温降低2~3℃。相反，当气温大于皮肤表面温度时，反而会有热的感觉，其热感觉还会随着温度的增加而增加；冬季，可使人体散热加快，特别是在低温高湿环境中尤为明显。

虽然在夏季提高风速可相应降低室温而获得同样的热舒适性，但风速不能过大。因为风速过大会使人感到不舒服，甚至有害健康，特别老弱病人或睡眠中的人，风速过大还会吹起桌面纸张、扬起灰尘，给生活、学习和工作造成不便。在室内热环境中舒适温度的气流速度一般为 0.15～0.25m/s。夏季风速取 0.2m/s（舒适性标准）或 0.3m/s（可居住性标准），冬季室内风速越小越好。

4. 环境辐射温度

人体与环境都存在着不断发生辐射换热的现象。环境辐射主要由进入室内的太阳辐射及人体与周围环境界面之间的辐射热交换组成，对人体的热舒适影响很大。

界面温度高于体表面温度时，人体经辐射热交换得热，反之失热。合理的建筑热工设计，能够避免围护结构内表面温度过高或过低对人体产生"热辐射"或"冷辐射"。

5.3.2.2 室内环境因素综合作用

温度、湿度、气流和辐射温度四个要素对室内环境综合作用，并对人体的舒适性产生很大的影响，决定着人是否感到舒适。可以看到对于人体的热反应，四个要素间在很大程度上是可以互换的。也就是某一要素的变化所造成的影响，常可以为另一要素相应的变化所补偿和制约。例如：人的脚部直接接触地面，给人的冷热感较明显，有的采暖房间达到了基本的设计温度，但地面温度不高而产生冷辐射会使人体感觉室内温度较低。因此，在做保温设计时，要考虑辐射和温度之间综合作用的因素。

可见，根据人的感觉不同，室内环境可以分为：舒适、可以忍受和不能忍受的情况。我们进行建筑设计的根本目的就是为了达到热舒适性的要求。实践证明，热舒适的范围为：冬天温度为 18～25℃，相对湿度 30%～80%；夏季温度 23～28℃，相对湿度 30%～60%，风速控制在 0.1～0.6m/s，壁面辐射温度低于人体皮肤温度；在装有空调的室内，温度为 19～24℃，相对湿度 40%～50%。民用建筑适宜的温度是 18℃，相对湿度 40%～70%，在这种室内小气候的环境下，人的精神状态好，工作效率也高。

了解影响热舒性的环境因素，有利于不断探讨合理的建筑热工设计方案。

5.3.3 热舒适的评价指标

5.3.3.1 有效温度

有效温度是 Houghton 和 Yaglon 等人于 1923 年提出的，它主要是根据气温、湿度及气流速度三个要素对人体综合作用所产生的影响评价指标。它主要是以受试者的主观反应作为评价依据。但是有效温度 ET 在低温时过分强调了湿度的影响，而在高温时对湿度的影响强调得不够，以及没有考虑辐射等因素。后来被 GAGGE 在 1971 年提出的"新有效温度 ET^*"所取代。新有效温度 ET^* 就是相对湿度为 50% 的假想封闭环境中相同作用的温度。该指标同时考虑了辐射、对流和蒸发三种因素的影响，因而受到了广泛的采用。ET^* 与热感觉之间的关系见表 5-1。

新有效温度 ET^* 与热感觉之间的关系   表 5-1

新有效温度 ET^*（℃）	主观热感觉	新有效温度 ET^*（℃）	主观热感觉
43	允许上限	25	适中
40	酷热	20	稍冷
35	炎热	—	冷
—	热	15	寒冷
30	稍热	10	严寒

5.3.3.2　PMV-PPD 指标

丹麦学者房格尔教授在 20 世纪 70 年代提出 PMV-PPD 指标，是目前国际公认的热舒适评价方法。它是在人体热平衡理论的基础上，用舒适方程将气温、湿度、气流、辐射温度等四个主要的环境要素和衣着、活动程度两个人体的变量综合为 PMV，再将 PMV 与不满意率 PPD 联系，形成了 PMV-PPD 指标体系。

热舒适指标 PMV 不是客观量，而是不能用物理方法测量的主观感受。是受试对象在试验中对某种环境因数组合的热感觉的投票值。房格尔教授把它分为七个等级，每一个等级的代表意义见表 5-2。

房格尔的七级指标   表 5-2

PMV 值	+3	+2	+1	0	−1	−2	−3
预测热感觉	热	暖	稍暖	舒适	稍凉	凉	冷

PMV 值可由热舒适仪直接测量，也可先测空气干球温度、湿度、风速、平均辐射温度等四个热环境因素，再结合人体活动强度及衣着，用热舒适方程计算。确定 PMV 值后，即可从 PMV-PPD 曲线查出不满意率 PPD。

L. 巴赫基的专著《房间的热微气候》等文献都提到，舒适性的标志是使 80% 以上的人对热环境感到满意。

5.4　室外热环境

如果说室内热环境是室内空气温度、湿度、空气流动速度和环境辐射诸要素的某一组合，并是影响人体热舒适度的因素。就建筑空间来讲，室外气温、湿度、太阳辐射、风及降水等室外气候因素对人的影响虽不直接，但它们通过围护结构影响和制约着室内气候因素。如果说室内气候是建筑热工设计的目的，那么室外气候则是建筑和构造设计的依据之一。

5.4.1　室外热环境的主要气候因素

5.4.1.1　太阳辐射

太阳辐射是地球上热量的基本来源，是决定气候的主要因素，也是建筑物外部最主要的气候条件之一。太阳辐射通过大气层时被削弱，因为大气层对于太阳辐射具有吸收、散射和反射的作用。大气对太阳的削弱程度取决于射线在大气中的射程的长短和大气的质量（大气的透明度）、射线的长短与太阳高度角、海拔高度和地理纬度等因素。大气的透明度越低、射线通过的大气层越厚，对太阳辐射削弱的作用越强。因此在不同的地方、不同时刻辐射照度是不同的。

在《民用建筑热工设计规范》GB 50176—93 中，给出了我国主要的城市地方太阳辐射时的照度、日总量及昼夜平均的照度，以备我们在进行热工设计考虑太阳辐射的情况下使用，见附表 B_5。

5.4.1.2 室外气温

室外气温是指距地面 1.5m 处百叶箱内的空气温度。气温有明显的日变化和年变化规律。气温的日变化规律是由地球自转引起的。日最高气温一般出现在 14 时前后，日最低气温一般出现在日出前后。年最高气温出现在 7 月，最低出现在 1 月。城市的气温一般比郊区的温度高，这就是城市的热岛现象。

在进行围护结构的热工设计时，室外气温是重要的依据，常取一个定值。这个定值是根据当地的气候条件、围护结构材料、构造等因素用规范的形式给出的。见附表 B_4。

5.4.1.3 空气湿度

空气湿度是指空气中水蒸气的含量，它表示大气湿润的程度，一般用相对湿度表示。相对湿度的日变化通常与气温的日变化相反。一般温度升高，相对湿度减少，反之增大。晴天时，最高值一般出现在黎明前后，最低值出现在午后。

5.4.1.4 风

气象学中，把水平方向的气流称为风。风向和风速是描述风特性的两个主要要素，对于建筑热工设计的影响也最大。风吹来的方向，称为风向，如风是由北面吹来的，就称为北风。为了直观地表示一个地区的风向、风速和频率，常用"风向频率图"来表示，如图 5-6 所示。各地都有各自的风向频率图。

图 5-6 风向频率图

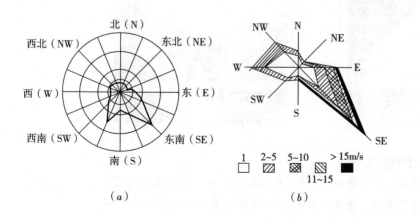

（a）　　　　（b）

在建筑设计上，有助于我们根据各地不同的主导风向和年、月、季的风速平均值来确定建筑的朝向、间距、平面位置和开口方向。

5.4.2 适应气候的建筑实例

我国幅员辽阔，人们的居住建筑也各具特色。内蒙古大草原的毡包（蒙古包）、云南中南部的竹楼、陕西和山西的窑洞等多种形式，这些结构形式独特、风格各异的房屋与当地民族的爱好和习惯有关，更重要的还是当地气象条件的影响，与温度、湿度、雨量、风、太阳辐射等密切相关。下面的民居例子能让我们更直观地了解气候与建筑之间的关系。

5.4.2.1 蒙古包

蒙古包是下部圆柱形、上部圆锥形的帐篷，一般用毛毯围盖，因为蒙古族居住地冬寒而夏凉。蒙古包的外形有利于在冬春寒潮大风中减小风的阻力，增加稳定性。上部的圆锥形有利于冬季减少积雪，夏季雨水迅速下流。在内蒙古地区，夏季尚有较大的雨，因此蒙古包周围要挖一道小沟，以防外水进入包内。此外蒙古包顶部也有孔洞排烟、通风、透光，羊毛毡做的门直拖地面，可防止冷空气进入包内，如图5-7所示。

5.4.2.2 西双版纳的傣族住宅

西双版纳属于湿热气候区，该地的竹楼，底部由竹木杆件架空，上部设深远的出檐和回廊，采用轻质的墙壁和屋面材料，墙壁和屋顶都可以通风。当地气温高，昼夜变化较小，轻质的外墙和屋顶储存热量的能力小，使结构表面的温度随气温的升降而剧烈变化。围护结构在白天储存的热量，能够在夜晚迅速散失而确保气温不高。同时，深远的出檐能够避免阳光直射到屋里。再次，架空竹楼下面地面由于不受阳光直接辐射而温度较低，能接受地板的长波辐射热，而使地板降温。架空的地板与回廊能达到良好的通风效果，如图5-8所示。

图5-7　蒙古包（左）
图5-8　傣族的竹楼（右）

5.4.3 我国建筑设计的热工分区

建筑热工设计应与地区气候相适应，不同的气候条件对房屋建筑提出了不同的要求。炎热地区需要通风、遮阳、隔热，寒冷地区需要采暖、防寒和保温。为使建筑能够更充分地利用和适应气候条件，做到因地制宜，我国《民用建筑热工设计规范》GB 50176—93 进行了建筑热工分区，其基本规定见表 5-3。我们可以根据主要指标和辅助指标，确定建筑所在地区，采取相应的热工设计方案。

建筑热工分区及设计要求　　　　表 5-3

分区名称	分区指标		设计要求
	主要指标	辅助指标	
严寒地区	最冷月平均温度小于 −10℃	日平均温度不大于 5℃ 的天数不小于 145d	必须充分满足冬季保温要求，一般可不考虑夏季防热
寒冷地区	最冷月平均温度 −10~0℃	日平均温度不大于 5℃ 的天数 90~145d	应满足冬季保温要求，部分地区兼顾夏季防热
夏热冬冷地区	最冷月平均温度 −10~0℃，最热月平均温度 25~30℃	日平均温度不大于 5℃ 的天数 0~90d 日平均温度不小于 25℃ 的天数 40~110d	必须满足夏季防热要求，部分兼顾冬季保温
夏热冬暖地区	最冷月平均温度大于 10℃，最热月平均温度 25~29℃	日平均温度不小于 25℃ 的天数 100~200d	必须充分满足夏季防热要求，一般可不考虑冬季保温
温和地区	最冷月平均温度 0~13℃，最热月平均温度 18~25℃	日平均温度不大于 5℃ 的天数 0~90d	部分地区考虑冬季保温，一般可不考虑夏季防热

复习思考题

1. 建筑物的传热方式主要有哪几种？

2. 什么是露点温度？计算建筑室内空气的露点温度，对采暖建筑有什么实际意义？计算室内气温 $t_i = 18℃$，空气的相对湿度为 $\varphi = 65\%$ 时的露点温度。

3. 什么是人体与环境之间的"正常热平衡"？

4. 构成室内热环境的四项气候要素是什么？简述各个要素在冬（或夏）季，在居室内，是怎样影响人体热舒适感的？

5. 根据国家标准《民用建筑热工设计规范》GB 50176—93，我国建筑热工分区的主要依据是什么？

6. 观察自己所在地的建筑形式，试分析建筑是如何适应当地室外气候因素的。

第6章　建筑围护结构的传热知识

建筑的围护结构存在传热现象，而这一传热的过程又分为稳态传热和不稳态传热。本章主要研究传热的基本原理、热交换过程的规律以及稳态传热和不稳态传热的计算方法，为解决建筑保温设计和隔热设计奠定理论基础。

6.1　传热的基本方式

传热主要有导热、对流和辐射三种基本方式。建筑围护结构的传热过程也是这三种基本方式的不同组合。下面分述三种传热方式的特征和规律。

6.1.1　导热

6.1.1.1　导热的基本定义

导热是指物体各部分之间不发生相对位移或不同物体接触时，依靠分子、原子及自由电子等微观粒子的热运动而产生的热量传递的现象。所以导热可以在固体、液体、气体中发生。在地球引力场作用的范围内，单纯的导热只能发生在密实的固体中。当有温差时，液体和气体就会出现对流的现象，难以维持单纯的导热。

绝大多数的建筑材料或多或少地都有孔隙存在，都不是密实的固体。在孔隙间也同样发生着其他的传热方式，但是由于对流和辐射传递的热能在总体传递热能中占的比例很小，所以在热工计算中，可以认为在固体建筑材料中的热传递仅仅是导热的过程。

6.1.1.2　导热的特点

导热有稳态导热和不稳态导热、一维导热和多维导热之分。为了更好地了解导热过程，就需要明确以下几个定义：

1. 温度场

热量传递的动力是温度差，研究传热时必须知道物体的温度分布。

在某一时刻物体内各点温度的分布称为"温度场"。物体内任何一点都有一个温度值，认为物体任何一点的温度 t 是空间（x，y，z）和时间 τ 的函数，即式（6-1）。

$$t = f(x, y, z, \tau) \tag{6-1}$$

式中　　　　　t——温度；

（x，y，z）——空间坐标；

τ——时间。

上式表示在 x、y、z 三个方向上和时间 τ 上都有变化的"三维不稳定温度场"。

如果温度分布随时间而变化，称为"不稳定温度场"；温度不随时间而变化，称为"稳定温度场"。

如果温度 t 仅在 x 轴上变化，则成为"一维温度场"。

在进行建筑保温和隔热设计中，由于建筑物围护结构的长、宽比厚度要大得多。所以在计算中，可以粗略地按照"一维温度场"考虑。也就是围护结构温度分布只在单一方向上发生变化。在进行冬季保温设计时，由于建筑物围护结构热量是从室内传向室外的，受时间变化影响较小，所以可以按"一维稳定温度场"考虑；而进行建筑隔热设计时，由于建筑物围护结构白天的热量由室外流向室内，而晚上刚好相反，因此受时间变化的影响较大。所以按"一维不稳定温度场"考虑。

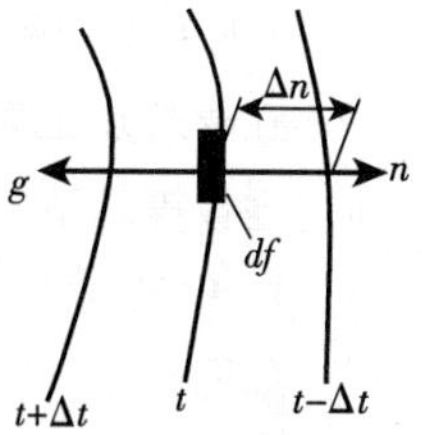

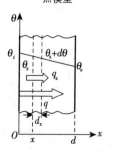

图 6-1　等温面示意图

2. 温度梯度

温差场中同一时刻由相同温度各点相连成的面叫"等温面"。等温面图就是温度场最形象的表示，参见图 6-1。

由图 6-1 可以看到在与等温面相交的方向上，温差都有变化，但在等温面法线方向上变化最显著。温度差 Δt 与法线方向两等温面之间的距离 Δn 的比值的极限，叫做"温度梯度"。表示为式（6-2）。

$$\lim_{\Delta n \to 0} \frac{\Delta t}{\Delta n} = \frac{\partial t}{\partial n} \tag{6-2}$$

"温度梯度"是等温面法线方向的矢量，规定朝着温度增加方向为正，反之为负。导热不能沿着等温面发生，而是穿过等温面进行的。

3. 热流密度、热流量

在对热的物理量进行定义时，由于热和电是相似的物理量，所以对热概念的定义也是根据欧姆定律来命名的。所以把单位时间内通过等温面上的单位面积的热量称为"热流密度"，用"q"表示。

如果热流密度在面积 F 上均匀分布，则热流量 Q 为式（6-3）。

$$Q = q \cdot F \tag{6-3}$$

6.1.1.3　导热的基本规律

傅里叶定律

由导热的机理，可以看到导热是一种微观运动现象。在"傅里叶定律"中规定：匀质材料物体内各点的热流密度与温度梯度成正比，即式（6-4）。

$$q = -\lambda \frac{\partial t}{\partial n} \tag{6-4}$$

式中，"λ"为比例常数，恒为正值，称为材料的导热系数，是建筑材料的热物理性能指标，在本章第 6.4 节中将详细阐述。

"负号"表示热量传递的方向，是由高温到低温方向进行的；"$\frac{\partial t}{\partial n}$"为温度梯度。

在微观物理学角度，热流密度与极小温度改变成正比，与极微薄的板厚成反比。但是在热工设计中，为了方便计算，在"一维稳定传热"过程中，我们将温度在单一材料中的分布认为是均匀不变的。也就是温度在单一材料中的变化是"一条直线"。如图 6-2 所示。

图 6-2　平壁的一维导热模型

6.1.1.4　围护结构中的导热过程

在建筑热工学中，我们主要研究平壁的导热。平壁包括平直的墙壁、屋顶、地板等。下面仅讨论"一维稳定传热"的情况。

1. 单层匀质平壁的导热过程

如图 6-2 所示，单层匀质的平壁，仅在 x 轴上有热流传递，也就是"一维导热"。同时壁内外温度分别为 θ_i、θ_e 且 $\theta_i > \theta_e$，由式（6-4）得，在单位时间内通过单位截面的热流 q_x 为式（6-5）。

$$q_x = -\lambda \frac{\mathrm{d}\theta}{\mathrm{d}x} \tag{6-5}$$

式中　λ——材料的导热系数 [W/（m·K）]；

$\dfrac{\mathrm{d}\theta}{\mathrm{d}x}$——温度梯度（K/m）。

当平壁两侧的温度 θ_i、θ_e 不随时间变化，则此时为一维稳定传热，即有式（6-6）。

$$\frac{\mathrm{d}\theta}{\mathrm{d}x} = \frac{\theta_i - \theta_e}{d} \tag{6-6}$$

则整个平壁的 q 为式（6-7）。

$$q = \frac{\theta_i - \theta_e}{d}\lambda = \frac{\theta_i - \theta_e}{\dfrac{d}{\lambda}} \tag{6-7}$$

此时我们把 $\dfrac{d}{\lambda}$ 定义为热量由平壁内表面 θ_i 传到平壁外表面 θ_e 的过程中的阻力称为"热阻"，用"R"表示，单位为"每平方米开尔文瓦特" [（m²·K）/W]。"热阻"是表示平壁阻抗热流通过能力的物理量。在同样的温差条件下，热阻越大，则通过材料的热量越少，材料的保温性能越好。要增加热阻值，可以加大平壁的厚度，或选用 λ 值较小的材料。

2. 多层平壁的导热过程

设三层材料组成多层壁，各材料层之间紧密结合，各层厚为 d_1、d_2、d_3，导热系数分别为 λ_1、λ_2、λ_3，壁面内、外温度分别为 θ_i、θ_e（$\theta_i > \theta_e$），且均不随时间变化，壁内温度用 θ_2、θ_3 表示，如图 6-3 所示。

可以把整个平壁看作是三个单层平壁组成的，应用式（6-7），三个单层壁的热流密度 q_1、q_2、q_3 分别为式（6-8）~式（6-10）。

$$q_1 = \lambda_1 \frac{\theta_i - \theta_2}{d_1} \tag{6-8}$$

$$q_2 = \lambda_2 \frac{\theta_2 - \theta_3}{d_2} \tag{6-9}$$

$$q_3 = \lambda_3 \frac{\theta_3 - \theta_e}{d_3} \tag{6-10}$$

根据稳定传热的条件：$q = q_1 = q_2 = q_3$，由以上四个式子解得式（6-11）。

图 6-3　多层平壁的导热过程

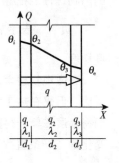

$$q = \frac{\theta_i - \theta_e}{\dfrac{d_1}{\lambda_1} + \dfrac{d_2}{\lambda_2} + \dfrac{d_3}{\lambda_3}} = \frac{\theta_i - \theta_e}{R_1 + R_2 + R_3} \tag{6-11}$$

对于多层平壁的导热计算公式可以此类推为式（6-12）。

$$q = \frac{\theta_i - \theta_{n+1}}{\sum\limits_{j=1}^{n} R_j} \tag{6-12}$$

其中式中每一项 R_j 代表第 j 层的热阻，θ_{n+1} 为第 n 层外表面的温度。可见多层壁的总热阻等于各层热阻之和。

6.1.2　对流

6.1.2.1　对流换热的定义和特点

依靠流体的流动，把热量由一处传递到另一处的现象叫"对流"。对流有"自然对流"和"受迫对流"两种。"自然对流"是由于本来相同温度的流体，因其中一部分受热（或冷却）而产生温度差，形成对流。所以自然对流的程度取决于流体各部分之间的温度差，温差越大，对流越强。"受迫对流"是受外力作用（如风吹、泵压等），迫使流体产生对流。它主要取决于外力的大小，外力越大，则对流越强。

人们把流体与固体壁面之间的热量交换过程叫做"对流换热"。这个过程是导热与对流的综合作用。对流换热也需要流体和固体表面之间接触，根据流体流动发生的原因不同，对流换热也可以分为"自然流动换热"和"受迫流动换热"。

在建筑热工中，我们涉及的主要是空气与围护结构的表面之间的热量交换的现象。那么，围护结构室内（外）表面与室内（外）空气之间的换热就是对流换热。

6.1.2.2　对流换热规律

由流体实验得知，当流体沿着壁面流动时，一般情况下在壁面附近存在层流区、过渡区和紊流区三种流动情况，如图6-4所示。可见在层流区的变化最大，对"对流换热"的影响也较大。

为了确定物体表面的对流换热量，利用牛顿公式得式（6-13）。

$$q_c = \alpha_c \ (t - \theta) \tag{6-13}$$

式中　q_c——对流换热强度（W/m^2）；

　　　t——流体的温度（℃）；

　　　θ——固体表面的温度（℃）；

　　　α_c——对流换热系数 $[W/(m^2 \cdot K)]$。

6.1.2.3　对流换热系数 α_c

对流换热系数 α_c 是指 $1m^2$ 平壁表面上，当流体同平壁之间温度差为 1℃ 时，每秒钟所传递的热量。它的大小反映了对流的强弱。

α_c 不是一个常数，取决于很多因素，是一个复杂的物理量。在

图6-4　表面对流换热

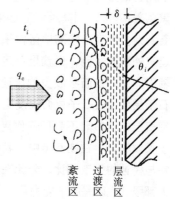

建筑热工学中，α_c 受空气的流动状况（自然对流和受迫对流）、结构所在的位置（垂直的、水平的还是倾斜的）、壁面形状、大小、位置等（是有利于空气流动还是不利于空气流动）以及热流方向等因素的影响。

6.1.3 热辐射

6.1.3.1 热辐射的定义

无论是导热还是对流都必须通过冷、热物体的直接接触来传递热量。但是热辐射的机理则完全不同。它依靠物体表面对外发射电磁波来传递热量。依靠物体表面向外发射热射线（能产生显著效应的电磁波）来传递能量的现象，称为"辐射"。凡是温度高于绝对零度（0K），物体都发射辐射热。太阳属于"短波辐射"，而一般建筑物的辐射都属于长波辐射。

6.1.3.2 物体表面辐射能的吸收、发射和透射

当辐射能入射到一个物体表面时，其中一部分被反射，一部分被吸收，还有一部分可能被透过（例如：窗玻璃）。如图6-5所示。

根据能量守恒定律，得式（6-14）。

$$I = I_r + I_\rho + I_\tau \tag{6-14}$$

式中　I——入射辐射能；

　　　I_r——被发射的辐射能；

　　　I_ρ——被吸收的辐射能；

　　　I_τ——透射的辐射能。

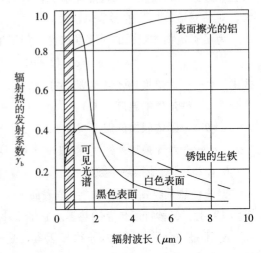

图6-5　物体表面辐射分布图

被发射的辐射能 I_r、被吸收的辐射能 I_ρ、透射的辐射能 I_τ 与入射的辐射能 I 的比值分别称为发射系数 r、吸收系数 ρ、透射系数 τ。很显然有式（6-15）。

$$r + \rho + \tau = 1 \tag{6-15}$$

绝大多数的建筑材料对热射线都是不透明的，即 $\tau = 0$，即有式（6-16）。

$$r + \rho = 1 \tag{6-16}$$

图6-6　不同表面对辐射的发射系数

吸收系数和反射系数与入射辐射的波长有关。图6-6给出了几种不同表面对于辐射能的反射系数。

由图6-6中可以看出，白色表面对于可见光的反射能力最强（但是长波辐射除外，对于长波辐射其同黑色差不多），则其对可见光的吸收能力就弱。我们能看到大多数气温较高地区常采用白色等浅色颜色作为建筑外表面颜色，也就是运用了白色等浅色对于太阳辐射能发射强而吸收少的原理。例如：甘肃天水的杂石子屋面比白石子屋面温度高13℃。而在建筑结构内空气层内刷白则不起任何作用，因为在建筑结构内属于长波辐射。在图6-6中，我们还能看到表面抛光的铝与锈蚀的生铁相比，无论在长波还是短波其反射能力都强，也就是吸收能力弱。

可见，对于短波辐射，颜色起主导作用；对于长波辐射，材性起主导作用。

窗玻璃则与一般的围护结构不同，太阳辐射热能绝大部分地透过普通的玻璃，而长波辐射则很少能通过。可以看到农村的温室大棚，白天让大量的太阳辐射进入，而夜间则能阻碍室内的长波辐射向外透射，保持室温。不仅用在农业，在北方建筑设计时，足够的窗面积除了考虑采光的需要，也考虑了提高室温的作用。对于建筑用的玻璃，除了普通玻璃外，还有一些吸热玻璃、热反射玻璃等。吸热玻璃在配料中掺有含铁的化合物，增加对太阳辐射热的吸收，降低透射能。

6.1.3.3　热辐射定律

由斯蒂芬—波尔兹曼定律，我们可以知道，物体的辐射能力与其绝对温度的四次幂成正比，即有式（6-17）。

$$E = C\left(\frac{T}{100}\right)^4 \tag{6-17}$$

式中　C——物体的辐射系数［$W/（m^2 \cdot K^4）$］；

　　　T——物体表面的绝对温度（K），$T = 273 + t$（摄氏温度）。

如果物体能全部吸收外来辐射，即 $\rho = 1$，这种物体称为"黑体"。"黑体"能将其所有吸收的辐射能都发射出去，所以能发射全波段的热辐射。由实验和理论计算得到黑体的辐射系数 $C_b = 5.68$。

还有一些物体，其辐射光谱与黑体光谱形状相似，且每一波长的辐射力 E_λ 与同温同波长黑体的辐射力 $E_{\lambda \cdot b}$ 的比值为常数 ε。这种物体称为"灰体"。它们与黑体的关系式为式（6-18）。

$$\varepsilon = \frac{E_\lambda}{E_{\lambda \cdot b}} \tag{6-18}$$

ε 称为"发射率"或"黑度"。它表示物体的辐射能力。因为黑体的发射率 ε 为 1，其他物体的发射率 ε 在 0~1 之间。

一般的建筑材料属于"灰体"，所以研究灰体的发射率 ε，对实际工程很有意义。对于任一波长，物体辐射热的吸收系数在数值上与其发射率相等。所以材料的辐射能力越强，它对外来辐射的吸收能力就越大。入射辐射的波长与发射的波长不同，则两者数值不一样。例如：镀锌的钢皮 ε 为 0.2~0.3，而对太阳辐射吸收系数为 0.4~0.65。如果应用镀锌的铁皮作为围护结构外表面，由于对太阳辐射的吸收能力大，而其表面温度较低导致发射能力小，就能很好地把热能留在围护结构中。所以在实践中应当选用 ε 小的材料如镀锌的铁皮、镀锡的铁皮做屋面，就会大大降低围护结构的失热量，起到保温作用。

6.1.3.4　物体间辐射换热

任何物体都具有发射辐射和吸收外来辐射的能力，所以在空间内任何两个互相分离的物体，彼此间就会产生辐射换热。

1. 物体间辐射换热的特点

（1）在热辐射的过程中，伴随能量形式的转换，也就是发射体的热能→

电磁能→转化为被辐射体的热能。

（2）电磁波可在真空中传播，故辐射换热不需有任何中间介质，也不需冷热物体直接接触。

（3）物体都在不停地互相发射电磁辐射。温度越高辐射越强。

（4）辐射换热量主要取决于表面的温度、表面发射和吸收辐射的能力以及它们之间的相互位置。

2. 辐射换热的计算

如图6-7所示，任何相对位置的两个表面，若不计两个表面的多次发射，仅考虑第一次的吸收，则表面辐射换热量的通式为式（6-19）。

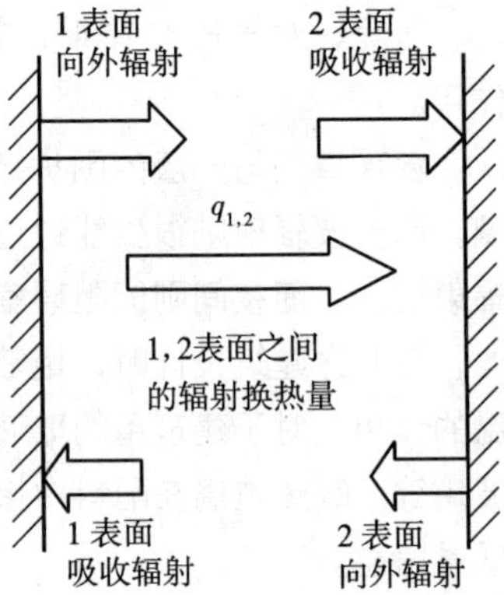

$$Q_{1,2} = \alpha_r \ (\theta_1 - \theta_2) \ \cdot F$$
$$或\ q_{1,2} = \alpha_r \ (\theta_1 - \theta_2) \qquad\qquad (6-19)$$

式中　θ_1——为"1"表面的温度（℃）；

　　　θ_2——为"2"表面的温度（℃）；

　　　α_r——辐射换热系数［W/（$m^2 \cdot K$）］。

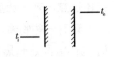

图6-7　表面的辐射换热

6.2　围护结构的稳定传热

当围护结构受到如图6-8的恒定热作用，也就是室内温度和室外温度不随时间的变化，这时围护结构内部的温度分布和通过围护结构的热量就不随时间变化，也就是处于"稳定传热"状态。这种计算模型一般用于"采暖房间的冬季保温设计"。

图6-8　恒定热作用

6.2.1　围护结构传热的过程

考虑到围护结构的长、宽比厚度大得多，假定室内温度 t_i 和室外温度 t_e 不变化。则此围护结构为处于"一维稳定温度场"。它的传热过程如图6-9所示。

6.2.1.1　内表面吸热

冬季室内气温 t_i 高于围护结构内表面的 θ_i，内表面吸热。平壁内表面吸热包括对流换热和辐射传热两部分。内表面的热流强度 q_i 为式（6-20）。

$$\begin{aligned} q_i &= q_{ic} + q_{ir} \\ &= \alpha_{ic} \ (t_i - \theta_i) \ + \alpha_{ir} \ (t_i - \theta_i) \\ &= \ (\alpha_{ic} + \alpha_{ir}) \ (t_i - \theta_i) \\ q_i &= \alpha_i \ (t_i - \theta_i) \qquad\qquad (6-20) \end{aligned}$$

式中　q_i——平壁内表面吸热热流密度（W/m^2）；

　　　q_{ic}——室内空气以对流换热形式传给平壁内表面的热量（W/m^2）；

　　　q_{ir}——室内其他表面以辐射换热形式传给平壁内表面的热量（W/m^2）；

　　　α_{ic}——平壁内表面的对流换热系数［W/（$m^2 \cdot K$）］；

　　　α_{ir}——平壁内表面的辐射换热系数［W/（$m^2 \cdot K$）］；

α_i——平壁内表面的换热系数 $[W/(m^2 \cdot K)]$；

t_i——室内空气温度（℃）；

θ_i——围护结构内表面的温度（℃）。

由式（6-20）可以看到 α_i 是内表面对流换热系数 α_{ic} 与辐射换热系数 α_{ir} 之和。内表面对流换热系数 α_{ic} 与辐射换热系数 α_{ir} 不需要计算，α_i 的值按表 6-1 采用。围护结构内表面温度与室内空气温度之差为 1℃，1h 内通过 $1m^2$ 表面积传递的热量，称为"内表面的换热阻"，α_i 的倒数即为内表面换热阻：$R_i = 1/\alpha_i$。

内表面换热系数 α_i 及内表面热阻 R_i 值　　　　表 6-1

适用季节	表面特征	α_i $[W/(m^2 \cdot K)]$	R_i $[(m^2 \cdot K)/W]$
冬季	墙面、地面、表面平整或有肋状突出物的顶棚（$h/s \leqslant 0.3$）	8.7	0.11
夏季	有肋状突出物的顶棚（$h/s \geqslant 0.3$）	7.6	0.13

注：表中 h 为肋高，s 为肋间净距。

6.2.1.2　平壁内材料层的导热

在"一维稳定温度场"中，平壁内表面从室内空气吸收热量，等量地通过各材料层，并传向室外（图6-9），即：$q = q_1 = q_2 = q_3$。

由本章第 1 节式（6-8）、式（6-9）、式（6-10）得式（6-21）、式（6-22）、式（6-23）。

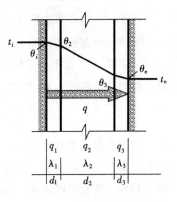

$$q_1 = \frac{\theta_i - \theta_2}{\dfrac{d_1}{\lambda_1}} = \frac{\theta_i - \theta_2}{R_1} \qquad (6-21)$$

$$q_2 = \frac{\theta_2 - \theta_3}{\dfrac{d_2}{\lambda_2}} = \frac{\theta_2 - \theta_3}{R_2} \qquad (6-22)$$

$$q_3 = \frac{\theta_3 - \theta_e}{\dfrac{d_3}{\lambda_3}} = \frac{\theta_3 - \theta_e}{R_3} \qquad (6-23)$$

图6-9　多层平壁的传热过程

6.2.1.3　外表面放热

外表面散热与内表面吸热相似，只不过是平壁把热量以对流辐射的形式传给室外空气及环境。同理可得式（6-24）。

$$q_e = \alpha_e (\theta_e - t_e) \qquad (6-24)$$

式中　q_e——平壁外表面发热热流密度（W/m^2）；

α_e——平壁外表面的换热系数 $[W/(m^2 \cdot K)]$；

θ_e——围护结构外表面的温度（℃）；

t_e——室外空气温度（℃）。

同样 α_e 是外表面对流换热系数 α_{ec} 与辐射换热系数 α_{er} 之和。α_e 的值按表 6-2

采用。围护结构外表面温度与室内空气温度之差为1℃，1h内通过1m² 表面积传递的热量，称为"外表面换热系数"。α_e 的倒数即为外表面换热阻：$R_e = 1/\alpha_e$。

外表面换热系数 α_e 及外表面热阻 R_e 值　　　　　　表 6-2

适用季节	表面特征	α_e [W/ (m²·K)]	R_e [(m²·K) /W]
冬季	外墙、屋顶、与室外空气直接接触的表面	23.0	0.04
	与室外空气相通的不采暖地下室上面的楼板	17.0	0.06
	阀顶、外墙上有窗的不采暖地下室上的楼板	12.0	0.08
	外墙上无窗的不采暖地下室上的楼板	6.0	0.17
夏季	外墙和屋顶	19.0	0.05

6.2.2　围护结构的传热阻 R_0

$$R_0 = R_i + R + R_e = \frac{1}{\alpha_i} + R + \frac{1}{\alpha_e} \qquad (6-25)$$

式中　R_0——围护结构的传热阻 [(m²·K) /W]；

R_i——内表面的换热阻 [(m²·K) /W]，按表6-1采用；

R_e——外表面的换热阻 [(m²·K) /W]，按表6-2采用；

R——围护结构的热阻 [(m²·K) /W]。

式中 R_0 是表征围护结构（包括两侧表面空气边界层）阻抗传热能力的物理量，称为"传热阻"。R_0 倒数为围护结构的"传热系数 K"，即有式（6-26）。

$$K = \frac{1}{R_0} \qquad (6-26)$$

传热系数 K 是在稳态条件下，围护结构两侧的空气温度差为1℃，1h内通过1m² 面积传递的热量。显然 R_0 值越大，则阻抗传热的能力越大，则通过围护结构传热的能力就越小，也就是 K 值越小。K 值一般常用于建筑的节能和空调工程计算。而在进行建筑保温设计计算中，还是应用 R_0。

那么单位时间通过围护结构单位面积的热流密度 q 为式（6-27）。

$$q = \frac{t_i - t_e}{R_0} = K (t_i - t_e) \qquad (6-27)$$

总传热阻中内表面的换热阻 R_i 和外表面的换热阻 R_e 都可以通过查表取得。而建筑围护结构的热阻 R 则需要按着不同的围护结构的构造情况进行计算。

6.2.3　围护结构的热阻 R

6.2.3.1　单层材料层的热阻

围护结构整层由一种材料做成，如加气混凝土、膨胀珍珠岩及其制品、砖砌体、钢筋混凝土、抹灰等。

$$R = \frac{\delta}{\lambda} \qquad (6\text{-}28)$$

围护结构的热阻 R 与围护结构的厚度 δ 成正比，与材料导热系数 λ 成反比 [式 (6-28)]。导热系数可以查建筑热工规范取得。

6.2.3.2 多层材料层的热阻

凡是由几层不同材料（但是每层的都是单一材料）组成的平壁称为多层壁。由图6-10可以得出多层平壁的总热阻等于各层热阻之和，即式 (6-29)。

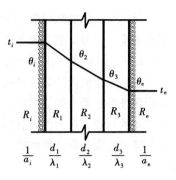

图 6-10　多层平壁的热阻

$$R = R_1 + R_2 + \cdots + R_n = \frac{\delta_1}{\lambda_1} + \frac{\delta_2}{\lambda_2} + \cdots + \frac{\delta_n}{\lambda_n} = \sum_{i=1}^{n} \frac{d_i}{\lambda_i} \qquad (6\text{-}29)$$

6.2.3.3 某材料层由两种以上的材料组成的组合材料层

例如各种形式的空心砌块、填充保温材料的墙体等，但不包括黏土空心砖。则如图 6-11 所示，该组合层的平均热阻为式 (6-30)。

$$\bar{R} = \left[\frac{F_0}{\dfrac{F_1}{R_{01}} + \dfrac{F_2}{R_{02}} + \cdots + \dfrac{F_n}{R_{0n}}} - (R_i + R_e) \right] \varphi \qquad (6\text{-}30)$$

式中
$\bar{R}$——平均热阻 [（m² · K）／W]；

F_0——与热流垂直方向的总传热面积（m²）；

F_1，$F_2 \cdots F_n$——按平行热流方向划分的各个传热面积（m²）；

R_{01}，$R_{02} \cdots R_{0n}$——各传热面部位的传热阻 [（m² · K）／W]；

R_i——内表面换热阻，取 0.11 [（m² · K）／W]；

R_e——外表面的换热阻，取 0.04 [（m² · K）／W]；

φ——修正系数，按表6-3采用。

修正系数 φ 值			表6-3
λ_2/λ_1 或 $\dfrac{\lambda_2+\lambda_3}{2}/\lambda_1$	φ	λ_2/λ_1 或 $\dfrac{\lambda_2+\lambda_3}{2}/\lambda_1$	φ
0.09 ~ 0.10	0.86	0.40 ~ 0.69	0.96
0.20 ~ 0.39	0.93	0.70 ~ 0.99	0.98

注：①表中 λ 为材料的导热系数，当围护结构由两种材料组成，λ_1 应取较大值，λ_2 应取较小值，φ 按 λ_2/λ_1 取值。②当围护结构由三种材料组成，或有两种厚度不同的空气间层时，φ 值应按 $\dfrac{\lambda_2+\lambda_3}{2}/\lambda_1$ 确定。空气间层的 λ 值，应按表6-4空气间层的厚度及热阻求得。③当围护结构中存在圆孔时，应先将圆孔折算成同等面积的方孔，然后按上述规定计算。

6.2.3.4 封闭空气间层的热阻

在一般的固体材料层内是以导热方式传递热量的。而在空气间层中的传热过程中，导热、对流和辐射三种传热方式都存在。它实际上是有限的两个面之间的热传递过程，这一传递的过程主要包括对流换热和辐射换热，如图 6-12 所示。

封闭空气层的热阻取决于间层两个界面上的边界层厚度和界面之间的辐射换热强度。但与间层厚度不成正比例关系。

1. 空气间层中的对流换热

在有限空间内的对流换热强度，与间层的厚度、间层的位置、形状、间层的密闭性等因素有关。如水平空气间层中，当热面在上方时，间层内可视不存在气体的对流，这时的间层热阻较大；当热面在下方时，热气流上升和冷气流的下降相互交替形成气体的自然对流，这时间层的热阻较小。

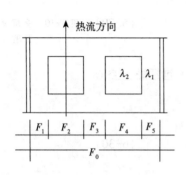
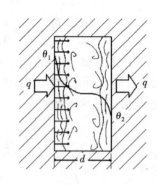

图 6-11 空心砌块示意图（左）

图 6-12 垂直封闭空气间层内的传热（右）

2. 辐射换热量

通过间层的辐射换热量，与间层表面材料的辐射性能（黑度或辐射系数）和间层的平均温度有关。

图 6-13 所示的是"垂直空气间层内在单位温差下，不同传热方式的热量"。对于图中曲线"1"表示纯导热换热量；"2"表示对流换热量；"3"表示总换热量；"4"表示间层内有一表面贴有铝箔的换热量；"5"表示间层内两表面都贴有铝箔的换热量。

"3"与"2"之间表示间层中采用一般建材（$\varepsilon \approx 0.9$）构造的换热量。可以看出空气间层的换热量占的比例最大，通常占总换热量的70%以上。所以要提高空气间层的热阻就要减少空气间层的辐射换热量。

减少空气间层辐射换热量的方法：一种就是将空气间层布置在围护结构的冷侧，降低间层的平均温度，可减少辐射换热量，但效果不显著；另一种方法，就是在间层壁面上涂贴辐射系数 ε 小的反射材料，这也是最行之有效的方法。现在建筑中主要采用的材料是"铝箔"，铝箔的 ε 在 $0.29 \sim 1.12$W/（$m^2 \cdot K^4$），而一般的建筑材料 ε 在 $4.65 \sim 5.23$W/（$m^2 \cdot K^4$）。

从图 6-13 中，我们看到"4"与"3"相比辐射换热量减少了许多，表示了单面贴铝箔会减少辐射量。而"5"与"4"相比减少幅度并不大，说

图 6-13 垂直间层内不同传热方式的传热量比较

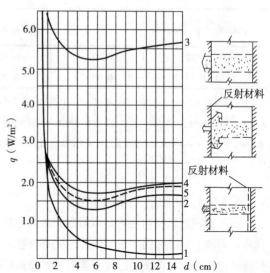

明双面贴铝箔比单面贴铝箔并没有很显著的效果，从节约材料考虑，以一个表面贴铝箔为宜。

在空气间层中贴铝箔时，应贴在温度高的一侧。因为如果贴在低温一侧，会使间层的温度进一步降低，从而增加间层内部结露的可能。

在热工设计计算中，空气间层热阻值 R_{ag} 一般按表6-4取值。

空气间层热阻值 R_{ag} [（m² · K）/W]　　　　表6-4

冬季状况

位置、热流状况及材料状况	间层厚度（mm）						
	5	10	20	30	40	50	60 以上
一般空气间层							
热流向下（水平、倾斜）	0.10	0.14	0.17	0.18	0.19	0.20	0.20
热流向上（水平、倾斜）	0.10	0.14	0.15	0.16	0.17	0.17	0.17
垂直空气间层	0.10	0.14	0.16	0.17	0.18	0.18	0.18
单面铝箔空气间层							
热流向下（水平、倾斜）	0.16	0.28	0.43	0.51	0.57	0.60	0.64
热流向上（水平、倾斜）	0.16	0.26	0.35	0.40	0.42	0.42	0.43
垂直空气间层	0.16	0.26	0.39	0.44	0.47	0.49	0.50
双面铝箔空气间层							
热流向下（水平、倾斜）	0.18	0.34	0.56	0.71	0.84	0.94	1.01
热流向上（水平、倾斜）	0.17	0.29	0.45	0.52	0.55	0.56	0.57
垂直空气间层	0.18	0.31	0.49	0.59	0.65	0.69	0.71

夏季状况

位置、热流状况及材料状况	间层厚度（mm）						
	5	10	20	30	40	50	60 以上
一般空气间层							
热流向下（水平、倾斜）	0.09	0.12	0.15	0.15	0.16	0.13	0.13
热流向上（水平、倾斜）	0.09	0.11	0.13	0.13	0.13	0.13	0.13
垂直空气间层	0.09	0.12	0.14	0.14	0.15	0.15	0.15
单面铝箔空气间层							
热流向下（水平、倾斜）	0.15	0.25	0.37	0.44	0.48	0.52	0.54
热流向上（水平、倾斜）	0.14	0.20	0.28	0.29	0.30	0.30	0.28
垂直空气间层	0.15	0.22	0.31	0.34	0.36	0.37	0.37
双面铝箔空气间层							
热流向下（水平、倾斜）	0.16	0.30	0.49	0.63	0.73	0.81	0.86
热流向上（水平、倾斜）	0.15	0.25	0.34	0.37	0.38	0.38	0.35
垂直空气间层	0.15	0.27	0.39	0.46	0.49	0.50	0.50

【例6-1】试求如图6-14所示混凝土空心砌块冬季的热阻（热流方向为垂直空气间层），具体尺寸如图6-15所示。

【解】由表6-1和表6-2查出内表面的换热阻和外表面的换热阻分别为0.11和0.04，由表6-4查出图中的空气间层（由于用于砌墙，所以热流垂直空气层，又处于冬季）$R_{ag}=0.18$。

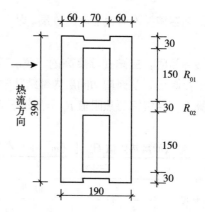

图 6-14　单排孔混凝土
空心砌块(左)
图 6-15　混凝土空心砌
块 计 算 参 数
（mm）（右）

1. 分别计算各部分的传热阻

第 1 部分（有空气间层部分）的热阻 R_{01}：

$$R_{01} = \frac{0.06}{1.74} + 0.18 + \frac{0.06}{1.74} + 0.11 + 0.04 = 0.399 \ (\mathrm{m^2 \cdot K}) \ / \mathrm{W}$$

第 2 部分（没有空气间层部分）的热阻 R_{02}：

$$R_{02} = \frac{0.19}{1.74} + 0.11 + 0.04 = 0.259 \ (\mathrm{m^2 \cdot K}) \ / \mathrm{W}$$

2. 计算两种不同材料的导热系数比，求修正系数 φ

混凝土的导热系数是 $\lambda_1 = 1.74 \ (\mathrm{m^2 \cdot K}) \ / \mathrm{W}$

空气间层的当量导热系数 $\lambda_2 = \dfrac{d}{R} = \dfrac{0.07}{0.18} = 0.39 \ (\mathrm{m^2 \cdot K}) \ / \mathrm{W}$

$\lambda_2 / \lambda_1 = 0.39 / 1.74 = 0.224$

查表 6-4 得修正系数 $\varphi = 0.93$

3. 计算混凝土空心板的平均热阻

$$\bar{R} = \left[\frac{F_0}{\dfrac{F_1}{R_{01}} + \dfrac{F_2}{R_{02}}} - (R_i + R_e) \right] \varphi$$

$$= \left[\frac{0.39}{\dfrac{0.15 \times 2}{0.399} + \dfrac{0.03 \times 3}{0.259}} - 0.15 \right] \times 0.93 \quad （具体的尺寸如图 6-15 所示）$$

$$= 0.191 \ (\mathrm{m^2 \cdot K}) \ / \mathrm{W}$$

所以混凝土空心砌块的平均热阻为 0.191 （$\mathrm{m^2 \cdot K}$） /W。

6.2.4　围护结构内部的温度计算

围护结构的表面温度及内部温度都是衡量和分析围护结构热工性能的重要数据。为判断表面和内部是否会产生冷凝水，就需要对所设计的围护结构进行温度核算。建筑屋顶和外墙内部的表面温度的计算，是防潮设计的必要环节，所以我们计算内表面的温度就十分重要。

以图 6-10 的多层平壁作为研究对象，对围护结构的温度计算进行分析。在稳定传热的情况下，通过平壁的热流量与通过平壁各分部的热流量是相等的。

由 $q = q_1$ 得：

$$\frac{t_i - t_e}{R_0} = \frac{t_i - \theta_i}{R_i}$$

整理得出平壁内表面的温度 θ_i 为式（6-31）。

$$\theta_i = t_i - \frac{R_i}{R_0} (t_i - t_e) \qquad (6-31)$$

同理：

$$\frac{t_i - t_e}{R_0} = \frac{t_i - \theta_2}{R_i + R_1}$$

整理得出平壁 θ_2 处的温度为式（6-32）。

$$\theta_2 = t_i - \frac{R_i + R_1}{R_0} (t_i - t_e) \qquad (6-32)$$

同理可得平壁 θ_3 处和 θ_e 处的温度为式（6-33）、式（6-34）。

$$\theta_3 = t_i - \frac{R_i + R_1 + R_2}{R_0} (t_i - t_e) \qquad (6-33)$$

$$\theta_e = t_i - \frac{R_i + R_1 + R_2 + R_3}{R_0} (t_i - t_e)$$

或 $$\theta_e = t_i - \frac{R_0 - R_e}{R_0} (t_i - t_e) \qquad (6-34)$$

由此可以类推知，对于多层平壁内任意一层的内表面温度为式（6-35）。

$$\theta_m = t_i - \frac{R_i + \sum_{j=1}^{m-1} R_j}{R_0} (t_i - t_e) \qquad (6-35)$$

式中 $\sum_{j=1}^{m-1} R_j = R_1 + R_2 + \cdots + R_{m-1}$，即从第 1 层到第 $m-1$ 层的热阻之和，层次标号顺着热流方向排序。

【例 6-2】室内室温为 18℃，室外温度为 -29℃，试计算如图 6-16 所示墙体中的温度分布。

空心砖墙体构成   表 6-5

序号	名称	δ（m）	λ_e [W/（m·K）]	R [（m²·K）/W]
1	石膏板	0.01	0.33	0.03
2	聚苯乙烯泡沫塑料	0.03	0.050	0.6
3	空气间层	0.02	—	0.16
4	承重空心砖	0.24	0.58	0.41
5	水泥砂浆	0.02	0.93	0.02

【解】1. 查附录 B_2 得建筑材料的导热系数表 6-5，计算墙体传热阻

$$R_0 = R_i + \sum \frac{d}{\lambda} + R_e$$

$$= 0.11 + \frac{0.01}{0.33} + \frac{0.06}{0.050} + 0.16 + \frac{0.24}{0.58} + \frac{0.02}{0.93} + 0.04$$

$$= 1.37 （m^2 · K）/W$$

2. 计算墙体的温度分布

$$\theta_i = t_i - \frac{R_i}{R_0}(t_i - t_e) = 18 - \frac{0.11}{1.37}(18 + 29) = 14.23\,℃$$

$$\theta_2 = 18 - \frac{0.11 + 0.03}{1.37}(18 + 29) = 13.20\,℃$$

$$\theta_3 = 18 - \frac{0.11 + 0.03 + 0.6}{1.37}(18 + 29) = -7.39\,℃$$

$$\theta_4 = 18 - \frac{0.11 + 0.03 + 0.6 + 0.16}{1.37}(18 + 29) = -12.88\,℃$$

$$\theta_5 = 18 - \frac{0.11 + 0.03 + 0.6 + 0.16 + 0.41}{1.37}(18 + 29) = -26.94\,℃$$

$$\theta_e = 18 - \frac{1.37 - 0.04}{1.37}(18 + 29) = -27.63\,℃$$

根据算出的温度得出图 6-17 的折线。由图 6-17 可知在多层平壁中温度的分布就是连续的折线。还能看到，材料热阻越大（导热系数越小），层内温度分布线的斜度越大（陡）。反之，材料热阻越小（导热系数越大），层内温度分布线的斜度越小（平缓）。所以，材料层内的温度降落程度与各层的热阻成正比。在室内外温度相同的情况下，选择 R_0 值越大的围护结构，温度的跌落曲线就越陡，通过围护结构传入的热量就越少，则冬季室内表面的温度就越高。

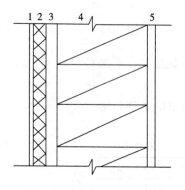

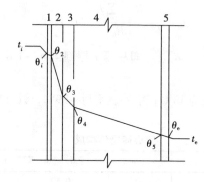

图 6-16　内保温空心砖
　　　　墙体（左）

1—石膏板；2—聚苯乙烯泡沫塑料；3—空气间层；4—承重空心砖；5—水泥砂浆

图 6-17　温度在围护
　　　　结构内分布
　　　　（右）

1—石膏板；2—聚苯乙烯泡沫塑料；3—空气间层；4—承重空心砖；5—水泥砂浆

6.3　周期不稳定传热

稳定传热的前提是围护结构两侧的热作用不随时间的变化而变化。但实际上，围护结构所受到环境的热作用，不论是室内还是室外，都在随时间变化，因此，围护结构内部的温度和通过围护结构的热流量也必然随时间发生变化，这种传热过程叫"不稳定传热"。若外界热作用随着时间呈现周期性的变化，则出现周期性不稳定传热。在建筑实际环境中都存在着热作用，都带有一定的周期波动性，如室外气温和太阳辐射热的昼夜、小时变化，在一段时间内可以近似地看作每天出现重复性的周期变化；冬天当采用间歇采暖时，室内气温也会引起周期性的波动。如图 6-18 所示，围护结构受到环境热作用，有"单向周期热作用"和"双向周期热作用"两种。前者用于空调房间的隔热设计，如图6-18（a）所示，而后者用于自然通风房间的夏季隔热设计，如图6-18（b）所示。

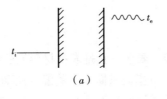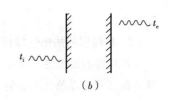

图6-18　周期热作用
(a) 单向周期热作用；
(b) 双向周期热作用

6.3.1　谐波热作用下的材料和维护结构的热特性

6.3.1.1　谐波热作用

任何连续的周期性波动曲线都可以用多项余（正）弦函数叠加组成。实测资料表明，室外综合温度的周期性波动规律，可视为一个简单的简谐波曲线，即温度与时间的关系呈余（正）弦的曲线规律变化，如图6-19所示。一般用余弦表示如式（6-36）。

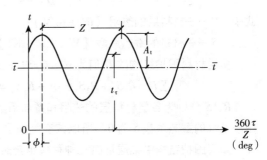

图6-19　谐波热作用

$$t_r = \bar{t} + A_t \cos\left(\frac{360}{Z}\tau - \phi\right) \qquad (6-36)$$

式中　t_r——在τ时刻的介质温度（℃）；

$\bar{t}$——在一个周期内的平均温度（℃）；

A_t——温度波的振幅，即最高温度与平均温度之差（℃）；

Z——温度波的波动周期（h）；

τ——以某一指定时间起（例如昼夜时间内的零点）的计算时间（h）；

ϕ——温度波的初相位（deg）；若坐标原点取在温度出现最大值时，则$\phi = 0$。

6.3.1.2　谐波热作用下材料的热特性指标

1. 材料的蓄热系数 S

当某一足够厚度单一材料层一侧受到谐波热作用时，表面温度将按统一周期波动，通过表面的热流波幅A_q与该表面温度波幅A_θ的比值，称为材料的蓄热系数，用"S"表示，单位是W/（m^2·K）。按传热学的理论，其计算式为式（6-37）。

$$S = \frac{A_q}{A_\theta} = \sqrt{\frac{2\pi\lambda c\rho}{Z}} \qquad (6-37)$$

式中　λ——材料的导热系数［W/（m·K）］；

c——材料的比热容［W·h/（kg·K）］；

ρ——材料的干密度（kg/m^3）；

Z——温度的波动周期（h）。

其中比热容c的法定单位为kJ/（kg·K），而我们习惯用比热容c的单位为W·h/（kg·K），两者的换算关系为1kJ/（kg·K）=0.2778W·h/（kg·K）。

材料的蓄热系数是说明直接受到热作用一侧的表面，对谐波热作用的反应敏感程度的特性指标。在相同的谐波热作用下，蓄热系数越大，表面温度的波动越小。

2. 材料层的热惰性指标 D

材料层的热惰性指标用 "D" 表示，它是表征材料层受到波动热作用后，背波面（若波动热作用在外侧，则指内表面）上的温度波动剧烈程度的指标，也就是围护结构对温度波衰减快慢程度的无量纲指标。D 值越大，温度波在其中衰减越快，围护结构的热稳定性越好。

单一材料围护结构的 D 值为式（6-38）。

$$D = RS \qquad (6-38)$$

式中　R——材料层的热阻（$m^2 \cdot K/W$）；

S——材料的蓄热系数〔$W/（m^2 \cdot K）$〕。

多层材料围护结构的 D 值为式（6-39）。

$$\sum D = R_1S_1 + R_2S_2 + \cdots + R_nS_n = D_1 + D_2 + \cdots + D_n \qquad (6-39)$$

R、S 分别为各层材料层的热阻和蓄热系数。如果围护结构中有空气间层，由于空气的蓄热系数 S 为 0，所以该空气间层的 D 值也为 0。

如果围护结构中某层是由几种材料组合时，则需先求出材料层的平均导热系数，式（6-40）。

$$\bar{\lambda} = \frac{\lambda_1F_1 + \lambda_2F_2 + \cdots + \lambda_nF_n}{F_1 + F_2 + \cdots + F_n} \qquad (6-40)$$

该层的平均热阻，式（6-41）。

$$\bar{R} = \frac{\delta}{\lambda} \qquad (6-41)$$

该层平均蓄热系数，式（6-42）。

$$\bar{S} = \frac{S_1F_1 + S_2F_2 + \cdots + S_nF_n}{F_1 + F_2 + \cdots + F_n} \qquad (6-42)$$

3. 材料层表面的蓄热系数 Y

把材料层表面蓄热系数用 "Y" 来表示。在单层或多层平壁中，当材料层受到周期性波动的温度作用时，其表面的温度波动，不仅与本层材料的 S 有关，而且与该材料层接触的、沿着温度前进方向的另一种材料或空气的 R、S 也有关。当 $D \geqslant 1$ 时，认为边界条件对其表面温度波动影响很小，此时 $Y_m = S_m$。当 $D < 1$ 时，认为边界条件有影响。

如图 6-20 所示，由四层薄结构（$D < 1$）组成的墙，计算材料的内表面蓄热系数 Y_i 可以按下式进行计算（各材料层由内向外编号，计算时由外向内逐次计算）。

图 6-20　材料层表面蓄热系数计算

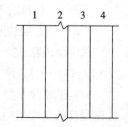

$$Y_4 = \frac{R_4S_4^2 + \alpha_e}{1 + R_4\alpha_e}$$

$$Y_3 = \frac{R_3S_3^2 + Y_4}{1 + R_3Y_4}$$

$$Y_2 = \frac{R_2S_2^2 + Y_3}{1 + R_2Y_3}$$

$$Y_i = Y_1 = \frac{R_1 S_1^2 + Y_2}{1 + R_1 Y_2}$$

当 $D \geqslant 1$ 时，该层 $Y = S$，内表面蓄热系数可从该层算起，后面的各层可以不计算。

在计算外表面的蓄热系数时，由内向外逐层计算，材料层的编号也是由内向外的。同样当 $D \geqslant 1$ 时，则该层 $Y = S$，则按 S 值代入式中计算。

$$Y_1 = \frac{R_1 S_1^2 + \alpha_i}{1 + R_1 \alpha_i}$$

$$Y_2 = \frac{R_2 S_2^2 + Y_1}{1 + R_2 Y_1}$$

$$Y_3 = \frac{R_3 S_3^2 + Y_2}{1 + R_3 Y_2}$$

$$Y_e = Y_4 = \frac{R_4 S_4^2 + Y_3}{1 + R_4 Y_3}$$

6.3.2 温度波的衰减和延迟

在谐波的作用下，平壁内任意平面的温度波振幅，是逐层减少的，即 $A_e > A_{ef} > A_{if}$，这种现象叫做温度波的衰减。温度最大值出现的时间逐层推迟的现象，叫时间延迟。如图 6-21 所示。例如，夏季晚上，人们都喜欢在室外乘凉，这是因为晚上室外气温已经下降，而室内温度的下降还需经过一段延迟时间，尤其是西晒的房间，西墙内表面的温度最大值约在 22 点左右出现。这些就是常见的温度波衰减和延迟现象。

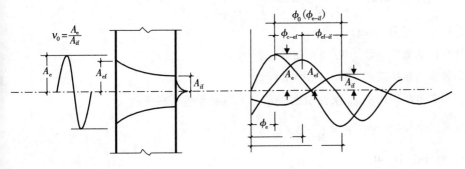

图 6-21 谐波热作用下通过平壁时的衰减和延迟现象

温度波在平壁内的衰减和延迟作用计算很复杂，从实用角度，仅介绍什·克洛维尔提出的近似计算方法。

6.3.2.1 室外温度谐波传至平壁内表面的总衰减度和延迟时间

在建筑热工中，把室外温度谐波振幅 A_e 与室外温度谐波热作用引起的平壁内表面温度振幅 A_{if} 的比值称为温度波在平壁内的"衰减度"，简称"总衰减度"。用 ν_0 表示，即式（6-43）。

$$\nu_0 = \frac{A_e}{A_{if}} \qquad (6\text{-}43)$$

式中 ν_0——室外温度谐波传至平壁内表面的总衰减度，无因次量；

A_e——室外温度谐波振幅（℃）；不同城市可按附录 B_3 取用；

A_{if}——室外温度谐波热作用引起的平壁内表面温度振幅（℃）。

ν_0 可以按式（6-44）进行计算，即：

$$\nu_0 = 0.9 e^{\frac{\Sigma D}{\sqrt{2}}} \cdot \frac{S_1 + \alpha_i}{S_1 + Y_{1,e}} \cdot \frac{S_2 + Y_{1,e}}{S_2 + Y_{2,e}} \cdots \frac{S_n + Y_{n-1,e}}{S_n + Y_{n,e}} \cdot \frac{\alpha_e + Y_{n,e}}{\alpha_e} \qquad (6\text{-}44)$$

式中 ΣD——平壁材料层的热惰性指标之和；

S_1，S_2，$\cdots$，S_n——平壁各层材料的蓄热系数 $[W/(m^2 \cdot K)]$；

$Y_{1,e}$，$Y_{2,e}$，$\cdots$，$Y_{n,e}$——各材料层外表面的蓄热系数 $[W/(m^2 \cdot K)]$；

α_i——平壁内表面的换热系数 $[W/(m^2 \cdot K)]$；

α_e——平壁外表面的换热系数 $[W/(m^2 \cdot K)]$；

e——自然对数的底，e = 2.718。

ν_0 越大，则表示围护结构抵抗简谐波的作用能力越大。

室外温度谐波传至平壁内表面的过程中，受外表面换热系数、外表面蓄热系数及围护结构的热惰性等因素的影响。内表面温度谐波最大值出现的时间，必然晚于室外温度谐波最大值的出现时间。我们把围护结构内表面温度谐波最高值（或最低值）出现时间与室外综合温度或室外空气温度谐波最高值（或最低值）出现时间的差值称为"总延迟时间"。

总相位延迟角用式（6-45）求得。

$$\phi_0 = 40.5 \sum D - \arctan \frac{\alpha_i}{\alpha_i + Y_i \sqrt{2}} + \arctan \frac{Y_e}{Y_e + \alpha_e \sqrt{2}} \qquad (6\text{-}45)$$

式中 ϕ_0——总的总相位延迟角（deg）；

Y_e——平壁外表面的蓄热系数 $[W/(m^2 \cdot K)]$；

Y_i——平壁内表面的蓄热系数 $[W/(m^2 \cdot K)]$。

在热工设计中，习惯用延迟时间 ξ_0 来评价围护结构的热稳定性，根据时间与相位角的转换关系即得延迟时间：$\xi_0 = \frac{Z}{360} \phi_0$

当周期 $Z = 24h$，则有式（6-46）

$$\xi_0 = \frac{1}{15} \left(40.5 \sum D - \arctan \frac{\alpha_i}{\alpha_i + Y_i \sqrt{2}} + \arctan \frac{Y_e}{Y_e + \alpha_e \sqrt{2}} \right) \qquad (6\text{-}46)$$

6.3.2.2　室内温度谐波传至平壁内表面的总衰减度和延迟时间

室内温度谐波传至平壁内表面，只经过了一个边界层的振幅的衰减和相位延迟过程，到达内表面时的衰减倍数 ν_i 和相位延迟时间 ξ_i（当 $Z = 24h$）为式（6-47）、式（6-48）所示。

$$\nu_i = 0.95 \frac{\alpha_i + Y_i}{\alpha_i} \qquad (6\text{-}47)$$

$$\xi_i = \frac{1}{15}\arctan\frac{Y_i}{Y_i + \alpha_i\sqrt{2}} \tag{6-48}$$

6.3.3 谐波热作用下平壁的传热计算

室外周期性谐波热作用下的围护结构的传热过程是一个综合的传热过程。可将这一传热过程分解成几个单一过程，然后再将每个过程计算的结果叠加起来，即可得到最终的结果。一般可以将围护结构的传热过程分解成三个过程，如图6-22所示。

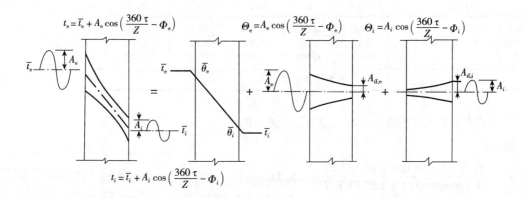

（1）在室内外平均温度 $\bar{t}_i$、$\bar{t}_e$ 作用下的稳态传热过程。

此时可以应用稳定传热的温度计算公式［式（6-31）］得式（6-49）。

图6-22 双向谐波热作用传热过程分解

$$\bar{\theta}_i = \bar{t}_i - \frac{R_i}{R_0}(\bar{t}_i - \bar{t}_e) \tag{6-49}$$

（2）在外层谐波热作用下的周期性传热过程。此时，内侧的热作用温度视为不变。

根据衰减倍数的定义，室外谐波热作用下所引起的内表面温度波的振幅 $A_{if,e}$ 为式（6-50）所示。

$$A_{if,e} = \frac{A_e}{\nu_0} \tag{6-50}$$

式中 A_e——室外温度谐波幅值（℃）；

ν_0——围护结构的衰减倍数。

（3）在内层谐波热作用下的周期性传热过程。此时，外侧的热作用温度视为不变。室内谐波热作用下所引起的内表面温度波的振幅 $A_{if,i}$ 为式（6-51）所示。

$$A_{if,i} = \frac{A_i}{\nu_i} \tag{6-51}$$

式中 A_i——室内温度谐波幅值（℃）；

ν_i——室内空气到外表面的衰减度。

（4）双向谐波作用下，内表面形成的两个温度谐波的波幅（最大值）不可能同时出现，因为 ξ_0 和 ξ_i 不同。因此在两个谐波叠加的同时，需要根据延迟时间和其形成波幅的比值，查表附加一定的数值。在进行夏季隔热计算中，将介绍如何进行附加。

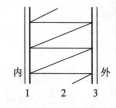

图6-23　某建筑西墙构造

1—石灰砂浆；2—黏土空心砖墙；3—水泥砂浆

【例6-3】某建筑西墙的构造如图6-23所示，试求其衰减度 ν_0 和延迟时间 ξ_0。

【解】1. 计算各层热阻 R 和热惰性指标 D（表6-6）

各层热阻 R 和热惰性指标 D　　　　　表6-6

材料层	δ	λ	$R = \delta/\lambda$	S	$D = RS$
石灰砂浆	0.02	0.81	0.025	10.07	0.252
黏土空心砖墙（26~36孔）	0.24	0.58	0.414	7.92	3.279
水泥砂浆	0.02	0.93	0.022	11.37	0.250
$\sum D = 3.781$					

2. 计算各层外表面的蓄热系数（温度波由外向内）

$D_1 < 1$

$$Y_{i,e} = \frac{R_1 S_1^2 + \alpha_i}{1 + R_1 \alpha_i} = \frac{0.025 \times 10.07^2 + 8.7}{1 + 0.025 \times 8.7} = 9.23$$

$D_2 > 1$　　$Y_{2,e} = S_2 = 7.92$

$D_3 < 1$

$$Y_e = Y_{3,e} = \frac{R_3 S_3^2 + Y_2}{1 + R_3 Y_2} = \frac{0.022 \times 11.37^2 + 7.92}{1 + 0.022 \times 7.92} = 9.17$$

3. 计算各层外表面的蓄热系数（温度波由内向外）

$D_2 > 1$　　$Y_{2,i} = S_2 = 7.92$，可直接计算第一层的内表面蓄热系数。

$$Y_i = Y_{1,i} = \frac{R_1 S_1^2 + Y_{2,i}}{1 + R_1 Y_{2,i}} = \frac{0.025 \times 10.07^2 + 7.92}{1 + 0.025 \times 7.92} = 8.73$$

4. 计算对室外综合温度波的衰减度 ν_0

$$\nu_0 = 0.9 e^{\frac{\sum D}{\sqrt{2}}} \cdot \frac{S_1 + \alpha_i}{S_1 + Y_{1,e}} \cdot \frac{S_2 + Y_{1,e}}{S_2 + Y_{2,e}} \cdots \frac{S_n + Y_{n-1,e}}{S_n + Y_{n,e}} \cdot \frac{\alpha_e + Y_{n,e}}{\alpha_e}$$

$$= 0.9 e^{\frac{3.781}{\sqrt{2}}} \cdot \frac{10.07 + 8.7}{10.07 + 9.23} \cdot \frac{7.92 + 9.23}{7.92 + 7.92} \cdot \frac{11.37 + 7.92}{11.37 + 9.17} \cdot \frac{19.0 + 9.17}{19.0}$$

$$= 0.9 \times 14.49 \times 1.47 = 19.17$$

5. 计算对室外综合温度波的延迟时间 ξ_0

$$\xi_0 = \frac{1}{15}\left(40.5 \sum D - \arctan \frac{\alpha_i}{\alpha_i + Y_i \sqrt{2}} + \arctan \frac{Y_e}{Y_e + \alpha_e \sqrt{2}}\right)$$

$$= \frac{1}{15}\left(40.5 \times 3.781 - \arctan \frac{8.7}{8.7 + 8.73 \times \sqrt{2}} + \arctan \frac{9.17}{9.17 + 19 \times \sqrt{2}}\right)$$

$$= \frac{1}{15}\left(153.13 - 22.46 + 14.28\right) = 9.66\text{h}$$

6.4　建筑材料的热物理性能

建筑外饰面材料选择得当，可以增大或减小围护结构的失热量以及太阳辐射的得热量。内饰面选择得当，可以改变围护结构的热稳定性。围护结构的主体各材料层选择得当，可以经得起传热、传湿的影响。例如：对于间歇使用的房间，如：影剧院、会议室、合堂教室等，要求使用时升温快、停用时室温低些也可以，此时围护结构的内饰面选择越轻越好。

6.4.1　导热系数

6.4.1.1　导热系数的定义及特点

1. 定义

材料导热系数是说明稳定导热条件下材料导热特性的指标。其物理含义是当材料层单位厚度内的温差为 1℃ 时，在 1h 内通过 $1m^2$ 表面积的热量。

2. 特点

导热系数是材料最重要、最基本的热物理指标。一定温差下，导热系数越小，通过一定厚度材料层的热量越小。在一定厚度下，热阻与导热系数成反比，所以在同样温差条件下，热阻越大，通过一定厚度材料层的热量越少。因此为了减少通过围护结构的热量，就要增加热阻，增大热阻的方法是加大平壁厚度或选用导热系数小的材料。

由附录 B_2 可以查到各种材料的导热系数。根据不同种类的材料，基本的导热系数值比较见表 6-7。

材料的导热系数比较　　　　　　　　表 6-7

材料	导热系数 [W/ (m·K)]	特点
气体	0.006 ~ 0.6	最小
液体	0.007 ~ 0.7	次之
金属	2.2 ~ 420	最大
非金属	0.3 ~ 3.5	常用建材
保温隔热材料	< 0.25	矿棉、泡沫塑料、珍珠岩、蛭石等

气体的导热系数最小，因而静止不动的空气有良好的保温性能，液体的导热系数次之，金属的导热系数最大。绝大多数建筑材料的导热系数介于 0.3 ~ 3.5W/ (m·K)。

6.4.1.2　影响导热系数的因素

影响导热系数的因素很多，如密实性、内部孔隙的大小、数量、形状、材料的湿度、材料骨架部分（固体部分）的化学性质以及工作温度等。常温下，影响最大的因素是密度和湿度。

1. 密度

单位体积材料的质量称为密度，用"ρ（kg/m^3）"表示。材料的密度值主要取决于材料中的孔隙。因为各种材料中骨架的导热系数相差不大，所以孔隙率成为影响密度，也就是影响导热系数的重要因素。孔隙率用 N 表示为式（6-52）。

$$N = \frac{V_1}{V_2} \times 100\% \qquad (6-52)$$

式中　V_1——孔隙所占的体积（m^3）；

　　　V_2——材料整个体积（m^3）。

导热系数随孔隙率增加而减小，反之亦然。粉煤灰陶粒混凝土在干密度 ρ_0 为 $1700kg/m^3$ 时，导热系数为 $0.95W/$（$m \cdot K$），而当其干密度 ρ_0 为 $1100kg/m^3$，导热系数为 $0.44W/$（$m \cdot K$）。但是密度小到一定程度后，再增加孔隙率，导热系数反而会增加，如图6-24。由图6-24 中可见，密度有个最佳值，超过此值后导热系数增大。这是由于过大的孔隙率会使大孔隙之间辐射换热量和对流换热量增加的缘故。

2. 湿度

绝大多数建筑材料，特别是松软或多孔性材料，都含有一定的游离水分，其所含水分的多少，取决于材料的性质和所处环境的空气温、湿度等多种因素。材料含水量的多少，可以用"重量湿度"或"体积湿度"来表示。重量湿度是指试样中所含水分的重量与绝干状态下试样重量的百分比。即式（6-53）。

$$\omega_w = \frac{G_1 - G_2}{G_2} \times 100\% \qquad (6-53)$$

式中　ω_w——材料的重量湿度（%）；

　　　G_1——湿试样的重量（kg）；

　　　G_2——绝干状态时试样的重量（kg）。

体积湿度能直接表明材料中所含水分的多少，重量湿度则因不同材料的干密度不同，因而尽管其重量湿度相同，而实际所含的水分，则可能相差很大。但是，重量湿度可以直接测定，而体积湿度则要由重量湿度按式（6-54）换算。

$$\omega_v = \frac{\rho}{1000}\omega_w \qquad (6-54)$$

式中　ω_v——体积湿度（%）；

　　　ρ——材料的干密度（kg/m^3）；

　　1000——水的密度（kg/m^3）。

由图6-25 可见，材料受潮后，导热系数显著增大。原因是由于孔隙中有了水分后，附加了水蒸气扩散的传热量，此外还增加了毛细孔中的液态水分所传导的热量。一般情况下，水的导热系数约为 $0.58W/$（$m \cdot K$），冰的导热系数约为 $2.33W/$（$m \cdot K$），都远大于空气的导热系数 $0.03W/$（$m \cdot K$）。因此，水或冰取代孔隙中的空气引起了导热系数的增加。

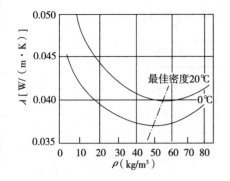
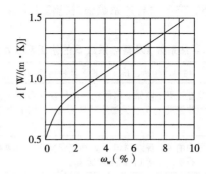

图 6-24 玻璃棉的导热系数与密度的关系图（左）

图 6-25 砖砌体导热系数与重量湿度的关系（右）

3. 温度及热流方向

温度愈高，导热系数愈大。原因是当温度增高时，分子热运动加剧。此外，孔隙内的辐射换热也增强，影响一般是不大的，可以忽略不计。据有关资料，在负温条件下，导热系数随温度降低而增大。由于我国严寒和寒冷地区冬季气温较低，因此在进行建筑保温设计时，对此应给予适当考虑。热流方向对导热系数也有影响，主要表现在各向异性材料，如木材、玻璃纤维等，当热流平行于纤维方向时，导热系数较大；当热流方向垂直于纤维时，导热系数较小。

6.4.1.3 导热系数的取值方法

建筑材料（特别是保温材料）会因含水率、灰缝、压缩、沉降、水泥砂浆渗入及施工时渗入等影响，使其导热系数增大。因此在热工计算时，应该正确地取用导热系数的值。在正常的条件下，材料的导热系数按建筑热工规范取值，但是如果有表 6-8 中所述的情况时，就需要对其导热系数附加修正系数。即式（6-55）。

$$\lambda_c = \lambda \cdot \alpha \qquad (6-55)$$

式中　λ_c——材料导热系数的计算取值；

　　　λ——材料导热系数按附表 B₂ 取值；

　　　α——修正系数，见表 6-8。

6.4.1.4 材料的选择

绝热材料是指绝热性能较好，即导热系数较小的材料，通常把导热系数小于 0.25 并能用于绝热工程的材料叫做"绝热材料"。习惯上用于控制室内热量外流的材料，叫做"保温材料"。防止室外热量进入室内的材料，叫"隔热材料"。

绝热材料按材质构造分有：多孔的、板（块）状的和松散状的。从化学成分看有：无机材料，如膨胀矿渣、泡沫混凝土、加气混凝土、膨胀珍珠岩、膨胀蛭石、浮石及浮石混凝土、硅酸盐制品、矿棉、玻璃棉等；有机材料，如软木、木丝板、甘蔗板、稻壳等；各种泡沫塑料；铝箔等反辐射性能好的材料。要结合建筑物的使用性质、构造方案、施工工艺以及经济指标等因素，按材料的热物理指标及有关的物理化学性质进行具体分析。工程中所有材料的实际情况很复杂，导热系数值都是在某种特定条件下测得的。

以下一些情况下，需要对导热系数值进行修正，修正系数 a 值见表6-8。

导热系数 λ 及蓄热系数 S 的修正系数 a 值　　　　　表6-8

序号	材料、构造、施工、地区及使用情况	a
1	作为夹芯层浇筑在混凝土墙体及屋面构件中的块状多孔保温材料（如加气混凝土、泡沫混凝土及水泥膨胀珍珠岩等），因干燥缓慢及灰缝影响	1.60
2	铺设在密闭屋面中的多孔保温材料（如加气混凝土、泡沫混凝土及水泥膨胀珍珠岩、石灰炉渣等），因干燥缓慢	1.50
3	铺设在密闭屋面中及作为夹芯层浇筑在混凝土构件中的半硬质矿棉、岩棉、玻璃棉板等，因压缩及吸湿	1.20
4	作为夹芯层浇筑在混凝土构件中的泡沫塑料等，因压缩	1.20
5	开孔型保温材料（如水泥刨花板、木丝板、稻草板等），表面抹灰或与混凝土浇筑在一起，因灰浆渗入	1.30
6	加气混凝土、泡沫混凝土砌块墙体及加气混凝土条板墙体、屋面，因灰缝影响	1.25
7	填充在空心墙体及屋面构件中的松散保温材料（如稻壳、木屑、矿棉、岩棉等），因下沉	1.20
8	矿渣混凝土、炉渣混凝土、浮石混凝土、粉煤灰陶粒混凝土、加气混凝土等实心墙体及屋面构件，在严寒地区，且在室内平均相对湿度超过65%的采暖房间内使用，因干燥缓慢	1.15

6.4.2　蓄热系数

由式（6-37）可知：

$$S = \sqrt{\frac{2\pi\rho c\lambda}{T}}$$

则材料的蓄热系数与材料的物理性能（λ、c 和 ρ）有关，还取决于外界热作用的波动周期，对于同一种材料而言，热作用的波动周期越长，材料的蓄热系数越小，因此引起壁面温度的波动也越大。在我国的《民用热工设计规范》及其他的资料中，给出的蓄热系数 S 值均为 $T=24h$，记为 "S_{24}"。则：

$$S_{24} = 0.51\sqrt{\lambda c\rho}$$

在相同谐波热作用下，材料的蓄热系数 S 值越大，表面的温度波动越小，反之亦然。因此在进行热工设计时，外墙及屋顶内侧使用的 S 值大的材料，可令其内表面温度波动小。同理，对于临时使用的房间，可采用 S 值小的材料作内饰面，以利于供热后围护结构内表面温度能快速提高。轻质墙板的导热系数小，保温性能好，但它的热惰性指标小，热稳定性差，用它作房屋的外围护结构，会引起室内温度波动。所以在选择材料时，要考虑到其特点，适当选择。

复习思考题

1. 传热的基本方式有哪些，它们分别有哪些特点？

2. 表面的颜色、光滑程度，对外围护结构的外表面和对结构内空气间层的表面，在辐射传热方面，各有什么影响？

3. 为什么空气间层的热阻与其厚度不成正比关系？怎样提高空气间层的热阻？

4. 影响材料导热系数的主要因素是什么？

5. 对于居住性房间和间歇采暖性房间，如何根据材料蓄热系数选择围护结构的内饰面材料和内墙材料？

6. 根据图 6-26 所示的条件，试计算该屋顶保温层的最小厚度。

7. 根据图 6-27 所示条件，分析墙体内部的温度分布线，区别各层温度线的倾斜度，并说明理由。

8. 根据图 6-27 所示的条件，计算该屋顶结构在室外单向温度谐波作用下的衰减倍数和延迟时间。

图 6-26　屋顶构造(左)
图 6-27　某建筑西墙构造(右)

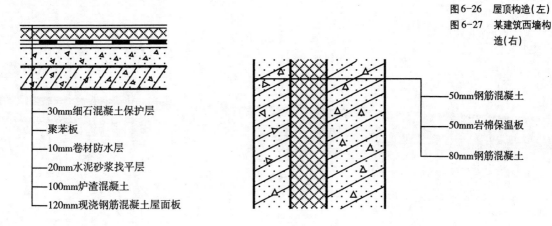

—30mm细石混凝土保护层
—聚苯板
—10mm卷材防水层
—20mm水泥砂浆找平层
—100mm炉渣混凝土
—120mm现浇钢筋混凝土屋面板

—50mm钢筋混凝土
—50mm岩棉保温板
—80mm钢筋混凝土

第 7 章　建筑保温设计

7.1 建筑保温设计的原则

建筑保温设计是为建筑空间创造和维持一个良好的室内热环境。创造和维持良好的室内热环境就需要最大程度地减少室外气候因素对室内的干扰，使室内所传出的热量少一些，减少失热量，维持室内相对的高温。在减少室内损失的同时，还需要充分利用室外的太阳辐射能和尽可能地减少室外冷风侵入室内。

保温不良的建筑围护结构（包括屋面、外墙、门窗、地坪等）热阻小，传热系数大，虽然依靠加大采暖供热量也能保持所需的室内温度，但是，采暖供热量必须大大增加，由此造成能源浪费。不仅如此，保温不良的围护结构，还易受室外低温气候的影响，从而导致室内表面温度过低，引起结露、室内潮湿、生霉、室内热环境恶化。

在进行建筑保温设计时，应遵循以下几个原则。

7.1.1 充分利用太阳能

充分利用太阳能，建筑物宜设在避风和向阳的地段。冬季建筑的保温设计以阴寒天气为主，不考虑太阳辐射，这实际上是增大了围护结构的热阻。所以在设计房屋的时候，应当尽可能地争取好的朝向和保持适当日照间距。因为太阳辐射除了能提高建筑本身的温度，达到减少房间热损失的效果外，透射到屋内的阳光还可以达到杀菌防腐的效果。

7.1.2 合理选择建筑的体形

建筑物的外表面与其所包围的体积之比称为"体形系数"。体形系数是单位体积所分摊的面积，体形系数越大，单位建筑体积所分摊的（与室外大气接触）的外表面积就越大，传热能耗也越多。所以，应该控制体形系数，减少建筑的传热能耗。据调查统计，我国采用的单元式多层建筑，体形系数为0.28~0.30。在建筑造形设计时，一味追求造型艺术，使外表面形成过多的曲折和凸凹，使外表面积增大，而使体形系数也随之增大。这些曲折凸凹都是保温的薄弱环节，北方建筑体形在满足建筑功能和美观的基础上，尽量选择有利于保温的方案，使之达到功能合理、外形美观、利于保温的共同目标。

7.1.3 合理布置建筑物主体朝向

一般的居住性建筑为长条形，平面的长轴方向一般沿着东西方向布置，即主体的朝向为南北向或接近南北向。这样布置对于建筑的保温节能有利。据研究结果，一般情况下，平面接近正方形的点式建筑，朝向变化对传热耗热量影响低于长条形的板式建筑；朝向选择的不当对外窗的影响大于外墙。因此，在进行建筑物布置的时候，应考虑朝向的影响。将长宽比较大的板式住宅建筑尽量布置在有利的朝向上,建筑物平面接近正方形或正三角形的点式建筑的朝向可较灵活布置。当建筑物的朝向不利时,应控制建筑的体形系数与窗墙面积比。

7.1.4 防止冷风渗透

冷风一方面通过门、窗缝隙进入室内降低室温;另一方面,风作用在外墙等外围护结构表面上,增大对流换热系数,即增大了外表面的散热量。在进行建筑设计时,尽量使建筑处在避风地段或避免大面积表面积朝向冬季主导风向。当条件限制不能避开主导风向时,应在迎风面少开窗或开小窗;不应设置冷外廊和开敞式楼梯间;在出入口应设置门斗。对于公共建筑的出入口应设置转门、门斗及热风幕,阻挡空气直接对流与冷风渗透。

窗户的传热及冷风渗透耗热量在建筑耗热量中占有较大的比例,因此窗户的保温设计是目前保温节能工作的研究重点。控制窗面积,提高窗户的密闭性,是实现建筑保温节能的重要措施。

7.1.5 加强围护结构的保温能力

对于外墙、屋顶、直接与室外空气相通的楼板、不采暖地下室上面的楼板及不采暖楼梯间的隔墙等位置,应使总热阻不低于最小传热阻。当有散热器、管道、壁龛嵌入外墙时,该处的热阻也应大于最小传热阻。

建筑物的热桥部分,主要是处在外墙和屋面等围护结构中的钢筋混凝土或金属梁、柱、肋等部位。这些部位传热能力强,热流较密集,内表面温度较低,需要加强保温措施。同时,对于外墙转角处等传热异常部位应当加强保温措施,确保内表面的温度高于露点温度。建筑的底层地面,在周边也应采取有效的保温措施,尽量减少吸热量。

7.1.6 使房间具有良好的热特性

当居住房间有较大的热稳定性时,即使供热不均匀,室温波动也不会过大;间歇使用的房间如办公室、会议室、影剧院等,要求开始供热后室内温度能很快升高。在进行保温设计时,应该按着建筑不同的使用功能考虑,采用不同的保温设计方案。

7.2 建筑主体部分保温设计

建筑围护结构主体部分主要是指建筑的外墙和屋顶。对其进行冬季保温设计的时候,一般把它们的传热过程看成是近似稳定传热。按照稳定传热的理论,传热阻是围护结构阻抗传热能力的特征指标。而进行建筑保温设计的主要任务,就是减少室内所传出的热量,以维持室内相对的高温。而围护结构的传热阻越大则建筑室内传出的热量就越少,室内的温度就越高。因此传热阻就成为衡量外墙和屋顶保温效果优劣的重要指标。

围护结构保温设计，主要是限制通过围护结构的传热量。一方面，为了防止围护结构内表面温度低于露点温度，造成内表面冷凝；另一方面，大多数的民用建筑不仅要满足表面的不结露，同时也要考虑到人们居住环境的热舒适性。也就是限制因内表面与人体之间的辐射换热量过大而使人体受凉。

围护结构的最小传热阻特指设计计算中允许采用的围护结构传热阻的下限值。在我国的《民用建筑热工设计规范》GB 50176—93 中，规定了建筑围护结构最小传热阻的确定方法。

7.2.1 围护结构最小传热阻的确定［式（7-1）］

$$R_{0 \cdot \min} = \frac{(t_i - t_e)\ n}{[\Delta t]} R_i \qquad (7-1)$$

式中 $R_{0 \cdot \min}$——围护结构最小传热阻［（m² · K）／W］；

t_i——冬季室内计算温度（℃）；

t_e——围护结构冬季室外计算温度（℃）；

n——温差修正系数；

R_i——围护结构内表面换热阻［（m² · K）／W］；

［Δt］——室内空气与围护结构内表面之间允许温差（℃）。

围护结构最小传热阻各项参数的确定原则：

7.2.1.1 冬季室内计算温度 t_i

由于房间的使用性质不同，对于温度的要求也不同，因此 t_i 的取值也不同。一般居住建筑，取 18℃；高级居住建筑、医疗、托幼建筑等取 20℃。其他如工业企业和有特殊要求的房间，t_i 应按着相应的规范进行取值。

7.2.1.2 围护结构冬季室外计算温度 t_e

尽管在计算最小热阻时，是按照稳定传热过程来考虑的。但实际上已经考虑了室内、外温度波动对内表面温度的影响。因为式中 t_e 取值是根据围护结构的热惰性指标 D 值范围采用不同数值。由于不同的围护结构对于温度的抵抗能力不同，也就是热惰性不同，内表面温度受温度变化的影响也不同。例如：厚重的砖石结构和混凝土结构对温度的抵抗能力强，热惰性大，受温度波动的影响小；相反，轻质结构受温度波动的影响大。根据建筑所在地的气象参数和建筑围护结构热惰性指标 D 值确定了 t_e，t_e 的取值见表 7-1。

根据围护结构材料及构造形式分成四种不同的类型：Ⅰ、Ⅱ、Ⅲ、Ⅳ，全国主要城市四种类型对应不同的冬季室外计算温度 t_e 值，可按建筑热工规范规定的参数采用，冬季室外计算温度 t_e 应取整数值。

建筑的热惰性指标 D 值越大，其 t_e 取的温度就越高，得出的热阻就越小。在实际的设计计算中，常遇到如下情况：如按照第Ⅱ型确定的最小热阻，计算围护结构 D 值却在Ⅲ中。这时必须按照不利的情况考虑，也就是按照Ⅲ重新确定最小热阻。

围护结构冬季室外计算温 t_e（℃）　　　　　表7-1

类型	热惰性指标 D 值	t_e 的取值
I	>6.0	$t_e = t_w$
II	4.1~6.0	$t_e = 0.6t_w + 0.4t_{e \cdot min}$
III	1.6~4.0	$t_e = 0.3t_w + 0.7t_{e \cdot min}$
IV	<1.5	$t_e = t_{e \cdot min}$

注：t_w 和 $t_{e \cdot min}$ 分别为采暖室外计算温度和累年最低一个日平均温度。

7.2.1.3　围护结构内表面换热阻 R_i（按建筑热工规范规定的参数选择）

7.2.1.4　温差修正系数 n

因最小传热阻计算式采用的是室外空气的温度，当某些围护结构的外表面不与室外空气直接接触时，应对室内温差加以修正，温差修正系数 n 值见表7-2。

温差修正系数 n 值　　　　　表7-2

围护结构及其所处情况	温差修正系数 n 值
外墙、平屋顶及与室外空气直接接触的楼板等	1.00
带通风间层的平屋顶、坡屋顶顶棚及与室外空气相通的不采暖地下室上面的楼板等	0.90
与有外门窗的不采暖楼梯间相邻的隔墙： 1~6 层建筑 7~30 层建筑	0.60 0.50
不采暖地下室上面的楼板： 外墙上有窗户时 外墙上无窗户且位于室外地坪以上时 外墙上无窗户且位于室外地坪以下时	0.75 0.60 0.40
与有外门窗的不采暖房间相邻的隔墙 与无外门窗的不采暖房间相邻的隔墙	0.70 0.40
伸缩缝、沉降缝墙 防震缝墙	0.30 0.70

7.2.1.5　室内空气与围护结构内表面之间的允许温差 $[\Delta t]$

建筑保温要求外围护结构内表面保持一定的温度来防止室内空气中的水蒸气在内表面上结露。同时内表面的温度不至于太低，防止对人体形成冷辐射。根据房间的性质和结构确定外围护结构的 $[\Delta t]$ 值，见表7-3。

室内空气与围护结构内表面之间的允许温差 $[\Delta t]$（℃）　　　表7-3

建筑物和房间类型	外墙	平屋顶和屋顶顶棚
居住建筑、医院和幼儿园等	6.0	4.0
办公楼、学校和门诊部等	6.0	4.5
礼堂、食堂和体育馆等	7.0	5.5

建筑物和房间类型	外墙	平屋顶和屋顶顶棚
室内空气潮湿的公共建筑: 不允许外墙和顶棚内表面结露时 允许外墙内表面结露,但不允许顶棚内表面结露时	$t_i - t_d$ 7.0	$0.8(t_i - t_d)$ $0.9(t_i - t_d)$

注: t_i、t_d 分别为室内空气温度(℃)和露点温度(℃)。

潮湿的房间系指室内温度为 13～24℃,相对湿度大于75%;或室内温度高于24℃,相对湿度大于60%的房间。

对于直接接触室外空气的楼板和不采暖地下室上面的楼板,当有人长期停留时,取允许温差 $[\Delta t]$ =25℃;当无人长期停留时,取允许温差 $[\Delta t]$ =5.0℃。

首先,由表7-3可以看到对于使用质量要求较高的建筑,其允许温差 $[\Delta t]$ 就小,那么所确定的热阻就大,对围护结构的保温能力要求就高。其次,还可以看到通过"室内空气与围护结构内表面之间的允许温差 $[\Delta t]$"的限定,已经考虑到了围护结构内表面结露的问题,也就是根据表上温差进行建筑保温设计时,围护结构内表面的最小温度值 θ_{min} 是大于露点温度 t_d 的,即" $\theta_{min} > t_d$ "。

7.2.1.6 采暖供热方式是进行建筑保温设计时必须考虑的问题

目前供暖的水温和流量一般不稳定,也就是室温也存在波动。由于轻质材料的热惰性差,受供热温度变化影响的波动较大。所以在实际设计中,当居住建筑、医院、幼儿园、办公楼、学校和门诊部等建筑的外墙为轻质材料或内侧符合轻质材料时,外墙的最小传热阻应在式(7-1)计算的最小热阻 $R_{0 \cdot min}$ 基础上附加值,其附加值按表7-4的规定采用。

轻质外墙最小传热阻的附加值(%) 表7-4

外墙材料与构造	当建筑物处在连续供热热网中时	当建筑物处在间歇供热热网中时
密度为 800～1200kg/m³ 的轻骨料混凝土单一材料墙体	15～20	30～40
密度为 500～800kg/m³ 的轻混凝土单一材料墙体,外侧为砖或混凝土、内侧为复合轻混凝土的墙体	20～30	40～60
平均密度小于500kg/m³ 的轻质复合墙体;外侧为砖或混凝土、内侧为复合轻质材料(如岩棉、矿棉、石膏板等)的墙体	30～40	60～80

7.2.1.7 建筑物的实际热阻

现在建筑的实际传热阻实际上都是大于最小传热阻的,但是还是要加强墙体的保温,这是由于建筑物的传热阻小于经济传热阻。经济传热阻,是围护结构单位面积的建造费用(初次投资的折旧费)与使用费用(由围护结构单位面积分摊的采暖运行费和设备折旧费）之和达到最小值时的传热阻。这与建筑材料和燃料价格等因素有关，因此我国制定了节能设计标准，对于建筑结构传热阻的最小值作了一定的限定。这样就更好地提高了围护结构的保温性能，减少了能耗。

7.2.2 外围护结构的保温计算

外围护结构的保温计算可以分为两类：一类是根据保温要求设计保温层的厚度，可以称为保温设计计算。另一类叫做保温校核计算，也就是对已有的保温构造方案进行验算，看其是否符合保温要求。

7.2.2.1 保温设计计算

建筑的保温设计计算，目的是确定材料层的最小厚度，以及根据围护结构最小总热阻要求，确定保温材料导热系数的选择。在确定保温材料导热系数的时候，要考虑到围护结构的构造形式、施工情况、地区情况和在使用过程中保温材料可能受潮等的情况，采取相应的附加值。

【例7-1】计算哈尔滨地区某学校建筑，拟使用如图7-1所示的加气混凝土单一材料的墙体（表7-5），试求：保温层最低限度应为多厚（按连续供热情况进行考虑)？

加气混凝土单一材料的几个参数　　　　　　　　表7-5

序号	名称	δ（m）	λ [W/（m·K）]	R [（m²·K）/W]	S [W/（m²·K）]	$D = RS$
1	水泥砂浆	0.02	0.93	0.022	11.37	0.25
2	加气混凝土	—	$\lambda = 0.22$ $a = 1.25$	—	$S = 3.59$ $a = 1.25$	
3	石灰砂浆	0.02	0.81	0.025	10.07	0.252

注：由第6章表6-2可知加气混凝土墙体由于灰缝影响，其导热系数和蓄热系数 λ_e、S_e 需增加 $a = 1.25$ 的附加值。

【解】1. 先假设该墙属于第Ⅱ型的墙体结构，计算其最小传热阻

由附表 B_3 可知哈尔滨冬季室外计算温度 t_e 分别为 $-26℃$、$-29℃$、$-31℃$、$-33℃$。

由表7-3可知学校建筑外墙允许温差 $[\Delta t] = 6.0℃$；

由表7-2可知外墙温差修正系数 $n = 1.0$。

$$R_{0 \cdot \min} = \frac{(t_i - t_e)n}{[\Delta t]}R_i = \frac{[18 - (-29)] \times 1}{6} \times 0.11 = 0.862$$

由于该建筑物用的是加气混凝土的单一材料的墙体，并且处在连续供热热网中，由表7-4可知需增加30%附加值，则实际的最小热阻为：

$$R'_{0 \cdot \min} = 1.3 \times R_{0 \cdot \min} = 1.3 \times 0.862 = 1.121$$

2. 确定保温层应有的热阻

$$R_{2\cdot\min} = R'_{0\cdot\min} - R_i - R_1 - R_3 - R_e$$

$$= 1.121 - 0.11 - 0.02/0.93 - 0.02/0.81 - 0.04$$

$$= 0.924$$

3. 求出保温层的最小厚度

$$\delta_{2\cdot\min} = R_{2\cdot\min} \times \lambda_2 = 0.924 \times 0.22 \times 1.25 = 0.254\text{m}$$

4. 计算建筑围护结构的热惰性 D 值

$$D_2 = R_2 S_2 = \frac{\delta_2}{\lambda_2} S_2 = \frac{0.254}{0.22 \times 1.25} \times 1.25 \times 3.59 = 4.145$$

$$D_0 = D_1 + D_2 + D_3$$

$$= R_1 S_1 + R_2 S_2 + R_3 S_3$$

$$= 0.022 \times 11.37 + 4.415 + 0.025 \times 10.07$$

$$= 4.647$$

由表 7-1 可知 D 值在 4.1~6.0 之间属于 Ⅱ 型的围护结构，与原假设相符，所以 $\delta_{2\cdot\min} = 0.254\text{cm}$。

7.2.2.2　保温校核计算

对已有的保温构造方案进行验算，看其是否合格。如果不合格，要采取一定的方式增大热阻，例如：增加墙体厚度、增加保温层的厚度以及更换保温效果更好的（导热系数小的）保温材料。一般用在既有墙体的改造中。

【例 7-2】计算长春地区如图 7-2 所示的墙体结构是否满足住宅的热工要求（表 7-6）。

钢筋混凝土外保温墙体的几个参数　　　　　　表 7-6

序号	名称	δ (m)	λ [W/ (m·K)]	R [(m²·K) /W]	S [W/ (m²·K)]	$D = RS$
1	水泥砂浆	0.02	0.93	0.022	11.37	0.250
2	聚苯乙烯板（阻燃性）	0.045	0.035	1.286	0.36	0.463
3	钢筋混凝土	0.2	1.74	0.115	17.20	1.978
4	混合砂浆	0.02	0.87	0.023	10.75	0.247

【解】1. 计算建筑围护结构的热阻

$R_1 = 0.02/0.93 = 0.022$

$R_2 = 0.045/0.035 = 1.286$

$R_3 = 0.2/1.74 = 0.115$

$R_4 = 0.02/0.87 = 0.023$

$R_0 = R_i + R_1 + R_2 + R_3 + R_4 + R_e$

$\quad = 0.11 + 0.022 + 1.286 + 0.115 + 0.023 + 0.04$

$\quad = 1.594$

2. 计算建筑围护结构的热惰性指标

$D_1 = R_1 S_1 = 0.022 \times 11.37 = 0.25$

$D_2 = R_2 S_2 = 1.286 \times 0.36 = 0.463$

$D_3 = R_3 S_3 = 0.115 \times 17.2 = 1.978$

$D_4 = R_4 S_4 = 0.023 \times 10.75 = 0.247$

$D_0 = D_1 + D_2 + D_3 + D_4 = 0.25 + 0.463 + 1.978 + 0.247 = 2.938$

3. 查表 7-1 热惰性指标 D 值在 $1.6 \sim 4.0$ 之间属于 III 型的围护结构

由附表 B_3 可知长春的冬季室外计算温度 t_e 分别为 $-23℃$、$-26℃$、$-28℃$、$-30℃$。

所以 $t_e = -28℃$，计算建筑围护结构的最小热阻。

$$R_{0 \cdot \min} = \frac{(t_i - t_e)n}{[\Delta t]} R_i = \frac{(18 + 28) \times 1}{6} \times 0.11 = 0.843$$

4. 将我们求得的 R_0 与 $R_{0 \cdot \min}$ 作比较，$R_0 > R_{0 \cdot \min}$ 符合建筑的热工要求，反之亦然

本题中 $R_0 > R_{0 \cdot \min}$，所以该墙满足建筑的热工要求。

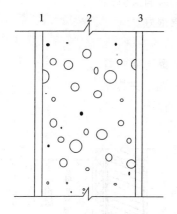

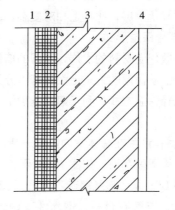

图 7-1 加气混凝土墙板（左）

1—水泥砂浆；2—加气混凝土；3—石灰砂浆

图 7-2 钢筋混凝土外保温墙体（右）

1—水泥砂浆；2—聚苯乙烯板（阻燃性）；3—钢筋混凝土；4—混合砂浆

7.2.3 围护结构保温的构造方案

建筑保温设计，主要是通过提高建筑围护结构的热阻和热稳定性来实现的。因为建筑围护结构具有较大的热阻不仅能减少传热量、节省能耗，而且能提高其内表面的温度，防止内表面冷凝；提高围护结构稳定性，可以使室内气温波动较小，同时内表面不会对人体造成冷辐射。

7.2.3.1 构造方案

1. 单设保温层

承重层必须采用强度高、力学性能好的材料构件，但这些材料的导热系数大，在结构要求的厚度内，热阻远不能满足保温的需要。为此，必须用导热系数较小的材料作保温层，铺设或粘贴在承重层上。

这种方案是用导热系数很小的材料作为保温层与混凝土、钢筋混凝土等材料组成复合结构。保温层主要起保温作用，不起承重作用。由于保温层与承重层分开设置，对保温材料选择的灵活性比较大，不论是板块状、纤维状以至松散颗粒材料，均可应用。

2. 封闭的空气间层内保温

封闭的空气间层有良好的绝热作用，也可以在间层壁表面涂贴辐射率较高、ε 值（辐射系数）较小的材料，如铝箔等。但应注意铝箔易被碱性物质腐蚀，也易受潮湿等状况的影响，降低其保温性能。如果使用，一定要涂保护层来延长其使用寿命，空气间层的厚度，一般以 $4\sim6\text{cm}$ 为宜。

3. 保温与承重结合

围护结构可以采用空心板、各种空心砌块（承重混凝土空心砌块、火山渣混凝土空心砌块等轻骨料空心砌块）及轻质实心块（主要有陶粒混凝土等轻骨料混凝土、加气混凝土）等单一材料。这些单一材料的墙体具有良好的热工性能和力学性能，既能起到承重的作用，又能达到保温的要求。在构造上比较简单，施工也非常方便，多用于低层或多层墙承重式建筑。

4. 混合型构造

当单独采用一种方式不能满足保温要求时，或达到保温要求的目的而经济上不合理时，可以综合地运用以上的措施，即外墙和屋顶构造中，既有实体的保温层，又有空气间层和承重层，此构造相对复杂，但是保温效果很好。

7.2.3.2 墙体的复合保温形式

由于新型和轻型高效保温材料的发展，我国的墙体已经由实心黏土砖向着保温轻型复合墙体转变。从保温的方式上大致可以分为三种：内保温、夹芯保温和外保温。合理地选择保温方式，利于建筑维护结构的保温节能设计。

1. 内保温

1）构造：将保温材料设置在墙体室内高温一侧，一般需要在保温层和高温一侧之间设置隔汽层，如图 7-3 所示。

保温材料：主要是 EPS 板（膨胀聚苯乙烯）、聚苯乙烯、岩棉板、矿棉板、玻璃棉板、充气石膏板、憎水性珍珠岩、坚壳珍珠岩、水泥膨胀珍珠岩板、膨胀珍珠岩保温砂浆层、加气混凝土砌块等。

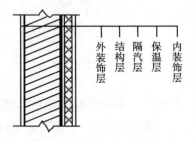

图 7-3　外墙内保温

主体材料：承重混凝土空心砌块、炉渣空心砌块、承重多孔砖、混凝土墙体等承重墙体。

内饰面材料：主要有石灰砂浆、纸面石膏板、玻璃纤维石膏板、GRC 轻板、玻璃纤维增强水泥板、玻璃纤维强饰面石膏、纤维增强聚合物砂浆等。

2）特点：

（1）施工简单，造价较低。施工技术、设施和操作简便易行，不需要搭设脚手架，施工安全；对保温材料与墙体粘结强度和保温材料的强度要求较低。

（2）因在室内施工，不受外界气候的影响。由于每一层都是一个工作面，所以施工时也不存在与上下层的保温交圈的问题。

（3）难以避免热桥的产生。内保温在构造上的热工薄弱环节点较多，如固定保温层的龙骨、内隔墙与外墙交接的丁字墙、外墙与楼板、构造柱、框架梁、框架柱、拐角、门窗洞口、抗震柱等"热桥"部位。使得较多热量会从未保温的"热桥"部位散失，而在热桥部位内表面产生结露。在严寒地区室内通风不畅，致使霉菌滋生，影响室内的美观和住户的身心健康。

（4）热稳定性差。与其他形式的外墙比，引起蓄热系数小的保温材料位于室内一侧，墙体内表面吸收或释放的热量较少。因此室内的热稳定性较差。

（5）占用一定的使用空间。据不完全统计，在塔式高层建筑中，每户约要损失 $1.3 \sim 1.5 m^2$ 的使用面积。

（6）改造不方便，易被第二次装修损坏。在旧房改造时，从内侧保温存在使住户增加搬动家具、施工扰民，甚至临时搬迁等诸多麻烦，产生不必要的纠纷；居民二次装修时也可能损坏保温层。由于保温材料的强度较低，加大了室内装修、装饰的难度。例如：布线、空调器、散热器、壁灯、装饰物等需要局部钉钉的，会破坏保温层，形成热桥。影响了墙体的正常使用功能。

2. 夹芯保温

1）构造：保温层设在墙体和承重结构或支撑结构之中的墙体称之为夹芯保温，如图7-4所示。

保温材料：主要是 EPS 板、聚苯乙烯、岩棉板、矿棉板、玻璃棉板、珍珠岩芯板、水泥膨胀珍珠岩板等。

主体材料：承重混凝土空心砌块、炉渣空心砌块、承重多孔砖、混凝土墙体等承重墙体。

施工特点：现场施工和预制复合板（在钢筋混凝土中间嵌入保温层）两种。由于保温材料在墙体中间，所以施工时要注意做好保温材料填充连接部位的紧密，并做好内外墙之间的拉结。

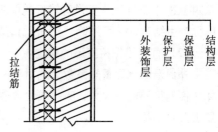

图 7-4　外墙夹芯保温

2）特点：

（1）施工技术较便利，造价较低。由于保温材料设置在外墙中间，免去了保护层构造的做法，工程造价有一定的降低，保温性好于内保温。装配式的施工较为便利，但是如果采用现场施工，工序较多，湿作业多，加大了施工管理难度和施工周期。

（2）仍难解决热桥的问题，但优于内保温。夹芯保温产生的热工薄弱部位比内保温少，主要出现在圈梁和构造柱部位，墙体热桥部位内表面也会出现结露和发霉发黑及面层起鼓的现象。

（3）许多隐含因素不易发现。保温层两侧的墙体温差较大，易产生结构性裂缝，不易控制。显而易见，温度由室内和室外传到保温层两侧的温度是不同的，巨大的温差下，会引起热胀冷缩的效应，而使保温层产生裂缝。而这个破坏是我们很难看到的，对于维修就更加困难。

（4）抗震性能较差。从图7-4可以看出，外砌体保护层仅靠拉结筋增强与主体结构的连接，所以抗震性能较差。

（5）预制复合板若接缝处理不当易发生渗漏。

3. 外保温

即将保温材料设置在墙体依靠室外低温一侧，将密度大、质地密实的砌体设在室内一侧，如图7-5所示。

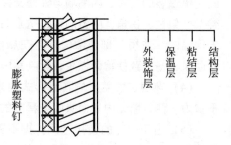

图7-5　外墙外保温

保温材料：主要是 EPS 板、XPS 板（挤压缩聚苯乙烯泡沫塑料板）、聚苯板、钢丝网架聚苯乙烯芯板、水泥聚苯板、岩棉板等。

主体材料：承重混凝土空心砌块、炉渣空心砌块、承重多孔砖、混凝土墙体等承重墙体。

施工特点：分为两种：现场施工一般常用饰面层（带色聚合物水泥砂浆）+ 增强层（被复玻璃纤维风格布或镀锌钢丝网）＋绝热层（EPS 板或矿棉板）＋结构层；另一种是预制带饰面外保温板（例如，嵌有 EPS 板的钢丝网与钢筋增强的水泥砂浆板），粘挂结合法固定在结构层上。

特点：

（1）消除或削弱了各部分"热桥"的影响。内保温和夹芯复合墙保温体系对上述"热桥"一直没有较好的解决方法，而外保温体系既可防止"热桥"部位产生结露，又可消除"热桥"造成的附加热损失。

（2）有利于保持室温的稳定。

外保温墙体因蓄热系数大的材料位于室内一侧，其内表面温度波动小，墙体内侧的热稳定性较大，吸收或释放较多热量，可保证墙的内表面温度不会急剧上升或下降。

（3）保护主体结构、延长建筑物的寿命。外保温方式是将保温材料放在主体结构的外部，既减少了外界条件（如温湿度、风、雨等）对主体结构的影响，还可以减少主体结构的热应力，又对主体起保护作用，从而延长了主体结构的耐久性。

（4）增加房屋实际使用面积。由于使用高效轻质材料作为墙体的保温材料，外墙结构仅起承重作用，因此墙体总厚度必然要比既承重又保温的重质墙体减薄许多，从而增加了每户的使用面积。

（5）墙体外饰面处理不好，容易开裂。因受大气温湿度变化的影响而引起的墙体膨胀收缩变形所产生的应力影响，保护层和饰面层收缩变形较大，导致产生裂缝；保温材料与饰面层因强度不一致及保护层与保温层的粘结强度较低而出现空鼓；由于门窗洞口处应力集中，导致保护层和饰面层出现裂缝。因此对保温层要求相对较高，而且一般不建议使用外饰面砖。如果为提高保温层与饰面层、结构层的粘结性，则必然增加构造的复杂性和造价。

（6）对于旧房的节能改造，外保温处理的效果最好。在基本上不影响住户生活的情况下，即可进行施工。

7.2.3.3　屋顶保温

我国建筑的屋面大多采用平屋顶，屋面保温层大多数为外保温构造，这种构造受周边热桥的影响较小，但是对上面的保护层要求较高。为了提高屋面的保温性能，主要应采用轻质高效、吸水率低或不吸水的可长期使用、性能稳定的保温材料作为保温隔热层。

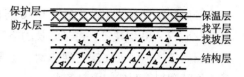

图7-6　倒铺屋顶构造

传统的屋面做法是在保温层上面做防水层，后来渐渐地发现，由于防水层在屋面的最外层，其直接受到太阳的辐射，白昼及夏、冬季温度变化幅度较大，容易老化和被破坏。为了改善这一状况，在国外出现了"倒铺屋面的方法"（图7-6）。也就是采用轻质高强、吸水率极低的保温隔热层（例如：挤塑型聚苯乙烯泡沫板）覆盖在防水层之上，再在聚苯板上用石块或混凝土块压住，而不使用粘结材料。使保温层既起到保温防水的作用，还能保护防水层。我们应尽量吸取国外的先进经验，大胆采用新技术、新材料，从而达到良好的保温效果。

7.3　传热异常部位的保温设计

建筑传热异常部位是指它们的传热性能已超出了墙面和屋顶的传热性能。如：门窗、地面、外围护结构转角及交角、围护结构中的各种热桥、地面等。对这些热工性能薄弱的部位，必须采取相应的保温措施，才能保证围护结构正常的热工状况和整个房间的正常使用。

7.3.1　窗户

窗的作用是多方面的，除需满足采光、通风、日照、视觉的联系及建筑造型等功能要求外，作为围护结构的一部分同样应具有保温作用。因此，外窗的大小、形式、材料和构造就需要兼顾各个方面，以取得整体的最佳效果。

从围护结构的保温性能来看，窗是保温能力最差的部件；主要原因是窗框、窗樘、窗玻璃等的热阻小，以及经缝隙渗透的冷风和窗洞口的附加热损失。

单层窗的传热系数 K 值为 $6W/(m^2 \cdot K)$ 左右，约为一砖墙厚度传热系数的 3 倍。也就是说 $1m^2$ 的窗户的传热量与 $3m^3$ 的一砖墙的传热量相当，加之窗户的冷风渗透增加的耗热量，显然，窗面积愈大，对保温和节能愈不利。为了保证各项使用功能，改善窗的保温性能，减少能源消耗，一般采取以下措施。

7.3.1.1　提高气密性，减少冷风渗透

一般通过窗户缝隙渗入室内的室外冷空气相当大，当窗户的密封性不能达到节能标准要求时，应当采取适当的密封措施，并选用性能良好的密封胶条，可改善普通建筑外窗的气密性能。密封条应弹性良好、镶嵌牢固严密、经久耐用、使用方便、价格适中。可根据不同窗的具体情况，分别采用不同的窗密封条，如橡胶条、塑胶条等密封条，其形状可为条状、刷状或片状，固定方法可以镶嵌、填充、粘贴、挤贴或制成膏状，在接缝处挤压成型后固化。

一般建筑节能设计规范允许 1 ~ 6 层建筑：每米缝长的空气渗透量不大于 2.5m³/h；7 ~ 30 层建筑：每米缝长的空气渗透量不大于 1.5m³/h。因此，当窗户的密闭性达不到上述规定要求时，就要采取密封措施，如在缝隙处设置橡皮、泡沫塑料等制成的密封条等。

7.3.1.2 根据朝向，控制窗墙面积比

有试验表明，冬季，南向通过太阳辐射所得的热量最大，东西向小于南向，而北向得热量最少。在建筑构造允许的情况下，应尽量开大南窗，适当开设东西向窗，减少或不设北向窗，以达到多获取太阳能而减少热损失的目的。此外主导风向也影响着室内的热损失程度，因此，在选择窗的朝向时，应在考虑日照的同时注意主导风向。例如，在北方寒冷地区，大部分主要居室及窗的布置，应避免对着冬季主导风向，以免热损耗过大，影响室内温度。

根据不同的朝向，窗墙面积比可参照表 7-7 选择。窗墙面积比是窗户、洞口总面积（包括阳台、门透明部分洞口的面积）与同朝向建筑立面面积的比值。

各朝向的窗墙面积比   表 7-7

朝向	窗墙面积比
南向	≤0.35
东西向	≤0.25（单层窗） ≤0.30（双层窗）
北向	≤0.20

同时，要指出采光面积相同的情况下，扁形的窗口形状可获得较多的日照时间，从而能得到比方形窗口和长形窗口多的太阳辐射。

7.3.1.3 降低窗户的传热系数

表 7-8 给出了我国常用的各类窗户的 K 值。由表 7-8 中，可以看出由于窗框材料的不同，窗户玻璃不同的类型，具有不同的传热系数。因此，要降低窗户的传热系数可以通过提高窗框和窗户玻璃的保温性能（降低传热系数）来实现。

1. 提高窗框的保温性能

窗框的热阻大小主要取决于窗框材料的导热系数。由表 7-8 可以看出用木材和塑料（导热系数小）做窗框的窗户，其传热系数 K 小于同类型实体的金属钢、铝（导热系数大）窗框的窗户，其保温性能好于钢、铝做窗框的窗户。因此，窗框材料一般选择导热系数较小的材料，如 PVC 塑料型材。当采用铝合金等导热系数大的材料做窗框时，则利用空气截断窗框的热桥要取得更好的保温节能效果，还应加强开发铝塑、钢塑、木塑等复合型框材及其复合型配套附件及密封材料。此外，窗框不宜与墙体内表面平齐装置，而应设在墙体的中间部位，以防止窗洞口周边内表面温度过低。

2. 改善玻璃的保温性能

单层玻璃的热阻很小，在严寒和寒冷地区应采用双层窗或三层窗，这不仅

是为了保证室内正常的使用条件，也是节约能源的重要措施。

改善窗户玻璃保温效果，一个方法就是增加窗扇的层数，在内外两层窗扇之间形成密闭的空气层，可大大改善窗户的保温效能。双层窗传热系数比单层窗降低近一半，三层窗传热系数比双层窗又降低近1/3。我们把这种增加层数的窗户称为"双层窗"或"三层窗"。

目前常用的方法，就是在单层窗上安装上双层玻璃或三层玻璃，各层玻璃间形成良好的密封空气层，从而提高窗户的保温功能，这种窗户称为"双玻窗"或"三玻窗"。该形式窗户既能达到良好的保温效果，又能节省窗框用料，减少建筑工程造价。

在同样的材质、构造中，空气间层愈大，传热系数愈小。但是，当空气层达到一定的厚度以后，传热系数的降低率就很小了。例如，空气间层由9mm增至15mm，传热系数降低10%；15mm增至20mm，降低2%，当超过20mm厚的空气层，其厚度再加大时，效果就不明显了。因此，玻璃之间空气层厚度以20~30mm为宜，既可有良好的保温性能，造价也不致过高。值得注意的是双玻窗形成的空气层并非绝对严密，因此双玻窗、三玻窗的重点是解决玻璃的密封问题。

此外，研制并推广新型的对辐射有选择吸收能力的透明材料以及保温窗帘的灵活使用，也是改善窗户保温性能的措施。在窗的内侧或双层窗的中间挂窗帘是提高窗户保温能力的一种灵活、简便的方法。如在窗内侧挂铝箔隔热窗帘（在玻璃纤维布或其他布质材料内侧贴铝箔）后，窗户的热阻值可比单层玻璃提高2.7倍。还可以采用各种适宜的保温材料制作不同形式的保温窗扇，在白天开启、夜晚关上，可以大大地减少通过窗户的热损失。这一措施，近年来在太阳能建筑中得到了广泛的应用。

窗户的传热系数 表7-8

窗框材料	窗户类型	空气层厚度（mm）	窗框窗洞面积比（%）	传热系数 K [W/ (m² · K)]
钢、铝	单层窗	—	20~30	6.4
	单框双玻窗	12	20~30	3.9
		16	20~30	3.7
		20~30	20~30	3.6
	双层窗	100~140	20~30	3.0
	单层+单框双玻窗	100~140	20~30	2.5
木、塑料	单层窗	—	30~40	4.7
	单框双玻窗	12	30~40	2.7
		16	30~40	2.6
		20~30	30~40	2.5
	双层窗	100~140	30~40	2.3
	单层+单框双玻窗	100~140	30~40	2.0

7.3.2 门

外门包括户门、单元门、阳台门以及室外空气直接接触的其他各式各样的门。门的热阻虽然比窗户大，但是比外墙和屋顶的热阻小，也是外围护结构的保温薄弱环节。因此要加强户门、阳台门等外门的保温。现在外门多填充以聚苯板或岩棉板，并往往采取与防盗、防火相结合的构造方式。门的开启频率较窗户高，所以空气渗透程度要比窗户大，因此其密封的处理就更加重要；同时要考虑到门的朝向问题，不宜对着冬季主导风向。

7.3.3 地面的保温

人体的足部在与地面直接接触时对地面冷暖变化甚为敏感，说明地面热工质量的优劣直接关系到人体的健康与舒适。在寒冷的冬季，采暖房间地面下土壤的温度一般都低于室内气温，特别是靠近外墙的地面比房间中间部位的热损失大得多。脚在地面上行走或活动，实际上是人体向地面传热，其性质属于不稳定间歇性传热。据测定，裸足直接接触地面散失的热量，约为人体其他部位向环境散热量的1/6。因此，为减少热损失和维持地面一定的温度状况，地面应有妥善的保温措施。

7.3.3.1 地面热工性能

地面的热工性能可用两项指标衡量：一是表面温度；二是吸热系数 B 值，即在规定时间间隔内单位温差条件下单位面积的地面从人脚吸收的热量。例如：赤脚走在水泥地面上，就会比走在木地板上凉，这就是由于吸热系数 B 值不同造成的。吸热系数 B 值越大，则从人脚吸收的热量就越多越快，木地板的 $B=10.5$，而水泥地面的 $B=23.4$。

采暖地区地面的热工性能，按照其吸热系数 B 值分为以下三类，见表7-9。

采暖建筑地面热工性能类别　　　　　　　　表7-9

类别	吸热系数 B $[W/(m^2 \cdot h^{-1/2} \cdot K)]$	地面例子
Ⅰ	<17	木地面、塑料地面
Ⅱ	17~23	水泥砂浆地面
Ⅲ	>23	水磨石地面

《民用建筑设计热工规范》GB 50176—93 中规定，对地面热工性能有较高要求的采暖建筑、居住建筑，如高级居住建筑、幼儿园、托儿所、疗养院等，宜采用Ⅰ类地面；对地面热工性能有一般要求的居住建筑和公共建筑，包括中、小学教室等，可采用不低于Ⅱ类的地面；临时逗留及室温高于23℃的采暖房间，可采用Ⅲ类地面。

实际证明，人体的足部直接与地面接触，地面上层厚度约3~4mm左右材料的吸热指数影响足部的热量损失，因此，地板的面层材料对人体热舒适感影响最大。一般计算地面的吸热系数，可以近似地取最上层材料的热渗透系数，其计算式如式（7-2）。

$$B = b_1 = \sqrt{\lambda_1 c_1 \rho_1} \qquad (7-2)$$

式中　b_1——最上层材料的热渗透系数 $[W/(m^2 \cdot h^{-1/2} \cdot K)]$；

λ_1——最上层材料的导热系数 $[W/(m \cdot K)]$；

c_1——材料的比热容 $[kJ/(kg \cdot K)]$；

ρ_1——最上层材料的密度 (kg/m^3)。

7.3.3.2　地面的保温设计

在进行地面保温设计时，应该从提高地面的热工性能方面考虑，也就是选用吸热系数 B 值较小的地面。对严寒地区采暖建筑的底层地面，当建筑物周边无采暖管沟时，在距外墙内侧 0.5～1.0m 范围内，地面温度往往低于露点温度，该处增加了采暖能耗，有碍卫生，影响使用的耐久性。因此，《民用建筑热工设计规范》中规定：严寒地区采暖建筑的底层地面，当建筑物周边无采暖管沟时，在距外墙内侧 0.5～1.0m 范围的地面内，铺设保温层，其热阻不应小于外墙的热阻。具体的做法如图 7-7 所示。

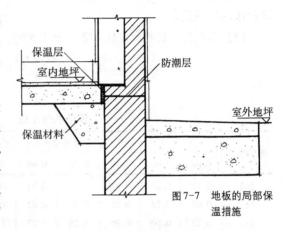

图7-7　地板的局部保温措施

7.3.4　热桥

7.3.4.1　热桥的验算

建筑围护结构主体部位的保温设计，只满足了主体部位的热工要求，而没有考虑"热桥"部分的热工质量。热桥部位是热量容易通过的地方，因此对于"热桥"就应当单独核算其内表面的温度，使其大于露点温度，否则要进行保温处理。

1. 热桥的类型

热桥往往是由于该部位的传热系数比相邻部位大得多、保温性能差得多所致，在围护结构中这是一种十分常见的现象。如嵌入墙体的钢筋混凝土或金属梁（圈梁、门窗过梁）、柱（抗震柱、构造柱）；挑出的阳台板与主体结构的连接部位；钢筋混凝土屋面板中的边肋或小肋；外保温墙体中为固定保温板加设的金属锚固件；夹芯保温墙中为拉结内外两片墙体设置的金属连接件；内保温层中设置的龙骨等等。热桥的构造形式多种多样，图7-8是常见的几种典型热桥形式的示例。

2. 热桥内表面温度的验算

（1）当肋宽与结构厚度比 a/δ 小于或等于 1.5 时，有式（7-3）。

$$\theta'_i = t_i - \frac{R'_0 + \eta(R_0 - R'_0)}{R'_0 \cdot R_0} R_i (t_i - t_e) \qquad (7-3)$$

式中　θ'_i——热桥部分内表面温度（℃）；

t_i——室内计算温度（℃）；

t_e——室外计算温度（℃），按附录 B_3 中 I 型围护结构的室外计算温度采用；

R_0——非热桥部分的传热阻 [（$m^2 \cdot K$）/W]；

R'_0——热桥部分的传热阻 [（$m^2 \cdot K$）/W]；

R_i——内表面换热阻，取 0.11（$m^2 \cdot K$）/W；

η——修正系数，根据比值 a/δ，按表 7-10 或表 7-11 采用。

在确定室内空气的露点温度时，居住建筑和公共建筑的室内空气相对湿度均应按 60% 采用。

（2）当肋宽与结构厚度比 a/δ 大于 1.5 时，有式（7-4）。

$$\theta'_i = t_i - \frac{(t_i - t_e)}{R_0} R_i \tag{7-4}$$

修正系数 η 值　　　　　　　　　表 7-10

热桥形式	当肋宽与结构厚度比 a/δ								
	0.02	0.05	0.10	0.20	0.40	0.60	0.80	1.00	1.50
(a)	0.12	0.24	0.38	0.56	0.74	0.83	0.87	0.90	0.95
(b)	0.07	0.13	0.26	0.42	0.62	0.73	0.81	0.85	0.94
(c)	0.25	0.50	0.96	1.26	1.27	1.21	1.16	1.10	1.00
(d)	0.04	0.10	0.17	0.32	0.50	0.50	0.71	0.77	0.89

修正系数 η 值　　　　　　　　　表 7-11

热桥形式	δ_i/δ	当肋宽与结构厚度比 a/δ							
		0.04	0.06	0.08	0.10	0.12	0.14	0.16	0.18
(e)	0.50	0.011	0.025	0.044	0.071	0.102	0.136	0.170	0.205
	0.25	0.006	0.014	0.025	0.040	0.054	0.074	0.092	0.112

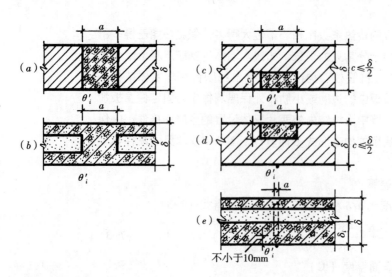

图 7-8　典型热桥示意图

7.3.4.2 保温措施

如果热桥内表面温度 $\theta'_i < t_d$，则需要对热桥部位进行保温处理。一般用某种导热系数很小的保温材料，附加到热桥的适当部位。根据热桥在热流传递方向上是否贯通整个围护结构，可将热桥分为贯通式的和非贯通式的两种；非贯通式热桥根据热桥设在围护结构中的位置，又可分为热桥在热侧（外墙内侧）和热桥在冷侧（外墙外侧）两种。

从建筑保温要求来看，贯通式热桥是最不利的，因为即使其 a 值远小于主体部分厚度 δ，也能引起内表面温度的下降。因此，要在热桥部位附加保温材料，如聚苯乙烯泡沫塑料。值得注意的是在热桥宽度 a 范围内保温是不行的，因为热桥两侧一定范围内的表面温度仍低于主体部分温度，因此所附加的保温层的宽度 l 应满足：当 $a < \delta$ 时，$l > 1.5\delta$；当 $a > \delta$ 时，$l > 2.0\delta$。

对非贯通式热桥，热桥设在冷侧比设在热侧好。因为热桥在冷侧时，热桥部分围护结构的内表面温度高于在热侧时的相应温度。因此，在进行构造设计时，首先要尽可能地采用非贯通式热桥，并将其布置在靠室外一侧。

在对热桥进行保温处理时，其保温层的厚度，以使热桥部分的热阻值提高到与主体部分相同为准。具体的保温做法可根据热桥的不同类型综合处理。

图 7-9 所示的各类节点保温方法，各节点处的热阻都很小，因此这些传热异常部位应当验算，并附加一定厚度的保温材料。才能降低其对主体围护结构

图7-9 几种节点的保温处理方式

(a) 外墙角节点；(b) 内、外墙连接点；(c) 楼板与外墙连接节点；(d) 地下室楼板与外墙连接节点；(e) 檐口节点；(f) 勒脚节点

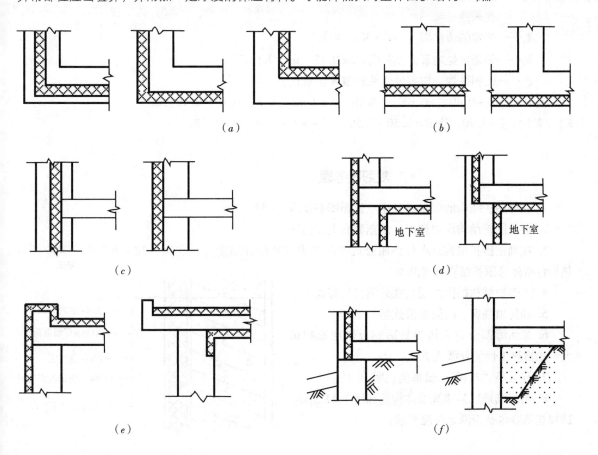

(a)   (b)

(c)   地下室　地下室　(d)

(e)   (f)

的影响，达到良好的保温效果。

7.3.5 外墙转角

　　围护结构的其他传热异常部位有：外墙角、外墙与内墙交角、楼地板或屋顶与外墙交角等。这些墙角处气流不畅，单位面积得热量比主体部分少；另一方面，这些部位的散热面积大于吸热面积。因此，墙角处内表面温度比主体部分的低，易结露，是围护结构中保温能力的薄弱点。故这一部位常常需要做附加保温层。如图7-10为一单一材料匀质外墙角。具体的保温措施如图7-9（a）所示。

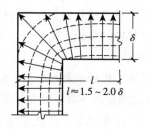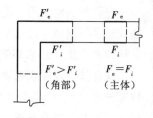

图 7-10　单一材料的匀质外墙角

　　根据《民用建筑热工设计规范》GB 50176—93 规定，单一材料外墙角处内表面温度按式（7-5）计算。

$$\theta'_i = t_i - \frac{(t_i - t_e)}{R_0} R_i \cdot \xi \qquad (7-5)$$

式中　　θ'_i——单一材料外墙角处内表面温度（℃）；

　　　　t_i——室内计算温度（℃）；

　　　　t_e——室外计算温度（℃），按附录 B_3 中 I 型围护结构的室外计算温度采用；

　　　　R_0——外墙的传热阻 [（m²·K）／W]；

　　　　R_i——外墙角处内表面换热阻，取 0.11（m²·K）／W；

　　　　ξ——比例系数，根据外强热阻值 R 值确定。

　　当 $R = 0.10 \sim 0.40$（m²·K）／W 时，$\xi = 1.42$；当 $R = 0.10 \sim 0.40$（m²·K）／W 时，$\xi = 1.70$；当 $R = 0.50 \sim 1.50$（m²·K）／W 时，$\xi = 1.73$。

复习思考题

　　1. 在外围护结构的保温设计中应遵循哪些基本原则？

　　2. 评价围护结构保温性能，依据哪些主要指标？

　　3. 在确定围护结构最小传热阻公式中的冬季室外计算温度 t_e 的值时，按热惰性指标将围护结构分成几类？

　　4. 外围护结构的保温层放在外侧有何好处？

　　5. 如何加强窗、门的保温性能？

　　6. 地面哪部分对人体热舒适感及健康影响最大？地面热工性能分哪几类？

　　7. 什么是"热桥"？试举例说明。

　　8. 哈尔滨地区某建筑墙体构造如图7-11所示，试校核该墙体是否满足保温要求？

图 7-11　某建筑内保温墙体

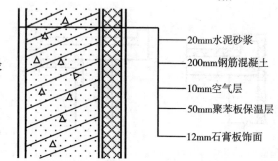

20mm水泥砂浆

200mm钢筋混凝土

10mm空气层

50mm聚苯板保温层

12mm石膏板饰面

建
筑
设
备
与
环
境
控
制

第 8 章　围护结构的防潮设计

在严寒与寒冷地区，由于保温的需要，冬季房间封闭性较高。人居环境产生的大量水蒸气不易散失，既影响了环境的热舒适性，又对围护结构及保温构造形成不利影响。

随着建筑节能的要求，人们已经重视优质保温材料的选择、合理构造形式的设计、热网稳定供热方式的实施。然而由于缺乏对热能迁移过程伴随"水蒸气渗透迁移"的理解，以及对其过程的研究。在热工设计中，未对环境及结构中的热湿过程可能产生的后果作出相应的解决方案，因此在建筑施工结束后，面临出现各种"湿"现象的负面作用束手无策或盲目修补，以致长期得不到妥善解决，甚至出现建筑外表面材料层脱落、结构或保温层损坏、内外表面潮解粉化损坏、室内环境霉潮污染恶劣等一系列较为严重的建筑缺陷。

因此，要从本质上解决热湿对围护结构的影响，分析建筑物"湿"现象产生的根本原因，并且针对产生原因采取相应的措施。

8.1 围护结构的水蒸气渗透

水蒸气分子从水蒸气分压力高（密度大）的一侧，通过围护结构向分压力低的一侧渗透扩散，这一现象称为"水蒸气渗透"。冬季在采暖房屋中，室内空气的相对湿度与室外空气湿度相差无几，但是室内空气的绝对湿度却高于室外的绝对湿度，也就是室内的空气水蒸气分压力 P_i 大于室外的空气水蒸气分压力 P_e，所以外围护结构的两侧就存在水蒸气分压力差，水蒸气在压力的情况下自然由室内向室外渗透。由此可见外围护结构除存在传热现象外，还存在"水蒸气渗透"的现象。

目前在建筑设计中，考虑建筑的"湿"状况，通常采用粗略的分析方法，主要研究的是稳定条件下，单纯的水蒸气渗透过程。即假设室内外的水蒸气分压力不随时间的变化而变化，也不考虑内部液态水分的转移和热湿交换过程中的相互影响。

设某采暖空间室内、外的水蒸气分压分别为 P_i、P_e（$P_i > P_e$），则此时围护结构的蒸汽渗透过程，与稳态传热过程完全相似，如图8-1所示。

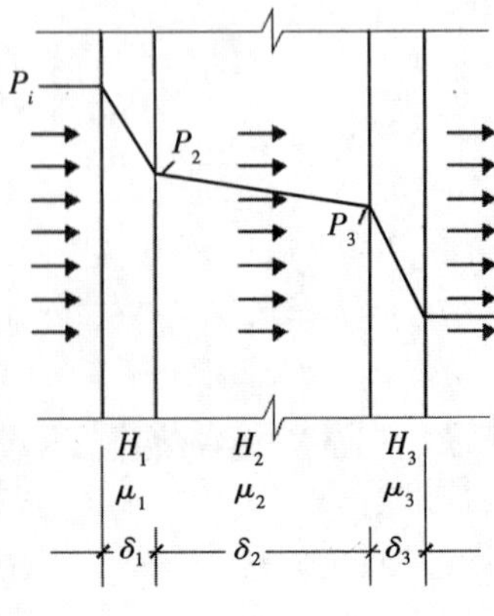

围护结构的总蒸汽渗透阻按式（8-1）确定。

$$H_0 = H_1 + H_2 + H_3 + \cdots + H_m = \frac{\delta_1}{\mu_1} + \frac{\delta_2}{\mu_2} + \frac{\delta_3}{\mu_3} + \cdots + \frac{\delta_m}{\mu_m} \quad (8-1)$$

式中　H_m——任一层的蒸汽渗透阻（$m^2 \cdot h \cdot Pa/g$）；

　　　δ_m——任一层的厚度（m）；

　　　μ_m——任一层的材料的蒸汽渗透系数 $[g/(m^2 \cdot h \cdot Pa)]$；

　　　$m = 1, 2, 3, \cdots, n$。

蒸汽渗透系数 μ 表明材料的渗透能力，物理意义是水蒸气分压力差为1Pa，1h 内通过 $1m^2$ 面积渗透的水蒸气量。它与材料的密实程度有关，材料的孔隙率越大，渗透性就越强。例如：油毡

图8-1　围护结构的蒸汽渗透过程

纸的 $\mu = 1.35 \times 10^{-6}$，玻璃棉的 $\mu = 4.88 \times 10^{-4}$。则一定厚度的材料，密实的材料抵抗蒸汽渗透的能力强，也就是蒸汽渗透阻 H 大。封闭空气层的蒸汽渗透阻取 $H = 0$。

在建筑保温设计中，对围护结构内表面材料的物理性能要求，在提高稳定性和内部防潮上是一致的。因为较密实的内表面材料，蓄热系数大，热稳定性好，同时密实的材料抵抗蒸汽渗透的能力也好。目前建筑物内饰面多使用石灰砂浆，石灰砂浆蓄热性好，而且可适当吸湿，当采暖期过后或通风时可以风干。

则在稳态条件下，透过围护结构的蒸汽渗透强度可按式（8-2）计算。

$$\omega = \frac{1}{H_0} (P_i - P_e) \tag{8-2}$$

式中　ω——蒸汽渗透强度 $[g/(m^2 \cdot h)]$；

　　H_0——围护结构的总蒸汽渗透阻 $(m^2 \cdot h \cdot Pa/g)$；

　　P_i——室内空气的水蒸气分压力（Pa）；

　　P_e——室外空气的水蒸气分压力（Pa）。

围护结构任一层的水蒸气分压力，可按式（8-3）计算。

$$P_m = P_i - \frac{\sum\limits_{j=1}^{m=n} H_j}{H_0} (P_i - P_e) \tag{8-3}$$

式中　$m = 2, 3, 4, \cdots, n$；

　　$\sum\limits_{j=1}^{m=n} H_j$——从室内一侧算起，由第一层至 $m = n$ 层的蒸汽渗透阻。

8.2　围护结构内部的冷凝受潮检验

8.2.1　内部冷凝受潮检验

当围护结构内部某处的水蒸气分压力 $P > P_s$ 时，就会有冷凝水析出，则内部会出现冷凝现象。

8.2.1.1　不需要冷凝检测的情况

现场的实测资料表明，以下几种情况不用进行冷凝受潮检验：

（1）在温湿度正常的房间中，内外抹灰的单层结构；

（2）外侧透气性较好的围护结构；

（3）保温层外侧有通风间层的墙体和屋顶；

（4）在室内温湿度正常条件下，内侧结构层为密实的混凝土或钢筋混凝土。

这些情况其内部的施工湿度，经若干的时间后即能达到正常平衡湿度。对于这类结构不需要进行内部冷凝受潮验算。

8.2.1.2　需要进行冷凝检测的情况

一般来说，以下几种情况，由于采暖期间存在着由室内向室外的水蒸气分压力差，在结构的内部可能出现冷凝受潮，需要进行冷凝受潮验算。

（1）外侧有卷材或其他密闭防水层的平屋顶结构；

（2）保温层在外侧有密实保护层的多层墙体结构；

（3）当内侧结构层为加气混凝土和砖等多孔材料时。

8.2.2 冷凝计算面的确定

8.2.2.1 冷凝计算面确定方法

（1）根据室内外的温度 t_i、t_e，计算各层界面的温度 θ_m，通过查附表 B_1 得到各层的饱和水蒸气分压力 P_s，作出分布曲线"P_s"。

（2）根据室内外的温度 t_i、t_e 查附表 B_1 得到的 $P_{s,i}$、$P_{s,e}$ 和室内外湿度 φ_i、φ_e，算出室内外的水蒸气分压力 P_i、P_e，然后按照式（8-3）计算围护结构各层的水蒸气分压力 P_m。作出分布曲线"P"。对于采暖房屋，设计中可查附表 B_4 取当地采暖期的室外空气平均温度 $\overline{t_e}$ 和平均相对湿度 $\overline{\varphi_e}$ 作为室外的计算参数。

（3）比较分布线"P"与分布线"P_s"，如果分布线"P"与分布线"P_s"不相交则内部不会冷凝，如图 8-2（a）；如果分布线"P"与分布线"P_s"相交则内部存在冷凝，如图 8-2（b）。

【例 8-1】试检验图 8-3所示的外墙结构是否会产生内部冷凝。已知 $t_i = 18℃$，$\varphi_i = 65\%$，采暖期室外平均温度 $t_e = -10℃$，$\varphi_e = 66\%$。

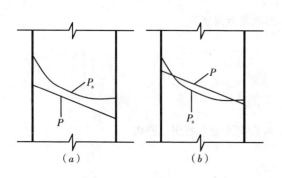

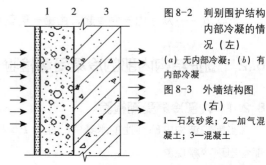

图 8-2 判别围护结构内部冷凝的情况（左）
（a）无内部冷凝；（b）有内部冷凝
图 8-3 外墙结构图（右）
1—石灰砂浆；2—加气混凝土；3—混凝土

【解】1. 计算各分层的热阻和水蒸气渗透阻（表 8-1）

各分层的热阻和水蒸气渗透阻　　　　　表 8-1

序号	名称	δ	λ	$R = \dfrac{\delta}{\lambda}$	μ	$H = \dfrac{\delta}{\mu}$
1	石灰砂浆	0.02	0.81	0.02	0.000044	454.5
2	加气混凝土	0.15	0.24	0.63	0.000111	1351.4
3	混凝土	0.20	1.74	0.11	0.000016	12500

$$R_0 = 0.11 + \sum R + 0.04 = 0.91 \qquad H_0 = \sum H = 14305.9$$

2. 计算围护结构内部各层的温度

$$\theta_i = 18 - \frac{0.11}{0.91}(18 + 10) = 14.6℃$$

$$\theta_2 = 18 - \frac{0.11 + 0.02}{0.91}(18 + 10) = 14.0℃$$

$$\theta_3 = 18 - \frac{0.11 + 0.02 + 0.63}{0.91}(18 + 10)$$

$$= -5.4℃$$

$$\theta_e = 18 - \frac{0.91 - 0.04}{0.91}(18 + 10) = -8.8℃$$

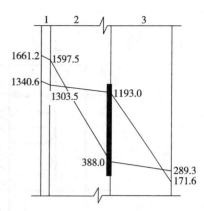

图 8-4　墙体内部水蒸气压力分布

3. 根据以上求出的各值查附表 B_1 得各层的饱和水蒸气分压力

$$\theta_i = 14.6℃ \Rightarrow P_{s·i} = 1661.2\text{Pa}$$

$$\theta_2 = 14.0℃ \Rightarrow P_{s·2} = 1597.2\text{Pa}$$

$$\theta_3 = -5.4℃ \Rightarrow P_{s·3} = 388.0\text{Pa}$$

$$\theta_e = -8.8℃ \Rightarrow P_{s·e} = 289.3\text{Pa}$$

4. 求各层界面的实际水蒸气分压力

$$t_i = 18℃ \Rightarrow P_{s·i} = 2062.5\text{Pa}, \quad \varphi = 65\%$$

$$P_i = 2062.5 \times 65\% = 1340.6\text{Pa}$$

$$t_e = -10℃ \Rightarrow P_{s·e} = 260.0\text{ Pa}, \quad \varphi = 66\%$$

$$P_e = 260.0 \times 66\% = 171.6\text{Pa}$$

$$P_2 = 1340.6 - \frac{454.5}{14305.9} \times (1340.6 - 171.6) = 1303.5\text{Pa}$$

$$P_3 = 1340.6 - \frac{454.5 + 1351.4}{14305.9} \times (1340.6 - 171.6) = 1193.0\text{Pa}$$

根据所得各层的饱和水蒸气分压力和实际水蒸气分压力作出如图 8-4 的曲线。两线相交说明有冷凝现象。

8.2.2.2　冷凝计算面的确定

理论分析和试验经验均表明，在蒸汽渗透的途径中，材料的蒸汽渗透系数出现由大变小的界面因水蒸气至此遇到较大的阻力，最易发生冷凝现象，习惯上把这个最易出现冷凝的界面，叫做围护结构内部的"冷凝界面"。

一般冷凝计算面的位置，应取保温层与外侧密实材料的交界处。如图 8-5 所示。

8.2.3　内部冷凝量的计算

如图 8-6 所示，当出现内部冷凝时，冷凝界面处的水蒸气分压力已经达到了该界面温度下的饱和水蒸气压。设由水蒸气分压力较高的一侧空气进到冷凝界面的水蒸气渗透强度为 ω_1，从界面渗透到分压力较低一侧的空气的水蒸气渗透强度为 ω_2，则界面处的渗透强度为两者之差，即式（8-4）。

$$\omega_c = \omega_1 - \omega_2 = \frac{P_i - P_{s·c}}{H_{0·i}} - \frac{P_{s·c} - P_e}{H_{0·e}} \tag{8-4}$$

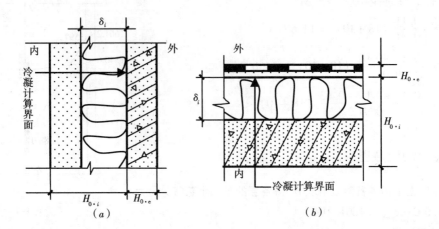

图 8-5　冷凝计算界面
(a) 外墙；(b) 屋顶

式中　　P_i——室内水蒸气分压力（Pa）；

　　　　P_e——室外水蒸气分压力（Pa）；

　　$P_{s \cdot c}$——冷凝界面温度下的饱和水蒸气分压力（Pa）；

　　$H_{0 \cdot i}$——内表面至内凝面的水蒸气渗透阻（$m^2 \cdot h \cdot Pa/g$）；

　　$H_{0 \cdot e}$——外表面至内凝面的水蒸气渗透阻（$m^2 \cdot h \cdot Pa/g$）。

【例 8-2】 计算例 8-1 中所产生的冷凝量。

【解】 由于冷凝面出现在 2、3 之间，则由算出结果可知：

$H_{0 \cdot i} = 454.5 + 1351.4 = 1805.9 m^2 \cdot h \cdot Pa/g$

$H_{0 \cdot e} = 12500 m^2 \cdot h \cdot Pa/g$

$P_i = 1340.6 Pa$；$P_e = 171.6 Pa$；$P_{s \cdot c} = P_{s \cdot 3} = 388.0 Pa$

按式（8-4）：

$$\omega_c = \frac{P_i - P_{s \cdot c}}{H_{0 \cdot i}} - \frac{P_{s \cdot c} - P_e}{H_{0 \cdot e}} = \frac{1340.6 - 388}{1805.9} - \frac{388 - 171.6}{12500} = 0.51 g/(m^2 \cdot h)$$

则整个采暖期内的总冷凝量的近似估算值为式（8-5）。

$$\omega_{c \cdot 0} = 24 \omega_c Z_h \qquad (8-5)$$

式中　　$\omega_{c \cdot 0}$——采暖期内总的冷凝量（g/m^2）；

　　　　Z_h——当地采暖期的延续时间（d），应符合附录 B_2 的规定。

采暖期内保温层的湿度增量为式（8-6）。

$$\Delta \omega = \frac{24 \omega_c Z_h}{1000 \delta_i \rho_0} \times 100\% \qquad (8-6)$$

图 8-6　内部冷凝强度

式中　　δ_i——保温层的厚度（m）；

　　　　ρ_0——保温材料的密度（kg/m^3）。

材料的耐久性和保温性与其潮湿状况密切相关。湿度过高就会明显降低其机械强度，产生破坏性变形，有机材料会遭致腐朽。湿度过高也会使其保温性能显著降低，因为材料受潮后，由于空隙中有了水分以后，附加水蒸气扩散的传热量，此外还增加了毛细孔中液态水传导的热量，所以其导热系数将显著增大。导热系数增大，热阻减小，则其保温性能

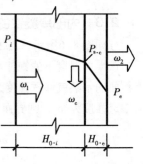

就明显降低。所以我们必须控制保温材料中的湿度增量。

对于一般的采暖房屋，在围护结构内部出现少量的冷凝水是允许的，这些冷凝水在采暖季会从结构内部蒸发出去，不致逐年累积而使围护结构保温层严重受潮。但是为了保证结构的耐久性，采暖期间围护结构中的保温材料，因内部冷凝受潮而增加的湿度，不应超过一定的限度。表 8-2 列举了部分保温材料重量湿度的允许增量 $[\Delta\omega]$（%）。

采暖期间保温材料重量湿度的允许增量 表 8-2

保温材料名称	允许增量 $[\Delta\omega]$（%）
多孔混凝土（泡沫混凝土、加气混凝土等），$\rho_0 = 500 \sim 700kg/m^3$	4
水泥膨胀珍珠岩和水泥膨胀蛭石等，$\rho_0 = 300 \sim 500kg/m^3$	6
沥青膨胀珍珠岩和沥青膨胀蛭石等，$\rho_0 = 300 \sim 400kg/m^3$	7
水泥纤维板	5
矿棉、岩棉、玻璃棉及其制品（板或毡）	3
聚苯乙烯泡沫塑料	15
矿渣和炉渣填料	2

8.2.4 冷凝检验的标准

8.2.4.1 冷凝计算界面内侧所需的蒸汽渗透阻计算

（1）根据冷凝界面位置的确定，计算冷凝界面处的温度 [式（8-7）]，然后查附表 B_1 确定冷凝计算界面温度 θ_c 对应的饱和水蒸气分压力 $P_{s \cdot c}$。

$$\theta_c = t_i - \frac{t_i - \overline{t_e}}{R_0} (R_i + R_{0 \cdot i}) \qquad (8-7)$$

式中　θ_c——冷凝计算界面温度（℃）；

　　　t_i——室内计算温度（℃）；

　　　$\overline{t_e}$——采暖期室外平均温度（℃），应符合附表 B_2 的规定；

　　　R_0——围护结构传热阻 $[（m^2 \cdot K）/W]$；

　　　R_i——围护结构传热阻内表面换热阻 $[（m^2 \cdot K）/W]$；

　　　$R_{0 \cdot i}$——冷凝计算界面至围护结构内表面之间的热阻 $[（m^2 \cdot K）/W]$。

（2）根据采暖期间保温材料重量湿度的允许增量，来计算冷凝计算界面内侧所需蒸汽渗透阻。

可将式（8-4）和式（8-6）转化为冷凝计算界面内侧的蒸汽渗透阻公式，如式（8-8）。

$$\left.\begin{aligned} \omega_c &= \omega_1 - \omega_2 = \frac{P_i - P_{s \cdot c}}{H_{0 \cdot i}} - \frac{P_{s \cdot c} - P_e}{H_{0 \cdot e}} \\ \Delta\omega &= \frac{24\omega_c Z_h}{1000\delta_i \rho_0} \times 100\% \end{aligned}\right\} \Rightarrow$$

$$H_{0 \cdot i} = \frac{P_i - P_{s \cdot c}}{\dfrac{10\rho_0 \delta_i [\Delta\omega]}{24Z} + \dfrac{P_{s \cdot c} - P_e}{H_{0 \cdot e}}} \tag{8-8}$$

式中 $H_{0 \cdot i}$——冷凝计算界面内侧所需的蒸汽渗透阻（$m^2 \cdot h \cdot Pa/g$）；

         $H_{0 \cdot e}$——冷凝计算界面至围护结构外表面之间的蒸汽渗透阻（$m^2 \cdot h \cdot$ Pa/g）；

           P_i——室内空气水蒸气分压力（Pa），根据室内计算温度和相对湿度确定；

           P_e——室外空气水蒸气分压力（Pa），根据附表 B_1 查出的采暖期室外平均温度和平均相对湿度确定；

        $P_{s \cdot c}$——冷凝计算界面处与界面温度 θ_c 对应的饱和水蒸气分压力（Pa）；

          Z——采暖期天数，应符合附表 B_2 的规定；

   $[\Delta\omega]$——采暖期间保温材料重量湿度的允许增量（%），按表 8-2 的数值直接采用；

          ρ_0——保温材料的干密度（kg/m^3）；

           δ_i——保温材料的厚度（m）；

       10——单位折算系数，因为 $[\Delta\omega]$ 是以百分数表示的，ρ_0 是以 kg/m^3 表示的。

    8.2.4.2   检验标准

（1）一般的建筑，当围护结构中的冷凝计算界面内侧的实有蒸汽渗透阻大于等于所需的蒸汽渗透阻时，可不设置隔汽层，否则需设隔汽层，即式（8-9）。

$$H_{0 \cdot i} \geqslant H'_{0 \cdot i} \tag{8-9}$$

式中 $H_{0 \cdot i}$——冷凝计算界面内侧实有的蒸汽渗透阻（$m^2 \cdot h \cdot Pa/g$）；

         $H'_{0 \cdot i}$——冷凝计算界面内侧所需的蒸汽渗透阻（$m^2 \cdot h \cdot Pa/g$）。

（2）对于不设通风口的坡屋顶，其顶棚部分的蒸汽渗透阻应符合式（8-10）。

$$H_{0 \cdot i} > 1.2 (P_i - P_e) \tag{8-10}$$

式中 $H_{0 \cdot i}$——顶棚部分的蒸汽渗透阻（$m^2 \cdot h \cdot Pa/g$）；

           P_i——室内空气水蒸气分压力（Pa）；

          P_e——室外空气水蒸气分压力（Pa）。

（3）冷库建筑外围护结构的隔汽层的蒸汽渗透阻 $H_{\gamma\beta}$ 应满足式（8-11）（但不得低于 $4000 m^2 \cdot h \cdot Pa/g$）。

$$H_{\gamma\beta} = 1.6 \Delta P \tag{8-11}$$

式中 ΔP——室内外水蒸气分压力差（Pa），按夏季最热月的气象条件确定。

8.3   围护结构的防潮措施

8.3.1   建筑中常出现的"湿"现象

    由于建筑中存在蒸汽渗透的现象，所以建筑存在许多"湿"方面的问题。

当围护结构温度 t 小于露点温度 t_d 时，会发生冷凝现象。建筑中常出现以下一些冷凝的现象：

（1）目前，新建与改建的很多建筑物为了达到外表美观，采用了质地致密的优良釉面外墙砖作为外装饰面。虽然达到了美观的效果，但由于其质地密实，也就是蒸汽渗透系数较小，蒸汽渗透阻很大，所以"透气性"很差。当室内高温、高压一侧水蒸气迁移到外表面时，就会在这些釉面砖底层部位凝结为冰。当蒸汽渗透强度过大时，凝结量就会很大，以至在釉面砖底层形成较大面积冰冻凝结面。白天，由于太阳辐射作用，釉面砖吸收辐射能后升温，导致底层凝结冰层融化，尤其是南向墙面更为严重；夜晚，融化的水又冻结成冰。如此，冻融交替频繁发生之后，就会出现釉面砖从墙面脱落。

（2）现在民用建筑为了达到良好保温效果，而加强了窗、门等传热异常部位的气密性；同时，现在供暖系统的设备正常稳定运转，室内气温比过去有大幅度提高；再者，由于居民生活条件提高，室内洗浴、厨房、厕所用水大量增加。以上所有情况都使室内空气相对湿度大大提高，也就是室内的水蒸气分压力增加，从而加大了蒸汽渗透强度。这些蒸汽滞留在建筑结构层中，如果围护结构材料层的安排未能按蒸汽渗透系数递增方式排列，就增加了围护结构内部产生冷凝的机会。

（3）由于毛细现象的存在，液态水将会在浓度势作用下沿热流相反方向迁移，从而在内侧材料层中形成大片的含水区，使内侧材料潮湿，甚至内表面潮湿。尽管在进行建筑物保温设计时已经考虑了 $\theta_i > t_d$，内表面怎么还会潮湿呢？这时内表面液态水不是一般意义的"结露"造成的，而是渗透水导致的。

（4）房间为减少热损失而片面强调气密性，且未在室内组织好通风，致使室内相对湿度过高，而在"热桥"部位产生结露水，影响生活、工作。在一些医院常会出现。

（5）在高湿温房间（即相对湿度大于65%），如果不能在室内水蒸气进入一侧设置有效的隔汽材料层，就可能使建筑围护结构内部保温层失效，外表面附近出现大量凝结水以及冻融交替破坏表面的现象。例如：一些实验楼室外墙皮出现脱落的现象。再如，漂白车间、制革车间、食品制造车间等在生产过程中产生的水常使地板和墙的下部受潮。

8.3.2　防止和控制建筑围护结构冷凝的措施

8.3.2.1　表面冷凝的防止和控制

（1）正常湿度的房间，外围护结构传热阻应满足最小传热阻的要求，其内表面就不会产生冷凝。同时，在室内外气温的波动，我们应尽量使围护结构内表面的温度随之波动程度小，所以内表面宜采用蓄热系数较大（热稳定性强）、蒸汽渗透系数小（蒸汽渗透阻大）的材料。尽量在布置家居的时候，宜使家具、壁柜离墙有一定的距离，以保证内表面附近的气流通畅。

（2）高湿房间，一般是指冬季室内相对湿度高于75%（相应室温在18～

20℃）的房间。一些高湿房间，如浴室、洗手间等可在围护结构内表面设置防水层。为了避免表面形成水滴落下来，可在围护结构中增设吸湿能力强且本身又耐潮湿的饰面层或涂层，如：现在有一种名为 SWA 的高吸水性的树脂。对于连续高湿又不允许内表面的凝水滴落的房间，还可设置与室内空气相通的吊顶，将滴水有组织地引走，或加强屋顶内表面的通风。

8.3.2.2 内部结构的冷凝

内部冷凝是一种无形中的隐患，所以更要予以重视。可采取如下措施：

1. 慎用质地致密、蒸汽渗透系数小的外墙覆面材料

提高建筑围护结构的"透气性"。为使室内产生的水蒸气有扩散通道，保证围护结构有合理的"透气性"是必要的，国内外有很多建筑采用透气性能良好的涂料是可取的。盲目使用"外墙釉面砖"的做法应在建筑设计方案中予以注意。在使用釉面瓷砖进行外墙表面施工时，要保持一定砖距，不要密排，底面粘适量砂浆以保证蒸汽较好渗透；同时为使其牢固，用一些金属件等拉结，要注意其防锈处理。

2. 在建筑构造时，合理安排布置材料层的层次，遵从蒸汽渗透"进难出易"的基本原则

如图 8-7 所列的两种情况，（a）方案就是将导热系数小、蒸汽渗透系数大的保温材料布置在水蒸气进入的一侧。由于保温材料的热阻大，则温度降落得大，其温度相对的饱和水蒸气分压力"P_s"曲线降落得也大；而其蒸汽渗透阻小，其水蒸气分压力"P"降落得平缓。所以在该处会出现冷凝面。而（b）方案就不会出现这种状况。

因此，在墙体设计中，将密实的结构层（μ 小、λ 大）布置在水蒸气流入一侧，保温层（μ 大、λ 小）布置在水蒸气流出的一侧（外侧）。也就是前面讲过的墙体的外保温方式。这种方式既能保证建筑的保温材料在采暖期间不受潮，而且密实的结构在内侧，热稳定性好，还能保持内表面温度波动得小。在屋面的设计中，我们前面讲的倒铺防水层的方法，也是按照蒸汽渗透"进难出易"的原则提出的。

3. 有些具体的构造，不能满足"进难出易"的原则，可以采取设置隔汽层的方法

通过计算最小蒸汽渗透阻的方法，检验是否设置隔汽层。小于最小蒸汽渗透阻，则需要设置隔汽层。但值得一提的是，外侧有卷材或其他密闭防水层，内侧为钢筋混凝土板屋面的平屋顶结构，尽管大多数情况下，经验算不需设置隔汽层，这是在确保屋面板及其接缝的密实性的情况下算出的最小水蒸气渗透阻。所以必须保证屋面板及其接缝的密实性，但是由于混凝土养生条件不易确保、混凝土收缩等的影响，混凝土条板的接缝处有裂缝，等于开了一个蒸汽渗透口，所

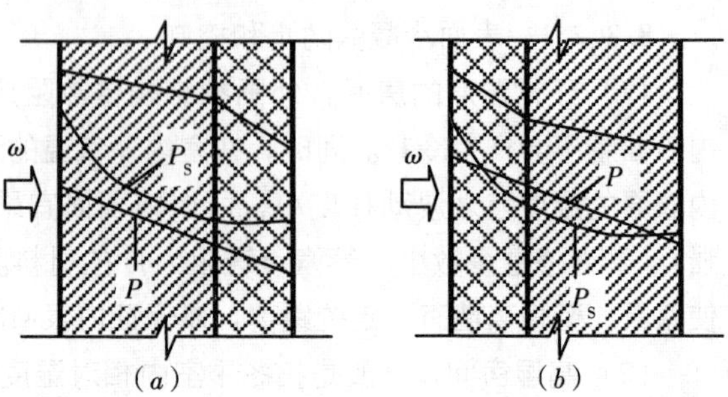

图 8-7 材料内部层次对内部冷凝的影响
（a）无内部冷凝；（b）有内部冷凝

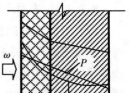

（a）　　　　　（b）

以一般这样的屋面也应设置隔汽层。

为了消除或减弱围护结构内部的冷凝现象，采取在蒸汽流入一侧设置隔汽层的方法。这样的做法使得水蒸气分压力在到达保温层（隔热层）之前已得到急剧的下降，避免内部冷凝发生。对于采暖房间应布置在保温层内侧，对于冷库建筑应布置在隔热层外侧。

但是隔汽层的设置，影响了结构的干燥速度。因此按照最小渗透阻的要求，能不设置，尽量不设置。当必须设置时，对保温层（隔热层）的施工湿度就要求很高，尽量采用保温块材，避免湿法施工和雨天施工，并保证隔汽层的施工质量。

一般常见的隔汽材料的蒸汽渗透阻列于表8-3，以利于设计施工中选用。

4. 冷侧设置封闭空气层

在冷侧设置封闭空气层，可使处于较高温度侧的保温层经常干燥，这个空气层叫做"引湿空气层"，这个空气层的作用称为"收汗效应"。

5. 设置通风间层或泄气孔道

对于湿度高的房间的外围护结构，卷材防水屋面，应采取设置与室外相通的通风间层或泄气孔道。它可以通过与室外空气的交换，带走渗入到保温层中的水蒸气，对保温层有风干作用。如图8-8所示。

有的建筑外表面采用玻璃幕墙的形式，则应在玻璃板与保温材料之间留有一定的缝隙（图8-9）。否则在板与保温层之间留有一定的间隙，起到泄气孔道的作用。

常用隔汽材料的蒸汽渗透阻   表8-3

隔汽材料	d (mm)	H (m²·h·Pa/g)	隔汽材料	d (mm)	H (m²·h·Pa/g)
热沥青一道	2	267	氯丁橡胶涂层二道	—	3466
热沥青二道	4	480	玛蹄脂涂层一道	2	600
乳化沥青一道	—	520	沥青玛蹄脂涂层一道	1	640
偏氯乙烯二道	—	1240	沥青玛蹄脂涂层二道	2	1080
环氯煤焦油二道	—	3733	石油沥青油毡	1.5	1107
油漆二道（先做油灰嵌缝、上底漆）	—	640	石油沥青油纸	0.4	333
聚氯乙烯涂层二道	—	3866	聚氯乙烯薄膜	0.16	733

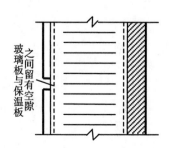

图8-8 设置通风间层的围护结构（左）

图8-9 设置泄气孔道的围护结构（右）

复习思考题

1. 围护结构最易产生冷凝的界面如何确定?

2. 为减少围护结构内部出现冷凝的可能性,应将多孔保温材料放在围护结构的哪一侧?

3. 针对现实生活,找出建筑中因住户使用不当而引起的"湿"现象,尝试寻找对其的解决措施?

4. 消除或减弱围护结构内部的冷凝现象,可以采取哪些措施?

5. 在对围护结构设置隔汽层时,应遵循什么原则?

6. 围护结构受潮后为什么会降低其保温性能?

7. 试验证图8-10中屋顶结构是否需要设置隔汽层。

已知:$t_i = 18℃$;$\varphi_i = 60\%$;采暖期室外平均气温$\overline{t_e} = -3.7℃$;室外平均相对湿度$\overline{\varphi_e} = 52\%$;采暖期天数$Z_h = 166d$;炉渣混凝土密度$\rho = 1500kg/m^3$。

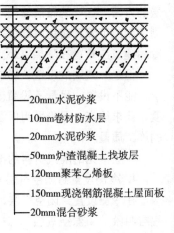

——20mm水泥砂浆
——10mm卷材防水层
——20mm水泥砂浆
——50mm炉渣混凝土找坡层
——120mm聚苯乙烯板
——150mm现浇钢筋混凝土屋面板
——20mm混合砂浆

图8-10 某平屋顶构造

第9章　建筑防热

9.1 建筑的防热途径

9.1.1 室内过热的原因

我国地域辽阔，各地气候差异甚大，从长江中下游地区、四川盆地、云贵部分地区到东南沿海各省和南海诸岛，因受东南季风和海洋暖气团北上的影响，以及强烈的太阳辐射热和下垫面的共同作用，每年自6月以后，从空气的温度分布看，大部分地区进入夏季。这些地区夏季时间长、气候炎热，常称为炎热地区。在这些地区的建筑物，若不采取防热措施，势必造成室内过热，严重影响人们的生活和工作，甚至人体的健

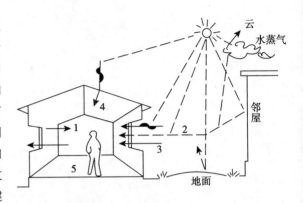

图9-1 室内过热的原因

1—墙体传热；2—窗口辐射；3—热空气交换；4—屋顶传热；5—室内余热（包括人体散热）

康。为防止夏季室内过热，必须在建筑设计中采取必要的技术措施，改善室内热环境。近些年，空调设备的使用日益广泛，对于空调建筑，也应减少冷负荷，尽可能地降低设备费和能源的消耗。造成室内过热的原因，主要有以下几个（图9-1）：

（1）室外高气温通过围护结构将热量传入室内

在太阳辐射和室外高气温的共同作用下，外围结构外表面吸热升温，室外温度高于室内温度，因此，热量通过围护结构传入室内，使围护结构内表面及室内温度升高。

（2）太阳辐射热通过向阳的窗口直接进入室内

太阳辐射通过窗口直射入室内，室内部分墙面、地面及家具、设备因太阳直射受热，同时也使室内空气温度上升。若太阳辐射热直接照射到人体上，将使人体直接受热。

（3）邻近建筑物、地面、路面的反射辐射热及长波辐射热，以及自然通风过程中带进的热量

当太阳辐射照射到邻近建筑的墙面、屋顶或者路面、地面时，一部分辐射热被反射，其中可能有一部分透过窗口进入室内；上述表面由于受热，温度升高，其辐射强度增大，使长波辐射热透入窗口，同样成为室内过热的重要因素。

（4）室内生产、生活及设备产生的余热

室内除人体的散热外，生产、生活中也会在不同程度上散发余热。尤其是近些年来家用电器设备增多，使用中都会散发出一定的热量，也将使室内气温有所升高。

9.1.2 防热的途径

建筑防热的主要任务是，在建筑规划及建筑设计中采取合理的技术措施，

减弱室外热作用，使室外热量尽量少传入室内，并使室内热量能很快地散发出去，从而改善室内热环境。

9.1.2.1 减弱室外热作用

首先是正确地选择建筑物的朝向和布局，力求避免主要的使用空间及透明体遮蔽空间，如建筑物的中庭、玻璃幕墙等受东、西向的日晒；同时要绿化周围环境，以降低环境辐射和气温，并对高温气流起冷却作用。外围护结构表面采用浅色平滑的粉刷和饰面材料（如陶瓷锦砖、小瓷砖等），减少对太阳辐射的吸收，从而减少结构的传热量。

9.1.2.2 窗口遮阳

遮阳的作用在于遮挡太阳直射辐射从窗口透入，减少对人体与室内的热辐射。遮阳方式有很多，利用绿化（种树或攀缘植物）；结合建筑构件处理（入出檐、雨篷、外廊等）；反射玻璃、反射阳光镀膜；采用临时性的布篷和活动的合金百叶；采用专门固定或活动式的遮阳板设施等。

9.1.2.3 围护结构的隔热与散热

对屋顶和外墙，特别是西墙，必须进行隔热处理，以降低内表面温度及减少传入室内的热量。因为，外围护结构外表面受到的日晒时数和太阳辐射强度以水平面为最大，东西向其次，东南和西南又次之，南向较小，北向最小，所以屋顶隔热极为重要，其次是西墙和东墙。屋顶和东、西外墙的内表面温度应通过验算，要求内表面最高温度应低于当地夏季室外计算最高温度，保证满足隔热设计标准，否则需要采取隔热措施。并尽量使内表面出现高温的时间与房间的使用时间错开。如能采用白天隔热好、夜间散热快的构造方案则较为理想。

9.1.2.4 合理地组织自然通风

自然通风是保持室内空气清新、排除余热、改善人体热舒适感的重要途径。居住区的总体布局、单体建筑设计方案和门窗的设置等，都应有利于自然通风。例如，房屋朝向要力求接近夏季主导风向。

9.1.2.5 尽量减少室内余热

在民用建筑中，室内余热主要是生活余热与家用电器的散热。前者往往不可避免，对于后者则应选择发热量小的灯具与设备，并布置在通风良好的位置，以便迅速排到室外。

建筑的防热设计要综合处理，主要是屋面，其次是西墙的隔热，充分考虑自然通风，同时不能忽略窗口遮阳和建筑周围的环境绿化。

9.2 围护结构隔热设计要求

建筑物在夏季的隔热标准是：在房间自然通风的情况下，建筑物的屋顶和外墙，特别是东、西向外墙，其内表面最高温度不得大于室外空气计算温度最高值 $t_{e \cdot max}$，即 $\theta_{i \cdot max} \leqslant t_{e \cdot max}$。

夏季，建筑内表面最高温度 $\theta_{i\cdot\max}$ 的计算式为式（9-1）。

$$\theta_{i\cdot\max} = \overline{\theta_i} + \left(\frac{A_{tsa}}{\nu_0} + \frac{A_{ti}}{\nu_i}\right)\beta \tag{9-1}$$

式中　$\theta_{i\cdot\max}$——内表面最高温度，℃；

$\overline{\theta}$——内表面的平均温度，℃；

A_{tsa}——室外综合温度波幅值，℃；

ν_0——围护结构的衰减倍数；

A_{ti}——室内综合计算温度波幅值，℃；

ν_i——室内空气到外表面的衰减度；

β——相位差修正系数。

9.2.1　内表面平均温度的确定

9.2.1.1　把围护结构当成是稳定的传热来考虑，求出内表面的平均温度由式（6-29）可以转化为式（9-2）。

$$\overline{\theta_i} = \overline{t_i} + \frac{\overline{t_{sa}} - \overline{t_i}}{R_0\alpha_i} \tag{9-2}$$

式中　$\overline{\theta_i}$——内表面的平均温度（℃）；

$\overline{t_i}$——室内计算温度的平均值（℃），取 $\overline{t_i} = \overline{t_e} + 1.5$；

$\overline{t_e}$——室外计算温度的平均值（℃），应按附表 B_3 取用；

$\overline{t_{sa}}$——室外综合温度的平均值（℃）；

R_0——围护结构的传热阻 $[(m^2\cdot K)/W]$；

α_i——内表面换热系数，取 $8.7W/(m^2\cdot K)$。

9.2.1.2　室外综合温度的平均值

我们在进行夏季防热设计的时候，由于太阳辐射对于围护结构的升温影响较大，因此在确定围护结构的室外综合温度的时候，除了考虑实际的平均温度外，还必须考虑由于太阳辐射而使建筑升高的温度。就把这个综合作用下的室外平均温度 $\overline{t_{sa}}$ 按照式（9-3）来确定。

$$\overline{t_{sa}} = \overline{t_e} + \frac{\rho\overline{I}}{\alpha_e} \tag{9-3}$$

式中　$\overline{t_e}$——夏季室外计算温度的平均值（℃），应按附表 B_3 确定；

ρ——太阳吸收系数，见表 9-1；

$\overline{I}$——太阳辐射照度平均值（W/m^2），应按附表 B_5 确定；

α_e——外表面换热系数，取 $19.0W/(m^2\cdot K)$。

式（9-3）中"$\rho I/\alpha_e$"值又可以叫做太阳辐射的"等效温度"或"当量温度"。从许多实测的资料看，太阳辐射的等效温度是相当大的。而且对于各个外墙和屋顶的影响都是一样的。所以在进行建筑的隔热设计时，就一定要考虑到这个因素的影响。

表面对太阳辐射热的吸收系数			表 9-1
外表面材料	表面状况	色泽	ρ 值
红瓦屋面	旧	红褐色	0.70
灰瓦屋面	旧	浅灰色	0.52
石棉水泥瓦屋面		浅灰色	0.75
油毡屋面	旧，不光滑	黑色	0.85
水泥屋面及墙面		青灰色	0.70
红砖屋面		红褐色	0.75
硅酸盐砖屋面	不光滑	灰白色	0.50
石灰粉刷墙面	新，光滑	白色	0.48
水刷石墙面	旧，粗糙	灰白色	0.70
浅色饰面砖及浅色涂料		浅黄、浅绿色	0.50
草坪		绿色	0.80

9.2.2 室外侧谐波热作用下所引起的内表面温度波的振幅 $A_{if,e}$

在进行围护结构的不稳定传热中式（6-50）转化为式（9-4）。

$$A_{if,e} = \frac{A_{tsa}}{\nu_0} \tag{9-4}$$

式中 A_{tsa}——室外计算温度波幅值（℃）；

ν_0——围护结构的衰减倍数。

9.2.2.1 室外综合温度波幅 A_{tsa}

很显然它是由"室外计算温度的波幅"和"太阳辐射当量温度的波幅"叠加而成的。因此可以用式（9-5）来表示。

$$A_{tsa} = (A_{te} + A_{ts}) \beta \tag{9-5}$$

式中 A_{te}——室外计算温度波幅值（℃），见附表 B_3；

A_{ts}——太阳辐射当量温度的波幅（℃）；

β——相位差修正系数，见表 9-2。

（1）太阳辐射当量温度的波幅 A_{ts}，我们可以按照式（9-6）进行确定。

$$A_{ts} = \rho (I_{max} - \bar{I}) / \alpha_e \tag{9-6}$$

式中 ρ——太阳吸收系数，见表 9-1；

I_{max}——太阳辐射照度最大值（W/m²），应按附表 B_5 确定；

$\bar{I}$——太阳辐射照度平均值（W/m²），应按附表 B_5 确定；

α_e——外表面换热系数，取 19.0W/（m² · K）。

（2）由于 $\bar{t}_{e,max}$ 与 I_{max} 出现的时间不一致，就是室外计算温度的波幅 A_{te} 与太阳辐射当量温度的波幅 A_{ts} 并不是出现在同一时间，因此在两个谐波振幅进行叠加的时候，不能简单地取代数和，而是要用 β 进行修正。这只是一种近似的方法。β 的值按照表 9-2 取用。取用的方法如下：

根据 A_{te}/A_{ts} 的比值（两者中数值较大的作分子）和"室外气温最大值出现

的时间 φ_{te} 与太阳辐射照度最大值出现的时间 φ_1 的差值" 在表 9-2 中运用内插法，得到修正系数 β。

室外气温最大值出现的时间 φ_{te}，一般我们取 15:00；而太阳辐射照度最大值出现的时间 φ_1，水平面及南向取 12:00，东向取 8:00，西向取 16:00。

9.2.2.2 温度波动由室外传至内表面时振幅的衰减倍数 ν_0，可以按前面我们讲解的公式进行计算［式（9-7）］

$$\nu_0 = 0.9 e^{\frac{\Sigma D}{\sqrt{2}}} \cdot \frac{S_1 + \alpha_i}{S_1 + Y_{1,\text{e}}} \cdot \frac{S_2 + Y_{1,\text{e}}}{S_2 + Y_{2,\text{e}}} \cdots \frac{S_n + Y_{n-1,\text{e}}}{S_n + Y_{n,\text{e}}} \cdot \frac{\alpha_\text{e} + Y_{n,\text{e}}}{\alpha_\text{e}} \tag{9-7}$$

9.2.3 室内谐波热作用下所引起的内表面温度波的振幅 $A_{\text{if},i}$

在进行围护结构的不稳定传热中式（6-51）转化为式（9-8）。

$$A_{\text{if},i} = \frac{A_{\text{ti}}}{\nu_i} \tag{9-8}$$

式中 A_{ti}——室内计算温度波幅值（℃）；

ν_i——室内空气到外表面的衰减度。

9.2.3.1 室内计算温度波幅值 A_{ti}［式（9-9）］

$$A_{\text{ti}} = A_{\text{te}} - 1.5 \tag{9-9}$$

9.2.3.2 室内空气到外表面的衰减倍数 ν_i，可以按前面我们讲解的式（6-47）进行计算［式（9-10）］

$$V_i = 0.95 \frac{\alpha_i + Y_i}{\alpha_i} \tag{9-10}$$

9.2.4 相位差修正系数 β

这个相位差修正系数是指室外侧谐波热作用下所引起的内表面温度波的振幅 $A_{\text{if},\text{e}}$（A_{tsa}/ν_0）和室内谐波热作用下所引起的内表面温度波的振幅 $A_{\text{if},i}$（A_{ti}/ν_i）两个谐波的波幅进行叠加的修正系数。因为它们引起的波幅不可能是同一时间。

确定方法：$\dfrac{A_{\text{tsa}}}{\nu_0}$ 与 $\dfrac{A_{\text{ti}}}{\nu_i}$ 的比值（两者中数值大的作分子），$\varphi_{\text{tsa}} + \xi_0$ 与 $\varphi_{\text{ti}} + \xi_i$ 的差值在表 9-2 中运用内插法，得到修正系数 β。

室外综合温度最大值出现时间 φ_{tsa}，水平面及南向取 13:00，东向取 9:00，西向取 16:00；室内空气温度最大值出现的时间 φ_{ti}，通常取 16:00。

ξ_0 和 ξ_i 也可以用我们以前讲过的式（6-46）和式（6-48）进行计算，得式（9-11）、式（9-12）。

$$\xi_0 = \frac{1}{15}\left(40.5 \sum D - \arctan \frac{\alpha_i}{\alpha_i + Y_i \sqrt{2}} + \arctan \frac{Y_\text{e}}{Y_\text{e} + \alpha_\text{e} \sqrt{2}}\right) \tag{9-11}$$

$$\xi_i = \frac{1}{15} \arctan \frac{Y_i}{Y_i + \alpha_i \sqrt{2}} \tag{9-12}$$

相位差修正系数 β 表 9-2

$\dfrac{A_{ti}}{v_i}$,$\dfrac{A_{tsa}}{v_0}$或$\dfrac{A_{ts}}{A_{te}}$	$\Delta\varphi = (\varphi_{tsa}+\xi_0)-(\varphi_{ti}+\xi_i)$ 或 $\Delta\varphi=\varphi_I-\varphi_{te}$									
	1	2	3	4	5	6	7	8	9	10
1.0	0.99	0.97	0.92	0.87	0.79	0.71	0.60	0.50	0.38	0.26
1.5	0.99	0.97	0.93	0.87	0.80	0.72	0.63	0.53	0.42	0.32
2.0	0.99	0.97	0.93	0.88	0.81	0.74	0.66	0.58	0.49	0.41
2.5	0.99	0.97	0.94	0.89	0.83	0.76	0.69	0.62	0.55	0.49
3.0	0.99	0.97	0.94	0.90	0.85	0.79	0.72	0.65	0.60	0.55
3.5	0.99	0.97	0.94	0.91	0.86	0.81	0.76	0.69	0.64	0.59
4.0	0.99	0.97	0.95	0.91	0.87	0.82	0.77	0.72	0.67	0.63
4.5	0.99	0.97	0.95	0.92	0.88	0.83	0.79	0.74	0.70	0.66
5.0	0.99	0.98	0.95	0.92	0.89	0.85	0.841	0.76	0.72	0.69

【例】试求重庆地区某建筑在自然通风状态下西向墙体的内表面最高温度是否符合要求（图9-2）。

【解】1. 查询并计算该墙的热工参数见表9-3

该墙的热工参数 表 9-3

序号	名称	ρ (kg/m^3)	δ (m)	λ $[W/(m\cdot K)]$	R $[(m^2\cdot K)/W]$	S $[W/(m^2\cdot K)]$	$D=RS$
1	石灰砂浆	1600	0.02	0.81	0.025	10.07	0.252
2	加气混凝土	500	0.175	0.24	0.729	3.51	2.559
3	水泥砂浆	1800	0.02	0.93	0.022	11.37	0.250
	$R_o=0.11+\sum R+0.05=0.936$ $\sum D=3.061$						

2. 室外参数计算

由附表四可知：

$\bar{t}_e=33.2℃$，$t_{max}=38.9℃$，$A_{te}=5.7℃$；

由附表五可知：

$\bar{I}=151.9W/m^2$，$I_{max}=640W/m^2$；

由表9-1可知：$\rho=0.70$；

因为是西墙：$\varphi_1=16:00$，$\varphi_{tsa}=16:00$；

$\varphi_{te}=15:00$；$\alpha_e=19.0W/(m^2\cdot K)$

3. 室内参数计算

$\bar{t}_i=\bar{t}_e+1.5=33.2+1.5=34.7℃$

$A_{ti}=A_{te}-1.5=5.7-1.5=4.2℃$

$\varphi_{ti}=16:00$；$\alpha_i=8.7W/(m^2\cdot K)$

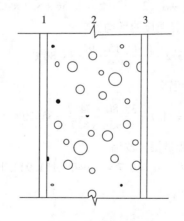

图9-2 墙体构造

1—石灰砂浆；2—加气混凝土；3—水泥砂浆

4. 各层材料外表面蓄热系数

$D_1 < 1$ $Y_{1,e} = \dfrac{R_1 S_1^2 + \alpha_i}{1 + R_1 \alpha_i} = \dfrac{0.025 \times 10.07^2 + 8.7}{1 + 0.025 \times 8.7} = 9.23$

$D_2 > 1$ $Y_{2,e} = S_2 = 3.51$（可参照本题 1 热工参数表）

$D_3 < 1$ $Y_e = Y_{3,e} = \dfrac{R_3 S_3^2 + Y_2}{1 + R_3 Y_2} = \dfrac{0.022 \times 11.37^2 + 3.51}{1 + 0.022 \times 3.51} = 5.90$

5. 墙体内表面的蓄热系数

$D_2 > 1$ $Y_{2,i} = S_2 = 3.51$，可直接计算第一层的内表面蓄热系数

$Y_i = Y_{1,i} = \dfrac{R_1 S_1^2 + Y_{2,i}}{1 + R_1 Y_{2,i}} = \dfrac{0.025 \times 10.07^2 + 3.51}{1 + 0.025 \times 3.51} = 5.56$

6. 计算墙体衰减倍数和延迟时间

$$\nu_0 = 0.9 e^{\frac{\Sigma D}{\sqrt{2}}} \cdot \frac{S_1 + \alpha_i}{S_1 + Y_{1,e}} \cdot \frac{S_2 + Y_{1,e}}{S_2 + Y_{2,e}} \cdots \frac{S_n + Y_{n-1,e}}{S_n + Y_{n,e}} \cdot \frac{\alpha_e + Y_{n,e}}{\alpha_e}$$

$$= 0.9 e^{\frac{3.061}{\sqrt{2}}} \cdot \frac{10.07 + 8.7}{10.07 + 9.23} \cdot \frac{3.51 + 9.23}{3.51 + 3.51} \cdot \frac{11.37 + 3.51}{11.37 + 5.90} \cdot \frac{19.0 + 5.90}{19.0}$$

$$= 0.9 \times 8.71 \times 1.99 = 15.60$$

$$\xi_0 = \frac{1}{15}\left(40.5 \sum D - \arctan \frac{\alpha_i}{\alpha_i + Y_i \sqrt{2}} + \arctan \frac{Y_e}{Y_e + \alpha_e \sqrt{2}}\right)$$

$$= \frac{1}{15}\left(40.5 \times 3.061 - \arctan \frac{8.7}{8.7 + 5.56 \times \sqrt{2}} + \arctan \frac{5.90}{5.90 + 19 \times \sqrt{2}}\right)$$

$$= \frac{1}{15}\ (123.97 - 27.71 + 10.21)\ = 7.10$$

7. 计算内表面的衰减倍数和延迟时间

$$\nu_i = 0.95 \frac{\alpha_i + Y_i}{\alpha_i} = 0.95 \times \frac{8.7 + 5.56}{8.7} = 1.56$$

$$\xi_i = \frac{1}{15}\arctan \frac{Y_i}{Y_i + \alpha_i \sqrt{2}} = \frac{1}{15}\arctan \frac{5.56}{5.56 + 8.7 \times \sqrt{2}} = 1.15$$

8. 室外综合计算温度的平均值

$$\overline{t_{sa}} = \overline{t_e} + \frac{\rho \overline{I}}{\alpha_e} = 33.2 + \frac{0.7 \times 151.9}{19.0} = 38.80 \, ℃$$

9. 内表面平均温度

$$\overline{\theta_i} = \overline{t_i} + \frac{\overline{t_{sa}} - \overline{t_i}}{R_0 \alpha_i} = 34.7 + \frac{38.80 - 34.7}{0.936 \times 8.7} = 35.20 \, ℃$$

10. 太阳辐射当量温度波幅

$$A_{ts} = \rho\ (I_{max} - \overline{I})\ /\alpha_e = 0.7 \times\ (640 - 151.9)\ /19.0 = 17.98 \, ℃$$

$$\frac{A_{ts}}{A_{te}} = \frac{17.98}{5.7} = 3.15$$

$$\Delta\varphi = \varphi_I - \varphi_{te} = 16 - 15 = 1$$

查表 9-2 得室外综合温度的修正系数 $\beta = 0.99$

11. 室外综合温度波幅值

$$A_{tsa} = (A_{te} + A_{ts})\,\beta = (5.7 + 17.98) \times 0.99 = 23.44$$

12. 修正系数 β

$$\frac{A_{tsa}}{\nu_0} = \frac{23.44}{15.60} = 1.50 \qquad \frac{A_{ti}}{\nu_i} = \frac{4.2}{1.56} = 2.69$$

$$\frac{A_{ti}}{\nu_i} \bigg/ \frac{A_{tsa}}{\nu_0} = \frac{2.69}{1.50} = 1.79$$

$$\Delta\varphi = (\varphi_{tsa} + \xi_0) - (\varphi_{ti} + \xi_i) = (16 + 7.10) - (16 + 1.15) = 5.95$$

查表 9-2 得 $\beta = 0.74$

13. 计算内表面最大温度

$$\theta_{i \cdot max} = \overline{\theta_i} + \left(\frac{A_{tsa}}{\nu_0} + \frac{A_{ti}}{\nu_i}\right)\beta = 35.2 + (1.5 + 2.69) \times 0.74 = 38.3\,℃$$

14. 重庆的 $t_{max} = 38.9\,℃$，$\theta_{i \cdot max} \leqslant t_{e \cdot max}$

所以该墙符合夏季热工要求。

9.3 建筑围护结构的隔热措施

外围护结构的外表面受到的太阳辐射强度和日照时数，以水平面为最大，其次是东、西向，南向较小。所以，屋顶隔热极为重要，其次是西墙和东墙，窗户的遮阳与通风同样也不能忽视。

9.3.1 屋顶隔热

为了减少炎热季节太阳辐射热传入屋面的热量，不致使室内温度过高，常见的隔热措施是采用通风屋顶、种植屋顶、蓄水屋顶等多种形式。

9.3.1.1 采用实体材料层和带有封闭空气的隔热屋顶

在室外温度谐波热作用一定时，外围护结构内表面平均温度的高低和振幅衰减度，主要取决于外围护结构的热阻和热惰性，实体材料层的增厚通常能够使热阻和热惰性指标同时增大，从而增强材料层隔热，或认为这一措施是最佳选择，但它是不全面的。在自然通风的建筑中，不仅要求围护结构的隔热性能好，还希望在室外热作用减弱后，能尽快地散出蓄热量。而厚实的实体材料的蓄热量大，散热时间长，使高温区段延续的时间加长，这对以白天使用为主的建筑，如办公室、教学楼等，并无不适，而对居住建筑却不很妥当。另一方面，在间歇供暖或空调的建筑中，总希望室内温度上升或降低得快一些，所耗能量少一些，这也就是要求围护结构内表面材料的蓄热系数（能力）小一些，即非厚实体材料。再者，厚实材料层也增加了屋顶（或墙体）的自重。为了解决上述矛盾，一是注意材料层次的排列，因为排列次序的不同也影响衰减度大小和室内散热的快慢，如在屋顶隔热材料的上面加一层蓄热系数较大的实体材料（如混凝土板）。当温度谐波传经这一层时，波幅骤减，可增强热稳定性；二是可采用空心大板屋面，利用封闭空气间层隔热。

9.3.1.2　通风屋顶

平屋面的通风屋顶是在普通屋顶的上面再增加一个架空层，利用通风将屋面温度降低，并在架空层的上表面涂刷热反射涂料或浅颜色的涂料，反射掉较多的太阳辐射热。值得注意的是，架空隔热屋面适合在通风较好的建筑上采用，夏季风量小的地区使用效果不佳，尤其在有女儿墙情况下不宜采用。坡屋面的通风屋顶，通常是利用坡屋面下的三角形空间通风，通风口位置设在屋脊或山墙等处。平屋面通风屋顶的高度一般不超过300mm，并要视屋面的宽度、坡度而定，如果屋面宽度大于10m时，应设通风屋顶。通风屋顶的进风口应设在当地炎热季节最大频率风向的正压区，出风口设在负压区。试验表明：在同样风力作用下，通风口朝向与风向的偏角愈小，间层的通风效果愈好，故应尽量使通风口面向夏季主导风向。试验还表明，将间层面层在檐口处适当向外挑出一段，能起兜风作用，可提高间层的通风效果。

这类屋顶冬季保温性能欠佳，因此在冬季应关闭通风口或减弱空气在间层内的流动。

9.3.1.3　种植屋顶

种植屋顶是在屋面防水层上铺土或覆盖锯木屑、膨胀蛭石等多孔松散材料，进行种植草皮、花卉、蔬菜、水果或设架种植攀缘植物等。覆土种植屋面是利用植物的光合作用、叶面的蒸腾作用及对太阳辐射热的遮挡作用，来减少太阳辐射热对屋面的影响；若采用无土种植屋面，由于锯木屑、膨胀蛭石等材料松散、质轻、导热系数小，储水、绝热性能都比土壤好，保温隔热效果更佳。种植屋面有效地保护了防水层和屋盖结构层，对城市环境起到绿化和美化的作用。

种植屋面当采用柔性防水层时，必须在表面设置细石混凝土保护层，或做细石混凝土复合防水层，以抵抗植物根系的穿刺和种植工具对它的损坏；种植屋面四周应设挡墙，阻止屋面上种植介质的流失，挡墙下部应留泄水孔，孔内侧放置疏水粗细骨料，以保证多余水的流出而种植介质不会流失。

9.3.1.4　蓄水屋顶

屋面上蓄水，水的蓄热和蒸发，可大量消耗照射在屋面上的太阳辐射热，减少通过屋面的传热量，从而起到有效的隔热作用，同时大大降低了屋面结构的平均温度，防止屋面板由于温度应力而产生裂缝；此外，长期处于水的养护之中，刚性防水层可避免因干缩而出现裂缝，嵌缝材料可免受紫外线照射老化而延长使用寿命。蓄水屋面要求屋面防水有效和耐久，否则会引起渗漏、难以修补，宜选用刚性细石混凝土防水层或在柔性防水层上再做刚性细石混凝土防水层复合。

9.3.2　墙体隔热

与屋顶相比，墙体的隔热是次要的。外墙的隔热重点就是西墙。

外墙对室内自然温度的影响主要与外墙的传热系数有关。传热系数与外墙材料、施工质量和墙体厚度相关。当外墙的材料和施工质量都相同时，厚的墙体比薄的墙体更保温、更隔热、更有利于冬暖夏凉。建筑隔热节能设计，既要考虑减小墙体的传热系数，又要考虑尽量减少外墙的厚度。因此，建筑设计在外墙上常采用导热系数小的材料以提高其保温隔热性能。例如，隔热性能好的轻骨料空心砌块、多排孔混凝土、大型板材结构、轻板结构等墙体，也就采用轻质、高强、多孔的材料，以满足强度和隔热的要求；另外在外墙上增设外隔热材料，也能达到隔热效果。

值得提出的是，在评价建筑围护结构的热工性能时，除了考虑传热系数外，还应考虑抵抗温度波传递能力的热惰性指标 D 值。这是因为在夏季，外围护结构严重地受到不稳定热作用，当 D 值很低时室内温度波幅较大。因此在规定围护结构（如外墙）的 K 值时，规定与之相应的 D 值的限值。如 K 值满足要求，但 D 值不满足要求时则应进行隔热设计要求的验算，以保证围护结构的热稳定性能。

植物隔热遮荫对降低住宅外墙外表面温度，改善室内气温环境，降低空调能耗也极为有效。据实测，住宅西墙种植爬墙虎，在其生长遮蔽墙外表面90%状况下，外墙表面温度可降低 8.2℃。所以在住宅东、西向应尽量种植高大乔木或攀缘植物，并利用花架、种植槽、阳台和绿色藤蔓形成住宅周围的垂直绿化，夏季在降低热辐射的同时，还有利于墙体自身散热；而且对调节碳氧平衡、减小温室效应、减轻空气污染、降低噪声等也有十分明显的作用。

无论何种形式的外围护结构（屋顶、外墙），采用浅色平滑的外粉饰，隔热效果是非常明显的。这是由于太阳辐射属于短波辐射，颜色浅且平滑的表面，对其吸收率小、反射率大的缘故，这一措施减少了外围护结构外表面的得热量。

9.3.3 窗户的热工性能和窗口遮阳

9.3.3.1 窗户的热工性能

因为普通窗户的隔热性能比外墙差很多。因此，在整个外围护结构中，窗户是夏季隔热的最薄弱环节，尤其是在东西朝向，受太阳辐射热峰值最高，从节能角度看，建筑物的窗墙面积比应该受到严格限制。

南方地区建筑因为夏季自然通风的需要，同时又需要满足室内空间通透明亮、视野开阔以及建筑美观的要求，都需要有较宽大的开窗面积，这与隔热节能就产生了矛盾。正确的做法是：严格控制、区别对待，适度放宽、增强措施。如东西朝向的窗墙面积比应严格控制，其他朝向可适度放宽；在放宽窗墙面积比的情况下，对外窗的传热系数和窗户的太阳辐时透过率应该有更高的要求，才能达到节能目的。《夏热冬冷地区居住建筑节能设计标准》对不同朝向、不同窗墙面积比的外窗传热系数作了具体规定。以南方住宅建筑的现状与上述标准相对照，其窗墙面积比均有所突破，当窗墙面积比不小于 0.30 且小于 0.35 时，不论什么朝向，外窗的 K 值均要求达到 3.2W/（m^2·K），东西朝向还需设太阳辐射透过率不大于 20% 的外遮阳，相当于单框（PVC 塑料和断热铝合金框）双玻窗的传热系数，单框单玻 PVC 塑料窗［K 值为 4.7W/（m² · K）］已不能满足建筑节能的要求了。如窗墙面积比放宽到大于 0.35 时，外窗的 K 值应达到 2.5W/（m² · K）的要求，需要更进一步采取措施，如双玻间加 20 ~ 30mm 厚度的空气间层等，以提高窗的热工性能。

9.3.3.2　窗口遮阳

遮阳的目的是为了防止直射阳光，减少透入室内的太阳辐射热量，防止夏季室内过热，以及避免产生眩光和保护物品。因此在设计窗口遮阳时，就要求主要防止夏季阳光的直接照射，并尽量避免散射和辐射的影响；其次要有利于窗口的采光、通风和防雨；同时要注意不阻挡从窗口向外眺望的视野以及它与建筑造型处理的协调，并且力求构造简单、经济耐久。

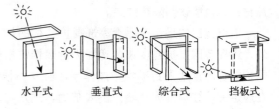

水平式　　垂直式　　综合式　　挡板式

图 9-3　遮阳的基本方式

遮阳主要有以下几种形式，如图 9-3 所示。

（1）水平式遮阳：能有效遮挡高度角较大的、从窗口上方投射下来的阳光，适用于接近南向的窗口，或北回归线以南低纬地区的北向附近的窗口。

（2）垂直式遮阳：能有效遮挡高度角较小的、从窗侧斜射的阳光，但对于高度角较大的、从窗口上方投射的阳光，或接近日出、日没时平射窗口的阳光不起遮挡作用；主要适用于东北、北和西北向附近的窗口。

（3）综合式遮阳：能有效遮挡高度角中等的、从窗前斜射下来的阳光，遮阳效果比较均匀；主要适用于东南或西南向附近的窗口。

（4）挡板式遮阳：能有效遮挡高度角较小、正射窗口的阳光；主要适用于东、西向附近的窗口。

冬冷夏热和冬季较长的地区，宜采用竹帘、软百叶、布篷等临时性轻便遮阳；冬冷夏热和冬、夏时间长短相近的地区，宜采用可拆除的活动式遮阳；冬暖夏热的地区，一般采用固定的遮阳设施，尤以活动式较为优越。另外，需要遮阳的地区，一般都可以利用绿化和结合建筑构件的处理来解决遮阳问题。

9.3.4　建筑的自然通风

自然通风是对自然条件的最充分利用，也是改善热环境的有效措施，即使在夏季使用空调降温的条件下，也可以减少开机时间，节省能耗。

在建筑群布置时，按照建筑所处地理纬度、太阳照射的时空规律，选择好建筑主体朝向，减少太阳辐射影响；利用建筑体形、高度、间距及建筑开口与夏季主导风的关系，组织小区气流；利用地势起伏、水面陆地分布、绿化植被以及太阳辐射热昼夜被吸收反射的特性，形成有利的地方风等这些措施对于改善小区微气候、降低室外气温、为个体建筑的自然通风创造条件等均能取得显著效果。

在个体建筑平面及空间设计中，结合使用功能，安排好门窗洞口和空间变化，借助自然力——热压和风压作用，促使室内空气流动和室内外空气交换，形成穿堂风；还可采用遮挡和导流措施，改善气流的流线和流场，调整风量，使自然通风取得更佳的效果。主要有如下几个原则：①建筑布局采用交错排列或前低后高，或前后逐层加高的布置。②正确选择平面的组合形式，主要使用房间应布置在夏季迎风面，背风向则布置辅助房。并以建筑构造措施，改善通风效果。③利用天井、楼梯间等增加建筑内部的开口面积，并利用这些开口引导气流，组织自然通风。④开口位置的布置应使室内流场分布均匀。⑤改进门窗及其他构造，使其有利于导风、排风和调节风量、风速等。

在组织室内穿堂风时，一是气流路线应流经人的活动范围，二是必须有必要的风速，最好达到 0.3m/s 以上。对有大量余热和有害物质的生产车间，组织自然通风除保证必要通风量外，还应保证气流的稳定性和气流线路的短捷。

复习思考题

1. 造成室内过热的主要原因和防止室内过热的途径有哪些？
2. 一天中的最高气温一般出现在什么时候？
3. 外围护结构的隔热重点在什么部位？
4. 窗口遮阳的形式有哪几种？
5. 屋顶隔热有几种方式？

第 10 章　光与视觉

建筑设备与环境控制

人类利用眼睛将外界的光经过视神经转换成讯号，送入大脑，使人产生了视觉。因此对光的感知是人类感觉器官最朴素的功能。光是人们生活中不可缺少的一种物质，舒适的光能使人们神清气爽、心情舒畅，工作效率得到了提高。色是通过光被人们感知的，光与色的配合无论从环境空间和色彩的运用上，都显示出它们不凡的艺术效果，使人们得到美的享受。那么光究竟是怎样的呢？人类在光的世界里生活的同时，又不断地对光进行研究和探索，随着科学技术水平的不断发展，人们对光的认识也在不断地深化。

10.1　光的本性

大约在 17 世纪中叶以前，人们还普遍认为光是由粒子流或微粒组成的，认为这些微粒是像从太阳或蜡烛的烛焰那样的光源中发射出来的，而且沿直线向外运动，这些微粒可通过透明的物质，或从不透明物质的表面反射出来，当这些微粒进入眼睛后，就会激发出视觉。17 世纪中叶，光得到了光学工作者的接受，科学家经过不断探索和研究认为：光是物质存在的一种形式，它和其他实物一样，是存于人们主观感觉之外的客观实在。到了 19 世纪，根据对光现象的观察和研究，科学家证明了光的直线传播和光的衍射效应，并且提出过多种对光本性的学说，但是能被现代科学证实的只有两种学说：光子学说和电磁波学说。

10.1.1　光子学说

光子学说认为：光以一份份集中能量的形式从辐射光源发射，并在空间传播，及与物质发生作用，这一份份的光被称为光子。光子具有动量和能量，它在空间占有一定的位置，并作为一个整体以光速在空间移动。它包含这样的假说，即电磁波不但具有波动性质，而且具有某些与粒子类似的性质，电磁波所传输的能量，总是以一个单位来运载的，这种单位的量值和电磁波的频率成正比，这种能量单位称为光子。

10.1.2　电磁波学说

电磁波学说认为：光是一种电磁波，它具有电磁波的一切特性，但由于波长的不同，它也有自己的特性。

光的电磁波理论和光子理论均得到许多科学实验的证实。这说明光具有波动性和粒子性，在传波现象中主要表现波动性。如同具有动能和动量的物体一样，在碰撞中这两个量是守恒的。就波长而言，波长长的光显波动性，波长短的光显粒子性。

10.1.3　光谱特性

从物理学的角度可以看出：光是属于在一定波长范围内，以电磁波的形式传波的一种电磁辐射。电磁辐射时的波长范围很广，将电磁波按波长排列顺序依次展开布置，称为电磁波谱。如图 10-1 所示，在电磁波谱中对于波长在 380~780nm 范围内的电磁波，能够以光的形式作用于人们的视觉器官，并产生视觉的一段波称为光谱。波长从 380nm 到 780nm 增加时，光的颜色将从紫色开始，并按紫、蓝、青、绿、黄、橙、红的顺序变化，波长小于 380nm 的一段波叫紫外线，波长大于 780nm 的一段波叫红外线。这两段波虽然不能引起人们的视觉，但它的特性已应用于科研、医疗等方面。

由于眼睛对各种波长的光灵敏程度不同，可见光在人眼中引起的光感也是不同的，各种颜色的波长区间不是截然分开的，而是由一种颜色逐渐减少，另一种颜色逐渐增加渐变而成的。在可见光谱范围内 700nm 为黄色，620nm 为橙色，580nm 为绿色，470nm 为蓝色，420nm 为紫色。由单一波长组成的光，或者说只表现一种颜色的光称为单色光，如红、橙、黄、绿、青、蓝、紫。由不同波长组成的光，称为复色光，全部可见光混合在一起就形成日光。由于人的视觉器官感觉能力的局限性，人们是看不到单色光的。只有在多棱镜下才能分离出单色光。各种光源产生的光至少要占据很窄的一段波长，某种单色光的成分多与少，可显示出光的不同颜色，例如：白炽灯含红光的成分较多，高压汞灯含蓝色光的成分较多，而激光最接近单色光。

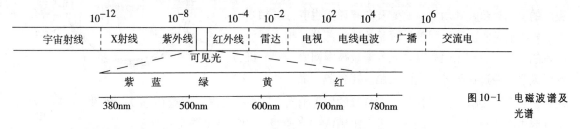

图 10-1　电磁波谱及光谱

10.1.4　光的视觉特性

人眼对不同波长光的感觉具有不同的灵敏度，如白天或光线充足的地方，人眼对波长为 555nm 的黄绿光感觉最舒适，当各种波长不同，而辐射能量相同的光相互比较时，人眼感到黄绿光最亮。在光线暗的情况下，为了能够看清物体，眼睛就会通过视网膜和虹膜的视觉细胞作用进行调节。例如：人从明亮的地方忽然进入到黑暗的空间时，我们的眼睛就会忽然感到似乎处于失明状态，这是因为人的眼睛不能同时适应明暗两种极端的视度，虽然几分钟后眼睛能适应黑暗，但要完全适应，大约需要 3 分钟的调节时间，这种视觉特性叫做暗适应，在美术馆的照明设计中经常运用暗适应的特性。进口处明亮，随着向室内的深入，慢慢地降低照度，通过让眼睛适应亮度变暗，即使不提高展室的照度，也能够让参观者清楚地看到展品，同时防止了光能损伤展品。但对视力下降的老人来讲这种方法不可取。所以，照明技术和视觉是密切相关的。

人眼对光的视觉有三个最主要的功能：①识别物体的形态（形状感觉）；②识别物体的颜色（色觉）；③识别物体的亮度（光觉）。

10.1.4.1　视觉

视觉是由进入眼睛的光所产生的感觉印象而获得的对外界差异的认识，或者说，视觉是光线射入人眼后产生的视知觉。它是整个认识运动的最初级的但又是最重要的阶段。光线进入眼睛以后，产生感觉印象而获得对外界差异的认识，称之为视觉过程的初级阶段，它所获得的信息有80%以上是视觉提供的，能够让视觉情报在人的生理和心理起作用的因素就是光，所以在照明设计中，应该考虑眼睛的视觉特性。实际上，现代人工照明标准，和关于合理照明的许多原则，都是以视觉特性和视觉功能的研究为基础而规定的。

10.1.4.2　视觉系统

人的视觉系统主要由眼睛（眼球）、内导神经纤维、大脑（脑皮质枕叶）三部分组成。眼睛的主要任务是感受外来的光刺激，并形成电脉冲。内导神经纤维是眼球与大脑皮质的联系通道，它把光刺激传递到神经中枢（大脑皮质的相应部分），大脑皮质的枕叶把来自眼球的脉冲在这里进行加工，形成视觉印象。

眼睛是一个复杂而精密的感觉器官，如图10-2所示，它在很多方面与照相机相似。①巩膜是眼睛的外壳，是白色而坚硬的不透明体，它可以起到支撑和保护眼球的作用，相当于照相机的机壳。②脉络膜是由一层血管和色素组成的中间衬垫，其功能是遮光及向眼球提供养分。相当于照相机的暗箱。③视网膜是眼睛的感光部分，相当于照相机的底片，当有光照射时，光的能量被视网膜的感光细胞所吸收，经过视神经传达到大脑。④角膜、晶状体、玻璃体相当于照相机的一组镜头。⑤虹膜的作用相当于照相机光阑。⑥瞳孔是位于虹膜中心的小孔，可自动调节进入眼睛内的光通量。⑦眼睑是眼睛的外皮，相当于照相机的快门。

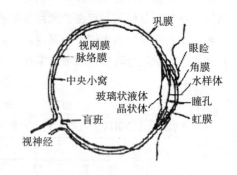

图10-2　眼睛构造截面简图

10.1.4.3　视觉过程

当380～780nm的电磁波进入眼睑的外皮透明保护膜后发生折射，光线从角膜进入水样体和瞳孔，进入的光通过瞳孔的收缩或扩张自动地得到了调节。

光线通过瞳孔和晶状体后，由晶状体和透明玻璃体将光线聚集在视网膜上，形成一个观察对象的粗造影像。在影像所及的地方，感受细胞吸收光能后发生化学反应，锥状体和杆状神经产生的脉冲传输到视神经，再由视神经传输到大脑，就可以产生光的感觉或引起视觉，所以视觉的产生是由眼睛、内导神经纤维和大脑合作而形成的。

10.1.4.4　视觉特点

1. 视野范围

当头不动的时候，眼睛所能观察到的空间范围称为视野范围。正常情况下人眼的视野范围为：水平180°、垂直130°，其中水平面上方为60°、下方70°，如图10-3所示。

2. 明视觉和暗视觉

视网膜是人眼感受光的部分，视网膜上分布两种不同的细胞，边缘部位杆状细胞和中央部位锥状细胞，这两种细胞对光的感觉是不同的，锥状细胞和杆状细胞分别在明、暗环境中起作用。所以，就形成了明视觉和暗视觉。亮度在 $1.0cd/m^2$ 以上的环境称为明视觉；亮度在 $0.1cd/m^2$ 以下的环境称为暗视觉，这时是杆状细胞起作用，但没有颜色感觉，对外界亮度变化的适应能力很低，也没法分辨物体的细节。

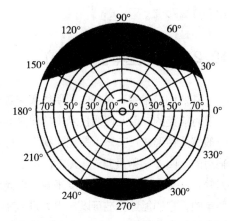

图 10-3　人眼的视野范围

3. 颜色视觉

在明视觉条件下，波长在 380~780nm 范围内的可见光将引起人们不同的颜色感觉。研究证明，人们看到不同的物体具有不同的颜色，这是由于它们的光谱特性不同的缘故，对于单色光，波长不同时将引起不同的颜色感觉。见表10-1。

光谱颜色中心波长及范围　　　　表 10-1

颜色视觉	中心波长 （nm）	波长范围 （nm）	颜色视觉	中心波长 （nm）	波长范围 （nm）
红	700	640~750	绿	510	480~550
橙	620	600~640	蓝	470	450~480
黄	580	550~600	紫	420	400~450

颜色是物体的属性，通过颜色视觉，人们能从外界事物中获得更多的信息，因此颜色视觉在生活中具有重要的意义。颜色视觉的基本特征可用色调、亮度和饱和度来表征。

1）色调

一定波长的光在视觉上的表现称为色调。太阳光通过三棱镜后，可在白色背景上得到红、橙、黄、绿、青、蓝、紫等颜色。这是光谱的色调，它们分别是光谱不同的波长在视觉上的表现。各种物质的颜色，无论其光谱成分如何，在视觉上总要与某一种光谱的颜色相同或相似，这便是该颜色的色调。如树叶的颜色与光谱中绿色相似，则树叶的色调便是绿色。

2）亮度

亮度表示彩色光引起视觉刺激的程度，色调相同的颜色由于亮度的不同而有区别。如西红柿、玫瑰花等。它们在色调上都是红色，但由于它们的反射系数不同，所以在相同的照度下所具有的亮度也是不同的。

3）饱和度

某种色彩与同样亮度的灰色之间的差别称为饱和度。它表明辐射波长的纯洁性，如果在光谱的某一种颜色中加入白色光，颜色就会淡薄起来，即颜色的饱和度减少了。

10.2 光的基本度量单位

在照明技术中,良好的照明效果来源于良好的照明质量,而许多情况,质是以量为前提的,因此照明技术中的照度问题显得十分重要。对光学物理量的处理一般有两种形式:其一,是把光视为一种能量,认为它是以电磁波的形式向空间辐射的,叫"辐射度量";其二,是以人的视觉效果来评价的,叫"光度量"。另外,从整个电力系统的角度来看,电光源是电力系统的末端,它是向电源吸收能量的,它的能量标准可以与电力系统的能量标准一致,是瓦特(W)。而从照明系统的角度来看,电光源又是照明系统的首端,它把自身得到的能量向周围空间发射,并将电能转化成光能,为人们提供良好的视觉环境。所以电光源本身具有双重性质。由此引出一个新的度量光的单位——基本光度量单位。

10.2.1 光通量

前面已经提到人眼对 555nm 的光波最敏感,所以人眼对接近 555nm 的光源感觉很明亮,光通量是指单位时间内光源向周围空间辐射能量的大小,它是根据人眼对光的感觉来评价的。如一个 40W 的白炽灯和一个 40W 的荧光灯,它们同样是向电力系统吸收 40W 的能量,而给人的感觉却不同,由于白炽灯的波长大大超过了 555nm,红光的成分较多,所以给人的感觉是光线较暗;而荧光灯的波长接近 555nm,蓝绿光的成分较多,所以感觉光线比白炽灯亮得多。因此,可将光通量定义如下:在单位时间内光源向周围空间辐射出去的、并使人眼产生光感的能量,称为光通量。符号:Φ;单位:流明(lm);方向:由光源指向被照面(对于设计或安装中所使用的光源和照明器,它们的光通量是厂家测定的,并在产品说明书中给出)。

由于人眼对黄绿光最敏感,在光学中以它为基准有如下规定:若发射的波长为 555nm 的黄绿光为单色光源,其辐射功率为 1W 时,它所发出的光通量为 680lm。由此可得出某一波长的光源光通量等于光源相对光谱效率与光源辐射功率的乘积。

计算公式如式(10-1)。

$$\Phi_\lambda = 680V_\lambda P_\lambda \tag{10-1}$$

式中　Φ_λ——波长为 λ 的光源光通量;

　　　V_λ——波长为 λ 的光源相对光谱效率;

　　　P_λ——波长为 λ 的光源辐射功率(W)。

只有单一波长的光称为单色光,大多数光源都含有多种波长的单色光,称为多色光(复色光)。多色光源的光通量为它所含的各单色光的光通量之和。

计算公式如式(10-2)。

$$\Phi = \Phi_{\lambda_1} + \Phi_{\lambda_2} + \cdots + \Phi_{\lambda_n} = \sum (680V_\lambda P_\lambda) \tag{10-2}$$

10.2.2 发光强度

桌上有一盏台灯，当有灯罩时桌面上的亮度要比没有灯罩时亮很多，表面上看好像有灯罩时的光通量要比没有灯罩时的光通量大，但实际上，光源所发出的光通量并没有增加，只是因为光源在灯罩的作用下，光通量在空间的分布情况有了改变，所以在照明技术中，不但要知道光源发出的光通量，还必须了解光源在各个方向的分布情况，故引出一个新的物理量——发光强度。如图10-4所示。将光源视为一个球体，由于光源的光通量是向周围各个方向发射的，故可将光源视为球心，将光源发出的光通量视为半径，用 r 表示，由数学理论可知，将发光强度定义如下：

光源在某一特定方向上，单位立体角内（每一球面度内）的光通量，称为光源在该方向上的发光强度。符号：I_θ；单位：cd（坎德拉）。表达式为式（10-3）。

$$I_\theta = \frac{\Phi}{\omega} \qquad\qquad (10-3)$$

式中　I_θ——光源在 θ 角方向上的发光强度（cd）；

　　　Φ——球面 A 所接收的光通量（lm）；

　　　ω——球面 A 所对应的立体角（sr）。

各种不同形状均匀发光体的光通量与发光强度的关系如下：

发光圆球：$I = \dfrac{\Phi}{\omega}$；

发光圆盘：$I = \dfrac{4\Phi}{\omega}$；

发光圆柱体：$I = \dfrac{16\Phi}{\omega}$；

发光半圆球：$I = \dfrac{2\Phi}{\omega}$。

图10-4　发光强度示意图（左）

图10-5　发光强度在空间分布的情况和配光曲线（右）

实验证明：40W 的白炽灯在未加灯罩前，其正下方的发光强度为 30cd，加上一个透光的搪瓷灯罩后，原来向上发出的光通量，大都被灯罩反射到下方，使下方的光通量密度增加了，光强由 30cd 增加到 73cd 左右。

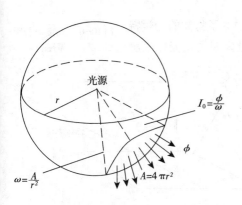
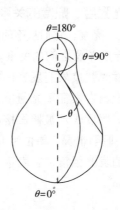
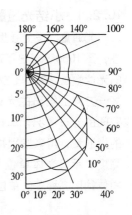

由于实际中，光源向周围发射的光通量并不是均匀的，所以在各特定的方向上，发光强度也是不同的，为了区别空间不同部位的发光强度，在发光强度符号的右下脚，标注一个角度数字，如 I_0 表示光轴下方 0°的发光强度，$I_{180°}$ 表示光轴成 180°的发光强度。将这些标出光源向四周空间辐射光通量的分布情况用极坐标来表示：以光源为原点，将各角度上的发光强度为长度的各个点所连成的曲线，称为该光源的配光曲线。如图 10-5 所示。

坎德拉是光度量的基本单位，流明是导出单位，但由于发光强度单位的定义存在一些不足之处，而光通量的概念简单，并易于理解，而且与熟悉的物理量功率相对应，所以国际上建议以光通量的流明为基本单位。

10.2.3 照度

照度是用来表示被照面上光的强弱的，即单位面积上所接收的光通量，称为该被照面的照度。符号为 E；单位为勒克斯（lx）。表达式如式（10-4）。

$$E = \frac{\Phi}{A} \tag{10-4}$$

式中　E——被照面 A 上的照度（lx）；

　　　Φ——被照面上所接受的光通量（lm）；

　　　A——被照面积（m²）。

1lx 表示在 1m² 的面积上均匀分布 1lm 的光通量。或一个光强为 1cd 均匀发光点的光源，以它为中心，在半径为 1m 的球面上各点所形成的照度值。

1lx 的照度是很小的，在此照度下我们仅能大致辨认周围物体的轮廓，而要区别细小零件的工作是很困难的。表 10-2 给出了照度的一些概念。

各种表面的照度　　　　　　　　　表 10-2

表面	照度（lx）	表面	照度（lx）
无月之夜的地面上	0.002	晴天室外太阳散射光（非直射）下的地面上	1000
月夜里的地面上	0.2		
中午太阳光下的地面上	10000	白天采光良好的室内	100～500

10.2.4 小结光通量、发光强度、照度的关系

光通量、发光强度、照度、亮度，它们从不同的角度表达了物体的光学特性，图 10-6 表示出了这四个光度单位之间的关系。光通量说明了发光体发出的光能数量，其单位为 lm。发光强度表明发光体在某一方向上发出的光通量密度，它表征了光通量在空间的分布情况，单位为 cd。照度表示被照面接收的光通量，用来鉴别被照面的照明情况，单位为 lx。亮度表示发光体单位面积上的发光强度，它表达了物体的明亮程度。单位为 cd/m²。

图 10-6　光度单位关系图

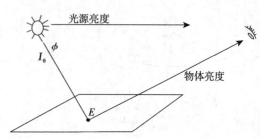

10.3　室内的自然采光

良好的光照环境是人们在室内工作、学习、生活的重要条件之一，自然光是人们长期生活中习惯的光源。太阳是自然光的来源，太阳光发出的光和热被地球吸收，由于太阳离地球很远，故可将地球看做是一个平面，太阳发出的光可以看做是平行射入地球的。当日光穿过大气层，其光线分为两部分射入：一部分直接射入地面，称为直射光（或直接光）并有一定的方向性，且照度很高，在物体背后会产生阴影。另一部分，当遇到空气中的分子、灰尘、水蒸气微粒，产生多次的反射、扩散，使天空形成高度感。所以两种光线的比例随大气层云量的多少而改变，云量少则扩散少。直射光多使室内光感明亮，反之光感阴暗。

10.3.1　室内的采光标准

天然光是一种十分理想的照明光源，一个房间的照明状况主要取决于窗的设计，窗的功能除采光、通风、隔声外，还可以使室内产生获得天然光的独特感觉，体现出光线的动态性质，产生富有变化的韵律、立体感、透视性和开敞感，使室内外空间具有连续性。

10.3.1.1　采光系数

（1）室外照度随着时间的变化而改变，使室内的照度也随之变化，因此引入采光系数这一概念。即照度的相对值，称之为采光系数。表达式为式（10-5）。

$$C = \frac{E_n}{E_m} \times 100\% \qquad (10-5)$$

式中　C——采光系数；

　　　E_n——全阴天空漫射光照射下，室内给定平面上的某一点由天空漫射光所产生的照度（lx）；

　　　E_m——在全阴天空漫射光照射下，与室内某一点照度同一时间、同一地点，在室外无遮挡水平面由天空漫射所产生的室外照度（lx）。

（2）侧面采光系数应取采光系数的最低值 C_{min}。

（3）顶部采光系数应取采光系数的平均值 C_{av}。

（4）对兼有侧面采光和顶部采光的房间，可将其简化为侧面采光区和顶部采光区，并应分别选取采光系数的最低值和采光系数的平均值。

10.3.1.2　自然采光标准

各类建筑的采光应符合下列标准：

（1）建筑的采光系数标准值见表10-3～表10-8。

居住建筑的采光系数标准值　　　　　表 10-3

采光等级	房间名称	侧面采光	
		采光系数最低值 C_{min}（%）	室内天然采光临界照度（lx）
IV	起居室（厅）、卧室、书房、厨房	1	50
V	卫生间、过厅、楼梯间、餐厅	0.5	25

办公建筑的采光系数标准值　　　　　表 10-4

采光等级	房间名称	侧面采光	
		采光系数最低值 C_{min}（%）	室内天然采光临界照度（lx）
II	设计室、绘图室	3	50
III	办公室、视屏工作室、会议室	2	100
IV	复印室、档案室	1	50
V	走道、楼梯间、卫生间	0.5	25

学校建筑的采光系数标准值　　　　　表 10-5

采光等级	房间名称	侧面采光	
		采光系数最低值 C_{min}（%）	室内天然采光临界照度（lx）
III	教室、阶梯教室、实验室、报告厅	2	100
V	走道、楼梯间、卫生间	0.5	25

图书馆建筑的采光系数标准值　　　　　表 10-6

采光等级	房间名称	侧面采光		顶部采光	
		采光系数最低值 C_{min}（%）	室内天然采光临界照度（lx）	采光系数最低值 C_{min}（%）	室内天然采光临界照度（lx）
III	阅览室、开架书库	2	100	—	—
IV	目录室	1	50	1.5	75
V	书库、走道、楼梯间、卫生间	0.5	25	—	—

医院建筑的采光系数标准值　　　　　表 10-7

采光等级	房间名称	侧面采光		顶部采光	
		采光系数最低值 C_{min}（%）	室内天然采光临界照度（lx）	采光系数最低值 C_{min}（%）	室内天然采光临界照度（lx）
III	诊室、药房治疗室、化验室	2	100	—	—

采光等级	房间名称	侧面采光		顶部采光	
		采光系数最低值 C_{min}（%）	室内天然采光临界照度（lx）	采光系数最低值 C_{min}（%）	室内天然采光临界照度（lx）
IV	候诊室、挂号室、综合大厅、药房、医生办公室（护士室）	1	50	1.5	75
V	走道、楼梯间、卫生间	0.5	25	—	—

旅店（馆）建筑的采光系数标准值　　　　表10-8

采光等级	房间名称	侧面采光		顶部采光	
		采光系数最低值 C_{min}（%）	室内天然采光临界照度（lx）	采光系数最低值 C_{min}（%）	室内天然采光临界照度（lx）
III	会议厅	2	100	—	—
IV	大堂、客房、餐厅、多功能厅	1	50	1.5	75
V	走道、楼梯间、卫生间	0.5	25	—	—

（2）每套住宅至少应有一个居住空间能获得日照，当一套住宅中居住空间总数超过四个时，其中宜有一两个居住空间能获得日照。

（3）获得日照的居住空间，其照度标准应符合现行国家标准《城市居住区规划设计规范》GB 50180—93（2002年版）中关于住宅建筑日照的标准规定。

（4）窗和地面积比及住宅采光标准应符合表10-9的规定。

（5）采光设计时应尽量减小窗的眩光。如：避免直射阳光，视觉背景不宜为窗口，室内外设有遮阳设施，窗结构的内表面或窗周围的内墙面采用浅色饰面。

（6）采光设计应注意光的方向性，将建筑物设计在利于接收太阳光的方位。

10.3.2　采光计算

10.3.2.1　采光口的形式

在房间的墙上开各种形式的洞口，在洞口上安装窗扇，窗扇上安装透明材料（玻璃等），这些装有透明材料的洞口称之为"采光口"。

常见的采光口有天窗和侧窗，天窗的形式有矩形天窗、锯齿形天窗，侧窗的形式通常为竖长方形和横长方形。从采光量的角度看，试验证明，细长房间的侧窗最好采用竖长方形侧窗，浅宽房间最好采用横长方形侧窗，有效采光面积计算应符合下列规定：

（1）侧窗采光口离地面高度在0.8m以下的部分不应计入有效采光面积；

（2）侧窗采光口上部有效宽度超过 1m 以上的外廊、阳台等外挑遮挡物，其有效采光面积可按采光口面积的 70% 计算；

（3）平天窗采光时，其有效采光面积可按侧面采光口面积的 2.5 倍计算。

10.3.2.2 参考数据

（1）窗地面积比可参考表 10-9。

窗地面积比   表 10-9

采光等级	侧面采光		顶部采光					
	侧窗		矩形天窗		锯齿形天窗		平天窗	
	民用建筑	工业建筑	民用建筑	工业建筑	民用建筑	工业建筑	民用建筑	工业建筑
I	1/2.5	1/2.5	1/3	1/4	1/2.5	1/4	1/6	1/6
II	1/3.5	1/3	1/4	1/3.5	1/6	1/5	1/8.5	1/8
III	1/5	1/4	1/6	1/4.5	1/8	1/7	1/11	1/10
IV	1/7	1/6	1/10	1/8	1/12	1/10	1/18	1/13
V	1/12	1/10	1/14	1/11	1/19	1/15	1/27	1/23

（2）矩形天窗窗地面积比可参考表 10-10。

矩形天窗窗地面积比   表 10-10

跨度（m）	天窗洞口高度（m）							
	1.2	1.5	1.8	2.1	2.4	2.7	3.0	3.6
12	1/5.0	1/4.0	1/3.3	1/2.9				
15	1/6.3	1/5.0	1/4.2	1/3.6	1/3.1			
18	1/7.5	1/6.0	1/5.0	1/4.3	1/3.8	1/3.3	1/3.0	
24	1/10.0	1/8.0	1/6.7	1/5.7	1/5.0	1/4.4	1/4.0	1/3.3
30	1/12.5	1/10.0	1/8.3	1/7.1	1/6.3	1/5.6	1/5.0	1/4.2
36	1/15.0	1/12.0	1/10.0	1/8.6	1/7.5	1/6.7	1/6.0	1/5.0

（3）锯齿形天窗窗地面积比可参考表 10-11。

锯齿形天窗窗地面积比   表 10-11

房间进深（m）	天窗洞口高度（m）					
	1.8	2.1	2.4	2.7	3.0	3.3
7.8	1/4.3	1/3.7	1/3.3	1/2.9		
8.1	1/4.5	1/3.9	1/3.4	1/3.0		
8.4	1/4.7	1/4.0	1/3.5	1/3.1		
8.7	1/4.8	1/4.1	1/3.6	1/3.2	1/2.9	
9.0	1/5.0	1/4.3	1/3.8	1/3.3	1/3.0	

房间进深（m）	天窗洞口高度（m）					
	1.8	2.1	2.4	2.7	3.0	3.3
9.3	1/5.2	1/4.4	1/3.9	1/3.4	1/3.1	
9.6	1/5.3	1/4.6	1/4.0	1/3.6	1/3.2	1/2.9
9.9	1/5.5	1/4.7	1/4.1	1/3.7	1/3.3	1/3.0
10.2	1/5.7	1/4.9	1/4.3	1/3.8	1/3.4	1/3.1
10.5	1/5.8	1/5.0	1/4.4	1/3.9	1/3.5	1/3.2
10.8	1/6.0	1/5.1	1/4.5	1/4.0	1/3.6	1/3.3
11.1	1/6.2	1/5.4	1/4.6	1/4.2	1/3.7	1/3.4
11.4	1/6.3	1/5.4	1/4.8	1/4.2	1/3.8	1/3.5
11.7	1/6.5	1/5.6	1/4.9	1/4.3	1/3.9	1/3.5
12.0	1/6.7	1/5.7	1/5.0	1/4.4	1/4.0	1/3.6

（4）顶部采光的室内反射光增量系数可参考表 10-12。

顶部采光的室内反射光增量系数 K_ρ 值　　　　　　表 10-12

ρ_j	天窗形式		
	平天窗	矩形天窗	锯齿形天窗
0.5	1.30	1.70	1.90
0.4	1.25	1.55	1.65
0.3	1.15	1.40	1.40
0.2	1.10	1.30	1.30

注：ρ_j 为室内各表面反射比的加权平均值。

（5）高跨比修正系数可参考表 10-13。

高跨比修正系数 K_g 值　　　　　　表 10-13

天窗类型	跨数	h_x/b									
		0.3	0.4	0.5	0.6	0.7	0.8	0.9	1.0	1.2	1.4
矩形天窗	1	1.04	0.88	0.77	0.69	0.61	0.53	0.48	0.44	—	—
	2	1.07	0.95	0.87	0.80	0.74	0.67	0.63	0.57	—	—
	3 级以上	1.14	1.06	1.00	0.95	0.90	0.85	0.81	0.78	—	—
平天窗	1	1.24	0.94	0.84	0.75	0.70	0.65	0.61	0.57	—	—
	2	1.26	0.02	0.93	0.83	0.80	0.77	0.74	0.71	—	—
	3 级以上	1.27	1.08	1.00	0.93	0.89	0.86	0.85	0.84	—	—
锯齿形天窗	3 级以上	—	1.04	1.00	0.98	0.95	0.92	0.89	0.86	0.82	0.78

注：表中 h_x/b 应为工作面至窗下沿高度与建筑宽度之比。

（6）侧面采光的室内反射光增量系数可参考表10-14。

侧面采光的室内反射光增量系数 K_ρ' 值　　　　表10-14

B/h_c \ ρ_j	采光形式							
	单侧采光				双侧采光			
	0.2	0.3	0.4	0.5	0.2	0.3	0.4	0.5
1	1.10	1.25	1.45	1.70	1.00	1.00	1.00	1.05
2	1.30	1.65	2.05	2.65	1.10	1.20	1.40	1.65
3	1.40	1.90	2.45	3.40	1.15	1.40	1.70	1.10
4	1.45	2.00	2.75	3.80	1.20	1.45	1.90	1.40
5	1.45	2.00	2.80	3.90	1.20	1.45	1.95	1.45

注：B/h_c 应为计算点至窗的距离与窗高之比。

（7）侧面采光的室外建筑物挡光折减系数可参考表10-15。

侧面采光的室外建筑物挡光折减系数 K_w 值　　　　表10-15

B/h_c \ D_d/H_d	1	1.5	2	3	5
2	0.45	0.50	0.61	0.85	0.97
3	0.44	0.49	0.58	0.80	0.95
4	0.42	0.47	0.54	0.70	0.93
5	0.40	0.45	0.51	0.65	0.90

注：D_d/H_d 应为窗对面遮挡物距窗的距离与窗对面遮挡物距假定工作面的平均高度之比。当 $D_d/H_d > 5$ 时，应取 $K_w = 1$。

（8）建筑尺寸对应的窗地面积比可参考表10-16（单表10-16）。

10.3.2.3　采光计算

1. 顶部采光［式（10-6）］

$$C_{av} = C_d \cdot K_\tau \cdot K_\rho \cdot K_g \tag{10-6}$$

式中　　C_d——天窗窗洞口的采光系数，可按天窗窗洞口的面积 A_c 与地面面积 A_d 之比和建筑长度 L 确定，如图10-7顶部采光计算图表；

　　　　K_τ——顶部采光的总透射比，可参照表10-17；

　　　　K_ρ——顶部采光的室内反射光增量系数，可按表10-12的规定取值；

　　　　K_g——高跨比修正系数，可按表10-13的规定取值。

建筑尺寸对应的窗地面积比（单侧窗窗地面积比）　　表10-16

| 进深（跨度）m | 4.8 | | | | | | 5.4 | | | | | |
窗洞口高度 m ＼ 开间窗宽系数	1.0	0.9	0.8	0.7	0.6	0.5	1.0	0.9	0.8	0.7	0.6	0.5
1.2	1/4.0	1/4.4	1/5.0	1/5.7	1/6.7	1/8.0	1/4.5	1/5.0	1/5.6	1/6.4	1/7.5	1/9.0
1.5	1/3.2	1/3.6	1/4.0	1/4.6	1/5.3	1/6.4	1/3.6	1/4.0	1/4.5	1/5.1	1/6.0	1/7.2
1.8	1/2.7	1/3.0	1/3.4	1/3.9	1/4.5	1/5.4	1/3.0	1/3.3	1/3.8	1/4.3	1/5.0	1/6.0
2.1	1/2.3	1/2.6	1/2.9	1/3.3	1/3.8	1/4.6	1/2.6	1/2.9	1/3.3	1/3.7	1/4.3	1/5.2
2.4	1/2.0	1/2.2	1/2.5	1/2.9	1/3.3	1/4.0	1/2.3	1/2.6	1/2.9	1/3.3	1/3.8	1/4.6
2.7	1/1.8	1/2.0	1/2.3	1/2.6	1/3.0	1/3.6	1/2.0	1/2.2	1/2.5	1/2.9	1/3.3	1/4.0
3.0	1/1.6	1/1.8	1/2.0	1/2.3	1/2.1	1/3.2	1/1.8	1/2.0	1/2.3	1/2.6	1/3.0	1/3.6
3.3	1/1.5	1/1.7	1/1.9	1/2.2	1/2.5	1/3.0	1/1.7	1/1.8	1/2.0	1/2.3	1/2.7	1/3.2
3.6	1/1.4	1/1.5	1/1.8	1/1.9	1/2.2	1/2.6	1/1.6	1/1.7	1/1.9	1/2.2	1/2.5	1/3.0
3.9	1/1.3	1/1.4	1/1.6	1/1.7	1/2.0	1/2.4	1/1.5	1/1.6	1/1.6	1/2.0	1/2.3	1/3.2
4.2	1/1.2	1/1.3	1/1.5	1/1.6	1/1.9	1/2.3	1/1.4	1/1.5	1/1.6	1/1.9	1/2.2	1/2.6
4.5	1/1.1	1/1.2	1/1.4	1/1.5	1/1.8	1/2.2	1/1.3	1/1.4	1/1.5	1/1.7	1/2.0	1/2.4
4.8	1/1.0	1/1.1	1/1.3	1/1.4	1/1.7	1/2.0	1/1.2	1/1.3	1/1.4	1/1.6	1/1.9	1/2.2
5.1							1/1.1	1/1.2	1/1.3	1/1.5	1/1.8	1/2.1
5.4							1/1.0	1/1.1	1/1.2	1/1.4	1/1.7	1/2.0

| 进深（跨度）m | 6.0 | | | | | | 6.6 | | | | | |
窗洞口高度 m ＼ 开间窗宽系数	1.0	0.9	0.8	0.7	0.6	0.5	1.0	0.9	0.8	0.7	0.6	0.5
1.2	1/5.0	1/5.6	1/6.3	1/7.1	1/8.3	1/10.0	1/5.5	1/6.1	1/6.9	1/7.9	1/9.2	1/11.0
1.5	1/4.0	1/4.4	1/5.0	1/5.7	1/6.7	1/8.0	1/4.4	1/4.9	1/5.5	1/6.3	1/7.3	1/8.8
1.8	1/3.3	1/3.7	1/4.1	1/4.7	1/5.5	1/6.6	1/3.7	1/4.1	1/4.6	1/5.3	1/6.2	1/7.4
2.1	1/2.9	1/3.2	1/3.6	1/4.1	1/4.8	1/5.8	1/3.1	1/3.4	1/3.9	1/4.4	1/5.2	1/6.2
2.4	1/2.5	1/2.8	1/3.1	1/3.6	1/4.2	1/5.0	1/2.8	1/3.1	1/3.5	1/4.0	1/4.7	1/5.6
2.7	1/2.2	1/2.4	1/2.8	1/3.1	1/3.7	1/4.4	1/2.4	1/2.7	1/3.0	1/3.4	1/4.0	1/4.8
3.0	1/2.0	1/2.2	1/2.5	1/2.9	1/3.3	1/4.0	1/2.2	1/2.5	1/2.8	1/3.1	1/3.7	1/4.4
3.3	1/1.9	1/2.0	1/2.3	1/2.6	1/3.0	1/3.6	1/2.0	1/2.2	1/2.5	1/2.9	1/3.3	1/4.0
3.6	1/1.8	1/1.9	1/2.1	1/2.4	1/2.8	1/3.4	1/1.8	1/2.0	1/2.3	1/2.6	1/3.0	1/3.6
3.9	1/1.7	1/1.8	1/1.9	1/2.2	1/2.5	1/3.0	1/1.7	1/1.9	1/2.1	1/2.4	1/2.8	1/3.4
4.2	1/1.6	1/1.7	1/1.8	1/2.0	1/2.3	1/2.8	1/1.6	1/1.8	1/2.0	1/2.3	1/2.1	1/3.2
4.5	1/1.5	1/1.6	1/2.5	1/2.9	1/3.3	1/4.0	1/1.5	1/1.7	1/1.9	1/2.2	1/2.5	1/3.0
4.8	1/1.4	1/1.5	1/1.6	1/1.9	1/2.2	1/2.6	1/1.4	1/1.5	1/1.8	1/2.1	1/2.3	1/2.8
5.1	1/1.3	1/1.4	1/1.5	1/1.7	1/2.0	1/2.4	1/1.3	1/1.4	1/1.6	1/1.9	1/2.2	1/2.6
5.4	1/1.2	1/1.3	1/1.4	1/1.6	1/1.8	1/2.2	1/1.2	1/1.3	1/1.5	1/1.7	1/2.0	1/2.4
5.7	1/1.1	1/1.2	1/1.4	1/1.6	1/1.8	1/2.2	1/1.1	1/1.2	1/1.4	1/1.6	1/1.9	1/2.2
6.0	1/1.0	1/1.1	1/1.3	1/1.4	1/1.7	1/2.0	1/1.1	1/1.2	1/1.4	1/1.6	1/1.8	1/2.1
6.6							1/1.0	1/1.1	1/1.3	1/1.4	1/1.7	1/2.0

进深（跨度）m	7.2						7.8					
开间窗宽系数 窗洞口高度 m	1.0	0.9	0.8	0.7	0.6	0.5	1.0	0.9	0.8	0.7	0.6	0.5
1.2	1/6.0	1/6.7	1/7.5	1/8.6	1/10.0	1/12.0	1/6.5	1/7.2	1/8.1	1/9.3	1/10.8	1/13.0
1.5	1/4.8	1/5.3	1/6.0	1/6.9	1/8.0	1/9.6	1/5.2	1/5.8	1/6.5	1/7.4	1/8.7	1/10.4
1.8	1/4.0	1/4.4	1/5.0	1/5.7	1/6.7	1/8.0	1/4.3	1/4.8	1/5.4	1/6.1	1/7.2	1/8.6
2.1	1/3.4	1/3.8	1/4.3	1/4.9	1/5.7	1/6.8	1/3.7	1/4.1	1/4.6	1/5.3	1/6.2	1/7.4
2.4	1/3.0	1/3.3	1/3.8	1/4.3	1/5.0	1/6.0	1/3.3	1/3.7	1/4.1	1/4.7	1/5.5	1/6.6
2.7	1/2.7	1/3.0	1/3.4	1/3.9	1/4.5	1/5.4	1/2.9	1/3.2	1/3.6	1/4.1	1/4.8	1/5.8
3.0	1/2.4	1/2.7	1/3.0	1/3.4	1/4.0	1/4.8	1/2.6	1/2.9	1/3.3	1/3.7	1/4.3	1/5.2
3.3	1/2.2	1/2.4	1/2.8	1/3.1	1/3.7	1/4.4	1/2.4	1/2.7	1/3.0	1/3.4	1/4.0	1/4.8
3.6	1/2.0	1/2.2	1/2.5	1/2.9	1/3.5	1/4.0	1/2.2	1/2.4	1/2.8	1/3.1	1/3.7	1/4.4
3.9	1/2.8	1/2.0	1/2.3	1/2.6	1/3.0	1/4.0	1/2.0	1/2.2	1/2.5	1/2.9	1/3.3	1/4.0
4.2	1/1.7	1/1.9	1/2.1	1/2.4	1/2.7	1/3.4	1/1.9	1/2.1	1/2.4	1/2.7	1/3.2	1/3.8
4.5	1/1.6	1/1.8	1/2.0	1/2.3	1/2.1	1/3.2	1/1.8	1/1.9	1/2.2	1/2.4	1/2.8	1/3.4
4.8	1/1.5	1/1.7	1/1.9	1/2.2	1/2.5	1/3.0	1/1.7	1/1.8	1/2.0	1/2.3	1/2.7	1/3.2
5.1	1/1.4	1/1.5	1/1.8	1/2.1	1/2.3	1/2.8	1/1.6	1/1.7	1/1.9	1/2.2	1/2.5	1/3.0
5.4	1/1.3	1/1.4	1/1.6	1/1.9	1/2.2	1/2.6	1/1.5	1/1.6	1/1.8	1/2.1	1/2.4	1/1.4
5.7	1/1.3	1/1.4	1/1.6	1/1.9	1/2.2	1/2.6	1/1.4	1/1.5	1/1.7	1/2.0	1/2.3	1/2.8
6.0	1/1.2	1/1.3	1/1.5	1/1.7	1/2.0	1/2.4	1/1.3	1/1.4	1/1.6	1/1.9	1/2.2	1/1.3
6.6	1/1.1	1/1.2	1/1.4	1/1.6	1/1.8	1/2.2	1/1.2	1/1.3	1/1.5	1/1.7	1/2.0	1/2.4
7.2	1/1.0	1/1.1	1/1.3	1/1.4	1/1.7	1/2.0	1/1.1	1/1.2	1/1.4	1/1.6	1/1.8	1/2.2
7.8							1/1.0	1/1.1	1/1.3	1/1.4	1/1.7	1/2.0

进深（跨度）m	8.4						9.0					
开间窗宽系数 窗洞口高度 m	1.0	0.9	0.8	0.7	0.6	0.5	1.0	0.9	0.8	0.7	0.6	0.5
1.2	1/7.0	1/7.8	1/8.8	1/10.0	1/11.7	1/14.0	1/7.5	1/8.3	1/9.4	1/10.7	1/12.5	1/15.0
1.5	1/5.6	1/6.2	1/7.0	1/8.0	1/9.3	1/11.2	1/6.0	1/6.7	1/7.5	1/8.6	1/10.0	1/12.0
1.8	1/4.7	1/5.2	1/5.9	1/6.7	1/7.8	1/9.4	1/5.0	1/5.6	1/6.3	1/7.1	1/8.3	1/10.0
2.1	1/4.0	1/4.4	1/5.0	1/5.7	1/6.7	1/8.0	1/4.3	1/4.8	1/5.4	1/6.1	1/7.2	1/8.6
2.4	1/3.5	1/3.9	1/4.4	1/5.0	1/5.8	1/7.0	1/3.8	1/4.2	1/4.8	1/5.4	1/6.3	1/7.6
2.7	1/3.1	1/3.4	1/3.9	1/4.4	1/5.2	1/6.2	1/2.3	1/2.7	1/4.1	1/4.7	1/5.5	1/6.6
3.0	1/2.8	1/3.1	1/3.5	1/4.0	1/4.7	1/5.6	1/3.0	1/3.3	1/3.8	1/4.3	1/5.0	1/6.0
3.3	1/2.5	1/2.8	1/3.1	1/3.6	1/4.2	1/5.0	1/2.7	1/3.0	1/3.4	1/3.9	1/4.5	1/5.4
3.6	1/2.3	1/2.6	1/2.9	1/3.3	1/3.8	1/4.6	1/2.5	1/2.8	1/3.1	1/3.6	1/4.2	1/5.0
3.9	1/2.2	1/2.4	1/2.8	1/3.1	1/3.7	1/4.4	1/2.3	1/2.6	1/2.9	1/3.3	1/3.8	1/4.6
4.2	1/2.0	1/2.2	1/2.5	1/2.9	1/3.3	1/4.0	1/2.1	1/2.3	1/2.6	1/3.0	1/3.5	1/4.2
4.5	1/1.9	1/2.1	1/2.4	1/2.7	1/3.2	1/3.8	1/2.0	1/2.2	1/2.5	1/2.9	1/3.3	1/4.0
4.8	1/1.8	1/2.0	1/2.3	1/2.6	1/3.0	1/3.6	1/1.9	1/2.1	1/2.4	1/2.7	1/3.2	1/3.8
5.1	1/1.6	1/1.9	1/2.1	1/2.4	1/2.7	1/3.2	1/1.8	1/2.0	1/2.3	1/2.6	1/3.0	1/3.6
5.4	1/1.6	1/1.8	1/2.0	1/2.3	1/2.6	1/3.1	1/1.7	1/1.9	1/2.2	1/2.4	1/2.8	1/3.4
5.7	1/1.5	1/1.7	1/1.9	1/2.2	1/2.5	1/3.0	1/1.6	1/1.8	1/2.0	1/2.3	1/2.7	1/3.2
6.0	1/1.4	1/1.6	1/1.8	1/2.0	1/2.3	1/2.8	1/1.5	1/1.7	1/1.9	1/2.2	1/2.5	1/3.0
6.6	1/1.3	1/1.4	1/1.6	1/1.9	1/2.2	1/1.3	1/1.4	1/1.6	1/1.8	1/2.0	1/2.3	1/2.8
7.2	1/1.2	1/1.3	1/1.5	1/1.7	1/2.0	1/2.4	1/1.3	1/1.4	1/1.6	1/1.9	1/2.2	1/2.6
7.8	1/1.1	1/1.2	1/1.4	1/1.6	1/1.8	1/2.2	1/1.2	1/1.3	1/1.5	1/1.7	1/2.0	1/2.4
8.4	1/1.0	1/1.1	1/1.3	1/1.4	1/1.7	1/2.0	1/1.1	1/1.2	1/1.4	1/1.6	1/1.8	1/2.2
9.0							1/1.0	1/1.1	1/1.3	1/1.4	1/1.7	1/2.0

进深（跨度）m	12.0						15.0					
开间窗宽系数 窗洞口高度 m	1.0	0.9	0.8	0.7	0.6	0.5	1.0	0.9	0.8	0.7	0.6	0.5
1.2	1/10.0	1/11.1	1/12.5	1/14.3	1/16.7		1/12.5	1/13.9	1/15.6			
1.5	1/8.0	1/8.9	1/10.0	1/11.4	1/13.3	1/16.0	1/10.0	1/11.1	1/12.5	1/14.3	1/16.7	
1.8	1/6.7	1/7.4	1/8.4	1/9.6	1/11.2	1/13.4	1/8.3	1/9.2	1/10.4	1/11.9	1/13.8	1/16.6
2.1	1/5.7	1/6.3	1/7.1	1/8.1	1/9.5	1/11.4	1/7.1	1/7.9	1/8.9	1/10.1	1/11.8	1/14.2
2.4	1/5.0	1/5.6	1/6.3	1/7.1	1/8.3	1/10.0	1/6.3	1/7.0	1/7.9	1/9.0	1/10.5	1/12.6
2.7	1/4.4	1/4.7	1/5.5	1/6.3	1/7.3	1/8.8	1/5.6	1/6.2	1/7.0	1/8.0	1/9.3	1/11.2
3.0	1/4.0	1/4.4	1/5.0	1/5.7	1/6.7	1/8.0	1/5.0	1/5.6	1/6.3	1/7.1	1/8.3	1/10.0
3.3	1/3.6	1/4.0	1/4.5	1/5.1	1/6.0	1/7.2	1/4.5	1/5.0	1/5.6	1/6.4	1/7.5	1/9.0
3.6	1/3.3	1/3.7	1/4.1	1/4.7	1/5.5	1/6.6	1/4.2	1/4.7	1/5.3	1/6.0	1/7.0	1/8.4
3.9	1/3.1	1/3.4	1/3.9	1/4.4	1/5.2	1/6.2	1/3.8	1/4.2	1/4.8	1/5.4	1/6.3	1/7.6
4.2	1/2.9	1/3.2	1/3.6	1/4.1	1/4.8	1/5.8	1/3.6	1/4.0	1/4.5	1/5.1	1/6.0	1/7.2
4.5	1/2.7	1/3.0	1/3.4	1/3.9	1/4.5	1/5.4	1/3.3	1/3.7	1/4.1	1/4.7	1/5.5	1/6.6
4.8	1/2.5	1/2.8	1/3.1	1/3.6	1/4.2	1/5.0	1/3.1	1/3.4	1/3.8	1/4.4	1/5.2	1/6.2
5.1	1/2.4	1/2.7	1/3.0	1/3.4	1/4.0	1/4.8	1/2.9	1/3.2	1/3.6	1/4.1	1/4.8	1/5.8
5.4	1/2.2	1/2.4	1/2.8	1/3.1	1/3.7	1/4.4	1/2.8	1/3.1	1/3.5	1/4.0	1/4.7	1/5.6
5.7	1/2.1	1/2.3	1/2.6	1/3.0	1/3.5	1/4.2	1/2.6	1/2.9	1/3.3	1/3.7	1/4.3	1/5.2
6.0	1/2.0	1/2.2	1/2.5	1/2.9	1/3.3	1/4.0	1/2.5	1/2.8	1/3.1	1/3.6	1/4.2	1/5.0
6.6	1/1.8	1/2.0	1/2.3	1/2.6	1/3.0	1/3.6	1/2.3	1/2.5	1/2.9	1/3.3	1/3.8	1/4.6
7.2	1/1.7	1/1.9	1/2.2	1/2.4	1/2.8	1/3.4	1/2.1	1/2.3	1/2.6	1/3.0	1/3.5	1/4.2
7.8	1/1.5	1/1.7	1/1.9	1/2.2	1/2.5	1/3.0	1/1.9	1/2.1	1/2.4	1/2.7	1/3.2	1/3.8
8.4	1/1.4	1/1.6	1/1.8	1/2.0	1/2.3	1/2.8	1/1.8	1/2.0	1/2.3	1/2.6	1/3.0	1/3.6
9.0	1/1.3	1/1.5	1/1.7	1/1.9	1/2.2	1/2.7	1/1.7	1/1.9	1/2.2	1/2.4	1/2.8	1/3.4
9.6	1/1.3	1/1.4	1/1.6	1/1.8	1/2.1	1/2.6	1/1.6	1/1.8	1/2.0	1/2.3	1/2.7	1/3.2

2. 侧面采光

$$C_{min} = C_d' \cdot K_\tau' \cdot K_\rho' \cdot K_w \cdot K_c \tag{10-7}$$

式中　　C_d'——侧窗窗洞口的采光系数，取值同 C_d；

　　　　K_τ'——侧面采光的总透射比，可按表 10-17 取值；

　　　　K_ρ'——顶部采光的室内反射光增量系数，可按表 10-12 取值；

　　　　K_w——侧面采光的室外建筑物挡光折减系数，可按表 10-15 取值；

　　　　K_c——侧面采光的窗宽修正系数，应取建筑长度方向一面墙上的窗宽
　　　　　　综合与建筑长度之比。

侧面采光时，窗下沿距工作面高度大于 1m 时采光系数的最低值应为窗高等于窗上沿高度和窗下沿高度的两个窗的采光系数之差。

侧面采光口上部有宽度超过 1m 以上的外挑结构遮拦时，其采光系数应乘以 0.7 的挡光折减系数。

常用顶部采光材料的透射比　　　表 10-17

	材料名称	ρ（%）	τ（%）	注
玻璃及塑料	普通玻璃 3～6mm	8～10	78～82	无色
	磨砂玻璃 3～6mm		55～60	花纹深密
	钢化玻璃 5～6mm		78	无色
	乳白玻璃 1.5mm		64	
	有机玻璃 2～6mm		85	
	聚氯乙烯板 2mm		60	
	聚碳酸酯板 3mm		74	
	聚苯乙烯		75～83	
	塑料安全夹层玻璃（透明）		78	（3＋3）mm
	双层中空隔热玻璃（透明）		64	（3＋3）mm
	蓝色吸热玻璃		64	3mm
			52	5mm
	压花玻璃 3mm		55～60	花纹深密
			57	花纹浅稀
	夹丝玻璃 6mm		76	无色
	吸热玻璃 3～5mm		52～64	蓝
	聚酯玻璃钢板 3～4 层布		73～77	本色
	茶色玻璃 3～6mm		8～50	茶色
	中空玻璃		81	无色
	安全玻璃		84	无色
	镀膜玻璃 5mm		10	金色

注：双层中空玻璃中间的空隙为 5mm。

按光线经反射、透射后，在空间分布的情况，材料可分为三类：①定向反射和透射材料；②扩散反射和透射材料；③混合反射和透射材料。

图 10-7　顶部采光计算图表

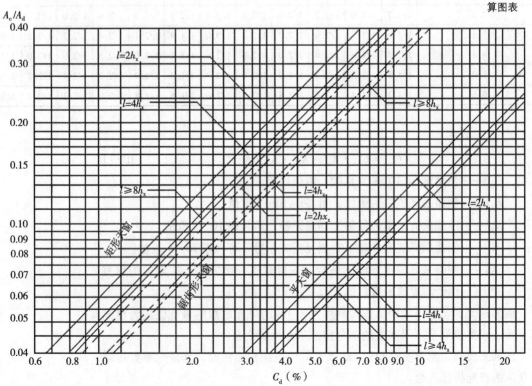

复习思考题

1. 光的本性是什么？
2. 光的两种学说的内容是什么？
3. 分析光谱特性。
4. 什么是光的视觉特性？
5. 简述照明的美学问题。
6. 为什么要制定光的度量单位？
7. 分析照度的理论公式与工程公式的区别？
8. 分析光通量与照度的关系？
9. 分析照度与发光强度的关系？
10. 颜色视觉的基本特征？
11. 什么叫采光系数？
12. 什么叫采光口？
13. 写出顶部采光及侧面采光的表达式。

第 11 章　电光源

建筑设备与环境控制

凡是可以将电能转化成为光能，并能长期稳定地向人们提供光通量的设备称为电光源。自电光源问世以来经历了三个时代，即弧光灯时代、白炽灯时代、品种各异、功能各异的灯具时代。

11.1　电光源的分类及主要技术指标

11.1.1　电光源的分类

　　按照维持物体发光时外界输入能量的形式来分，光源可分为两种形式：第一种形式是物体在发光过程中，内部能量不变，只能通过加热来维持它的温度，物体发光便可以不断地进行下去，物体的温度越高发出的光就越亮。我们把这种光源称作热辐射光源。如：白炽灯和卤钨灯。第二种形式是物体发光过程中要依靠激发电子的过程来获得能量，维持发光。这种发光形式有以下四种情况：第一，物体中原子或离子受到被电场加速的电子轰击，使原子中的电子受到激发，当它由激发状态恢复到正常状态时就会辐射出能量。我们把这一过程称为电致发光，如稀薄气体或蒸气在放电管中所发出的辉光。第二，物体被光照而引起它自身的发光，称之为光致发光。如荧光灯、磷光灯，日光灯管壁上的荧光物质所发出的荧光就是被管内水银蒸气的紫外线激发而产生的。第三，物体加热到一定程度也会发光，称为热致发光。如在火焰中放入钠或钠盐灼热就会发黄光；高压钠灯就是利用这一原理制成的。这三种光源统称为气体放电光源。第四，由于化学反应而发光的，称之为化学发光，如卤钨灯，它的发光过程就是由于卤钨循环所致。它是在白炽灯的基础上改进而成的，所以属于热辐射光源。

　　实践证明物体以热辐射的形式发光时，效率较低，这是由于在物体发光的同时，还有相当一部分能量以热的形式跑掉了，而物体靠激发形式发光的则效率较高，因为物体在这种条件下，发光损失的热能较少，几乎吸收的能量全部用来发光。所以人们积极寻求以激发形式发光的新型光源。

11.1.2　电光源的技术指标

　　1）额定电压：指规定的电源工作电压。我国的民用电压为220V，是国家根据国内有色资源而制定的。

　　2）额定电流：在额定电压下流过导体的电流。

　　3）额定功率：电器产品在额定工作电压的条件下所消耗的有功功率。

　　4）额定光通量：指电光源在额定工作电压条件下发出的光通量。

　　5）额定发光效率：指电光源在额定工作电压条件下，每消耗1W功率所发出的光通量。

　　以上称为电气产品的额定值。它们一般都标注在产品标牌上。所以，标牌上标注的数据为电器产品的额定值。

　　6）寿命：光源的寿命指标有三种：全寿命、有效寿命、平均寿命。

（1）全寿命：从光源开始使用到光源完全不能使用的全部时间。

（2）有效寿命：从光源开始使用到光源的发光效率下降到初始值的70%为止的使用时间（精细工作场所应考虑有效寿命）。

（3）平均寿命：每批抽样产品寿命的平均值（一组试验样灯从点燃到有50%的灯失效所经历的时间）。

7）光色：光源的光色有两方面的含义。第一是人眼直接观察光源时所看到的颜色，或者说是光源表面的颜色，称为光源的色表。它又可以用色温来表示（色温指把黑体加热到某一温度时，所发出光的颜色与某种光源所发出光的颜色相同，这个温度就称为该光源的色温。色温能够恰当地表示热辐射光源的颜色，对气体放电光源则要采用相关色温来描述它的颜色，相关色温近似与黑体在某一温度的发光颜色相同。所以光色只能粗略地表示气体放电光源的颜色）。表11-1列出了常用电光源的色温。

常用电光源的色温 表11-1

光源	色温（K）	光源	色温（K）
白炽灯	2800～2900	荧光高压汞灯	5500
卤钨灯	3000～3200	高压钠灯	2000～2400
日光色荧光灯	4500～6500	金属卤化物灯 钠铊烟灯	5500
白光色荧光灯	3000～4500		
暖白色荧光灯	2900～3000	镝灯	5500～6000
氙灯	5500～6000	卤化锡灯	5000

色温不同，光源发出的光色也不同，根据光源的色温和它们的光谱能量分布，在表11-2中列出了常用电光源的颜色特性（色调）。

常用电光源的色调 表11-2

光源	色调
白炽灯、卤钨灯	偏红色光
白光色荧光灯	与太阳光相似的白色光
高压钠灯	金黄色光、红色成分偏多、蓝色成分不足
荧光高压汞灯	淡蓝－绿色光，缺乏红色成分
金属卤化物灯	接近于日光的白色光
氙灯	非常接近于日光的白色光

光源光色的第二个含义是指光源所发出的光通量照射到物体上所产生的客观效果，即显色性。在照明技术中常用 Ra 来表示光源的显色性。在自然光下 $Ra=100$。表11-3列出了常用光源的显色指数。光源的显色指数与周围的环境有着密切的联系，显色指数 Ra 的值只能作为颜色显现真实程度的一种度量，并不

意味着 Ra 值较低的光源颜色的显现会不理想。例如：在 Ra 值较低的光源照射下皮肤或其他物体色会显得更加鲜亮，从这个意义上说不同显色指数的光源用于不同的场所可以达到不同的效果。表11-4列出了光源一般显色指数的范围。

常用电光源的一般显色指数 Ra 　　　　　　表 11-3

光源	显色指数 Ra	光源	显色指数 Ra
白炽灯	97	高压汞灯	22～51
日光色荧光灯	80～94	高压钠灯	20～30
白光色荧光灯	75～85	金属卤化物灯、钠铊铟灯	60～65
暖白色荧光灯	80～90		
卤钨灯	95～99	镝灯	85 以上
氙灯	95～97	卤化锡灯	93

光源一般显色指数范围 　　　　　　表 11-4

显色类别		一般显色指数范围	适用场合举例
I	A	$Ra \geqslant 90$	颜色匹配、颜色检验等
	B	$90 > Ra \geqslant 80$	印刷、食品分检、油漆、店铺、饭店等
II		$80 > Ra \geqslant 60$	机电装配、表面处理、控制室、办公室、百货等
III		$60 > Ra \geqslant 40$	机械车间、热处理、铸造等
IV		$40 > Ra \geqslant 20$	仓库、大件金属库等

　　光源的色温和显色性没有必然的联系。因为具有不同的光谱能量分布的光源可能有相同的色温。但显色性却可能差别很大。如荧光高压汞灯的色温为5500K，从远处看它发出的光又白、又亮，如同日光，但它的光谱能量分布却与日光相差很大，青绿光的成分较多，而红光较少。被照的人或物体显得发青，即显色性差（Ra：22～51）。

　　光色对视觉有很大的影响，试验证明，只有自然光下，才能产生正确的色视觉，不同光谱的光源可获得不同的色视觉。

11.1.3　常用电光源的结构指标

　　电光源的结构指标主要描述的是电光源灯头的形式、结构特点，这对于灯头的安装有指导作用。电光源灯头的形式主要分为螺旋式和插口式（常指圆形灯）。

11.1.3.1　螺旋式灯头表示形式：AB/CD

A：灯头的形式，螺旋式灯头用"E"表示；

E：表示螺旋式灯头；

B：表示螺纹外圆的直径（mm），双接触片的灯头加符号 d 表示；

C：表示灯头的高度（mm）；

D：灯头裙边的直径，没有裙边的不表示。

例如：E27/35×30，表示：螺旋式灯头，螺纹外圆的直径为27mm，灯头的高度35mm，灯头裙边的外径为30mm。

11.1.3.2 插口式灯头表示形式：ABd/CD

A：灯头的形式，插口式灯头用"B"表示；

B：插口式灯头圆柱体直径；

d：灯头的接触片数；

C：灯头高度；

D：灯头裙边的直径，没有裙边的不表示。

例如：B22 2/25×26，表示：插口式灯头，灯头圆柱体直径为22mm，灯头的接触片数为2；灯头高度25mm；灯头裙边的直径为26mm。

11.1.3.3 电光源的颜色特征代号

RR 日光色；RL 冷白光；RN 暖白光；RC 绿色光；RH 红色光；RP 蓝色光；RS 橙色光；RW 黄色光。

11.1.4 照明的美学问题

照明美学是自然科学和美学相结合的一门实用性学科，它属于自然学科的范畴，并具有无限深入自然现象本质的能力。而装饰与艺术照明属于实用科学范畴，它的多样性不仅体现人的本质力量，体现出人的审美形式。它孕育着有别于传统美学的一种特殊的美。

现代科学技术丰富了装饰与艺术照明的表现力，人们对美的认识不仅停留在数的和谐、均衡、比例、整齐等感性认识上，还注意揭示科学技术和自然美间存在的内在联系。灯光照明与通过照明美学这个中间环节，联系更加紧密了。二者相互依存，相互渗透。

和谐统一是对色彩美的最高要求，它要注意设置一种基调，各种色彩都要服从这一基调。另外要正确处理相似和相补色的调配，相似色有秩序地排列可以收到和谐的效果，如：紫色与红色，绿色与黄色，红色与绿色，蓝色与橙色，它们可以互为补色增加对方的强度。只有色彩鲜明、和谐统一，才能给人以美的感觉。

装饰与艺术照明设计要注意其独特的艺术语言和风格，在考虑使用的同时，还要体现美感、气氛和意境。在艺术处理上，应根据整体空间艺术构思，来确定照明的布局形式、光源的类型、灯具的造型及配光方式等，有意识地创造环境空间的气氛。例如：利用光进行导向处理，利用光形成虚拟空间，利用光来表现装饰材料的质感等。所以在设计时应根据功能来确定色彩，根据环境及配色规律调度色彩关系，以达到美观、适用的最佳效果。

11.1.5 色彩的使用效果

正常人的视网膜锥状感受细胞中有三种对不同波长有反应的光色素：①红

色反应色素；②绿色反应色素；③蓝色反应色素。这三种反应色素称为三原色原理。人眼是一种高效率的彩色匹配仪，物体通过视觉器官为人们感知后，可以产生出多种作用和效果，它能以不超过三种单色光的混合而匹配出范围相当广泛的颜色来。运用这种作用和效果，将有助于装饰照明的科学化。

11.1.5.1 色彩的物理效果

物体表面的颜色，由从物体表面反射出来光的成分和它们的强度决定。具有颜色的物体总是处于一定的环境空间中，它影响了人们的视觉效果，使物体的大小、形状等在主观感觉中发生这样或那样的变化，它可以用物理单位如：温度感、重量感和距离感等表示，称之为色彩的物理效果。当反射光中某一波长最强时，物体就显现某种色调，这个最强的波长就决定了该物体的色彩。

11.1.5.2 色彩的心理效果

色彩具有一定的心理作用，如冷暖感、轻重感、前进后退感、扩大缩小感、兴奋抑制感等。人们把波长较长的光波称为暖色光（红、橙、黄、棕等），把（蓝、绿、青等）波长较短的光称为冷色光，色彩的心理效果主要表现为两个方面：一是悦目性，二是情感性。悦目性就是它可以给人以醒目和美感；情感性可能影响人的情绪，引起联想，乃至具有象征的作用。

不同年龄、性别、民族、职业的人，对色彩的倾向性有所不同，对色彩引起的联想也不相同。白色会使小男孩想到白雪和白纸，而小女孩则容易想到白雪和小白兔。

11.1.5.3 色彩的生理效果

色彩的生理效果首先在于对视觉本身的影响，即由于颜色的刺激而引起的视觉变化的适应性问题，研究色彩的生理效果主要是为了提高视觉工作能力和减少视觉疲劳。

在颜色视觉中我们能够根据色调、亮度、饱和度的一种或多种差别来辨认物体。因而辨认灵敏度就提高了，当物体具有色彩对比时，即使物体的亮度和亮度对比并不很大，若有较好的视觉条件，眼睛也不易疲劳。

另外，眼睛对不同颜色的光有不同的敏感性（前面已经提到人眼最敏感的波长为555nm）。如黄绿光接近555nm，人眼对这种光较为敏感，因此常把这种颜色作为警戒色。

色彩的适应性原理经常运用到室内色彩设计中，一般的做法是：把物体色彩的补色作为背景色，以消除视觉干扰、减少视觉疲劳，使视觉器官从背景色中得到平衡和休息。正确地运用色彩将有利于身心健康。例如，红色能刺激和兴奋神经系统，加速血液循环，但长时间接触红色却会使人感到疲劳，所以起居室、卧室、会议室不宜运用红色。绿色有助于消化和镇静，能促进心理平衡，狭窄的房间里可以采用青、绿等一类的冷色，可以造成凉爽宽敞的感觉。蓝色能帮助人们消除紧张情绪，造成幽雅宁静的气氛，所以蓝色适用于办公室、教室和治疗室。

11.1.5.4 色彩的吸热能力和反射率

从实践中我们可以得出这样的结论，颜色深的物体，吸热能力远远大于颜色浅的物体；不同颜色的物体，反射能力也不相同。一般来说，色彩的透明度越高，反射能力就越强。主要颜色的反射率如下：白色 84%，乳白 70.4%，浅红 69.4%，米黄 64.3%，浅绿 54.1%，深绿 9.8%，黑色 2.9%。按照反射率的大小，正确选用房间各空间的颜色，对于改善室内采光和照明条件有着重要的作用。它不仅可以提高照明效率，而且能体现出装饰艺术的效果。

11.1.5.5 色彩的标志作用

色彩的标志作用常用于安全和技术流程的标志，以及管道识别空间导向等。例如：用红色来表示防火、停止和高度危险。用绿色表示安全、行进、通过和卫生等。色彩也可以用于空间的识别和高层建筑中的标志照明。例如：用不同色彩装饰楼梯间、过厅、走廊的地面，使人很容易识别楼层。商店的营业厅可用不同色彩的地面显示各种营业区等。

11.1.5.6 不同光源下的色彩变化

色彩的处理除了合理的涂色以外，还应考虑到照明的光色和照度。只有在一定光谱组成的照明和足够的照度下，色彩才能显现。否则色彩将因失真而破坏了预期的效果。表 11-5 列出了不同光源下色彩的变化。

不同光源下色彩的变化　　　　　　　　　　表 11-5

色彩	冷光荧光灯	3500K 白光荧光灯	柔白光荧光灯	白炽灯
暖色（红橙黄）	能把暖色冲淡或使之带灰	能使暖色暗淡，对浅淡的色彩及淡黄色会使之稍带黄绿色	能使鲜艳的色彩（暖色或冷色）更为有力	加重所有暖色，使之更鲜明
冷色（蓝绿黄）	能使冷色中的黄色及绿色成分加重	能使冷色带灰，并使冷色中绿色成分加强	能使浅色和浅蓝浅绿等冲淡，使蓝色及紫色罩上一层粉红色	使一切淡色冷色暗淡及带灰

11.2 常用电光源

11.2.1 热辐射光源

白炽光源包括白炽灯和卤钨灯。它们是通过将灯丝加热到白炽化程度，而使其发光的一种热辐射电光源。白炽灯发明于 19 世纪 60 年代，至今已经历了多次重大改革，使白炽灯的发光效率从 3lm/W 增加到（20～30）lm/W，在现代化照明时代仍被广泛应用。白炽灯的白炽体是钨丝（早期是炭、锇丝等），从真空到充入惰性气体和卤化物经历了多次的改革，使发光效率、寿命和光色等都有很大的改进。

11.2.1.1 白炽灯

1. 白炽灯的构造

如图 11-1 所示：白炽灯由玻壳、灯丝、芯柱、灯头等组成。

1）灯丝

是灯的发光体，由熔点高、蒸发率低的钨丝制成，当钨丝通过电流时，会产生大量的热（2400～3000）K 而发光。一般大功率灯泡内抽成真空后充入惰性气体，小功率灯泡只抽成真空。

2）支架

支撑和固定灯丝。

3）灯头

封闭泡壳，引入电流，是灯泡与外电路连接的部件，它是用黄铜或镀锌的铁皮压制成不同标准的灯头，按它与灯座的结合方式分为螺口式和插口式，灯头与泡壳间用胶泥粘接，通过引线到灯头与外电源形成回路。

4）泡壳

用白色透明玻璃，或不同颜色的玻璃，制成各种形状的壳体（有些采用磨砂玻璃）。它可以把灯丝发出的光重新分配，使其光线柔和。

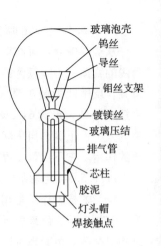

图 11-1　白炽灯的构造

2. 白炽灯的工作原理

白炽灯的工作原理主要是将装在真空或有惰性气体泡壳内的钨丝加热到白炽化状态，使电子跃迁而发光。当电流通过钨丝时，将产生大量的热，使分子、原子产生激烈的碰撞，从而，被击发的原子外层电子获得能量而进入高能级轨道，但由于原子核的吸引，电子在高能级轨道的停留时间很短，它将很快回到中间能级或原低能级轨道，这个过程叫电子跃迁。灯泡充入惰性气体是为了减少钨丝的蒸发，钨丝在蒸发过程中遇到惰性气体的阻拦而使电子运动的速度减慢，从而可以延长白炽灯的寿命。

3. 白炽灯的工作特性

（1）白炽灯的工艺简单、造价低，安装方便，便于调光，没有附件。

（2）显色性好，应急性强，适用范围广，可以和各种灯具组合照明。

（3）白炽灯的光效低、点灯的总功率一部分被灯头和泡壳吸收，另一部分被填充的气体和导线的传热所消耗，所以照明的能量很低。

（4）平均寿命短，电压对白炽灯的寿命和光通量也有较大的影响。规程规定其工作电压不得偏移 ±2.5%。

（5）白炽灯是纯电阻负载（$\cos\theta = 1$），因为白炽灯的灯丝加热迅速，故适用于瞬时启动的场所。

（6）电压大幅度降低时，白炽灯不会突然熄灭，能维持照明的连续性，所以适用于可调光场所和重要场所的应急照明。

（7）白炽灯的光谱分布以长波的光较强（红光），短波光的较弱（蓝光），在选用时应注意。如果用于肉店可使肉色有新鲜感，但用于布店会使蓝布变紫造成视觉偏差。

（8）白炽灯的灯丝冷态电阻比热态电阻小得多，故在瞬间启动时，由于启动电流可达到额定电流的 12～16 倍，故一个开关控制白炽灯的数量不宜过多，不能超过 20 个，最多不能超过 25 个。

4. 技术数据

白炽灯的技术数据可参考表 11-6。

PZ 型普通照明灯泡（白炽灯）技术数据 表 11-6

灯泡型号	额定值			灯头型号	外形尺寸直径（mm）×长（mm）	平均寿命（h）
	电压（V）	功率（W）	光通量（lm）			
PZ220-15		15	100	E27/27 或 B22d/25×26	Φ61×110（108.5）	
PZ220-25		25	220			
PZ220-40		40	350			
PZ220-60		60	630	E27/35×30	Φ81×175	
PZ220-100	220	100	1250			
PZ220-150		150	2090			1000
PZ220-200		200	2920	E40/45	Φ111.5×240	
PZ220-300		300	4610			
PZ220-500		500	8300			
PZ220-1000		1000	18600		Φ131.5×281	

11.2.1.2 卤钨灯

卤钨灯是一种新型的热辐射电光源，是卤钨循环白炽灯的简称，它是在白炽灯的基础上加入卤族元素研制而成的。

1. 普通卤钨灯

1）普通型卤钨灯的构造

卤钨灯是由石英玻璃管、支架、灯丝、散热罩、引出线组成的，如图 11-2 所示。

（1）石英玻璃管（泡）壳，是灯的外壳，用石英玻璃或含硅很高的硬质玻璃制成，管（泡）内充入微量的卤素和氩气。

（2）支架：支撑和固定灯丝。

（3）灯丝：同白炽灯的原理基本相同，是灯的发光体。

（4）散热罩：由于卤钨灯工作时灯的温度很高，故必须即时散热。

（5）引出线：引入、引出电流。

2）卤钨灯的工作原理

各种型号卤钨灯的发光原理与白炽灯基本相同，通电后灯丝被加热到白炽化程度，在适当的温度下从灯丝蒸发出来的钨，在泡壁内与卤素反应，形成挥发性的卤化钨分子。当卤化钨分子扩散到高温的灯丝周围区

图 11-2 卤钨灯的结构图
（a）双端引出；（b）单端引出

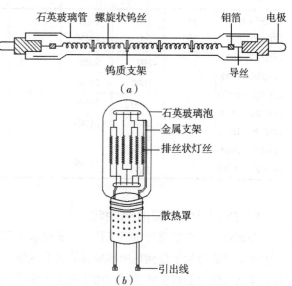

（a）

（b）

域时，便又分解成卤素和钨。释放出来的钨，尘积在灯丝上，而卤素再继续扩散到温度较低的区域与钨化合。我们把这一过程称为卤钨循环。

3）卤钨灯的工作特性

（1）由于卤钨灯内加入了卤族元素，在使用过程中避免了灯丝蒸发出来的钨沉积在泡壳上，既增加了透光性、改善了光色，又提高了发光效率、稳定了光通量。

（2）由于卤钨循环，使钨蒸发的速度减慢，所以提高了使用寿命。

（3）由于卤钨循环的过程，使卤钨灯稳定工作的时间长。所以不适合作应急照明。

（4）卤素（镍、钨）化合物是无色小分子量的气体，不吸收可见光，发光效率高，所以可用于大面积照明。

（5）由于卤钨灯对电压波动很敏感。电压过低则不发生卤钨循环。

4）注意事项

（1）对于管型卤钨灯，安装时必须保持水平，因为灯管倾斜时，灯的上部因缺乏卤素而不能维持正常的卤素循环，会使灯管很快发黑，严重影响寿命。所以倾斜角不能大于 ±4°。

（2）由于卤钨灯工作时，管壁温度可达到 600℃，故应远离易燃、易爆的地方，也不能作任何人工冷却。

（3）卤钨灯应配专用的灯具。

5）技术数据

普通管型卤钨灯的技术数据可参考表 11-7。

普通管型卤钨灯技术数据表　　　　　　　　　表 11-7

灯管型号	电压（V）	功率（W）	光通量（lm）	色温（K）	寿命（h）	外型尺寸（mm）直径 × 长度
LZG55 - 100	55	100	1500		1000	$\phi13 \times 80 \pm 2$
LZG110 - 500	100	500	10250		1500	$\phi12 \times 123 \pm 2$
LZG220 - 500		500	9020		1000	$\phi12 \times 177 \pm 3$
LZG220 - 1000		1000	21000			$\phi13 \times 216 \pm 3$
LZG220 - 1000J		1000	21000	2800		$\phi13 \times 232 \pm 3$
LZG220 - 1500	220	1500	31500		1500	$\phi13 \times 293 \pm 3$
LZG220 - 1500J		1500				$\phi13 \times 310 \pm 3$
LZG220 - 2000		2000	42000			$\phi13 \times 293 \pm 3$
LZG220 - 2000J		2000				$\phi13 \times 310 \pm 3$

6）白炽灯和卤钨灯的异同特性

白炽灯可以在任意方位下工作，当钨丝获得了可以点燃的电压，光源会立刻变亮，所以适用于任何场所和需要调光的场所。但卤钨灯要有卤钨循环的过程，电压过低会影响卤钨循环，由于稳定工作的时间较长，所以不适用于电压波动和需要调光的场所。

2. JC 型石英卤素灯泡

JC 型石英卤素灯泡外形结构如图11-3所示。

特点如下:

（1）聚光型：垂直方向的灯丝，照明角度集中，中心区域可增加35%的强度，适用于对称型灯具。

（2）广角型：水平方向灯丝，照射角度宽广，适用于非对称型灯具。

（3）磨砂型：光线分布柔和均匀，特别适用于家庭、饭店、旅馆、餐厅。

（4）JC 型石英卤素灯泡技术数据可参考表11-8。

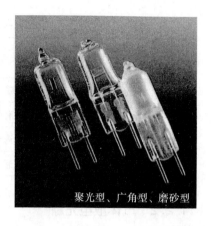

聚光型、广角型、磨砂型

图11-3 JC 型石英卤素灯泡

JC 型石英卤素灯泡技术数据　　　表 11-8

种类	型号	功率（W）	电压（V）	光通量（lm）	直径（mm）	全长（mm）	灯型
聚光灯	13104	20	12	340	12	44	GY 6.35
	13103	35	12	630	12	44	GY 6.35
	13102	50	12	975	12	44	GY 6.35
广角型	13283	5	12	60	9.3	31	G₄
	13093	15	6	225	9.3	33	G₄
	13091	20	24	300	9.3	31	G₄
	13040	50	24	850	12.5	44	GY 6.35
	13082	75	12	1600	12.5	44	GY 6.35
磨砂型	13756	20	12	340	12	44	GY 6.35
	13755	35	12	630	12	44	GY 6.35
	13754	50	12	975	12	44	GY 6.35

3. A 型石英卤素灯泡

A 型石英卤素灯泡外形结构如图11-4所示。特点如下：

（1）显色性好，其显色指数接近100。

（2）造型美观、颜色明亮，比一般灯泡的亮度高出25%。

（3）适用于家庭、餐厅、商店及户外照明。

（4）A 型石英卤素灯泡技术数据参考表11-9。

图11-4 A 型石英卤素灯泡

A 型石英卤素灯泡技术数据 表 11-9

型号	电压 (V)	功率 (W)	波壳布	光通量 (lm)	直径 (mm)	长度 (mm)	灯型
13641	220	75	清光	1090	47	117.5	E26
13642	220	75	磨砂	990	47	117.5	E26
13645	220	100	清光	1600	47	117.5	E26
13646	220	100	磨砂	1450	47	117.5	E26

11.2.2 气体放电光源

11.2.2.1 荧光灯

荧光灯又称低压水银荧光灯，它是第二代光源的代表。是一种预热式低压气体放电光源，在最佳的辐射条件下，可将输入功率的 20% 转变为可见光，60% 以上转变为 254nm 的紫外线，紫外线的辐射再激发灯管内壁的荧光粉而发出可见光。

1. 荧光灯的构造

图 11-5 (a) 荧光灯管；(b) 启动器；(c) 镇流器。荧光灯管、镇流器、启动器是配套组成的。

(1) 荧光灯管：由灯头、热阴极和内壁涂有荧光粉的玻璃管组成，热阴极有发射电子的物质——钨丝。玻璃管在抽成真空后充入气压很低的汞蒸气和惰性气体氩。在管内壁涂上不同配比的荧光粉，则可制成日光色（RR）、冷白光（LR）和暖白光（NR）等荧光灯管。

(2) 启动器：主要由膨胀系数不同的金属片和 U 形双金属片组成。金属片为动触点，U 形双金属片为静触点，它们装在一个充满惰性气体的玻璃泡内，当电极在冷态时是断开的，它在电路中起自动开关的作用。

(3) 镇流器：是一个带铁芯的线圈，为了防止磁饱和，铁芯做成具有一定的空隙，在启动时产生一个高压脉冲，使灯管顺利启动，当线路接通以后，镇流器相当于一个电感元件，它在电路中可以起到限流的作用。

2. 荧光灯的工作原理

荧光灯工作电路如图 11-6 所示。合上开关 K，由于启动器冷态时，动触点和静触点是断开的，所以电源电压完全加在启动器的动、静两个触点之间。启动器是一个小型的辉光灯，这时由于受热，动片伸张与定片接触便产生辉光放电。当触点接通，辉光放电停止，双金属片开始冷却，触点分离。在这一瞬间 RL 串联电路合成一个比线路电压高很多的电压脉冲，在它的

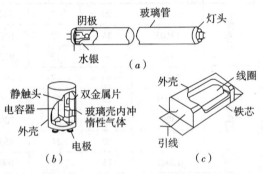

图 11-5 荧光灯的组成（左）
(a) 荧光灯管；(b) 启动器；(c) 镇流器

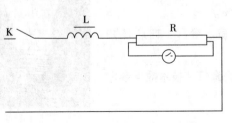

图 11-6 荧光灯工作电路图（右）

作用下电极间发射电子形成极间放电，而镇流器作为一个电感元件起到了限流的作用，使电路中的电流稳定在某一个数值上。此时灯管两端的电压比线路的电压低很多。在这个电压下启动器不可能再产生辉光放电。正常工作以后日光灯电路相当于一个 RL 串联电路。

3. 技术数据

直管形荧光灯管技术数据可参考表 11-10 ~ 表 11-12。

直管形荧光灯管技术数据   表 11-10

灯管型号	功率 (W)	工作电压 (V)	工作电流 (A)	启动电流 (A)	灯管压降 (V)	光通量 (lm)	平均寿命 (h)
$YZ_{15}RR$	15	51	0.33	0.44	52	580	
$YZ_{20}RR$	20	57	0.37	0.50	60	930	3000
$YZ_{30}RR$	30	81	0.405	0.56	89	1550	
$YZ_{40}RR$	40	103	0.45	0.65	108	2400	5000
$YZ_{85}RR$	85	120 ± 10	0.80			4250	
$YZ_{100}RR$	100		1.50	1.80	90	5000	2000
$YZ_{125}RR$	125	149 ± 10	0.94			6250	

荧光灯启动器技术数据   表 11-11

型号	电压 (V)	启动速度 电压 (V)	启动速度 时间 (s)	欠压启动 电压 (V)	欠压启动 时间 (s)	起辉电压 (V)	寿命 (h)
YQI – 220/4 ~ 8							
YQI – 220/15 ~ 40	220	220	1 ~ 4	200	< 5	≥75	5000
YQI – 220/30 ~ 40					< 4	≥130	
YQI – 220/100							
YQI – 110 ~ 127/15 ~ 20	110 ~ 127	125	1 ~ 5	125	< 5	≥75	3000

镇流器技术数据   表 11-12

型号	功率 (W)	电压 (V)	工作状态 电压 (V)	工作状态 电流 (mA)	启动状态 电压 (V)	启动状态 电流 (mA)	最大功率损耗 (W)
YZ_1 – 220/20	20	220	196	350 – 30		460 ±30	≤8
YZ_1 – 220/30	30	220	180	360 – 30	215	530 ±30	
YZ_1 – 220/40	40	220	165	410 – 30		650 ±30	≤9

4. 荧光灯的工作特点

1) 光色好、光效高、温度低、寿命长，节约有功功率。

2) 普通荧光灯有日光色、冷白光、暖白光。光谱分析红光成分少，黄绿光成分多。

3) 电压波动时对参数有影响，不易在潮湿的条件下工作，不易频繁启动，造价高，有附件，不适合做应急照明。

4) 注意事项：

（1）频繁启动会缩短灯的寿命。

（2）环境温度低于 10°C 或相对湿度超过 75% 的环境中启动困难；环境温度高于 35°C 光效下降，且对正常工作不利。

（3）荧光灯管、镇流器和启动器应配套使用，以免造成不必要的损失。

11.2.2.2　新型荧光灯

随着科学技术水平的不断发展，根据使用的不同要求，现已生产出多种新型的荧光灯。

1. 电子节能灯管

U 型、环型、双曲型、H 型、双 D 型等是近年来发展起来的紧凑型高效荧光灯，有的还将镇流器、启动器、灯管组装在一起，制成单端可直接替换的荧光灯。图 11-7、图 11-8 是 ECOLITE 电子节能灯泡，属于紧凑型荧光灯，它们造型独特，照度集中且柔和，可用于展览馆、宾馆等场所。比一般的照明灯节能 80%，寿命是一般照明灯的 6 ~ 7 倍。由于采用三基色荧光粉（红、绿、蓝），发光效果好，光线自然、柔和、稳定。采用高效电子整流器，显色指数高达 80% 以上。而且启动快捷，灯管更换简单方便。紧凑型荧光灯的技术数据可参考表 11-13、表 11-14。

2. 彩色荧光灯

采用适当的彩色荧光粉涂在管壁上，是很好的装饰性光源，有红、黄等色彩的灯。

图 11-7　ECOLITE 电子节能灯泡（一）（左）

图 11-8　ECOLITE 电子节能灯泡（二）（右）

紧凑型荧光灯的技术数据（一）　　　　　　　　　表 11-13

型号	功率 （W）	电压 （V）	光通量 （lm）	显色指数 （Ra）	寿命 （h）	色温 （K）	灯头	箱子尺度 （mm）	每箱数量 （个）
3Uπ-13	13		>750						
3Uπ-15	15		>850						
3Uπ-18	18	110~130 220~240	>1100	>80	>9000	2700 4200 5000 6500	E27/ E22 E26/ E22	680× 330× 420	50
3Uπ-20	20		>1150						
3Uπ-24	24		>1250						
3Uπ-26	26		>1400						

紧凑型荧光灯的技术数据（二）　　　　　　　表 11-14

型号	额定电压 （V）	功率 （W）	光通量 （lm）	色温 （K）	显色指数 （Ra）	灯头型号	每箱数量 （只）	外箱尺寸 （cm）
PLC-10	220	10	600	2700/4 100/6400	78~85	G24d-1	100	38×19.5 ×32.5
PLC-13	220	13	900	2700/4 100/6400	78~85	G24d-1	100	38×19.5 ×32.5
PLC-18	220	18	1200	2700/4 100/6400	78~85	G24d-1	100	38×19.5 ×32.6

型号	额定电压 （V）	功率 （W）	光通量 （lm）	色温 （K）	显色指数 （Ra）	灯头型号
PLC-7	220	7	400	2700/4100/6400	78~85	G24d-1
PLC-9	220	9	560	2700/4100/6400	78~85	G24d-1
PLC-11	220	11	600	2700/4100/6400	78~85	G24d-1
PLC-24	220	24	1700	2700/4100/6400	78~85	2G11

3. 冷阴极镇流荧光灯

是一种不需要外加镇流器的荧光灯，可直接接入电源使用，适用于家庭或照度不高的场所。

4. 低温快速启动荧光灯

其管壁涂有一条快速启动线，灯管接通电源后立即启动点燃，它的光通量大，寿命长，无频闪现象，它与相应的灯具配套后可作化工等行业的防爆照明。近年来，国内外又研制出许多新兴节能型光源，如：韩国生产的ECOLITE型灯，它的特点是采用了红绿蓝三基色荧光粉，发光效果很好，光线自然、柔和、稳定，且比一般照明灯节能80%，寿命比一般照明灯增加6~7倍，另外采用了高效电子整流器，启动速度快，灯管更换简单、方便。

5. T-BAR 高效无眩光 OAM5 型灯具

T-BAR 高效无眩光 OAM5 型灯具结构如图11-9所示。

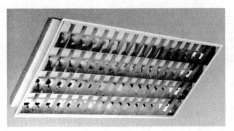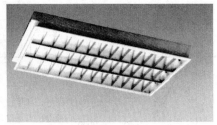

图 11-9　T – BAR 高效
无眩光 OAM5
型灯具

　　T – BAR 高效无眩光 OAM5 型灯具，是飞利浦无眩光 OAM5 型灯具，具有独特的抛物状铝隔雾面导光灯罩，蝙翼形配光曲线，遮光角 33°它可以精确地控制光线不会垂直地照射在电脑的视频显示器上。T – BAR 高效无眩光 OAM5 型灯具除提供使用者最舒适的照明环境外，采用节能型镇流器，可节省能源 22%，并搭配飞利浦高显色性自然色日光灯管，起到了色彩逼真、照明舒适的作用，是办公室照明的最佳选择。技术数据可参考表 11-15。

T – BAR 高效无眩光 OAM5 灯具技术数据　　　　表 11-15

型号	电压（V）频率（Hz）	主电流（A）	功率（W）	功率因数	光通量比	尺寸（mm）
TBS300 LH418 ICLL M5 A/I	220、50	0.37	82	0.90	0.60	597 × 597 × 95 (2`× 4`)
TBS300 LH318 ICLL M5 A/I	220、50	0.34	64	0.60	0.60	597 × 597 × 95 (2`× 4`)

　　6. 反射式荧光灯

　　在灯管内 220°左右圆周范围内，将整个管长均匀涂上反射层（二氧化钛），使大部分光反射到没有涂层的玻壳上，来增加下射光。比一般荧光灯的下射光增加 70%，适用于墙壁反光能力差的房间。

　　7. 新型光源

　　我国福州亿利达电子有限公司生产的系列节能灯产品，光效高，省电 80%。相当于普通灯泡的 5 倍，可靠性强（电路内设自动保险丝），光通量高（平均 51lm/W），低光衰（5000h 光通维持率达 70%），宽电压，电压适用范围 170 ~ 240V，易启动（低压 130V，低温 – 10℃，也可启动）。光色好（$Ra >$ 76）；不频闪，保护眼睛；高频设计，防干扰（辐射干扰小，适合群灯使用），其技术参数见表 11-16。

系列节能灯产品技术参数　　　　表 11-16

型号	功率（W）	电压（V）	频率（Hz）	光通量（lm）	色温（K）	灯座	长度（mm）
EPT	5	220	50 ~ 60	250	2700 ~ 6400	E27/B22	115
EPT	7	220	50 ~ 60	350	2700 ~ 6400	E27/B22	120

型号	功率（W）	电压（V）	频率（Hz）	光通量（lm）	色温（K）	灯座	长度（mm）
EPT	9	220	50~60	450	2700~6400	E27/B22	130
EPT	11	220	50~60	550	2700~6400	E27/B22	140
EPT	13	220	50~60	650	2700~6400	E27/B22	147
EPG	15	220	50~60	750	2700~6400	E27/B22	155
EPG	18	220	50~60	900	2700~6400	E27/B22	165
EPG	20	220	50~60	1000	2700~6400	E27/B22	175
EPG	25	220	50~60	1250	2700~6400	E27/B22	185
EAT	3	220	50~60	150	2700~6400	E14	170
EAT	5	220	50~60	250	2700~6400	E14	122
EAT	7	220	50~60	350	2700~6400	E14	127
EAT	9	220	50~60	450	2700~6400	E14	137
EHE	24	220	50~60	1200	2700~6400	E27/B22	190
EHE	27	220	50~60	1350	2700~6400	E27/B22	200
ESL	18	220	50~60	900	2700~6400	E27/B22	175
ESL	23	220	50~60	1150	2700~6400	E27/B22	175
G16	16	220	50~60	800	2700~6400	E27/B22	165
MCC	5	220	50~60	250	2700~6400	E27/B22	123
MCE	5	220	50~60	250	2700~6400	E27/B22	145
MCE	7	220	50~60	350	2700~6400	E27/B22	145
MCE	9	220	50~60	450	2700~6400	E27/B22	152
MCE	11	220	50~60	550	2700~6400	E27/B22	152
MCE	13	220	50~60	650	2700~6400	E27/B22	152
EEP	32	220	50~60	1600	2700~6400	E27/B22	160
EEP	34	220	50~60	1700	2700~6400	E27/B22	170
EEP	36	220	50~60	1800	2700~6400	E27/B22	180
EEP	38	220	50~60	1900	2700~6400	E27/B22	190

11.2.2.3 高压汞灯

1. 构造

（1）灯头：固定于灯座上，引入、引出电流。

（2）玻璃壳：用耐高温的玻璃制成。

（3）主电极、辅助电极、启动电极，接通电源后辅助电极与主电极之间产生辉光放电，并产生大量的电子，然后逐步过渡到主电极与启动电极之间的放电。

（4）石英放电管：是高压汞灯的主要部件，是由耐高温的石英玻璃制成的短管子，放电管内。

2. 工作原理

如图 11-10（b）接通电源后，在辅助电极与主电极之间发生辉光放电，并产生大量的电子，然后在两个主极的电场作用下逐步过渡到两个主电极之间的弧光放电，灯泡启燃。在常温时，汞蒸气压力是很低的，因此启动初期主电极与辅助电极之间，和随后的主电极之间的放电，均在惰性气体中进行，这时发出的光随着放电电离产生的加热作用，汞蒸气压力逐渐升高，激发和电离电位较低的汞蒸气逐渐成为电离的主要因素，发出的光色也逐渐为更明亮的绿色光。

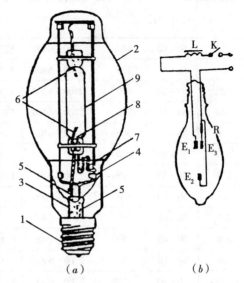

（a）　　　　（b）

图 11-10　高压汞灯结构
（a）高压汞灯的构造；（b）高压汞灯的工作电路图
1—灯头；2—玻璃壳；3—抽气管；4—支架；5—导线；6—主电极 E_1、E_2；7—启动电阻；8—辅助电极；9—石英放电管

3. 工作特点

（1）高压汞灯的汞蒸气工作气压为 1～5 个大气压，其主要光谱分布在（404～579）nm 之间，故灯的颜色显现蓝绿色，缺少红光成分，显色性差。

（2）按结构的不同，高压汞灯可分为自镇流和外镇流两种，本书介绍的是外镇流高压汞灯。

（3）高压汞灯的光效较高，寿命长，表面亮度较高，耐振。

（4）高压汞灯的显色性较差，启动时间长，因此不能作应急照明。

4. 注意事项

（1）灯泡熄灭后不能立即再启动，这是因为放电管内汞蒸气仍处于较高气压下，电子离子不能积累足够的能量来电离气体产生的弧光放电，必须待灯泡冷却后，放电管内的气体下降到一定程度时才能再次启动点燃。

（2）对电压波动敏感，电压突然降低 5%，灯泡可能自行熄灭。

（3）不可频繁启动，因为每启动一次相当于正常点燃 5～10h，所以影响灯的寿命。

（4）由于水平安装，光通量约减 7%，故最好垂直安装。

（5）由于玻璃外壳破损后仍能点亮，但有大量紫外线射出，会灼伤人眼和皮肤。

（6）高压汞灯从启动到稳定工作约需 4～10min。

5. 技术数据（表 11-17、表 11-18）

荧光高压汞灯型号和规格　　　　　　表 11-17

灯泡型号	额定功率（W）	电源电压（V）	工作电流（A）	光通量（lm）	稳定时间（min）	色温（K）	平均寿命（h）	主要尺寸（mm）直径	主要尺寸（mm）全长	灯头型号
GGY50	50		0.62	1500	5~10			56	140	E27
GGY80	80		0.85	2800			2500	71	165	E27
GGY125	125	220	1.25	7500		5100		81	184	E27
GGY175	175		1.50	7000	4~8			91	215	E40
GGY250	250		2.15	10500			5000	91	227	E40
GGY400	400		3.25	20000				122	292	E40

镇流器型号和规格　　　　　　表 11-18

灯泡型号	镇流器技术参数 工作电压（V）	工作电流（A）	启动电流（A）	电阻（Ω）	最大功耗（W）	功率因数 $\cos\theta$	$\tan\theta$
GGY50	177	0.62-0.05	1.0-0.08	285	10	0.44	2.04
GGY80	172	0.85-0.06	1.30-0.10	202	16	0.51	1.73
GGY125	168	1.25-0.10	1.80-0.125	134	25	0.55	1.52
GGY175	150	1.5-0.12	2.30-0.15	100	26		
GGY250		2.15-0.15	3.70-0.25	70	38	0.61	1.3
GGY400	146	3.25-0.25	5.70-0.4	45	40		

11.3　照明器的特性及分类

　　照明器由光源和灯具组成，灯具的主要作用是固定光源，将光源发出的光通量进行再分配，防止光源引起的眩光，保护光源不受外力的破坏和外界潮湿气体的影响，装饰和美化周围的环境等。由于照明器对光源的再分配是通过灯具来实现的，所以在实际中一般把光源和灯具的组成称为照明器。

11.3.1　照明器的特性

　　11.3.1.1　照明器的主要作用

　　（1）合理配光，将光源发出的光通量重新分配到需要的方向，以达到合理利用光源之目的。

　　（2）防止光源引起眩光。

　　（3）保护光源免受机械损伤，并为其引入电流。

　　（4）提高光源利用效率。

　　（5）保证照明安全（如防爆灯具）。

　　（6）装饰和美化环境（如建筑艺术灯具）。

11.3.1.2 照明器的特性

照明器的主要特性包括：配光特性、发光效率和保护角。

1. 配光特性

一种光源配上一定的灯具后，就在各个方向上有了确定的发光强度，将这些强度值用一定的比例尺绘制，并连成曲线，则这些曲线就称为配光曲线，它是照明计算的基本技术资料，通常可在灯具的产品目录中查到。

对大部分灯具来说这种曲线是三维空间的，又是轴对称的，如图 11-11（a）所示；为了表达方便，人们常用平面图形来表示，如图 11-11（b）所示；也有一些灯具的形状是不对称的，则应用通过灯具轴线的几个截面上的配光曲线来表示。

图 11-11　配光曲线

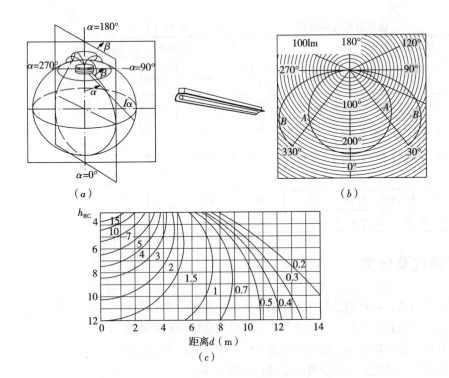

为了对各种灯具的配光效果作比较，配光曲线应有统一的基准，即规定光源光通量为 1000lm，若实际的光通量为 Φ，则在 α 角度的发光强度为 $I\alpha$。$I\alpha = (\Phi/1000) \times I_{1000}$。

灯具的配光也可用空间等照度曲线来表示，如图 11-11（c）。该曲线为搪瓷深照型灯具的空间等照度曲线，根据灯具的计算高度 h_{RC} 和计算点离灯具的水平距离 d 就可以从曲线中查出该计算点的照度 E。

2. 发光效率

照明器所发出的总光通量与光源发出的总光通量之比称为发光效率。由于灯具在分配从光源发出的光通量时必然引起一些损失，所以照明器的效率总是小于 1 的。

3. 保护角

灯具的保护角是用来遮蔽光源，使观察者的眼睛免受光源的直射光照射，它表征了灯具的光线被灯罩遮蔽的程度，也表征了避免灯具直射眩光的范围。如图 11-12 所示，表 11-19 给出了灯具最小保护角的技术数据。

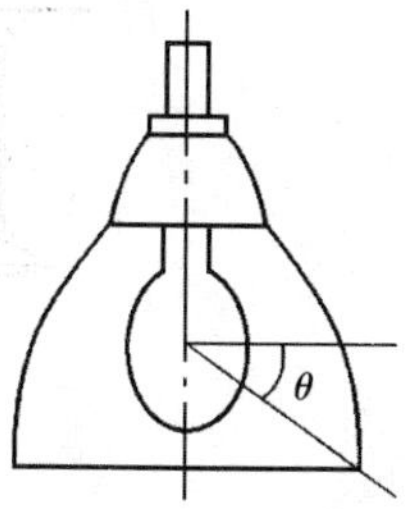

灯具最小保护角（度）   表 11-19

发光体的亮度范围（cd/m²）	照明质量等级			光源类别示例
	视觉作业要求质量较高的房间，如设计室、绘画室、打字室等	一般工业建筑包括校办工厂	短时停留的场所，如库房、交通区等	
≤2×10⁴	10	0	0	荧光灯
2×10⁴~50×10⁴	15	5	0	有荧光粉涂层或磨砂玻壳的高压气体放电灯
>50×10⁴	30	15	10	透明玻壳的高压气体放电灯、白炽灯

图 11-12 灯具的保护角

11.3.2 照明器的分类

11.3.2.1 按灯具的使用场所分

有民用灯、建筑灯、矿灯、车用灯、船用灯、舞台灯等。

11.3.2.2 按结构特点分（图 11-13）

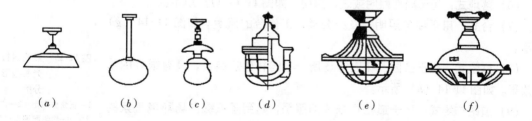

(a)   (b)   (c)   (d)   (e)   (f)

（1）开启型：光源与外界环境直接相通。

（2）闭合型：透明灯具是闭合的，它把光源包合起来，但内外空气仍然自由流通。如乳白玻璃球型灯等。

（3）密闭型：透明灯具固定处有严密封口，内外隔绝可靠。如防水、防尘灯等。

（4）防爆型：能安全地在有爆炸危险性介质的场所中使用。

（5）隔爆型：能安全地在有爆炸危险性介质的场所中使用。

（6）安全型：能安全地在任何场所中使用。

11.3.2.3 按安装方式分

（1）悬吊式：它是最普通的，也是应用最广泛的一种安装方式。如图 11-14（a）。

图 11-13 照明器按结构、特点分类示例

(a) 开启型；(b) 闭合型；(c) 密闭型；(d) 防爆型；(e) 隔爆型；(f) 安全型

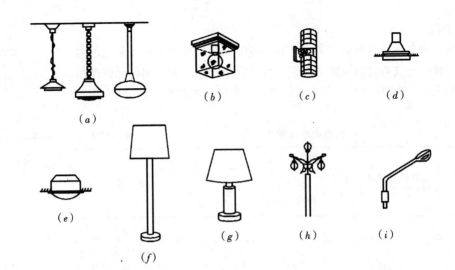

（a）

（b）　（c）　（d）

（e）

（f）

（g）　（h）　（i）

（2）吸顶式：它是将照明器贴装在顶棚上的，是应用较广泛的一种安装方式，适用于室内各种场所。如图 11-14（b）所示。

（3）壁灯：将照明器安装在墙壁、庭柱之上。主要用于局部照明。如图 11-14（c）所示。

（4）嵌入式：在有吊顶的房间内，将照明器嵌入顶棚内安装。它可以消除眩光，与吊顶结合有很好的装饰效果。如图 11-14（d）所示。

（5）半嵌入式：照明器一部分嵌入顶棚内，另一部分露出顶棚外，它能削弱一些眩光，多用于吊顶深度不够的场所。如图 11-14（e）所示。

（6）落地式：用于局部照明或装饰照明。如图 11-14（f）所示。

（7）台式：用于局部照明，及办公桌、工作台的照明。如图 11-14（g）所示。

（8）庭院式：用于公园、花园等场所，与园林建筑结合，具有很好的艺术效果。如图 11-14（h）所示。

（9）道路广场式：用于道路广场式的照明，起到了点缀广场环境气氛的作用。如图 11-14（i）所示。

11.3.2.4　按灯具的配光曲线分类

按配光曲线的分类情况如图 11-15 所示。

（1）正弦分布型：光强是角度的正弦函数，在 $\theta = 90°$ 处光强最大。

（2）广照型：最大光强分布在较大的角度内，可在较广阔的面积上形成均匀的照度。

（3）均匀配照型：各个角度的光强基本一致。

（4）配照型：光强的角度是余弦函数。在 $\theta = 0°$ 处光强最大。

（5）深照型：光通量和最大光强都集中在 0°～30°的立体角内。

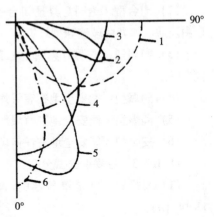

（6）深照型：光通量和最大光强都集中在0°～15°的立体角内。

11.3.2.5 按光通量在空间上、下半球的分配比例分类

1. 直接型

90%～100%的光通量直接向下半球照射。灯具用反光性能良好的不透明材料（如：搪瓷、铝、镀银镜面等）制造该种灯具的效率较高，容易获得工作面上的高照度，但照明器的上半部几乎没有光通量，顶棚很暗，容易引起眩光。另外由于光线的方向性强，会产生较重的阴影。在按配光曲线形状分类中的特深照型、深照型、配照型、均匀配照型、广照型都属于直接型照明器。

如图11-16为各种直接型的照明器。

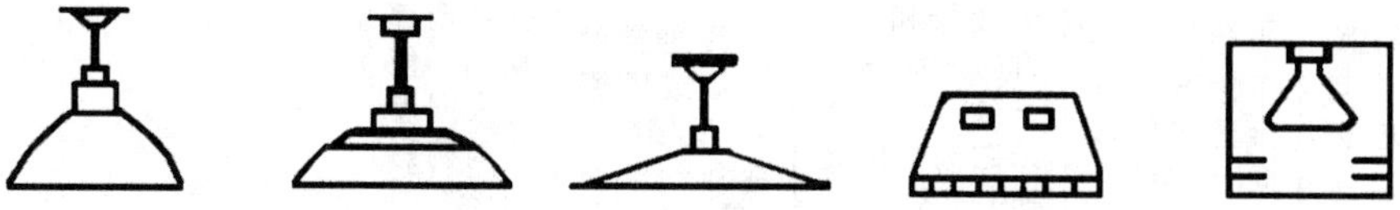

（a）　　　　（b）　　　　（c）　　　　（d）　　　　（e）

图11-16　各种直接型
（a）特深照型；（b）深照型；（c）配照型；（d）广照型；（e）嵌入式灯

2. 半直接型

这类灯具常用半透明材料制成上方开口式，如图11-17，在灯具的上方开缝，此种灯具既能把较多的光线集中照射在工作面上，又能使周围空间得到适当的照明，改善了室内表面亮度对比。

3. 漫射型

该类灯具由漫射透光材料制成，外形是封闭式的，其造型美观，光线柔和、均匀。如图11-18。

4. 半间接型

灯具上半部用透光材料制作，下半部用漫射透光材料制成，分配在上半球的光通量达到60%，使光线更加均匀、柔和，但在使用过程中，灯具上部的积尘会影响灯具的效率。如图11-19。

5. 间接型

它将全部光线射入顶棚后反射到工作面上，因此能最大限度地减弱眩光和阴影。光线柔和。但光通量损失较大。它适用于不能有阴影的场所。如医院、美术馆、剧院等。如图11-20，间接型照明一般与其他照明配合使用。

表11-20给出了照明学会（CIE）以照明器所发出的光通量在上、下半球的分配比例对照明器进行的分类。

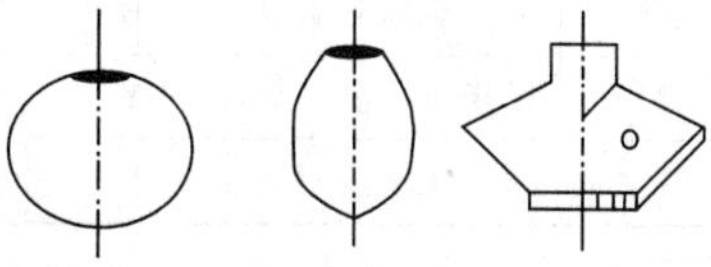

图11-17　半直接型照明器（左）
（a）玻璃菱形罩灯；（b）玻璃荷叶灯；（c）上方开缝灯
图11-18　漫射型照明器（右）

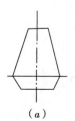 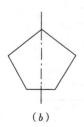 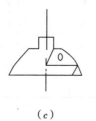 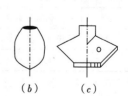

（a）　　　　（b）　　　　（c）　　　　　　　　（a）　　　（b）　　　（c）

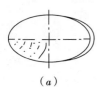
(a)

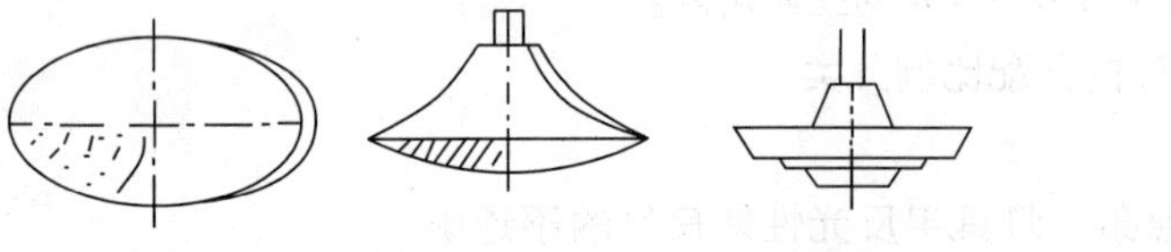

(b)

(c)

(a)

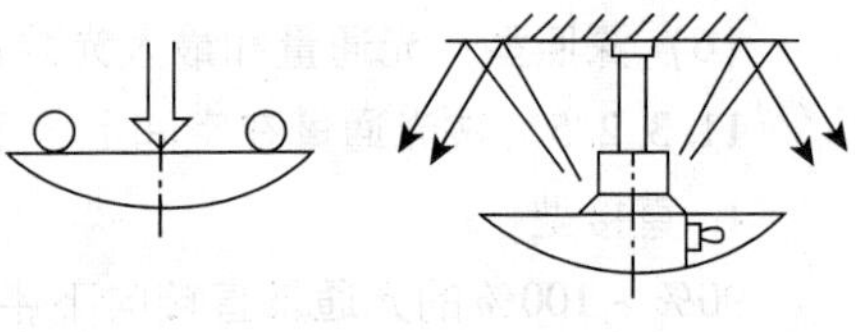

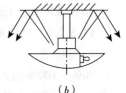
(b)

图11-19　半间接照明器（左）
图11-20　间接型照明器（右）

照明器按光通量在上、下半球的分配比例分类　　表11-20

照明器类型		直接型	半直接型	漫射型	半间接型	间接型
光通分配比例(%)	上半球	0~10	10~40	40~60	60~90	90~100
	下半球	100~90	90~60	60~40	40~10	10~0
特点		光线集中，工作面上可获得充分照度	光线主要向下射出，其余透光灯具向四周射出	光线柔和，各方向光线基本一致，可达到无眩光，但光损失较大	光线主要射入墙或顶棚再反射到室内	光线全部反射，能最大限度减弱阴影和眩光
配光曲线示意图				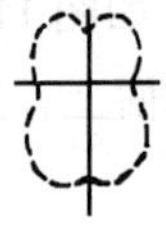		

11.3.3　照明器型号的命名方法

国家标准局把灯具分成民用建筑照明器、工矿照明器、公共场所照明器、船用照明器、水面水下照明器、航空、陆上、交通照明器、防爆照明器、医疗、摄影、舞台、民用照明器等13大类，对各大类再分成若干小类。已经作为国家标准发布的照明器型号命令方法有三项，即民用建筑、工矿及公共场所照明器的命名方法，本书只介绍民用建筑照明器的命名方法（表11-21~表11-23）。

国家中各类照明器的代号　　表11-21

代号	类型	代号	类型	代号	类型
M	民用建筑照明器	H	航空照明器	W	舞台照明器
G	工矿照明器	L	陆上交通照明器	N	农用照明器
Z	公共场所照明器	B	防爆照明器	J	军用照明器
C	船用照明器	Y	医疗照明器		
S	水面水下照明器	X	摄影照明器		

民用建筑照明器的灯种代号　　　　表 11-22

代号	灯种	代号	灯种	代号	灯种
B	壁灯	L	落地灯	T	台灯
C	床头灯	M	门灯	X	吸顶灯
D	吊灯	Q	嵌入式顶灯	W	未列入类

光源代号　　　　表 11-23

代号	光源种类	代号	光源种类	代号	光源种类	代号	光源种类
不注	白炽灯	L	卤钨灯	X	氙灯	J	金属卤化物灯
Y	荧光灯	G	汞灯	N	钠灯	H	混光光源

型号组成

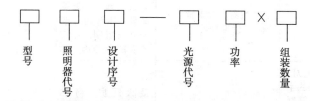

例：（1）$MB_1 - 40 \times 2$ 民用建筑照明器壁灯，设计序号为1，2个40W白炽灯。

（2）$MX_4 - Y_{1-2} 40 \times 2$ 民用建筑照明器、吸顶灯，设计序号为4，双管40W荧光灯。

11.3.4　常用光源的特点和应用场所（表11-24）

常用光源的特点和应用场所　　　　表 11-24

序号	光源名称	发光原理	特点	应用场所
1	白炽灯	钨丝通过电流时被加热，使之电子跃迁的一种热辐射光源	结构简单，成本低，显色性好，使用方便，有良好的调光性能	日常生活照明，工厂企业普通照明，剧场、舞台的布景照明
2	卤钨灯	利用卤素与泡壳内白炽体的卤钨循环提高发光效率	体积小、功率集中、显色性好、使用方便	电视播放、绘画、摄影照明
3	荧光灯	启动器的弧光放电使灯管内的氩气、汞蒸气放电而发出可见光和紫外线，且激发管壁荧光粉发光；混合光接近白色	显色性好、效率高、寿命长	家庭、学校、研究所、工业、商业、办公室、控制室、设计室、医院、图书馆等照明
4	紧凑型高效节能荧光灯	其发光原理同荧光灯，管内采用稀土三基色荧光粉提高了发光效率	集中了白炽灯和荧光灯的优点，效率高、寿命长、显色性好、体积小、使用方便	家庭、宾馆等照明

序号	光源名称	发光原理	特点	应用场所
5	荧光高压汞灯	其发光原理同荧光灯，但不需预热灯丝	效率较白炽灯高、寿命长、耐振性好	街道、广场、车站、码头、工地和高大建筑的室内外照明，但不推荐应用
6	自镇流荧光高压汞灯	其发光原理同荧光高压汞灯，但不需镇流器	效率较白炽灯高、耐振性好，不需镇流器，使用方便	广场、车间、工地等照明
7	金属卤化物灯	将金属卤化物作为添加剂充入高压灯内，被高温分解为金属和卤素原子，金属原子参与发光。在管壁低温处，金属和卤素原子又重新复合成金属卤化物分子，如此循环不已	显色性好、效率很高、寿命长	体育场（馆）、展览中心、游乐场所、街道、广场、停车场、车站、码头、工厂等照明
8	管型镝灯	金属卤化物灯的一种	显色性好、效率高、体积小、使用方便	机场、车站、码头、建筑工地、露天采矿场、体育场及电影外景摄制、彩色电视转播等照明
9	中显色高压钠灯	一种高压钠蒸气放电灯，放电管采用抗钠腐蚀的半透明多晶氧化铝陶瓷管制成，工作时发金白色光。由于提高了管内的钠分压，使显色指数和色温得到提高	显色性好、效率高、寿命长、使用方便	高大厂房、商业区、游泳池、体育馆、娱乐场所等室内照明

复习思考题

1. 什么是电光源？
2. 简述电光源的分类。
3. 简述电光源的技术指标。
4. 简述灯具的特性。
5. 怎样识别照明器的型号？
6. 白炽灯、卤钨灯的工作原理？
7. 叙述荧光灯的工作原理，并画出电路图。
8. 叙述荧光灯的注意事项。

第 12 章　照度的计算

照度计算是照明设计的主要内容之一，它包括两个方面：第一、计算已知照明系统在被照面上产生的照度；第二、根据照度要求和照明器的布置，确定照明器的数量和光源的功率。这两种计算方法一般可以同时采用，只是在计算程序上稍有改变。

12.1　一般照明的平均照度计算

照度的计算有好多种，常用的有：点状光源照度计算、线状光源照度计算、面状光源照度计算、平均照度计算；其中平均照度计算的方法有如下几种：

第一、利用系数法，它考虑了直射光和反射光两方面所产生的照度，计算结果为竖直和水平方向上的平均照度，这种方法适用于灯具均匀布置的一般照明以及利用墙和顶棚作光反射面场合的平均照度的计算。利用系数法包括带域空腔法和室形指数法。

第二、单位容量法，指单位被照面积照明用电指标。这种方法用来估算照明的容量。

第三、概算曲线法，为了简便计算，将利用系数法的计算结果绘制成曲线。这种方法适用大面照明的平均照度计算。本教材主要介绍利用系数法。

12.1.1　带域空腔法

12.1.1.1　室内空腔比

为了表示空间特征，将房间分为三个空腔，其中位于照明器平面上方的空间称为顶棚空腔，顶棚空腔高度用 h_{cc} 表示；位于照明器与工作面之间的空间称为室空腔，室空腔高度用 h_{RC} 表示；位于工作面以下到地板的空间称为地板空腔，地板空腔高度用 h_{fc} 表示（图 12-1）。三个空腔的数学关系如式（12-1）～式（12-3）。

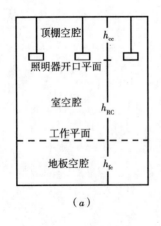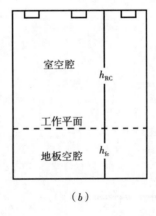

图 12-1　室内空间划分
（a）悬吊式照明器的室内空间划分；（b）吸顶式或嵌入式照明器的室内空间划分

（1）顶棚空腔比：$CCR = \dfrac{5h_{cc}\ (a+b)}{a \times b} = RCR\ \dfrac{h_{cc}}{h_{RC}}$ (12-1)

（2）室空腔比：$RCR = \dfrac{5h_{RC}\ (a+b)}{a \times b}$ (12-2)

（3）地板空腔比：$FCR = \dfrac{5h_{fc}\ (a+b)}{a \times b} = RCR\ \dfrac{h_{fc}}{h_{Rc}}$ (12-3)

12.1.1.2　室内空腔有效反射比

1. 顶棚空腔反射比

在有顶棚空腔（采用悬吊式照明器）时，照明器开口平面上方的空腔中，一部分光被吸收，另一部分光经过多次反射从灯具开口平面射出。为化简计算，把灯具开口平面看作一个具有有效反射比为 ρ_{cc} 的假想平面，光在这个假想平面上的反射效果同在实际顶棚空间的效果等价。则假想平面的反射系数也就是顶棚空腔的有效反射系数 ρ_{cc}，其计算如式（12-4）。

$$\rho_{cc} = \frac{\rho A_0}{A_s - \rho A_s + \rho A_0}$$ (12-4)

式中　A_0——顶棚空腔平面面积（m^2）；

A_S——顶棚空腔各表面面积之和（m^2）；

ρ——顶棚空腔各表面的平均反射系数。

顶棚空间由五个表面组成，以 A_i 表示第 i 个面的表面积，以 ρ_i 表示第 i 个面表面的反射比，则平均反射系数可由式（12-5）求出。

$$\rho = \frac{\sum \rho_i A_i}{\sum A_i}$$ (12-5)

式中　A_i——顶棚空腔内第 i 个表面的面积（m^2）；

ρ_i——顶棚空腔内第 i 个表面的反射比。

在设计实用图表中，按 $\rho_{fc} = 20\%$ 编制，当 ρ_{fc} 不是 20% 时，对于一般工业厂房不必修正，而对于房间面积较小，而且室内装饰较好的房间应考虑地面空间对利用系数的影响。

2. 墙面平均反射比

房间开窗或装饰物遮挡会引起墙面反射系数的变化，其墙面平均反射系数 ρ_w 可按式（12-6）计。

$$\rho_w = \frac{\rho_{w1}\ (A_W - A_P)\ + \rho_P A_P}{A_W}$$ (12-6)

式中　A_W——室空间墙面总面积（m^2），包括窗的面积；

A_P——窗子或装饰物的面积（m^2）；

ρ_{w1}——墙面的反射系数；

ρ_P——窗子或装饰物的反射系数。

12.1.1.3　带域空腔法确定利用系数的步骤

（1）确定房间的特征量，按式（12-2）计算出室空腔比 RCR 值。

（2）确定顶棚的有效反射比 ρ_{cc} 及墙面平均反射系数 ρ_w。

（3）在得出 RCR、ρ_{cc}、ρ_w 值后，在所选用照明器的利用系数表中查出其利用系数 μ，当 RCR、ρ_{cc}、ρ_w 不是表中分级的整数值时，可用插入法进行计算。确定利用系数后，按平均照度的基本公式计算工作面上的平均照度，或在已知工作面所要求的平均照度值后，按基本式（12-7）导出计算所需的数值。

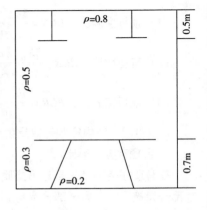

$$E_{av} = \frac{n\phi M\mu}{A} \qquad (12-7)$$

式中　n——光源个数；

　　　ϕ——一个光源光通量；

　　　M——光损失因数，规程规定 $0.7 \sim 0.8$；

　　　μ——利用系数。

图12-2　例12-1题图1

（注：有些参考资料中，照度计算公式为 $E_{av} = \dfrac{n\phi\mu}{\kappa A}$　κ——维护系数，$\kappa = \dfrac{1}{M}$）

【例12-1】有一绘图室长 14.6m，宽 7.2m，高 3.2m，照明器作均匀布置，室内反射系数如图12-2，试计算工作面的平均照度。

【解】1. 选灯

由于绘图室属于精细工作的场所，所以选 $YG_{1-1}-40$ 型荧光灯。

2. 布灯

1）竖直方向的布置

根据规程规定：取 $h_{cc}=0.5m$，$h_{fc}=0.7m$，所以，$h_{RC}=3.2-0.7-0.5=2m$

2）水平方向的布置（矩形）查附表 C-10

$$\frac{L_{A-A}}{h_{RC}} = 1.62, \quad L_{A-A} = 1.62 \times 2 = 3.24m \approx 3.2m$$

$$\frac{L_{B-B}}{h_{RC}} = 1.22, \quad L_{B-B} = 1.22 \times 2 = 2.44m \approx 2.5m$$

3）灯与墙的距离

$$l = \left(\frac{1}{4} \sim \frac{1}{3}\right)L_{A-A}$$

$$l = \left(\frac{1}{4} \times 3.2 \sim \frac{1}{3} \times 3.2\right) = (0.80 \sim 1.07) \ m$$

4）灯角与墙的距离为 $0.3 \sim 0.5m$

3. 布置

如图 12-3，共需 15 盏 $YG_{1-1}-40$ 型荧光灯。

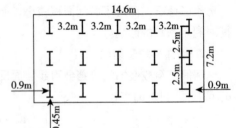

图12-3　例12-1题图2

4. 验算照度

$$RCR = \frac{5h_{RC}(a+b)}{a \cdot b} = \frac{5 \times 2 (14.6+7.2)}{14.6 \times 7.2} = \frac{218}{105.12} \approx 2$$

$$\rho = \frac{\sum \rho_i A_i}{\sum A_i} = \frac{0.8 \times 14.6 \times 7.2 + 0.5 \times 2 \times 0.5 (14.6+7.2)}{14.6 \times 7.2 + 2 \times 0.5 (14.6+7.2)} = \frac{95}{126.92} \approx 0.75$$

$$\rho_{cc} = \frac{\rho A_0}{A_S - \rho A_S + \rho A_0} = \frac{0.75 \times (14.6 \times 7.2)}{126.92 - 0.75 \times 126.92 + 0.75 \times 105.12} = 0.71 \approx 0.7$$

根据已知条件 $\rho_w = 0.5$

确定利用系数：$RCR = 2$，$\rho_{cc} = 0.7$，$\rho_w = 0.5$

查附表 C10 得：$\mu = 0.54$

$$E_{av} = \frac{n \phi M \mu}{A} = \frac{15 \times 1920 \times 0.7 \times 0.54}{14.6 \times 7.2} \approx 104 \mathrm{lx}$$

注：由于 YG_{1-1}-40 灯具的光通量效率为 80%，所以 $\phi = 2400 \times 0.8 = 1920 \mathrm{lx}$。故该房间的平均照度 104lx 设计合理。

12.1.2 室形指数法

室形指数的定义为式（12-8）

$$i = \frac{ab}{h_s (a+b)} \tag{12-8}$$

式中　a、b——分别为房间的长度（m）和宽度（m）；

　　　h_s——灯具的下沿至地板的垂直距离（m）。

i 与 RCR 的关系为：$RCR = \dfrac{5}{i}$。

12.2　常用装饰照明照度的计算

随着社会的不断进步和人民生活水平的不断提高，人类对照明的要求也不断提高。除了适当的亮度之外，更要求舒适愉快的气氛。装饰照明无论在选用灯具、安装配置的方法及对建筑物本身的要求等因素上都与一般照明有所不同。装饰照明由装饰性的部件与光源组合，把建筑艺术与照明艺术融合在一起，既突出了艺术效果，又显示出建筑的风格，是照明技术与建筑艺术的统一体，是一个国家和地区科技、文化和经济发展程度的一种体现。

12.2.1　基本要求

现代民用建筑不仅注重室内空间的构成要素，更重视所有这些物质手段对室内工作环境所产生的美学效果，及由此对人们所产生的心理效应。因此装饰照明设计应主要从功能上考虑，来满足人们生活和生产的需求。在建筑物内外，灯具不仅是一种技术装备，也是建筑装饰的一个组成部分。所以，建筑装饰照明在满足照度的基础上应强调灯光对衬托环境气氛的艺术效果，因此在装饰灯光照度、亮度的分布，光线方向和光色等方面都有特殊的要求。

12.2.1.1　要有充分和谐的照度

照度的高低应依环境的特性而定，而不是千篇一律。主要应该使整个空间有一种开朗明快的气氛，并与周围环境相协调。同时，考虑白天和晚上的艺术效果，特别是开灯后的效果。

12.2.1.2 要有舒适的亮度分布

建筑环境的亮度分布是影响人们视觉舒适感的重要因素，在自然界中，人们经常看到的是明亮的天空和较暗的地面，所以为了满足人眼的习惯视觉最好采用和自然环境接近的亮度分布。故在室内可以将顶棚处理得亮一些。

12.2.1.3 眩光问题

照明环境忌讳亮度对比过大，否则会影响人们的视觉。但在艺术照明中往往利用一定的亮度对比来达到强调的目的，一个美丽的艺术灯具常常是引人注目的观赏对象。为了取得华丽、生动的闪烁效果，常用一些有光泽的材料装饰灯具。如：镀金的铁件、晶体玻璃等，视觉上虽然受到了一点影响，但在观赏心理上却得到满足。需要强调的是亮度对比不能过大，否则会产生眩光。

12.2.1.4 灯光的方向

灯光使用应有针对性。利用光的不同方向形成不同的阴影，可以产生完全不同的观看形象，丰富建筑艺术的表现力。

12.2.1.5 色调的配合

人工光和自然光的光谱组成不同，所以显色效果也有差别，如果灯光的光色和空间色调不配合就会破坏室内艺术效果，表 12-1 给出了电光源对颜色所产生的影响。

电光源对颜色所产生的影响　　　　　　　表 12-1

色彩	冷光荧光灯	3500K 白色荧光灯	柔白光荧光灯	白炽灯
暖色红、橙黄	能把暖色冲淡或使之灰色	能使暖色暗浅，对一般浅淡的色彩及淡黄色，会使之稍带黄绿	能使不论任何鲜艳的冷色或暖色看上去更为有力	能加重所有暖色，使之看上去鲜明
冷色蓝、绿、黄绿	能使冷色中所有黄色及绿色成分加重	能使冷色带灰，但能使其中所含有的绿色成分加强	能把较浅的色彩和浅蓝、浅绿等冲淡，使蓝色与紫色罩上一层粉红	会使一切淡色、冷色暗淡及带灰

12.2.2 常用的建筑装饰照明

装饰照明照度的计算在一般情况下均可采用平均照度的计算方法，但发光顶棚、花灯、光檐的照度计算有专门的计算方法，它会使装饰照明达到理想的效果。

12.2.2.1 空间枝形网络照明系统

特点及装饰效果：

这种灯将相当数量的光源与金属管架构成各种形状的灯具网络，在空间以建筑装饰的形式出现。有的按建筑要求在顶棚上以图案式展开照明，有的在室内空间以树状分布，对于大型空间还有采用"光雕塑"的，如用各种颜色的灯光组成浮云式吊灯，一般由 1000 多个 15W 的灯泡组成。如图 12-4 是空间枝形网络的照明系统。这种照明形式的特点是能够活跃光照环境的气氛，精制的灯具既体现了建筑物的性格又起到了装饰的作用，大规模的网状照明系统适用于大型厅（堂）、商店、舞厅等。小型枝形灯适用于旅店的客房等。

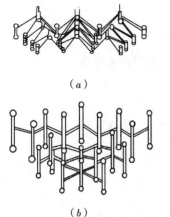

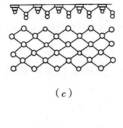

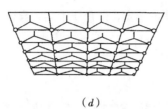

（a）

（c）

（b）

（d）

图 12-4　空间枝形网
络照明系统

（a）空间树形照明；（b）空
间枝形照明；（c）空间照
明网；（d）顶棚系统照明

12.2.2.2　点光源嵌入式直射光照明系统

特点及艺术效果：

这种光照方式是将点光源按一定方式嵌入到顶棚内，并与房间吊顶共同组成所要求的各种图案。由于照明光源全部为内嵌式，顶棚和墙壁部分可能较暗，因此可产生一种特殊的格调，如图 12-5。

为了克服顶棚太暗的缺点，也可才采用半嵌入式灯具以提高顶棚的亮度，为了避免单调，顶棚可以做成非同一平面，形成层次感。

12.2.2.3　部分点光源图案布灯举例

如图 12-6 ～ 图 12-8 中列出梅花形灯、组合形布灯、渐开线布灯等，其特点就是利用排列组合法用灯具绘成顶棚图案，造型美观，照度均匀。

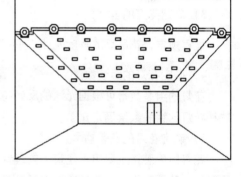

图 12-5　嵌入顶棚直
射式照明

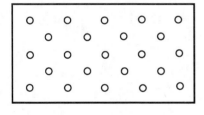

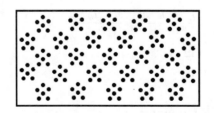

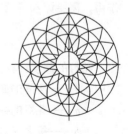

以上布灯方式不严格要求距高比的一致性，以造型为主适当考虑照度均匀性，计算照度时可用利用系数法求平均照度。

12.2.2.4　花灯

1. 特点及装饰效果

在与建筑装饰相协调的基础上造成比较富丽堂皇的气氛，能突出中心，色调温暖明亮，光色美观，有豪华感。

图 12-6　梅花形灯
　　　　　（左）
图 12-7　组合形布灯
　　　　　（中）
图 12-8　渐开线布灯
　　　　　（右）

2. 缺点

环形荧光灯易产生眩光，建议用有漫射光线的灯罩。

3. 注意事项

宜用同类型壁灯作辅助照明，使照度均匀，获得对比效果。照明开关应易于控制。

4. 适用场所

采用花灯照明会产生豪华的感觉，适用于饭店、宾馆的大厅、大型建筑物的门厅等。

5. 花灯的照度计算方法

1）确定花灯的直径

规程规定，花灯最大直径以房间宽度的$\frac{1}{6} \sim \frac{1}{5}$为宜$\left(\text{走廊中可采用}\frac{1}{4} \sim \frac{1}{3}\right)$。

2）确定花灯的间距

规程规定，花灯间距 d 与花灯最大直径 L 的比值为 $3 < \frac{d}{L} \leqslant 5$。

3）确定花灯的垂度

规程规定，花吊灯的垂度 h_{cc} 与房间净高 H 之比以$\frac{1}{3} \geqslant \frac{h_{cc}}{H} \geqslant \frac{1}{4}$为宜。

4）确定花灯的组装数量

花灯的组装数量可根据光源的反光特性自己确定，同时根据光源的反光特性和花灯的组装数量确定 μ_0。

5）确定花灯的安装功率

花灯照明装置主要用于建筑上的装饰照明，由于花灯照明装置是一个多次反射体，落于工作面上的光通量是经过多次反射而形成的，其照度采用光通利用系数法来确定，照明装置的灯具和结构对照明效果有很大影响，因此在实际计算中，必须考虑灯具间的相互屏蔽和花灯结构的支架对于光源光通量的吸收作用，需要计入"花灯照明装置本身"的利用系数 μ_0。

$$E_{av} = \frac{n \cdot \phi \cdot M \cdot \mu_0 \cdot \mu}{A} \tag{12-9}$$

花灯的照度计算公式（12-9）

式中　A——房间的面积（m^2）；

　　　n——花灯的数量；

　　　ϕ——每盏花灯所发出的光通量（lm）；

　　　M——光损失因数；

　　　μ_0——花灯照明装置本身的利用系数，见表12-2；

　　　μ——花灯照明装置光通利用系数，见表12-3。

在花灯照明装置中，灯具形式和光源功率的选择恰当与否，是影响照明质量的重要因素，要使室内获得较好的亮度分布，还需适当地选择室内装饰色彩及合理的布置灯位。

花灯照明装置本身的利用系数 μ_0　　　　　　表 12-2

灯具配光特性	灯具组装结构简单，组装数量在3个以下时	灯具组装结构一般，组装数量在4~9个时	灯具组装结构复杂，组装数量在10个以上时	吸顶组装灯具	
				组装数量在9个以下时	组装数量在10个以上时
漫射配光灯具	0.95	0.85	0.65	—	—
半反射配光灯具	0.9	0.8	0.5	—	—
反射配光灯具	0.8	0.7	0.4	0.8	0.7

注：（1）漫射配光灯具——用乳白玻璃制成的包合式灯具；

（2）半反射配光灯具——用乳白玻璃或砂玻璃制成的向上开口的灯具；

（3）反射配光灯具——用不透光材料制成的向上开口的灯具。

花灯照明装置的光通利用系数 μ　　　　　　表 12-3

ρ_{cc}	0.7			0.7			0.7			0.7		
ρ_{w}	0.5			0.5			0.3			0.3		
ρ_{fc}	0.3			0.1			0.1			0.3		
灯具特性＼室形指数	反射配光	半反射配光	漫射配光	反射配光	半反射配光	漫射配光	反射配光	半反射配光	漫射配光	反射配光	半反射配光	漫射配光
0.3	0.13	0.14	0.15	0.12	0.13	0.14	0.05	0.07	0.09	0.06	0.08	0.10
0.4	0.17	0.19	0.21	0.16	0.17	0.19	0.09	0.11	0.13	0.11	0.13	0.15
0.5	0.22	0.24	0.26	0.20	0.22	0.24	0.13	0.15	0.17	0.14	0.16	0.18
0.6	0.26	0.29	0.31	0.22	0.25	0.28	0.15	0.18	0.21	0.16	0.19	0.21
0.7	0.29	0.31	0.35	0.27	0.29	0.31	0.18	0.22	0.24	0.19	0.23	0.24
0.8	0.32	0.34	0.37	0.30	0.32	0.35	0.21	0.24	0.27	0.22	0.25	0.27
0.9	0.35	0.38	0.41	0.32	0.36	0.39	0.23	0.27	0.29	0.25	0.28	0.30
1	0.37	0.41	0.44	0.35	0.39	0.42	0.25	0.29	0.31	0.27	0.30	0.33
1.25	0.43	0.47	0.51	0.40	0.44	0.47	0.30	0.34	0.37	0.33	0.37	0.40
1.5	0.47	0.53	0.57	0.45	0.49	0.52	0.36	0.40	0.43	0.38	0.42	0.46
1.75	0.52	0.58	0.62	0.49	0.53	0.57	0.41	0.46	0.48	0.42	0.47	0.52
2	0.56	0.63	0.66	0.52	0.57	0.60	0.44	0.49	0.52	0.47	0.52	0.57
3	0.65	0.74	0.77	0.60	0.66	0.70	0.55	0.61	0.65	0.58	0.66	0.70
4	0.71	0.81	0.85	0.63	0.71	0.74	0.60	0.67	0.71	0.64	0.74	0.78
5	0.74	0.85	0.88	0.65	0.74	0.78	0.63	0.69	0.73	0.68	0.80	0.82
ρ_{cc}	0.5			0.5			0.5			0.5		
ρ_{w}	0.5			0.5			0.3			0.3		
ρ_{fc}	0.3			0.1			0.3			0.1		
灯具特性＼室形指数	反射配光	半反射配光	漫射配光	反射配光	半反射配光	漫射配光	反射配光	半反射配光	漫射配光	反射配光	半反射配光	漫射配光
0.3	0.13	0.14	0.15	0.12	0.13	0.14	0.06	0.08	0.09	0.06	0.07	0.08
0.4	0.14	0.16	0.19	0.13	0.14	0.15	0.09	0.10	0.12	0.07	0.09	0.12
0.5	0.18	0.20	0.22	0.17	0.19	0.21	0.11	0.13	0.15	0.10	0.12	0.14
0.6	0.20	0.23	0.26	0.19	0.21	0.24	0.13	0.15	0.17	0.12	0.16	0.18

ρ_{cc}	0.5			0.5			0.5			0.5		
ρ_w	0.5			0.5			0.3			0.3		
ρ_{fc}	0.3			0.1			0.3			0.1		
灯具特性室形指数	反射配光	半反射配光	漫射配光	反射配光	半反射配光	漫射配光	反射配光	半反射配光	漫射配光	反射配光	半反射配光	漫射配光
0.7	0.23	0.26	0.29	0.22	0.24	0.28	0.15	0.19	0.22	0.14	0.18	0.22
0.8	0.25	0.29	0.32	0.24	0.27	0.30	0.17	0.21	0.24	0.16	0.20	0.24
0.9	0.27	0.32	0.35	0.26	0.30	0.33	0.19	0.23	0.27	0.18	0.23	0.26
1	0.29	0.34	0.38	0.28	0.33	0.37	0.21	0.26	0.29	0.20	0.25	0.28
1.25	0.34	0.39	0.44	0.33	0.38	0.42	0.26	0.31	0.35	0.24	0.29	0.33
1.5	0.37	0.43	0.49	0.36	0.41	0.46	0.29	0.36	0.40	0.27	0.34	0.38
1.75	0.40	0.47	0.53	0.38	0.44	0.50	0.32	0.39	0.45	0.30	0.37	0.43
2	0.42	0.50	0.56	0.39	0.47	0.49	0.35	0.43	0.49	0.33	0.40	0.46
3	0.46	0.58	0.65	0.44	0.53	0.60	0.41	0.52	0.60	0.38	0.49	0.55
4	0.51	0.63	0.69	0.47	0.58	0.64	0.45	0.57	0.64	0.43	0.54	0.61
5	0.53	0.65	0.78	0.49	0.60	0.67	0.49	0.61	0.70	0.46	0.57	0.64

【例 12-2】 有一前厅，净高 H 为 5.5m，面积为 25m×12m，采用半射配光特性的花灯作照明器，悬挂高度为 4m，顶棚和墙壁的反射系数分别为 $\rho_{cc}=0.7$，$\rho_w=0.5$，$\rho_{fc}=0.1$，光损失因数为 0.7，要求在地板上造成不小于 30lx 的照度，求：花灯的安装功率。

【解】 1. 确定花灯的直径，花灯直径以房间宽度的 $\frac{1}{6} \sim \frac{1}{5}$ 为宜

$$L = \left(\frac{1}{6} \sim \frac{1}{5}\right) \times 12 = (2.4 \sim 2)\text{m}，取 2\text{m}。$$

2. 确定花灯间距

$$3 < \frac{d}{L} \leqslant 5 \quad \Rightarrow \quad 6\text{m} < d \leqslant 10\text{m}$$

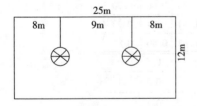 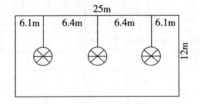

图 12-9　例 12-2 题图

布置如图 12-9，门厅内需 2 盏花灯（或 3 盏花灯）。

3. 考虑到花灯的尺寸，确定每盏花灯的灯具组装数为 10 个以上，查表 12-2 得：

$$\mu_0 = 0.5$$

$$i = \frac{ab}{h_s(a+b)} = \frac{25 \times 12}{4(25+12)} = 2$$

根据 $\rho_{cc} = 0.7$，$\rho_w = 0.5$，$\rho_{fc} = 0.1$，$i = 2$，查表 12-3 得：$\mu = 0.57$。

4. 确定花灯的安装功率

$$E_{av} = \frac{n\phi M\mu_0\mu}{A}$$

一个花灯的光通量为：

$$\phi_1 = \frac{E_{av} \cdot A}{nM\mu_0\mu} = \frac{30 \times 300}{2 \times 0.7 \times 0.5 \times 0.57} \approx 22556.4 \text{lm}$$

$$\phi_2 = \frac{E_{av} \cdot A}{nM\mu_0\mu} = \frac{30 \times 300}{3 \times 0.7 \times 0.5 \times 0.57} \approx 15037.6 \text{lm}$$

5. 由于花灯的光源大多数为白炽灯，故查表 11-6

100W 白炽灯的光通量为 1250lm，150W 白炽灯的光通量为 2090lm。

$$n_1 = \frac{22556.4}{2090} = 11 \text{ 盏} \qquad n_2 = \frac{15037.6}{1250} = 12 \text{ 盏}$$

花灯总的安装功率：$P_1 = 2 \times 11 \times 150 = 3300\text{W}$，$P_2 = 3 \times 12 \times 100 = 3600\text{W}$。

故：选取 2 盏直径为 2m 内设 11 盏 150W 白炽灯的花灯。

12.2.2.5 发光顶棚

1. 特点及艺术效果

这种布置方案透视感强，整齐、沉静，令人感到清晰明朗，顶棚亮度高，光线柔和，照度均匀，可造成开朗的气氛，使人感到舒适轻松，能充分强调长度感和宽度感，及与现代化建筑结合的特点。为了装饰顶棚周边，可装置向下直射光照明器。

2. 发光顶棚照明的种类

光带是使用荧光灯照明的一种方式，常在顶棚上做成嵌入式、半嵌入式、吸顶式等连续排列形式。排列方法有以下六种：

1）纵向光带式布灯：如图 12-10 所示，使人有畅快感，但因远处光源可以垂直进入眼内，容易引起眩光，整个顶棚的亮度感较低，所以不适于经常变化布置的场所。

2）横向光带式布灯：如图 12-11 所示。

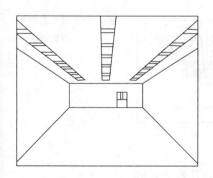
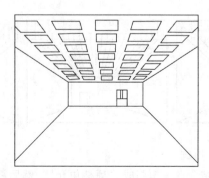

图 12-10　纵线式发光排列方式（左）

图 12-11　横线式发光排列方式（右）

这种布灯方式从整个顶棚可以看出一明一暗的条纹状，当光源凸出时整个顶棚的亮度较高，给人感觉：顶棚明快、热闹，适于布置经常变化的场所。

3）格子布灯：这种方法是将荧光灯布置成格子状，发光均匀，近似发光顶棚制作方法，照度均匀，适于布置经常变化的场所。如图12-12 线状光嵌入式灯具可用开启式、格栅式、扩散玻璃方式等，为了提高光效，格栅格片也可以制成单片式，并垂直于管长的方向布置。为了加强结构性，有时在许多横片上加一条纵向栅片，它可以减少眩光，比较美观，但顶棚不够亮，下面照度较低，若用半嵌入式顶棚亮度可以有所改善。在

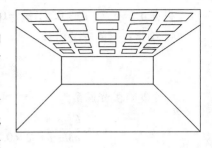

图12-12　格子状

一般场所，为了提高照度和光的利用率，多用直接吸顶式光带。但切忌使用深色底板，这样对空间亮度的分布和控制眩光都不利，而且光效低，有时会造成阴沉的气氛。

发光顶棚是将许多光源放在顶棚内，灯下装置半透明的漫射材料，这些漫射材料作为板状或棍状排列在支持构架内。图12-13 为发光顶棚的断面图。

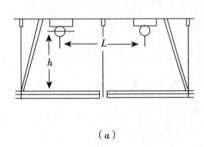

（a）

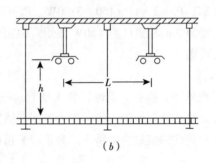

（b）

图12-13　发光顶棚的
断面图

灯具间的布置：使漫射体亮度均匀地布置，距高比一般为 $L/h \leqslant 1.5 \sim 2.0$，顶棚内若有通风口等障碍物时 L/h 应取小一些，如灯具装有反射器时 L/h 则不能超过 1.5。

4）格栅顶棚

是用格栅代替发光顶棚扩散材料的一种方式，它的保护角可限制眩光，一般由不透明或半透明的格片组装而成，其网络可以做成正方形、矩形或隔片形，以及低亮度的抛物线形等，如图12-14 所示。

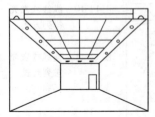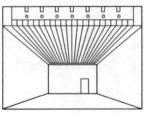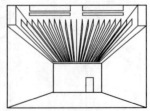

图12-14　发光顶棚和
格栅顶棚

5）组合式发光顶棚

把顶棚和灯具结合在一起制成"顶棚单元"，然后将其延续，顶棚单元编排起来即构成组合顶棚，其优点是造型简单，自成图案，便于现代施工。如图12-15 所示。

6）成套式发光顶棚

将照明器、空调装置、消除噪声装置以及防火灾装置等按一定要求综合组合而成，其优点是：

（1）各种装置统一布局，结构紧凑合理，并能构成简洁的图案。

（2）照明环境舒适，具有现代化特色。如图 12-16 所示。

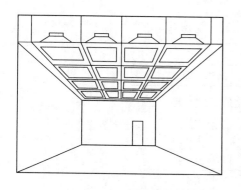 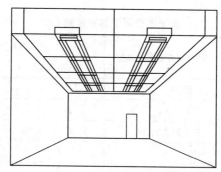

图 12-15 组合式发光顶棚（左）

图 12-16 成套式发光顶棚（右）

3. 发光顶棚照明装置的照度计算

发光顶棚的照明效果是使光源的光，通过大面积的透光面而取得的，通常有两种装置形式：一是将光源安装在带有散光玻璃或遮光的栅格内，二是将光源挂在房间的顶棚内装有散光玻璃或遮光栅格的透光面内。发光顶棚照明装置的计算，以利用系数法较为简单，它用于确定房间的平均照度，其计算公式为式（12-10）。

$$E_{av} = \frac{n\phi M\mu}{A} \times \eta \qquad (12-10)$$

式中　n——光源个数；

　　　　ϕ——一个光源的光能量；

　　　　M——光损失因数；

　　　　μ——发光顶棚的利用系数；

　　　　η——发光顶棚本身的效率。

发光顶棚照射在工作面上的平均照度，应该是光源光通量的直射分量及多次反射的反射分量之和，它们的总和占光源光通量的百分数，称为整个照明装置的利用系数。发光顶棚的效率 η 与发光顶棚的构成形式及使用的发光材料有关，发光顶棚辐射光通的利用系数则与发光面积及地面面积之比、墙壁及顶棚的反射系数、室形指数等因素有关。表 12-4、表 12-5、表 12-6 是发光顶棚本身的效率和发光顶棚照明器布置的距高比及发光顶棚辐射光通利用系数，可供参考。

发光顶棚本身的效率（η）　　　　　表 12-4

透光面的构造形式	η	透光面的构造形式	η
乳白玻璃	0.55	有机玻璃	0.4~0.5
磨砂玻璃	0.7	遮光栅格	0.6~0.7
晶体玻璃	0.8	1.5cm 的玻璃砖	0.35

发光顶棚照明器布置的 L/h　　　　　表 12-5

发光顶棚的形式	照明器或光源的类型	L/h 值不大于	
		乳白玻璃	磨砂玻璃或遮光栅格
吊顶式	深照型	5	2
	镜面灯光	2	1.0
	带反光罩的荧光灯	1.25~1.50	1.0~1.2
光盒式	白炽灯泡	5	0
	荧光灯管	2.0	1.5

发光顶棚辐射光通利用系数（μ）　　　　　表 12-6

A_t/A	0.55 以下			0.56~0.7			0.71~1		
ρ_w	0.3	0.5	0.7	0.3	0.5	0.7	0.3	0.5	0.7
i	光通利用系数（%）								
0.2	2	4.5	9	2.5	5.5	11	3	6.5	12.5
0.3	3	6	12	3.5	7	14.5	4	8	17
0.4	3.5	7	14	4	8	17	5	10	20
0.5	4.5	9	16	5.5	11	19	6.5	13	22.5
1	7	13	21	8.5	16	25	10	19	29.5
1.5	8	15	23.5	9.5	18	28	11	21	33
2	9	16.5	25	11	20	30	12.5	23.5	35
2.5	9.5	17	26	11.5	20.5	31	13	24	36
3	10	17.5	26	12	21	31.5	14	24.5	36.5
3.5	10	18	26.5	12	21.5	32	14.5	25	37
4	10.5	18	27	12.5	22	32.5	15	25.5	37.5

注：本表系根据顶棚的反射系数 0.7 计算而得；A_t/A：发光顶棚及地板面积之比；ρ_w：墙壁的反射系数；i：室形指数。

在发光顶棚装置中，为了保证散光玻璃或遮光栅格上的亮度均匀而不致出现光斑，照明灯具的距离 L 与 h 值之比应按表 12-5 的规定设计。

【例 12-3】 有一会议室长 9.5m，宽 7.1m，高 3.5m（吊顶为 0.5m）采用荧光灯发光顶棚的照明形式（如图 12-17：虚线内为发光面），试确定会议室的照度。

【解】 由于本题没有给出墙面及顶棚空间的详细资料，故墙面按大白粉刷设定，其反射系数为 0.7，光损失因数为 $M = 0.8$。

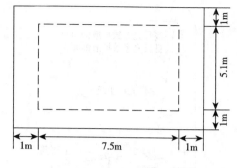

图 12-17　例 12-3 题图

1. 选灯

发光顶棚常用的灯具为 $YG_{1\text{-}1} - 40$ 型，其灯管长度为 1.28m（查附表 C_{10}）。

2. 选择发光材料

顶棚采用带反射罩的荧光灯，及乳白玻璃的发光材料，查表 12-4 得：

$$\eta = 0.55$$

3. 查表 12-5

$$L/h = 1.25 \sim 1.5$$

$$L = (1.25 \sim 1.5) \times 0.5 = (0.625 \sim 0.75)\ \text{m}_\circ$$

4. 布置

A—A 方向灯的间距为 0.75m，共 10 排，B—B 方向灯角连灯角，可放置 4 盏灯，共需 44 只荧光灯。

$$\frac{A_t}{A} = \frac{5.1 \times 7.5}{7.1 \times 9.5} = \frac{38.25}{67.45} = 0.57$$

（查表 12-11 会议室的工作面为 0.75m）

$$i = \frac{a \times b}{h_s\ (a + b)} = \frac{7.1 \times 9.5}{(3.5 - 0.5 - 0.75)\ (7.1 + 9.5)} = 1.8 \approx 1.75$$

5. 验算照度

根据已知条件

$\eta = 0.55$；$\Phi = 2400 \times 0.8 = 1920\text{lm}$；$M = 0.8$；$n = 44$ 只；$A = 67.45\text{m}^2$

查表 12-6，发光顶棚的利用系数为 $\mu = 0.29$

$$E_{av} = \frac{n\phi M\mu\eta}{A} = \frac{44 \times 1920 \times 0.8 \times 0.29 \times 0.55}{67.45} = 160\text{lx}$$

会议室的照度为 160lx。

12.2.2.6　光檐

1. 特点及艺术效果

光檐是一种隐蔽形照明常用的形式，多用于艺术照明，它是将光源隐蔽在顶棚、梁、墙内，通过反射光进行间接照明，这样能充分显示建筑物的空间感、体积感及装饰的双重效果。光线柔和、顶棚明亮，给顶棚以漂浮高大的效果。这种照明常与其他照明方式混合使用，如单独使用，因受墙和顶棚的限制使光线分布不理想、效率低、照度不足。光檐及光檐的光源安装尺寸如图 12-18、图 12-19 所示。

光檐的照明形式能给人以没有边际的广阔感觉，常用于较高级的大厅、剧院、礼堂、地下城等场所。

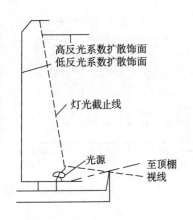
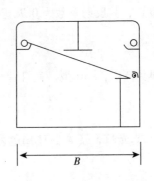
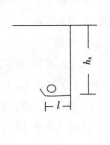

图 12-18 光檐（左）
图 12-19 光檐的光源
安装尺寸示
意图（右）

在光檐内安装光源，光线隐蔽，光檐要有一定高度，但又不能挡住光线射向顶棚的最远部分，这样才能得到较均匀的顶棚亮度。顶棚亮度的均匀性取决于光檐的形式（单侧、双侧、四周）及顶棚宽度 L 与光檐至顶棚高度之比 $\dfrac{L}{h_x}$，见表 12-7。为了使墙上的亮度均匀，当光檐距顶棚的距离较大时，灯距墙的距离也应较大，可参考表 12-8。

在光檐内，灯的间距也不宜过大，一般白炽灯光源的间距为 0.25～0.3m，荧光灯两灯管间的空隙距离以 0.1m 左右为宜，由于灯管都由灯座支承，所以灯管的首尾最好相接。荧光灯光檐断面图和光檐的照明示意图如图 12-20、图 12-21 所示。要求人站在地面上不应直接看到光源，其创造的照明环境与发光顶棚相似。另外光檐的照明一般不作为主要照明。

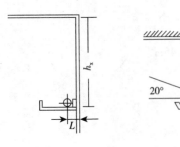
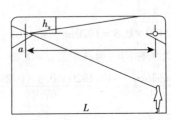

图 12-20 荧光灯光檐
断面图（左）
（a）无反射光罩；（b）有
反射光罩
图 12-21 光檐照明示
意图（右）

光檐的 $\dfrac{L}{h_x}$ 适宜比值

表 12-7

光檐形式	灯的类型		
	无反光罩	扩散反光罩	镜面灯
单边光檐	1.7～2.5	2.5～4.0	4.0～6.0
双边光檐	4.0～6.0	6.0～9.0	9.0～15.0
四边光檐	6.9～6.0	9.0～12.0	9.0～20.0

h_x （mm）	310	38 ~ 510	53 ~ 760
l （mm）	64	90	115

2. 光檐照明主要适用范围

光檐照明主要适用于艺术场所的照明，如剧场观众厅、舞厅等。随着装饰技术的不断发展，将光檐照明技术引入暗槽灯的照明当中，其二者的照度计算方法完全一致，这里需要指出的是，光檐与建筑物是一体的，是在建筑当中建造而成的，而暗槽灯则是在装修时因装饰效果的需要而修建的。

3. 光檐的平均照度计算

光檐的平均照度计算公式与一般照明照度计算公式相似，为式（12-11）。

$$E_{av} = \frac{n\phi M\mu}{A} \tag{12-11}$$

式中　μ——光檐的利用系数，可查表 12-9。

光檐照明装置光通利用系数　　　　　　　　表 12-9

A_t/A	0.5 ~ 0.7						0.8 ~ 1.1					
ρ_{cc}	0.5			0.7			0.5			0.7		
ρ_w	0.3	0.5	0.7	0.3	0.5	0.7	0.3	0.5	0.7	0.3	0.5	0.7
i	μ （%）											
0.25	4	6	9	6	7	13	3	5	8	5	7	10
0.5	9	12	13	15	17	22	8	10	14	11	14	19
0.75	13	16	19	20	22	27	12	14	16	15	19	23
1	17	20	22	24	28	32	14	16	19	20	24	28
1.25	19	22	25	26	31	35	16	19	21	22	26	30
1.5	22	24	26	30	34	37	19	20	22	26	29	32
1.75	23	25	27	32	35	38	20	22	23	28	30	33
2	25	26	28	34	37	40	21	22	23	24	25	26
2.5	26	27	29	36	39	41	22	23	25	31	34	35
3	27	29	30	39	41	42	23	25	26	33	35	36
3.5	28	30	31	40	42	43	24	25	26	34	36	37
4	30	31	32	41	43	44	25	26	27	35	37	38
A_t/A	1.2 ~ 1.5						1.6 ~ 3					
ρ_{cc}	0.5			0.7			0.5			0.7		
ρ_w	0.3	0.5	0.7	0.3	0.5	0.7	0.3	0.5	0.7	0.3	0.5	0.7
i	μ （%）											
0.25	4	5	8	6	8	11	2.7	4	5.5	4.5	6	9
0.5	7	8	11	10	13	16	5	6	8	9	10	13

A_t/A	1.2~1.5						1.6~3					
ρ_{cc}	0.5			0.7			0.5			0.7		
ρ_w	0.3	0.5	0.7	0.3	0.5	0.7	0.3	0.5	0.7	0.3	0.5	0.7
i	μ（%）											
0.75	10	11	14	15	17	21	7	8	10	12	14	17
1	12	14	16	19	21	24	8	10	11	15	16	19
1.25	14	15	17	21	24	26	10	11	12	17	19	21
1.5	15	16	18	23	25	28	11	12	13	18	20	22
1.75	16	17	19	25	27	29	12	13	14	20	21	23
2	17	18	20	26	28	30	13	14	15	21	22	24
2.5	18	19	21	28	30	31	14	15	16	22	23	25
3	19	20	22	30	31	32	15	16	17	23	24	26
3.5	20	21	23	31	32	33	16	17	18	24	25	27
4	21	22	24	32	33	34	17	18	199	25	26	28

【例 12-4】 某俱乐部休息厅，其面积为 $10m \times 12m$，房间高度 $H = 5.5m$，采用光檐照明装置，要求在地板上造成具有 20lx 的平均照度，试确定光源的安装功率。

【解】 设采用圆形灯具作为照明光源，由于本题没有给出顶棚及墙面的详细资料，故顶棚及墙面按大白粉刷设定，取 $\rho_{cc} = 0.7$，$\rho_w = 0.7$，$M = 0.7$。

1. 确定光檐的位置

本工程采用沿长度双侧布置。

选择带有扩散反光罩的灯具，查表 12-7可得：$\dfrac{L}{h_x} = 6 \sim 9$

$$h_x = \frac{10}{6} \sim \frac{10}{9} \approx 1.7 \sim 1.1$$

取 $h_x = 1.1m$，则 $h_s = 5.5 - 1.1 = 4.4m$

2. 确定灯位

采用沿长度双侧布置，灯的间距根据规程规定取 0.3m。

$$n = 2 \times \frac{12}{0.3} = 80 \text{ 个灯位}$$

3. 确定光源功率

$$i = \frac{ab}{h_s (a+b)} = \frac{12 \times 10}{4.4 \times (12+10)} = 1.24$$

$$\frac{A_t}{A} = \frac{12 \times 10 + 2 \times 1.1 \times (12+10)}{12 \times 10} = 1.4 \approx 1.5$$

查表 12-9，光檐的利用系数为 $\mu = 0.26$。

根据 $E_{av} = \dfrac{n\mu\phi M}{A}$

$$\phi = \frac{E_{av} \cdot A}{n \cdot M \cdot \mu} = \frac{20 \times 120}{80 \times 0.7 \times 0.26} \approx 165 \text{lm}$$

查表 11-6、表 11-16，15W 白炽灯的光通量为 110lm，25W 白炽灯的光通量为 220lm。5W 节能灯的光通量为 250lm。

所以选用 5W 的节能灯，或 25W 的白炽灯泡 80 盏。

安装功率：$P = 5 \times 80 = 400\text{W}$ 或 $P = 25 \times 80 = 2000\text{W}$。

12.2.3 各类建筑物照度标准推荐值（表 12-10 ~ 表 12-16）

一般住宅建筑照明的照度标准值（摘自 GBJ 133—907）　　表 12-10

类别		参考平面	照度标准值（lx）		
			低	中	高
起居室	一般活动室	距地 0.75m	20	30	50
	书写、阅读	距地 0.75m	150	200	300
卧室	床头、阅读	距地 0.75m	75	100	150
精细工作		距地 0.75m	200	300	500
餐厅、客厅或厨房		距地 0.75m	20	30	50
卫生间		距地 0.75m	10	15	20
楼梯间		地面	5	10	15

各类办公楼建筑照明照度推荐值　　　　　　表 12-11

序号	类别	参考平面及其高度	照度标准值（lx）		
			低	中	高
1	办公室、报告厅、会议室、接待室、陈列室、营业厅	距地 0.75m 水平面	100	150	200
2	有视觉、显示屏的作业	工作台水平面	150	200	300
3	设计室、绘图室、打字室	实际工作面	200	300	500
4	装订、复印、晒图、档案室	距地 0.75m 水平面	75	100	150
5	值班室	距地 0.75m 水平面	50	75	100
6	门厅	地面	30	50	75

注：有视觉显示屏的作业屏幕上的垂直照度不应大于表中数值。

国内旅馆照度标准　　　　　　表 12-12

场所或作业类别		照度标准值（lx）	参考平面及其高度
客房	卫生间	50 ~ 75 ~ 100	距地 0.75m 水平面
	会客室	—	距地 0.75m 水平面
梳妆台镜前		150 ~ 200 ~ 300	1.5m 高处镜前垂直照度
主餐厅		50 ~ 75 ~ 100	距地 0.75m 水平面

场所或作业类别	照度标准值（lx）	参考平面及其高度
西餐厅、酒吧间、咖啡厅、舞厅	30～50～75	宜设调光装置
大宴会厅、大厅、休息厅	150～200～300 75～100～150	距地 0.75m 水平面
总服务台、主餐厅、外币兑换柜台	150～200～300	距地 0.75m 水平面
客房服务台、酒吧柜台	50～75～100	距地 0.75m 水平面
理发	75～100～500	距地 0.75m 水平面
美容	200～300～500	距地 0.75m 水平面
邮电	75～100～150	距地 0.75m 水平面
健身房、器械室、蒸汽浴室、游泳池	30～50～75	距地 0.75m 水平面
浴室（一般旅馆）	20～30～50	距地 0.75m 水平面
游艺厅	50～75～100	距地 0.75m 水平面
台球	150～200～300	台面照度
保龄球	100～150～200	地面照度
开水间	15～20～30	距地 0.75m 水平面
厨房	100～150～200	食品准备、烹调配餐取高值
洗衣房	100～150～200	距地 0.75m 水平面
小卖部	100～150～200	距地 0.75m 水平面
小件寄存处	30～50～75	距地 0.75m 水平面

注：（1）客房无台灯等局部照明时，一般活动区的照度可提高一级。

（2）理发栏的照度值适用于普通招待所和旅馆的理发厅。

一般商店照度推荐值　　　　　表 12-13

类别		参考平面及其高度	照度标准值（lx）	备注
一般商店营业厅	顾客流通区	距地 0.75m 水平面	75～100～150	
	柜台	柜台面上	100～150～200	挑选、展台、出售商品区域 0.5m 高的柜台面照度
	货架	1.5m 垂直面	100～150～200	1.5m 高货架垂直面照度
	陈列柜、橱柜	货物所处平面	150～200～300	展出重点、时新商品的展柜和橱窗，指货物所处平面照度
室内菜市场营业厅		距地 0.75m 水平面	50～75～100	
自选商场营业厅		距地 0.75m 水平面	150～200～300	
试衣间		试衣位置 1.5m 高处垂直面	150～200～300	试衣处
收款处		收款台面	150～200～300	收款台面照度
库房		距地 0.75m 水平面	30～50～75	

注：陈列柜和橱柜是指展出重点是新商品。

影院剧场照度标准　　　　　　　　表 12-14

类别		参考平面及其高度	照度标准值（lx）		
			低	中	高
门厅		地面	100	150	200
门厅过道		地面	75	100	150
观众厅	影院	距地 0.75m 水平面	30	50	75
	剧场	距地 0.75m 水平面	50	75	100
观众休息厅	影院	距地 0.75m 水平面	50	75	100
	剧场	距地 0.75m 水平面	75	100	150
贵宾室、服装室、道具间		距地 0.75m 水平面	75	100	150
化妆室	一般区域	距地 0.75m 水平面	75	100	150
	化妆台	1.1m 高处垂直面	150	200	300
放映室	一般区域	距地 0.75m 水平面	75	100	150
	放映	距地 0.75m 水平面	20	30	50
演员休息室		距地 0.75m 水平面	50	75	100
排练厅		距地 0.75m 水平面	100	150	200
声、光、电控制室		控制台面	100	150	200
美工室		距地 0.75m 水平面	150	200	300
售票房		售票台面	100	150	200

歌舞厅及各类房间照度的推荐值　　　　表 12-15

序号	房间名称	照度（lx）	备注
1	前厅、休息厅	75 ~ 150	
2	接待室	75 ~ 150	
3	行政管理房间	50 ~ 100	
4	化妆台（局部照明）	50 ~ 100	
5	歌舞厅堂	50 ~ 100	
6	灯控室	75 ~ 150	
7	卡拉 OK 厅（包间）	30 ~ 150	
8	舞池（场）	15 ~ 25	背景照明
9	表演区	100 以上	一般照明
10	专业歌厅舞台中心	600 以上	
11	RTV、PTV 舞台	600 以上	注意色温
12	冷饮、存衣、小卖部等	50 ~ 100	

常用装饰照明方式的特点及装饰效果　　　　　　　　　表 12-16

形式	特点及装饰效果	布灯注意事项	缺点	适用场所
花吊灯作室内装饰重点	效果较佳，在与建筑装饰相协调下造成比较富丽堂皇的气氛，能得到光源的高度，有豪华感，光色美观	宜用同类型壁灯作辅助照明，使照度均匀，获得对比效果，要求房间的高度较高。对于家庭为节约用电，照明开关应易于控制	荧光灯管（环形）作吊灯，会产生眩光，建议用有漫射光线作用的材料做灯罩	饭店、宾馆的大厅、大型建筑的门厅
数量多、构造简单的点光源有吸顶或嵌入式直射灯具	与房间吊顶共同组成各种花纹，成为一个完整的建筑艺术图案，产生特殊的格调气氛，较宁静而不喧闹，加深层次感	照明开关的组控制不应破坏建筑要求的光图案的完整性。住宅使用：用于走廊转角及房间的出入口	顶棚太暗。处理方法：顶棚做成非同一个平面，以形成层次，主顶棚较高，顶棚四周高度较低，增加两顶棚之间的辅助照明	层高低、装饰简洁的场所，如：饭店、餐厅
墙装式照明器壁灯	室内的辅助照明，在墙上得到美观的光线，重点突出，表现出室内的宽阔	布置在走廊、镜子上面用作象征性装饰。一般使用低功率灯泡，避免眩光，安装位置的四周有相当大的空域。对面墙很远，灯应突出墙面，很近的话，需贴着墙面		作为主要照明的辅助照明
光带	线条清晰明朗，能表现现代化建筑的特征，能充分地强调长度感、宽度感、高度感、透视感等建筑效果	均采用荧光灯，有沿房间横向排列和纵线排列两种	纵向式排列易引起眩光，整个顶棚的亮度低	横向排列适用于百货商店、办公室、地下通路等公共建筑
全发光顶棚	顶棚亮度高，光线柔和，照度均匀度高，造成开朗的气氛，使人感到舒适、轻松	注意灯具光源的间隔及光源和透光面距离，为装饰顶棚四周可装置下直射光照明器，衬托美观	采用漫射材料做发光面时存在高度对比小、阴影淡，有压抑感，应改用棱镜材料，采用格栅顶棚应有适当的保护角，由于大量使用了灯管（泡），发热量大，应注意散热处理	
光檐照明	是一种常用的艺术照明方法，充分表现建筑物的空间感、体积感，取得照明、装饰双重效果，光线柔和，顶棚明亮	光檐离顶棚不能太近，否则顶棚和墙的高度不易均匀，光檐的结构要能遮住灯的直射光和靠近光源的那部分墙面	要达到高照度是不经济，采用低照度又有困难。在光檐底部使用能漫射光的材料做格栅，可以充分利用光能，使墙上下部的照度增加	适用艺术场所的照明，如剧场观众厅、舞厅
空间枝形灯照明网及系统照明	将相当数量的光源与金属管道组合成各种形状的灯具群，空间以建筑的装饰出现，在建筑顶棚以图案展开照明，用各种颜色灯光组成浮云式吊灯（由 1000 多个 15W 灯泡组成）。形成活跃气氛的光环境，成为建筑物的重要装饰内容，体现建筑物的华丽			大规模适用于大型厅堂、商店、舞厅；小型枝形灯适用于建筑物的楼梯间和走廊

复习思考题

1. 什么是距高比?
2. 在一般照明的布置中,为什么首先要做竖直方向的布置?
3. 试述建筑装饰照明设计的基本要求。
4. 试述建筑装饰照明的设计程序。
5. 试述发光顶棚的装饰照明方式、特点及装饰效果。
6. 试述花灯的装饰照明方式、特点及装饰效果。
7. 试述暗槽灯的装饰照明方式、特点及装饰效果。
8. 照度计算中,空间特征量指的是什么?
9. 怎样用带域空腔法确定利用系数?
10. 简述花灯的照度计算方法。
11. 简述发光顶棚的照度计算方法。
12. 简述暗槽灯的照度计算方法。
13. 有一会议室,长 25m、宽 14m、高 3.6m,试计算会议室的平均照度。若照明器作均匀布置不合理时,应怎样解决?
14. 有一商场,长 120m、宽 80m、高 4.5m,根据学过的知识做照明设计。

第13章　建筑电气系统

电是一种应用广泛的能源,它既可以集中大量生产,又可以方便地长距离输送,给人们的日常生活带来了方便。其特点为:同时性、集中性、快速性、适用性、先行性。

13.1　建筑供电系统的组成

13.1.1　电力系统

电力系统由发电（电能的生产）—输送（输电、变电）—分配（配电）—消费（用电负荷）组成。在民用建筑中,常用的电压等级为220V。建筑供电系统既是电力系统的一个用户,又是建筑物内用电设备的电源。它对电能起着接受、变换、分配,并向各种用电设备提供电能的作用。

13.1.2　供电电源

建筑供电系统从电力网引入电源,并合理地分配给各用电设备,用电量较小的建筑,可直接从低压电网或邻近建筑的变电所引入220/380V的三相四线制低压电源。用电量较大的建筑和建筑群,应从电力网引入三相三线制高压电源（一般为10kV）,经变电所,将电压变换为220/380V的三相四线制低压电源。通过导线分配至各用电设备。

建筑供电系统的电压等级选择应根据建筑物用电容量、设备特性、供电距离及用电单位的远景规划等因素综合考虑决定。

（1）220V电源用于单相低压用电设备。

（2）220/380V的三相四线制低压供电电源用于建筑物较大或用电较大（总功率240kW以下）但全部为单相和三相低压的用电设备。

（3）10kV高压供电电源用于建筑物很大或用电设备很大的单相和三相低压用电。但需要在建筑物内装设变压器、变电室。图13-1是建筑供配电系统

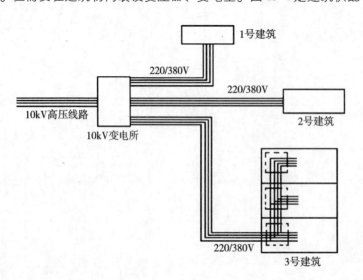

图13-1　建筑供配电系统示意图

示意图，图13-2是建筑供配电系统图。从电力网引入10kV的高压供电电源经变电所变换为220/380V的三相四线制低压供电电源，三条回路分别给三所建筑供电，在每所建筑内又通过配电箱将电源分到各层用户。

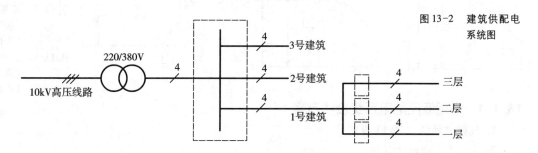

图13-2　建筑供配电系统图

13.1.3　常用配电网配电方式

1. 单相二线式（图13-3）；配线方式：单相二线式输送功率：$P = UI\cos\theta$；适用范围：单相负荷用电。

2. 单相三线式（图13-4）；配线方式：单相三线式输送功率：$P = 2UI\cos\theta$；适用范围：单相负荷用电。

3. 三相三线式（角形接线）（图13-5）；配线方式：三相三线式（角形接线）输送功率：$P = \sqrt{3}UI\cos\theta$；适用范围：高、中电压配电网，特殊负荷低压配电。

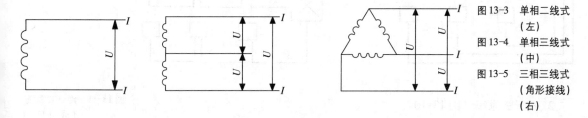

图13-3　单相二线式（左）

图13-4　单相三线式（中）

图13-5　三相三线式（角形接线）（右）

4. 三相三线式（星形接线）（图13-6）；配线方式：三相三线式（星形接线）输送功率：$P = \sqrt{3}UI\cos\theta$；适用范围：高、中电压配电网，特殊负荷低压配电，三相电动机专用配线。

5. 三相四线式（星形接线）（图13-7）；配线方式：三相四线式（星形接线）输送功率：$P = \sqrt{3}UI\cos\theta$；适用范围：一般三相负荷与单相负荷混合供电的配电网。

6. 三相四线式（角形接线）（图13-8）；配线方式：三相四线式（角形接线）输送功率：$P = \frac{1}{3}\sqrt{3}UI\cos\theta$；适用范围：电气化铁道供电，及其他高压单相负荷。

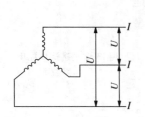 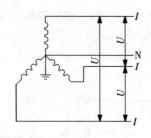 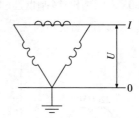

图 13-6　三相三线式（星形接线）（左）

图 13-7　三相四线式（星形接线）（中）

图 13-8　三相四线式（角形接线）（右）

13.1.4　常用低压配电系统接线方案

1. 放射式系统（图 13-9）

配线方式：放射式系统；

方案说明：配电线路发生故障互不影响，配电设备集中，检修比较方便但系统灵活性较差，有色金属消耗较多。

可在下列情况下采用：

（1）用电量大、负荷集中或重要的用电设备。

（2）需要集中连锁启动、停车的设备。

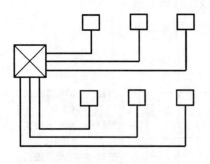　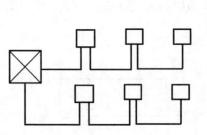

图 13-9　放射式系统（左）

图 13-10　树干式系统（右）

2. 树干式系统（图 13-10）

配线方式：树干式系统；

方案说明：配电设备及有色金属消耗较少的系统，灵活性好但配电线路发生故障时影响范围较大。一般用于用电设备布置比较均匀、容量不大，又无特殊要求的场所。

3. 混合式系统（或分区树干式）（图 13-11）

配线方式：混合式系统（或分区树干式）；

方案说明：配电设备及有色金属消耗较少，系统灵活性较好，配电线路发生故障时影响范围不大，一般用于用电设备布置比较均匀、容量较大的场所。

图 13-11　混合式系统（或分区树干式）

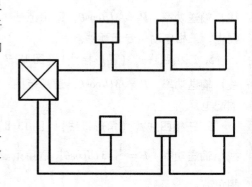

13.1.5 常用照明配电系统接线方案

1. 单台变压器系统（图13-12）

供电方式：单台变压器系统；

方案说明：照明与电力负荷在母线上分开供电，疏散照明由备用电源供电。

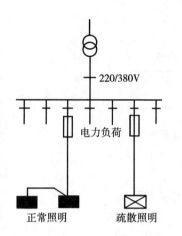 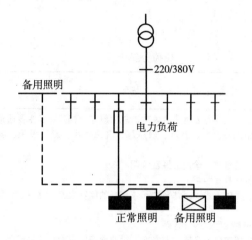

图13-12 单台变压器系统（左）

图13-13 一台变压器及一路备用电源线系统（右）

2. 一台变压器及一路备用电源线系统（图13-13）

供电方式：一台变压器及一路备用电源线系统；

方案说明：照明与电力负荷在母线上分开供电，暂时继续工作的备用线路与正常照明线路分开。

3. 两台变压器系统（图13-14）

供电方式：两台变压器系统；

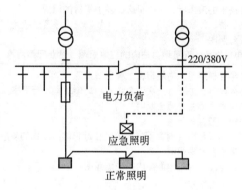

图13-14 两台变压器系统

方案说明：照明与电力负荷在母线上分开供电，正常照明和应急照明由不同变压器控制。

13.2 建筑供电系统设备的选择

13.2.1 用电负荷标准

对于照明电源的配电要求除保证安全、方便、美观以外，还要保证系统接线简单、灵活及维修方便。

民用建筑用电负荷规定如下：45m² 以下：为 2.5kW；70m² 以下：为 4kW；100m² 以下：为 6kW；100m² 以上：为 8kW。

13.2.1.1 负荷容量

（1）设备容量：是建筑工程中所有用电设备额定功率的总和，在向供电部门申请用电时，必须提供这个数据。

（2）计算容量：在设备容量的基础上通过负荷计算得出。

（3）装表容量：又称电度表容量，对于直接由市级供电系统供电的部门，需根据计算容量，选择计量用的电度表，用户限定在这个装表容量下使用电能。

13.2.1.2　负荷的级别

负荷分类表　　　　　　　　　　　　　表 13-1

负荷级别	场所
一级负荷	（1）重要办公建筑的主要办公室、会议室、总值班室、档案室及主要通道照明 （2）一、二级旅馆的宴会厅、餐厅、娱乐厅、高级客房、康乐设施、厨房及主要通道照明 （3）大型博物馆、展览馆、珍贵品展室照明 （4）甲级剧场演员化妆室照明 （5）省、自治区、直辖市级以上体育馆和体育场的比赛厅，主席台、贵宾室接待室及广场照明 （6）大型百货公司营业厅、门厅照明 （7）直接播出的广播电台播音室、控制室、微波设备、发射机房的照明 （8）电视台直接播出的演播厅、中心机房、发射机房的照明 （9）民用机场候机楼、外航驻机场办事处、机场宾馆、旅客过夜用房、民用机场旅客活动场所的应急照明 （10）市话局、电信枢纽、卫星地面站内的应急照明、营业厅照明等
二级负荷	（1）高层普通住宅楼梯照明、高层宿舍主要通道照明 （2）部、省级办公建筑、主要办公室、会议室、总值班室、档案室及主要通道照明 （3）高等院校高层教学楼主要通道照明 （4）一、二级旅馆一般客房照明 （5）银行营业厅、门厅照明（对面积较大的营业厅供继续工作的应急照明为一级负荷） （6）广播电台、电视台楼梯照明 （7）市话局、电信枢纽、卫星地面站内的应急照明 （8）冷库照明 （9）具有大量一级负荷的建筑其附属的锅炉房、冷冻站、空调机房的照明为二级负荷

电力系统按其重要性和中断供电所造成的政治影响、经济损失的程度分为三级，根据分级的情况，采取相应的供电措施，以保证供电的可靠性。

1. 一级负荷

中断供电将造成重大的政治影响、人身伤亡、重大经济损失及公共场所秩序严重混乱的地方，属于一级负荷。一级负荷采用两个以上的独立电源供电，即当一个电源发生故障时，另一个电源马上投入工作，如：一路市电和自备发电机；一路市电和自备蓄电池变压器组；两路市电来自两个发电厂，或来自枢纽变电站的不同母线段，另外为保证特别重要的负荷供电，一级负荷还必须增设应急照明。

2. 二级负荷

中断供电将造成较大政治影响、较大经济损失、公共场所秩序混乱的地方，属于二级负荷。二级负荷宜采用两个电源供电，但要求条件可放宽，如两路市电来自负荷变电站，或低压变电所的不同母线段，如当地供电条件困难或负荷较小，可由一路6kV以下的电压专线供电。

3. 三级负荷

不属于一、二级负荷者均属于三级负荷，其供电无特殊要求。

各类场所的负荷级别可参考表13-1。

13.2.2 用电负荷计算

负荷计算的目的是为了合理地选择供配电系统中导线的截面、开关和变压器等用电设备，由于接在线路上的各种用电设备一般不会同时使用，所以线路上最大负荷总要小于设备容量的总负荷，因此，在设计时必须对负荷进行计算。

13.2.2.1 照明供配电系统

照明供配电系统如图13-15所示。照明供配电系统的负荷计算通常采用需要系数法。其中，需要系数K_d：指线路上实际运行时的最大有功负荷$P_{\max}$，与线路上接入的总设备容量P_e之比，即$K_d = \dfrac{P_{\max}}{P_e}$，气体放电光源镇流器功率损耗系数和各类需要系数及单位建筑面积照明用电计算负荷见表13-2、表13-3。

图13-15 照明供配电
系统示意图

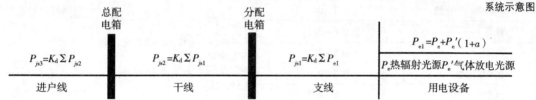

气体放电光源镇流器功率损耗系数 表 13-2

光源种类	损耗系数	$\cos\theta$	光源种类	损耗系数	$\cos\theta$
荧光灯	0.2	0.52	深荧光质的金属卤化物灯	0.14	0.61
荧光高压汞灯	0.15	0.67	低压钠灯	0.2~0.8	—
自镇流荧光高压汞灯	—	0.9	高压钠灯	0.12~0.2	0.44
金属卤化物灯	0.14~0.22	0.61			

民用建筑照明负荷需要系数 表 13-3

建筑物名称		各需要系数	备注
一般住宅楼	20户以下	0.6	单元住宅，多数为每户两室一厅每户插座为6~8个，装户表
	20~50户	0.6	
	50~100户	0.5~0.6	
	100户以下	0.4~0.5	

建筑物名称	各需要系数	备注
高级住宅楼	0.6 ~ 0.7	一开间内 1 ~ 2 盏灯，2 ~ 3 插座
单身宿舍	0.6 ~ 0.7	一开间内 2 盏灯，2 ~ 3 插座
一般办公楼	0.7 ~ 0.8	一开间内 2 盏灯，2 ~ 3 插座
高级办公楼	0.6 ~ 0.7	一开间内 2 盏灯，2 ~ 3 插座
科研楼	0.8 ~ 0.9	三开间内 6 ~ 11 盏灯，1 ~ 2 插座
技术交流中心	0.6 ~ 0.7	
教学楼	0.8 ~ 0.9	
图书馆	0.6 ~ 0.7	
托儿所、幼儿园	0.8 ~ 0.9	
大、中型商场	0.85 ~ 0.9	
综合服务楼	0.75 ~ 0.85	
食堂餐厅	0.8 ~ 0.9	
一般旅馆、招待所	0.7 ~ 0.8	一开间内 1 盏灯，2 ~ 3 插座，集中卫生间 带卫生间单身客房 4 ~ 5 盏灯，4 ~ 6 插座
高级旅馆、招待所	0.6 ~ 0.7	
旅游宾馆	0.35 ~ 0.45	
电影院、文化馆	0.7 ~ 0.8	
剧场	0.6 ~ 0.7	
礼堂	0.5 ~ 0.7	
体育练习馆	0.7 ~ 0.8	
展览馆	0.5 ~ 0.7	
门诊部	0.6 ~ 0.7	
一般病房楼	0.65 ~ 0.75	
高级病房楼	0.5 ~ 0.6	
锅炉房	0.9 ~ 1	

13.2.2.2 照明供配电系统的负荷计算

对于白炽灯和卤钨灯按式（13-1）：$P_{je_1} = P_e$　　　　　　　（13-1）

对于气体放电光源按式（13-2）：$P_{je_1} = P_e (1 + a)$　　　　　（13-2）

式中　P_e——额定功率（W）；

　　　P_{je_1}——照明计算负荷（W）。

支线、干线、进户线负荷计算如图 13-15 所示。民用建筑内的插座，每个按 100W 计算。负荷计算应由负载端开始，经支线、干线至进户线，故计算负荷应由支线开始。根据规程规定，每一单相支线的电流不宜超过 10A，最大不应超过 15A（计算负荷约为 2kW）；同一回路的灯或插座的数量不宜超过 20 个（最多不应超过 25 个）。为规划用电方案，计算用电量时，需要对用电负荷进行估算，表 13-4 给出了单位建筑面积照明用电计算负荷（单位容量法计算负荷）。

单位建筑面积照明用电计算负荷 表 13-4

建筑物名称	计算负荷（W/m²）		建筑物名称	计算负荷（W/m²）	
	白炽灯	荧光灯		白炽灯	荧光灯
一般住宅楼	6～12		餐厅	8～12	
高级住宅	10～20		高级餐厅	15～30	
单身宿舍		5～7	内部食堂	5～9	
一般办公楼		8～10	旅馆、招待所	11～18	
高级办公楼	15～23		高级宾馆、招待所	26～35	
科研楼	20～25		文化馆	15～18	
技术交流中心	15～20		电影院	12～20	
教学楼	10～23		剧场	12～27	
图书馆	15～25		礼堂		17～30
托儿所、幼儿园	6～10		体育练习馆		12～24
大、中型商场	13～20		展览馆		16～40
综合服务楼	10～15		门诊楼		12～15
照相馆	8～10		病房楼	8～10	
服装店	5～10		服装生产车间	20～52	
书店	6～12		工艺品生产车间	15～20	
理发店	5～10		库房		4～9
浴室	10～15		车房		5～7
粮店、副食店、邮政所、储蓄所、洗染店、综合修理店		8～12	锅炉房		5～8

13.2.2.3 照明线路的计算电流

计算电流是选择导线截面的直接依据，也是计算电压损失的主要参数之一。

在照明供电时要注意照明器大多数是单相设备，若采用三相四线 380/220V 供电，按建筑设计技术规程的规定，单相负载应逐相均匀分配，当回路中单相负荷的总容量小于该回路三相对称负荷总容量的 15% 时，全部按三相对称负荷计算，当超过 15% 时，应将单相负荷换算成等效的三相负荷，再同三相对称负荷相加，等效三相负荷为最大相负荷的三倍。

1. 对于白炽光源照明线路的计算电流

单相线路，按式（13-3）：$I_{js} = \dfrac{P_{js}}{V_e}$ （13-3）

三相线路，按式（13-4）：$I_{js} = \dfrac{\sum P_{js}}{\sqrt{3} V_N}$ （13-4）

2. 气体放电光源照明线路的计算电流

单相电路，按式（13-5）：$I_{js} = \dfrac{P_{js}}{V_e \cos\theta}$　　　　　　　　　　　　　（13-5）

三相电路，按式（13-6）：$I_{js} = \dfrac{\sum P_{js}}{\sqrt{3} V_N \cos\theta}$　　　　　　　　　（13-6）

3. 两种光源共同工作时的计算电流

设：有功电流为 I_a，无功电流为 I_r。

如图 13-16 为两种光源电流矢量图。

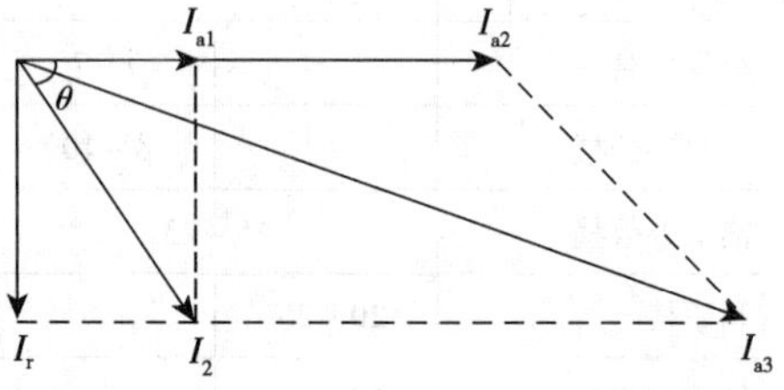

$$P_{js} = \sqrt{I_r^2 + (I_{a1} + I_{a2})^2}$$
$$= \sqrt{(I_2 \sin\theta)^2 + (I_{a1} + I_2 \cos\theta)^2} \qquad (13\text{-}7)$$

其中：$\sin\theta = \dfrac{I_r}{I_2}$　　　　　　　　　　　　　　（13-8）

$$I_r = I_2 \sin\theta \qquad (13\text{-}9)$$

$$\cos\theta = \frac{I_{a1}}{I_2} \qquad (13\text{-}10)$$

$$I_{a1} = I_2 \cos\theta \qquad (13\text{-}11)$$

图 13-16　两种光源电流矢量图

13.2.3　照明设备的选择

为了保证照明配电的可靠性，便于维护和管理及控制电路的正常运行，电路中设置了导线、开关、控制电器、保护电器，选择时应遵守下列原则：

13.2.3.1　电源的选择

（1）照明网络一般采用 380/220V 三相四线制中性点直接接地系统。

（2）需要采用直流应急照明电源时，其电压可根据容量大小、使用要求确定。

（3）对于隧道、人防工程、有高温、导电灰尘或灯具离地面高度小于 2.4m 等场所的照明，电源电压应小于 36V。

（4）在潮湿和易触及带电体场所的照明电源电压应小于 24V。

13.2.3.2　控制及保护电器的选择

1. 照明配电箱的确定

动力负荷与照明负荷共用同一电源时，则照明电源应接在动力电源总开关之前，照明配电线路应设置带有保护装置的总开关。照明配电箱采用三相四线制，带有电源进线总开关，设置在负荷中心的位置暗装，这样可以使各相负荷平衡，也可以节约用电。

2. 熔断器熔体电流的确定

熔断器熔体额定电流一般按式（13-12）确定。

$$I_{er} \geqslant K_m \cdot I_{js} \qquad (13\text{-}12)$$

式中　I_{er}——熔体的额定电流（A）；

　　　K_m——熔体选择的计算系数；

I_{js}——线路计算电流（A）。

表 13-5 给出了照明线路保护用熔体选择计算系数。

照明线路保护用熔体选择计算系数（K_m） 表 13-5

熔断器型号	熔体材料	熔体的额定电流（A）	K_m 值		
			白炽灯、卤钨灯、荧光灯、金属卤化物灯	高压汞灯	高压钠灯
RL_1	铜、银	≤60	1	1.3～1.7	1.5
RC_1A	铅、铜	≤60	1	1～1.5	1.1

3. 开关的选择

（1）额定电流值应大于所连接的实际容量，配电设备应尽量采用分散控制，开关装置应设置在负荷中心的位置，这样既可以使各相负荷平衡，也可以节约用电。

（2）在同一工程中，应尽量采用同一型号的产品，以利于维修和管理。

（3）旅馆客房的进门应设有带指示灯的开关，卫生间内如需要设置远红外设施时，应配置 0～30min 的定时开关。

4. 插座的选择

随着人民生活水平的不断提高，近年来照明开关装置均采用暗装，开关的额定电流值应大于所连接的实际容量配电设备，应尽量采用分散控制，插座的额定电流值应大于所连接的实际容量。安装方式均采用暗装，一般均选用单相接地插座。

13.2.3.3 导线的选择

1. 导线、电缆线的型号的选择

导线型号的选择主要考虑环境条件、运行电压、敷设方法和经济、可靠性方面的要求。经济因素除考虑价格以外，应该注意节约有色资源，如优先采用铝芯导线目的是节约用铜；尽量采用塑料绝缘电线，目的是节约橡胶等。

常用照明线路的导线型号及用途见表 13-6。

常用照明线路的导线型号及用途 表 13-6

导线型号	名称	主要用途
BX（BLX）	铜（铝）芯橡皮绝缘线	固定明、暗、敷设
BXF（BLXF）	铜（铝）芯氯丁橡皮绝缘线	固定明、暗、敷设。优选户外
BV（BL）	铜（铝）芯聚氯乙烯绝缘线	固定明、暗、敷设
BV-105（BL-105）	耐热 105℃铜（铝）芯聚氯乙烯绝缘线	用于温度较高的场所
BVV（BLVV）	铜（铝）芯聚氯乙烯绝缘线、聚氯乙烯护套线	用于直贴墙壁敷设

导线型号	名称	主要用途
BXR	铜芯橡皮绝缘软线	用于 250V 以下的移动电器
RV	铜芯聚氯乙烯软线	用于 250V 以下的移动电器
RVB	铜芯聚氯乙烯绝缘扁平线	用于 250V 以下的移动电器
RVS	铜芯聚氯乙烯绝缘软绞线	用于 250V 以下的移动电器
RVV	铜芯聚氯乙烯绝缘线、聚氯乙烯护套软线	用于 250V 以下的移动电器
RVX – 105	铜芯耐热聚氯乙烯绝缘软线	同上，耐热 105°C

2. 导线截面的选择

导线截面的选择一般应遵守以下原则：

第一、按机械强度选择导线的最小允许截面。第二、按发热条件选择导线的最小允许截面。第三、按电压损失校验导线的最小允许截面。而且必须同时满足三项要求。

1）按机械强度选择导线的最小允许截面

导线和电缆在敷设过程中或敷设后都会受到拉力或张力的作用，因而需要有足够的机械强度，导线受力大小与敷设方式有关，表 13-7 给出了在各种敷设方式下导线允许的最小截面。

按机械强度选择导线的最小允许截面　　　　表 13-7

导线敷设方式		最小截面（mm^2）		
		铜芯软线	铜线	铝线
照明用灯头线	室内	0.5	0.8	2.5
	室外	1	1	2.5
穿管敷设的绝缘导线		1	1	2.5
塑料护套线沿墙明敷线			1	2.5
敷设在支持件上的绝缘导线			1	
室内，支持点间距为 2m 以下			1.5	2.5
室外，支持点间距为 2m 以下			2.5	2.5
室外，支持点间距 6m 及以下			2.5	4
室外，支持点间距为 12m 及以下				6

2）按发热条件选择导线的最小允许截面

按发热条件选择导线的最小允许截面，首先进行负荷计算，求出流过导线的电流，然后查表 13-8 求出导线的截面。

导线截面（mm²）	导线明敷设				橡皮绝缘导线多根同穿在一根管内时允许负荷电流													
	25°C		30°C		25°C								30°C					
	橡皮	塑料	橡皮	塑料	穿金属管			穿塑料管			穿金属管			穿塑料管					
					2 根	3 根	4 根	2 根	3 根	4 根	2 根	3 根	4 根	2 根	3 根	4 根		
2.5	27	25	25	23	21	19	16	19	17	15	20	18	15	18	16	14		
4	35	32	33	30	28	25	23	25	23	20	26	23	22	23	22	19		
6	45	42	42	39	37	34	30	33	29	26	35	32	28	31	27	24		
10	65	59	61	55	52	36	40	44	40	35	49	43	37	41	37	33		
16	85	80	79	75	66	59	52	58	52	46	62	55	49	54	49	43		

导线截面（mm²）	导线明敷设				塑料绝缘导线多根同穿在一根管内时允许负荷电流													
	25°C		30°C		25°C								30°C					
	橡皮	塑料	橡皮	塑料	穿金属管			穿塑料管			穿金属管			穿塑料管					
					2 根	3 根	4 根	2 根	3 根	4 根	2 根	3 根	4 根	2 根	3 根	4 根		
2.5	27	25	25	23	20	18	15	18	16	14	19	17	14	17	15	13		
4	35	32	33	30	27	24	22	24	22	19	25	22	21	22	21	18		
6	45	42	42	39	35	32	28	31	28	24	33	30	26	29	25	23		
10	65	59	61	55	49	44	38	42	38	33	46	41	36	39	36	31		
16	85	80	79	75	63	56	50	35	49	44	59	52	47	51	46	41		

3）按电压损失选择导线截面

线路始端电压和末端电压的代数差称为线路的电压损失。其电压偏移应小于 ±2.5%。照明线路的情况复杂，有单相、三相，有一个或多个集中负荷，有感性、阻性及感性阻性兼而有之的负载，在研究电压损失时我们假定有下列两种情况：设每相电流为 I（A），线路等效电阻为 R（Ω），电抗为 X（Ω），线路始端和末端相电压为 V_1、V_2，负荷功率因数为 $\cos\theta$，则以末端相电压为基准，作为一相的电压相量图，如图 13-17（b）。

在感性负荷电流作用下 I_2 末端电压 V_2 有角度 θ_2，负荷电流 I_2 产生的有效电压与电流同相，而产生的电感电压降超前于电流 90°，由于这些结果是有了电压以后发生的，所以将 I_L 平移到 a 点，得 ab 线段，连 OC 则为首端电压 V_1。

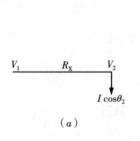

（a）

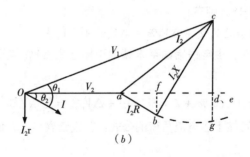

（b）

图 13-17　仅在线路末端接有负荷的三相电路的电压损失
（a）单线图；（b）电压相量图

$$V' = I_2 R + I_2 X = I_2 \ (R + X)$$

$$V = V_1 - V_2 = ae = ac$$

$$V = V_1 - V_2 = oc - oa = ae = af + fd$$

在 $\triangle afb$ 中 $\cos\theta_2 = \dfrac{af}{ab} = \dfrac{af}{I_2 R}$ $\qquad af = I_2 R\cos\theta_2$

在 $\triangle bcg$ 中 $\sin\theta_2 = \dfrac{bg}{I_2 X}$ $\qquad bg = I_2 X\sin\theta_2$

因为 $bg = fd$，所以 $fd = I_2 X\sin\theta_2$

$$V' = I_2 X\sin\theta_2 + I_2 R\cos\theta_2$$

又因为 $R = LR_0$，$X = LX_0$

$$V' = \frac{PL \ (R_0\cos\theta_2 + X_0\sin\theta_2)}{V_e}$$

$$\triangle V = V'/V_e \times 100\% = \frac{PL \ (R_0\cos\theta_2 + X_0\sin\theta_2)}{V_e^2} \times 100\%$$

$$V\% = \frac{100PL \ (R_0\cos\theta_2 + X_0\sin\theta_2)}{V_e^2}$$

若不计线路的电抗损失，且 $\cos\theta_2 = 1$

则有 $V\% = 100LPR_0/V_e^2$。

令电导率为 γ，则 $R_0 = \dfrac{R}{A} = \dfrac{1}{A\gamma}$

$$V\% = \frac{100LP}{A\gamma V_e^2}$$

令 $\dfrac{100}{\gamma V_e^2} = \dfrac{1}{C}$，所以按式（13-13）：$\triangle V\% = \dfrac{PL}{CA}$ $\hfill$ (13-13)

式中　　P——功率（kW）；

$\quad\quad\ L$——线路长度（m）；

$\quad\quad\ A$——导线截面（mm^2）；

$\quad\quad\ C$——计算系数。

在单相 220V 线路中 C 值为：铝线 7.45，铜线 12.1。

在三相 380V 线路中 C 值为：铝线 44.5，铜线 72。

导线最佳截面见式（13-14）：$S_{min} = \rightarrow \dfrac{PL}{C\triangle V\%}$ $\hfill$ (13-14)

工程上规定电压损失 $\triangle V \leqslant \pm 2.5\%$，或 $\triangle V\% \leqslant \pm 2.5$ 线路各段接有负荷的树干式线路，如图 13-18，则有：

$$\triangle V\% = \triangle V_1\% + \triangle V_2\% + \triangle V_3\% + \triangle V_4\%$$

线路各段接有负荷时，由电路始端至末端的电压损失 $\triangle V\%$ 等于各段线路电压损失之和，即：

$$V\% = \triangle V_1\% + \triangle V_2\% + \triangle V_3\% + \cdots + \triangle V_n\% = \sum_{i=1}^{n}\triangle V_i\%$$

各段电路电压损失可按上述电流负荷的公式计算或查表得出，但在计算后

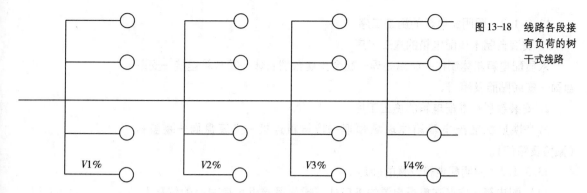

图13-18　线路各段接有负荷的树干式线路

查表时应注意下面两个问题：第一，经 L_2 段的电流为 $I_2 + I_3 + \cdots + I_n$；第二，电流 I_2、$I_3 \cdots I_n$ 有各自对应的负荷功率因数 $\cos\theta_2$，在查表（或计算时）应先分别计算（或查出）I_2、$I_3 \cdots I_n$ 各自在 L_2 段产生的电压损失，它们的代数和才是 L_2 段的电压损失 $\triangle V_2\%$。当整条线路截面相同，且 $\cos\theta_2$ 均为 1 时，线路始端至末端的电压损失为式（13-15）。

$$V\% = \frac{PL}{CA} = \frac{P_1L_1 + P_2L_2 + \cdots + P_nL_n}{CA} \qquad (13-15)$$

13.3　照明电器装置的安装

照明电器装置的安装，主要包括照明线路的安装和照明灯具的安装。随着科学技术水平的不断发展、人们生活水平的不断提高，人们对电器装置的安装要求也不断升级。所以，照明线路的安装应具有模块化、实用性、灵活性、扩充性、必要性。做到：安全、可靠、美观、经济、简便。安装时要严格遵守操作规程，文明安装，保护环境。在设计安装时要做到：操作简单、维修方便、符合质量要求、遵守操作规程、保证人身安全。

本节主要介绍各种灯具和对灯具进行控制的电气设备的安装。

13.3.1　配电箱的安装

13.3.1.1　照明配电箱的型号

常用的标准照明配电箱有悬挂式和嵌入式两种，其型号含义表达如下：

X	X	R	M	□	□	□	L	□	M
箱	悬挂式	嵌入式	照明	箱型分类号	进线主开关级数 1：单极 2：双极 3：三极 0：无主开关	分支出线回路数 (以单极出线为模数，一组三极相当于三个单极)	带漏电开关	表示出线形式 3：三相出线 4：按用户要求组合单相不表示	带面门，无面门不表示

13.3.1.2 照明配电箱的施工工序

1. 安装自制木质配电箱的施工工序

木质配电箱箱体制作—防腐处理—配合土建预埋箱体—管与箱连接—安装盘面—安装贴脸及箱门。

2. 安装铁质标准配电箱的施工工序

成套铁质标准配电箱箱体现场预埋—管与箱连接—安装盘面—装盖板（贴脸及箱门）。

13.3.1.3 照明配电箱位置的确定

（1）配电箱应安装在靠近电源的进口处，或尽量接近负荷中心的位置上，配电箱的供电半径一般应为 30m 左右。

（2）配电箱应安装在干燥、明亮、不易受损、不易受振、无腐蚀气体、便于抄表、维护和操作方便的地方。

（3）配电箱与采暖管道、煤气管（表）的距离不应小于 300mm。与给水排水管道的距离不应小于 200mm。

（4）配电箱不应设在散热器上方，及水池或水门的上、下侧，如果必须这样做，其垂直距离应大于 1m，水平距离应大于 0.7m。

照明配电箱采用暗装，装置应设置在负荷中心的位置，这样既可以使各相负荷平衡，也可以节约用电。照明配电箱底边距地高度一般为 1.5m，照明配电板底边距地高度应大于 1.8m。

13.3.2 开关的安装

13.3.2.1 开关的型号

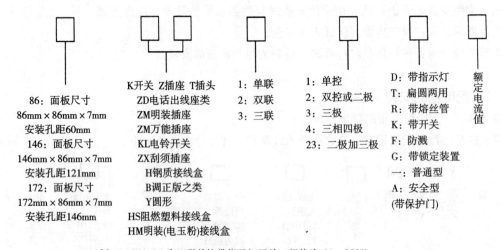

86：面板尺寸	K开关 Z插座 T插头	1：单联	1：单控	D：带指示灯	额定电流值
86mm×86mm×7mm	ZD电话出线座类	2：双联	2：双控或二极	T：扁圆两用	
安装孔距60mm	ZM明装插座	3：三联	3：三极	R：带熔丝管	
146：面板尺寸	ZM万能插座		4：三相四极	K：带开关	
146mm×86mm×7mm	KL电铃开关		23：二极加三极	F：防溅	
安装孔距121mm	ZX刮须插座			G：带锁定装置	
172：面板尺寸	H钢质接线盒			一：普通型	
172mm×86mm×7mm	B调正版之类			A：安全型	
安装孔距146mm	Y圆形			（带保护门）	
	HS阻燃塑料接线盒				
	HM明装(电玉粉)接线盒				

例：146K41D6 为四联单控带指示灯开关，规格为 6A、250V

13.3.2.2 开关的种类

开关的型号繁多、品种各异，单联、多联的跷板开关如图 13-19 所示。

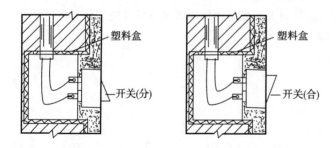

图 13-19 跷板开关

调光开关，防潮防溅开关，如图 13-20、图 13-21 所示。除以上开关外，还有带有指示灯的开关及双控开关。

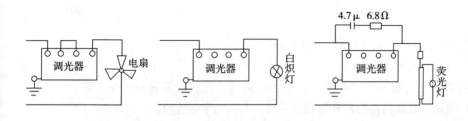

图 13-20 调光开关接线图

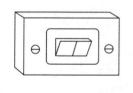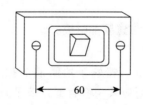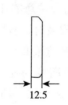

图 13-21 防潮防溅开关

13.3.2.3 开关安装方法

（1）开关装置均采用暗装，开关的额定电流值应大于所连接的实际容量，开关装置应设置在负荷中心的位置，这样既可以使各相负荷平衡，又可以节约用电。

（2）开关安装的高度应由设计确定，开关盒一般距地面 1.3m，且考虑门的开启方向。开关与门框的水平距离应为 0.15～0.2m。

（3）并列安装的相同型号开关距地面高度应一致，高度差应小于 1mm，同一室内安装的开关高度差不应大于 5mm。

（4）暗装开关应有专用盒，开关盒周围抹灰处尺寸应正确，边缘整齐光滑，开关盒处应交接紧密、饰面板（砖）镶贴时，开关盒处应用整砖套割吻合，不准用非整砖拼凑镶贴。且检查管口是否光滑，盒内是否清洁。

（5）跷板开关的面板上，一般可装 1～4 个开关，接线时应使开关切断相线，并根据面板上的标志确定面板的装置方向。如图 13-19 所示。接线时将盒内导线理顺好，依次接线后，将盒内导线盘成圆圈，放置于开关盒内。安装好的开关面板应紧贴建筑物装饰面。凡几盏灯集中由一个地点控制的，不宜采用单联开关并列控制，应选用双联及多联开关，安装接线时考虑好开关控制灯具的顺序，其位置应与灯具相互对应。

13.3.3　插座的安装

13.3.3.1　插座的型号

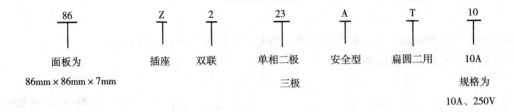

86	Z	2	23	A	T	10
面板为	插座	双联	单相二极	安全型	扁圆二用	10A
86mm×86mm×7mm			三极			规格为 10A、250V

13.3.3.2　插座的安装方法（图13-22、图13-23）

插座的接线应符合下列规定：

（1）单相两孔插座，面对插座的右孔或上孔与相线连接，左孔或下孔与零线连接；单相三孔插座，面对插座的右孔与相线连接，左孔与零线连接。

（2）接地（PE）或接零（PEN）线在插座间不串联连接。

13.3.3.3　安装插座时应注意的几点

（1）在三合板上开孔安装时，板后螺栓位置要加附板。

（2）卫生间开关应安装防溅面板。

（3）插座安装的一般高度为距地0.3m，特殊场所暗装的插座不小于0.15m，同一室内插座安装应一致，潮湿场所应采用密封型并带保护地线触头的保护型插座，安装高度大于1.5m。

（4）同一场所的三相插座，接线的相序应一致。插座的额定电流值应大于所连接的实际容量。

（5）当插座有触电危险电器电源时，采用能断开电源的带开关插座。当不采用安全型插座时，托儿所、幼儿园及小学等儿童活动场所安装高度应大于1.8m。

图13-22　插座安装示意图

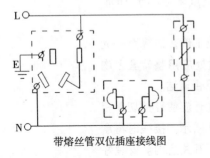

带熔丝管双位插座接线图

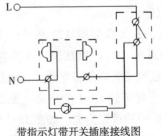

带指示灯带开关插座接线图

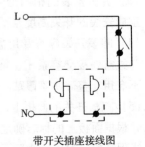

带开关插座接线图

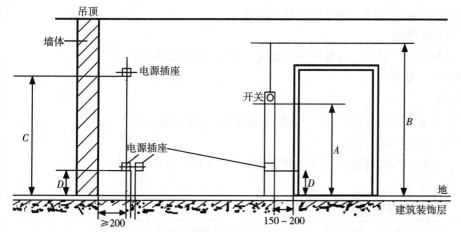

图 13-23　开关插座安装要求示意图

13.3.4　导线的敷设

导线的敷设有明敷设和暗敷设两种形式。明敷设：导线直接或穿管敷设于墙壁、顶棚的表面、桁架、支架等处。暗敷设：导线穿管敷设于墙壁、顶棚、地坪、楼板等处的内部，导线敷设时应有保护物的支撑。

13.3.4.1　硬质塑料管敷设

硬质塑料管敷设过程包括以下四个工序：管的切断、管的弯曲、管的连接、管的敷设。

1. 管的切断

硬质塑料管的切断要求切口垂直整齐。

2. 管的弯曲

硬质塑料管的弯曲角度不宜小于 90°，弯曲半径不应小于管外径的 6 倍，且管的弯曲处不应有折皱、裂缝现象。

3. 管的连接

硬质塑料管用插接法连接时，插接长度应为管内径的 1.1 ~ 1.8 倍；用套接法连接时，套接长度应为管内径的 1.5 ~ 3 倍。硬质塑料管与盒（箱）连接时，伸入盒（箱）的长度应小于 5mm，多根管进入时长度应均匀一致。

4. 管的敷设

1）硬质塑料管管路水平敷设时，拉线点之间的距离应符合以下要求：

（1）无弯路径，不超过 30m。

（2）两个拉线点之间有一个弯时，不超过 20m。

（3）两个拉线点之间有两个弯时，不超过 15m。

（4）两个拉线点之间有三个弯时，不超过 8m。

（5）暗配管时两个拉线点之间不允许有四个弯。

2）硬质塑料管管路垂直敷设时应符合以下要求：

（1）导线截面 50mm² 以下，两个拉线点之间 30m。

（2）导线截面 70 ~ 90mm² 以下，两个拉线点之间 20m。

（3）导线截面 $120 \sim 240 mm^2$ 以下，两个拉线点之间 18m。

13.3.4.2 塑料护套线敷设

由于装饰专业一般都是二次装修，采用导线明敷设，吊顶的机会非常多，所以管路敷设时应符合以下要求：

1）塑料护套线配线

塑料护套线一般用于室内照明工程的明敷设，护套线各固定点的位置一般为 $100 \sim 200mm$，转弯处为 $50 \sim 100mm$。

2）护套线的固定应使用专用的铝线卡，其技术数据参考表 13-9。

塑料护套线与铝线卡号数的配用　　　　　　　　表 13-9

导线截面（mm²）	BVV、BLVV 双芯			BVV、BLVV 三芯		导线截面（mm²）	BVV、BLVV 双芯			BVV、BLVV 三芯	
	1 根	2 根	3 根	1 根	2 根		1 根	2 根	3 根	1 根	2 根
1.0	0	1	3	1	3	5	1	3		3	
1.5	0	2	3	1	3	6	2	4		3	
2.5	1	2	4	1	5	8	2			4	
4	1	3	5	1	5	10	3			4	

3）护套线在敷设中应注意校直，随时收紧护套线，用铝线卡固定护套线时，护套线应位于线夹钉位的中心。

4）护套线的连接应通过接线盒或电器器具连接，线与线不能直接连接。

5）塑料护套线与其他管线间的最小距离的有关要求如下：

（1）与蒸汽管平行时 1000mm，在管道下边 500mm。

（2）与热水管平行时 300mm，在管道下边 50mm。

（3）水平或垂直敷设护套线时，其偏移不得大于 5mm。

（4）护套线在同一平面转弯时，弯曲半径应大于护套线宽度的 3 倍；在不同平面转弯时，弯曲半径应大于护套线厚度的 3 倍。

（5）护套线明敷设时，中间接头应在接线盒内，暗敷设时板孔内应无接头。

（6）管路沿建筑物表面敷设，一般采用管卡子固定，固定点之间的距离见表 13-10。

钢管中间管卡的最大距离　　　　　　　　表 13-10

敷设方式	钢管种类	钢管直径（mm）			
		15 ~ 20	25 ~ 30	40 ~ 50	65 ~ 100
		最大允许距离（m）			
吊架支架	厚钢管	1.5	2.0	2.5	3.5
沿墙敷设	薄钢管	1.0	1.5	2.0	3.5

（7）多根明管并列敷设时，拐角可按同心圆弧的形式排列安装。

（8）明管在吊顶内敷设时，管子可以固定在钢龙骨吊顶的吊杆和吊顶的主龙骨上，并使用吊装卡具安装。如管子内径较大或管子较多时，应安装于楼顶板或梁固定的支架上。

13.3.4.3 钢管敷设的有关要求

1）多根导线穿于同一根管时，导线截面的总和（包括外护层）不应超过管内径截面的40%。

2）管路与其他管道间的最小距离不得小于以下规定：

（1）与蒸汽管平行时1000mm，交叉时300mm。

（2）与煤气配管在同一平面上时，间距不应小于50mm。

（3）在蒸汽管下面时为500mm。

（4）电线管路与其他管路的平行间距不应小于100mm。

13.3.5 分线盒及连接头的安装方法

13.3.5.1 钢管与分线盒安装方法（图13-24）

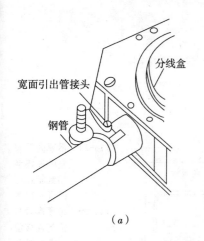

图13-24 钢管与分线盒安装方法
(a) 宽面引出管接头安装方法；(b) 宽面引出管接头

宽面引出管接头

分线盒

钢管

（a） （b）

钢管与分线盒（箱）连接若采用焊接的方法时应注意：钢管伸入盒（箱）内的长度应小于5mm。直通连接头安装方法，如图13-25所示。

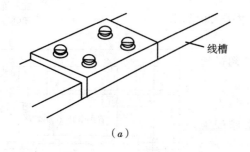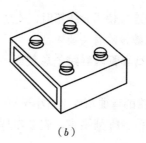

图13-25 直通连接头安装方法
(a) 直通连接头安装方法；(b) 直通连接头

线槽

（a） （b）

13.3.5.2 线槽与管过渡接头安装方法（图13-26）

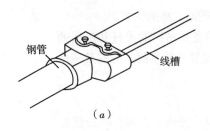

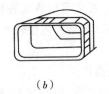

图13-26 线槽与管过渡接头安装方法

(a) 过渡接头安装方法;
(b) 线槽与管过渡接头

13.3.5.3 终端头安装方法（图13-27）

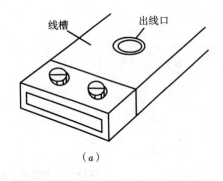

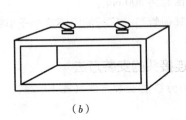

图13-27 终端头安装方法

(a) 终端头安装方法;
(b) 终端头

13.3.5.4 吊顶内管与盒的连接

1）普利卡金属套管在吊顶内敷设，吊顶内管与盒的连接使用线箱连接器时，安装如图13-28所示。

2）吊顶内管与盒的连接使用混合接头时，安装如图13-29所示。

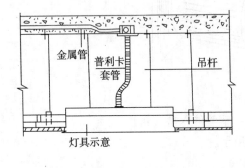

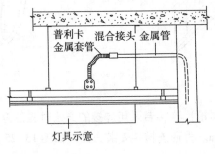

图13-28 吊顶内管与盒的连接使用线箱连接器（左）
图13-29 吊顶内管与盒的连接使用混合接头（右）
图13-30 吊顶内管与盒的连接使用分线箱

3）吊顶内管与盒的连接使用分线箱时，安装如图13-30所示。

4）普利卡金属套管敷设的有关要求：

（1）穿入普利卡金属套管内导线的总截面不应超过管内径截面的40%。

（2）普利卡金属套管的弯曲角度不宜小于90°。

（3）管子应连接紧密、排列平直、安装牢固，暗配管保护层大于15mm。

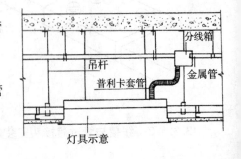

13.3.6 灯具的安装

灯具及配电设备在安装时应力求安全可靠、操作简单、维修方便、符合质量要求、遵守操作规程、注意人身安全。

13.3.6.1 灯具安装的通用要求

（1）保证施工质量，安全运行，加强管理，避免损失，协调建筑与电气照明装置安装的关系。

（2）大型灯具的安装，要先用 5 倍以上灯具质量进行过载起吊试验，如需要人站在灯具上时，还要另加 200kg 的重量。

（3）固定花灯用的吊钩，其圆钢直径应大于灯具吊挂销、钩的直径 6mm。对于大型吊装花灯的固定及悬吊装置，应按灯具质量的 1.25 倍做过载试验。

（4）嵌入顶棚的灯具，电源线不能贴近灯具发热的表面，为了检修方便，导线在灯盒内应留有余量，以便在拆卸时不必剪断电源线。

（5）采用钢管作灯具吊杆时，钢管内径应大于 10mm，钢管壁厚度应大于 1.5mm，灯架和吊管内的导线不得有接头。螺纹连接要求牢固可靠，至少旋入 5～7 牙。

（6）吊链灯具的火线不应受力，火线应与吊链编叉在一起。

（7）做局部照明灯的安装时，托架上的穿线孔径应大于 8mm，狭窄处允许减少至 6mm，穿孔处导线应加保护。移动构架上的局部照明灯具需随着使用方向的变化而转动，导线也不应受到拉力和磨损，所以，导线应敷设在移动构架的内侧。

（8）灯具安装时，先用电钻将木台的出线孔钻好，木台应比灯具的固定部分大 40mm。塑料台不需钻孔，可直接固定灯具。对于吸顶灯采用木制底台，应在灯具与底台中间铺垫石棉板或石棉布，其灯具固定应牢固可靠，固定灯具的方法如图 13-31、图 13-32 所示。

（9）固定用的螺栓不应少于 2 个。对于白炽灯泡的吸顶灯具，灯泡与绝缘台之间的距离小于 5mm 时，灯泡与绝缘台之间应采用隔热措施。

13.3.6.2 固定灯具的方法

灯具安装时，先用电钻将木台的出线孔钻好，木台应比灯具的固定部分大 40mm，塑料台不需钻孔，可直接固定灯具。对于吸顶灯采用木制底台，应在灯具与底台中间铺垫石棉板或石棉布，灯具固定应牢固可靠，固定用的螺栓应大于 2 个。对于白炽灯泡的吸顶灯具，灯泡与绝缘台之间的距离小于 5mm 时，灯泡与绝缘台之间应采用隔热措施。固定灯具的方法如图 13-31、图 13-32 所示。

13.3.6.3 花灯的安装方法

花灯的安装方法如图 13-33 所示。

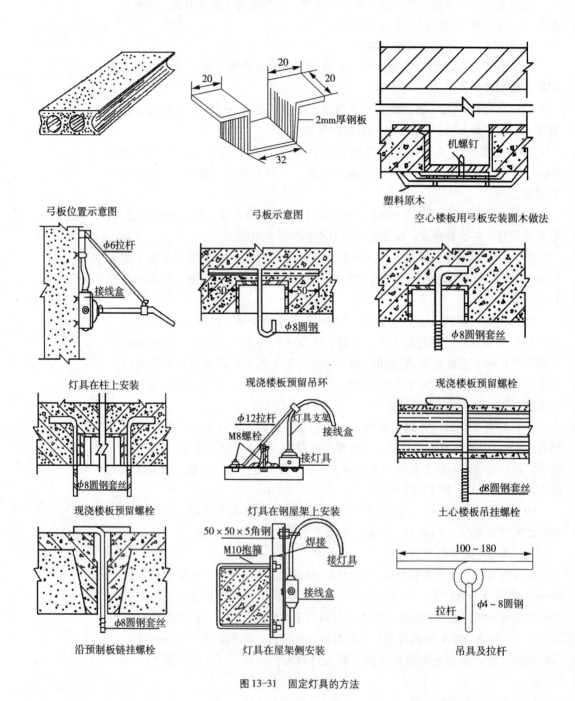

图 13-31 固定灯具的方法

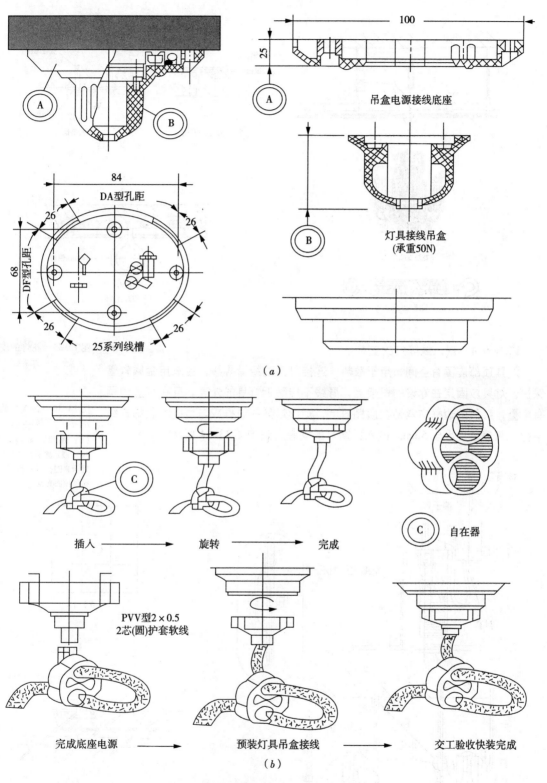

100

25

Ⓐ

吊盒电源接线底座

Ⓑ

灯具接线吊盒
(承重50N)

84

DA型孔距

26   26

68 DF型孔距

26   26

25系列线槽

Ⓐ

Ⓑ

(a)

Ⓒ

插入 ⟶ 旋转 ⟶ 完成

Ⓒ 自在器

PVV型2×0.5
2芯(圆)护套软线

完成底座电源 ⟶ 预装灯具吊盒接线 ⟶ 交工验收快装完成

(b)

图13-32 一般灯具用预装承插式、吊盒式安装
(a) 灯具接线盒示意图；(b) 灯具安装示意图

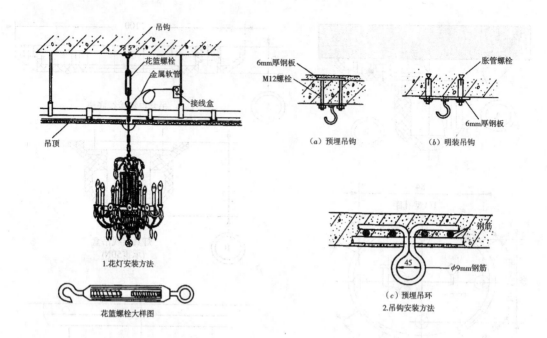

（a）预埋吊钩　（b）明装吊钩

（c）预埋吊环
2.吊钩安装方法

1.花灯安装方法

花篮螺栓大样图

图 13-33　花灯的安装方法

13.3.6.4　嵌入式筒灯的安装

灯具顶部应留有空间，用于散热；连接灯具的绝缘导线，应采用金属软管保护；灯具应固定在专设的框架上，导线不应贴近灯具的外壳，且在灯盒内留有余量，灯具的边框应紧贴在顶棚面上，矩形灯具的边框应与顶棚的装饰直线平行，其偏差应小于 5mm。嵌入式筒灯的安装方法如图 13-34 所示。

图 13-34　嵌入式筒灯的安装

（a）吊顶内电缆配线；（b）嵌入式筒灯在吊顶布置示意图；（c）筒灯在卵格吊顶布置图

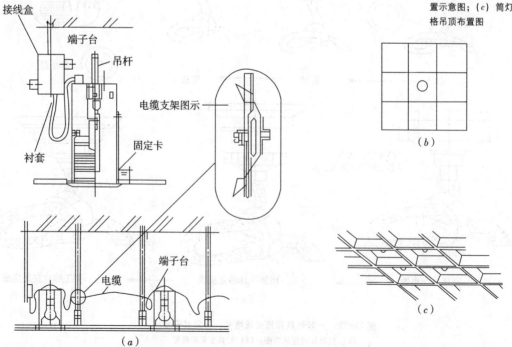

（a）　　　　　　　　　　（b）

（c）

13.3.6.5 直管形荧光灯在顶棚内的安装方法

嵌入式直管形灯的安装方法如图 13-35 所示。

在顶棚内由接线盒引向灯具的绝缘导线应采用可绕金属导线，保护管或金属软管等保护；导线不能有裸露部分，日光灯安装位置应便于检查、维修；灯具与附件应配套使用。采用钢管作灯具的吊杆时，钢管内径不应小于 10mm，钢管壁厚度不应小于 1.5mm。

图 13-35 直管形荧光灯在顶棚内的安装方法

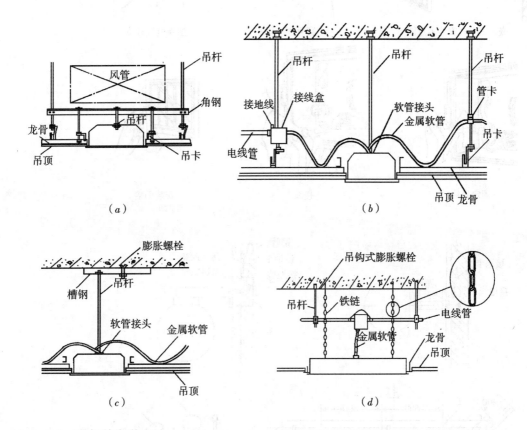

（a）　　　　　　　　　　　　　（b）

（c）　　　　　　　　　　　　　（d）

13.3.6.6 壁灯的安装方法

壁灯的安装距地面高度应大于 2.5m，若在室外安装的灯具，距地面高度应大于 3m。嵌入式壁灯的安装在土建时配合完整预埋管，并在灯具位置上预埋木盒。灯具安装时应该与装修工作配合，在石材等装饰面上开孔，灯具安装完毕后，在灯具与墙面连接处用玻璃胶封堵防水。

嵌入式壁灯的安装如图 13-36 所示。

13.3.6.7 建筑物彩灯安装方法

建筑物彩灯主要设置在大型建筑物上，沿建筑物轮廓装设彩灯，使建筑物在夜幕下更加绚丽多彩。建筑物彩灯安装方法如图 13-37、图 13-38 所示，安装时应符合以下规定：

（1）建筑物顶部彩灯采用有防雨性能的专用灯具，灯罩要拧紧。

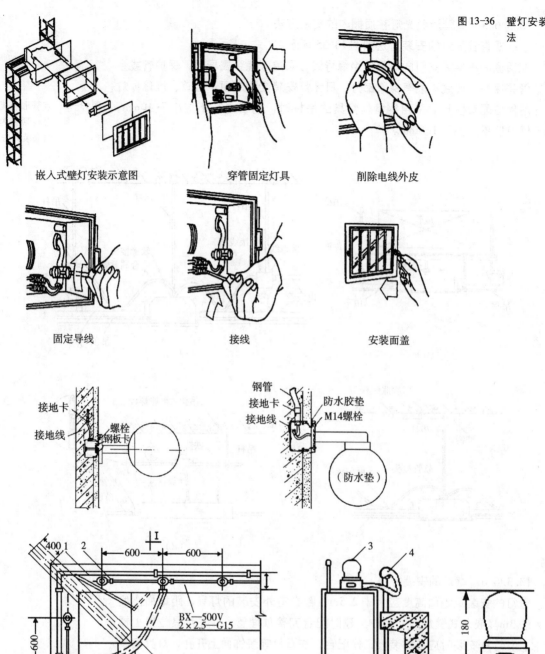

图 13-36　壁灯安装方法

嵌入式壁灯安装示意图　　　穿管固定灯具　　　削除电线外皮

固定导线　　　　　　　接线　　　　　　　安装面盖

接地卡
接地线
螺栓
钢板卡

钢管
接地卡
接地线
防水胶垫
M14螺栓
（防水垫）

400 1　2

600　600

600

BX—500V
2×2.5—G15

BX—500V
2×2.5—G15

3　4

180

φ90

(a)　　　　　　　(b)　　　　　(c)

图 13-37　固定式彩灯安装做法

(a) 彩灯布置图；(b) I—I 剖面图；(c) 彩灯灯罩外形图

1—避雷带；2—管卡；3—彩灯；4—防水弯头

　　（2）彩灯的配线管路按明管敷设，且有防雨功能。管路间，管路与灯头间螺纹连接。

　　（3）垂直彩灯悬挂挑臂采用不小于 10 号的槽钢。端部吊挂钢索直径不小于 10mm，螺栓在槽钢上固定，两侧有螺母，且加平垫及弹簧垫圈紧固。

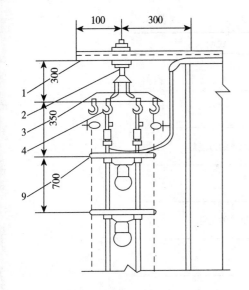

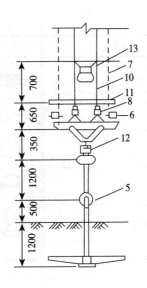

图 13-38 垂直彩灯安
装方法

1—彩灯摇臂角钢；2—拉
索；3—拉板；4—拉钩；
5—地锚环；6—钢丝绳扎
头；7—钢丝绳；8—绝缘
子；9—绑扎线；10—铜
芯导线；11—硬塑管；
12—花篮螺钉；13—接头

（4）悬挂钢丝绳直径不小于 4.5mm，底把圆钢直径不小于 16mm，地锚采用架空外线、用拉线盘，埋地深度大于 1.5m。

（5）垂直彩灯采用防水吊线灯头，下端灯头距离地面高于 3m。

（6）固定式彩灯一般采用定型的彩色灯具，灯具底座设有可排雨水的溢水孔，每一单相回路的灯具不宜超过 100 个，每个灯泡的功率不宜超过 15W，灯的间距一般为 600mm。

（7）悬挂式彩灯一般采用防水吊线灯头连同线路一起悬挂于钢丝绳上。

13.3.7 照明灯具的标注

13.3.7.1 图例符号（表 13-11）

灯具及电器设备的图例符号 　　　　　　　　　表 13-11

图例符号	说明	图例符号	说明
	单相接地插座		顶棚灯
	单相接地插座　暗装		花灯
	单相接地插座　密闭（防水）		防水防尘灯
	单相接地插座　防爆		单管荧光灯
	投光灯		双管荧光灯
	聚光灯		三管荧光灯

图例符号	说明	图例符号	说明
	泛光灯		壁灯
	局部照明灯		弯灯
	斜照型灯		带磨砂玻璃罩的万能灯
	球型灯		安全灯
	单联暗装开关		由荧光灯组成的花灯
	双联暗装开关		导线
	三联暗装开关		电铃
	双控暗装开关		暗装配电箱

13.3.7.2 文字符号 (表13-12)

$$a - b\frac{c \times d}{e}f$$

式中 a——图纸中同一种灯具数；

        b——灯具的型号；

        c——每盏灯的灯头数；

        d——灯具容量；

        e——安装高度；

        f——安装方式。

灯具安装方式标注的文字符号   表13-12

序号	名称	代号	序号	名称	代号
1	线吊式	CP	9	吸顶式或直敷式	S
2	自在器线吊式	CP	10	嵌入式（不可进入顶棚）	R
3	固定线吊式	CP1	11	顶棚内安装（可进入顶棚）	CR
4	防水线吊式	CP2	12	墙壁内安装	WR
5	吊线器式	CP3	13	台上安装	R
6	链吊式	CH	14	支架上安装	SP
7	管吊式	P	15	柱上安装	CL
8	壁装式	W	16	座装	HM

13.3.8 霓虹灯的安装

霓虹灯的问世是建立在真空及气体放电的技术发展之上的，最早的霓虹灯管内都是充入氖气的，所以又将霓虹灯称为氖灯。氖气单独在霓虹灯管内工作时发红色光，在充汞的霓虹灯中工作气体也可以用氩、氦、氙等惰性气体，因此霓虹灯工作时会发出五颜六色的光。

13.3.8.1 霓虹灯的构造

霓虹灯由霓虹灯管和高压变压器两部分组成，霓虹灯管由直径 10～20mm 的玻璃管弯制而成。灯管两端各有一个电极，管内抽成真空或充入氖、氙等惰性气体作为发光的介质，在电极两端加高压，电极发射电子，激发管内惰性气体，使电流导通，灯管发生不同的彩色光素。

霓虹灯的构造如图 13-39 所示。

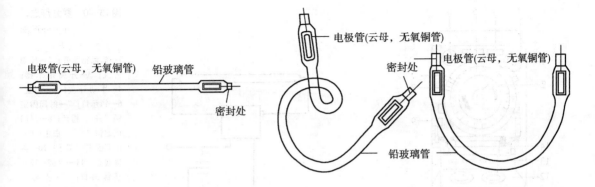

图 13-39　霓虹灯的结构图

1. 玻璃管

玻璃管主要用于充入工作气体，使气体玻璃管内能正常放电。玻璃管用透明的或彩色的，要依据所需的光色而定。由于霓虹灯管的两端为电极，所以若灯管的长度过短，会导致电极数的增加，使大量的压降都降在电极上造成光效下降，变压器所驱动的灯管有效长度减小，造成了安装上的麻烦。

2. 电极

霓虹灯电极两端的高压是由漏磁大的单相干式变压器发生的。霓虹灯变压器的安装位置既要隐蔽又要检修方便，一般安装在霓虹灯板后面，霓虹灯变压器离阳台、架空线路不应小于 1m。容量小于 4kW 的霓虹灯可采用单相供电，大于 4kW 的霓虹灯需要三相电源，霓虹灯变压器要均匀分配在各相上。两个电极设置在玻璃管两端，目的是使两个电极交替地作为阳极和阴极。常用的电极有电解铜或镀镍铁冲制成的圆筒形或喇叭形。

3. 云母隔热片或陶瓷隔热环

云母隔热片或陶瓷隔热环设置在金属电极与灯管两端的内壁之间，目的是减轻电极溅射、支撑电极、隔热。

4. 电极导线

电极导线也称为导丝，密封于灯管两端的电极上，通过导丝与外电路连接。

5. 荧光粉

把荧光粉涂在玻璃管内壁上，不同的玻璃管得到的光色是不同的。常用的有 15 种标准色。

6. 工作气体

工作气体一般均采用惰性气体。氖是应用最广泛的。

7. 电源开关

在霓虹灯控制箱内一般设有电源开关、定时开关和控制接触器，电源开关采用塑壳自动开关，定时开关有电子式及钟表式两种。如图 13-40 所示，通电后管内高频噪声会干扰电视和收音机正常工作，所以须接电容器进行补偿。如图 13-41 所示。

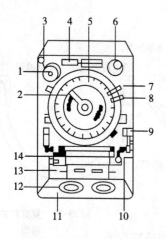

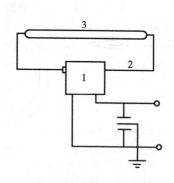

图 13-40　霓虹灯定时开关外形图（左）

1—时间指示器；2—转动开关；3—开关指示器；4—手动开关；5—号盘；6—指示灯；7—时间固定销"开"，橙色；8—时间固定销"关"，白色；9—时间固定销架子；10—接地线柱；11—内壳；12—接线出口；13—安装洞口；14—接线柱盖子

图 13-41　低压回路接装电容器图（右）

1—霓虹灯变压器；2—高压导线；3—霓虹灯管

8. 变压器

变压器是霓虹灯正常工作所必需的电器设备，最简单的变压器由一个铁芯和两组线圈组成，如图 13-42 所示。

与电源连接的输入端线圈称为初级线圈，输出端的线圈称为次级线圈。变压器中用的材料主要有硅钢片、绝缘材料及漆包线。

（1）硅钢片有热轧和冷轧两种，其型号表示如下：

例如：D_{41}，□□□□

D：表示电工用钢，第一位数字表示硅含量，1 表示硅含量在 0.80% ~ 1.80%；

2 表示硅含量在 1.81% ~ 2.80%；

3 表示硅含量在 2.81% ~ 3.80%；

4 表示硅含量在 3.81% ~ 34.80%；

第二位数字表示硅钢片电磁性能等级，第三位数字 0 表示冷轧的。

（2）常用的线圈材料有：电话纸、电缆纸、醇酸

图 13-42　变压器两组线圈的组成

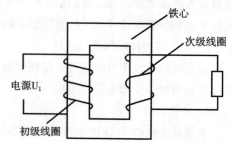

铁心

次级线圈

电源 U_1

初级线圈

玻璃漆布、聚酯薄膜等。

（3）霓虹灯管管径与变压器的匹配：

变压器与霓虹灯管几何尺寸的匹配技术数据可参考表13-13。

变压器与霓虹灯管几何尺寸的匹配技术数据　　　表13-13

灯管直径（mm）	压强（Pa）	充入气体	各类变压器匹配灯管最大有效长度（m）								
7	2394	氖气	6.3	4.8	4.5	3.6	3.0	2.7	2.4	2.1	1.5
7	2394	汞+氩	7.2	5.4	5.1	4.2	3.3	3.0	2.7	2.4	1.8
8	2261	氖气	6.9	5.4	4.8	3.9	3.3	3.0	2.7	2.4	1.8
8	2261	汞+氩	8.1	6.3	5.4	4.5	3.9	3.3	3.0	2.7	2.1
9	1995	氖气	8.1	6.3	5.4	4.5	3.9	3.3	3.0	2.7	2.1
9	1995	汞+氩	9.6	7.5	6.0	5.4	4.8	3.6	3.3	3.3	2.4
10	1729	氖气	9.9	7.5	6.3	5.7	4.5	3.9	3.6	3.3	2.7
10	1729	汞+氩	12.0	9.0	7.8	6.9	5.4	4.8	3.9	3.6	3.3
11	1596	氖气	11.7	9.0	7.8	6.6	5.4	4.8	4.2	3.9	3.0
11	1596	汞+氩	14.1	10.8	9.0	7.8	6.6	5.7	5.1	4.5	3.6
12	1463	氖气	13.5	10.5	9.0	7.8	6.6	6.0	5.4	4.8	4.2
12	1463	汞+氩	16.2	12.6	10.2	9.3	7.8	7.2	6.3	5.4	4.8
13	1330	氖气	15.0	11.7	9.9	8.7	7.2	6.6	6.0	5.1	4.5
13	1330	汞+氩	18.0	13.8	12.0	8.7	8.7	8.7	8.9	6.0	5.1
15	1197	氖气	18.0	13.5	12.0	9.9	8.4	7.2	6.6	5.7	5.1
15	1197	汞+氩	21.6	16.5	14.1	12.0	10.2	8.4	7.5	6.9	6.0
变压器参数	短路电流（mA）	60	30	60	30	60	30	60	30	60	30
	变压器容量（VA）	900	450	720	360	540	270	450	225	360	180
	输出电压（V）	15000		12000		9000		75000		6000	

13.3.8.2　霓虹灯的选择

1. 光色的选择

常用霓虹灯管的色名可参考表13-14。

常用霓虹灯管的色名　　　　　表 13-14

色名	组成缩写	色名	组成缩写	色名	组成缩写
红色	CRBn ⓝ	黄色	CYY@	透明蓝色	L@
透明红色	L ⓝ	绿色	FG@	紫色	CBV@
橙色	FG ⓝ	深绿色	CGG@	淡紫色	FV@
粉红色	FB ⓝ	蓝白色	FBW@	白色	FW@
石竹蓝色	FR ⓝ	蓝色	FB@	日光白色	

2. 管径的选择

管径的选取择与充入的惰性气体及用灯管制成的图案有关。

（1）充入氖气的灯管管径一般选用 9～15mm。

（2）大型图案、直边、排管的灯管管径一般选用 12～15mm。

（3）小型图案或图案文字曲线复杂的灯管管径一般选用 7～9mm。

（4）一般中等尺寸的图案且加工曲线不很复杂的灯管管径一般选用 9～12mm。

（5）霓虹灯灯管直径与发光效率的关系。

霓虹灯管的电离气体在真空中呈导电性，由电学理论可知，导电性的强弱与电阻的大小有关，所以霓虹灯管的直径、长度决定了灯管启辉所需要的电流和电压及发光效率。表 13-15 给出了霓虹灯管的直径、长度与其他技术数据的关系。

霓虹灯灯管直径、长度与其他技术数据的关系　　　表 13-15

色彩	灯管直径（mm）	电流（mA）	灯管每米长		发光效率（lm/W）
			（lm）	（W）	
红	11	25	70	5.7	12.2
红	15	25	36	4.0	9.0
蓝	11	25	36	4.6	7.8
蓝	15	25	18	3.8	4.7
绿	11	25	20	4.6	4.3
绿	15	25	8	3.8	3.8

3. 霓虹灯管充气管压的确定

霓虹灯管的充气管压与直径的大小、工作电流的大小都有关系。管径越小，工作电流越大，充气压强值越大。

4. 霓虹灯的色彩与灯管直径、玻璃管颜色的关系

霓虹灯管内充入惰性气体后通过电极两端的高压使电极发射电子，然后激

发管内惰性气体，使电流导入灯管内而发生不同色彩的光。表13-16 给出了霓虹灯的色彩与气体、玻璃管颜色的关系。

霓虹灯的色彩与气体、玻璃管颜色关系表　　　　　表13-16

灯光色彩	气体种类	玻璃管颜色	灯光色彩	气体种类	玻璃管颜色
红	氖	透明	纯蓝	氩	透明
橘黄	氖	黄色	紫	氖	蓝色
淡黄	少量汞和氖	透明	淡紫	氦	透明
绿	少量汞	黄色	鲜蓝	氩	透明
黄	氦	黄色	日光、白光	氦或氩或汞	白色
粉红	氦和氖	透明			

13.3.8.3　霓虹灯的工作原理

在密闭的玻璃管内，充入氦、氖、氩等低压惰性气体和汞。灯管的两端安装金属电极，在外强电压的作用下，气体中的电子电离，由于汞原子的激发电位和电离电位均比惰性气体低得多，所以在放电中主要是汞原子被激发和电离。

13.3.8.4　霓虹灯的安装方法

霓虹灯的工作电路如图13-43 所示。

霓虹灯由灯管和高压变压器组成，霓虹灯的安装方法应遵守如下规定：

（1）霓虹灯管应固定在人不易触及的地方，灯管与建筑物表面的最小距离应大于20mm。

（2）霓虹灯在室外安装时，整个装置要有抗风吹雨淋的功能。

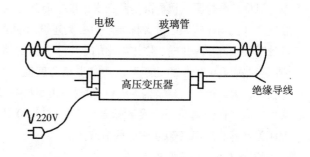

图13-43　霓虹灯的工作电路图

（3）霓虹灯的霓虹灯管、变压器位置必须距灯管的电极引出端很近，而且要安装在距地面1.8m 以上，其外壳必须接地；目的是为了避免因大的电容分布而造成次级电压过高。闪烁控制器应安装于霓虹灯的变压器初级一侧、且通风良好易于检修的位置。控制变压器高压端回路，采用高压跳机，控制变压器低压端回路，采用低压滚筒式闪烁控制器及电子程序控制回路来控制霓虹灯燃灭的时间。低压电源控制开关可按客户便于开关的要求进行定位。

（4）霓虹灯管安装完毕后，进行高压线的连接，霓虹灯专用变压器的二次导线和灯管间的连接线应采用其额定电压大于15kV 的高压尼龙绝缘线。

（5）容量小于4kV 的霓虹灯，可采用单相供电，容量大于5kV 的大型霓虹灯，要用三相电源供电，且变压器要均匀分布在各相上。

13.4 建筑装饰照明的设计

13.4.1 设计程序

13.4.1.1 了解设计的用途

在进行照明设计之前，首先应了解建筑物的使用功能，如：办公室、教室、餐厅等。

13.4.1.2 光环境构思

根据建筑物的使用功能，首先要确定装饰材料的色彩、质感、组合构件、造型。然后考虑光的特性及光的分布。做到灯光的使用要有针对性，同时考虑白天和晚间的艺术效果。传统的灯具与现代照明技术相适应，并与建筑结构相协调。

13.4.1.3 确定照明方式

对整个空间照明应有统一的规划，对工作面或需要突出的地区应采用局部照明，如办公室顶棚采用一般照明，而办公桌一般设置台灯作局部照明。

13.4.1.4 光源及灯具的选择

根据光源的效率、光色、显色性、结合建筑物的使用功能，选择合适的光源（详见本书第 10 章第 2 节）。

灯具要结合室内装修的特点来选择与建筑结构相协调的，并同时考虑灯具的效率。

13.4.1.5 照度要求

照度标准是国家根据国情和自身的要求而制定的，我国在 20 世纪 90 年代就颁发了《民用建筑照明设计标准》对各类建筑照明的照度标准作了相应的规定。设计时可作为参考数据。应该指出的是由于我国经济情况所限，照度标准偏低，所以有些照度要求高的场所可以适当提高照度值。2004 年 6 月 18 日发布第 247 号公告，国家标准《建筑照明设计标准》GB 50034—2004 自 2004 年 12 月 1 日起实施。原《民用建筑照明设计标准》GBJ 133—90 和 1992 年颁发的《工业企业照明设计标准》GB 50034—92 同时废止。

13.4.1.6 亮度要求

对于亮度的分布有以下三方面的要求：

第一、工作面亮度要均匀，局部照度值不大于平均照度值的 25%，最小照度与平均照度的比值为 0.7 以上。

第二、照度与亮度的分布要使人感到舒适，在装修后，各表面的反射比可参考表 13-17。

第三、邻近环境的亮度应低于工作面本身的亮度，最佳比值为 1/3，而周围视野的平均亮度最好低于工作面本身亮度的 1/10。

室内各表面的反射比　　　　　　　表 13-17

部位	反射率推荐值（%）	部位	反射率推荐值（%）
顶棚	80 ~ 90	设备工作面	25 ~ 45
墙壁平均	40 ~ 60	地面	20 ~ 40

13.4.1.7 对艺术性的要求

应把照明设计作为室内设计的一个工具，使之充分表达出室内设计的思想，做到安全、适用、经济、美观，并与建筑结构相协调。

13.4.1.8 对经济性的要求

应考虑到初投资和维护费用及功率消耗费用，使照明设计既达到了最佳效果，又使费用减至最低。

13.4.2 设计实例

本设计是某宾馆一层的照明设计。

13.4.2.1 供电方式

本工程电力电源由区级变电所引来，低压配电的进户线、干线，线均选用铜芯聚氯乙烯绝缘电缆（YJV）穿钢管埋地或沿墙敷设；支线选用铜芯 BV 穿 SV 管沿建筑物墙、顶板暗敷设。

13.4.2.2 照明系统

（1）照明配电箱、开关箱采用暗箱，底边距地 1.4m。

（2）跷板开关底边距地 1.4m。

（3）插座均选用安全型的单相接地插座（图中不再标注）。

（4）灯的安装高度如图。

13.4.2.3 电话线及有线电视系统用电气工程施工的预留线孔

13.4.2.4 共用天线系统采用邻频传输，为 64 + 5dB 设备选型，系统安装、调试由专业厂家负责

13.4.2.5 本工程其他电器设施按建筑设计施工

13.4.2.6 照度的计算

本工程以大厅照度计算为主，其他房间可参考大厅的照度。根据照度的推荐值，大厅的照度应在 200lx 左右。

$$E_{av} = \frac{n\phi M\mu}{A}$$

（1）筒灯：$E_{av} = \frac{64 \times 1250 \times 0.7 \times 0.5}{20 \times 15} \approx 93lx$

（2）花灯：$E_{av} = \frac{n\phi tm\mu\mu_0}{A} = \frac{3 \times 1250 \times 36 \times 0.7 \times 0.7 \times 0.4}{20 \times 15} = 88.2lx$

故大厅照度为 181.2lx 可以满足照度要求，本工程其他单元均参考此照度。

13.4.2.7 本工程的安装功率

大厅：$64 \times 25 + 36 \times 100 + 2 \times 40 = 5.28kW$

根据房间面积的计算：安装功率在 25kW 左右。

13.4.2.8 电照平面图

本设计的电照平面图如图 13-44 所示。此电照平面图由哈师大环艺系学生董晏欣设计，指导教师周晓萱。

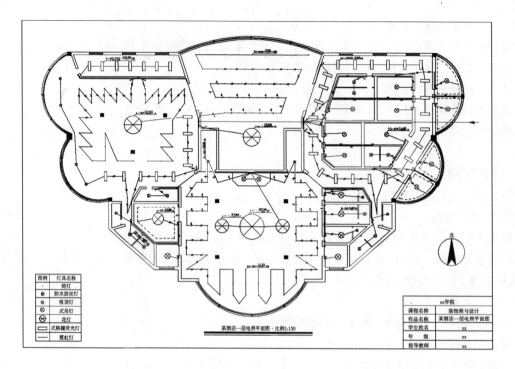

图例	灯具名称
·	筒灯
⊗	防水波丝灯
⊗	吸顶灯
⊗	式吊灯
⊗	花灯
▭	式格棚荧光灯
—	霓虹灯

某酒店一层电照平面图·比例1:150

xx学院	
课程名称	装饰照与设计
作品名称	某酒店一层电照平面图
学生姓名	xx
年　级	xx
指导教师	xx

图 13-44　某宾馆一层
电照平面图

复习思考题

1. 常用配电网配电制式有哪几种？
2. 常用照明配电系统接线方案有哪几种？
3. 照明电路的基本形式有哪几种？
4. 民用建筑用电负荷是如何规定的？
5. 简述负荷的分类。
6. 什么是需要系数？
7. 支线、干线、进户线的需要系数各是多少？
8. 规程规定，如何限定单相支线电流值、限定灯及灯头数或插座的数量？
9. 简述导线的选择方法。
10. 画出两种光源电流矢量图。
11. 照明设备的选择包括哪些内容？
12. 照明电路的组成。
13. 硬质塑料管管路水平敷设时，拉线点之间距离的要求。
14. 简述钢管敷设的有关要求。
15. 简述开关安装的方法。
16. 简述安装插座时的注意事项。
17. 简述固定灯具的方法。
18. 叙述建筑物彩灯安装的规定。

建筑设备与环境控制

第 14 章　安全用电及建筑防雷

14.1　安全用电基础知识

电是人类最好的朋友，它能给人们生活带来极大的方便；电以生产、输送、使用及控制方面广泛用于工农业生产、国防科技和人民生活等各个领域，并占有举足轻重的地位。但是用电不当或违章操作，将会造成严重的危害。随着科学技术的不断进步、人民生活水平的不断提高、用电规模的不断扩大，掌握安全用电的知识就显得十分重要了。每一个人、每一个用户、每一个单位或企业都有安全用电的义务，并制止非安全用电的行为。

14.1.1　安全用电的相关法规

我国的用电安全已进入了法制轨道，已颁布了很多用电法规，这里列出一些相关条文，供读者学习。

14.1.1.1　《供电营业规则》有关安全用电的条文

第61条　用户应定期进行电气设备和保护装置的检查、检修和试验，消除设备隐患，预防电气设备事故和错误动作发生。用户电气设备危及人身和运行安全时，应立即检修。

第64条　承装、承修、承试受电工程的单位，必须经电气管理部门审核合格，并取得电气管理部门颁发的《承装（修）电器设施许可证》。在用户受电装置上作业的电工，应经过电工专业技能的培训，必须取得电气管理部门颁发的《电工进网作业许可证》，方准上岗作业。

14.1.1.2　《电力供应与使用条例》有关安全用电的条文

第30条　用户不得有下列危害供电、用电安全、扰乱正常供电、用电秩序的行为：①擅自改变用电类别；②擅自超过合同约定的容量用电；③擅自超过计划分配的用电指标；④擅自使用已经在供电企业办理暂停使用手续的电力设备，或者擅自启用已经被供电企业查封的电力设备……

14.1.1.3　《电力法》有关安全用电的条文

第11条　……任何单位和个人不得非法占用变电设施用地、输电线路走廊和电缆通道。

第52条　任何单位和个人不得危害发电设施、变电设施和电力线路设施及有关辅助设施。在电力设施周围进行爆破及其他可能危及电力设施安全的作业，应当按照国务院有关电力设施保护的规定，经批准并采取确保电力设施安全的措施后，方可进行作业。

第53条　任何单位和个人不得在依法划定的电力设施保护区内修建可能危及电力设施安全的建筑物、构筑物，不得种植可能危及电力设施安全的植物，不得堆放可能危及电力设施安全的物品。在依法划定的电力设施保护区前已经种植的植物妨碍电力设施安全的，应当修剪或砍伐。

第 54 条　任何单位和个人需要在依法划定的电力设施保护区内进行可能危及电力设施安全的作业时应当经电力管理部门批准并采取安全措施后，方可进行作业。

14.1.1.4　《电力设施保护条例》有关安全用电的条文

第十四条　任何单位和个人，不得从事下列危害电力线路设施的行为：

一、向电力线路设施射击；

二、向导线抛掷物体；

三、在架空电力线路导线两侧各 300m 的区域内放风筝；

四、擅自在导线上接用电器设备；

五、擅自攀登杆塔或在杆塔上架设电力线、通信线、广播线，安装广播喇叭；

六、利用杆塔、拉线作起重牵引地锚；

七、在杆塔、拉线上拴牲畜、悬挂物体、攀附农作物；

八、在杆塔、拉线基础的规定范围内取土、打桩、钻探、开挖或倾倒酸、碱、盐及其他有害化学物品；

九、在杆塔内（不含杆塔与杆塔之间）或杆塔与拉线之间修筑道路；

十、拆卸杆塔或拉线上的器材，移动、损坏永久性或标志牌。

14.1.2　安全标志的设置

14.1.2.1　常用安全用电标志牌图样（图 14-1）

图 14-1　常用安全用电标志牌图样

14.1.2.2　常用电器设备上应有的标准安全标志或安全色

（1）发电机、电动机上应有设备的名称、容量和顺序编号。

（2）变压器上应有名称、容量和顺序编号；单相变压器组成的三相变压器除标有以上内容外，还应有相位的标志；变压器的门上，应标注变压器的名称、容量、编号，在周围的遮拦上挂有"止步、高压危险！"警告类标志牌。

（3）蓄电池的总引出端子上，应有极性标志，蓄电池室的门上应挂有"禁止烟火"等禁止类标志。

（4）电源母线 L_1（A）相黄色、L_2（B）相绿色、L_3（C）相红色；明设的接地母线、零线母线均为黑色；中性点接于接地网的明设接地线为紫色带黑色条纹；直流母线正极为赭色，负极为蓝色。

（5）照明配电箱为浅驼色，动力配电箱为灰色或浅绿色，普通配电屏为浅驼色或绿色，消防和事故电源配电屏为红色，高压配电柜为驼色或浅绿色。

（6）电气仪表玻璃表门上应在极限参数的位置上画有红线。

（7）明设的电气管路通常为深灰色。

（8）高压线路的杆塔上用黄、绿、红三个圆点标出相序。

（9）埋于地下的各种电缆或光缆应在地面上设置标志桩，并注明电缆种类用处、电压、走向、埋深等内容。

（10）用电环境及变配电装置的周围应设置明显的标志，如"止步、高压危险"、"安全操作规程"牌等。

14.1.3　人体可承受的安全电压和安全电流

14.1.3.1　人体电阻

（1）人体的电阻一般在 $1200 \sim 1700\Omega$ 之间，情绪乐观、身心健康、手有老茧的人，人体电阻较大，反之，情绪悲观、过度疲劳的人体电阻较小。

（2）皮肤粗糙、情绪稳定的人体电阻较大。反之，皮肤细嫩、情绪过度紧张、发热出汗的人体电阻较小。

14.1.3.2　安全电压

（1）安全电压是防止触电事故而采用的由特定电源供电的电压系列。是指人体在触电时所能承受的电压。

（2）安全电压不是单指某一个值，而是一个系列。即：42V、36V、24V、12V、6V 等，需要根据环境条件、操作人员条件、使用方式、供电方式、线路状况等多种因素来选择安全电压的等级，而不是习惯上一律采用 36V 等级的安全电压。根据人体的电阻可求出通过人体的安全电压一般为 12V，在空气干燥、工作条件好的地方，安全电压可为 24V、36V，这是我国规定安全电压的三个等级；国际电工委员会（IEC）规定，安全电压的上限值为 50V。

（3）安全电压是相对的，如在同等条件下，触电时间长，接触面积和压力大，则危险性大，反之，危险性小。表 14-1 给出了在各种接触状态下的安全电压。

各种接触状态下的安全电压		表 14-1
类别	接触状态	安全电压（V）
第一种	人体大部分浸于水中的状态	2.5 以下
第二种	人体绝大部分被淋湿，或身体的一部分经常接触电气装置、金属外壳、构造物	25 以下
第三种	除以上两种情况以外，人体有接触电压后危险性高的状态	50 以下

14.1.3.3 安全电流

对人体安全电流的确定通常按以下三个基本条件来考虑：

（1）感知电流：能引起人体感觉的电流称为感知电流，试验证明，成年男子的感知电流为 1.1mA，成年女子的感知电流为 0.7mA。此电流可在人体中流动很常时间。

（2）摆脱电流：触电电流超过了感知电流使触电者感到肌肉收缩、痉挛，但可以自行摆脱的电流。通过试验证明，成年男子的最小摆脱电流为 9mA，成年女子的最小摆脱电流为 6mA，此电流可在人体中持续 20 ~ 30s。

（3）危险电流：人触电后引起心室颤动，造成生命危险。试验证明，通过人体的安全电流应小于 10mA，在 30mA 以上的将会有生命危险。

（4）不同电流对人体的影响：通过人体的电流，超出了人体所能承受的能力，我们把这种情况视为触电。人体触电时会有针刺感、压迫感、痉挛、血压升高、昏迷、心悸等不良症状，严重者可造成死亡。表 14-2 列出了不同电流对人体的影响。

不同电流对人体的影响			表 14-2
电流（mA）	工频电流		直流电流
	通电时间	人体反应	人体反应
0 ~ 0.5	连续通电	无感觉	无感觉
0.5 ~ 5	连续通电	有麻、刺、疼痛感，无痉挛	无感觉
5 ~ 10	数分钟内	发生痉挛、剧痛，但可摆脱电源	有针刺、压迫、灼热感
10 ~ 30	数分钟内	迅速麻痹，呼吸困难，不能摆脱电源	针刺、压迫、灼热感强烈
30 ~ 50	数秒至数分钟内	心跳不规律、昏迷、强烈痉挛、心脏颤动	感觉强烈，有剧痛和痉挛
50 以上	低于心脏搏动周期	受强烈冲击，但没有发生心脏颤动	剧痛和强烈痉挛，呼吸困难或麻痹
	超过心脏搏动周期	昏迷、心脏颤动、呼吸困难、心脏麻痹或停跳	

14.1.4 民用建筑用电安全的基本要求

正常情况下电气设备在运行时不会危害人体的健康和周围的设备。只有设备发生故障时才会对人体的健康和设备产生危害。所以影响电气安全的主要因素有以下几种：

1）电气设备的问题：如产品的控制设备运行时是否可靠；电气结构的应力是否可靠；设备的接零或接地是否可靠；安全标志照明和疏散指示照明是否运行可靠。

2）绝缘问题：绝缘电阻、漏电电流、耐压强度和介质损耗等指标是否符合要求。

3）民用建筑电气的设计必须符合国家有关标准的要求，主要标准有《民用建筑电气设计规范》JGJ/T 16—1992 和《建筑电气工程施工质量验收规范》GB 50303—2002 等。

4）正确使用和设置零线和接地保护线。三相五线制［三根相线（火线）、一根工作零线、一根保护地线］，单相三线制［一根相线（火线）、一根工作零线、一根保护地线］。

5）用户电气设备的接线应满足下列要求：

（1）电气照明设备的电压为 220V，安装高度除吸顶外，不得小于 2.5m；危险性较大的场所且安装高度小于 2.5m 时，应有安全防护罩。

（2）插座的接线应用面对插座的左端子作为零线端子，右端子作为火线端子，上端子作为保护线端子；同理用电设备的插座的接线也是对应的。

（3）严禁超负荷运行，禁止一只插座插用多个负荷或随意增大某个回路上的负荷。

（4）装有漏电保护器的用户其额定电流不得小于原进户开关的额定电流，动作电流宜采用 30mA 或 15mA，动作时间小于 0.1s。

14.1.5 低压配电系统的接地形式

14.1.5.1 文字符号的意义

低压配电系统有 TT、IT、TN 三种形式，表示三相电力系统和电气装置外露可导电部分的对地关系。

第一个字母表示低压系统的对地关系：T：一点直接接地；I：所有带电部分与地绝缘或一点经阻抗接地。第二个字母表示电气装置的外露导电部分的对地关系：T：外露导电部分对地直接电气连接，与低压系统的任何接地点无关；N：外露导电部分与低压系统的接地点直接电气连接（在交流系统中接地点通常就是中性点）。如果后面还有字母时，表示中性线与保护线的组合；S：中性线与保护线是分开的；C：中性线与保护线是合一的。

14.1.5.2 配电系统的接地形式

1. 基本概念

1）地

指大地，在施工中所指的地实际就是自然界的土壤，从工程的角度观察其电气特性，它具有导电性，并有无限大的容量。

2）接地

把电气设备和大地之间构成的电气连接称为接地。

3）接地体

与土壤直接接触的金属导体或导体群。如建筑物或构筑物的基础钢筋就是非常理想的自然接地体。

4）接地装置

把接地体、电气设备及其他物件和大地之间构成电气连接的设备称为接地装置。

2. TT 系统

TT 系统表示电力系统有一点与大地直接连接，即"保护接地系统"。运行时不带电的电气装置外露可导电部分对地作直接的电气连接（图 14-2）。

3. IT 系统

IT 系统表示电力系统的可接地点不接地，或通过阻抗接地，电气装置外露可导电部分单独接地或通过保护线接到电力系统接的接地极上（图 14-3）。

图 14-2　TT 系统（左）

图 14-3　IT 系统（右）

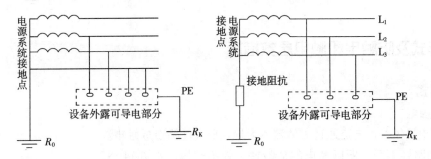

4. TN 系统

TN 系统表示电力系统有一点直接接地，电气装置外露可导电部分通过保护线与该点连接，按保护线 PE 与中性线 N 的组合情况，有下列三种接地形式：

1）TN-S 系统

TN-S 系统表示 PE 和 N 线在整个系统中是分开的，所有电气设备的金属外壳均与公共 PE 线相连（图 14-4）。

2）TN-C 系统

TN-C 系统表示 PE 和 N 线在整个系统中是合一的，如图 14-5 所示的 PEN 线广泛应用于配电变压器的低压电网中。

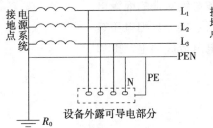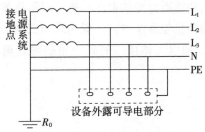

图 14-4　TN-S 系统（左）

图 14-5　TN-C 系统（右）

3）TN－C－S 系统

TN－C－S 系统表示 PE 和 N 线在整个系统中一部分是分开的，它兼顾了 TN－S 和 TN－C 系统的特点，这种系统应用于配电变压器的低压电网中，及配电系统末端环境条件较差或有精密电子设备的场所（图 14-6）。

在 TN－C 系统中，为了保证保护接零的可靠性，必须将保护线一处或多处通过接地装置与大地再次连接，这种连接方式称为重复接地（图 14-7）。

图 14-6　TN－C－S 系统（左）

图 14-7　TN－C 系统的重复接地（右）

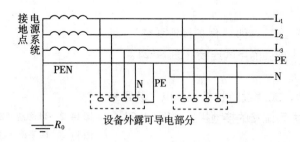

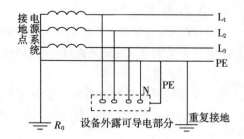

14.2　触电的形式及防触电和触电急救措施

14.2.1　触电的形式

14.2.1.1　单相触电

人接触到一相带电导体时，电流通过人体流入大地，形成回路造成触电。由于电流通过人体的路径不同，所以触电的危险性也就不一样，如图 14-8 所示。

图 14-8（a）为中性点接地的低压供电系统，当人体接触一相带电体时，其电流的路径如图，U_e：表示低压供电系统的相电压；R_D：表示接地电阻，它的阻值很小，远远低于人体电阻；R_t：表示人体电阻。根据欧姆定律：

$$I_1 = \frac{U_e}{R_0 + R_1} = \frac{220}{2000} = 0.1A = 100mA$$

前面已经讲过，通过人体的电流在 30mA 以下通常不会有生命危险。可想而知，100mA 的电流是极为危险的。如果人站在绝缘物体上，如图 14-8（b）将会阻断电流的回路，所以会安全一些。如图 14-8（c）、图 14-8（d）是中性点不接地供电系统，其中 U_e：是中性点不接地时的相电压；U_0：是当三相不对称时出现的中性点对地的电压；R_g：表示每条导线对地的绝缘电阻。由于在中性点不接地供电系统中，一般均采用三角形连接，其相电压等于线电压，等于 380V，所以人体接触到某一相的短路电源造成触电，更加危险。

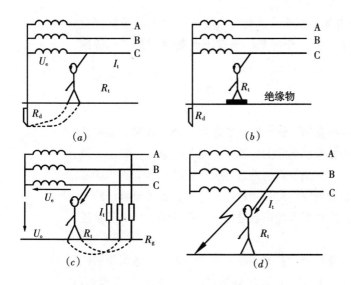

图 14-8　单相触电
(a) 中性点接地；
(b) 中性点接地时人站在干燥的木板上；
(c) 中性点不接地；
(d) 中性点不接地有一相短路

14.2.1.2　两相触电

人体两个不同部位同时接触两相不同的电体（尤其是双手），电压直接加在人体上，使人体变成导体，与电源形成回路造成触电。这时人体的电压要比单相触电时的电压高，而且电流会直接通过心脏，这是一种最危险的触电形式。如图 14-9 所示。

14.2.1.3　跨步电压触电

跨步电压触电一般发生在电气设备接地发生故障，而人在接地电流流入的、处于不同的地点周围行走时，双脚恰好处于不同的电位圈上，导致触电。其双脚间的电位差称为跨步电压。如图 14-10 所示。

图 14-9　两相触电（左）

图 14-10　跨步电压触电（右）

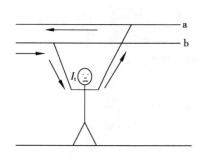

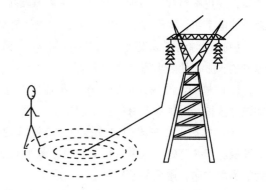

14.2.2　预防触电的措施

（1）远离无绝缘隔离措施的电气设备，运行的电气设备都必须采取接地或接零保护措施。

（2）当发现架空电力线断落在地上时，要远离电线落地点 8～10m，有专人看护，马上组织抢修。

（3）不得随意用绝缘物体操作高压隔离开关或跌落式熔断器。

（4）导线的截面应与负载电流相配合，尤其是装饰专业大都属于第二次装修，所以导线的截面应低于上一级一个等级，而且不能随意增加下一级的负载。

14.2.3　触电急救措施

如果触电者情况很危险，应根据情况进行必要的急救措施。若触电者神智清醒，最好去医院即时抢救；若触电者已经失去知觉，但有呼吸，心脏还在跳动，首先将触电者放在空气流通、舒适安静的地方平躺下，解开他的衣扣和腰带以利呼吸，然后请医护人员立即到现场或去急救中心抢救。若触电者已经失去知觉、呼吸困难或停止呼吸，应立即为触电者进行人工呼吸和胸外心脏挤压法急救。

人体触电的形式多种多样，有机械设备的问题，也有个人安全意识不强的原因。但是一旦触电事故发生了，我们也应冷静地面对现实，采取相应措施，把事故的损失减至最小。

（1）切断电源：当触电事故发生后，应立即切断电源。这里需要强调的是，普通的照明开关并不能把电源真正断开，因为普通的照明开关只能切断一根火线，即一相电源，而触电者有可能不在你切断的这一相，所以要切断电源应立即切断总电源，使触电者脱离危险。

（2）用绝缘物移走带电导线：当触电事故发生后，如果没有办法立即切断电源，应就近找一些可用的绝缘物体，如木棒、竹竿、橡胶手套等将电源移开，使触电者脱离电源。

（3）用绝缘工具切断导线：当触电事故发生后，如果没有办法立即切断电源，或找不到合适的绝缘物体，在紧急情况下可用绝缘工具（如用带有绝缘柄的电工钳、木柄斧、刀等）切断电源，使触电者脱离电源。

（4）当触电事故发生后，如果以上办法都不能实现，救护者可以拉扯触电者的衣服，使触电者脱离电源。

（5）救护人员在救护的过程中不能用手直接操作，应用单手握住绝缘物体进行救护，以确保自身的安全。

（6）救护人员在救护的过程中，应注意触电者所处的位置，避免发生二次事故。如在高处，应采取预防触电者坠落的措施；如在平地，也应注意触电者的倒地方向，避免头部摔伤。

（7）在电缆线路或电容柜线路触电时，在切断电源后应先放电，然后在救护。夜间发生触电事故应立即解决临时照明问题。

14.3　建筑防雷

雷电是一种常见的自然现象，从每年的春季开始活动，到夏季处于频繁、剧烈状态，到秋季逐渐减弱，冬季便听不到雷声了。

雷电是大气中的雷云引起的自然放电现象，如果没有良好的防雷措施，可能严重破坏建筑物或设备，使国家财产受到重大损失，所以我们应当对雷电的形成和放电条件有所了解，从而采取有效措施，保护建筑物或设备不受雷击。

14.3.1　雷电的形成

云是带电荷的汽、水混合物，它是雷电形成的必要条件。雷电的形成实际上是很复杂的，闷热潮湿的天气，地面上的水分受热蒸发，在高空遇到冷空气，水蒸气便凝结成小水滴，由于重力的作用水滴在下降的过程中与被蒸发的热空气发生摩擦，使水滴分离，即水滴分裂效应；在水滴分离的过程中，产生了正电荷和负电荷，大水珠带正电荷向地面下降形成雨或悬浮在空中，小水珠带负电荷上升在云层中聚集起来，当电荷聚集到一定数量时，云层便形成了很强的电场，当条件成熟时，便击穿空气绝缘，在云层与大地间进行放电，形成了雷电，同时伴随着弧光和声音，即感应起电效应。水在结冰时会带正电荷，而未结冰的水带负电荷，因此，当上升气流将冰晶粒上面的水分带走后就会产生电荷分离，使水滴带负电。

14.3.2　雷电的种类

14.3.2.1　直击雷

直击雷是指雷云和大地之间的放电，这种雷多为线状雷，强大的雷电流可直接通过建筑物产生巨大的热效应，而引起火灾。或使物体内部的水分突然受热蒸发，造成物体内部压力聚增而发生劈裂现象，引起爆炸和燃烧。

14.3.2.2　感应雷

感应雷是指带电云层或雷电流对其附近的建筑物产生电磁感应而导致高压放电，它是附加条件落雷所引起的电磁作用的结果，造成室内电线、金属管道和大型金属设备的空隙发生放电而引起火灾和爆炸事故。

感应雷可分为静感应雷和电磁感应雷两种。静感应雷是由于云层中电荷的感应作用在建筑物顶部聚积极性相反的电荷，当云层中的电荷向地面放电时，建筑物顶部的电荷流入大地，而形成很高的对地电位，在建筑物内部引起火花。

14.3.2.3　侵入雷

侵入雷是指雷云放电形成的高压电沿供电线路、金属管道引入室内，形成火花放电，引起火灾，造成设备的损坏。

14.3.3　防雷措施

根据《民用建筑电气设计规范》JGJ/T 16—92 的规定，高度为 15m 及以上的建筑物或构筑物，都应有避雷保护。各种户外的照明装置（高杆、广告牌、霓虹灯等），必须安装避雷保护装置；邻近有高层建筑已设有防雷装置的；广告牌仍必须设置专用的防雷装置。

14.3.3.1　保护接零与保护接地

为防止电气设备的外壳带电，将其与电源的零线连接，这种方法称为保护接零。如图 14-11 所示，设备的外壳与中性点接地电网的零线相连，当某一相的绝缘被损坏，火线与设备的金属外壳连接，并与零线形成单相短路。这时的短路电流很大，能使线路上的保护装置迅速动作，使故障与电源分开，消除了触电的危险。如果电气设备的金属外壳只作保护接地，而没有保护接零，如图 14-12 所示。

图 14-11　保护接零原理图（左）
图 14-12　保护接地原理图（右）

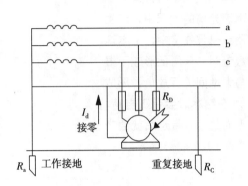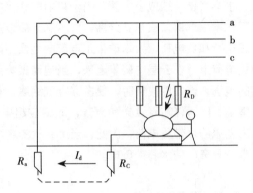

当某一相的绝缘被损坏，则用电设备的外壳上将存在危险电压。这是因为，接地电阻比人体电阻小得多，漏电时，R_C 和 R_0 将与设备形成回路，在 R_C 和 R_0 之间产生约 110V 的电压，这个电压远远超过了人体的安全电压，所以，一旦发生漏电事故，会很危险。电气设备正常运行时，不带电的金属部分与大地作电气（金属）连接成为保护接地。这种方法不适用于中性点接地系统。

14.3.3.2　三相五线制供电系统

保护接零与保护接地在安全上还存在一些问题，如：①中性线过长或太细造成中性线上阻抗过大；②三相负载不对称；③感性负载过大。由于以上三种原因，导致中性点的电压偏移，中性线上的电流过大，对人的安全构成了威胁。目前，三相五线制供电系统可以解决以上存在的问题。可参考图14-4。

14.3.3.3　漏电保护装置

为了防止漏电及其他电气设备的故障，保证用电安全，常采用漏电保护装置。按照信号种类和动作特征可分为电压型、零序电流型、泄露电流型。电压型漏电保护器如图 14-13 所示，零序电流型漏电保护器如图 14-14 所示，它们主要根据动作电流（电压）和动作时间来达到保护线路安全的目的。如电压型漏电保护器动作电压不超过安全电压，零序电流型漏电保护器动作电流不超过规定的等级电流，目前有 0.005A、0.01A、0.03A、0.1A、0.3A、0.5A、1A、3A、5A、10A、20A11 个等级。

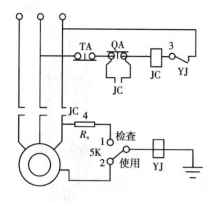
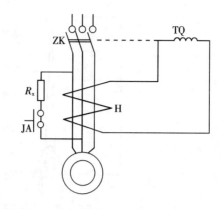

图 14-13　电压型漏电保护原理图（左）

1—TA、QA 试验用按钮；2—JC 控制回路；3—YJ 电压继电器具；4—R_x 限流电阻；5—K 开关

图 14-14　零序电流型漏电保护装置示意图（右）

电压型漏电保护器适用于漏电保护，可以用于接地（不接地）系统，可以单独使用，也可以同保护接零或保护接地同时使用，但在安装时应注意，只有把漏电保护器中继电器的接地线和接地体与设备保护接地（重复接地）的接地线和接地体分开，才能起到漏电保护的作用。电流型漏电保护器的主要作用是：当设备漏电时，三相电流的相量和不是零，即产生了零序电流。此电流在互感器 H 的副边感应出二次电流，由于二次电流的作用，通过脱扣器的线圈 TQ，使自动开关 ZK 切断电源，起到了漏电保护的作用。

14.3.3.4　双路进线电源

对于一级负荷的电路应采用双路进线电源供电，当电路中任何一个电源发生故障或停电检修时，都不影响另一个电源继续供电，如图 14-15 所示。

14.3.3.5　防雷装置的组成

建筑物的防雷装置一般由三个部分组成，即：接闪器、引下线、接地体。

1. 接闪器

接闪器是收集电荷的装置，其形状有针、带、网、笼四种。

1）避雷针

避雷针是安装在建筑物突出部位或独立装设的针形导体，通常采用镀锌的圆钢或钢管，其技术数据可参考图 14-16。

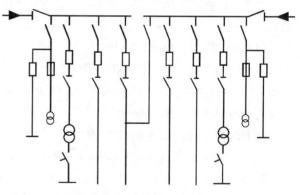

图 14-16（a）是避雷针的针尖，当针长 1m 以下时，圆钢的直径不得小于 12mm，钢管的直径不得小于 20mm；当针长 1～2m 时，圆钢的直径不得小于 16mm，钢管的直径不得小于 25mm；当针长 2m 以上时，可用粗细不等的几节钢管焊接起来，如图 14-16（b）所示。避雷针与引下线的连接，如图 14-16（c）所示。

图 14-15　双路进线电源

2）避雷针对建筑物的保护范围（图 14-17）

如果建筑物处在半径为 R 的范围内，均可得到避雷针的保护。

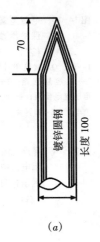

70

镀锌圆钢

长度100

(a)

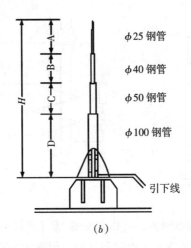

$\phi25$ 钢管

$\phi40$ 钢管

$\phi50$ 钢管

$\phi100$ 钢管

引下线

(b)

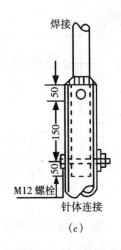

焊接

50

150

50

M12 螺栓

针体连接

(c)

图 14-16 避雷针组合尺寸

图 14-17 中　H——地面到避雷针的高度;

　　　　　　H_a——避雷针的有效高度;

　　　　　　H_x——被保护物的高度;

　　　　　　R——避雷针在地面的保护半径;

　　　　　　R_x——避雷针在 H_x 高度的水平面上的保护半径。

当 $H_x \geqslant H/2$ 时,保护范围是从避雷针顶点到地面成 45°角的一条直线。当 $H_x \leqslant H/2$ 时,保护范围是从 45°角直线在高为 $H/2$ 处到地平面 $R = 1.5H$ 处引一条直线,即为避雷针下段的保护范围。

在任一保护高度 H_x 的 X—X′平面上,保护半径由式(14-1)~式(14-4)确定。

当 $H_x \geqslant H/2$ 时,$R_x = (H - H_x)P$　　　　　　　　　(14-1)

当 $H_x \leqslant H/2$ 时,$R_x = (1.5H - 2H_x)P$　　　　　　(14-2)

式中　P——修正系数,当 $H \leqslant 30m$,$P = 1$; $H \geqslant 30m$ 时,$P = 5.5/\sqrt{H}$。

当 $H_x \geqslant H/2$ 时,$H_a = R_x/P$　　　　　　　　　(14-3)

当 $H_x \leqslant H/2$ 时,$H_a = R_x/2P + H/4$

　　　　　　　　　$= 1/3 \ (2R_x/P + H_x)$　　　　　(14-4)

图 14-17 单支避雷针的保护范围

2. 引下线

引下线是连接接闪器和接地装置的导体,当雷电流进入接闪器后,引下线便将其送入接地装置中,所以引下线也可称为引流器。

3. 接地装置

接地装置是埋入地下的接地体,它将接闪器、引下线引入的电流均匀疏散到大地中。

1)自然接地体

自然接地体是利用与大地有可靠连接的金属管道和建筑物的金属结构等作为接地体。

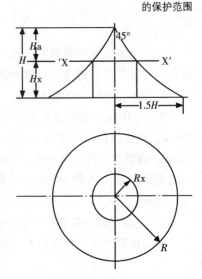

2) 人工接地体

人工接地体一般采用角钢或钢管，如图14-18所示，接地线采用扁钢或圆钢。由于接地体埋入地下会锈蚀而影响机械强度，人工接地体的材料规格应按表14-3选择。

人工接地体的材料规格　　　　　　　　　　表14-3

材料类别	最小尺寸（mm）	材料类别	最小尺寸（mm）
角钢（厚度）	4	钢管（管壁厚度）	3.5
圆钢（直径）	8	扁钢（厚度）（截面）	4.48（mm^2）

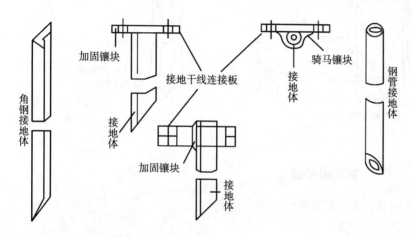

图14-18　人工接地体

14.3.3.6　防雷装置安装的注意事项

（1）在地面上，独立避雷针到配电装置的导电部分的空气间距离应大于5m。

（2）避雷针应装在距离道路3m以外的地方，以便人畜通行。

（3）为防止侵入雷，不能将照明线、电话线、电视电缆线架设在避雷针杆上。

（4）为防止避雷针放电时，高压反击穿变压器低压绕组，从避雷针与接地网的连接开始，到变压器与接地网的连接为止，沿接地网的距离应大于15m。

（5）引下线安装要牢固，固定方法如图14-19所示。

（6）安装防雷装置之前，应检查外观是否完好，如瓷体有无裂缝，瓷套底座和盖板之间是否封闭完好；用摇表测量绝缘电阻，其阻值应在1000MΩ以上。

（7）利用建筑物钢筋混凝土屋面板作为避雷网时，钢筋混凝土板内的钢筋直径应大于3mm。

（8）避雷针插在砖体内部的部分应为针高的1/3，避雷针插在水泥墙的部分应为针高的1/5～1/4。

（9）40m 以上的建筑物引下线应多于两根，其间距小于 30m，如技术上处理有困难，最多不应大于 40m，最好沿建筑物周边均匀引下。

（10）引下线固定点间距应小于 2m，应避开建筑物的出入口和行人易接触的地点。易受机械损伤的地方应加保护措施。

图 14-19　避雷针引下线固定图例

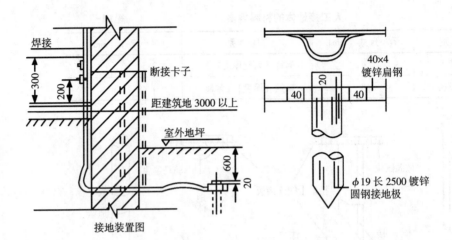

复习思考题

1. 叙述不同电流对人体有什么样的影响？
2. 简述影响电气安全的主要因素。
3. 常见的触电形式有几种？
4. 简述触电急救措施。
5. 回答预防触电的保护措施。
6. 回答雷电的种类。
7. 防雷装置是怎样组成的？
8. 用图示避雷针对建筑物的保护范围？

第 15 章　自动控制设备在建筑中的应用

15.1 自动给水设备

水是人们生活中必需的一种物质，随着科学水平的不断进步、人们生活水平的不断提高，高层建筑行业正在迅速发展，楼宇设备的电气控制从设备的单一化控制，向系统的集成化过渡，涉及的领域越来越广泛。

15.1.1 自动给水设备的组成

自动给水设备一般由水泵机组、控制柜、气压储能器三大部分组成，系统连接如图15-1所示。

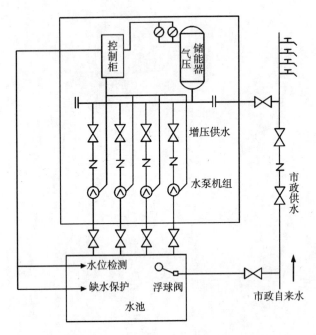

图 15-1 自动给水设备系统连接图

自动给水设备的型号编制如下：

A	M	G	L	3——	36	100
产品系列代号	控制柜特征	气压罐特征	泵型	泵台数	泵流量	泵扬程
A、B、C、D 四大系列	P：普通继电控制 M：变频调速控制	Z：自动补气罐 G：隔膜罐 不标：微型隔膜罐或不配	L：ZHL泵 G：ZGL型 D：ZDL泵 C：CDL型 W：ZHW泵	3台	36m³/h 单泵	100m

15.1.1.1 水泵机组

它用来衡量设备的供水能力，大量用水时，管网压力下降，水泵自动启动供水。水泵是给水设备的基础产品，是给水设备实现其供水能力的根本保证，目前上海中航泵业自制造有限公司已制造出A、B、C、D四大系列，数千种规格的产品。

1. A 系列

小型、轻便、机电一体化产品，适用于办公楼、住宅楼等间歇性供水流量的场合。

结构：整体式、普通容积罐。

2. B 系列

通用标准产品，符合当前设计规范，采用更合理的技术措施，使产品具有很高的可靠性、广泛的适用性、高度的灵活性。结构：分体式、泵组配大容积罐。

3. C 系列

特有的节能型气压设备，在适用范围内可达到节能 25% ~ 30% 的效果。结构：A 系列或 B 系列配小流量泵或稳压泵。

4. D 系列

恒压给水泵站设备，不带气压罐，适用于连续流量的供水场合。如：各类生产工艺供水，宾馆饭店、大型住宅区的增压供水等。适用于中、小型成套泵站设备。结构：整体式、泵组配微型泵。

5. 型号表示

L	3 ———	36	100
泵型	泵台数	泵流量	泵扬程
L：ZHL泵	3台	36m³/h	100m
G：ZGL型		单泵	
D：ZDL泵			
C：CDL型			
W：ZHW泵			

15.1.1.2 控制柜

用来控制系统的协调运行。是 ZHG 产品配套的电气控制柜，分为常规继电控制型和变频调速控制型，其中测控部分也有两种形式，一是采用电接点压力表，专用程序控制器；二是采用压力传感器，PLC 控制。

1. 型号表示

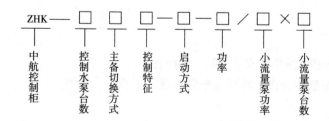

2. 特征字说明

1）控制水泵台数特征字

1：单控；2：两用；3：三用；3B：两用一备；4：四用；4B：三用一备。

2）主、备切换方式特征字

H：手动切换；A_s：定时自动切换/手动切换；A_c：交替自动切换/手动切换；Y：定液位备用泵自动投入/手动切换。

3）控制特征字

Y：液位控制；P：压力控制；T：温度控制；S：时间控制；K：空调水泵控制；Q 潜污泵专用；X：消防控制；L：软启动控制；M：变频控制。

4）启动方式

J：Y－△降压启动；Z：自耦降压启动；不注明为直接启动；L：软启动，可控硅降压启动；M：变频控制启动。

5）电机功率特征字

数字即代表电动机功率数，单位为 kW。

15.1.1.3 气压储能器

气压储能器是成套自动给水设备不可缺少的组成部分，用来储能保压，应付少量供水及正常泄漏，以及消除压力抖动，同时也是自动控制不可缺少的部件。

1. 气压储能器的种类

气压储能器有两种：一种是隔膜气压罐，工作中压缩气体与水被隔膜分离不接触，从而可较长时间保持气量不减少。另一种是自动补气罐，运行中不断地自动补气，以补充气体因溶解渗透的减少。目前实际应用的补气方式达七八种以上。

2. 型号表示

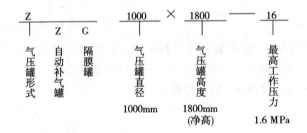

15.1.2 整机结构及配置

ZHG 产品共有三种结构：

（1）整体式：设备的储能器和水泵机组安装在同一槽钢底座上。

（2）组合式：储能器与水泵机组分离，需现场配管连接构成系统。如图15-2、图15-3所示。

（3）分散式：对较大功率的水泵，现场安装时，可分散包装。

对于整机结构也可以根据用户需求配置（表15-1）。

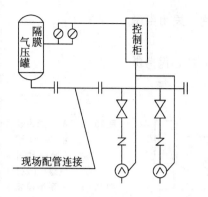

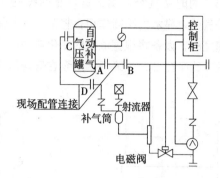

图 15-2　组合式连接系统(1)（左）

图 15-3　组合式连接系统(2)（右）

ZHG 产品整机结构及配置　　　　　　　表 15-1

	产品系列	A	B	C	D
结构	整体式	●	×	●	●
	组合式	×	●	○	
	分散式	×	○	×	○
配置	泵 单泵	●	●	○	×
	2~4 泵	●	●	●	●
	2~6 泵	○	●	○	●
	小流量泵	○	○	○	○
	罐 射流补气罐	○	○	○	×
	小泵补气罐	○	○	×	○
	玻璃钢隔膜罐	○	○	○	○
	橡胶隔膜罐	●	●	●	○
	控制柜 变频调速型	●	○	×	●
	普通继电型	●	●	●	●

注：●表示标准配置；○表示选择配置；×表示无此配置或表示不合适配置。

15.1.3　运行原理

A 系列产品，由储能器 1~4 台泵组控制柜组成，系统结构原理如图 15-4、图 15-5 所示。给水泵的运行与常规气压设备相似，由电接点压力表控制。当系统压力降至设定的压力下限时，给水泵启动，提供所需的用水量，当用水量减少时压力上升至设定的压力上限时，给水泵停机，由气压储能器保持给水管网水压，并维持少量供水。

配自动给水罐时则采用简洁的检测方法配合射流器工作，实现了最佳补气储能，实现了储能器的小型化。

当检测发现需要补气时，打开电磁阀，高压水经射流器给水泵入口喷射，将补气筒中的水抽出，同时空气经滤清器进气止回阀进入补气筒。关闭电磁阀，则高压水进入补气筒，靠水力平衡作用，将空气排入储能器。

当选用变频调速型时，设备将根据流量的变化自动调节水泵转速，保持供水压力恒定不变，既节约了能源，又降低了水泵在低速运行的噪声。

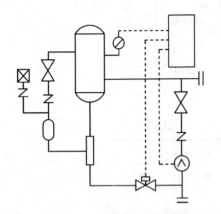 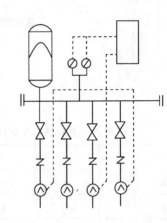

图 15-4 A 系列设备组成原理（配自动补气罐）（左）

图 15-5 A 系列设备组成原理（配隔膜罐）（右）

B 系列产品，由自动独立运行补气的气压罐、可任意选择的给水泵组和相应的电气控制系统三部分组合而成。系统结构原理如图 15-6、图 15-7 所示，给水泵的运行与常规气压设备类似，补气阀的运行过程为：当检测发现需要补气时，补气泵自动启动，将补气筒中的水抽出并排向气压罐，而空气则经滤清器、进气止回阀进入补气筒，等补气筒进满空气补气泵自停，压力水返回灌入补气筒，靠水力平衡作用将空气压入气压罐，完成一次补气运行。

当选择变频 BM 型时，设备将根据流量变化自动调节水泵转速。既可恒压供水、降低噪声，又可节约能源。

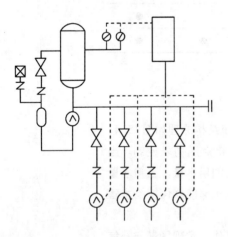 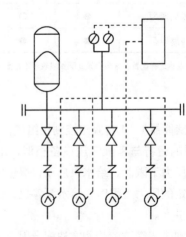

图 15-6 B 系列设备组成原理（配自动补气罐）（左）

图 15-7 B 系列设备组成原理（配隔膜罐）（右）

C 系列产品，是一种节能型气压给水设备，系统结构原理如图 15-8 所示，在普通气压给水设备的基础上增加一台小升压泵，而给水泵扬程按高位水箱给水方式选择即可。在设备运行期间，由给水泵提供所需流量和压力，当流量很小时，启动小升压泵，与给水泵串联运行，使气压罐压力升至设定上限值后停机。

D系列产品，系统结构原理如图15-9所示，微型隔膜罐的作用是消除压力表抖动，对普通机电控制型，当流量增大、压力表指针接触下限针时，经延时确认后，发出加泵信号。当流量减小、压力表指针接触上限针时，经延时确认后，发出减泵信号。如此控制，设备出口压力波动可控制在±6m以内，对变频控制型系列，采用变频调速控制时，可使出口恒压精度小于 $2mH_2O$，且可以调节出口恒压值。

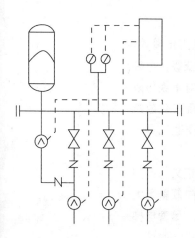
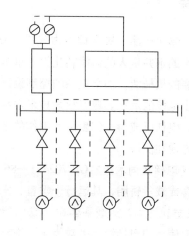

图15-8　C系列高效节能气压设备（左）
图15-9　D系列恒压自动给水泵站设备(右)

15.1.4　用途

15.1.4.1　A系列产品

（1）特别适用于无泄漏、无常流水现象的办公楼、住宅楼生活小区的供水。

（2）适用于高层建筑给水，或高层区自动给水设备需要安装在极高处的场合。

（3）用于建筑工地临时自动供水系统及生产工艺的自动供水系统。

（4）锅炉水暖系统或各种热水供水系统中作为自动定压补水设备。

（5）水塔与给水箱给水方式中作为自动泵使用。

15.1.4.2　B系列产品

（1）广泛用于住宅小区、工矿企业、商住楼、写字楼、宾馆饭店、医院各类公共建筑的自动增压供水。

（2）适用于高层建筑自动供水，军事设施、铁路、码头、施工现场、地震区建筑、热水、采暖系统的定压补水等。

（3）适用于村镇无塔供水。

15.1.4.3　C 系列产品

（1）标准配置（整体式），其用途与 A 系列相同。

（2）选择配置（组合式），其用途与 B 系列相同。

15.1.4.4　D 系列产品

（1）广泛用于工矿企业、宾馆饭店、医院、较大型住宅小区、高层建筑等。

（2）自来水厂的各级加压系统、中小型水厂的装备逐级。

（3）水塔、高位水箱给水方式中作为自动泵使用。

15.2　电梯设备

电梯是机、电一体化产品，其原理与古代打水用水井类似，同为定滑轮，原理不同的是：打水的水井是人的体能转化为水桶的机械能，比较低级；电梯则是电能转化为轿厢的机械能，加之复杂的控制设施和分层设施，对重铁用以辅助电梯运行，减少电能的消耗。随着科学技术水平的不断进步，现代化建筑的发展也日新月异，电梯已成为人们生活和工作的重要设备。就像交通工具一样，给人们带来了方便和快捷。

根据国家标准《电梯名词术语》GB 7024.1—86 规定，电梯的定义为：用电力拖动，具有乘客或载货轿厢，其运行于垂直、水平或与垂直方向倾斜不大于15°角的两侧刚性导轨之间，运载乘客和（或）货物的固定设备。尽管电梯的品种繁多，但目前使用的电梯绝大多数为电力拖动和钢丝绳曳引式结构。

15.2.1　电梯的组成

从电梯空间位置使用看，由四个部分组成：依附建筑物的机房；井道；运载乘客或货物的空间——轿厢；乘客或货物出入轿厢的地点——层站。即机房、井道、轿厢、层站。

从电梯各构件部分的功能上看，可分为八个部分：曳引系统、导向系统、轿厢、门系统、重量平衡系统、电力拖动系统、电气控制系统和安全保护系统。

15.2.1.1　曳引系统

曳引系统主要由曳引机、曳引钢丝绳、导向轮及反绳轮等组成。曳引机由电动机、联轴器、制动器、减速箱、曳引轮等组成，是电梯的动力源。曳引钢丝绳的两端分别连接轿厢和对重（或者两端固定在机房上），依靠钢丝绳与曳引轮绳槽之间的摩擦力来驱动轿厢和对重的间距，采用复绕型时还可增加曳引能力。导向轮安装在曳引机架上或承重梁上。

15.2.1.2　导向系统

导向系统由导轨、导靴和导轨架等组成。它的作用是限制轿厢和对重的活动自由度，使轿厢和对重只能沿着导轨作直行运动。导轨固定在导轨架上，导轨架是支承导轨的组件，与导轨配合，强制轿厢和对重的运动服从于导轨的直立方向。

15.2.1.3 轿厢

门系统由轿厢门、层门、开门机、联动机构、门锁等组成。轿厢门设在轿厢入口，由门扇、门导轨架、门靴、门锁装置及应急开锁装置组成。开门机设在轿厢上，是轿厢门和层门启闭的动力源。

15.2.1.4 门系统

轿厢是用来运送乘客或货物的电梯组件，由轿厢架和轿厢体组成。轿厢架是轿厢体的承重结构，由上横梁、立柱、底梁、斜拉杆等组成。轿厢体由轿厢底、轿厢壁、轿厢顶及照明、通风装置、轿厢装饰件和轿内操纵按钮板等组成。其大小由额定载重量或额定载客量决定。

15.2.1.5 重量平衡系统

由对重和重量补偿装置组成。对重由对重架和对重块组成。对重将平衡轿厢自重和部分的额定载重。重量补偿装置是补偿高层电梯中轿厢与对重侧曳引钢丝绳长度变化对电梯平衡设计影响的装置。

15.2.1.6 电力拖动系统

由曳引电机、供电系统、速度反馈装置、调速装置等组成。对电梯实行速度控制。曳引电机是电梯的动力源，根据电梯配置可用交流电机或直流电机。供电系统是为电机提供电源的装置。速度反馈装置为调速系统反馈电梯运行速度信号。一般采用测速发电机或速度脉冲发生器与电机连接。调速装置对曳引电机实行调速控制。

15.2.1.7 电气控制系统

电气控制系统由操纵装置、位置显示设置、控制屏、平层装置、选层器等组成。它的作用是对电梯的运行实行操纵和控制。操纵装置包括轿厢内的按钮操作厢或手柄开关厢、层站召唤按钮、轿顶和机房中的检修或应急操纵厢。控制屏安装在机房中，由各类电气控制元件（或板）组成，是电梯实行电气控制的集中组件。位置显示是指轿内和层站的指层灯。层站上一般能显示电梯运行方向或轿厢所在的层站。选层器能起到指示和反馈轿厢位置、决定运行方向、

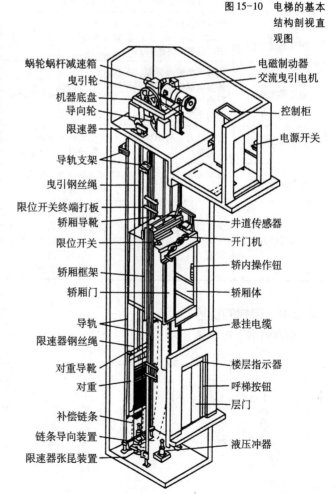

图 15-10 电梯的基本结构剖视直观图

蜗轮蜗杆减速箱
曳引轮
机器底盘
导向轮
限速器
导轨支架
曳引钢丝绳
限位开关终端打板
轿厢导靴
限位开关
轿厢框架
轿厢门
导轨
限速器钢丝绳
对重导靴
对重
补偿链条
链条导向装置
限速器张昆装置

电磁制动器
交流曳引电机
控制柜
电源开关
井道传感器
开门机
轿内操作钮
轿厢体
悬挂电缆
楼层指示器
呼梯按钮
层门
液压冲器

发出加、减速信号等作用。它可由机械式、继电器或电子式组成。

15.2.1.8 安全保护系统

电梯上有机械和电气的各类保护系统，可保证电梯安全使用。机械方面的有：限速器和安全钳，起超速保护作用；缓冲器，起冲顶和撞底保护作用，还有切断总电源的极限保护。电气方面的安全保护在电梯的各个运行环节都有，本环节不作介绍。

电梯的基本结构如图 15-10 所示，八个部分构件见表 15-2。

电梯的八个部分构件小结　　　　　　　　　　　表 15-2

名称	功能	主要构建及装置
曳引系统	输出与传递动力，驱动电梯运行	牵引机、牵引轮及钢丝绳、导向轮、反绳轮等
导向系统	限制轿厢、对重的活动自由度，使轿厢和对重只能沿着轨道运行	轿厢的轨道、对重的轨道，及其导轨架等
轿厢	运载乘客和货物的部件	轿厢架和轿厢体
门系统	乘客和货物的进出口，运行时，层、轿门必须封闭，到站时才能打开	轿厢门、层门、开门机、联动机构、门锁等
重量平衡系统	相对平衡轿厢重量，补偿高层电梯中牵引绳长度的影响，保证电梯牵引系统传动正常	对重和重量补偿装置等
电力拖动系统	提供动力，对电梯实行速度控制	电动机、减速机、制动器、供电系统、速度反馈装置、调速装置
电气控制系统	对电梯运行实行操纵和控制	操纵装置、位置显示装置、控制屏（柜）、平层装置、选层器等
安全保护系统	保证电梯安全使用，防止一切危及人身安全的事故发生	减速器、安全钳、缓冲器和端站保护装置，超速保护装置，供电系统断相错相保护装置，超越上、下极限工作位置的保护装置，层门锁与轿门电气连锁装置，电动机过载、超速、编码器断线保护等

15.2.2 电梯的型号

电梯的型号表示如下：

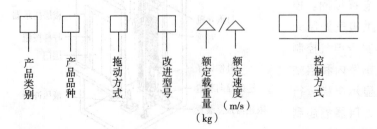

电梯品种代号见表15-3，电梯拖动方式代号见表15-4，电梯控制方式代号见表15-5。

电梯品种代号　　　　　　　　　　表 15-3

产品品种	代表汉字	拼音	代号	产品品种	代表汉字	拼音	代号
乘客电梯	客	KE	K	杂物电梯	物	WU	W
载货电梯	货	HUO	H	船用电梯	船	CHUAN	C
客货两用电梯	两	LIANG	L	观光电梯	观	GUAN	G
病床电梯	病	BING	B	汽车用电梯	汽	QI	Q
住宅电梯	住	ZHU	Z				

电梯拖动方式代号　　　　　　　　　　表 15-4

拖动方式	代表汉字	拼音	代号	拖动方式	代表汉字	拼音	代号
交流	交	JIAO	J	液压	液	YE	Y
直流	直	ZHI	Z				

电梯控制方式代号　　　　　　　　　　表 15-5

控制方式	代表汉字	代号	控制方式	代表汉字	代号
手柄开关控制、自动门	手、自	SZ	信号控制	信号	XH
手柄开关控制、手动门	手、手	SS	集选控制	集选	JX
按钮控制、自动门	按、自	AZ	并联控制	并联	BL
按钮控制、手动门	按、手	AS	梯群控制	群控	QK

15.2.3　电梯的分类

电梯的分类比较复杂，一般从不同的角度进行分类。

15.2.3.1　按用途分类

（1）乘客电梯（Ⅰ类）：为运送乘员而设计的电梯，主要用于宾馆、饭店、办公楼、大型商场等人流量大的场合。其运行速度快，并且安全、美观、舒适。

（2）载货电梯（Ⅳ类）：为了运送货物而设计的、通常有专人伴随的电梯，主要用于两层以上的车间、仓库等场合。其速度一般，装潢也不太讲究，但有必要的安全保护装置。

（3）病床电梯（俗称医梯）（Ⅲ类）：为了运送病床而设计的电梯。其轿厢的宽度和长度以及电梯的运行速度是按病人的要求而设计的。

（4）杂物电梯（又称服务梯）（V类）：供图书馆、办公室、饭店运送图书、文件和食品等物，并且不允许人员进入的电梯。其安全设施不齐全，轿厢尺寸较小，速度一般不太高。

（5）住宅电梯（Ⅱ类）：供高层、小高层的住宅楼使用的电梯。其控制系统和轿厢装饰都较简单，但必须具有客梯必不可少的安全保护装置。

（6）客货电梯（又称服务梯）（Ⅱ类）：为运送乘员而设计的电梯，也兼运送货物。其与乘客电梯的最大不同在于轿厢内部的装饰。

（7）特种电梯：除上述常用的几种电梯之外，还有为特殊环境、特殊条件和特殊要求而设计的电梯，如船舶电梯、观赏电梯、消防电梯、防爆电梯、车辆电梯等。

15.2.3.2 按速度分类

（1）低速梯：速度不大于 1.0m/s 的电梯。

（2）快速梯：速度在（1.0~2.0）m/s 之间的电梯。

（3）高速梯：速度不小于 2.0m/s 的电梯。

15.2.3.3 按曳引电动机的供电电源分类

1. 采用交流电源供电的电梯

（1）采用交流单速异步电动机拖动的电梯。梯速 $V \leqslant 0.4$m/s，提升高度 $H \leqslant 35$m，如杂物梯。

（2）采用交流异步双速电动机变极调速拖动的电梯。梯速 $V \leqslant 1.0$m/s，提升高度 $H \leqslant 35$m，如一般的客货电梯（XPM 型电梯）。

（3）采用交流异步双绕组双速电动机调压调速拖动的电梯（俗称 ACVV 拖动的电梯）。梯速 $V \leqslant 2.0$m/s，提升高度 $H \leqslant 50$m，如一般的住宅电梯。

（4）采用交流异步单绕组单速电动机调频调速拖动的电梯（俗称 VVVF 拖动的电梯）。梯速 $V < 2.0$m/s，提升高度 $H \leqslant 120$m。

2. 采用直流电源供电的电梯

采用直流电源供电的电梯在 20 世纪 80 年代中期广泛应用于中高档乘客电梯上。

（1）直流快速电梯。梯速 $V \leqslant 2.0$m/s，提升高度 $H \leqslant 50$m。

（2）直流高速电梯。梯速 $V > 2.0$m/s，提升高度 $H \leqslant 120$m。

15.2.3.4 按有无蜗轮减速器分类

（1）有蜗轮减速器的电梯，即梯速为 3.0m/s 以下的电梯。有两种曳引方式：上置式曳引；下置式曳引。

（2）无蜗轮减速器的电梯，即梯速为 3.0m/s 以下的电梯。

15.2.3.5 按驱动方式分类

1）钢丝绳式：曳引电动机通过蜗杆、蜗轮、曳引绳轮、驱动曳引钢丝绳两端的轿厢和对重装置作上下运动的电梯。

2）液压式：电动机通过液压系统驱动轿厢作上下运动的电梯。

（1）柱塞直顶式：梯速 $V \leqslant 1.0 \mathrm{m/s}$，提升高度 $H \leqslant 20 \mathrm{m}$。

（2）柱塞侧顶式（俗称"背包"式）：梯速 $V \leqslant 0.63 \mathrm{m/s}$，提升高度 $H \leqslant 15 \mathrm{m}$。

15.2.3.6　按曳引机房位置分类

（1）机房位于井道上部的电梯。

（2）机房位于井道下部的电梯。

近年来也出现了一种无须设置机房的电梯，称无机房电梯。

15.2.3.7　按控制方式分类

（1）轿内手柄开关控制自平层自动门电梯。

（2）轿内按钮控制自平层自动门电梯。

（3）轿内、外选层按钮开关控制自平层自动门电梯。

（4）门外按钮控制小型杂物电梯。

（5）信号控制的电梯。

（6）集选控制的电梯：该电梯系一种由乘客自己操作的或有时由专职司机操作的自动电梯。

（7）2 台或 3 台并联控制的电梯：共用一套召唤信号装置。

（8）梯群控制的电梯（梯群电梯）。

15.2.3.8　按拖动方式分类

（1）交流异步单速电动机拖动的电梯。

（2）交流异步双速电动机变极调速拖动的电梯。

（3）交流异步双绕组电动机调压调速（俗称 ACVV）拖动的电梯。

（4）交流异步单速电动机调压调速（俗称 VVVF）拖动的电梯。

（5）直流电动机拖动的电梯。

15.2.3.9　按电梯有无司机分类

（1）有司机电梯：电梯的各种工作状态由经专业安全技术培训的持证专职司机操纵来实现。

（2）无司机的电梯：由乘客自己操纵控制。

（3）有/无司机电梯：该电梯基本上按无专职司机控制来设计，但在有司机操纵的情况下，司机必须是经专业安全技术培训的专职司机。

15.2.4　电梯的选择与额定容量的计算

15.2.4.1　电梯台数的选择

高层建筑电梯需要数量首先要了解电梯的运行速度后，由式（15-1）估算电梯的台数。

额定载客数与额定速度的关系参考表 15-6。

额定速度 v（m/s）	0.5~1.5	1.5~2	2.5~3	4~5.5	6.5
额定载客 Q_N（人）	5~11	12~17	18~23	24~32	32~45
额定载重 G_N（kg）	500~1000	1000~1500	1500~2000	2000~2500	3000~4500

$$C = \frac{75 m_5 \cdot K}{3600 Q_N} \qquad (15-1)$$

式中　C——电梯台数；

$\quad m_5$——高峰时 5min 乘电梯人数；

$\quad Q_N$——电梯额定载客人数；

$\quad K$——综合系数。

$$K = \frac{2H}{v} + \frac{2Q_N}{75} + (E+1) \cdot (0.11v^2 + 2.1v + 2.9) \qquad (15-2)$$

式中　E——电梯可能停靠站数。

电梯可能停靠站数与电梯的额定速度有关，见式（15-2）、表 15-7。

电梯额定速度与可能停靠站数的关系　　　　表 15-7

电梯可能停靠站数 E	电梯额定速度 v（m/s）	电梯可能停靠站数 E	电梯额定速度 v（m/s）
$E \leqslant 6$	0.5~0.8	$E = 16~25$	2.5~3.5
$E \geqslant 8$	1~1.2；1.5~1.8	$E > 25$ 或第一站超过 80m，而后很少停站	4~6.5
$E = 10~15$	2~2.5		

15.2.4.2　电梯额定容量的计算（以单台电梯为例）［式（15-3）］

$$P_N = \frac{(1-K_p) \cdot G \cdot v}{102\eta} \qquad (15-3)$$

式中　P_N——曳引电动机额定功率（kW）；

$\quad K_p$——平衡系数，取 0.45~0.55；

$\quad v$——电梯额定运行速度（m/s）；

$\quad G$——电梯额定载重量（kg）；

$\quad \eta$——电梯传动总效率，交流电取 0.55。

15.2.5　电梯交接验收标准（表 15-8）

电梯电气装置安装完工后检查项目、内容和检查验收方法　　　　表 15-8

项目	检查内容与要求	检查验收方法
保证项目	电梯的供电电源线必须单独敷设	观察检查
	电气设备和配线的绝缘电阻值必须大于 0.5MΩ	观察和测量检查
	保护接地接零系统必须良好，电线管、槽及箱、盒连接处的跨接地线必须紧密牢固，无遗漏	观察检查和检查安装记录

项目	检查内容与要求	检查验收方法
保证项目	电梯的运行电缆必须绑扎牢固，排列整齐，敷设长度必须保证轿厢在极限位置时不受力、不拖地	观察检查
	各种安全保护开关的固定必须可靠，且不得采用焊接	观察检查
	与机械配合的各安全开关，在下列情况时必须动作可靠，使电梯立即停止运行： 1. 选层器钢带（钢绳、链条）松弛或张紧轮下落大于50mm时； 2. 限速器配重轮松弛或张紧轮下落大于50mm时； 3. 限速器钢绳夹住，轿厢上安全钳拉杆动作时； 4. 电梯超速达到限速器动作速度的95%时； 5. 电梯载重量超过额定载重量的10%时； 6. 任一层门、轿门未关闭或锁紧（按下应急按钮除外）； 7. 轿厢安全窗未正常关闭时	实际操作和模拟检查
	急停、检修、程序转换等按钮和开关的动作必须灵活可靠	实际操作检查
	极限、限位、缓速装置正确，功能必须可靠	观察和实际运行检查
	轿厢自动门的安全触板必须可靠	在轿厢门关闭过程中，用手轻推触板检查
	井道内的随行电缆及其他运行部件在运行中严禁与任何部件碰撞或摩擦	观察检查
	保证项目检查数量：按一个建筑物内电梯的台数抽查30%，但不少于5台	
基本项目	机房内的配电（控制屏、柜）盘的安装、布局合理、横竖端正、整齐美观	观察检查
	电线管、槽安装牢固、布局走向合理，出线口准确，槽盖齐全平整，与箱盒连接正确	观察检查
	电气装置的附属构架、电线管、槽等非带电金属部分的防腐处理应涂漆均匀一致，无遗漏	观察检查
	配电盘、柜、箱、盒及配线，连接牢固，接触良好，包扎紧密，绝缘可靠，标志清楚，绑扎整齐美观	观察检查
	基本项目检查数量：按一个建筑物内电梯的台数抽查30%，但不少于1台	
允许偏差项目	机房内柜、屏的垂直度1.5/1000	吊线尺量，全数检查各测一点
	电线管、槽的垂直、水平度（机房内）2/1000	吊线尺量，抽查处各测一点
	电线管、槽的垂直、水平度（井道内）5/1000	
	轿厢上配管的固定点间距不大于500m	尺量，全数检查各测一点
	金属软管的固定点间距不大于1000mm	尺量，全数检查各测一点

根据哈尔滨市南岗区花园街201号电梯代理商介绍：目前XIZIOTIS电梯已经成为高层建筑不可缺少的运输设备，包括客梯、货梯、医用电梯、观光电梯、扶梯、自动人行道、立体车库、建筑施工电梯等。根据其驱动方式又可分为电机驱动、液压驱动、无齿轮电机驱动、直线电机驱动等。XIZIOTIS

能够提供上述各类电梯。交流调速技术的应用使得电梯的舒适感改进、能耗降低，特别是 VVVF 电机驱动的技术应用，电梯的舒适感、能耗进一步改善。

电梯的基本结构有曳引系统（曳引机、减速箱、曳引轮等）、导向系统（导轨、导靴、导轨支架）、门系统（轿厢门、层门、开门机、门锁）、轿厢、重量平衡系统（对重、重量补偿装置）、电力拖动系统（曳引电机、速度反馈、调速装置）、电气控制系统（操纵装置、位置显示、平层装置、选层器）和安全保护系统（限速器、安全钳、缓冲器、限位开关、错断相保护等各类机械电气保护装置）。

XIZIOTIS 的控制系统采用德国 OTIS 开发的控制系统，井道信号、外召唤和位置显示等采用串行数据传输方式，大大节省了井道布线，可靠性增强；采用模块化结构，系统控制更加合理高效，可以方便地实现群控，降低等待时间，提高电梯运行效率，采用 VVVF 驱动，节省能耗，舒适度好，平层精度高，能够满足不断增加的社会需要。

15.3　消防设备

随着科技水平的不断进步，计算机技术也在现代建筑中广泛应用，消防设备已走向成熟。消防设备实际上是一个完整的火灾自动报警系统，主要由火灾探测、报警控制和联动控制三部分组成，探测和报警是感应机构，联动控制则是执行机构。从而起到了探测火灾初起并发出警报以便人们迅速采取措施的作用。

15.3.1　火灾探测器

火灾探测器是火灾自动报警系统中的关键元件，目前火灾探测器已是智能化的高科技电子产品，每只探测器内均安装一只单片计算机，探测后，计算机可对传感器采集到的环境参数信号进行分析判断，并向火灾报警控制器传送正常、火警、污染、故障等状态信号。根据探测器对不同火灾参量的相应，可分为感温、感烟、感光、复合和可燃气体 5 种。

15.3.1.1　火灾探测器的型号编制

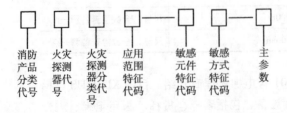

火灾探测器的产品代号说明见表 15-9、表 15-10。

产品代号说明表 （一）　　　　　　表 15-9

产品名称	代号	敏感方式		敏感元件		适应范围	代号
消防报警设备	J（警）	D 定温	M 膜盒		B 半导体	防爆型(型号无 B 为非防爆型)	B
火灾探测器	T（探）	C 差温	S 双金属		Y 水银接点		
温感火灾探测器	W（温）	CD 差定温	Q 玻璃球		Z 热敏电阻		
烟感火灾探测器	Y（烟）		G 空气管			船用型(型号无 C 为路用型)	C
光感火灾探测器	G（光）		J 易熔合金				
可燃气体探测器	Q（气）		L 热敏电缆				
复合式火灾探测器	F（复）		O 热电偶				

产品代号说明表 （二）　　　　　　表 15-10

传感器特征	代号	传感器特征	代号	敏感方式	代号
离子	LZ	红外	HW	感光感温	GW
光电	GD	气敏半导体	QB	感光感烟	GY
电容	DR	催化	CH	红外光束感烟感温	YW－HS
紫外	ZW	光束	HS		

火灾探测器产品的主参数表示火灾探测器的灵敏度等级或动作阈值参数，分别用罗马数字和阿拉伯数字表示，例如 I－I 级灵敏度。如两者同时存在，两者之间用斜线隔开。

火灾探测器产品结构的改进代号按大写汉语拼音字母 A、B、C……顺序采用，加在原产品型号尾部以示区别。

15.3.1.2　火灾探测控制器的功能

火灾探测控制器是一种能够自动发出火情信号的器件，在火灾发生与发展早期报警，将信号传送到火灾自动报警器。由于所相应的火灾信号参量不同，其工作原理也不一样，常用的有如下几种：①温感火灾探测器；②烟感火灾探测器；③光感火灾探测器；④可燃气体探测器；⑤复合式火灾探测器。其性能可参考表 15-11、表 15-12。

感烟、感温火灾探测器保护面积 A 和保护半径 R　　　　表 15-11

火灾探测器种类	地面面积 $A(\mathrm{m}^2)$	安装高度 $H(\mathrm{m})$	火灾探测器保护面积 A 和保护半径 R					
			屋顶坡度 θ					
			$\theta \leqslant 15°$		$15° < \theta \leqslant 30°$		$\theta > 30°$	
			$A(\mathrm{m}^2)$	$R(\mathrm{m})$	$A(\mathrm{m}^2)$	$R(\mathrm{m})$	$A(\mathrm{m}^2)$	$R(\mathrm{m})$
感烟探测器	$A \leqslant 80$	$H \leqslant 12$	80	6.7	80	7.2	80	8.0
	$A > 80$	$6 < H \leqslant 12$	80	6.7	100	8.0	120	9.9
		$H \leqslant 6$	60	5.8	80	7.0	100	9.0
感温探测器	$A \leqslant 30$	$H \leqslant 8$	30	4.4	30	4.9	30	5.5
	$A > 30$	$H \leqslant 8$	20	3.6	30	4.9	40	6.3

火灾探测器的功能及适用范围　　　　表 15-12

名称	原理	适用范围
温感火灾探测器	探测器中的热敏元件将温度信号转变成电信号	火灾早中期报警
烟感火灾探测器	利用烟雾粒子（电离型）改变电离室电流；（光电型）对光产生散射、吸收或遮挡；（激光型）	探测燃烧产物及起火速度缓慢的初期火灾报警
光感火灾探测器	对火焰辐射出的红外、紫外及可见光子予以响应	易燃易爆场所
复合式火灾探测器	可以两种以上火灾参数	初期火灾报警

15.3.1.3 火灾探测器的安装位置

1. 火灾探测器的外形结构（图 15-11）

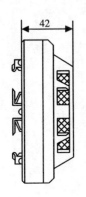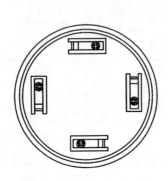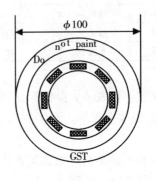

图 15-11　探测器的外形结构

2. 火灾探测器的安装位置（图 15-12）

根据现行国家标准《电气装置安装工程施工及验收规范》的规定，火灾探测器的安装位置规定如下：

（1）火灾探测器至墙壁、梁边的水平距离，不应小于 0.5m，且周围 0.5m 内不应有遮挡物。

（2）火灾探测器至空调送风口边的水平距离不应小于 1.5m；至多孔送风顶棚孔的水平距离不应小于 0.5m。

图 15-12　探测器安装示意图

（3）在宽度小于 3m 的走廊顶棚上设置火灾探测器时，易居中布置。感温探测器安装间距不应超过 10m；感烟感温探测器安装间距不应超过 15m；探测器距端墙的距离，不应大于探测器安装间距的一半。

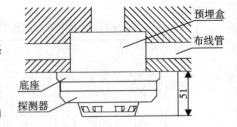

（4）探测器宜水平安装，当必须倾斜安装时，倾斜角不应大于 45°。

15.3.2　火灾报警控制器

火灾报警器是为火灾探测器提供稳定的工作电源；接受、转换和处理火灾探测器输出的报警信号；指出报警位置、时间；发出声、光报警信号，并向联动控制器发出联动通知新信号监视探测及系统本身状况，执行相应辅助控制。

15.3.2.1 火灾报警控制器的型号编制

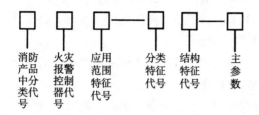

火灾报警控制器的产品代号说明可查阅表 15-13，系统概况可参照图15-13。

火灾报警控制器的产品代号说明　　　　　　表 15-13

产品分类	代号	应用范围特征	代号	分类特征代号	代号
火灾报警控制	B（报）	防爆型	B（爆）	单路	D（单）
		船用型	C（船）	区域	Q（区）
结构特征		代号		集中	J（集）
柜式、台式、壁式		G、T、B		通用	T（通）

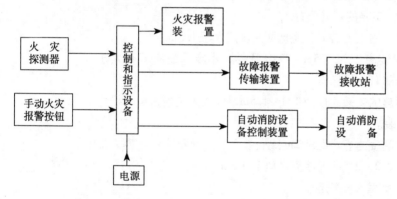

图 15-13　火灾自动报警系统

15.3.2.2 火灾报警控制器的功能

根据中华人民共和国国家标准《火灾报警控制器通用技术条件》GB 4717—93 规定，火灾报警控制器应具有下列基本功能：

1）能为火灾报警器控制器供电，也可为与其连接的其他部件供电。

2）能直接或间接地接受来自火灾探测器及其他火灾报警触发器件的火灾报警信号，发出声、光报警信号，指示火灾发生的部位，并予保持；光报警信号在火灾报警控制器复位之前不能手动消除，声报警信号可以手动消除，但再次有火灾报警信号输入时，应能再启动。

3）火灾报警控制器应有自检功能（本机检查功能），在执行自检功能时，应切断受其控制的外接设备。

4）火灾报警控制器应具有显示或记录火灾报警时间的计时装置，日计时误差应小于30s。

5）火灾报警控制器应能对面板上所有的指示灯、显示器进行功能检查。

6）通过火灾报警控制器可改变与其连接火灾探测器的响应阈值时，火灾报警控制器应能指示已设定的火灾探测器的响应阈值。

7）火灾报警控制器按其设计允许的最大容量及最长布线条件接入火灾探测器及其他部件时，不应出现信号传输上的混乱。

8）火灾报警控制器应具有电源转换装置，当主电源断电时，能自动转换到备用电源；当主电源恢复时，能自动转换到主电源，而且贮备电源的转换应不使火灾报警控制器发出火灾报警信号。主电源应有过流保护措施，其容量应能保证火灾报警控制器在下述条件下连续正常工作4h。

（1）火灾报警控制器容量不超过10个构成单独部位号的回路时，所有回路均处于报警状态。

（2）火灾报警控制器容量不超过10个构成单独部位号的回路时，20%的回路均处于报警状态。

9）火灾报警控制器内或由其控制进行的查询、中断、判断及数据处理等操作，对于接收火灾报警信号的延时不应超过10s。

10）具有隔离所接部件功能的火灾部件控制器，应设有部件隔离状态光指示并能查询或显示被隔离部件的部位。

15.3.2.3 火灾报警控制器的安装位置

（1）火灾报警控制器在墙上安装时，距地面高度应大于1.5m。

（2）手动报警按钮安装高度为1.5m，不得倾斜。外接导线应留有大于100mm的余量，且在其端部有明显标志。

（3）火灾报警电话插座的安装高度为1.3~1.5m，壁式火灾报警电话机可用塑料胀管和螺钉进行安装。

（4）报警显示灯安装高度为底边距地2m或安装于消火栓箱旁边，声光报警显示灯安装高度通常为2.2~2.5m或距离吊顶下0.3m。

（5）配管可选用Φ20钢管及接线盒。

（6）火灾报警警铃及警笛的安装高度通常为2.2~2.5m之间或距离顶板下0.3m。而且火灾报警警铃安装时固定螺线上要加弹簧垫片。

15.3.3　消防联动控制器

火灾探测、报警控制和联动控制相当于整个火灾自动报警控制系统，联动控制器与火灾报警控制器配合，通过数据通信，接受并处理来自火灾报警控制器的报警点数据，然后发出控制信号，实现对各类消防设备的控制。

15.3.3.1 消防联动控制器的基本功能

根据国家标准《消防工程自动控制设备通用技术条件》规定，联动控制器的基本功能要求如下：

1）能为与其直接相联的部件供电。

2）能直接或间接启动受其控制的设备。

3）能直接或间接地接收来自火灾报警控制器或火灾触发器件的相关火灾报警信号，发出声光报警信号。声报警信号能手动消除，光报警信号在联动控制器复位前应予保持。

4）在接收到火灾报警信号后，按国家标准《火灾自动报警系统设计规范》GB 50116—98 所规定的逻辑关系，能以自动或手动两种方式进入操作。完成以下功能：

（1）切断火灾发生区域的正常供电电源，接通消防电源。

（2）能启动消火栓灭火系统的消防泵，并显示状态。

（3）能启动喷水灭火系统的喷淋泵，并显示状态。

（4）能打开雨淋灭火系统的控制阀，启动雨淋泵并显示状态。

（5）能打开气体或化学灭火系统的容器阀，能在容器阀动作之前手动急停，并显示状态。

（6）能控制防火卷帘门的半降、全降。

（7）能控制平开防火门，并显示状态。

（8）能关闭空调送风系统的送风机、送风口，并显示状态。

（9）能打开防排烟系统的排烟机、正压送风机及排烟口、送风口，关闭排烟机、送风机，并显示状态。

（10）能控制常用电梯，使其自动降至首层。

（11）能使受其控制的火灾应急广播使用。

（12）能使受其控制的疏散、诱导设备投入工作。

（13）能使受其控制的应急照明系统投入工作。

（14）能使与其连接的报警装置进入工作状态。

5）当联动控制器设备内部、外部发生下列故障时，应能在100s内发出与火灾报警信号有明显区别的声光故障信号。

（1）与火灾报警控制器或火灾触发器件之间的连接线断路、短路。

（2）与接口部件间的连接线断路、短路。

（3）主电源欠压。

（4）给备用电源充电的充电器与备用电源之间的连接线断路、短路。

（5）联动控制器设备应能对本机及其面板上所有的指示灯、显示器进行功能检查。

（6）具有隔离控制设备功能的联动控制器设备，应设有隔离状态指示，并能查询和显示被隔离的部位。

（7）联动控制器设备应具有电源转换功能。

15.3.3.2　消防系统联动控制

图 15-14 是消防系统联动控制图。

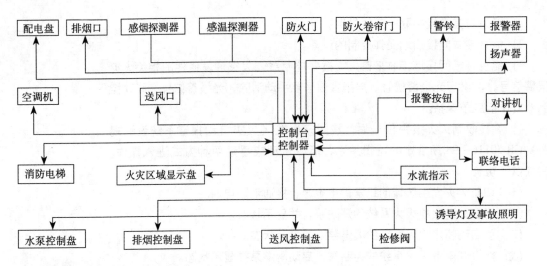

图 15-14 消防系统联动示意图

15.3.3.3 火灾自动报警与消防系统联动控制的关系

火灾报警控制器是消防系统的心脏，它可以分析、判断、记录和显示火灾的情况，监视被控区域的烟雾浓度、温度等量，探测器将代表烟雾浓度、温度等量的电信号反馈给报警控制器，报警控制器将反馈的电信号与内存的正常信号相比较，判断是否有火灾发生，当确认有火灾发生时，火灾报警控制器首先发出报警，同时在显示器上显示出烟雾的浓度、温度及火灾区域或楼层房号的地址编码，提示值班人员将这些数据记录下来，并向火灾现场或相邻楼层发出报警信号。火灾自动报警与消防系统联动控制的关系可参考图 15-15。

图 15-15 火灾自动报警与消防系统联动控制的关系

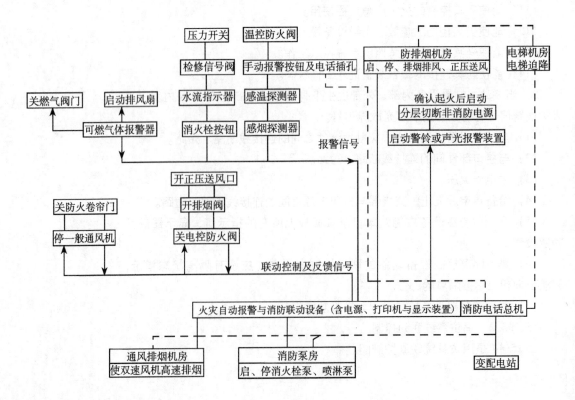

为了防止探测器失灵或火灾线路出现故障，各区域应设有破玻璃按钮和火灾报警电话等设备。

（1）在消火栓箱内左上角侧壁上方设置消火栓内启泵按钮，按钮上面有一玻璃面板，作为控制启动消防水泵用的专用按钮，是当火灾发生时，打破玻璃面板使受玻璃面板压迫的触电复位断开，发出启动消防水泵的命令，消防水泵立刻启动工作，不断供给所需的消防水量、水压。

（2）消火栓安装时，应配合完成消火栓箱内启泵按钮的管线敷设及按钮安装。消火栓箱内启泵按钮的安装方法如图 15-16 所示。

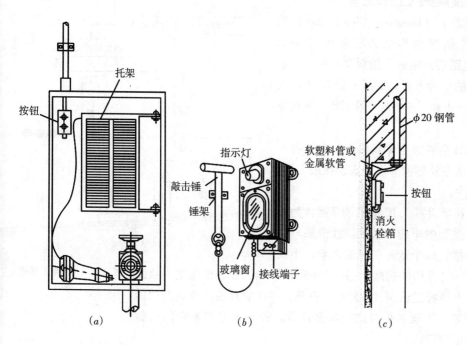

图 15-16　消火栓箱内
　　　　　启泵按钮安
　　　　　装方法
（a）消火栓箱结构图；
（b）消火栓箱内启泵按钮
结构图；
（c）消火栓箱内启泵按钮
安装方法

（a）　　　　　　　　（b）　　　　　　　　（c）

15.4　门禁系统

门禁系统，又称出入管理控制系统，它结合计算机技术、网络通信技术、自动控制技术和智能卡技术于一体，是一种管理人员进出的现代化、数字化安全管理系统。常见的门禁系统有：密码门禁系统、非接触 IC 卡（感应式 IC卡）门禁系统、指纹虹膜掌型生物识别门禁系统等。目前国际最流行、最通用的是非接触 IC 卡门禁系统。由于它安全性高、可靠性强、存储量大、便于携带，很快受到人们的青睐，成为 IC 卡行业的一个耀眼的亮点。本节将重点讲述非接触 IC 卡门禁系统。

15.4.1　门禁系统的基本结构

门禁系统主要由计算机、控制器、读卡机、电子门锁等设备组成。其结构特征如图 15-17 所示。

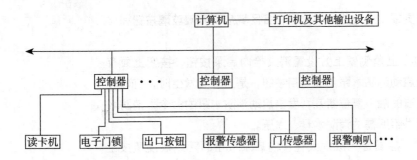

图 15-17 门禁系统的基本结构

15.4.2 IC 卡门禁系统的工作原理

IC 卡是集成电路卡（Integrated Circuit Card）的英文简称，在有些国家也称之为智能卡（Smart Card）。它将集成电路芯片镶嵌于塑料基片中，封装成外形与磁卡类似的卡片形式，即成一张 IC 卡，有时也会封装成纽扣、钥匙、饰物等特殊形状。系统简图如图 15-18。

IC 卡是通过无线电波或电磁场感应的方式将卡的集成电路内的数据与外部读卡设备直接接触连接，进行数据交换的卡片。

其工作原理是将非接触式 IC 卡的读卡器作为开门控制器连接在各类型的电控门锁上，读卡器与管理主机实施通信连接，每个欲开门锁进入者，手持一张经过授权的 IC 卡（开门的钥匙），开门时手持 IC 卡，在读卡器的有效距离内轻轻一晃。读卡器经过识别、核对密码开启，并向管理主机传送开门的时间、授权的卡号等，管理主机对这些数据备案。若使用非本系统的授权卡，系统拒绝开启电控门锁。

图 15-18 门禁系统简图

15.4.3 非接触式 IC 卡门禁系统的技术特点

15.4.3.1 非接触式 IC 卡的分类

非接触式 IC 卡是世界上近几年发展起来的一项新技术，是射频识别技术和 IC 卡技术有机结合的产物。它由 IC 芯片和感应天线组成，两者完全密封在一个塑料基片中，没有与外界接触的触点，与读卡器之间的数据交换通过无线电波来完成，所需的能量通过读卡器磁场来获取，因此非接触 IC 卡也称射频卡。

按照其组成结构，非接触式 IC 卡也可以分为一般存储卡、加密卡、CPU 卡和超级智能卡；根据不同的载波频率，非接触式 IC 卡可分为高频卡（915MHz、2.45GHz、5.8GHz）和低频卡（125MHz、13.56MHz）。

15.4.3.2 非接触式 IC 卡门禁系统的技术特点

IC 卡技术及通信技术是 20 世纪 90 年代中期世界上发展起来的一项新技术，它成功地将射频识别技术结合起来，解决了无源（卡中无电池）和免接触这一难题，是卡应用领域的一大突破。随着国内"金卡工程"各类项目的深入开展，IC卡技术在社会经济生活的大部分领域得到了应用。国内经过近几年的市场准备，以及系统集成技术的不断完善，在应用快捷、灵活、易于保管、可靠性高的众多方面赢得了人们的认可。

技术特点：

1. 可靠性强、使用寿命长、维护成本低

非接触式IC卡与读卡器之间无机械接触，避免了由于接触读卡而产生的各种故障。例如：由于粗暴插卡、非卡外物插入、灰尘或油污导致接触不良等原因造成的故障。此外，非接触式IC卡表面无裸露的芯片，无须担心芯片脱落、静电击穿、弯曲损坏而使卡片失效等问题，适应各种恶劣环境。因此，在正常使用的情况下，可以保证IC卡的使用寿命在10年以上。

2. 操作方便、快捷

非接触式IC卡使用时非常简单，不需固定方向和位置，没有方向性，卡片可以任意方向掠过读卡器表面，即可完成操作，大大提高每次使用的速度。

3. 加密性能好、安全可靠

每张卡片在出厂时都写有不可更改的唯一编号（全球唯一的序列号，制造厂家在卡片出场前已将此序列号固化，不可再更改），并可为第一用户设定卡与读卡设备相对应的唯一的密钥，卡和读卡设备均无法复制，确保系统的安全性和可靠性。

4. 高抗干扰性

非接触式中具有防冲突机制，在多张卡片进入读卡器的工作范围时防止卡片之间出现数据干扰，允许只读一张卡操作。

5. 广泛适用性

非接触式IC卡可应用于不同的系统、不同的场合。每张卡片出厂时有唯一的序列号，用户可以根据不同的应用设定不同的密码和访问条件，可实现企业管理一卡多用的需要。同一张卡片经个人化处理后，既可作为工作证、胸卡、巡更卡、门禁钥匙卡，也可作为企业内部食堂、咖啡厅和其他消费用的电子钱包，并可实现企业内部医疗管理、停车管理等诸多功能。

6. 提升企业形象

由于非接触读卡的特性，非接触IC卡经个人化处理后，可以塑封使用，使图案不褪色。方便的应用和轻松的管理，有利于公证、公开性的办公，对内激励员工，对外提高公司的商业形象，有助于企业降低管理成本、提高工作效率和经济效益。

7. 性能价格比最优

由于上述的性能特点，采用非接触IC卡实现一卡通管理，是一种性能价格比最优的方案。

8. 多种权限级别管理

可设置多个权限级别，增加了整个系统运行的安全性。

15.4.4 运行原理

系统运行流程如图15-19所示。

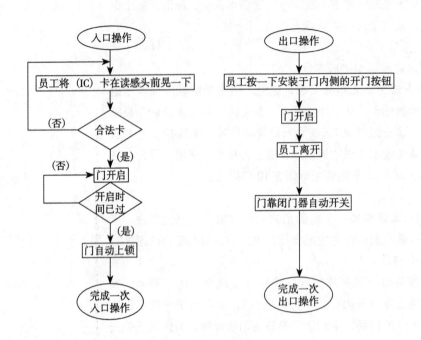

图15-19 系统运行流程示意图

15.4.5 非接触式IC卡系统设备的安装与布置

非接触式IC卡系统设备的安装与布置如图15-20、图15-21所示。

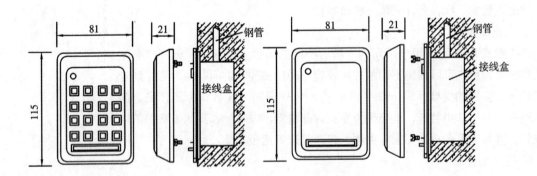

15.4.6 门禁控制器的选择

门禁系统的核心部分是门禁控制器，也可以说是门禁系统的灵魂。门禁控制器的质量和性能优劣直接影响着门禁系统的稳定性，而系统的稳定性会直接影响着门禁系统使用者的工作和生活秩序，甚至影响到生命和财产的安全。目前中国市场上门禁控制器产品众多，功能相差无几，但质量参差不齐。因此，门禁系统的稳定性、操作的便捷性、功能的实用性是门禁控制器评估的重要因素和核心标准。

图15-20 出入口控制器安装方法（左）读卡机安装方法（右）

15.4.6.1 选购具备防死机和自检电路设计的门禁控制器

如果门禁控制器死机，会使得用户打不开门或者关不了门，给客户带来极大的不方便，所以，门禁控制器必须安装复位芯片或者选用带复位功能的 CPU，同时，必须具备自检功能，如果电路因为干扰或者异常情况死机的话，系统可以自检并在瞬间进行自启动。

15.4.6.2 具备三级防雷击保护电路设计的门禁控制器

由于门禁控制器的通信线路是分散的，容易遭受感应雷的侵袭，所以门禁控制器一定要进行防雷设计。首先通过放电管将雷击产生的大电流和高电压释放掉，再通过电感和电阻电路钳制进入电路的电流和电压。然后通过 TVS 高速放电管将残余的电流和电压在其对电路产生损害前以高速释放掉。防雷指标要求 4000V 感应雷连续 50 次对设备无损害。

15.4.6.3 注册卡权限及脱机记录的存储量要足够大，存储芯片需采用非易失性存储芯片

建议注册卡权限需要达到 2 万张，脱机存储记录达到 10 万条最好，这样可以适合绝大多数客户对存储容量的要求，方便进行考勤统计。一定要采用 Flash 等非易失性存储芯片，掉电或者受到冲击信息也不会丢失。

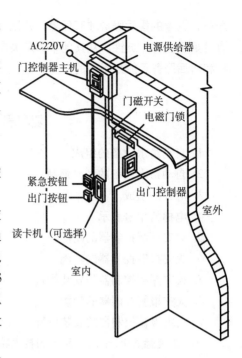

图 15-21　非接触式读卡系统设备布置图

15.4.6.4 通信电路的设计应该具备自检测功能，适用大系统联网的需求

门禁控制器的联网应采用类似 max3080 的高档次通信芯片及集成电路，该电路具备自检功能，如果芯片被损坏，系统会自动断开对设备的连接，使得其他总线上的控制设备正常通信。

15.4.6.5 应用程序应该简单实用、操作方便

选用门禁控制器时必须注重软件的操作是否简单、直观、便捷，片面地强调功能强大是不适合推广的。

15.4.6.6 宜选用大功率知名品牌的继电器，并且输出端有电流反馈保护

门禁控制器的输出是由继电器控制的，控制器工作时继电器要频繁地开合，而每次开合时都有一个瞬时电流通过。建议选用 7A 额定工作电流的继电器，输出端通常是接电锁等大电流的电感性设备，瞬间的通断会产生反馈电流的冲击，所以输出端宜有压敏电阻或者反向二极管等元器件予以保护。

15.4.6.7 读卡器输入电路需要防浪涌、防错接保护

良好的保护可以使得即使电源接在读卡器数据端都不会烧坏电路，通过防浪涌动态电压保护可以避免因为读卡器质量问题影响到控制器的正常运行。

15.4.6.8 建议工程商找控制器的厂家或者厂家指定的代理商处购买

只有直接找厂家或者厂家指定的代理商购买才有可能或者完善强大的技术

服务，完善的售后服务才有保障，并且有可靠的后续研发能力，以保证产品具有可延续性和先进性。从其他渠道购买控制器可能会有更低的价格，但技术支持和售后服务可能是不够的。

复习思考题

1. 自动给水设备的组成。
2. 自动给水设备的型号编制。
3. 电梯的组成。
4. 电梯的型号表示。
5. 火灾探测控制器的功能。
6. 火灾报警控制器的功能。
7. 火灾探测控制器的安装位置。
8. 火灾报警控制器的功能。
9. 火灾报警控制器的安装位置。
10. 非接触式 IC 卡门禁系统的技术特点。

建筑设备与环境控制

第 16 章　室内给水系统

室内给水系统的基本任务，是根据室外给水管网的供水情况，结合室内给水管网的实际使用要求，采取适当的给水方式，将水经济合理而且安全可靠地提供给室内各种用水设备，以满足人们在生活、生产和消防中对水质、水量和水压的要求。

16.1 室内给水工程系统

16.1.1 室内给水系统的分类与组成

室内给水系统的任务，是将室外给水管网中的水引进建筑物内，并送至各种用水设备处，满足室内生活、生产和消防用水的水质、水量和水压要求。

16.1.1.1 室内给水系统的分类

室内给水系统按其供水对象可分为生活给水系统、生产给水系统、消防给水统及组合给水系统。

1. 生活给水系统

满足人们饮用、烹调、盥洗、洗涤、沐浴等生活用水的室内给水系统，称为生活给水系统。这种系统要求水质必须严格符合国家规定的生活饮用水水质标准。

2. 生产给水系统

满足在生产过程中所需要的设备冷却水、原料和产品的洗涤水、锅炉用水及一些工业原料（如酿酒）用水的室内给水系统，称为生产给水系统。生产给水系统必需满足生产工艺对水质、水量、水压及安全方面的要求。

3. 消防给水系统

满足一切工业与民用建筑消防设备用水的室内给水系统，称为消防给水系统。消防用水对水质要求不高，但必须按建筑设计防火规范要求，保证供应足够的水量和水压。

4. 组合给水系统

上述三种给水系统，在实际工程中可以单独设置，也可根据建筑物内用水设备对水质、水压、水温的要求及室外给水系统的情况，经技术、经济和供水安全条件等综合比较，设置成组合各异的共用系统。如生活、生产给水系统，生产、消防给水系统，生活、消防给水系统，生活、生产、消防给水系统等。

16.1.1.2 室内给水系统的组成

通常情况下，室内给水系统如图16-1所示。

（1）水源：指城镇给水管网。室外给水管网或自备水源。

（2）引入管：是由室外给水管网引入建筑内管网的那一段管段。

（3）水表节点：安装在引入管上的水表及其前后设置的阀门和泄水装置的总称。用以计量单幢建筑的总用水量。水表前后的阀门用以水表检修、拆换时关闭管路之用。泄水口主要用于室内管道系统检修时放空之用，也可用来检测水表精度和测定管道进户时的水压值。水表节点一般设在水表井中。如图16-2所示。

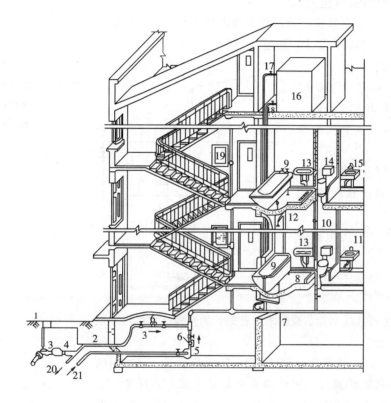

图16-1 建筑内部给水系统的组成

1—阀门井；2—引入管；3—闸阀；4—水表；5—水泵；6—止回阀；7—干管；8—支管；9—浴盆；10—立管；11—水龙头；12—淋浴器；13—洗脸盆；14—大便器；15 —洗涤盆；16—水箱；17—进水管；18—出水管；19 —消火栓；20—进入贮水池；21—来自贮水池

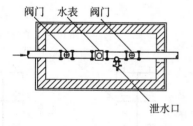

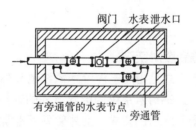

图16-2 水表节点

（4）给水管网：给水管网指的是建筑内的水平干管、立管和支管。

（5）配水装置与附件：即配水龙头、消火栓、喷头与各类阀门（控制阀、减压阀、止回阀等）。

（6）增压和贮水设备：当室外给水管网的水量、水压不能满足建筑用水要求时，需要设置的各种设备，主要有水泵、气压给水装置、变频调速给水装置、水池、水箱等增压和贮水设备。

（7）给水局部处理设施：当建筑对给水水质要求超出我国现行生活饮用水卫生标准时，或其他原因造成水质不能满足要求时，就需要设置一些设备、构筑物进行给水深度处理。这些设备、构筑物就是给水局部处理设施。

16.1.2　建筑给水系统所需供水压力

建筑给水系统的供水压力，必须保证建筑物内最不利用水点（一般情况为建筑内最高、最远用水点）的用水要求。如图16-3所示。

其计算公式如式（16-1）。

$$H = H_1 + H_2 + H_3 + H_4 \qquad (16-1)$$

式中　H——建筑给水管网所需水压（kPa）；

$\quad H_1$——引入管至最不利点之间的净压差（kPa）；

$\quad H_2$——引入管起点至配水最不利点的给水管路(即计算管路)的压力损失（kPa）；

$\quad H_3$——水流通过水表时的压力损失（kPa）；

$\quad H_4$——配水最不利点所需的流出水头（kPa）。

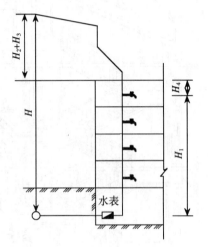

图16-3　建筑给水系统所需供水压力示意图

流出水头是指各种卫生器具配水龙头或用水设备处，为获得规定的出水量（即额定流量）所需的最小压力。

在进行方案的初步设计时，对层高不超过3.5m的民用建筑，给水系统所需的水压可根据建筑物层数估算（自室外地面算起）其最小水压值：一层为100kPa；二层为120kPa；三层及三层以上每增加一层，水压增加40kPa。

16.1.3　建筑给水系统的给水方式

建筑给水系统的给水方式是指建筑内给水系统的具体组成与具体布置的实施方案。建筑给水系统的给水方式的选择，必须依据用户对水质、水量和水压的要求、室外管网所能提供的水质、水量和水压情况、卫生器具及消防设备在建筑物内的分布，以及用户对供水安全可靠性的要求等条件来确定。现将常用的给水方式的基本类型介绍如下：

16.1.3.1　直接给水方式

当室外给水管网的水量和水压在任何时候都能满足室内给水管网的要求时，可采用直接给水方式。如图16-4所示，这种给水方式无需任何加压设备和储水设备，投资少，施工维修方便。

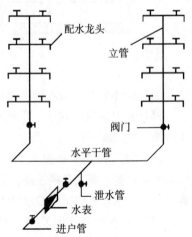

图16-4　直接给水方式

16. 1. 3. 2　单设水箱的给水方式

当室外给水管网的水质、水量能满足室内管网的要求但水压间断不足时，可采用设有水箱的给水方式。该方式在用水低峰时，利用室外给水管网水压直接供水并向水箱进水。高峰用水时，水箱出水供给给水系统，从而达到调节水压和水量的目的。但由于水在水箱中的滞留，存在二次污染的可能。如图16-5所示。

16. 1. 3. 3　设置贮水池、水泵和水箱的给水方式

当建筑的用水可靠性要求高，室外管网水量、水压经常不足，且不允许直接从外网抽水，或者是外网不能保证建筑的高峰用水，且用水量较大，或是要求贮备一定容积的消防水量时，都应采用这种给水方式。该方式的优点是由于贮水池、水箱都储存一定的水量，当停水、停电时可延时供水，供水可靠，水压力稳定。缺点是水泵振动、有噪声。如图16-6所示。

图 16-5　单设水箱的给水方式（左）
图 16-6　设置贮水池、水泵和水箱的给水方式（右）

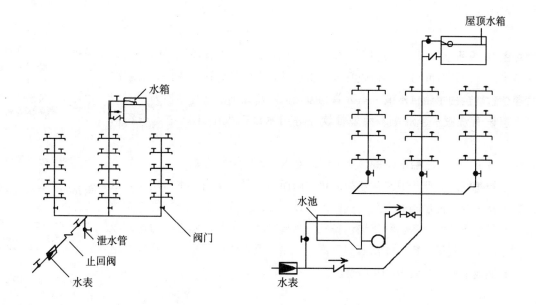

16. 1. 3. 4　单设水泵、设水泵水箱的给水方式

当室外给水管网允许用水泵直接抽水时，也可以采用单设水泵的给水方式或采用设水泵水箱的给水方式如图16-7、图16-8所示。采用这两种给水方式有可能使外网水压力降低，影响外网上其他用户用水，严重的还可能形成外网负压，在管道接口不严密处，其周围的渗水会吸入管内，造成水质污染。因此，采用这两种方式，必须征得供水部门的同意，并在管道连接处采取必要的防护措施以防污染。

16. 1. 3. 5　分区给水方式

在多层、高层建筑物中，外网水压往往只能满足建筑物下面几层的供水压力。为了充分有效地利用室外管网的水压，常将建筑物分成上下两个、多个供

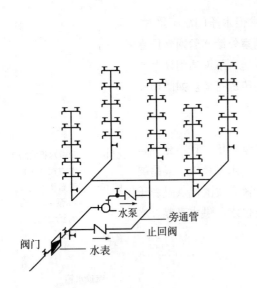

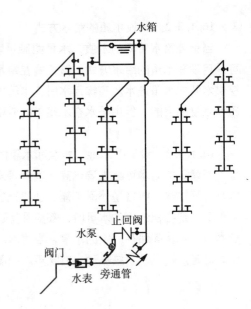

水区如图16-9所示。下区利用城市管网直接供水，上区则由贮水池、水泵、水箱联合供水。两区间可由一根或几根立管连通，在分区处装设阀门，必要时可使整个管网全由水箱供水或由室外管网直接向水箱充水。这种给水方式对建筑物低层设有洗衣房、浴室、大型餐饮业等用水量较大的建筑物尤有经济意义。

16.1.3.6 设气压给水设备、变频调速给水设备的给水方式

当室外管网压力低于或经常不能满足室内所需水压，室内用水不均匀，且建筑物不宜设置高位水箱时可采用气压给水设备给水方式。该种方式即在给水系统中设置气压给水设备，利用该设备气压水罐内气体的可压缩性，协同水泵共同增压供水，气压水罐的作用等同于高位水箱，但其位置可根据需要较灵活地设在高处或低处。如图16-10所示。

图16-7 单设水泵的
给水方式
（左）

图16-8 设水泵水箱
的给水方式
（右）

图16-9 分区给水方
式（左）

图16-10 气压给水设
备（右）

1—水泵；2—止回阀；3—气压水罐；4—压力信号器；5—液位信号器；6—控制器；7—补气装置；8—排气阀；9—安全阀；10—阀门

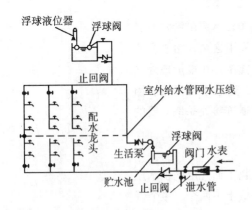

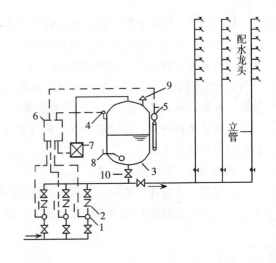

当室外供水管网水压经常不足，建筑内用水量较大且不均匀，要求可靠性较高，水压恒定时，或者建筑物顶部不宜设高位水箱时，可以采用变频调速给水设备进行供水。这种供水方式可省去屋顶水箱，水泵效率较高，但一次性投资较大。

16.1.3.7 高层建筑给水方式

以上介绍的六种给水方式是最基本的给水方式，高层建筑给水方式就是用上述最基本的给水方式采取组合、并列、接力等方法而形成的。目前我国高层建筑常用的给水方式有：

(1) 并联给水方式（并联水泵水箱给水方式、并联气压给水设备给水方式）。

(2) 串联给水方式。

(3) 减压给水方式（减压水箱给水方式、减压阀给水方式）。

16.1.4 给水用管材、附件、设备仪表及构筑物

室内给水系统是由管材管件、附件以及设备仪表共同连接而成的。因此，管材、附件、设备仪表选用的好坏，对工程质量、工程造价和使用安全都会产生直接的影响。所以，要熟悉各种管材，正确选用管道中的附件和设备仪表，以便达到适用、经济、安全和美观的要求。

16.1.4.1 管道材料

室内给水管材分为金属和非金属两大类，总的要求有三个方面：一是要有一定的机械强度和刚度；二是管材内外表面光滑，水力条件好；三是易加工，且有一定的耐腐蚀能力。在保证质量的前提下，应选择价格低廉、货源充足、供货近便的管材。

1. 塑料管

随着我国科学技术和生产工艺的不断提高，塑料类新型管材不断涌现，目前常用的有聚氯乙烯管（UPVC）、聚乙烯管（PE）〔它包括高密度聚乙烯管（HDPE）和交联聚乙烯管（PEX）〕、聚丙烯管（PP）、改性聚丙烯管（PPR）、聚丁烯管（PB）和工程塑料管（ABS）。

塑料管具有良好的化学稳定性，耐腐蚀，不受酸、碱、盐、油类等物质的侵蚀；物理机械性能也很好，不燃烧、无不良气味、质轻且坚，比重仅为钢的1/5，运输、安装方便；管壁光滑，水流阻力小；容易切割，还可制造成各种颜色。当前，已有专供输送热水使用的塑料管，其使用温度可达95℃。为防止管网水质污染、减轻劳动强度、节约钢材，《规范》已经限制金属管材在建筑中的使用，大力推广使用塑料管材。

2. 给水铸铁管

给水铸铁管与钢管相比有不易腐蚀、造价低、使用期长等优点，因此，在管径大于75mm的给水管中应用较广，常敷设于地下，其主要缺点是性脆、重量大、长度小。

我国生产的给水铸铁管有低压管（≤0.45MPa）、普压管（≤0.75MPa）、高压管（≤1.0MPa）三种。室内给水管道一般使用普压给水铸铁管，实际选用时应根据管道的工作压力来确定。其规格（按公称直径）有75、125、150、200mm等。

3. 钢管

钢管有焊接钢管、无缝钢管两种。

焊接钢管又分镀锌焊接钢管和不镀锌钢管。钢管镀锌的目的是防锈、防腐、避免水质变坏、延长使用年限。所谓镀锌钢管，应当是热浸镀锌生产的产品，钢管的强度高，承受流体的压力大，抗振性能好，长度大，接头较少，韧性好，加工工艺安装方便，重量比铸铁管轻。但抗腐蚀性差，易影响水质，因此，虽然以前在建筑给水中普遍使用钢管，但现在冷浸镀锌钢管已被淘汰，热浸镀锌钢管在建筑工程中大多使用在自动喷淋灭火系统中，而在生活给水系统中已禁止使用，不镀锌钢管大多使用在消火栓系统中。

无缝钢管耐压高，因此当系统压力高而镀锌钢管不能满足要求时，可采用无缝钢管。无缝钢管常用于高层建筑和消防工程中。

4. 其他管材

1）铜管

铜管不易被污染，光亮美观，使用寿命长，配套齐全。根据我国几十年的使用情况，验证其效果优良，但管材价格较高，现在多用于宾馆等较高级的建筑冷热水供应之中。

2）铝塑复合管

铝塑复合管是中间以铝合金为骨架，内外壁均为聚乙烯等塑料的管道。除具有塑料管的优点外，还有耐压强度好、耐热、可挠曲、接口少、安装方便、美观等优点。目前管材规格大都为 $DN15 \sim 50$mm，多用于建筑给水系统和热水系统中。

3）钢塑复合管

钢塑复合管有衬塑和涂塑两类，配件齐全，它兼有钢管强度高和塑料管耐腐蚀、保持水质的优点。广泛应用于高层建筑中，但要特别注意钢、塑热胀冷缩的问题。

16.1.4.2 管道附件

管道附件分为配水附件和控制附件两类。在系统中起调节水量、水压、控制水流方向和关断水流等作用。

1. 配水附件

配水附件的作用是用来开启、关闭水流和部分调节水流量。

1）普通水龙头

截止阀式配水龙头，一般安装在洗涤盆、污水盆、盥洗槽上，如图16-11（a）所示。该龙头阻力较大，其橡胶衬垫容易磨损而漏水。铸铁式配水龙头属逐步淘汰之列。瓷片式配水龙头，该龙头采用陶瓷片阀芯代替橡胶衬垫，解决了普通水龙头的漏水问题。是上述铸铁式水龙头的替代产品。

旋塞式配水龙头，该龙头旋转90°即完全开启，可在短时间内获得较大流量，阻力也较小，缺点是易产生水击，适用于用水量较大的浴池、洗衣房、开水间等处，如图16-11(b) 所示。

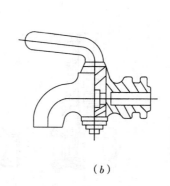

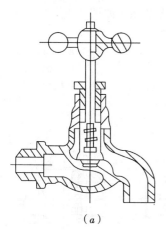(a)　　　　　　　　　(b)

图16-11　配水龙头
(a) 截止阀式配水龙头；
(b) 旋塞式配水龙头

2）盥洗龙头

盥洗龙头装设在洗脸盆上，用于开闭冷热水，有莲蓬头式、鸭嘴式、角式、长脖式等多种形式。

3）混合龙头

混合龙头以冷热水调节为目的，供盥洗、洗涤、沐浴等使用，该类产品式样繁多，质量、价格悬殊较大。

2. 控制附件

控制附件是指系统中的各种阀门，主要用于管道中的流量调节、开闭水流和控制水流方向等，如图16-12 所示。室内给水工程中常用阀门有：

1）截止阀

截止阀如图16-12(a) 所示。是最常用的阀门之一，一般用于$DN \leqslant 50mm$的管道上。它具有方向性，因此，安装时应使阀门上的"箭头"与管道水流方向一致，即"低进高出"。截止阀结构简单，密封性能好，检修方便。但水流通过时阻力较大。

2）闸阀

闸阀又称"水门"，如图16-12(b) 所示。属全开全闭型阀门，应尽量不作调节流量之用。是最常用的阀门之一，一般用于$DN \geqslant 70mm$ 的管道上。闸阀流体阻力小，安装没有方向性的要求，但闸板易擦伤而影响密封性能，还易被杂质卡住造成开闭困难。

3）止回阀

止回阀又称单向阀、逆止阀，如图16-12(c)、(d) 所示。用来阻止水流的逆向流动。如用于水泵出口的压水管路上，防止停泵时水倒流造成对水泵、电机的损害。常用的止回阀主要又有升降式和旋启式两种类型。前者水流阻力较大，宜用于小管径的水平管道上，后者在水平、垂直管道上均可设置，它启闭迅速，易引起水击，不宜在压力大的管道系统中采用。

4) 浮球阀

浮球阀是一种用以自动控制水池、水箱水位的阀门,防止溢流浪费。其缺点是体积较大,阀芯易卡住引起关闭不严而溢水。与浮球阀功用相同的还有液压水位控制阀,它克服了浮球阀的弊端,是浮球阀的升级换代产品。如图16-12(*e*)所示。

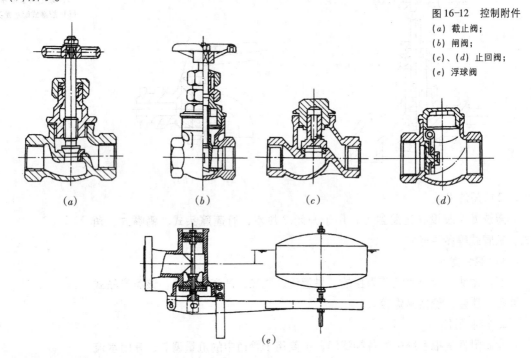

图16-12　控制附件
(*a*) 截止阀;
(*b*) 闸阀;
(*c*)、(*d*) 止回阀;
(*e*) 浮球阀

5) 减压阀

减压阀的作用是降低水流压力。在中高层建筑中使用它,可以简化给水系统,减少水泵数量或减少减压水箱,同时可增加建筑的使用面积,降低投资,防止水质的二次污染。常用的有弹簧式减压阀和活塞式减压阀(也称比例式减压阀)。

16.1.4.3　设备仪表

1. 水表

水表是一种计量建筑物用水量的仪表。室内给水系统中广泛采用流速式水表。流速式水表是根据管径一定时,通过水表的水流速度与流量成正比的原理来测量的。水流通过水表时推动翼轮旋转,翼轮轴传动一系列联动齿轮(减速装置),再传递到记录装置,在刻度盘指针指示下便可读到流量的累积值。

流速式水表按叶轮构造不同分为旋翼式和螺翼式,如图16-13所示。旋翼式的翼轮转轴与水流方向垂直,水流阻力较大,多为小口径水表,宜用于测量小的流量。螺翼式的翼轮转轴与水流方向平行,阻力较小,适用于大流量的大口径水表。复式水表是旋翼式和螺翼式的组合形式,在流量变化很大时采用。流速式水表按计数机件所处的状态又分为干式和湿式两种。

水表的特性参数如下:

(1) 流通能力:水流通过水表产生10kPa水头损失时的流量。

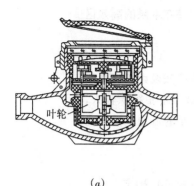 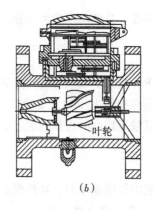

叶轮 （a） 叶轮 （b）

（2）特性流量：指水表中产生 100kPa 水头损失时的流量值。

（3）最大流量：只允许水表在短时间内承受的上限流量值。

（4）额定流量：水表可以长时间正常运转的上限流量值。

（5）最小流量：水表能够开始准确指示的流量值，是水表正常运转的下限值。

（6）灵敏度：水表能够开始连续指示的流量。

水表类型的确定：应当考虑的因素有水温、工作压力、水量大小及其变化幅度、计量范围、管径、工作时间、单向或正逆向流动、水质等等。一般管径不大于 50mm 时，应采用旋翼式水表；管径大于 50mm 时，应采用螺翼式水表；当流量变化幅度很大时，应采用复式水表；计量热水时，宜采用热水水表；一般情况下应优先采用湿式水表。

2. 水泵

水泵是给水工程中最主要的增压设备，一般采用离心泵。离心泵具有结构简单、体积小、效率高、运转平稳等优点，故在建筑设备工程中得到广泛应用。现介绍如下：

离心泵装置主要由泵壳、泵轴、叶轮、吸水管、压水管等部分组成，如图 16-14 所示。

1）离心泵的工作过程

首先从"8"处向水泵内充满水，启动水泵，叶轮"1"、"2"高速转动时，在离心力的作用下，叶片槽道中的水从叶轮中心被甩向泵壳"3"，使水获得动能。由于泵壳的断面是逐渐扩大的，所以水进入泵壳后流速逐渐减小，部分动能转化为压能，因而泵出口处的水便具有较高的压力，流入压水管路"5"。在水被甩走的同时，水泵中心及进口处形成真空，由于大气压力的作用，将吸水池中的水通过吸水管"4"压向水泵进口，进而流入泵体。由于电动机带动叶轮连续地运转，即可不断地将水压送到各用水点或高位水箱。

2）水泵流量和扬程的确定

水泵流量和扬程的确定最关键的是在节能的前提下，

图 16-13 流速式水表
（a）旋翼式；
（b）螺翼式

图 16-14 离心泵装置图

1—工作轮；2—叶片；
3—泵壳；4—吸水管；
5—压水管；6—拦污栅；
7—底阀；8—加水漏斗；
9—阀门；10—泵轴；
11—填料函；12—压力计；13—真空计

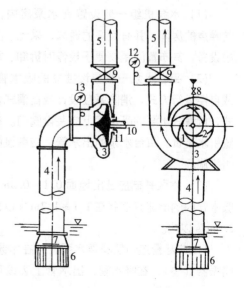

确保水量和压力满足用户的需要，并使水泵在大部分时间保持在水泵的高效区段运行。

（1）水泵流量的确定

在生活、生产给水系统中，当无水箱调节时，其流量均应按设计秒流量确定；有水箱调节时，水泵流量应按最大小时流量确定；当调节水箱容积较大，且用水量均匀时，水泵流量可按平均小时流量确定。消防水泵的流量应按室内消防设计水量确定。

（2）水泵扬程的确定

当水泵从贮水池吸水向室内管网输水时，其扬程由式（16-2）确定：

$$H_b \geqslant H_z + H_s + H_c \qquad (16-2)$$

当水泵从贮水池吸水向室内管网中的高位水箱输水时，其扬程由式（16-3）确定：

$$H_b \geqslant H_z + H_s + H_v \qquad (16-3)$$

当水泵直接由室外管网吸水向室内管网输水时，其扬程由式（16-4）确定：

$$H_b \geqslant H_z + H_s + H_c + H_y - H_0 \qquad (16-4)$$

式中　H_b——水泵扬程（kPa）；

H_z——水泵吸入端最低水位至室内管网中最不利点所要求的静水压（kPa）；

H_s——水泵吸入口至室内最不利点的总水头损失（含水表的水头损失）（kPa）；

H_c——室内管网最不利点处用水设备的流出水头（kPa）；

H_v——水泵出水管末端的流速水头（kPa）；

H_y——水流通过水表时的水头损失（kPa）；

H_0——室外给水管网所能提供的最小压力（kPa）。

3）水泵机组的布置

（1）水泵机组一般设置在水泵房内，泵房应远离需要安静、要求防振、防噪声的房间，并有良好的通风、采光、防冻和排水的条件；其布置要便于起吊设备，其布置间距要便于检修时拆卸、放置泵体、电机。

（2）每台水泵一般应设独立的吸水管，且应管顶平接；水泵装置宜设计成自控运行方式，消防泵应设计成自灌式，生活、生产水泵尽可能设计成自灌式，自灌式水泵的吸水管上应装设阀门。在不可能设计成自灌式时水泵均应设置引水装置；每台水泵的出水管上应装设阀门、止回阀和压力表，并宜有防水击措施。

（3）水泵基础应高出地面 0.1～0.3m；与水泵连接的管道应力求短、直，吸水管内的流速宜控制在 1.1～1.2m/s 以内，出水管内的流速宜控制在 1.5～2.0m/s 以内。

4）应尽量选用低噪声水泵，并在水泵基座下安装橡胶、弹簧减振或橡胶隔振器（垫），在吸水管、出水管上装设可挠曲橡胶接头，采用弹性吊（托）

架，以及其他新型的隔振技术措施等防振动、防噪声措施。

3. 气压给水设备

气压给水设备是利用密闭贮罐内空气的可压缩性，将其设计放置在给水系统中，进行贮存、调节、压送水量和保持水压的装置，其作用相当于高位水箱或水塔。

气压给水设备一般由气压罐、水泵、空气压缩机、控制系统、管路系统等组成。

（1）补气变压式气压给水设备

当用户允许供水压力有一定波动时，宜采用这种方式，也是给水系统中常用的一种方式。

当罐内压力较小（如为 P_1）时，水泵向室内给水系统加压供水，水泵出水除供用户外，多余部分进入气压罐，罐内水位上升，空气被压缩。当压力达到较大（如 P_2）时，水泵停止工作，用户所需的水由气压罐提供。随着罐内水量的减少，空气体积膨胀，压力将逐渐降低，当压力降至 P_1 时，水泵再次启动。如此往复，实现供水的目的。

（2）补气定压式气压给水设备

在用户要求水压稳定时，可在变压式气压给水装置的供水管上安装压力调节阀，调节后水压在要求范围内。使管网处在恒压下工作。

上述两种补气装置的进气口应设空气过滤装置，以防水质污染。

（3）隔膜式气压给水设备

隔膜式气压给水设备是在气压水罐中设置胶质弹性隔膜，将气水分离，既使气体不会溶于水中，又使水质不易被污染，补气装置也就不需设置。从而减少了机房面积，节约了基建投资。

16.1.4.4 构筑物

1. 贮水池

贮水池是贮存和调节水量的构筑物，其容积与水源供水能力、生活（生产）调节水量、消防贮水量和生产事故备用水量有关，可按式(16-5)、式(16-6) 计算：

$$V = (Q_b - Q_g) T_b + V_x + V_s \qquad (16\text{-}5)$$

$$Q_g T_t \geqslant (Q_b - Q_g) T_b \qquad (16\text{-}6)$$

式中　V——贮水池容积(m^3)；

　　　Q_b——水泵出水量(m^3/h)；

　　　Q_g——水源的供水能力(m^3/h)；

　　　T_b——水泵最长连续运行时间(h)；

　　　T_t——水泵运行的间隔时间(h)；

　　　V_x——消防贮水量(m^3)（应根据消防要求，以火灾延续时间内需消防用水量计）；

　　　V_s——生产事故备用水量(m^3)（应根据用户安全供水要求、中断供水的后果和城市给水管网停水可能性等因素确定）。

当资料不足时，贮水池调节容积 $(Q_b - Q_g)T_b$ 宜按不小于建筑物最高日用水量的10%确定。

贮水池可布置在室内地下室或室外泵房附近，但必须远离化粪池、厕所、厨房等卫生环境不良的房间，且应有防污染的技术措施；消防用水与生活或生产用水合用一个贮水池时，应有保证消防贮水不被动用的措施；昼夜用水的建筑物贮水池和贮水池容积大于 $500m^3$ 时，应分成两格，以便清洗、检修。贮水池不得采用建筑本体结构，贮水池进出水管设计应使水池内水经常流动，无死水区；溢流管宜比进水管大一号；贮水池的设置高度应有利于水泵自吸；贮水池还应设置放空管、人孔、通气管和水位信号装置，但必须防止污物、飞虫、小动物进入池内，造成水质污染。

2. 吸水池

当不需要设置贮水池而室外管网又不允许直接抽水时，宜设置吸水池。吸水池的容积应大于最大一台水泵 $3min$ 的出水量。吸水池可设在室内底层或地下室，也可设在室外地下或地上，对于生活用吸水池，应有防污染的措施。吸水池的尺寸应满足吸水管的布置、安装和水泵正常工作的要求，吸水管在池内布置的最小尺寸如图16-15所示。

3. 水箱

水箱按用途分为高位水箱、减压水箱、冲洗水箱、断流水箱等多种类型，每种又有圆形、矩形两种。水箱按材质分为钢筋混凝土、钢板、不锈钢、玻璃钢和塑料等很多材质水箱。这里主要介绍常用的高位水箱。

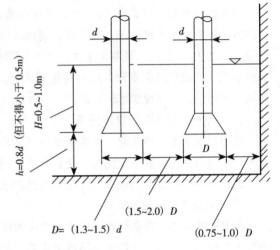

图16-15 吸水管在吸水池中布置的最小尺寸

1）水箱的配管与附件

水箱的配管与附件如图16-16所示。

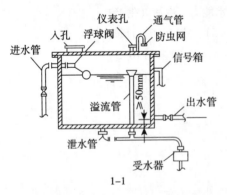

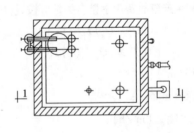

图16-16 水箱配管与附件示意图

进水管：进水管一般由水箱侧壁接入。当水箱直接利用室外管网压力进水时，进水管出口应装设液压水位控制阀或浮球阀，进水管上还应装设检修用的阀门，当管径不小于 $50mm$ 时，液压水位控制阀（或浮球阀）不少于2个。从侧壁进入的进水管其中心距箱顶应有 $150 \sim 200mm$ 的距离。当水箱由水泵供水，并利用水位升降自动控制水泵运行时，不应装设液压水位控制阀或浮球阀。进水管的管径可按水泵出水量或管网设计秒流量确定。

出水管：出水管可从侧壁或底部接出，出水管内底或管口应高出水箱内底大于50mm；出水管不宜与进水管在同一侧面；水箱进出水管宜分别设置；如合用一根管道，则应在出水管上装设阻力较小的旋启式止回阀，止回阀的标高应低于水箱最低水位1.0m以下；消防和生活合用的水箱除了确保消防贮备水量不作他用的技术措施外，还应尽量避免产生死水区。出水管管径应按设计秒流量确定。

溢流管：水箱溢流管可从水箱底部或侧壁接出，溢流管的进水口应高出水箱最高水位20~30mm，溢流管上不允许设置阀门，溢流管出口应设网罩，管径应比进水管大一级。

泄水管：也叫放空管，主要是为了检修、清洗水箱之用，泄水管应自底部接出，管上应装设闸阀，其出口可与溢水管相接，但不得与排水系统直接相连，其管径为40~50mm。

水位信号装置：该装置是反映水位控制阀失灵报警的装置。可在溢流管口下10mm设信号管，一般自水箱侧壁接出，常用管径为15~20mm，其出口接至经常有人值班的房间内的洗涤盆上。

通气管：供生活饮用水的水箱，当贮量较大时，宜在箱盖上设通气管，以便箱内空气流通。其管径一般不小于50mm，管口应朝下并设网罩。

人孔：为便于清洗、检修，箱盖上应设入孔。

2）水箱容积

水箱容积应根据水箱进出水量变化曲线确定，但此曲线资料获取很难，一般按经验估算。

对于生活用水的调节水量，如水泵自动运行时，可按最高日用水量的5%~10%计，如水泵为人工操作时，可按最高日用水量的12%计；单设水箱的给水方式，生活用水的调节水量可按最高日用水量的50%~100%计（最高日用水量小的建筑物）、25%~30%计（最高日用水量大的建筑物）；生产事故备用水量应按工艺要求确定；当生活和生产调节水箱兼作消防用水贮备时，水箱的有效容积除生活或生产调节水量外，还应包括10min的室内消防设计流量（这部分水量平时不能动用）。

水箱内的有效水深一般采用0.70~2.50m。水箱的保护高度一般为200m。

3）水箱的设置高度

水箱的设置高度可由式（16-7）计算：

$$H \geqslant H_s + H_e \tag{16-7}$$

式中　H——水箱最低水位至配水最不利点位置高度所需的静水压（kPa）；

　　　H_s——水箱出口至最不利点管路的总水头损失（kPa）；

　　　H_e——最不利点用水设备的流出水头（kPa）。

贮备消防水量的水箱，满足消防设备所需压力有困难时，应采取设置增压泵等的措施。

16.1.5 室内给水管道的布置与敷设

给水管道的布置与敷设，除满足自身要求外，还要充分了解该建筑物的建筑功能和结构情况，做好与建筑、结构、暖通及电气等专业的配合，避免管线的交叉、碰撞，以便于工程施工和今后的维修管理。

16.1.5.1 室内给水管道的布置

1. 给水管道的布置原则

（1）满足良好的水力条件，确保供水的可靠性，力求经济合理。要求干管应尽可能靠近大用水户，管道的布置应力求短而直，尽可能与墙、梁、柱、桁架平行。

（2）保证建筑物的使用功能和生产安全。要求管道布置不能妨碍生产、安全，管道不得穿过配电间，管道不得布置在遇水易燃、爆、损的设备和原材料上方。

（3）保证给水管道的正常使用。

（4）便于管道的安装与维修。

2. 给水管道的布置形式

给水管道的布置按供水可靠程度要求可分为枝状和环状两种形式。前者单向供水，供水安全可靠性差，但节省管材，造价低；后者管道相互连通，双向供水，安全可靠，但管线长，造价高。一般建筑内给水管网宜采用枝状布置，高层建筑采用环状布置。按水平干管的敷设位置又可分为上行下给、下行上给和中分式三种形式。干管设在顶层顶棚下、吊顶内或技术夹层中，由上向下供水的为上行下给式，适用于设置高位水箱的居住与公共建筑和地下管线较多的工业厂房；干管埋地、设在底层或地下室中，由下向上供水的为下行上给式，适用于利用室外给水管网水压直接供水的工业与民用建筑；水平干管设在中间技术层内或中间某层吊顶内，由中间向上、下两个方向供水的为中分式，适用于屋顶用作露天茶座、舞厅或设有中间技术层的高层建筑。同一幢建筑的给水管网也可同时兼有以上两种形式。

16.1.5.2 给水管道的敷设

1. 敷设形式

给水管道的敷设有明装、暗装两种形式。明装即管道外露，其优点是安装、维修方便，造价低。但外露的管道影响美观，表面易结露、积尘。一般用于对卫生、美观没有特殊要求的建筑。暗装即管道隐蔽，如敷设在管道井、技术层、管沟、墙槽、顶棚或夹壁墙中，直接埋地或埋在楼板的垫层里，其优点是管道不影响室内的美观、整洁，但施工复杂、维修困难、造价高。适用于对卫生、美观要求较高的建筑，如宾馆、高级公寓和要求无尘、洁净的车间、实验室、无菌室等。

2. 敷设要求

1）引入管

引入管宜从建筑物用水量最大处引入，如为建筑采暖地区可考虑从采暖地沟引入。否则引入管进入建筑内有两种情况，一种情形是从建筑物的浅基础下通过，另一种是穿越承重墙或基础，预留洞口应大于引入管直径200mm。如图16-17所示。在地下水位高的地区，引入管穿地下室外墙或基础时，应采取防水措施，如设防水套管等。

室外埋地引入管要防止地面活荷载和冰冻的影响，其管顶覆土厚度不宜小于0.7m，并应敷设在冰冻线以下0.2m处，建筑内埋地管在无活荷载和冰冻影响时，其管顶离地面高度不宜小于0.3m。引入管与其他进出建筑物的管线应保持一定的水平距离。

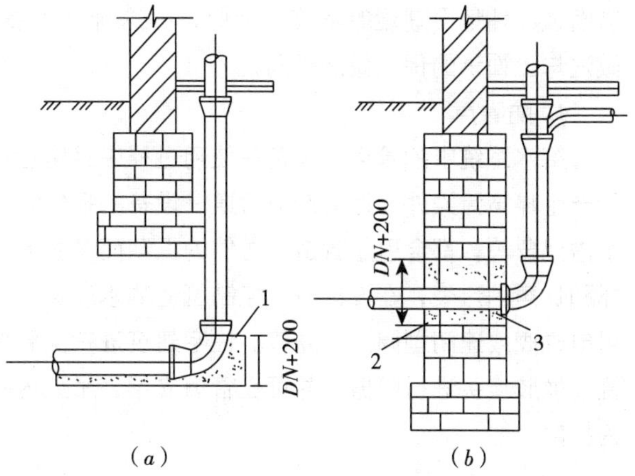

图16-17 引入管进入
建筑物
(a) 从浅基础下通过；
(b) 穿基础
1—C5.5 混凝土支座；
2—黏土；3—M5 水泥砂浆封口

2）室内管道

给水横管穿承重墙或基础、立管穿楼板时均应预留孔洞。暗装管道在墙中敷设时，也应预留墙槽，以免临时打洞、刨槽影响建筑结构的强度。管道预留洞和墙槽的尺寸详见相关设计手册。横管穿过预留洞时，管顶上部净空不得小于建筑物的沉降量，以保护管道不致因建筑沉降而损坏，其净空一般不小于0.15m。

横管宜有0.002～0.005的坡度坡向泄水装置；给水管道与其他管道同沟或共架敷设时，宜敷设在排水管、冷冻管的上面或热水管、蒸汽管下面。

管道在空间敷设时，必须采取固定措施，以确保施工方便与安全供水。

明装的复合管管道、塑料管管道亦须安装相应的固定卡架，塑料管道的卡架相对密集一些。各种不同的管道都有不同的要求，使用时，请按生产厂家的施工规程进行安装。

16.1.5.3 给水管道防护

1. 防腐蚀

金属管道都要进行防腐蚀处理，以延长管道的使用寿命。常见的防腐做法是管道除锈后，在外壁涂刷防腐涂料。明装的非镀锌钢管、铸铁管除锈后，外刷防锈漆两遍、银粉漆两遍；镀锌钢管外刷银粉漆两遍；暗装和埋地金属管外刷冷底子油一遍、沥青漆两遍。对防腐要求高的金属管作沥青防腐层处理。

2. 防冻害

管道中充满了水，当明装或部分暗装的管道处在0℃以下的环境中时，由于水结冰膨胀，极易冻裂管道，为保证使用安全，应当采取保温措施。一般的做法是在作好防腐处理后，再包扎岩棉、玻璃棉、矿渣棉、珍珠岩、石棉和水泥蛭石等一定厚度的保温材料作保温层。外面再做防潮层和保护层。

3. 防结露

在夏季，当空气中的湿度较大或在空气湿度较大的房间内，空气中的水分会在温度较低的管道上凝结成水附着在管道表面，严重时会产生滴水。造成管道腐蚀、墙地面潮湿等危害。因此，在这种场所就应当采取防腐措施（具体做法与上面讲的保温做法相同）。

4. 防噪声

给水系统中的管道、设备在使用过程中经常会产生噪声，尤其是高频噪声除产生噪声污染外，还会造成管道、设备的损坏。如关闭水龙头、停泵出现的水击现象等，都会引起管道、附件的振动而产生漏水、噪声。为防止管道的损坏和噪声的污染，在设计时应控制管道的水流速度在一定范围内，尽量减少使用电磁阀或速闭型阀门、龙头。住宅建筑进户支管阀门后，应装设一个家用可挠曲橡胶接头进行隔振，并可在管道支架、吊架内衬垫减振材料，以减小噪声的扩散。

16.1.6 室内给水设计流量及管网水力计算

16.1.6.1 给水设计流量

建筑内用水包括生活、生产和消防用水三部分。用户对给水的要求分为：水质、水量和水压三个方面。不同的用水户，对这三方面有着不同的要求。

1. 建筑内用水情况和用水定额

1）生活用水

生活用水是指饮用、烹饪、洗涤、清洁卫生用水。它包括居住建筑和公共建筑用水以及工业企业职工在厂内的生活饮用水和淋浴用水等。生活饮用水的水质应符合现行的国家标准《生活饮用水卫生标准》GB 5749—2006 的要求，当采用生活杂用水作为大便器和小便器的冲洗用水时，其水质应符合《生活杂用水水质标准》J/T 48—1999 的要求。

生活用水量受当地气候、建筑物使用性质、卫生器具和用水设备的完善程度、使用者的生活习惯及水价等多种因素的影响，一般是不均匀的。

对于生活用水，应根据现行的《建筑给水排水设计规范》中规定的用水定额（表 16-1、表 16-2）作为依据，进行计算。

住宅最高日生活用水定额及小时变化系数　　　表 16-1

住宅类别		卫生器具设置标准	用水定额 [L/（人·d）]	小时变化系数
普通住宅	I	有大便器、洗涤盆	85 ~ 150	3.0 ~ 2.5
	II	有大便器、洗脸盆、洗涤盆、洗衣机、热水器和沐浴设备	130 ~ 300	2.8 ~ 2.3
	III	有大便器、洗脸盆、洗涤盆、洗衣机、集中热水供应（或家用热水机组）和沐浴设备	180 ~ 320	2.5 ~ 2.0
别墅		有大便器、洗脸盆、洗涤盆、洗衣机、洒水栓、家用热水机组和沐浴设备	200 ~ 350	2.3 ~ 1.8

注：（1）当地主管部门对住宅生活用水定额有具体规定时，应按当地规定执行。

（2）别墅用水定额中含庭院绿化用水和汽车抹车用水。

集体宿舍、旅馆和公共建筑生活用水定额及小时变化系数 表16-2

序号	建筑物名称、使用者	单位	最高日生活用水定额（L）	使用时间（h）	小时变化系数（K_h）
1	单身职工宿舍、学生宿舍、招待所、培训中心、普通旅馆 　设公用盥洗室 　设公用盥洗室、淋浴室 　设公用盥洗室、淋浴室、洗衣室 　设单独卫生间、公用洗衣室	 每人每日 每人每日 每人每日 每人每日	 50～100 80～130 100～150 120～200	24	2.5～3.0
2	宾馆客房 　旅客 　员工	 每床位每日 每人每日	 250～400 80～100	24	2.0～2.5
3	医院住院部 　设公用盥洗室 　设公用盥洗室、淋浴室 　设单独卫生间 　医务人员 　门诊部、诊疗所 　疗养院、休养所住房部	 每床位每日 每床位每日 每床位每日 每人每班 每病人每次 每床位每日	 100～200 150～250 250～400 150～250 10～15 200～300	 24 24 24 8 8～12 24	 2.0～2.5 2.0～2.5 2.0～2.5 1.5～2.0 1.2～1.5 1.5～2.0
4	养老、托老所 　全托 　日托	 每人每日 每人每日	 100～150 50～80	 24 10	 2.0～2.5 2.0
5	幼儿园、托儿所 　有住宿 　无住宿	 每儿童每日 每儿童每日	 50～100 30～50	 24 10	 2.5～3.0 2.0
6	公共浴室 　淋浴 　浴盆、淋浴 　桑拿浴（淋浴、按摩池）	 每顾客每次 每顾客每次 每顾客每次	 100 120～150 150～200	 12 12 12	1.5～2.0
7	理发室、美容院	每顾客每次	40～100	12	1.5～2.0
8	洗衣房	每千克干衣	40～80	8	1.2～1.5
9	餐饮业 　中餐酒楼 　快餐店、职工及学生食堂 　酒吧、咖啡馆、茶座、卡拉OK房	 每顾客每次 每顾客每次 每顾客每次	 40～60 20～25 5～15	 10～12 12 ～16 8～18	 1.2～1.5 1.2～1.5 1.2～1.5
10	商场 　员工及顾客	每平方米营业厅面积每日	5～8	12	1.2～1.5
11	办公楼	每人每班	30～50	8～10	1.2～1.5
12	教学、实验楼 　中小学校 　高等院校	 每学生每日 每学生每日	 20～40 40～50	 8～9 8～9	 1.2～1.5 1.2～1.5
13	电影院、剧院	每观众每场	3～5	3	1.2～1.5

序号	建筑物名称、使用者	单位	最高日生活用水定额（L）	使用时间（h）	小时变化系数（K_h）
14	健身中心	每人每次	30～50	8～12	1.2～1.5
15	体育场（馆） 运动员淋浴 观众	每人每次 每人每场	30～40 3	— 4	2.0～3.0 1.2
16	会议厅	每座位每次	6～8	4	1.2～1.5
17	客运站旅客、展览中心观众	每人次	3～6	8～16	1.2～1.5
18	菜市场地面冲洗及保鲜用水	每平方米每日	10～20	8～10	2.0～2.5
19	停车库地面冲洗水	每平方米每次	2～3	6～8	1.0

注：（1）除养老院、托儿所、幼儿园的用水定额中含食堂用水，其他均不含食堂用水。

（2）除注明外，均不含员工生活用水，员工用水定额为每人每班40～60L。

（3）医疗建筑用水中已含医疗用水。

（4）空调用水应另计。

2）生产用水

生产用水是指工业企业生产过程中使用的水，它包括用于冷却设备和产品的冷却用水、生产工艺用水及产品用水等。工业用水的水质要求相差很大，目前我国还没有统一的工业用水标准。因此，工业用水的水质应视各自的具体情况而定。

生产用水量通常按消耗在单位产品上的水量或单位时间内消耗在生产设备上的水量计算确定。

3）消防用水

消防用水是用来扑灭建筑物火灾用的，对其水质没有特殊的要求。建筑火灾的发生具有偶然性，因此，消防用水量应视火灾情形、建筑物类别而定，计算方法详见建筑消防一章。

2. 室内给水设计流量

1）最高日用水量

建筑内生活用水的最高日用水量可按式（16-8）计算。

$$Q_d = \frac{\sum m_i \cdot q_{di}}{1000} \qquad (16-8)$$

式中　Q_d——最高日用水量（m^3/d）；

m_i——用水单位数（人数、床位数等）；

q_{di}——最高日生活用水定额 L/（人·d）、L/（床·d）]。

最高日用水量一般在确定贮水池（箱）容积过程中使用。

2）最大小时用水量

根据最高日用水量，进而可根据式（16-9）算出最大小时用水量。

$$Q_h = \frac{Q_d \cdot K_h}{T} = Q_p \cdot K_h \qquad\qquad (16\text{-}9)$$

式中　Q_h——最大小时用水量（m^3/h）；

　　T——建筑物内每天用水时间（h）；

　　Q_p——最高日平均小时用水量（m^3/h）；

　　K_h——小时变化系数。

最大小时用水量一般用于确定水泵流量和高位水箱容积等。

3）生活给水设计秒流量

为保证建筑内部用水，生活给水管道的设计流量应为建筑内部生活给水管网中最大短时流量（卫生器具按最不利情况组合出流时的最大瞬时流量），又称为设计秒流量。它是确定各管段管径、计算管路水头损失、进而确定给水系统所需压力的主要依据。

卫生器具的给水当量：将一个直径为 15mm 的配水龙头的额定流量 0.2L/s 作为一个当量，其他卫生器具的给水额定流量与它的比值，即为该卫生器具的给水当量，见表 16-3。

当前，我国生活给水管网设计秒流量的计算方法，按建筑的性质及用水特点分为 3 类：

（1）住宅建筑设计秒流量的计算

（2）集体宿舍、旅馆、宾馆、医院、疗养院、幼儿园、养老院、办公楼、商场、客运站、会展中心、中小学教学楼、公共厕所等建筑的生活给水设计秒流量计算。

（3）工业企业的生活间、公共浴室、职工食堂或营业餐厅的厨房、体育场馆运动员休息室、剧院化妆间、普通理化实验室等建筑的生活给水管道的设计秒流量计算。

卫生器具的给水额定流量、当量、连接
管公称管径和最低工作压力 　　　　　　　表 16-3

序号	给水配件名称	额定流量（L/s）	当量	公称管径（mm）	最低工作压力（MPa）
1	污水盆、拖布盆、盥洗槽 　单阀水嘴 　单阀水嘴 　混合水嘴	0.15~0.20 0.30~0.40 0.15~0.20（0.14）	0.75~1.00 1.50~2.00 0.75~1.00（0.70）	15 20 15	0.050 0.050 0.050
2	洗脸盆 　单阀水嘴 　混合水嘴	0.15 0.15（0.10）	0.75 0.75（0.50）	15 15	0.050 0.050
3	洗手盆 　感应水嘴 　混合水嘴	0.10 0.15（0.10）	0.50 0.75（0.50）	15 15	0.050 0.050

序号	给水配件名称	额定流量（L/s）	当量	公称管径（mm）	最低工作压力（MPa）
4	浴盆 　单阀水嘴 　混合水嘴（含带淋浴转换器）	0.20 0.24（0.20）	1.00 1.20（1.00）	15 15	0.050 0.050～0.070
5	淋浴器 　混合阀	0.15（0.10）	0.75（0.50）	15	0.050～0.100
6	大便器 　冲洗水箱浮球阀 　延时自闭式冲洗阀	0.10 0.12	0.50 6.00	15 20	0.020 0.100～0.150
7	小便器 　手动或自动自闭式冲洗阀 　自动冲洗水箱进水阀	0.10 0.10	0.50 0.50	15 15	0.050 0.020
8	小便槽穿孔冲洗管（每米长）	0.05	0.25	15～20	0.015
9	净水盆冲洗水嘴	0.10（0.07）	0.50（0.35）	15	0.050
10	医院倒便器	0.20	1.00	15	0.050
11	实验室化验水嘴（鹅颈） 　单联 　双联 　三联	0.07 0.15 0.20	0.35 0.75 1.00	15 15 15	0.020 0.020 0.020
12	饮水器喷嘴	0.05	0.25	15	0.050
13	洒水栓	0.40 0.70	2.00 3.50	20 25	0.050～0.100 0.050～0.100
14	室内地面冲洗水嘴	0.20	1.00	15	0.050
15	家用洗衣机水嘴	0.20	1.00	15	0.050

注：(1) 表中括号内的数值系在有热水供应时，单独计算冷水或热水时使用。

(2) 当浴盆上附设淋浴器时，或混合水嘴有淋浴器转换开关时，其额定流量和当量只计水嘴，但水压应按淋浴器计。

(3) 家用燃气热水器，所需水压按产品要求和热水供应系统最不利配水点所需工作压力确定。

(4) 绿地的自动喷灌应按产品要求设计。

16.1.6.2　管网水力计算

室内给水管道水力计算的目的，在于确定给水管道各管段的管径，求出计算管路通过设计秒流量时各管段产生的水头损失，进而确定室内管网所需水压，复核室外给水管网水压是否满足使用要求，从而选定加压装置所需扬程和高位水箱设置高度。

1. 求定管径

在已知管段设计秒流量时，可按式（16-10）、式（16-11）计算管径。

$$q_g = Av = \frac{\pi d^2}{4}v \qquad (16-10)$$

$$d = \sqrt{\frac{4q_g}{\pi v}} \qquad (16-11)$$

式中　q_g——管段的设计秒流量（m^3/s）；

　　　A——管段的过水断面积（m^2）；

　　　v——管段中的水流速度（m/s）；

　　　d——计算管段的管径（m）。

从式（16-11）可以看出，管径和流速成反比。如流速选择过大，所得管径就小，但系统会产生噪声，易引起水击而损坏管道或附件，并将增加管网的水头损失，提高建筑内给水系统所需的压力；如流速选择过小，所得管径就大，又将造成管材投资偏大。

因此，管道流速的确定要控制在一定的流速范围内（叫经济流速），使管网系统运行平稳且不浪费。生活或生产给水管道的经济流速按表16-4，消火栓给水管道的流速不宜大于2.5m/s；自动喷水灭火系统给水管道的流速不宜大于5m/s。

生活与生产给水管道的经济流速　　　　　　表16-4

公称直径（mm）	15~20	25~40	50~70	≥80
水流速度（m/s）	≤1.0	≤1.2	≤1.5	≤1.8

对于一般建筑，也可以根据管道所负担的卫生器具当量数，按表16-5粗选管径。

按卫生器具当量数确定管径　　　　　表16-5

管径（mm）	15	20	25	32	40	50	70
卫生器具当量数	3	6	12	20	30	50	75

2. 管道压力（水头）损失计算

室内给水管网的压力（水头）损失包括沿程和局部水头损失两部分。

1）沿程水头损失计算

$$h_y = Li \qquad (16-12)$$

式中　h_y——管段的沿程水头损失（kPa）；

　　　L——管段的长度（m）；

　　　i——管道单位长度的水头损失（kPa/m）。

2）局部水头损失计算

$$h_j = \sum \xi \frac{v^2}{2g} \qquad (16-13)$$

式中 h_j——管段中局部水头损失之和(kPa);

ξ——局部阻力系数;

v——管道部件下游的流速(m/s);

g——重力加速度(m/s²)。

为了简化计算,管道的局部水头损失之和,一般可以根据经验采用沿程水头损失的百分数进行估算。不同用途的室内给水管网,其局部水头损失占沿程水头损失的百分数如下:

(1) 生活给水管网25%~30%。

(2) 生产给水管网20%。

(3) 消防给水管网10%。

(4) 自动喷淋给水管网20%。

(5) 生活、消防共用的给水管网25%。

(6) 生活、生产、消防共用的给水管网20%。

3. 管网水力计算的方法和步骤

根据室内采用的给水方式。在建筑物管道平面布置图的基础上,绘制给水管网的轴测图,再进行水力计算。各种给水管网的水力计算方法和步骤略有差别,现就最常用的给水方式,阐述水力计算步骤和方法如下:

(1) 根据轴测图选择配水最不利点,确定最不利计算管路。若在轴测图中难以判定配水最不利点,则应同时选择几条计算管路,分别计算各管路所需压力,其最大值方为建筑内给水系统所需的压力。

(2) 以流量变化处为节点,从配水最不利点开始,进行节点编号,将计算管路划分成若干计算管段,并标出两节点间计算管段的长度。

(3) 根据建筑的性质合理选用设计秒流量公式,计算各管段的设计秒流量。

(4) 根据各设计管段的设计流量和允许流速,查水力计算表确定出各管段的管径和管道单位长度的压力损失以及管段的沿程压力损失值。

(5) 计算管段的沿程压力损失及局部压力损失和计算管路的总压力损失。系统中设有水表时,还需选用水表,并计算水表压力损失值。

(6) 确定建筑物室内给水系统所需的总压力。

(7) 对采用下行上给式布置的给水系统,应计算水表和计算管路的水头损失,求出给水系统所需压力 H,并校核初定给水方式。若初定为外网直接给水方式,当室外给水管网水压 $H_0 > H$ 时,原方案可行;H 略大于 H_0 时,可适当放大部分管段的管径,减小管道系统的水头损失,以满足 $H_0 > H$ 的条件;若 $H > H_0$ 很多,则应修正原方案,在给水系统中增设升压设备。对采用设水箱上行下给式布置的给水系统,则应按式(16-7)校水箱的安装高度,若水箱高度不能满足供水要求,可采取提高水箱高度、放大管径或选用其他供水方式来解决。

(8) 确定非计算管路各管段的管径。

16.2　建筑室内消防给水

随着我国城市化进程的加快，经济的高速发展，楼宇是越建越多、越建越高，其内的装饰也是越来越豪华，存在的易燃、可燃材料和家具大量增多，一旦发生火灾，将会给人民的生命财产带来严重危害，因此，应严格按国家消防法规设置完善的消防灭火系统。

水是其中最主要的灭火剂，这是由于水的灭火特性决定的。水有最大的热容量，比热容为 $1.1J/(kg \cdot ℃)$，每升高 $1℃$，吸收 $4kJ$ 热量，气化吸收 $2000kJ$ 热量，同时体积增大 1700 余倍，且为惰性气体，充斥整个燃烧空间，有冲淡隔绝空气的作用；水有极强的润湿性，遇到固体物，极易润湿固体表面，使其难以燃烧；水还有极强的溶解性，是万能的溶剂，用水可以扑灭易溶于水的固体或液体。水到处都有，易获取、价格低；又是流体，便于管道输送，使用方便，因此人们普遍把水作为主要的灭火剂。

消防给水系统分为室内消防给水系统和室外消防给水系统。本节主要介绍室内消防给水系统。

16.2.1　室内消火栓给水系统

室内消火栓给水系统是将室外消防给水系统提供的水量，通过管网系统、加压后输送到建筑内部各个固定灭火设备——消火栓。消火栓灭火系统由于其系统简单、使用方便、价格便宜，是目前在各类建筑中，尤其是民用建筑中使用最广泛的灭火系统，使用历史最久。

低层与高层建筑的划分是根据我国目前普遍使用的登高消防器材的性能、消防车的供水能力和建筑的结构状况，并参照国外低、高层建筑划分标准制定出来的。我国公安部规定：

低层与高层建筑的高度分界线为 $24m$；

高层与超高层建筑的高度分界线为 $100m$。

建筑高度的计算：当为坡屋面时应为建筑室外设计地面到其檐口高度；当为平屋面（包括有女儿墙的平屋面）时，应为建筑室外设计地面到其屋面面层的高度。

低层建筑的室内消火栓系统是指九层及九层以下的居住建筑、高度小于等于 $24m$ 的公共建筑、高度超过 $24m$ 的单层公共建筑、地下半地下建筑和厂房、仓库等的室内消火栓消防系统。

对于低层建筑，消火栓给水系统的任务是扑灭建筑物初期火灾，所以给水系统的水量、水压都是按照扑灭建筑物初期火灾的要求进行设计的，较大的火灾、初期没有扑灭的火灾，都要依靠室外的消防车来灭火。

对于高层建筑（十层及十层以上的居住建筑和建筑高度超过 $24m$ 的公共建筑）消火栓给水系统的设计原则是立足自救。因高层建筑的高度超过了消防车能够直接有效扑灭火灾的高度，高层建筑一旦发生火灾，完全依靠建筑内部的消防给水系统本身的工作来灭火。消防队员到达现场后，一般是首先使用室内消火栓给水系统来控制火灾，而不是首先使用消防车的消防设备。因此高层建筑消防给水在设计标准和设计原则上与低层建筑的消防给水是不完全相同的，在火灾起始10min内能保证供给足够的消防水量和水压；这一点与低层建筑的要求是相同的，不同之处是：高层建筑还应该满足火灾起始10min后3h以内的消防用水的水量、水压的要求。高层建筑消防给水系统的可靠性要求很高，以保证迅速扑灭初期火灾，不使酿成大火。

16.2.1.1　消火栓给水系统设置范围及系统组成

1. 设置范围

参照我国现行的《建筑设计防火规范》、《高层民用建筑设计防火规范》的规定进行设置。

2. 消火栓给水系统的组成

建筑消火栓给水系统一般由水枪、水带、消火栓、消防管道、消防水池（或水源）、高位水箱、水泵接合器及增压水泵等组成。如图16-18所示。

1）消火栓箱

消火栓箱俗称室内消防箱，一般规格为高×宽×厚＝800mm×650mm×220mm，内置水枪、水带和消火栓，为便于快速灭火，均采用内扣式快速接口（卡口）。

水枪一般为直流式，喷嘴口径有13、16、19mm三种，是消防队员投入火场后用于直接灭火的工具。低层建筑的消火栓箱，当每支水枪最小流量小于3L/s时，一般可选用13mm或16mm口径的水枪；流量大于3L/s时应选用19mm口径的水枪。高层建筑的消火栓箱应选用19mm口径的水枪。

水带口径有50、65mm两种，水带长度一般为15、20、25、30m四种，水带材质有麻织和化纤两种，有衬橡胶与不衬橡胶之分，衬胶水带阻力较小。水带的长度应根据其服务半径和水力计算选定。

消火栓有单出口和双阀双出口之分，单出口消火栓口径有50mm和65mm两种，双阀双出口消火栓口径为65mm。消火栓的作用是用于截断和控制水流，发生火灾时连接水带和水枪，直接用于扑灭火灾。水带与消火栓栓口的口径应完全一致。

2）水泵接合器

水泵接合器是利用消防车从室外消火栓、消防水池或天然水源取水，通过水泵接合器将水加压送至室内消防管网，供灭火使用的装置。其一端由室内消防给水管网底部水平干管引出，另一端设于消防车易于接近和使用的地方。

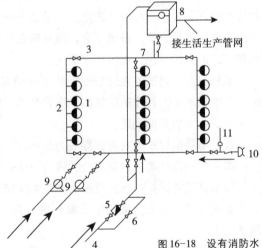

图16-18　设有消防水泵和水箱的室内消火栓给水系统

1—室内消火栓；2—消防立管；3—干管；4—进户管；5—水表；6—旁通管及阀门；7—止回阀；8—水箱；9—消防水泵；10—水泵接合器；11—安全阀

高层厂房（仓库）、设置室内消火栓且层数超过 4 层的厂房（仓库）、设置室内消火栓且层数超过 5 层的公共建筑，其室内消火栓给水系统应设置消防水泵接合器。

高层建筑的室内消火栓给水系统和自动喷水灭火系统应设置消防水泵接合器。高层建筑消防系统中消防车供水压力能达到的各消防分区的消防给水管网应分别设置水泵接合器。

消防水泵接合器应设置在室外便于消防车使用的地点，与室外消火栓或消防水池取水口的距离宜为 15~40m。消防水泵接合器的数量应按室内消防用水量计算确定，每个消防水泵接合器的流量宜按 10~15L/s 计算。

水泵接合器有地上、地下和墙壁式 3 种，宜采用地上式，当采用地下式时应有明显标志。如图 16-19 所示。

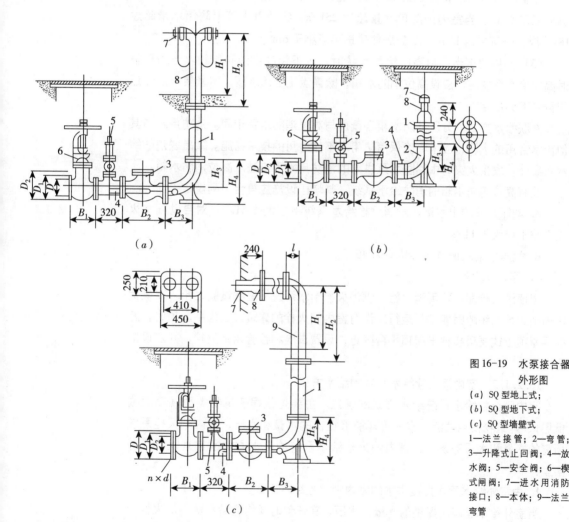

图 16-19 水泵接合器外形图

(a) SQ 型地上式；
(b) SQ 型地下式；
(c) SQ 型墙壁式

1—法兰接管；2—弯管；3—升降式止回阀；4—放水阀；5—安全阀；6—楔式闸阀；7—进水用消防接口；8—本体；9—法兰弯管

3）消防水箱

消防水箱对扑救初期火灾起着重要作用，为确保其自动供水的可靠性，应采用重力自流供水方式，水箱消防出水管上应设置止回阀以防消防水倒流入水箱。消防水箱宜与生活（或生产）高位水箱合用，以保证箱内水质良好，但应有消防用水不作他用的技术措施。

（1）消防水箱的安装高度应满足室内最不利消火栓所需的水压要求

当建筑高度不超过 100m 时，最不利点消火栓的静水压力不应低于 0.07MPa（约相当于最不利点消火栓至消防水箱最低水位的垂直高度为 7m）；当建筑高度超过 100m 时，最不利点消火栓的静水压力不应低于 0.15MPa；对于建筑高度不超过 24m 的多层民用建筑和工业建筑在建筑物的最高处设置重力自流消防水箱时，其水箱设置高度应满足最高一层的消火栓应有水自行流出。当不满足上述要求时，应采取加压措施。

（2）消防水箱应储存 10min 的消防用水量（临时高压给水系统）

当室内消防用水量不超过 25L/s，经计算水箱消防储水量超过 12m³ 时，仍可采用 12m³；当室内消防用水量超过 25L/s，经计算水箱消防储水量超过 18m³ 时，仍可采用 18m³。二类居住建筑不应小于 6m³。

（3）高层建筑当采用高压给水系统时，可不设高位消防水箱。当采用临时高压给水系统时，应设高位消防水箱，除需满足上述水压、水量要求以外还应符合下列规定：

并联给水方式的分区消防水箱容量应与高位消防水箱相同。消防用水与其他用水合用的水箱，应采取确保消防用水不作他用的技术措施。除串联消防给水系统外，发生火灾时由消防水泵供给的消防用水不应进入高位消防水箱。

设有高位消防水箱的消防给水系统，其增压设施应符合下列规定：

A. 增压水泵的出水量，对消火栓给水系统不应大于 5L/s；对自动喷水灭火系统不应大于 1L/s。

B. 气压水罐的调节水容量宜为 450L。

4）屋顶消火栓

屋顶消火栓即试验用消火栓，供消火栓给水系统检查和试验之用，以确保室内消火栓系统随时能正常运行。设有室内消火栓的建筑，当为平屋顶时，宜在平屋顶上或屋顶楼梯出屋顶平台附近，设置试验和检验用消火栓，并应设置压力表。

16.2.1.2　室内消火栓给水系统的给水方式

室内消火栓给水系统给水方式的确定，主要是依据建筑物类型（高层或低层）、建筑物使用功能、室外管网能够提供的水量和水压、室内消火栓系统所需的水量和水压等条件。室内消火栓给水系统的给水方式通常有以下几种类型：

1. 由室外给水管网直接供水的室内消火栓给水方式

当室外给水管网所提供的水量、水压，在任何时候均能满足室内消火栓给水系统所需水量、水压要求时，可以优先采用这种方式，当选用这种方式且与室内生活（或生产）合用管网时，进水管上如设有水表，则所选水表应校核通过消防水量的能力，并应设置止回阀以防消防水倒流入室外给水管网，如图

16-20 所示。

2. 设水箱的室内消火栓给水方式

当室外给水管网一日间压力变化较大，但水量能满足室内消防、生活和生产用水要求，只是水压在高峰用水时不满足，夜间用水少时能向水箱补水的，可采用这种方式。但管网应独立设置，水箱可以和生产、生活合用，但其生活或生产用水不能动用消防 10min 储备的水量，如图 16-21 所示。

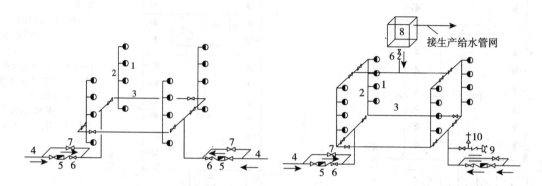

3. 设有消防泵和消防水箱的室内消火栓给水方式

当室外给水管网所提供的水压，不能满足室内消火栓给水系统所需水压要求时，采用这种给水方式。设置的水箱储备 10min 室内消防用水量，但水箱补水应采用生活用水泵，严禁用消防泵向水箱补水。为防止消防时消防泵出水进入水箱，在水箱进入消防管网的出水管上应设止回阀，如图 16-18 所示。

4. 分区供水的室内消火栓给水方式

当建筑物最底层（含地下层）最低处消火栓静水压力超过 1.0MPa 时，室内消火栓给水系统难于得到消防车的供水支援，为加强供水安全和保证火场灭火用水，应采用分区给水方式。常见的分区供水方式有下列两种：

1）并联分区供水方式

该方式实际上是方式 3 的竖向叠加，其特点是各分区均独立设置水泵、水箱，水泵集中布置在地下室，便于维护管理，各区能独立运行、互不干扰，供水可靠。但高区下部管道承压大，需高压水泵和耐高压管道，管材耗用多，低区水箱占用建筑使用面积，使用高区水泵接合器也需高压水泵，如图16-22所示。

2）串联分区供水方式

该方式特点是各分区均独立设置水泵、水箱，与并联分区供水方式不同之处在于高区水泵一般设置在楼层水箱间内，其吸水管直接连接在低区消防干管上，因此，当高区发生火灾时，必须低区和高区消防泵同时联动。

该方式的优点是不需要高压水泵和耐高压管道，水泵接合器能发挥作用，可通过水泵接合器并经各低区向高区送水灭火。串联分区的缺点是消防水泵分别设置在各楼层，不便于管理；楼层间设置水泵，对建筑结构的要求，对防振、防噪声的要求比较高。另外一旦高区发生火灾，下面各区的水泵必须联动，逐区向上供水，因此安全可靠性比较差，如图 16-23 所示。

图 16-20 室外给水管网直接供水的室内消火栓给水方式（左）

1—室内消火栓；2—消防立管；3—干管；4—进户管；5—水表；6—止回阀；7—旁通管及阀门

图 16-21 设有水箱的室内消火栓给水方式（右）

1—室内消火栓；2—消防立管；3—干管；4—进户管；5—水表；6—止回阀；7—旁通管及阀门；8—水箱；9—水泵接合器；10—安全阀

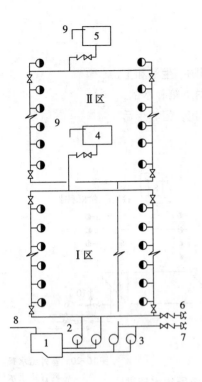

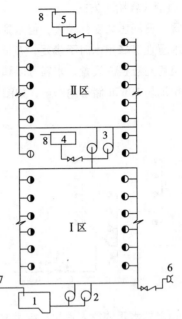

16.2.1.3　室内消防管道和消火栓的布置

1. 室内消防管道系统布置

1）低层建筑物室内消防管道系统布置

低层建筑物室内的消火栓给水系统可与生活、生产给水系统合用，此时，合用给水管一般采用热镀锌钢管或给水铸铁管。单独消防系统的给水管可采用非镀锌钢管或给水铸铁管。室内消火栓超过 10 个且室外消防用量大于 15L/s 时，其消防给水管道应连成环状，且至少应有 2 条进水管与室外管网或消防水泵连接。当其中 1 条进水管发生事故时，其余的进水管应仍能供应全部消防用水量。

高层厂房（仓库）应设置独立的消防给水系统。室内消防竖管应连成环状。

室内消防竖管不应小于 $DN100$。

室内消火栓给水管网宜与自动喷水灭火系统的管网分开设置；当合用消防泵时，供水管路应在报警阀前分开设置。

室内消防给水管道应采用阀门分成若干独立段。对于单层厂房（仓库）和公共建筑，检修停止使用的消火栓不应超过 5 个。对于多层民用建筑和其他厂房（仓库），室内消防给水管道上阀门的布置应保证检修管道时关闭的竖管不超过 1 根，但设置的竖管超过 3 根时，可关闭 2 根。

阀门应保持常开，并应有明显的启闭标志或信号。

消防用水与其他用水合用的室内管道，当其他用水达到最大小时流量时，应仍能保证供应全部消防用水量。

允许直接吸水的市政给水管网，当生产、生活用水量达到最大且仍能满足室内外消防用水量时，消防泵宜直接从市政给水管网吸水。

严寒和寒冷地区非采暖的厂房（仓库）及其他建筑的室内消火栓系统，可采用干式系统，但在进水管上应设置快速启闭装置，管道最高处应设置自动排气阀。

2）高层建筑物室内消防管道系统布置

高层建筑室内消防管道一般采用焊接钢管或无缝钢管。其室内消防给水系统应与生活、生产给水系统分开独立设置。室内消防给水管道应布置成环状。室内消防给水环状管网的进水管和区域高压或临时高压给水系统的引入管不应少于两根，当其中 1 根发生故障时，其余的进水管或引入管应能保证消防用水量和水压的要求。

消防竖管的布置，应保证同层相邻两个消火栓的水枪的充实水柱同时达到被保护范围内的任何部位。每根消防竖管的直径应按通过的流量经计算确定。但不应小于 100mm。以下情况，当设 2 根消防竖管有困难时，可设 1 根竖管，但必须采用双阀双出口型消火栓。

（1）十八层及十八层以下的单元式住宅；

（2）十八层及十八层以下、每层不超过 8 户、建筑面积不超过 650m² 的塔式住宅。

室内消火栓给水系统应与自动喷水灭火系统分开设置，有困难时，可合用消防泵，但在自动喷水灭火系统的报警阀前（沿水流方向）必须分开设置。

室内消防给水管道应采用阀门分成若干独立段。阀门的布置，应保证检修管道时关闭停用的竖管不超过 1 根。当竖管超过 4 根时，可关闭不相邻的 2 根。

裙房内消防给水管道的阀门布置可按现行的国家标准《建筑设计防火规范》的有关规定执行。阀门应有明显的启闭标志。

2. 室内消火栓的布置

1）低层建筑室内消火栓的布置

除无可燃物的设备层外，设置室内消火栓的建筑物，其各层均应设置消火栓。单元式、塔式住宅的消火栓宜设置在楼梯间的首层和各层楼层休息平台上，当设 2 根消防竖管确有困难时，可设 1 根消防竖管，但必须采用双口双阀型消火栓。干式消火栓竖管应在首层靠出口部位设置便于消防车供水的快速接口和止回阀。

消防电梯间前室内应设置消火栓（便于消防队员向火场发起进攻或开辟道路，但前室消火栓不计入消火栓总数内）。室内消火栓应设置在位置明显且易于操作的部位。栓口离地面或操作基面高度宜为 1.1m，其出水方向宜向下或与设置消火栓的墙面成 90° 角；栓口与消火栓箱内边缘的距离不应影响消防水带的连接。同一建筑物内应采用统一规格的消火栓、水枪和水带。每条水带的长度不应大于25m。

室内消火栓的布置应保证每一个防火分区同层有2支水枪的充实水柱同时到达任何部位。但建筑高度小于等于24m且体积小于等于5000m³的多层仓库，可采用1支水枪充实水柱到达室内任何部位。

水枪的充实水柱应经计算确定，甲、乙类厂房、层数超过6层的公共建筑和层数超过4层的厂房（仓库），不应小于10m；高层厂房（仓库）、高架仓库和体积大于25000m³的商店、体育馆、影剧院、会堂、展览建筑、车站、码头、机场建筑等，不应小于13m；其他建筑，不宜小于7m。

冷库内的消火栓应设置在常温穿堂或楼梯间内。

室内消火栓的间距应由计算确定。高层厂房（仓库）、高架仓库和甲、乙类厂房中室内消火栓的间距不应大于30m；其他单层和多层建筑中室内消火栓的间距不应大于50m。

高层厂房（仓库）和高位消防水箱静压不能满足最不利点消火栓水压要求的其他建筑，应在每个室内消火栓处设置直接启动消防水泵的按钮，并应有保护设施。

室内消火栓栓口处的出水压力大于0.5MPa时，应设置减压设施；静水压力大于1.0MPa时，应采用分区给水系统。设有室内消火栓的建筑，如为平屋顶时，宜在平屋顶上设置试验和检查用的消火栓。

2）高层建筑室内消火栓的布置

除无可燃物的设备层外，高层建筑和裙房的各层均应设置室内消火栓。

高层建筑室内消火栓的布置，除要满足低层建筑室内消火栓的布置要求外，还要符合下列要求：

室内消火栓的间距应保证同层任何部位有2个消火栓的水枪充实水柱同时到达。消火栓的水枪充实水柱应通过水力计算确定，且建筑高度不超过100m的高层建筑不应小于10m；建筑高度超过100m的高层建筑不应小于13m。消火栓的间距应由计算确定，且高层建筑不应大于30m，裙房不应大于50m。消火栓栓口直径应为65mm，水带长度不应超过25m，水枪喷嘴口径不应小于19mm。每个消火栓处应设直接启动消防水泵的按钮，并应有保护按钮的设施。

3）消火栓的保护半径、间距的计算

消火栓的保护半径是指某种规格的消火栓、水枪和一定长度的水带配套后，并考虑消防人员使用该设备时有一定安全保障（为此水枪的上倾角不宜超过45°，否则最不利着火物下落时会伤及灭火人员）的条件下，以消火栓为圆心，消火栓能充分发挥、起作用的半径。

消火栓的保护半径可按式（16-14）计算。

$$R = L_d + S_k \cdot \cos 45° \qquad (16-14)$$

式中　　R——消火栓的保护半径（m）；

　　　L_d——水带的总长度乘以水带的弯折系数0.8（m）；

　　　S_k——充实水柱长度（m）。

对于手提式水枪，充实水柱长度的规定为：从水枪喷嘴起至射流包括90%的全部消防水量穿过直径为 38cm 的圆断面后保持密实水柱的长度。如图16-24 所示。

室内消火栓间距应经过计算确定。

当室内只有一排消火栓，并且要求有 1 股水柱达到室内任何部位时，如图16-25（a），消火栓的间距按式（16-15）计算。

$$S_1 = 2\sqrt{R^2 - b^2} \qquad (16\text{-}15)$$

式中　　S_1——1 股水柱时消火栓间距（m）；

　　　　R——消火栓的保护半径（m）；

　　　　b——消火栓的最大保护宽度（m）；外廊式建筑 b 为建筑宽度，内廊式建筑 b 为走道两侧中最大一边宽度。

当室内只有一排消火栓，且要求有 2 股水柱同时达到室内任何部位时，如图 16-25（b），消火栓的间距按式（16-16）计算。

$$S_2 = \sqrt{R^2 - b^2} \qquad (16\text{-}16)$$

式中　　S_2——2 股水柱时消火栓间距（m）。

当建筑宽度较大，需要布置多排消火栓，且要求有 1 股水柱同时达到室内任何部位时，如图 16-25（c），消火栓的间距按式（16-17）计算。

$$S_n = \sqrt{2} \cdot R \qquad (16\text{-}17)$$

当室内需要布置多排消火栓，且要求有 2 股水柱同时达到室内任何部位时，消火栓的间距按式（16-17）计算值缩短一半，如图 16-25（d）所示。

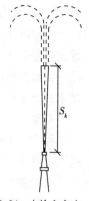

图 16-24　水枪充实水柱长度

图 16-25　消火栓布置间距

（a）单排 1 股水柱的消火栓布置间距；
（b）单排 2 股水柱的消火栓布置间距；
（c）多排消火栓 1 股水柱的消火栓布置间距；
（d）多排消火栓 2 股水柱的消火栓布置间距

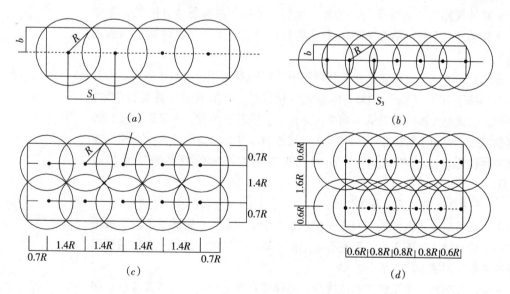

高层建筑和低层建筑一样，必须进行各层消火栓出口压力的校核，如果消火栓出口压力过大，则水枪射流反作用力太大或实际射流量太大，因此应进行减压计算。

16.2.2 自动喷水灭火系统

自动喷水灭火系统是一种在发生火灾时，能自动打开喷头喷水灭火并同时发出火警信号的消防灭火设施。灭火效果突出、火灾控制率可达 97% 以上，是一种最广泛使用的自动灭火系统，该系统具有安全可靠、经济实用、灭火成功率高等优点。

自动喷水灭火系统按喷头开、闭形式可分为闭式自动喷水灭火系统和开式自动喷水灭火系统；前者有湿式、干式、干湿式和预作用喷水灭火系统，后者有雨淋喷水、水幕喷水灭火系统。

自动喷水灭火系统设置范围详见《建筑设计防火规范》GB 50016—2006、《高层民用建筑设计防火规范》GB 50045—95（2005 年版）。

16.2.2.1 闭式自动喷水灭火系统

1. 闭式自动喷水灭火系统（主要介绍下面两种类型）

1）湿式自动喷水灭火系统

湿式自动喷水灭火系统由闭式喷头、配水管网、水流指示器、湿式报警阀组、末端试水装置、水泵接合器、水箱和加压水泵等组成（图16-26）。

湿式自动喷水灭火系统工作原理是，平时管网中充满有压水，当建筑物发生火灾、火场温度达到闭式喷头特定温度时，喷头开启，出水灭火。此时管网中的有压水流动，水流指示器被感应送出电信号，在报警控制器上显示某一区域已在喷水。持续喷水造成报警阀的上部水压低于下部水压，当其压力差值达到一定值时，原来处于关闭的报警阀就会自动开启，消防水通过湿式报警阀，流向自动喷洒管网供水灭火。另一部分水进入延迟器、压力开关及水力警铃设施发出火警信号。另外，根据水流指示器和压力开关的信号或消防水箱的水位信号，控制箱内控制器能自动开启消防泵，以达到持续供水的目的。

湿式自动喷水灭火系统适用于环境温度不低于 4℃（低于 4℃水有结冻的危险）并不高于 70℃（高于 70℃，水临近汽化状态，有加剧破坏管道的危险）的场所。因此绝大多数常温场所均采用该系统。该系统虽有灭火及时、扑救效率高的优点，但由于管网中充有有压水，当渗漏、夏季结露时会滴水而损坏建筑装饰物和影响建筑的使用。一个湿式报警阀组控制的喷头数不宜超过 800 只。

2）干式自动喷水灭火系统

干式系统与湿式系统的区别在于把湿式系统中的湿式报警阀组改为干式报警阀组，管网中平时不充水，而充有压缩空气等有压气体，为保持气压需要配置补气设备，如图16-27 所示。

干式自动喷水灭火系统工作原理是，当建筑物发生火灾、火场温度达到闭式喷头特定温度时，喷头开启进行排气，由于配水管网内气压降低，干式报警阀前后产生压力差，从而打开干式报警阀向配水管网充水，再通过开启的喷头喷水灭火。启动水泵和报警过程同湿式系统。

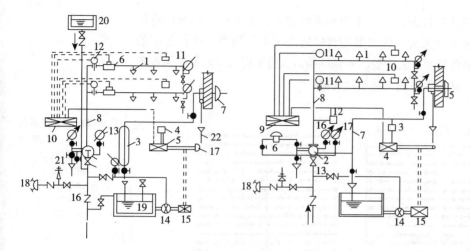

图16-26　湿式自动喷水灭火系统（左）

1—闭式喷头；2—湿式报警阀；3—延迟器；4—压力继电器；5—电器自控箱；6—水流指示器；7—水力警铃；8—配水管；9—阀门；10—火灾收信机；11—感温、感烟火灾探测器；12—火灾报警装置；13—压力表；14—消防水泵；15—电动机；16—止回阀；17—按钮；18—水泵接合器；19—水池；20—高位水箱；21—安全阀；22—排水漏斗

图16-27　干式自动喷水灭火系统（右）

1—闭式喷头；2—干式报警阀；3—压力继电器；4—电气自控箱；5—水力警铃；6—快开器；7—信号管；8—配水管；9—火灾收信机；10—感温、感烟火灾探测器；11—报警装置；12—气压保持器；13—阀门；14—消防水泵；15—电动机；16—阀后压力表；17—阀前压力表；18—水泵接合器

　　干式自动喷水灭火系统适用于环境温度低于4℃，或高于70℃的场所。该系统自闭式喷头开启后，有一个配水管网排气的过程，因此喷头出水不如湿式系统及时而削弱了系统的灭火能力，但因管网中平时不充水，不会产生渗漏、夏季结露而损坏建筑装饰物和影响建筑的使用。一个干式报警阀组控制的喷头数不宜超过500只，充水时间不宜大于1min。

　　2. 闭式喷头

　　闭式喷头是闭式自动喷水灭火系统的重要设备，由喷水口、控制器和溅水盘三部分组成。其形状和样式较多，按溅水盘的形式和安装位置有直立型、下垂型、边墙型、普通型、吊顶型和干式下垂型喷头之分，图16-28为常用的低熔点金属控制器自动喷头和爆炸瓶式自动喷头。

　　闭式喷头是用耐腐蚀的铜质材料制造的，喷水口平时被控制器所封闭。我国生产的低熔点合金控制器按设计温度分为普通（72℃）、中温级（100℃）和高温级（141℃）三种。爆炸瓶式控制器采用玻璃瓶形成支撑封闭喷水口，瓶内装有膨胀液，当温度到达一定数值时，玻璃瓶破裂，喷水口打开，喷水灭火。关于自动喷头的选用、每只喷头最大保护面积，喷头最大布置间距以及布置原则见《自动喷水灭火系统设计规范》GB 50084—2001（2005年版）和《建筑给水排水设计手册》。为保证喷头的灭火效果，要按环境温度来选择喷头温度，喷头的动作温度要比环境最高温度高30℃左右。

　　3. 配水管网的布置

　　自动喷水灭火系统配水管道的直径应经水力计算确定。配水管道的布置，应使配水管入口的压力均衡。一般应根据建筑的具体情况布置成中央式和侧边式两种形式，如图16-29所示。配水管道应采用内外壁热镀锌钢管或符合现行

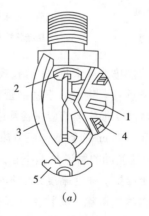
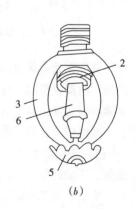

（a）　　　　　　　（b）

图16-28　闭式喷头
（a）易熔合金闭式喷头；
（b）玻璃瓶闭式喷头
1—易熔合金闸锁；2—阀片；3—喷头框架；4—八角支撑；5—溅水盘；6—玻璃球

国家或行业标准，并同时符合（设计采用的系统组件，必须符合国家现行的相关标准，并经国家固定灭火系统质量监督检验测试中心检测合格）规定的涂覆其他防腐材料的钢管，以及铜管、不锈钢管。当报警阀入口前管道采用不防腐的钢管时，应在该段管道的末端设过滤器。

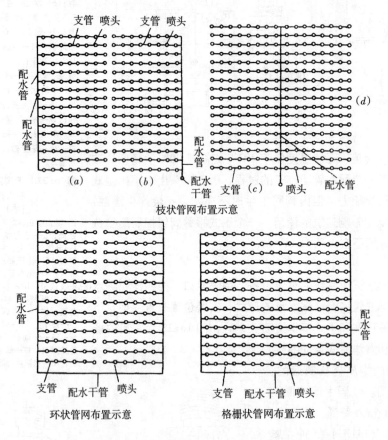

图16-29　配水管网的几种布置形式
(a) 侧边中心式；
(b) 侧边末端式；
(c) 中央末端式；
(d) 中央中心式

枝状管网布置示意

环状管网布置示意　　　　格栅状管网布置示意

　　镀锌钢管应采用沟槽式连接件（卡箍）、丝扣或法兰连接。报警阀前采用内壁不防腐钢管时，可焊接连接。铜管、不锈钢管应采用配套的支架、吊架。除镀锌钢管外，其他管道的水头损失取值应按检测或生产厂提供的数据确定。

　　系统中直径等于或大于100mm的管道，应分段采用法兰或沟槽式连接件（卡箍）连接。水平管道上法兰间的管道长度不宜大于20m；立管上法兰间的距离，不应跨越3个及以上楼层。净空高度大于8m的场所内，立管上应有法兰。短立管及末端试水装置的连接管，其管径不应小于25mm，配水支管管径不应小于25mm。水平安装的管道宜有坡度，并应坡向泄水阀。充水管道的坡度不宜小于2‰，准工作状态不充水管道的坡度不宜小于4‰。干式系统、预作用系统的供气管道，采用钢管时，管径不宜小于15mm；采用铜管时，管径不宜小于10mm。

　　配水管道的工作压力不应大于1.20MPa，并不应设置其他用水设施。轻危险级、中危险级场所中各配水管入口的压力均不宜大于0.40MPa。

配水管两侧每根配水支管控制的标准喷头数，轻危险级、中危险级场所不应超过 8 只，同时在吊顶上下安装喷头的配水支管，上下侧均不应超过 8 只。严重危险级及仓库危险级场所均不应超过 6 只。轻危险级、中危险级场所中配水支管、配水管控制的标准喷头数，不应超过表 16-6 的规定。

干式系统的配水管道充水时间，不宜大于 1min；预作用系统与雨淋系统的配水管道充水时间，不宜大于 2min。

自动喷水灭火系统应设消防水泵接合器，一般不少于两个，每个按 10～15L/s 计算。

配水管控制的标准喷头数 表 16-6

公称直径（mm）	控制的标准喷头数（只）		公称直径（mm）	控制的标准喷头数（只）	
	轻危险级	中危险级		轻危险级	中危险级
25	1	1	65	18	12
32	3	3	80	48	32
40	5	4	100	—	64
50	10	8			

16.2.2.2 开式自动喷水灭火系统

开式自动喷水灭火系统是指在自动喷水灭火系统中采用开式喷头，平时系统为敞开状态，管网中无水，而报警阀处于关闭状态。火灾发生时报警阀开启，管网迅速充水，喷头喷水灭火。开式自动喷水灭火系统通常布置在火势猛烈、蔓延迅速的严重危险级建筑物和场所，各自详细的适用范围详见《建筑设计防火规范》GB 50016—2006。

开式自动喷水灭火系统分为三种形式，它们是雨淋自动喷水灭火系统、水幕自动喷水灭火系统和水喷雾自动喷水灭火系统。这里仅介绍前两种系统。

1. 雨淋自动喷水灭火系统

雨淋自动喷水灭火系统既可扑灭着火处的火源，又可同时自动向整个被保护的面积上喷水，从而防止火灾的蔓延和扩大。该系统具有出水量大、灭火及时的优点。

1）雨淋自动喷水灭火系统的组成

该系统由开式喷头、管道系统、雨淋阀、火灾探测器、报警控制装置、控制组件和供水设备等组成，如图 16-30 所示。

2）雨淋自动喷水灭火系统的工作过程

发生火灾时，火灾探测器把探测到的火灾信号立即送到控制器，控制器将信号作声光显示并输出控制信号，打开管网上的传动阀门，自动放掉传动管网中的有压水，使雨淋阀后传动水压骤然降低，雨淋阀启动，消防水便立即充满管网，同时开式喷头开始喷水，压力开关和水力警铃发出声光报警，作反馈指示，控制中心的消防人员便可观测系统的工作情况。

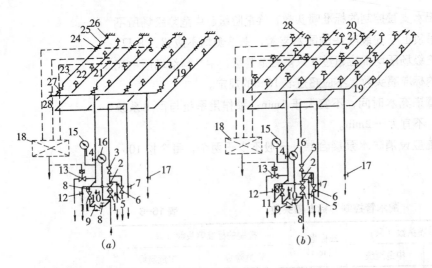

图 16-30　雨淋自动喷
　　　　水灭火系统
　　　　图式
(a) 易熔锁封控制；
(b) 感温喷头控制

3) 雨淋自动喷水灭火系统组件

(1) 开式洒水喷头。开式喷头与闭式喷头的区别在于缺少热敏元件组成的释放机构。由本体、支架、溅水盘等组成。分为双臂下垂型、单臂下垂型、双臂直立型和双臂边墙型四种，如图 16-31 所示。

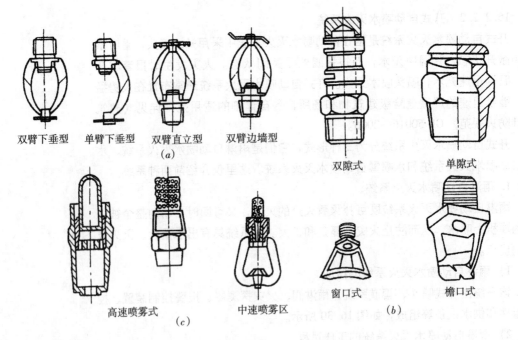

双臂下垂型　单臂下垂型　双臂直立型　双臂边墙型
(a)

双隙式　单隙式

高速喷雾式
(c)

中速喷雾区　窗口式
(b)

檐口式

图 16-31　开式喷头构
　　　　造示意图
(a) 开启式洒水喷头；
(b) 水幕喷头；
(c) 喷雾喷头

(2) 雨淋阀（又称成组作用阀），如图 16-32 所示。用于雨淋、预作用、水幕、水喷雾自动灭火系统，在立管上安装，室温不超过 40℃。工程中常用隔膜式雨淋阀，该阀启动灭火后，可以借进水压力自动复位。当一个雨淋阀的供水量不能满足一组开式自动喷水系统时，可采用几个雨淋阀并联安装使用。

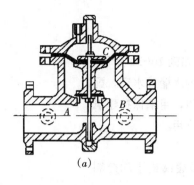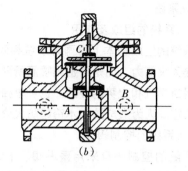

图 16-32　雨淋阀
(a) 隔膜式雨淋阀;
(b) 双圆盘式雨淋阀

（3）火灾探测传动控制装置。①带易熔锁封的钢丝绳传动控制装置（图16-33）。它是安装在顶棚下面，用拉紧弹簧和拉紧连接器使钢丝绳保持在250N 的拉力，使传动阀门处于密闭状态。着火时，室内温度上升，易熔锁封熔化，钢丝绳系统断开，传动阀门开启放水，此时传动管网中水压突然降低，使成组作用阀打开，向开式系统供水，喷水灭火。易熔锁封的低熔点合金的熔化温度一般为 72℃。安设在室温不超过 40℃ 的场所。②带闭式喷头的传动控制装置。利用带易熔元件的闭式喷头或带玻璃球塞的闭式喷头作为开式自动喷水灭火系统传动装置探测火灾感温元件，是一种较好的而又简单的传动控制装置，如图 16-34 所示。这种装置系统的灵敏度与易熔锁封装置系统相似，安装位置也基本相同，管理也比较方便，投资比易熔锁封式节约 50% ～ 70%。

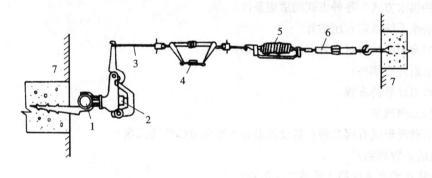

图 16-33　易熔锁封传
　　　　　动装置
1—传动管网；2—传动阀
门；3—钢丝绳；4—易熔
锁封；5—拉紧弹簧；
6—拉紧连接器；7—墙壁

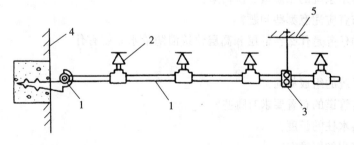

图 16-34　闭式喷头传
　　　　　动控制装置
1—传动管网；2—闭式喷
头；3—管道吊架；4—墙
壁；5—顶棚

除上述两种火灾探测传动装置外，常用的传动装置还有感光火灾探测器电动控制系统、感烟、感温火灾探测器电动控制系统、手动旋塞传动控制系统等。

2. 水幕自动喷水灭火系统

1）水幕自动喷水灭火系统的组成及作用

水幕自动喷水灭火系统的组成基本上与雨淋系统相同，如图 16-30 所示。水幕系统自身不具备直接灭火能力，而是用密集喷洒所形成的水墙或水帘，配合防火卷帘等分割物，阻断烟气和火势的蔓延。也可单独使用，用来保护建筑物的门、窗、洞口或在大空间人为造成防火水帘起防火分割作用。

2）水幕自动喷水灭火系统的控制阀

水幕自动喷水灭火系统的控制阀可采用雨淋阀、干式报警阀或手动控制阀。设置要求与雨淋系统相同，其他组件也与雨淋系统相同。

3）水幕喷头的布置

水幕喷头的布置应均匀。当水幕作为保护使用时，喷头成单排布置并喷向被保护对象；对舞台口和面积大于 $3m^2$ 的洞口部位布置双排水幕喷头；每组水幕系统的喷头数不宜超过 72 个，在同一配水支管上应布置口径相同的水幕喷头。

复习思考题

1. 建筑给水系统的任务是什么？

2. 建筑给水系统的组成及各部分组成有什么作用？

3. 给水系统有哪些供水方式？各种方式的适应条件。

4. 如何进行建筑给水系统所需水压估算？

5. 建筑给水系统中常用哪些管材？各有何特点？如何连接？

6. 建筑给水的给水附件有哪些？

7. 简述室内给水水力计算的步骤。

8. 给水管道的管径如何确定？

9. 建筑给水管道的敷设形式有哪几种？敷设管道时主要应考虑哪些因素？

10. 建筑给水管道的布置原则？

11. 应该如何防止建筑给水系统的水质被二次污染？

12. 水泵吸、压水管的布置应注意哪些问题？

13. 建筑室内消防系统的任务是什么？低层和高层建筑消防给水系统有什么区别和联系？

14. 建筑内消火栓给水系统的组成如何？

15. 建筑内消火栓、消防管道的布置要求有哪些？

16. 如何确定消火栓充实水柱的长度？

17. 消防水池、水箱的容积如何确定？

18. 常用的自动喷水灭火系统有哪些种类？适用条件是什么？

19. 自动喷水灭火系统的主要组件有哪些？各自的作用是什么？

20. 闭式喷头的公称动作温度如何确定？

建筑设备与环境控制

第 17 章　室内排水工程

17.1 建筑室内排水系统的分类、体制和组成

17.1.1 室内排水系统的分类

按系统排除的污、废水种类的不同，可将建筑内排水系统分为以下几类：

17.1.1.1 粪便污水排水系统

排除大便器(槽)、小便器以及与此相似的卫生设备排出的污水。

17.1.1.2 生活废水排水系统

排除洗涤盆(池)、淋浴设备、洗脸盆、化验盆等卫生器具排出的洗涤废水。

17.1.1.3 生活污水排水系统

排除粪便污水和生活污水的排水系统。

17.1.1.4 生产污水排水系统

排除生产过程中被污染较重的工业废水的排水系统。生产污水经过处理后才允许回用或排放。如含酚污水、含氰污水、酸、碱污水等。

17.1.1.5 生产废水排水系统

排除生产过程中只有轻度污染或水温升高，只需要经过简单处理即可循环或重复使用的较洁净的工业废水的排水系统。如冷却废水、洗涤废水等。

17.1.1.6 屋面雨水排水系统

排除降落在屋面的雨、雪水的排水系统。

17.1.2 排水体制

建筑内部排水体制也分为分流制和合流制两种。分别称为建筑内部分流排水和建筑内部合流排水。

建筑内部分流排水，是指居住建筑和公共建筑中的粪便污水和生活废水、工业建筑中的生产污水和生产废水各自由单独的排水管道系统排除。

建筑内部合流排水，是指建筑中两种以上的污水、废水合用一套排水管道系统排除。

建筑内部排水体制确定时，应根据污水性质、污染程度，结合建筑外部排水系统体制，有利于综合利用、污水的处理和中水开发、经济合理性等方面的因素考虑。

建筑物宜设置独立的屋面雨水排水系统，迅速、及时地将雨水排至室外雨水管渠或地面。在缺水或严重缺水地区宜设置雨水贮存池。

17.1.3 建筑内部排水系统的组成

建筑内部排水系统设计的质量不仅体现在能否迅速安全地将污水、废水排除到室外，而且还在于能否减小管道内的压力波动，使其尽量稳定，从而防止系统中所接存水弯的水封被破坏而使室外排水管道中的有毒或有害气体进入室

内。因此在进行建筑排水系统的设计时应明确建筑内部排水系统的组成，从而保证设计质量。

完整的建筑内部排水系统一般由下列部分组成。如图17-1所示。

17.1.3.1　污水、废水收集器

它是建筑内部排水系统的起点，污水、废水从器具排水栓经器具内的水封装置或器具排水管连接的存水弯排入排水管道。

17.1.3.2　排水管道

由器具排水管（连接卫生器具和横支管之间的一段短管，除坐式大便器、地漏外，其间包括存水弯）、有一定坡度的横支管、立管、横干管和排出到室外的排出管等组成。

17.1.3.3　通气管

绝大多数排水管道系统内部排水的流动是重力流，即管道系统中的污水、废水依靠重力的作用排出室外。因此排水管道系统必须和大气相通，从而保证管道系统内气压恒定，维持重力流状态。

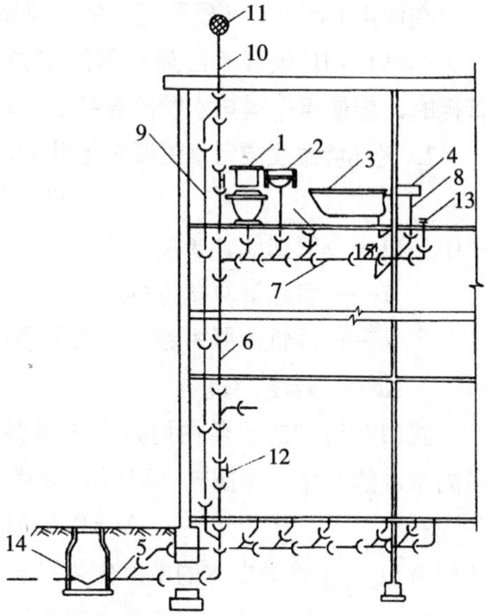

17.1.3.4　清通设备

指检查口、清扫口、检查井以及带有清通盖板的90°弯头或三通等设备，作为疏通排水管道之用。

17.1.3.5　抽升设备

民用建筑中地下室、人防建筑物、高层建筑的地下层、某些工业企业车间地下或半地下室、地下铁道等地下建筑物内的污水、废水不能自流排至室外时，必须设置污水抽升设备。

17.1.3.6　污水局部处理构筑物

当建筑内部污水未经处理不能排入其他管道或市政排水管网和水体时，须设污水局部处理构筑物。

图17-1　建筑内部排水系统的组成
1—大便器；2—洗脸盆；3—浴盆；4—洗涤盆；5—排出管；6—立管；7—横支管；8—支管；9—专用通气立管；10—伸顶通气管；11—网罩；12—检查口；13—清扫口；14—检查井

17.2　室内排水管材(件)、附件及卫生器具

17.2.1　排水管材和管道接口

建筑物内排水管道应采用建筑排水塑料管及管件或柔性接口机制排水铸铁管及相应管件。工业废水排水管道则应根据污、废水的性质、管材的机械强度及管道敷设方法，并结合就地取材原则选用管材。

17.2.1.1　塑料管

塑料管包括 PVC–U(硬聚氯乙烯) 管、UPVC 隔声空壁管、UPVC 芯层发泡管、ABS 管等多种管道，适用于建筑高度不大于100m、连续排放温度不大于40℃、瞬时排放温度不大于80℃的生活污水系统、雨水系统，也可用作生

产排水管。常用胶粘剂承插连接，或弹性密封圈承插连接。优点是耐腐蚀、重量轻、施工简单、水力条件好、不易堵塞；但有强度低、易老化、耐温性差、普通 PVC－U 管噪声大等缺点。目前最常用的是 PVC－U（硬聚氯乙烯）管。

在使用 PVC－U（硬聚氯乙烯）排水管时，应注意几个问题：

1. PVC－U（硬聚氯乙烯）管的水力条件比铸铁管好，泄流能力大，确定管径时，应使用塑料排水管的参数进行水力计算或查看相应的水力计算表。

2. 受环境温度或污水温度变化引起的伸缩长度，可按下列式（17-1）计算。

$$\Delta L = La\Delta t \qquad\qquad (17\text{-}1)$$

式中　ΔL——管道温伸长度（m）；

　　　L——管道计算长度（m）；

　　　a——线性膨胀系数，一般采用 $(6 \sim 8) \times 10^{-5}\ [\text{m}/(\text{m} \cdot \text{℃})]$；

　　　Δt——温差（℃）。

式（17-1）中的温差由两方面因素影响，即管道周围空气的温度变化和管道内水温的变化，可按式（17-2）计算。

$$\Delta t = 0.65\Delta t_s + 0.1\Delta t_g \qquad\qquad (17\text{-}2)$$

式中　Δt_s——管道内水的最大变化温度差（℃）；

　　　Δt_g——管道外空气的最大变化温度差（℃）。

3. 消除 PVC－U（硬聚氯乙烯）管道受温度影响引起的伸缩量，通常采用设置伸缩节的办法予以解决。排水立管、通气立管应每层设一个伸缩节；横支管上汇流配件至立管的直线管段大于 2m 时应设置伸缩节，但伸缩节之间最大间距不得超过 4m；伸缩节应设置在汇合配件处，横干管伸缩节应设置在汇合配件上游端；横管伸缩节应采用承压橡胶密封圈或横管专用伸缩节。

17.2.1.2　排水铸铁管

排水铸铁管的管壁较给水铸铁管薄，不能承受高压，常用于建筑生活污水管、雨水管等，也可用作生产排水管。排水铸铁管的优点是耐腐蚀、具有一定的强度、使用寿命长和价格便宜等；缺点是性脆、自重大、每根管的长度短、管接口多、施工复杂。

排水铸铁管连接方式多为承插式，常用的接口材料有普通水泥接口、石棉水泥接口、膨胀水泥接口等。

柔性抗振排水铸铁管，广泛应用于高层和超高层建筑室内排水，它是采用橡胶圈密封，螺栓紧固，具有较好的挠曲性、伸缩性、密封性及抗振性能，且便于施工。

17.2.1.3　钢管

用作卫生器具排水支管及生产设备振动较大的地点、非腐蚀性排水支管上，管径小于或等于 50mm 的管道，可采用焊接或配件连接。

17.2.2　管件

室内排水管道是通过各种管件来连接的，管件种类很多，常用的有以下

几种:

17.2.2.1 弯头

用在管道转弯处,使管道改变方向。常用弯头的角度有90°、45°两种。

17.2.2.2 乙字管

排水立管在室内距墙比较近,但基础比墙要宽,为了到下部绕过基础需设乙字管,或高层排水系统为消能而在立管上设置乙字管。

17.2.2.3 存水弯

存水弯也叫水封,设在卫生器具下面的排水支管上。使用时,由于存水弯中经常存有水,可防止排水管道中的有毒、有害气体或虫类进入室内,保证室内的环境卫生。水封高度通常为50~100mm。存水弯有S形和P形两种。

17.2.2.4 三通或四通

用在两条管道或三条管道的汇合处。三通有正三通、顺流三通和斜三通。四通有正四通和斜四通。

17.2.2.5 管箍

管箍也叫套袖,它的作用是将两段排水铸铁直管连在一起。

各种管件,如图17-2所示。

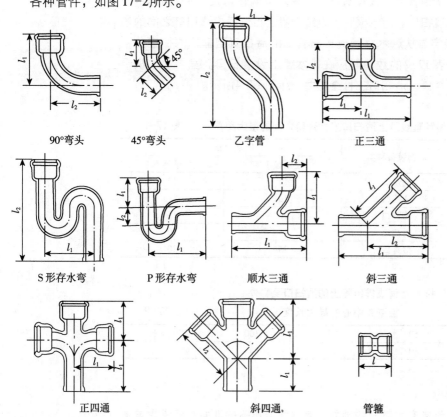

90°弯头　　45°弯头　　乙字管　　正三通

S形存水弯　　P形存水弯　　顺水三通　　斜三通

正四通　　斜四通　　管箍

图17-2 常用铸铁排水管件

17.2.3 管道附件

17.2.3.1 存水弯

如图17-3所示。

17.2.3.2 检查口和清扫口

检查口和清扫口属于清通设备，室内排水管道一旦堵塞可以方便疏通，因此在排水立管和横支管上的相应部位都应设置清通设备。

1. 检查口

检查口设置在立管上，铸铁排水立管上检查口之间的距离不宜大于10m，塑料排水立管宜每6层设置一个检查口。但在立管的最低层和设有卫生器具的二层以上建筑的最高层应设置检查口，当立管水平拐弯或有乙字管时，在该层立管拐弯处和乙字管的上部应设检查口。检查口设置高度一般距地面1m，检查口向外，方便清通。如图17-4所示。

2. 清扫口

清扫口一般设置在横管上，横管上连接的卫生器具较多时，横管起点应设清扫口（有时用可清掏的地漏代替）。在连接2个或2个以上的大便器或3个及3个以上的卫生器具的铸铁排水横管上，宜设置清扫口。在连接4个及4个以上的大便器塑料排水横管上宜设置清扫口。在水流偏转角大于45°的排水横管上，应设检查口或清扫口。污水横管的直线管段上检查口或清扫口之间的最大距离，按表17-1确定。从污水立管或排出管上的清扫口至室外的检查井中心的最大长度，大于表17-2的数值时应在排水管上设清扫口。室内埋地横干管上设检查口井。检查口、清扫口、检查口井，如图17-4所示。

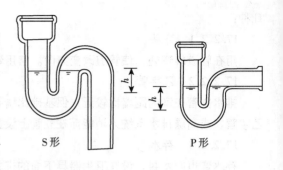

图17-3　存水弯

排水横管直线段上清扫口或检查口之间的最大距离　表17-1

管道管径（mm）	清扫设备种类	距离（m）	
		生活废水	生活污水
50～75	检查口	15	12
	清扫口	10	8
100～150	检查口	20	15
	清扫口	15	10
200	检查口	25	20

排水立管或排出管上的清扫口至室外检查井中心的最大长度　表17-2

管径（mm）	50	75	100	100以上
最大长度（m）	10	12	15	20

17.2.3.3 地漏

地漏一般设置在经常有水溅出的地面、有水需要排除的地面和经常需要清洗的地面最低处（如淋浴间、盥洗室、厕所、卫生间等），其地漏箅子应低于地面5～10mm。带水封的地漏水封深度不得小于50mm。地漏的选择应符合下列要求：①应优先采用直通式地漏，直通式地漏下必须设置存水弯；②卫生要求高或非经常使用地漏排水的场所，应设置密闭地漏；③食堂、厨房和公共浴室等排水宜设置网框式地漏。

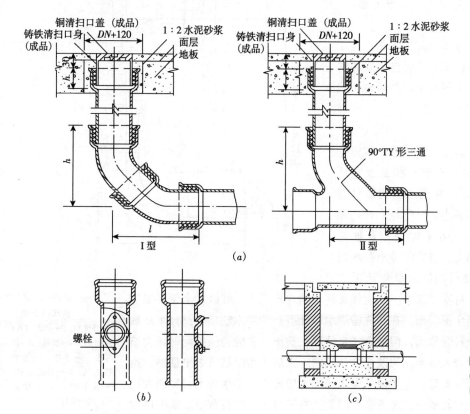

图 17-4　清通设备
(*a*) 清扫口；(*b*) 检查口；(*c*) 检查口井

17.2.4　卫生器具

卫生器具是建筑内部排水的重要组成部分，一般采用不透水、无气孔、表面光滑、耐腐蚀、耐磨损、耐冷热、便于清扫、有一定强度的材料制造，如陶瓷生铁、塑料、复合材料等，卫生器具现在正向着冲洗功能强、节水消声、设备配套、便于控制、使用方便、造型新颖、色彩协调等方面发展。

以下按卫生器具的作用分类对其作简要介绍。

17.2.4.1　便溺用卫生器具

1. 蹲式大便器

蹲式大便器一般多用于集体宿舍、公共建筑物的公用厕所。蹲式大便器的压力冲洗水经大便器周边的配水孔，将大便器冲洗干净（图17-5）。蹲式大便

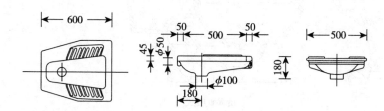

图17-5　蹲式大便器

器比坐式大便器的卫生条件好，但蹲式大便器自身不带存水弯，管道安装时需要在蹲式大便器排水竖短管下方加设 P 形、S 形存水弯。

蹲式大便器一般采用高位水箱，为了节约用水，应尽可能采用延时自闭式冲洗阀直接连接给水管进行冲洗。延时自闭式冲洗阀安装如图 17-6 所示。

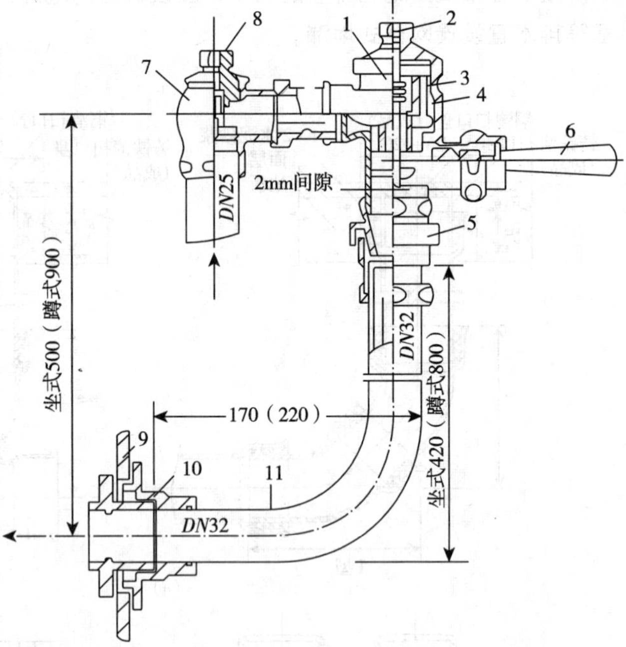

2. 坐式大便器

坐式大便器一般多用于住宅、宾馆等卫生间内。常用的有冲洗式和虹吸式两种，如图 17-7 所示。冲洗式坐便器环绕便器上口是开有很多小孔口的冲水槽。冲洗水进入冲洗槽，经小孔沿便器表面冲下，便器内水面涌高，将粪便冲出存水弯的边缘。冲洗式便器的缺点是受污面积大，水面面积小，每次冲洗不一定能保证将污物冲洗干净。虹吸式坐便器是靠虹吸作用，把粪便全部吸出。在冲洗槽进水口处有一个冲水缺口，部分水从缺口冲射下来，加快虹吸作用，但虹吸式坐便器在突出冲洗能力强的同时，会造成流速过大而发生较大噪声。为改变这些问题，出现了喷射虹吸式坐便器、旋涡虹吸式坐便器两种类型。为了便于排水横支管敷设在本层楼板上，又研发出后排式坐便器，它与其他坐式大便器不同之处在于排水口设在背后。如图 17-8 所示。

图 17-6　延时自闭式冲洗阀的安装
1—冲洗阀；2—调时螺栓；3—小孔；4—滤网；5—防污器；6—手柄；7—直角截止阀；8—开闭螺栓；9—大便器；10—大便器卡；11—弯管

图 17-7　坐式大便器

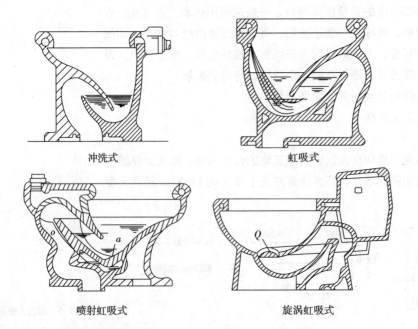

冲洗式　　　　　　虹吸式

喷射虹吸式　　　　旋涡虹吸式

3. 大便槽、小便槽

大便槽、小便槽一般多用于人员密集的公共场所（如学校、车站、码头等）厕所内。利用大便槽代替大便器，一般大便槽宽 200～300mm，起端槽深 350mm，其上方设有自动冲洗水箱，槽的末端设有高出槽底下100～150mm 的挡水坎，槽底坡度不小于 0.015，排水口设有存水弯。利用小便槽代替小便器设置在男厕所内，靠墙面上距地 1.1m 处设 DN15mm 多孔管，用于冲洗小便槽。

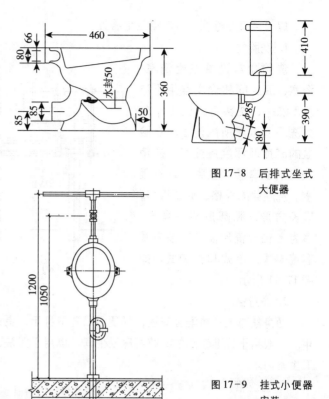

图 17-8　后排式坐式大便器

4. 小便器

小便器设于男卫生间内，有挂式和立式两种。挂式小便器悬挂在墙上，其冲洗设备可采用延时自闭冲洗阀或自动冲洗水箱，当同时使用小便器人数少时，宜采用手动冲洗阀冲洗，小便器应装设存水弯。挂式小便器多设于住宅建筑和普通的公共建筑中；立式小便器大多设在对卫生设备要求较高、装饰标准高的公共建筑（如展览馆、写字楼、宾馆等男卫生间）内，多为成组安装。挂式和立式小便器如图17-9、图 17-10 所示。

图 17-9　挂式小便器安装

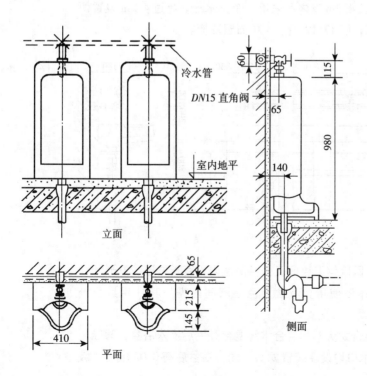

图 17-10　立式小便器安装

17.2.4.2 盥洗、沐浴用卫生器具

1. 洗脸盆

洗脸盆常设置在盥洗室、浴室、卫生间和理发室用于洗脸、洗手、洗头等，也用于公共洗手间或厕所内洗手。洗脸盆的高度及深度应适宜，应使使用不至弯腰，较省力，不溅水。洗脸盆的规格、形式很多，有长方形、椭圆形和三角形，多为上釉陶瓷制品，安装方式有墙架式、台式和柱脚式，如图 17-11 所示。

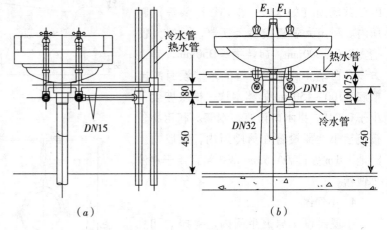

图 17-11　洗脸盆
(a) 普通型；(b) 柱型

2. 净身盆

净身盆与大便器配套安装，供便溺后洗下身用，更适合妇女或痔疮患者使用。一般用于标准较高的宾馆客房卫生间，也用于医院、疗养院、工厂的妇女卫生室内。

3. 盥洗槽

盥洗槽多为瓷砖、水磨石类现场建造的卫生设备，有单面、双面之分，通常设置在同时有多人需要使用盥洗的地方，如工厂、学校的集体宿舍、工厂生活间等，它比洗脸盆的造价低，使用灵活。盥洗槽有长条形和圆形两种形式，槽宽一般 500~600mm，槽长 4.2m 以内可采用一个排水栓，超过 4.2m 设置两个排水栓。槽下用砖垛支撑，图 17-12 所示为单面盥洗槽。

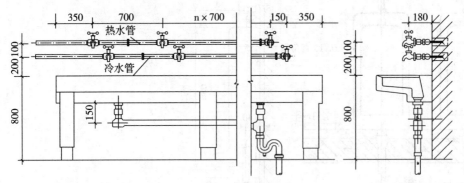

图 17-12　单面盥洗槽

4. 浴盆

浴盆设在住宅、宾馆、医院等卫生间及公共浴室内，有长方形、方形和任意形等多种形式，供人们沐浴使用。浴盆颜色在浴间内需与其他用具色调协调。

浴盆配有冷热水管或混合龙头，其混合水经混合开关后流入浴盆，管径为 20mm。浴盆的排水口、溢水口均设在装置龙头一端。浴盆底有 0.02 坡度，坡

向排水口。有的浴盆还配置固定或软管活动式淋浴莲蓬头。浴盆一般用陶瓷、搪瓷钢板、塑料、复合材料制成。如图17-13所示。

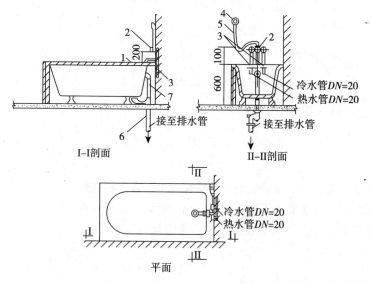

图17-13　浴盆安装
1—浴盆；2—混合阀门；
3—给水管；4—莲蓬头；
5—蛇皮软管；6—存水弯；
7—溢水管

5. 淋浴器

淋浴器与浴盆相比，具有占地面积小、造价低、耗水量较小、清洁卫生等优点，故广泛使用在集体宿舍、体育馆、机关、学校和公共浴室中。淋浴器有成品的，也有用管件现场组装的。图17-14所示为现场制作安装的淋浴器。一般淋浴器的莲蓬头下缘安装在距地面 2.0 ～ 2.2m 高度，给水管径为 15mm，其冷热水截止阀离地面 1.15m，两淋浴头间距 900 ～ 1000mm。地面有 0.005 ～ 0.01 的坡度坡向排水口或排水明沟。

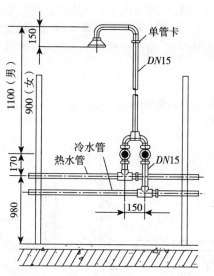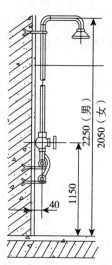

图17-14　淋浴器安装

17.2.4.3　洗涤用卫生器具

1. 洗涤盆

通常设置在厨房或公共食堂内，供洗涤碗碟、蔬菜等食物之用。洗涤盆按用途有家用和公共食堂用之分，以安装方式有墙架式、柱脚式、单格、双格、有搁板、无搁板等等。图17-15所示为最普通的双格洗涤盆，所谓双格洗涤盆，为一格洗涤、一格泄水；搁板为放置碗碟、餐具、食物之用；靠背是为了防止使用中有水溅到墙上。洗涤盆可以设置冷、热水龙头或混合龙头，排水口在盆底的一端，口上设十字栏栅，卫生要求严格时还设有过滤器，为使水在盆内停留，备有橡皮或金属制的塞头。在医院手术室、化验室等处，因工作需要常装置肘式开关或脚踏开关的洗涤盆。

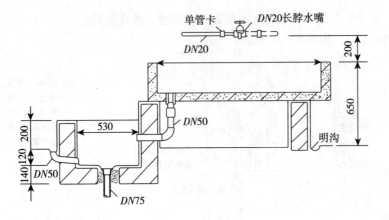

图 17-15 双格洗涤盆

2. 化验盆

化验盆装置在工厂、科学研究机关、学校化验室或实验室中，通常都是陶瓷、不锈钢制品。盆内已有水封，排水管上不需存水弯，也不需盆架，用木螺钉固定于实验台上。盆的出口配有塞头。根据使用要求，化验盆可装置单联、双联、三联的鹅颈龙头。

3. 污水盆

污水盆设置在公共建筑的厕所、盥洗室内，供打扫厕所、洗涤拖布或倾倒污水之用。如图 17-16 所示。污水盆深度一般为 400~500mm，多为水磨石或水泥砂浆抹面的钢筋混凝土制品。

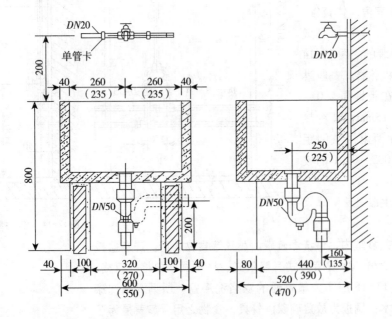

图 17-16 污水盆

17.2.4.4 卫生器具设置定额和选用

不同建筑内卫生间由于使用情况、设置卫生器具的数量均不相同，除住宅和客房卫生间在设计时可统一设置外，各种用途的工业和民用建筑内公共卫生间卫生器具设置定额可按表 17-3 选用。

每一个卫生器具使用人数　　　　　　表 17-3

建筑物名称		大便器		小便器	洗脸盆	盥洗水嘴	淋浴器
		男	女				
集体宿舍	职工	10、>10 时 20 人增 1 个	8、>8 时 15 人增 1 个	20	每间至少设 1 个	8、>8 时 12 人增 1 个	
	中小学	70	12	20	同上	12	
旅馆、公共卫生间		18	12	18	同上	8	30
中小学教学楼	中师、中学、幼师	40~45	20~25	20~25	同上		
	小学	40	20	20	同上		
医院	疗养院	15	12	15	同上	6~8	8~20
	综合医院 门诊	120	75	60		12~15	12~15
	综合医院 病房	16	12	16			
办公楼		50	25	50	同上		
图书阅览楼	成人	60	30	30	60		
	儿童	50	25	25	60		
剧场		75	50	25~40	100		
电影院	<600 座位	150	75	75	每间至少 1 个且每 4 个蹲位设 1 个		
	601~1000 座位	200	100	100			
	>1000 座位	300	150	150			
商店	顾客用 百货、自选专业商店、联营商场、菜场	200	100	100			
		400	200	200			
	店员内部用	50	30	50			
公共食堂 厨房炊事员用（职工数）		500	500	>500	每间至少设 1 个		
餐厅	顾客用 <400 座	100	100	50	同上		
	400~650 座	125	100	50			
	>650 座	250	100	50			
	炊事员卫生间	100	100	100			
公共浴室	工业企业生活间 卫生特征 Ⅰ Ⅱ Ⅲ Ⅳ	50 个衣柜	30 个衣柜	50 个衣柜	按入浴人数的 4% 计		3~4 5~8 9~12 13~24
	商业用浴室	50 个衣柜	30 个衣柜	50 个衣柜	5 个衣柜		40
体育场	运动员	50	30	50			20
	观众 小型	500	100	100	每间至少设 1 个		
	观众 中型	750	150	150			
	观众 大型	1000	200	200			
体育馆的游泳池（按游泳人数计）	运动员	30	20	30	30（女 20）		
	观众	100	50	50			
	更衣前	50~75	75~100	25~40	每间至少设 1 个		10~15
	游泳池旁	100~150	100~150	50~100			
	观众	100	50	50			

建筑物名称		大便器		小便器	洗脸盆	盥洗水嘴	淋浴器
		男	女				
幼儿园		5~8		5~8		3~5	10~12
工业企业车间	≤100人	25	20	25			
	>100人	25，每增50人增1具	20，每增35人增1具				

注：(1) 0.5m 长小便槽可折算成 1 个小便器。

　　(2) 1 个蹲位的大便槽相当于 1 个大便器。

　　(3) 每个卫生间至少设 1 个污水池。

17.2.4.5　卫生器具的布置

卫生器具布置，应根据厨房、卫生间、公共厕所的平面位置、面积大小、卫生器具数量及尺寸、有无管道井等综合考虑，既要满足使用方便、容易清洁，也要充分考虑给管道布置创造好的条件。使给水、排水管道尽量做到少转弯、管线短、排水通畅、水力条件好。因此，卫生器具应顺着一面墙布置。如卫生间、厨房相邻，应在该墙两侧设置卫生器具，有管道竖井时，卫生器具应紧靠管道竖井的墙布置，这样会减少排水横管的转弯或减少管道的接入根数。

图 17-17 为卫生器具的几种布置形式，供参考。常用卫生器具的安装高度按表 17-4 确定。

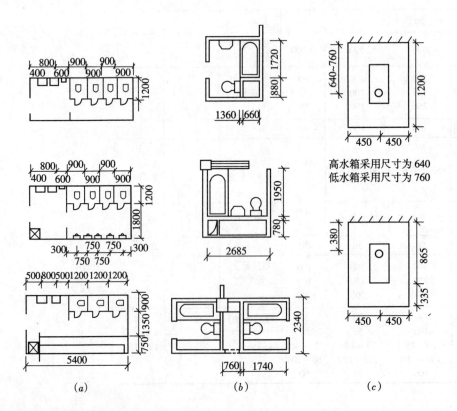

高水箱采用尺寸为 640
低水箱采用尺寸为 760

图 17-17　卫生器具平面布置图

(a) 公共建筑厕所内；

(b) 卫生间内；

(c) 平蹲式采用尺寸

序号	卫生器具名称	卫生器具边缘离地高度（mm）		
		居住和公共建筑		幼儿园
1	架空式污水盆(池)、洗涤盆(池)(至上边缘)	800		800
2	落地式污水盆(池)	500		500
3	洗手盆、洗脸盆、盥洗槽(至上边缘)	800		500
4	浴盆 (至上边缘)	480		—
5	蹲式大便器(从台阶面至高水箱底)	1800		1800
6	蹲式大便器(从台阶面至低水箱底)	900		900
7	坐式便器　外露排出管式 虹吸喷射式 冲落式 旋涡连体式	至水箱底　510 470 510 250	至上边缘　400 380 380 360	370
8	立式小便器 (至受水部分上边缘)	100		—
9	挂式小便器 (至受水部分上边缘)	600		450
10	化验盆 (至上边缘)	800		—

17.3　室内排水管道的布置与敷设

17.3.1　管道布置

　　管道布置有以下四点要求：①满足最佳排水水力条件；②满足美观要求及便于维护管理；③保证生产和使用安全；④保护管道不易受到损坏。

　　其布置原则如下：

　　（1）污水立管应设置在靠近杂质最多、最脏及排水量最大的排水点处，以便尽快地接纳横支管的污水而减少管道堵塞的机会；污水管的布置还应尽量减少不必要的转角及曲折而作直线连接。横管与横管、横管与立管之间的连接，宜采用45°三通或45°四通和90°斜三通或90°斜四通，或直角顺水三通、顺水四通；横支管接入横干管、立管接入横干管时，应在横干管管顶或其两侧各45°范围内接入；排水管若需轴线偏移，宜用乙字管或两个45°弯头连接。

　　（2）排水立管与排出管端部的连接，宜采用两个45°弯头或弯曲半径不小于4倍管径的90°弯头。排出管宜以最短距离通至室外，因排水管较易堵塞，如埋设在室内的管道太长，清通检修也不方便。此外，管道长则坡度大，必然造成加深室外管道的埋设深度。

　　（3）在层数较多的建筑物内，为防止底层卫生器具因受立管底部出现过大的正压等原因而造成污水外溢现象，底层的生活污水管道应考虑采取单独排出方式。

　　（4）不论是立管或横支管，不论是明装或暗装，其安装位置应有足够的空间以利于拆换管件和清通维护工作的进行。

（5）当排出管与给水引入管布置在同一处进出建筑物时，为方便维修和避免或减轻因排水管渗漏造成土壤潮湿腐蚀和污染给水管道的现象，给水引入管与排出管管外壁的水平距离不得小于1.0m。

（6）管道应避免布置在有可能受设备振动影响或重物压坏处，因此管道不得穿越生产设备基础；若必须穿越时，应与有关专业人员协商作技术上的特殊处理。

（7）管道应尽量避免穿过伸缩缝、沉降缝，若必须穿过时应采取相应的技术措施，以防止管道因建筑物的沉降或伸缩而受到破坏。

（8）排水架空管道不得敷设在有特殊卫生要求的生产厂房以及贵重商品仓库、通风小室和变、配电间内。

（9）污水立管的位置应避免靠近与卧室相邻的内墙。

（10）明装的排水管道应尽量沿墙、梁、柱而作平行设置，保持室内的美观；当建筑物对美观要求较高时，管道可暗装，但应尽量利用建筑物装饰使管道隐蔽，这样既美观又经济。

（11）硬聚氯乙烯排水立管（UPVC管）应避免布置在易受机械撞击处，如不能避免时，应采取保护措施；同时应避免布置在热源附近，如不能避免，且管道表面受热温度大于60℃时，应采取隔热措施，立管与家用灶具边净距不得小于0.4m，硬聚氯乙烯排水管应按规定设置阻火圈或防火套管。

17.3.2　管道敷设

排水管的管径相对于给水管管径较大，又常需要清通修理，所以排水管道应以明装为主。在工业车间内部甚至采用排水明沟排水（所排污水、废水不应散发有害气体或大量蒸汽）。明装方式的优点是造价低，缺点是不美观、积灰结露不卫生。

对室内美观程度要求较高的建筑物或管道种类较多时，应采用暗装方式。立管可设置在管道井内，或用装饰材料镶包掩盖，横支管可镶嵌在管槽中，或利用平吊顶装修空间隐蔽处理。大型建筑物的排水管道应尽量利用公共管沟或管廊敷设，但应留有检修位置。

排水管多为承插管道，无需留设安装或检修时的操作工具位置，所以排水立管的管壁与墙壁、柱等的表面净距有25～35mm就可以。排水管与其他管道共同埋设时的最小距离，水平向净距为1.0～3.0m，竖直向净距为0.15～0.20m，且给水管道布置在排水管道上面。

为防止埋设在地下的排水管道受到机械损坏，按照不同的地面性质，规定各种材料管道的最小埋深为0.4～1.0m。

排水管道的固定措施比较简单，排水立管用管卡固定，其间距最大不得超过3m；在承插管接头处必须设置管卡。横管一般用吊箍吊设在楼板下，间距视具体情况不得大于1.0m。

排水管道尽量不要穿越沉降缝、伸缩缝，以防止管道受到影响而漏水。在不得不穿越时应采取有效措施，如软性接口等。

排水管道穿越建筑物基础时，必须在垂直通过基础的管道部分外套较其直径大 20mm 的金属套管，或设置在钢筋混凝土过梁的壁孔内（预留洞），管顶与过梁之间应留有足够的沉降间距以保护管道不因建筑物的沉降而受到破坏，一般不宜小于 0.15m。

17.4 排水通气管系统

排水通气管系统有三个作用：①向排水管道补给空气，使水流畅通，更重要的是减小排水管道内的气压变化幅度，防止卫生器具水封破坏；②使室内外排水管道中散发的臭气和有害气体能排到大气中去；③管道内经常有新鲜空气流通，可减轻管道内废气对管道的锈蚀，延长使用寿命。

17.4.1 通气管系统的类型

17.4.1.1 伸顶通气管

排水立管与最上层排水横支管连接处向上垂直延伸至室外作通气用的管道，如图 17-18 所示。

17.4.1.2 专用通气管

仅与排水立管相连接，为排水立管内空气流通而专门设置的垂直通气管道，如图 17-18 所示。

17.4.1.3 主通气立管

连接环形通气管和排水立管，并为排水横支管和排水立管内空气流通而设置的专用于通气的立管，如图 17-18 所示。

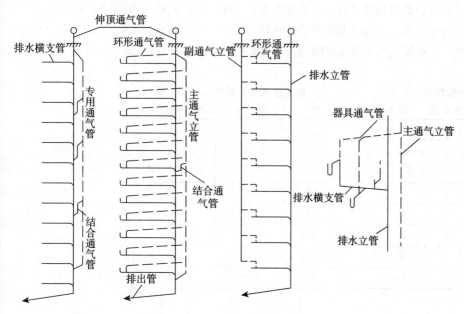

图 17-18　几种典型的通气方式

17.4.1.4　副通气立管

仅与环形通气管连接，使排水横支管内空气流通而设置的专用于通气的管道，如图 17-18 所示。

17.4.1.5　结合通气管

排水立管与通气立管的连接管段，如图 17-18 所示。

17.4.1.6　环形通气管

在多个卫生器具的排水横支管上，从最始端卫生器具的下游端至通气立管的一段通气管段，如图 17-18 所示。

17.4.1.7　器具通气管

卫生器具存水弯出口端接至主通气立管的管段，如图 17-18 所示。

17.4.1.8　汇合通气管

连接数根通气立管或排水立管顶端通气部分，并延伸至室外大气的通气管段。

17.4.2　通气管的设置和安装要求

17.4.2.1　通气管的设置

生活排水管道的立管顶端，应设置伸顶通气管。生活排水立管承担的卫生器具排水设计流量，当超过表 17-5、表 17-6 中仅设伸顶通气管的排水立管最大排水能力时，应设专用通气立管；建筑标准要求较高的多层住宅和公共建筑、10 层及 10 层以上高层建筑的生活立管宜设置专用通气立管。建筑物各层的排水管道上设有环形通气管时，应设置连接各层环形通气管的主通气立管或副通气立管。凡设有专用通气立管或主通气立管时，应设置连接排水立管与专用通气立管或主通气管的结合通气管。连接 4 个及 4 个以上卫生器具并与立管的距离大于 12m 的排水横支管、连接 6 个及 6 个以上大便器的污水横支管、设有器具通气管的排水管道上，应设置环形通气管。对卫生、安静要求较高的建筑物内，生活排水管道宜设置器具通气管。伸顶通气管不允许或不可能单独伸出屋面时，可设置汇合通气管。通气立管不得接纳器具污水、废水和雨水，不得与风道和烟道连接。在建筑物内不得设置吸气阀替代通气管。

设有通气管系的铸铁排水立管最大排水能力　表 17-5		
排水立管管径（mm）	排水能力（L/s）	
	仅设伸顶通气管	有专用通气立管或主通气立管
50	1.0	—
75	2.5	5
100	4.5	9
125	7.0	14
150	10.0	25

设有通气管系的塑料排水立管最大排水能力　表 17-6		
排水立管管径（mm）	排水能力（L/s）	
	仅设伸顶通气管	有专用通气立管或主通气立管
50	1.0	—
75	2.5	5
100	4.5	9
125	7.0	14
150	10.0	25

对不设伸顶通气管的生活排水立管其最大排水能力不得超过表17-7中的数值。

不通气的生活排水立管最大排水能力　　　　　表17-7

立管工作高度（m）	排水能力（L/s）				
	立管管径（mm）				
	50	75	100	125	150
≤2	1.00	1.70	3.80	5.00	7.00
3	0.64	1.35	2.40	3.40	5.00
4	0.50	0.92	1.76	2.70	3.50
5	0.40	0.70	1.36	1.90	2.80
6	0.40	0.50	1.00	1.50	2.20
7	0.40	0.50	0.76	1.20	2.00
≥8	0.40	0.50	0.64	1.00	1.40

17.4.2.2　通气管与排水立管的连接、安装要求

器具通气管应设在存水弯出口端。在横支管上设环形通气管时，应在最始端的两个卫生器具间接出，并应在排水支管中心线以上与排水支管呈垂直或45°连接。器具通气管和环形通气管应在卫生器具上边缘以上不少于0.15m处按不小于0.01的上升坡度与通气立管相连接。专用通气立管应每隔2层、主通气立管应每隔8~10层设结合通气管与排水立管连接，结合通气管上端可在卫生器具上边缘以上不小于0.15m处与通气立管以斜三通连接，下端宜在排水横支管以下与排水立管以斜三通连接。结合通气管可采用H管件替代，但其位置应设在卫生器具上边缘以上不小于0.15m处。当污水立管与废水立管合用一根通气管时，H管件可隔层分别与污水立管和废水立管连接，但最低横支管连接点以下应安装结合通气管。专用通气立管和主通气立管的上端可在最高卫生器具上边缘或检查口以上与排水立管通气部分以斜三通连接，下端应在最低排水横支管以下与排水立管以斜三通连接。

通气管的管材，可采用排水铸铁管、塑料管、柔性接口排水铸铁管等。伸顶通气管高出屋面不得小于0.3m，且必须大于最大积雪厚度，通气管顶端应装设风帽或网罩。经常有人停留的平屋面上，通气管口应高出屋面2m，并应根据防雷要求考虑防雷装置。通气管口不宜设在屋檐檐口、阳台和雨篷等的下面，若通气管口周围4m以内有门窗时，通气管口应高出窗顶0.6m或引向无门窗一侧。通气立管不得接纳器具污水、废水和雨水，不得与风道和烟道连接。

17.4.3　通气管管径的确定

通气管的管径，应根据排水管的排水能力、管道长度确定。

排水立管上部的伸顶通气管的管径可与排水立管的管径相同。但在最冷月平均气温低于-13℃的地区，应在室内平顶或吊顶以下0.3m处将管径放大一级，以免管口结霜减少断面积。

通气立管（专用的、主通气的、副通气的）、器具通气管、环形通气管的最小管径可按表17-8确定。通气立管长度在50m以上时，其管径应与排水立管管径相同。通气立管长度小于等于50m且两根或两根以上排水立管同时与一根通气立管相连时，应以最大一根排水立管按表17-8确定通气立管管径，且其管径不宜小于其余任何一根排水立管的管径。结合通气管的管径不宜小于通气立管的管径。

汇合通气管的断面积应为最大一根通气管的断面积加其余通气管断面积之和的0.25倍。

通气管最小管径   表17-8

通气管名称	排水管管径（mm）						
	32	40	50	75	100	125	150
器具通气管	32	32	32	—	50	50	—
环形通气管			32	40	50	50	—
通气立管	·		40	50	75	100	100

注：表中通气立管系指专用通气立管、主通气立管、副通气立管。

17.5　室内排水管道系统的水力计算

建筑内部排水管道系统水力计算的目的是合理经济地确定排水管道管径、横管管道坡度。

17.5.1　排水定额

每人每日排放的污水量和时变化系数与气候、建筑内设备的完善程度有关，由于人们在用水过程中散失水量较少，所以生活排水定额和时变化系数与生活给水相同。为了便于计算，以污水盆的排水流量0.33L/s作为一个排水当量，将其他卫生器具的排水流量和它的比值称为排水当量。卫生器具排水的流量、当量和排水管的管径按表17-9确定。

卫生器具排水的流量、当量和排水管的管径   表17-9

序号	卫生器具名称	排水流量（L/s）	当量	排水管管径（mm）
1	洗涤盆、污水盆（池）	0.33	1.00	50
2	餐厅、厨房洗菜盆（池） 　单格洗涤盆（池） 　双格洗涤盆（池）	 0.67 1.00	 2.00 3.00	 50 50
3	盥洗槽（每个水嘴）	0.33	1.00	50～75
4	洗手盆	0.10	0.30	32～50

序号	卫生器具名称	排水流量（L/s）	当量	排水管管径（mm）
5	洗脸盆	0.25	0.75	32～50
6	浴盆	1.0	3.0	50
7	淋浴器	0.15	0.45	50
8	大便器 　高水箱 　低水箱 　冲落式 　虹吸式、喷射虹吸式 　自闭式冲洗阀	 1.50 1.50 1.50 2.00 1.50	 4.50 4.50 4.50 6.00 4.50	 100 100 100 100 100
9	医用倒便器	1.50	4.50	100
10	小便器 　自闭式冲洗阀 　感应式冲洗阀	 0.10 0.10	 0.30 0.30	 40～50 40～50
11	大便槽 　≤4 个蹲位 　>4 个蹲位	 2.50 3.00	 7.50 9.00	 100 150
12	小便槽（每米长）自动冲洗水箱	0.17	0.50	—
13	化验盆（无塞）	0.20	0.60	40～50
14	净身器	0.10	0.30	40～50
15	饮水器	0.05	0.15	25～50
16	家用洗衣机	0.50	1.50	50

17.5.2 排水设计秒流量的计算

国内常用的排水设计秒流量计算公式有两种：

（1）用于工业企业生活间、公共浴室、洗衣房、职工食堂或营业餐厅的厨房、实验室、影剧院、体育场、候车（机、船）等建筑的生活管道排水设计秒流量计算式（17-3）。

$$q_p = \sum q_0 N_0 b \qquad (17-3)$$

式中　q_p——计算管段排水设计秒流量（L/s）；

　　　q_0——计算管段上同类型的一个卫生器具排水流量（L/s）；

　　　N_0——计算管段上同类型卫生器具数；

　　　b——卫生器具的同时排水百分数（%），冲洗水箱大便器的同时排水百分数按12%计算，其他卫生器具的同时排水百分数同给水，见表16-5～表16-7。

当按式（17-3）计算排水量时，若计算所得小于一个大便器的排水流量时，应按一个大便器的排水流量计算。

（2）用于住宅、集体宿舍、旅馆、医院、疗养院、幼儿园、养老院、办公楼、商场、会展中心、中小学教学楼等建筑的生活排水管道的设计秒流量计算式（17-4）。

$$q_p = 0.12\alpha \sqrt{N_p} + q_{max} \qquad (17-4)$$

式中　q_p——计算管段排水设计秒流量（L/s）；

N_p——计算管段的卫生器具排水当量总数；

q_{max}——计算管段上排水量最大的一个卫生器具的排水流量（L/s）；

α——根据建筑物用途而定的系数，按表17-10确定。

当按式（17-4）计算排水量时，若计算所得流量值大于该管段上按卫生器具排水流量累加值时，应按卫生器具排水流量累加值确定设计秒流量。

17.5.3　按经验确定某些排水管的最小管径

室内排水管的管径和管道坡度在一般情况下是根据卫生器具的类型和数量按经验资料确定其最小管径的。

（1）为防止管道淤塞。室内排水管的管径不得小于50mm。

（2）公共食堂、厨房，排泄含大量油脂和泥沙等杂物的排水管管径不宜过小，其管径应比计算管径大一号，但干管管径不得小于100mm，支管不得小于75mm。

（3）医院住院部的卫生间或杂物间内，由于使用卫生器具人员繁杂，而且常有棉花球、纱布碎块、竹签、玻璃瓶等杂物投入各种卫生器具内，因此洗涤盆或污水盆的排水管管径不得小于75mm。

根据建筑物用途而定的系数 α 值　　　　　表 17-10

建筑物名称	集体宿舍、旅馆和其他公共建筑的公共盥洗室和厕所间	住宅、宾馆、医院、疗养院、幼儿园、养老院的卫生间
α 值	2.0~2.5	1.5

（4）小便槽或连接3个及3个以上的小便器排水管，应考虑冲洗不及时而结尿垢的影响，管径不得小于75mm。

（5）凡连接有大便器的管段，即使仅有一只大便器，也应考虑其排放时水量大而猛的特点，其最小管径应为100mm。

（6）对于大便槽的排水管，同上道理，管径最小应为150mm。

（7）多层住宅厨房间的立管管径不宜小于75mm。

（8）浴池的泄水管管径宜采用100mm。

（9）建筑底层排水管道与其楼层管道分开单独排出时，其排水横支管管径可按表17-7中立管工作高度不大于2m的数值确定。当不分开时，最低排水横支管与立管连接处距排水立管管底垂直距离不得小于表17-11的规定。

最低横支管与立管连接处距立管管底的垂直距离　　表 17-11

立管连接卫生器具的层数	垂直距离（m）
≤4	0.45
5~6	0.75
7~12	1.2
13~19	3.0
≥20	6.0

17.5.4　水力计算确定管径

当计算管段上卫生器具数量相当多，其排水当量总数甚大时，必须按式（17-3）、式（17-4）进行水力计算。水力计算的目的在于合理、经济地确定管径、管道坡度以及是否需要设置通气管系统，从而使排水顺畅、管系工况良好。

17.5.4.1　计算规定

1. 管道坡度

生活排水和工业废水管道有通用坡度（正常情况下采用的坡度）和最小坡度（能使管道中的污废水带走泥沙等杂质而不沉积于管道所要确保的坡度）。表 17-12 为建筑物内生活排水铸铁管道的通用坡度、最小坡度和最大设计充满度。表 17-13 为建筑物内塑料排水管道的通用坡度、最小坡度和最大设计充满度。

建筑物内生活排水铸铁管道的通用坡度、

最小坡度和最大设计充满度　　表 17-12

管径（mm）	通用坡度	最小坡度	最大设计充满度
50	0.035	0.025	0.5
70	0.025	0.015	
100	0.200	0.012	
125	0.015	0.010	
150	0.010	0.007	0.6
200	0.008	0.005	

2. 管道充满度

自流排水管中污水、废水是在非满流的状态下排除的。管道上部未充满水流的空间的作用是使污水、废水散发的有毒、有害气体能自由向空间（或通过通气管道系统）排出；调节排水管道系统内的压力，避免排水管道内产生压力波动，从而防止卫生器具水封的破坏；容纳管道内超设计的高峰流量。排水管道的最大设计充满度见表 17-12、表 17-13。

管外径（mm）	通用坡度	最小坡度	最大设计充满度
110		0.004	0.5
125	0.026	0.0035	
160		0.003	160
200		0.003	

3. 管道的自清流速

为使悬浮在污水中的杂质不致沉淀在管道底部、减小过流断面、造成排水不畅甚至堵塞，必须使管中的污水流速确保一个最小流速，该流速称为污水的自清流速。

自清流速应根据污水、废水的成分和所含机械杂质的性质而定。表 17-14 为在设计充满度下各种管道的自清流速。

各种排水管道的自清流速值　　　表 17-14

污水、废水类别	生活污水在下列管径时（mm）			明渠（沟）	雨水道及合流制排水管
	$d < 150$	$d = 150$	$d = 200$		
自清流速（m/s）	0.60	0.65	0.70	0.40	0.75

17.5.4.2　水力计算

排水横管水力计算式（17-5）、式（17-6）。

$$q_u = \omega \cdot v \tag{17-5}$$

$$v = \frac{1}{n} \cdot R^{2/3} \cdot I^{1/2} \tag{17-6}$$

式中　q_u——排水设计秒流量（L/s）；

　　　ω——水流断面积（m²）；

　　　v——流速（m/s）；

　　　R——水力半径（m）；

　　　I——水力坡度；

　　　n——管道粗糙系数。经常采用的铸铁管为 0.013；混凝土管、钢筋混凝土管为 0.013~0.014；钢管为 0.012；塑料管为 0.009。

排水管道和明渠的水力计算，一般可按式（17-5）、式（17-6）预先制成水力计算表。使用时可直接查阅相关手册。

17.5.5　按排水管道允许负荷卫生器具当量值估算管径

根据建筑物的性质、设置通气管道的情况，将计算管段上的各种卫生器具排水当量数相加后，查表 17-15 即可得到管径。

排水管道允许负荷卫生器具当量数　　　　　　表 17-15

建筑物性质	排水管道名称		允许负荷当量总数			
			50(mm)	75(mm)	100(mm)	150(mm)
住宅、公共居住建筑的小卫生间	横支管	无器具通气管	4	8	25	
		有器具通气管	8	14	100	
		底层单独排出	3	6	12	
	横干管			14	100	1200
	立管	仅有伸顶通气管	5	25	70	
		有通气立管			900	1000
集体宿舍、旅馆、医院、办公楼、学校等公共建筑的盥洗室、厕所	横支管	无环形通气管	4.5	12	36	
		有环形通气管			120	
		底层单独排出	4	8	36	
	横干管			18	120	2000
	立管	仅有伸顶通气管	6	70	100	2500
		有通气立管			1500	
工业企业生活间：公共浴室、洗衣房、公共食堂、实验室、影剧院、体育场	横支管	无环形通气管	2	6	27	
		有环形通气管			100	
		底层单独排出	2	4	27	
	横干管			12	80	1000
	立管（仅有伸顶通气管）		3	35	60	800

17.6　屋面雨水排水

　　降落在建筑物屋面的雨水和融化的雪水，必须妥善地予以排除，以免造成屋面积水、漏水而影响生活、生产。建筑物雨水排水有两种类型：一是无组织排水，即雨水和融雪水沿屋面檐口落下，无专门的收集和排除设施，这种排水方式只存在于小型、低矮的建筑；二是有组织排水，设有专门收集、排除雨水和融雪水的设施，使其沿一定的路线排泄。屋面雨水排水系统的任务就是汇集和排除降落在建筑物屋面上的雨雪水。

　　按雨水管内水流情况可分为重力流雨水排水系统（多层建筑宜采用建筑排水塑料管，高层建筑宜采用承压塑料管、铸铁管或钢管）和压力流雨水排水系统（宜采用承压排水铸铁管、承压塑料管和钢塑复合管）；按雨水管道布置位置可分为以下几种。

17.6.1 檐沟外排水（水落管外排水）

一般性的居住建筑、屋面面积较小的公共建筑和单跨工业建筑，雨水常采用屋面檐沟汇集，然后流入隔一定间距沿外墙设置的水落管，排泄至地下管沟或地面。室外一般不设置雨水管渠，属于重力流雨水排水系统。

在民用建筑物中，檐沟多用钢筋混凝土制作，水落管设置的间距，应根据设计地区的降雨量以及管道的过水能力所确定的一根水落管服务的屋面面积而定。一般间距为 8～16m 一根，在工业建筑中可达到 24m 一根。同一建筑屋面，水落管不应少于 2 根，当其有埋地排出管时应在距地面以上 1m 处设置检查口，水落管应牢固地固定在建筑物的外墙上。

檐沟外排水系统由檐沟、雨水斗和水落管组成，如图17-19所示。

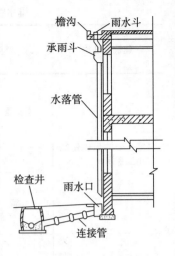

图 17-19　水落管外排水系统

17.6.2 天沟外排水

大型屋面的雨雪水的排除，单纯采用檐沟外排水的方式有时会很不实际，工程实践中常采用天沟外排水的排除方式。

所谓天沟外排水，即利用屋面构造上所形成的天沟本身容量和坡度，使雨雪水向建筑两端（山墙、女儿墙方向）泄放，并经墙外立管排至地面或雨水道。采用天沟外排水不仅能消除厂房内部检查井冒水的问题，而且有节约投资、节省金属材料、施工简便（相对于内排水而言不需留洞、不需搭架安装悬吊管）、有利于合理地使用厂房空间和地面以及为厂区雨水系统提供明沟排水或减小管道埋深等优点。其缺点是当由于设计或施工不当时会造成天沟翻水、漏水等问题。

天沟应以伸缩缝或沉降缝为分水线，以避免天沟过伸缩缝或沉降缝漏水。

天沟的流水长度应以当地的暴雨强度、建筑物跨度、屋面的结构形式（决定天沟断面）等为依据进行水力计算确定，一般 40～50m 为宜，不宜大于 50m。当天沟过长时，由于坡度的要求（最小坡度 0.003，一般施工取 0.005～0.006），将会给建筑处理带来困难，另外为了防止天沟内过量积水，应在山墙部分的天沟端壁处设置溢流口，溢流口比天沟上檐低 50～100mm。

天沟外排水系统属于压力流雨水系统，由天沟、压力流排水型雨水斗和排水立管组成。雨水斗通常设置在伸出山墙的天沟末端，如图 17-20 所示。

图 17-20　天沟布置示意及天沟与雨水斗的连接

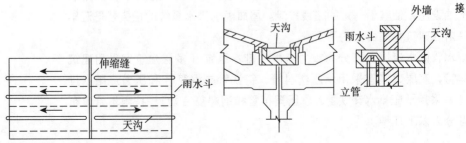

根据建筑物的结构形式、气候条件及生产使用要求。在技术经济合理的情况下，屋面雨水应尽量采用上述两种外排水系统。

17.6.3 屋面雨水内排水

　　大屋面面积（跨度甚大）的工业厂房，尤其是屋面有天窗、多跨度、锯齿形屋面或壳形屋面等工业厂房，其屋面面积较大或曲折甚多，采用檐沟外排水或天沟外排水的方式排除屋面雨雪水不能满足时，必须在建筑物内部设置雨水管系统；对于建筑外立面处理要求较高的建筑也应采用雨水内排水系统；高层大面积平屋面民用建筑，特别是处于寒冷地区的建筑物，均应采用雨水内排水系统。如图 17-21 所示。

图 17-21　雨水内排水系统

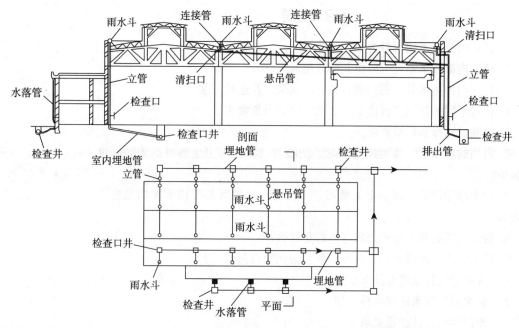

　　雨水内排水系统由雨水斗、连接管、悬吊管、排出管、埋地管和检查井等部分组成。根据悬吊管所连接的雨水斗的数量不同，建筑内排水系统可分为单斗和多斗两种。在进行建筑内排水系统的设计时应尽量采用单斗系统。若不得不采用多斗系统时，一根悬吊管上连接的雨水斗不得多于四个，当为压力流系统时，雨水斗宜在同一水平面上。根据建筑物内部是否设置雨水检查井，又可分为敞开式和密闭式系统。敞开式系统的建筑物内部设置检查井，方便清通和维修，但有可能出现检查井翻水的情况。密闭式系统不会出现建筑物内部翻水情况，但应有检查和清通措施。

　　当前建筑物雨水内排水系统存在的问题：

　　（1）因为工业厂房振动源较多，或高层建筑管道内承受的雨水冲刷力较大必须采用金属管道而消耗大量钢材。

　　（2）由于对雨水内排水系统管道内部的雨水水流工作状况不够清楚，当前的计算方法又不够成熟，因此设计上往往具有一定的盲目性，易造成一定的事故，或过多地消耗管材。

（3）整个管系施工、管理、维护不便。

17.6.4 混合式雨水排水系统

当建筑物的屋面组成部分较多、形式较为复杂时，或对于工业厂房各个组成部分屋面工艺要求不同时，屋面的雨雪水若只采用一种方式排除不能满足要求，可以将上述几种不同的方式组合，来排除屋面雨雪水。这种形式称混合式雨水排水系统。

复习思考题

1. 建筑内排水系统可分为哪几类？

2. 建筑内部排水系统一般由几部分组成？

3. 建筑内部排水管材的种类，各自的优缺点及连接方法。

4. 针对不同的排水管材检查口、清扫口的设置要求。

5. 地漏的选择和设置要求。

6. 常用的洗涤盆、落地的污水盆、洗脸盆、浴盆等卫生器具的安装高度是多少？

7. 对中小学而言，每一个大便器、小便器、洗脸盆及盥洗水嘴的服务人数为多少？

8. 管道布置有几大要求，具体内容是什么？

9. 排水管道的敷设方式有几种？各自的优缺点是什么？

10. 排水通气管系统有什么作用？

11. 排水通气管系统有几种类型。

12. 伸顶通气管的设置要求。

13. 专用通气管、结合通气管的设置要求。

14. 当最低横支管接入排水立管时，对不同层数的建筑物要求最低排水横支管与立管连接处距排水立管管底垂直距离不得小于多少？

15. 自清流速的概念。

16. 为何要求自流排水管中污水、废水必须在非满流的状态下排除？

17. 屋面雨水排水，按雨水管道布置位置可分为几种类型？

第18章　室内采暖与热水供应

18.1 热水供暖系统

在冬季，室外气温远远低于人体舒适需求的温度，室内热量不断地通过各种途径和方式传至室外。为了维持室内正常的空气温度，创造适宜的生活环境和工作环境，必须不断地向室内空间输送、提供热量，以补偿房间内损耗掉的热量。将热能媒介通过供热管道从热源输送至热用户，并通过散热设备将热量传递给室内空气、人体或物体等，然后又将冷却的热媒输送回热源再次供给热量，这称为供暖工程，也称作采暖。

采暖系统主要由三部分组成：①热源；②供热管道；③散热设备。输送热量的物质或带热体叫做热媒。用得最多的热媒是水和蒸汽。热媒从热源获得热量；供热管道把热媒输配到各个用户或散热设备；散热设备则把热量散发到室内。

18.1.1 热水供暖系统

18.1.1.1 热水供暖系统的分类方法及分类

1. 按热媒分

热水供暖系统（以热水为热媒）、蒸汽供暖系统（以蒸汽为热媒）、热风供暖系统（以热空气为热媒）。

2. 按系统循环动力分

自然循环（重力循环）热水供暖系统、机械循环热水供暖系统。

3. 按立管根数分

单管热水供暖系统和双管热水供暖系统。

4. 按系统的管道敷设方式分

垂直式热水供暖系统和水平式热水供暖系统。

18.1.1.2 自然循环热水供暖系统

自然循环热水供暖系统由热源、输送管道、散热器以及膨胀水箱等辅助设备和部件所组成。热源一般为锅炉，燃料在其中燃烧产生热能。输送管道是将被锅炉加热了的热媒（水）输送到散热器。散热器的作用是最大限度地将热媒的热量散到采暖房间。膨胀水箱设在系统的最高点，其作用是吸收系统中热水膨胀的体积，补充因冷却和漏失所造成的系统水量的不足。

图 18-1 是自然循环系统工作原理图。系统启动之前，先由冷水管向系统充水，待冷水充满整个系统时，锅炉开始加热。当冷水在锅炉中被加热升温时，其密度减小，与散热器内的冷水密度形成一个差值，该密度差致使热水沿着供水管路上升流入散热器中，在散热器中散热后温度降低了的冷却水沿着

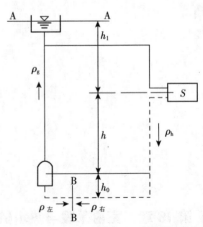

图18-1 自然循环热水供暖系统工作原理图

回水管路返回锅炉被加热，加热后的热水再次流入散热器，如此循环往复，形成自然循环，亦称重力循环。

18.1.2 机械循环热水供暖系统

机械循环热水供暖系统是目前使用最为广泛的一种供暖系统，不仅用于居住和公共建筑中，而且也大量使用在工业企业中。

18.1.2.1 机械循环热水供暖系统的组成和工作原理

如图18-2所示，机械循环热水供暖系统由热水锅炉、供水管道、散热器、集气罐、回水管道、膨胀水箱、循环水泵和补给水泵等组成。

（1）热水锅炉：用来将冷水加热成热水的设备。

（2）供水管道：锅炉到散热器间的管道。

（3）散热器：使系统内热媒的热量散入室内的装置。

（4）回水管道：散热器到锅炉间的管道。

（5）集气罐：排除系统中空气的装置。

（6）膨胀水箱：用来容纳系统中的水因受热而产生的膨胀量，与大气相同的膨胀水箱安装在系统的最高处，一般在屋顶专设水箱间。通常，膨胀水箱用管道连接在循环水泵吸入口附近的回水干管上，对系统起定压作用。还可以起调节水量、排气的作用。

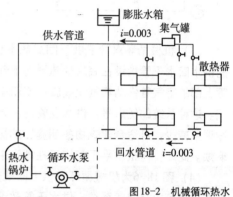

图18-2　机械循环热水供暖系统的组成

（7）循环水泵：是推动热媒循环流动的动力，可使水克服阻力而在系统中循环流动的设备，通常安装在锅炉房的水泵间内。

（8）补给水泵：是向系统补给水的设备，设在锅炉房水泵间内。

其工作原理：首先用补给水泵使系统充满水，在循环水泵的作用下，使被锅炉加热的水沿着系统的供水管道流入散热器，在散热器中的热水，通过散热器壁散热到室内空气而变成了温度较低的水，再经过回水管道流回锅炉，再被加热。由于系统中的水是依靠循环水泵流动的，所示称为机械循环热水供暖系统。

18.1.2.2 机械循环热水供暖系统的基本形式

由于机械循环热水供暖系统中装设了循环水泵，因此，使系统中循环环路的作用压头增加，系统的基本形式比自然循环热水供暖系统要多。

（1）机械循环双管上供下回式热水供暖系统，如图18-3所示。

（2）机械循环单管上供下回式热水供暖系统，如图18-4所示，其立管连接形式可以是顺流式，也可以是跨越式。

不难看出：机械循环上供下回式双管系统和单管系统与自然循环上供下回式双管系统和单管系统相比较，有膨胀水箱和系统的连接点位置的不同、水平干管的坡向与坡度不同及增设有循环水泵和集气罐的不同。

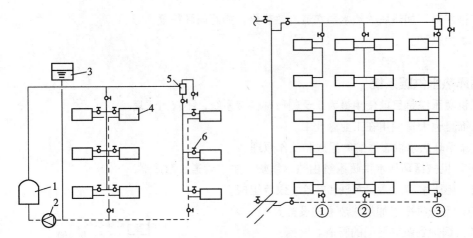

（3）机械循环双管下供下回式热水供暖系统，如图18-5所示。这种系统的供水回水干管均设在底层散热器的下部。系统中的空气可以通过设在供水立管上部的空气管借助集气罐或膨胀水箱排出，也可在顶层散热器上部装设排气阀。这种系统的优点是：供水立管短；无效热损失减少，系统垂直方向上热下冷现象减少，可适合建筑物冬期施工的需要。其缺点是：系统中的空气排除较麻烦。此外，两根水平干管均设在地沟中，从而增加了地沟断面。

（4）图18-6为机械循环下供上回式热水供暖系统。这种系统可以是单管系统，也可以是双管系统。供水干管敷设在底层散热器以下，而回水干管布置在顶层散热器上。称为下供上回式系统，也称为倒流式系统。这种系统的特点是：由于热媒自下而上地流过各层散热器，与管内空气泡上浮方向相一致，因此，系统排气好，水流速度可加大，省管材；底层散热器内热媒温度高，可减少散热器片数。此外，由于下部静水压力大，可用于高温水供暖。这种系统的缺点是：由于散热器是下进上出的连接方式，其平均温度低，使用散热器面积大。

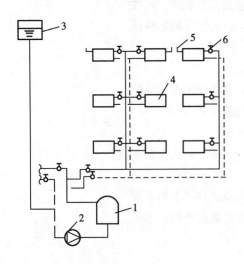

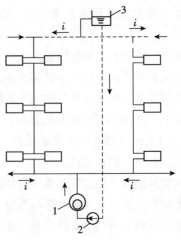

图18-3　机械循环双管上供下回式热水供暖系统（左）

1—锅炉；2—总立管；3—供水干管；4—供水立管；5—散热器；6—回水立管

图18-4　机械循环单管上供下回式热水供暖系统（右）

图18-5　机械循环双管下供下回式热水供暖系统（左）

图18-6　机械循环下供上回式热水供暖系统（右）

（5）机械循环上供上回式热水供暖系统，如图18-7所示，它的特点是将系统的回水干管敷设在散热设备的上面。在每根立管下端安装一个泄水阀，可在必要时将系统水泄空，以防冻结。这种系统往往使用在工业建筑及不可能将供暖管道敷设在地沟里或地面上的建筑中，由于省却了地沟，所以，造价较低，但美观较差。

（6）图18-8为水平单管式热水供暖系统示意图。水平式热水供暖系统与垂直式相比较，其优点是：节省管材，管道穿楼板少，便于施工和维护，造价低。其缺点是：当散热器串联组数过多时，末端的散热器由于水温过低而需要增加散热器的组成片数或长度。此外，当串联的管道热胀冷缩的问题解决不好时，易发生接头处漏水现象。

图18-7 机械循环上供上回式热水供暖系统（左）

图18-8 水平单管式热水供暖系统示意图（右）

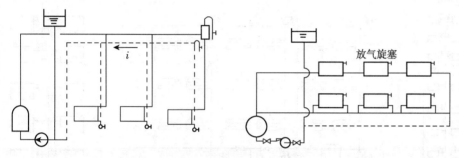

18.1.2.3 高层建筑热水采暖系统的形式

随着城市建设的发展，高层建筑越来越多，建筑高度也越来越高，给供暖系统带来一些新的问题。一是随着建筑高度的增加，供暖系统内水静压力随之上升，这就需要考虑散热设备、管材的承压能力。当建筑物高度超过50m时，宜竖向分区供热。二是建筑高度的上升，会导致系统垂直失调的问题加剧。为减轻垂直失调，一个垂直单管供暖系统所供层数不宜大于12层。常用的有以下形式：

1. 分层式供暖系统

分层式供暖系统是在垂直方向将供暖系统分成两个或两个以上相互独立的系统，如图18-9所示。该系统高度的划分取决于散热器、管材的承压能力及室外供热管网的压力。下层系统通常直接与室外网路相连，上层系统与外网通过加热器隔绝式连接，使上层系统的水压与外网的水压隔离开来，而外网的热量可以通过加热器传递给上层系统。这种系统是目前常用的一种形式。

2. 双线式系统

垂直双线单管热水供暖系统是由竖向的Π形单管式立管组成，如图18-10所示。双线系统的散热器通常采用蛇形管或辐射板式（单块或砌入墙体的整体式）结构。散热器立管是由上升立管和下降立管组成的。因此，各层散热器的平均温度可以近似地认为相同，这样非常有利于避免系统垂直失调。

垂直双线单管热水供暖系统的每一组Π形单管式立管最高点处应设置排气

装置。由于立管的阻力较小，容易产生水平失调，可在每根立管的回水干管上设置孔板来增大阻力，或用同程式系统达到阻力平衡。

3. 单、双管混合式系统

单、双管混合式系统，如图 18-11 所示。将散热器自垂直方向分为若干组，每组包含若干层，在每组内采用双管形式，而组与组之间采用单管连接。这样，就构成了单、双管混合系统。这种系统的特点是：避免了双管系统在楼层过多时出现的严重垂直失调现象，同时也避免了散热器支管管径过粗的缺点。有的散热器还能局部调节，单、双管系统的特点兼而有之。

图18-9　分层式热水供暖系统（左）
图18-10　垂直双线式单管热水供暖系统（中）
1—供水干管；2—回水干管；3—双线立管；4—散热器；5—截止阀；6—排水阀；7—节流孔板；8—调节阀
图18-11　单、双管混合式系统(右)

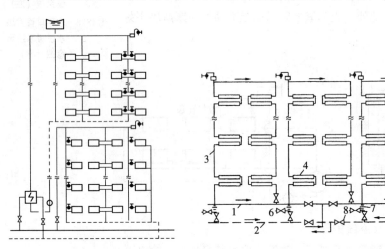
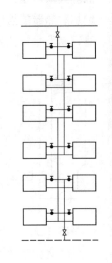

18.2　蒸汽供暖系统

蒸汽供暖以水蒸气作为热媒，水蒸气在供暖系统的散热器中靠凝结放出热量，不管是通入过热蒸汽还是饱和蒸汽、流出散热器的凝水是饱和凝水还是带有过冷却度的凝水，都可以近似认为每千克蒸汽凝结时的放热量等于蒸汽在凝结压力下的汽化潜热（kJ/kg）。蒸汽的汽化潜热比每千克水在散热器中靠温降放出的热量要大得多。因此，对同样热负荷，蒸汽供热时所需要的蒸汽流量比热水供热时所需热水流量少得多。但是，在相对压力为 $(0 \sim 3) \times 10^5 \mathrm{Pa}$ 时，蒸汽的比热容是热水比热容的数百倍，因此蒸汽在管道中的流速，通常采用比热水流速高得多的数值，却不会造成在相同流速下热水流动时所形成的较高的阻力损失。蒸汽比热容大，密度小，当用于高层建筑供暖时，不会像热水供暖那样，产生很大的静水压力。

在通常的压力条件下，散热器中蒸汽的饱和温度比热水供暖时热水在散热器中的平均温度高，而衡量散热器传热性能的传热系数 $[\mathrm{W}/(\mathrm{m}^2 \cdot \mathrm{K})]$ 是随散热器内热媒平均温度与室内空气温度的差值的增大而增大的，所以采用蒸汽为热媒的散热器的传热系数较热水的要大。因而蒸汽供暖可以节省散热器的面积，减少散热器的初投资。在承担同样热负荷时，蒸汽作为热媒，较之于热水，流量要小，而采用的流速较高，因此可以采用较小的管径。在管道初投资方面，蒸汽供暖系统比热水供暖系统要少。由于以上两个方面的原因，蒸汽供暖系统的初投资少于热水供暖系统。

蒸汽供暖系统采用间歇调节来满足负荷的变动，由于系统的热惰性很小，系统的加热和冷却过程都很快，特别适合于人群短时间迅速集散的建筑，如大礼堂、剧院等。但是间歇调节会使房间温度上下波动，这对于人长期停留的办公室、起居室、卧室是不适宜的。蒸汽供暖系统间歇调节，造成管道内时而充满蒸汽、时而充满空气，管道内壁的氧化腐蚀要比热水供暖系统快。因而蒸汽供暖系统的使用年限要比热水供暖系统短，特别是凝结水管，更易损坏。

18.2.1 低压蒸汽供暖系统

低压蒸汽供暖系统的凝水回流入锅炉有两种方式：①重力回水：蒸汽在散热器内散热后变成凝水，靠重力沿凝水管流回锅炉；②机械回水：凝水沿凝水管依靠重力流入凝水箱，然后用凝水泵把凝水压入锅炉。这种系统作用半径较大，在工程实践中得到了广泛的应用。图18-12是机械回水双管上供下回式系统示意图。锅炉产生的蒸汽经蒸汽总立管、蒸汽干管、蒸汽立管进入散热器，放热后，凝结水沿凝水立管、凝水干管流入凝结水箱，然后用水泵将凝结水送入锅炉。

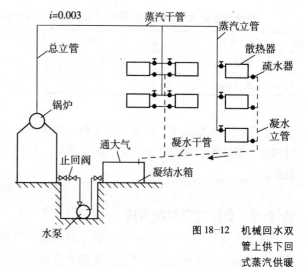

图18-12 机械回水双管上供下回式蒸汽供暖系统

蒸汽沿管道流动时向管外散失热量，供暖系统中一般使用饱和蒸汽，容易造成一部分蒸汽凝结成水，叫做"沿途凝水"。为了及时排除沿途凝水，以免高速流动的蒸汽与凝水在遇到阀门等改变流动方向的构件时，产生"水击"现象（水击会发出噪声和振动，严重时能破坏管件接口的严密性及管路支架），在管道内最好使凝水与蒸汽同向流动，亦即蒸汽干管应沿蒸汽流动方向有向下的坡度。在一般情况下，沿途凝水经由蒸汽立管进入散热器，然后排入凝水立、干管。当蒸汽干管中凝水较多时，可设置疏水装置。

空气是不凝性气体，系统运行时如不能及时排入大气，则空气便会堵在管道和散热器中，影响蒸汽供暖系统的放热量。因此，顺利地排除系统中的空气是保证系统正常工作的重要条件。在系统开始运行时，依靠蒸汽的压力把积存于管道中和散热器中的空气赶至凝水管，最后经凝结水箱排入大气。当停止供汽时，原充满在管路和散热器内的蒸汽冷凝成水，由于凝水的密度远大于蒸汽的密度，散热器和管路内会出现一定的真空度。空气便通过凝结水箱、凝水干管而充满管路系统。

在每一组散热器后都装有疏水器，疏水器是阻止蒸汽通过、只允许凝水和不凝性气体（如空气）及时排出凝水管路的一种装置。

凝结水箱容积一般应按各用户的15～20min最大小时凝水量设计。当凝水泵无自动启停装置时，水箱容积应适当增大到 $30 \sim 40\text{min}$ 最大小时凝水量。在热源处的总凝水箱也可做到 $0.5 \sim 1.0\text{h}$ 的最大小时凝水量容积。水泵应能在少于 30min 的时间内将这些凝水送回锅炉。

为避免水泵吸入口处压力过低造成凝水汽化，以致造成汽蚀、停转现象，保证凝水泵（通常是离心式水泵）正常工作，凝水泵的最大吸水高度及最小正水头高度 h 要受凝水温度制约（表 18-1），按照表给数字确定凝水泵的安装标高，为安全考虑，当凝水温度高于 $70℃$ 时，水泵须低于凝结水箱底 0.5m。

凝水泵的最大吸水高度及最小正水头高度与凝水温度的关系　　表 18-1

水温（℃）	0	20	40	50	60	75	80	90	100
最大吸水高度（mm）	6.4	5.9	4.7	3.7	2.3	0			
最小正水头（mm）							2	3	6

在蒸汽供暖系统中，不论是什么形式的系统，都应保证系统中的空气能及时排除，凝水能顺利地送回锅炉，防止蒸汽少量逸入凝水管以及尽量避免水击现象。

18.2.2　高压蒸汽供暖系统

压力为 $0.7 \times 10^5 \sim 3.0 \times 10^5 \text{Pa}$ 的蒸汽供暖系统称为高压蒸汽供暖系统。高压蒸汽供暖系统常和生产工艺用汽系统合用同一汽源，但因生产用汽压力往往高于供暖系统蒸汽压力，所以从锅炉房（或蒸汽厂）来的蒸汽须经减压阀减压才能使用。

和低压蒸汽供暖系统一样，高压蒸汽供暖系统亦有上供下回、下供下回、双管、单管等形式。但供汽压力高，流速大，系统作用半径大，对同样热负荷，所需管径小。

为了避免高压蒸汽和凝水在立管中反向流动发出噪声、产生水击现象，一般高压蒸汽供暖均采用双管上供下回式系统。

散热器内蒸汽压力高，散热器表面温度高，对同样热负荷所需散热面积较小。因为高压蒸汽系统的凝水管路有蒸汽存在（散热器漏汽及二次蒸发汽），所以每个散热器的蒸汽和凝水支管上部应安设阀门，以调节供汽并保证关断。另外，考虑疏水器单个的排水能力远远超过每组散热器的凝水量，仅在每一支凝水干管的末端安装疏水器。高压蒸汽供暖系统的疏水器有机械型（浮筒式、吊筒式）、热动力型（热动力式）和热静力型（温调式）等。

散热器供暖系统的凝水干管宜敷设在所有散热器的下面，顺流向下作坡度，凝水依靠疏水器出口和凝水箱中的压力差以及凝水管路坡度形成的重力差流动，凝水在水—水换热器中被自来水冷却后进入凝水箱。凝水箱可以布置在采暖房间内，或是布置在锅炉房或专门的凝水回收泵站内。凝水箱可以是开式

（通大气）的，也可以是密闭的。

由于凝水温度高，在凝水通过疏水器减压后，部分凝水会重新汽化，产生二次蒸汽。也就是说在高压蒸汽供暖系统的凝水管中流动的是凝水和二次蒸汽的混合物，为了降低凝水的温度和减少凝水管中的含汽率，可以设置二次蒸发器。二次蒸发器中产生的低压蒸汽可应用于附近的低压蒸汽供暖系统或热水供应系统。

高压蒸汽供暖系统在启停过程中，管道温度的变化要比热水供暖系统和低压蒸汽供暖系统的大，故应考虑采用自然补偿、设置补偿器来解决管道热胀冷缩问题。

高压蒸汽供暖系统的管径和散热器片数都小于低压蒸汽供暖系统，因此具有较好的经济性。但是由于蒸汽压力高、温度高，易烧焦落在散热器上面的有机灰尘，影响室内卫生，并且容易烫伤人。所以这种系统一般只在工业厂房中应用。

18.2.3 热风供暖系统

热风供暖系统所用热媒可以是室外的新鲜空气，也可以是室内再循环空气，或者是两者的混合体。若热媒仅是室内再循环空气，系统为闭式循环时，该系统属于热风供暖；若热媒是室外新鲜空气，或是室内外空气的混合物时，热风供暖应与建筑通风统筹考虑。

在热风供暖系统中，首先对空气进行加热处理，然后送入供暖房间放热，从而达到维持或提高室温的目的。用于加热空气的设备称为空气加热器，它是利用蒸汽或热水通过金属壁传热而使空气获得热量。常用的空气加热器有 SRZ、SRL 两种型号，分别为钢管绕钢片和钢管绕铝片的热交换器。图 18-13 所示为 SRL 型空气加热器外形图。此外，还可以利用高温烟气来加热空气，这种设备叫做热风炉。

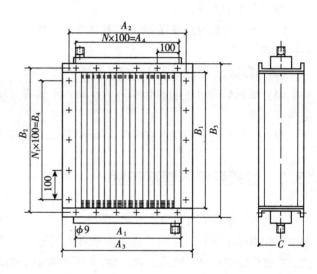

图 18-13　SRL 型空气加热器外形图

热风供暖有集中送风、管道送风、暖风机等多种形式。在采用室内空气再循环的热风供暖系统时，最常用的是暖风机供暖方式。暖风机是由通风机、电动机和空气加热器组合而成的联合机组。可以独立作为供暖设备用于各种类型的厂房建筑中。暖风机的安装台数应根据建筑物热负荷和暖风机实际散热量计算确定，一般不宜少于两台。暖风机从构造上可分为轴流式和离心式两种类型；根据其使用热媒的不同又有蒸汽暖风机、热水暖风机、蒸汽热水两用暖风机、冷热水两用暖风机等多种形式。图 18-14 所示为 NA 型暖风机外形图，它用蒸汽或热水来加热空气。暖风机可以直接装在供暖房间内，蒸汽或热水通过供热管道输送到暖风机内部的空气加热器中，加热由通风机加压循环的室内空气，被加热后的空气从暖风机出口处的百叶孔板向室内空间送出，空气量的大小及流向可由导向板来调节。

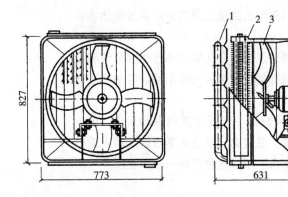

图 18-14　NA 型暖风机外形图

1—导向板；2—空气加热器；3—轴流风机；4—电动机

暖风机的布置要求：

（1）多台布置时应使暖风机的射流互相衔接，使供暖房间形成一个总的空气环流；

（2）暖风机不宜靠近人体，或者直接吹向人体；

（3）暖风机应沿车间的长度方向布置，射程内不应有高大设备或障碍物阻挡空气流；

（4）暖风机的安装高度应考虑对吸风口和出风口的要求。

18.3　供暖系统的管路布置

热力入口的位置及供暖系统类型和形式确定后，即可在建筑平面图上布置散热器和供回水干管、立管、连接散热器支管等，并绘出室内供暖管网系统图。布置供暖管网时，管路沿墙、梁、柱平行敷设，力求布置合理，安装、维护方便，有利于排气，水力条件良好，不影响室内美观。室内供暖管路敷设方式有明装、暗装两种。除了在对美观装饰方面有较高要求的房间内采用暗装外，一般均采用明装。明装有利于散热器的传热和管路的安装、检修。暗装时应确保施工质量，并考虑必要的检修措施。

18.3.1　干管

对于上供式供热系统，供热干管暗装时应布置在建筑物顶部的设备层中或吊顶内；明装时可沿墙敷设在窗过梁和顶棚之间的位置。布置供热干管时应考虑到供热干管的坡度、集气罐的设置要求。有闷顶的建筑物，供热干管、膨胀水箱和集气罐都应设在闷顶层内，回水或凝水干管一般敷设在地下室顶板之下或底层地面以下的采暖地沟内。

对于下供式供暖系统，供热干管和回水或凝水干管均应敷设在建筑物地下室顶板之下或底层地下室之下的采暖地沟内，也可以沿墙明装在底层地面上，当干管穿越门洞时，可局部暗装在沟槽内。无论是明装还是暗装，回水干管均应保证设计坡度的要求。暖沟断面的尺寸应由沟内敷设的管道数量、管径、坡度及安装、检修的要求确定，其净尺寸不应小于 800mm × 1000mm × 1200mm。沟底应有 3‰的坡向供暖系统引入口的坡度用以排水。暖沟应设活动盖板或检修人孔。

在蒸汽供暖系统中，当供汽干管较长，使暖沟的高度不能够满足干管所需坡度的要求时，可以每隔 30～40mm 设抬高管及泄水装置，在供汽和回水干管之间设连接管，并设疏水器将供汽干管的沿途凝水排至回水干管。

18.3.2　立管

立管可布置在房间窗间墙内或墙身转角处，对于有两面外墙的房间，立管宜设置在温度低的外墙转角处。楼梯间的立管尽量单独设置，以防结冻后影响其他立管的正常供暖。

要求暗装时，立管可敷设在墙体内预留的沟槽中，也可以敷设在管道竖井内。管井每层应用隔板隔断，以减少井中空气对流而形成无效的立管传热损失。此外，每层还应设检修门供维修之用。

立管应垂直地面安装，穿越楼板时应设套管加以保护，以保证管道自由伸缩且不损坏建筑结构，但套管内应用柔性材料堵塞。

18.3.3　支管

支管的布置与散热器的位置、进水和出水口的位置有关。支管与散热器的连接方式有三种：上进下出式、下进上出式和下进下出式。散热器支管进水、出水口可以布置在同侧，也可以在异侧。设计时应尽量采用上进下出、同侧连接方式，这种连接方式具有传热系数大、管路最短、外形美观的优点。下进下出的连接方式散热效果较差，但在水平串联系统中可以使用，因为安装简单，对分层控制散热量有利。下进上出的连接方式散热效果最差，这种连接有利于排气。在蒸汽供暖系统中，双管系统均采用上进下出的连接方式，以便于凝结水的排放，并应尽量采用同侧连接。

连接散热器的支管应有坡度以利排气，当支管全长小于 500mm 时，坡降值为 5mm；大于 500mm 时，坡降值为 10mm。

18.3.4　采暖管材

采暖系统的管材有以下几种：

（1）焊接钢管：用于一般的室内采暖系统，$DN \leqslant 32mm$ 时，用丝接方式连接；$DN \geqslant 40mm$ 时，用焊接方式连接。

（2）无缝钢管：用于需有较高压力的室内采暖系统，焊接连接。

（3）交联铝塑复合管、交联聚乙烯管：用于外径 16～63mm 的室内供暖和地板辐射采暖，卡压式金属专用管件连接。

（4）聚丙烯管：用于外径 20～110mm 的室内供暖和地板辐射采暖，熔接器热熔连接。

18.4 供暖系统的散热设备

采暖系统的散热设备是系统的主要组成部分。热媒通过散热设备向室内散热，使室内的得失热量达到平衡，维持室内要求的温度。

18.4.1 散热设备向房间传热的方式

（1）以对流换热方式为主向房间散热。该散热设备一般称为散热器。

（2）以辐射方式为主向房间散热。该散热设备通常称为采暖辐射板。

散热器是采暖系统重要的、基本的组成部件。热媒通过散热器向室内供热，达到采暖的目的。

对散热器的要求是：传热能力强，单位体积内散热面积大，耗用金属量小，成本低，具有一定的机械强度和承压能力，不漏水，不漏气，外表光滑，不积灰，易清扫，体积小，外形美观，耐腐蚀，寿命长。

散热器的种类繁多，根据材质的不同，主要分为铸铁、钢制和铝制三大类。

18.4.2 铸铁散热器

由于铸铁散热器具有耐腐蚀、使用寿命长、热稳定性好以及结构比较简单的特点而被广泛应用。工程中常用的铸铁散热器有翼形和柱形两种。

翼形散热器分圆翼形和长翼形两种，翼形散热器承压能力低。外表面有许多肋片，易积灰，难清扫，外形不美观，不易组成所需散热面积，不节能。适用于散发腐蚀性气体的厂房和湿度较大的房间，以及工厂中面积大而又少尘的车间。

柱形散热器主要有二柱、四柱、五柱三种类型，如图 18-15 所示。柱形散热器是呈柱状的单片散热器，每片各有几个中空的立柱相互连通。根据散热面积的需要，可把各个单片组合在一起形成一组散热器。但每组片数不宜过多，片数多，则散热效果降低，一般二柱不超过 20 片，四柱不超过 25 片。我国目前常用的柱形散热器有带脚和不带脚两种片型，便于落地或挂墙安装。

柱形散热器和翼形散热器相比，它的传热系数高，外形也较美观，占地较少。每片散热面积少，易组成所需的散热面积。无肋片，表面光滑易清扫。因此，被广泛用于住宅和公共建筑中。

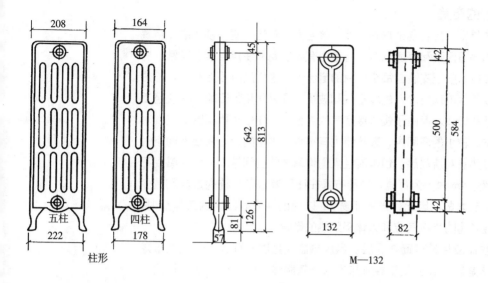

图 18-15　铸铁柱形
散热器

18.4.3　钢制散热器

钢制散热器主要有闭式钢串片(图 18-16)、板式(图 18-17)、柱形及扁管型四大类。与铸铁散热器相比,它具有以下特点:金属耗量少,大多数由薄钢板压制焊接而成;耐压强度高,一般达到 0.8 ~ 1.0MPa,而铸铁只有 0.4 ~ 0.5MPa;外形美观整洁,占地少,便于布置。严重的缺点是:容易腐蚀,使用寿命比铸铁短,在蒸汽供暖系统中及较潮湿的地区不宜使用。

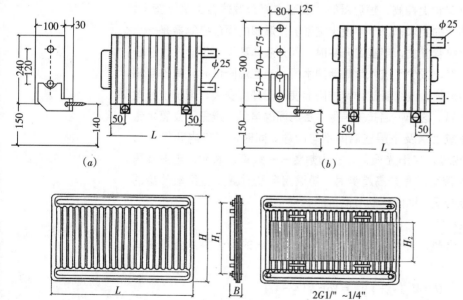

图 18-16　闭式钢串片
对流散热器
示意图(上)
(a)240×100 型;
(b)300×80 型
图 18-17　钢制板式散
热器示意图
(下)

18.4.4　铝合金散热器

铝合金散热器常用的是柱形散热器,体积小,重量轻,金属耗量少,美观,多挂在墙上,有装饰作用,但水容量小,造价高。

18.4.5　散热器的布置

散热器的布置原则：应容易造成室内冷、暖空气的对流，室外侵入的冷空气加热迅速，人们的停留区暖和舒适以及少占室内有效空间和使用面积。通常，房间有外窗时，散热器一般应安装在每个外窗的窗台下，这样散热器上升的对流热气流就能阻止和改善从玻璃窗渗入的冷空气和玻璃冷辐射作用的影响，使流经工作区的空气比较暖和舒适，但由于侵入冷空气的混合，会使散热器周围的空气对流速度减弱。在进深较小的房间内，散热器也有布置在内墙的，它易使室内空气形成环流，增强散热器对流放热。但是流经人们停留区的空间较冷，使人感到不舒适。房间进深超过4m时尤为严重，这种布置往往是考虑了系统的走向和减少系统水平干管的总长之故，因此，当距外窗2m以内的地方有固定的工作点时，散热器布置主要应考虑防止冷气流和人体辐射热的影响。

楼梯间的散热器应尽量布置在底层。当散热器数量过多可适当合理地布置在下部其他层。这是因为底层散热器所加热的空气能够自由上升，从而补偿上部的热损失。

为了防止冻裂，双层外门的外室以及门斗内不宜布置。

18.5　供热计量收费

18.5.1　分户供热计量收费的产品和设备

18.5.1.1　散热器恒温阀

散热器恒温阀（又称温控阀、恒温器等）安装在每台散热器的进水管上，用户可根据对室温高低的要求，调节并设定室温。恒温阀的恒温控制器是一个带少量液体的充气波纹管膜盒，当室温升高时，部分液体蒸发变为蒸汽，它压缩波纹管关小阀门开度，减少了流入散热器的水量。当室温降低时，其作用相反，部分蒸汽凝结为液体，波纹管被弹簧推回而使阀门开度变大，增加流经散热器的水量，恢复室温。这样恒温阀就确保了各房间的室温，避免了立管水量不平衡，以及单管系统上层及下层室温的不匀问题。同时，当室内获得"自由热"（又称"免费热"，如阳光照射，室内热源——炊事、照明、电器及居民等散发的热量）而使室温有升高趋势时，恒温阀会及时减少流经散热器的水量，不仅保持室温合适，同时达到节能目的。

18.5.1.2　热表

热表实质上是一台热水热量积算仪，热水采暖系统的小时供热量可由式（18-1）计算。即：

$$Q = M(i_2 - i_1) = V\rho \cdot (i_2 - i_1)$$

式中　　Q——供热量（W）；

　　i_2、i_1——供水和回水的焓（kJ/kg）；

　　　M——水的质量流量（kg/h）；

　　　ρ——水的密度（kg/m^3）；

V——水的体积流量($\mathrm{m^3/h}$)。

由式（18-1）可知，要测得热量，应该测量出水的焓值、密度和体积流量。热水的体积流量可由安装于回水管上的流量计测得（利用电磁原理、超声原理或涡轮的频率信号等），而焓值及密度则为温度的函数，一般往往用铂电阻温度计测出供回水温度。因此，热表由流量计、供回水温度传感器及微处理器组成。

18.5.2 计量收费供热系统的基本形式

计量收费供热系统的基本功能，应能满足用户对室温的不同要求，亦即必须有良好的调节功能。旧有的一些系统形式，已经不能适应计量收费的需求。因此，探讨新的供热系统形式，就成为迫切的需要。

为使每一户安装一个热量表，就应对每一户都设有单独的进出水管，这就要求系统能够对各户设置供回水管道进行控制。目前比较可行的采暖系统形式就是建设部 2000 年 10 月 1 日实施的《民用建筑节能管理规定》中第五条规定的："新建居住建筑的集中供暖系统应当使用双管系统，推行温度调节和户用热量计量装置实行供热收费"。如图 18-18 所示。

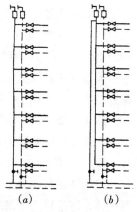

室内可做成水平单管串联系统，如图 18-19（*a*）所示，此系统不能装恒温阀调节室温，不宜采用这种系统；水平单管跨越式，如图 18-19（*b*）所示；双管上供下回式，如图 18-19（*c*）所示；双管上供上回式，如图 18-19（*d*）所示。这几种形式分户热计量采暖系统均可采用。

图 18-18　分户热计量双立管采暖系统

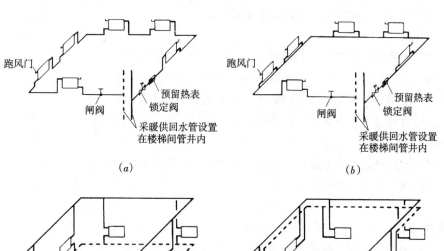

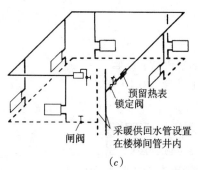

(a)

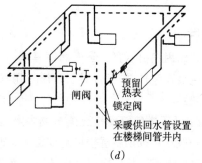

(b)

图 18-19　分户热计量采暖系统户内常用的几种系统形式

(*a*) 水平单管串联系统；
(*b*) 水平单管跨越式；
(*c*) 双管上供下回式；
(*d*) 双管上供上回式

18.6 室内燃气供应

18.6.1 煤气的成分与分类

煤气是一种优质和理想的气体燃料，并且是很重要的化工原料。它是由可燃成分和不可燃成分组成的混合气体。

煤气按来源不同可分为天然煤气和人工煤气两大类。

18.6.1.1 天然煤气

天然煤气是通过钻井从地层中开采出来的。如果开采出来的煤气不含石油，则称为天然煤气（或天然气）。反之，如果含有石油，则称为副产煤气（石油煤气，或石油半生煤气）。

天然煤气中碳氢化合物的含量很高，其中主要是甲烷（CH_4），也含有少量的二氧化碳（CO_2）和硫化氢（H_2S），有时也含有微量的氢。

18.6.1.2 人工煤气

人工煤气按制取的方法不同，可分为四类。

1. 干馏煤气

将固体燃料在隔绝空气（氧）的条件下加热使其进行分解，可以得到可燃气体，这就称为干馏煤气。干馏煤气包括半焦煤气和炼焦煤气两种。

2. 液化煤气

液化煤气又叫液化石油气，是天然石油气和原油在炼油过程中的副产品。其主要成分是甲烷、氢和其他碳氢化合物。标准状态下（即 $t = 20℃$，$p = 760mmHg$）为气体。当压力稍升高或温度降低时就能够液化。

3. 裂化煤气

石油化工厂的渣油与水蒸气同时喷入高温（800℃）的炉内，由于催化剂的作用，产生催化裂解，促使碳氢化合物与水蒸气之间的水煤气反应，使气体中的氢、一氧化碳含量不断增多，形成了成分和发热量与干馏煤气近似的可燃气体，即为裂化煤气。可直接送入城市煤气管网供使用。

4. 气化煤气

气化煤气是固体燃料在煤气发生炉中进行气化所获得的煤气。其中包括空气煤气、水煤气、混合煤气、蒸汽氧煤气及高压煤气等。

18.6.2 室内燃气供应

室内燃气供应系统由用户引入管、室内燃气管网（包括水平干管、立管、水平支管、下垂管、接灶管等）、燃气计量表、燃气用具等组成，图18-20所示为室内燃气管道系统图。

从室外庭院或街道低压燃气管网接至建筑物内燃气阀门之间的管段称为用户引入管。引入管一般从建筑物底层楼梯间或厨房靠近燃气用具处进入。引入管可穿越建筑物基础，也可以从地面以上穿墙引入室内，但裸露在地面以上的管段必须有保温防冻措施，如图 18-21 所示。引入管应具有不小于 3‰的坡度；在引入管室外部分距建筑物外围结构 2m 以内的管段内不应有焊接头而采用煨弯，以保证安全；引入管上的总阀门可设在总立管上或是水平干管上；引入管管径应由计算确定，但不能小于 $DN25mm$。

水平干管多敷设在楼梯间、走廊或辅助房间内。燃气立管一般布置在用气房间、楼梯间或走廊内，可以明装或暗装。超过 100m 的高层建筑中的燃气立管应设置伸缩器。立管上引出的水平支管一般距室内地坪 1.8~2.0m，低于屋顶 0.15m；至各燃气用具的分支立管上应设启闭阀门，安装高度为距地面 1.5m 左右；所有的水平立管应有不小于 2‰~5‰的坡度坡向立管或引入管。

所有室内燃气管道不得布置在居室、浴室、地下室、配电室、设备用房、烟道、风道和易燃易爆的场所，否则必须设套管保护。燃气管在穿越建筑物基础、楼板、隔墙时也应设套管。所有套管内的燃气管不能有接头。

室内燃气管道可采用水煤气管或镀锌钢管，可丝扣连接，只有管径大于 65mm 时或特殊情况下用焊接。安装完后要按规定进行强度和气密性试验。

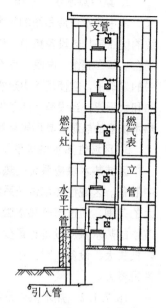

图 18-20　室内燃气管道系统

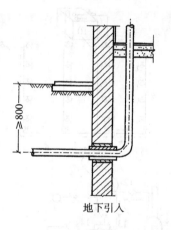

地下引入

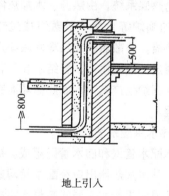

地上引入

图 18-21　引入管敷设法

18.7　建筑室内热水供应系统

18.7.1　热水供应系统

18.7.1.1　热水供应系统的分类

1. 局部热水供应系统

局部热水供应系统是一种分散制备热水、供应热水的系统。一般靠近用水点设置小型加热设备供一个或几个配水点使用，热水管路短，热损失小，使用灵活，该系统适用于热水用水量较小且用热水户较分散的建筑，如单元式住宅、医院、诊所和布置较分散的车间、卫生间等建筑。其热源宜采用太阳能及电能、燃气、蒸汽等。

2. 集中热水供应系统

集中热水供应系统的热水是由蒸汽锅炉或热水锅炉制备的。集中热水供应系统的优点是加热设备集中、热效率高，适用于新建的建筑物中热水用水点较多的场合。如在旅馆、医院、疗养院、公共浴室等热水用水量较大、用水点较多又集中的建筑中，常使用集中热水供应系统。其热源宜首先利用工业余热、废热、地热和太阳能，当没有上述条件时宜优先采用能保证全年供热的热力管网作为集中热水供应的热源，其后采用燃油、燃气热水机组或电蓄热设备等作为热源。

3. 区域性热水供应系统

区域热水供应系统的热水，大多由热电站、工业锅炉房所提供的热媒来集中制备。区域性热水供应系统供水范围大，一般是供应城市片区、居住小区等大的范围，通过市政热水管网送至整个建筑群。这种系统热效率最高，每幢建筑物的热水供应设备也最少，有条件时应优先采用。其缺点是热水管网复杂、热损失大、设备、附件多、自动化控制技术要求先进、管理水平要求高、一次性投资大。

18.7.1.2　热水供应系统的组成

集中热水供应系统（图 18-22）是目前我国采用较多的一种热水供应方式，它主要由以下几部分组成：

1. 第一循环系统（热媒系统）

第一循环系统又称为热媒系统，由热源、水加热器和热媒管网组成。由热源（如锅炉等）生产的蒸汽或过热水通过热媒管网输送到水加热器，经散热面加热冷水后蒸汽变成凝结水，靠余压经疏水器流至凝结水池，凝结水和新补充的冷水经冷凝循环泵再送回锅炉生产蒸汽。如此循环而完成水的加热，即热水制备过程。

2. 第二循环系统（热水供应系统）

热水供水系统由热水配水管网和回水管网组成。被加热到设计要求温度的热水，从水加热器出口经配水管网送至各个热水配水点，而水加热器所需冷水来源于高位水箱或给水管网。为满足各热水点随时都有设计要求温度的热水，在立管和水平干管甚至配水支管上设置回水管，以补偿配水管网所散失的热量，避免热水温度的降低。

3. 附件

由于热媒系统和热水供应系统中控制、连接的需要，以及由于温度的变化而引起的水的体积膨胀、超压、气体离析、排除等，常使用的附件有：温度自动调节器、疏水器、减压阀、安全阀、膨胀罐（箱）、管道自动补偿器、闸阀、水嘴、自动排气器等。

18.7.1.3　热水的加热与供应方式

1. 热水的加热方式

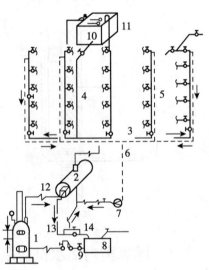

图 18-22　热媒为蒸汽的集中热水系统

1—锅炉；2—水加热器；3—配水干管；4—配水立管；5—回水立管；6—回水干管；7—循环泵；8—凝结水池；9—冷凝水泵；10—给水水箱；11—透气管；12—热媒蒸汽管；13—凝水管；14—疏水器

热水的加热方式可分为直接加热方式和间接加热方式。

所谓的直接加热方式就是利用燃气、燃油、燃煤等为燃料的热水锅炉，把冷水直接加热到所需热水温度，或者是将蒸汽或高温水通过穿孔管或喷射器直接与冷水接触混合成热水。

而间接加热方式则是利用热媒（如蒸汽、过热水）通过水加热器把热量传递给冷水，直至到所需热水温度，而热媒在整个加热过程中与被加热水不直接接触。

2. 热水的供应方式

（1）按其配水干管在建筑物内的位置不同分为上行下给式（配水干管布置在建筑物的上部，自上而下供应热水）、下行上给式（配水干管布置在建筑物的下部，自下而上供应热水）。

（2）按其配水管网是否与大气相通分为开式和闭式两种。

开式热水供应方式是在热水管网顶部设有开式水箱，其水箱设置高度由系统所需压力计算确定，管网与大气相通。闭式热水供应方式中热水管网是完全密闭的系统，不通大气。因此管理简单，水质不易受污染，但安全阀易失灵，安全检查可靠性较差。

（3）按其配水管网有无循环管道分为全循环、半循环和不循环供应方式。

全循环热水供应方式是指热水供应系统中所有热水配水管网都设有循环管道。该系统设循环水泵，随时都可以使用热水，不存在使用前放水和等待时间，适用于高级宾馆、饭店、高级住宅等高标准建筑中，如图 18-23 所示。

半循环热水供应方式是指热水供应系统中只在热水配水管网的水平干管设循环管道，该方式多适用于设有全日供应热水的建筑和定时供应热水的建筑中，如图 18-24 所示。

不循环热水供应方式是指热水供应系统中热水配水管网均不设任何循环管道。对于小型系统、使用要求不高的定时供应系统或连续用水系统（如公共浴室、洗衣房等）可采用此种不循环热水供应方式，如图 18-25 所示。

图 18-23 全循环热水供应方式（左）

图 18-24 半循环热水供应方式（中）

图 18-25 不循环热水供应方式（右）

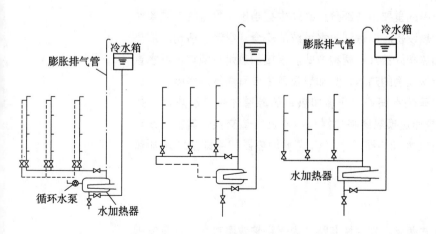

（4）按全循环热水供应方式中循环管路长度是否相等分为同程式和异程式。

同程式是指任何一个热水循环管路的长度均相等，所对应管段管径相同，所有环路的水头损失相同。如图18-26所示。异程式是指任何一个热水循环管路的长度均不相等，对应管段的管径也不相同，所有环路的水头损失也不相同。如图18-27所示。

（5）按其配水管网中循环管道的循环动力分为自然循环和机械循环方式。

自然循环方式是利用配水管和回水管中的水温差所形成的因水的密度产生的压力差，使管网内维持一定的循环流量，以补偿配水管道热损失，保证用户对热水温度的要求，如图18-27所示。机械循环方式是在回水干管上设循环水泵强制一定量的水在配水管网中循环，以补偿配水管道热损失，保证用户对热水温度的要求，如图18-26所示。

（6）按其配水管网中热水供应时间又分为全日供应方式和定时供应方式。

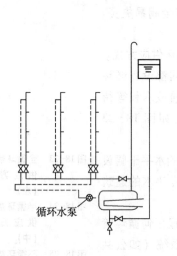

循环水泵

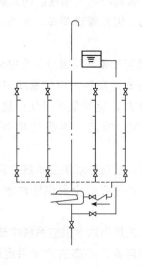

图18-26 同程式全循环系统（左）

图18-27 异程式自然全循环系统（右）

18.7.2 水的加热设备

加热设备是热水系统中的重要组成部分，必须根据当地所具备的热源条件和系统要求，合理选择加热设备，以保证热水系统的安全、经济、适用。加热设备的水加热分为直接加热和间接加热两种方式。直接加热是热源与常温水直接进行热交换使之达到所需温度的热水，其加热设备主要有燃气热水器、电热水器及燃煤、燃油、燃气等热水锅炉。间接加热是热源首先生产出热媒（如饱和蒸汽或高温热水），再通过换热器将热媒与冷水进行热交换，其主要设备有容积式水加热器、快速式水加热器、半容积式水加热器和半即热式水加热器等。

18.7.2.1 锅炉

1. 燃煤锅炉

燃煤锅炉有立式和卧式两类，其中快装卧式内燃锅炉效率较高，具有体积小、安装简单等优点。图18-28为其构造示意图，该锅炉可以汽水两用；燃煤锅炉使用燃料价格低，成本低，但存在烟尘和煤渣对环境的污染问题。

2. 燃油锅炉

该锅炉由燃烧器向燃烧的炉膛内喷射雾状油或直接通入燃气，燃烧迅速、充分。其构造示意如图18-29所示。该锅炉具有构造简单、体积小、热效率高、排污总量少的优点，适用于对环境有要求的场所。

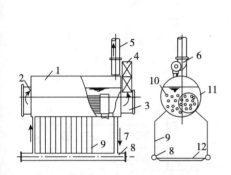
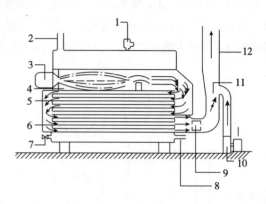

18.7.2.2 容积式水加热器

容积式水加热器具有加热和贮备两种功能。以蒸汽或高温热水为热媒，其设备形式有卧式和立式两种。图18-30为卧式容积式水加热器构造示意图，其容积为 $0.5 \sim 15 \mathrm{m}^3$，换热面积 $0.86 \sim 50.82 \mathrm{m}^2$，共有10个型号；立式容积式水加热器容积为 $0.53 \sim 4.28 \mathrm{m}^3$，换热面积 $1.42 \sim 6.46 \mathrm{m}^2$。

容积式水加热器的优点是具有贮存和调节能力，可替代高位热水箱的部分作用，热水通过时压力损失较小，水压平稳，出水温度稳定。但该加热器热交换效率低，体积庞大，占用过多的空间，贮罐容积的有效利用率不高。

18.7.2.3 半容积式水加热器

如图18-31所示，由贮热水罐、内藏式快速换热器和内循环泵三个主要部分组成，其中贮热水罐与快速换热器隔离，被加热水在快速换热器内迅速加热后，通过热水配水管进入贮热水罐，当管网中热水用量低于设计用水量时，热水的一部分落到贮罐底部，与补充水（冷水）一道经内循环泵升压后再次进入快速换热器加热。内循环泵的作用有三个：其一，提高被加热水的流速，以增大传热系数和换热能力；其二，克服被加热水流经换热器时的阻力损失；其三，形成被加热水的连续内循环，消除了冷水区或温水区，使贮罐容积的利用率达到100%。这种半容积式加热器是近年来生产的一种新型加热器，具有体积小、节省占地面积、运行维护工作方便、安全可靠、加热快、换热充分、供水温度稳定、节水节能的优点。经使用后，效果比容积式水加热器的效能大大提高，是一种较好的热水加热设备。

图18-28　快装锅炉构造示意图（左）
1—锅炉；2—前烟箱；3—后烟箱；4—省煤器；5—烟囱；6—引风机；7—下降管；8—联箱；9—鳍片式水冷壁；10—第二组烟管；11—第一组烟管；12—壁炉

图18-29　燃油（燃气）锅炉构造示意图（右）
1—安全阀；2—热水出口；3—燃油（燃气）燃烧器；4——级加热管；5—二级加热管；6—三级加热管；7—泄空管；8—回水（或冷水）入口；9—导流器；10—风机；11—风挡；12—烟道

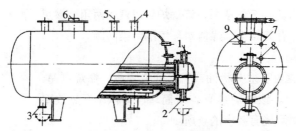

图18-30 容积式水加
热器构造示
意图
1—蒸汽（热水）入口；
2—冷凝水（回水）出口；
3—进水管；4—出水管；
5—安全阀接口；6—人孔；
7—接压力计管箍；8—温
度调节器接管；9—接温度
计管箍

　　我国开发研制的 **HRV** 型半容积式水加热器装置的工作系统如图 18-32 所示，具有的特点是取消了内循环泵，被加热水进入快速换热器迅速加热，然后先由下降管强制送至贮热水罐的底部，再向上流动，以保持贮罐内的热水温度相同。

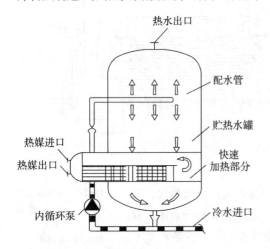

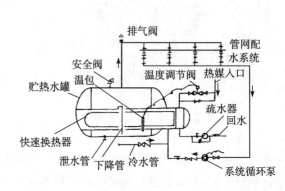

18.7.2.4　快速式水加热器

　　这种加热器可即热即用，没有贮存热水的容积，体积小，加热面积较大，被加热水的流速大，提高了热效率，因此加快了热水产量。快速式水加热器适用于用水量大而且比较均匀的建筑物。为避免水温波动，最好加装水温调节器或贮水罐。

　　快速式水加热器有汽、水和水、水两种，前者热媒为蒸汽，后者热媒为过热水。汽、水快速加热器也有两种类型：多管式（图 18-33（a））和单管式（图 18-33（b））。其优点是效率高、占地面积小；缺点是水头损失大、不能贮存热水供调节使用，在蒸汽或冷水压力不稳定时，出水温度变化较大。

18.7.2.5　半即热式水加热器

　　半即热式水加热器是带有超前控制，具有少量贮存容积的快速式水加热器，其构造示意如图 18-34 所示。热媒经控制阀从底部入口经立管进入各并联盘管，冷凝水由立管从底部排出，冷水从底部经孔板流入，同时有少量冷水经分流管至感温管。冷水经转向器均匀进入并向上流过盘管得到加热，热水由上部出口流出，同时部分热水进入感温管。感温元件读出感温管内冷、热水的瞬间平均温度，即向控制阀发送信号，按需要调节控制阀，以保持所需热水的温度。当配水点只要有热水需求，热水出口水温尚未下降，感温元件就能发出信号开启控制阀，即具有了预测性。加热盘管为多组多排螺旋形薄壁铜质盘管组

图18-31 半容积式水
加热器构造
示意图(左)
图18-32 HRV 型半容
积式水加热
器工作系统
图(右)

成，加热时自由收缩膨胀，有自动除垢功能，同时在换热时盘管发生颤动，造成局部紊流区，形成紊流加热，增大传热系数，换热速度加快。该种产品传热系数大，快速加热水，自动除垢，体积小，占地面积小，热水出水温度差一般能控制在 ±2.2℃，适用于各种不同负荷要求的机械循环热水供应系统。

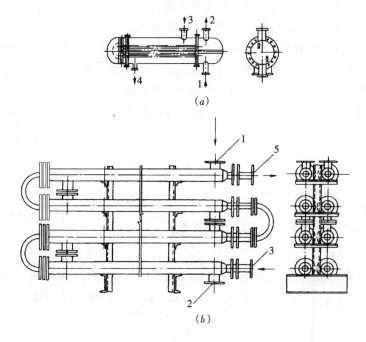

图18-33　快速式水加热器

(a) 多管式汽－水快速式水加热器；(b) 蒸汽－水快速式水加热器
1—冷水；2—热水；3—蒸汽；4—凝水；5—冷凝水

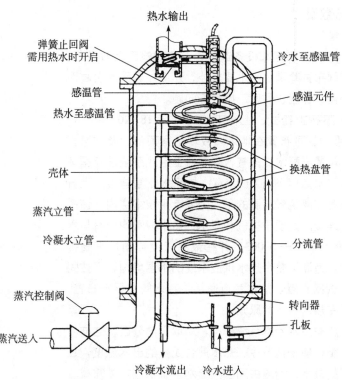

图18-34　半即热式水加热器

18.7.2.6　太阳能热水器

利用太阳能加热水是一种简单、经济的热水加热方法，常见的太阳能热水器有管板式、真空管式等，其中真空管式加热效果最佳。真空管系两层玻璃抽成真空，管内涂选择性吸热层，有集热效率高、热损失小、不受太阳光位置影响、集热时间长等优点。但太阳能是一种低密度、间歇性能源，辐射能随昼夜、气象、季节和地区而变化，因此在寒冷季节，尚需要有其他热水设备，以保证终年有热水供应。目前，我国已经开发出的光电一体化太阳能热水器可以解决上述问题。我国广大地区太阳能资源丰富，尤其是西北部、西藏高原、华北地区和内蒙古地区最为丰富。太阳能可作为太阳灶、热水器、热水暖房等的热能加以利用，太阳能热水器主要由集热器、贮热水箱等组成，其结构如图18-35、图18-36 所示。

图18-35　自然循环太阳能热水器（左）

图18-36　直接加热机械循环太阳能热水器（右）

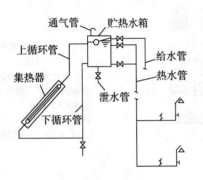

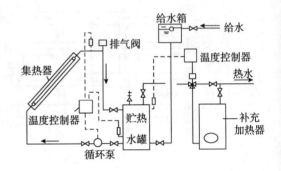

18.7.3　热水管网的布置与敷设

18.7.3.1　热水管网的布置

热水管网的布置是在设计方案已确定和设备选型后，在建筑图上对设备、管道、附件进行定位。热水管网布置除满足给水要求外，还应注意因水温高而引起的体积膨胀、管道伸缩补偿、保温、防腐、排气等问题。

热水管网的布置，可采用下行上给式、上行下给式（图18-26、图18-27）。下行上给式布置时，水平干管可布置在地沟内或地下室顶部，要注意直线管段的伸缩补偿问题，并利用最高配水点排气，当下行上给式系统设有循环管道时，其回水立管可在最高配水点以下（约0.5m）与配水立管连接。上行下给式布置时，水平干管可布置在建筑最高层的吊顶内或专用技术层内，该系统可将循环管道直接与各立管连接。为便于排气和泄水，热水横管均应有与水流方向相反的坡度，其值一般为不小于0.003，并在最高点设自动排气阀排气，系统最低点应设泄水装置。为满足整个热水供应系统的水温均匀，可按同程式方式（图18-26）来进行管网布置。热水管道通常与冷水管道平行布置，布置时注意掌握上热、下冷，左热、右冷的原则。

高层建筑热水供应系统，应与冷水给水系统一样，采取竖向分区，这样才能保证系统内的冷热水压力平衡，便于调节冷、热水混合龙头的出水温度，且要求各区的水加热器的贮水器的进水，均应由同区的给水系统供应。若需减压则减压的条件和采取的具体措施与高层建筑冷水给水系统相同。

18.7.3.2　热水管网的敷设

热水管网的敷设可采用明装和暗装两种形式。敷设要求除要满足给水管网的敷设要求以外还要满足以下要求：

热水立管与横管连接处，为避免管道伸缩应力破坏管网，立管与横管相连应采用乙字弯管，如图18-37所示。

图18-37　热水立管与水平干管的连接方式
1—吊顶；2—地板或沟盖板；3—配水横管；4—回水管

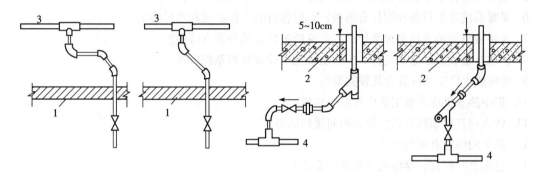

热水管道穿越建筑物、楼板、基础和墙壁处应加设套管，让其自由伸缩。穿楼板的套管若地面无集水时，套管应高出地面10~20mm，若地面有集水可能时，套管应高出地面50~100mm，以防止套管缝隙向下流水。穿越屋面及地下室外墙时应加设防水套管。

塑料热水管宜暗设，明设时立管宜布置在不受撞击处，如不能避免时，应在管外加保护措施。

18.7.3.3　热水管网的防腐与保温

热水管网若采用低碳钢管材和设备，久而久之就会产生氧化腐蚀或产生电化学腐蚀，其结果将会导致管道和设备的壁变薄，最终使系统受到破坏。为了延长系统的使用寿命，可在金属管材和设备外表面涂刷防腐材料，在金属设备内壁及管内加耐腐衬里或涂防腐涂料来阻止腐蚀作用的发生。常用防腐材料为油漆。底漆在金属表面打底，具有附着、防水和防锈功能，面漆起耐光、耐水和覆盖功能。

在热水系统中为了减少介质在输送过程中的热散失、提高长期运行的经济性，就必须对整个热水供应系统及设备进行外保温。使得蒸汽和热水管道保温后外表面温度不致过高，以避免大量热散失、烫伤或积尘等，创造良好的工作条件。保温层的厚度需经计算确定。

不论采用何种保温材料，在保温前，均应将金属管道和设备进行防腐处理（如为金属管道，将表面清除干净，刷防锈漆两遍）。同时为增加保温结构的机械强度和防水能力，应视采用的保温材料在保温层外加设保护层。

复习思考题

1. 说明自然循环和机械循环热水采暖系统的工作原理。
2. 机械循环热水采暖系统的基本形式有哪些？各有什么特点？
3. 说明高层建筑采暖系统的特点及基本形式。
4. 说明蒸汽采暖系统的特点和分类。
5. 采暖系统管路布置的原则与要求有哪些？常用管材有哪些？
6. 采暖系统主要设备和附件有哪些？说明各自的工作原理和选择要求。
7. 采暖散热器的选择要求是什么？常见的散热器的种类有哪些？
8. 供热计量收费的意义是什么？指出常见的计量收费系统形式。
9. 室内热水供应系统分为几种类型？
10. 集中热水供应系统主要由几部分组成？
11. 什么叫直接加热方式？什么叫间接加热方式？
12. 热水的供应有哪些方式？
13. 什么是同程式、异程式热水供应系统？
14. 什么是自然循环热水供应方式、机械循环热水供应方式？
15. 直接加热方式的主要加热设备是什么？间接加热方式的主要加热设备是什么？
16. 高层建筑热水供应系统应如何进行竖向分区？

建筑设备与环境控制

第 19 章　通风与空调

19.1 建筑通风概述

19.1.1 建筑通风的意义和任务

在一些生产过程中，将会产生大量的热、湿、粉尘和有害气体（称为工业有害物），对这些有害物如果不进行处理，就会严重污染室内外空气环境，对人们身心健康造成极大危害。现今随着工业生产的不断发展、规模的不断扩大，散发的工业有害物日益增加［全世界每年排入大气的粉尘高达 1 亿 t，硫化物（SO_x）高达 1.5 亿 t］，因此，为广大人民群众创造良好的劳动环境、生活环境，搞好劳动保护、环境保护，认真学习和研究建筑通风工程，对促进社会和经济的发展具有积极作用和意义。

建筑通风的主要任务是控制生产过程中产生的粉尘、有害气体、高温、高湿，使室内有害物量不超过国家规定的卫生标准，从而创造良好的生产、生活环境。

19.1.2 建筑通风方式

建筑通风，包括从室内排除污浊的空气和向室内补充新鲜空气。前者称为排风，后者称为送风。

（1）按照通风动力的不同，通风系统可分为自然通风和机械通风两大类。

自然通风是利用室内外风力造成的风压，以及由室内外温差和高度差产生的热压使空气流动的通风方式。在一般的民用及公共建筑中大多通过开启门窗进行通风换气，而在工业建筑中，通常采用设置高窗或天窗来达到通风换气的目的，如图 19-1 所示。自然通风是最经济有效的通风方法，不消耗机械动力，使用管理方便，但易受室外气象条件的影响，特别是风力的作用很不稳定。

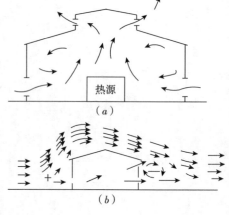

图 19-1　利用热压和风压的自然通风

机械通风是依靠风机的动力使空气进行强制流动的通风方式，由于配置了动力设备（通风机），可使空气通过风道输送，并可对所输送的空气进行净化、加热或冷却处理，因此，它有自然通风无可比拟的优越性。缺点是初投资大，运行及维护费用较高。

一般的民用建筑和一些发热量小而且污染轻微的小型工业厂房，通常只要求保持室内空气新鲜清洁，并在一定程度上改善室内空气温湿度和流速。这种情况下往往通过门窗换气、穿堂风降温等手段就能满足要求，不需要对进、排风进行处理。

（2）按照通风作用范围的不同，通风系统可分为局部通风和全面通风两大类。

局部通风是指为改善室内局部空间的空气环境，向该空间送入或从该空间排出空气的通风方式。局部通风系统分为局部送风和局部排风两类，它们都是利用局部气流，使工作地点不受有害物污染，从而改善工作地点空气环境。由于风量小、造价低，设计时应优先考虑局部通风系统。

局部送风即只向局部工作区输送新鲜空气，在局部地点造成良好的空气环境，如图19-2所示。局部送风有系统式和分散式两种。系统式局部送风即空气经过集中处理后直接送入局部工作区，分散式局部送风一般采用轴流风机或喷雾风扇进行局部送风，适用于对空气处理要求不高，可采用室内再循环空气的地方。

局部排风是在散发有害物的局部地点设置排风罩捕集有害物质并将其排至室外的通风方式，以防止有害物与工作人员接触或扩散到整个车间，如图19-3所示。

图19-2 局部送风系统
示意图（左）
图19-3 局部排风系统
（右）
1—有害物源；2—排风罩；
3—净化装置；4—排风机；
5—风帽；6—风道

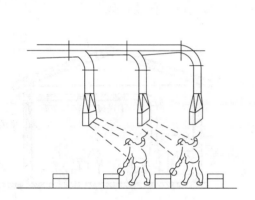

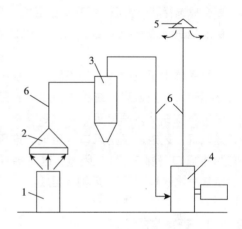

当室内有突然散发有毒气体或爆炸危险性气体的可能性时，应当设置事故排风系统，事故排风只是在紧急的事故情况下使用，因此排风可以不经净化处理而直接排向室外，而且也不必设机械补风系统，可由门、窗自然补入空气。

全面通风也称稀释通风，它是对整个车间或房间进行通风换气，是将新鲜的空气送入室内以改变室内的温、湿度和稀释有害物的浓度，同时把污浊空气不断排至室外，使工作地带的空气环境符合卫生标准的要求。全面通风包括全面送风、全面排风及全面送、排风系统。

图19-4为全面送风系统的示意图，它利用风机把室外大量新鲜空气经过风道、风口不断送入室内，将室内空气中的有害物浓度稀释到国家卫生标准的允许范围内，以满足卫生要求，这时室内处于正压，室内空气通过门、窗压至室外。图19-5为全面排风系统的示意图，它利用全面排风将室内的有害气体排出，而进风来自不产生有害物的邻室和本房间的自然进风。通过机械排风造成一定的负压，可以防止有害物向卫生条件好的邻室扩散。

很多情况下，一个车间可同时采用全面送风和全面排风相结合的全面送、排通风系统，如门窗密闭、自然排风和进风比较困难的场所。可以通过调整送风量和排风量的大小，使房间保持一定的正压或负压。如图19-6所示。

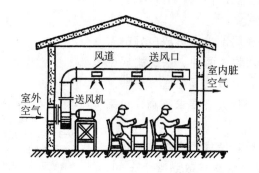
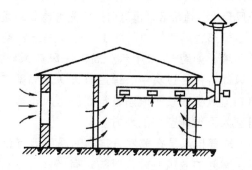

全面通风由于所需要风量大，相应的设备也较庞大，设计全面通风系统时，要合理选择和布置送、排风口的形式、数量和位置，使送风和排风均能以最短的流程进入工作区或排入大气，以便用最小的通风量获得最佳的通风效果。

图19-4　全面送风系统（左）

图19-5　全面排风系统（右）

通风系统由于设置场所的不同，其系统组成也各不相同，一般通风系统主要由以下各部分组成：进风系统由进风百叶窗、空气过滤器、加热器、通风机、风道以及送风口等组成。排风系统一般由排风口（排气罩）、风道、过滤器（除尘器、空气净化器）、风机、风帽等组成。

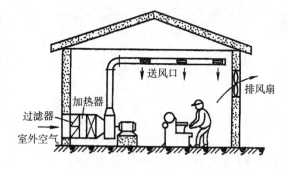

图19-6　全面送、排通风系统

19.1.3　有害物的来源

工业有害物的来源主要有以下几方面：

（1）粉尘主要是工业生产过程中固体物料的破碎、粉末物料的筛分、混合、物料的燃烧、加工以及物料加热时产生的气体凝结被氧化的过程中产生的。

工业粉尘对人体最大的危害是人体吸入一定量粉尘后，可能引起各种尘肺病，同时粉尘的产生也加速了机器的磨损，影响生产设备的寿命；粉尘排至大气，不仅危害居民健康，严重的还会危害水源、土壤及农作物的生长。

（2）有害蒸汽和气体主要是电镀、酸洗、金属冶炼、化工等生产过程产生的。最常见的有害气体有 CO、SO_2、C_6H_6（苯）、铅尘或铅蒸气。

（3）高温及热辐射主要是由冶炼、轧钢、机械制造厂的锻造、铸造车间在生产过程中产生的。通常在每立方米车间体积每小时散出的热量大于 $83.6kJ/（m^3 \cdot h）$时，称之为热车间。

实践证明，单纯依靠通风的方式不能从根本上解决防尘、防毒、防高温、防热辐射。彻底解决这一问题必须采取综合的措施，如改进生产工艺流程、改进工艺操作方法、建立严格的管理监督机制、采用合理的通风措施等。

19.2　全面通风量的确定

无论是进行自然通风设计还是进行机械通风设计，均需要确定通风量。通风量是根据室内外空气的计算参数以及需要消除的室内余热量、余湿量、有害物的产生量确定的。

19.2.1　室内外空气的计算参数

室内空气的计算参数，应根据人体舒适性的要求以及生产工艺、卫生标准等来确定。就温度而言，夏季车间内工作区（即工作地点所在的地面以上 2m 以内的空间）的空气温度应按车间内外温差计算，但不能超过表 19-1 的规定。冬季通风室内计算温度可采用采暖室内计算温度。

夏季车间工作区的空气温度　　　　　　表 19-1

夏季通风室外计算温度（℃）	≤22	23	24	25	26	27	28	29～32	≥33
工作区与室外温差（℃）	10	9	8	7	6	5	4	3	2

作为通风工程设计依据的室外气象参数叫做通风室外计算参数，应根据《采暖通风与空气调节设计规范》GB 50019—2003 的规定采用；夏季通风室外计算温度，应采用历年最热月 14 时的夏季月平均温度的平均值；冬季通风室外计算温度，应采用累年最冷月平均温度。

19.2.2　全面通风量的确定

全面通风量是指为了使房间工作区的空气环境符合规范允许的卫生标准，用于排除通风房间的余热、余湿，或稀释通风房间的有害物质浓度所需要的通风换气量。

为消除余热所必需的通风量，可按式（19-1）进行计算。

$$G_1 = \frac{Q}{c\,(t_p - t_j)} \tag{19-1}$$

为消除余湿所必需的通风量，可按式（19-2）进行计算。

$$G_2 = \frac{W}{d_p - d_j} \tag{19-2}$$

为稀释有害物所必需的通风量，可按式（19-3）进行计算。

$$G_3 = \rho \cdot \frac{kx}{(y_p - y_j)} \tag{19-3}$$

式中　G_1、G_2、G_3——全面通风量（kg/s）；

Q——余热量（kJ/s）；

W——余湿量（g/s）；

x——室内有害物散发量(mg/h);

t_p——排风温度(℃);

t_j——进风温度(℃);

d_p——排风含湿量(g/kg);

d_j——进风含湿量(g/kg);

ρ——空气密度(kg/m³);

c——空气的质量比热容[kJ/(kg·℃)];

k——安全系数,一般在 3 ~ 10 范围内选用;

y_p——室内空气中有害物的最高允许浓度(mg/m³);

y_j——进风中含有该种有害物浓度(mg/m³)。

需要注意的是,当通风房间同时存在多种有害物时,一般情况下,应分别计算,然后取其中的最大值作为房间的全面换气量。但是,当房间内同时散发数种溶剂(苯及其同系物,醇、醋酸酯类)的蒸汽,或数种刺激性气体(三氧化硫、二氧化硫、氯化氢、氟化氢、氮氧化合物及一氧化碳)时,由于这些有害物对人体的危害在性质上是相同的,在计算全面通风量时,应把它们看成是一种有害物质,房间所需的全面换气量应当是分别排除每一种有害气体所需的全面换气量之和。

当房间内有害物质的散发量无法具体计算时,全面通风量可根据经验数据或通风房间的换气次数估算,通风房间的换气次数 n 定义为:通风量 L 与通风房间体积 V 的比值,即式(19-4)。

$$n = \frac{L}{V} \tag{19-4}$$

式中　n——通风房间的换气次数(次数/小时),可从有关的设计规范或手册中查取;

L——房间的全面通风量(m³/h);

V——通风房间的体积(m³)。

19.2.3　空气平衡和热平衡

19.2.3.1　空气平衡

任何通风房间中无论采用何种通风方式,必须保证室内空气质量平衡,使单位时间内送入室内的空气质量等于同一时间从室内排出的空气质量,即通风房间的空气量要保持平衡。因此,空气平衡可用式(19-5)表示。

$$G_{zj} + G_{jj} = G_{zp} + G_{jp} \tag{19-5}$$

式中　G_{zj}——自然进风量(kg/s);

G_{jj}——机械进风量(kg/s);

G_{zp}——自然排风量(kg/s);

G_{jp}——机械排风量(kg/s)。

对于产生有害气体和粉尘的车间,为防止其向邻室扩散,可使进风系统的风量略小于排风系统的风量（通常取 10% ~ 20%），以形成一定的负压，不足的进风量将来自邻室和靠本房间的自然渗透弥补。相反，对于生产要求较洁净的车间，当其周围环境较差时，则使进风系统的风量略大于排风系统的风量（通常取 5% ~ 10%），以保证室内正压，阻止外界的空气进入室内。

19.2.3.2 热平衡

通风房间的空气热平衡，是指为了使室内温度保持不变，通风房间总的得热量等于总的失热量。即式（19-6）。

$$\sum Q_d = \sum Q_s \tag{19-6}$$

式中 $\sum Q_d$——总得热量(kJ/s)；

        $\sum Q_s$——总失热量(kJ/s)。

在寒冷地区，冬季要求保持一定的室内温度，并且不允许温度过低的室外空气直接送入工作区。因此在设计全面通风系统时，常需将空气量平衡和热量平衡两者联系起来考虑，以便既能保证要求的通风量，又可保持规定的室内温度。

19.3 自然通风

自然通风作用原理：如果建筑物外墙上的窗孔两侧存在压力差时，室内外就会有空气流过该窗孔。在热压或风压的作用下，一部分窗孔室外的压力高于室内的压力，这时，室外空气就会通过这些窗孔进入室内；另一部分窗孔室外压力低于室内压力，室内部分空气就会通过这些窗孔而流出室外。

19.3.1 热压作用下的自然通风

设厂房外墙下部和上部开有窗孔 a 和 b，上、下窗孔高度差为 h，如图 19-7 所示。假设窗孔外的静压分别为 p_a 及 p_b，窗孔内的静压分别为 p'_a 和 p'_b，室内外空气温度分别为 t_n 及 t_w，空气密度分别为 ρ_n 及 ρ_w，当 $t_n > t_w$ 时，则 $\rho_n < \rho_w$。

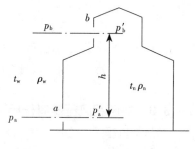

图 19-7 热压作用下的自然通风

首先将上窗孔 b 关闭，这时空气在压力差作用下，在窗孔 a 内外发生流动。这种空气流动，最终使得 p'_a 和 p'_b 相等。此时，空气停止流动。根据流体静压力分布规律我们可知：

$p_b = p_a - gh\rho_w$，$p'_b = p'_a - gh\rho_n$

即：

$p'_b - p_b = (p'_a - gh\rho_n) - (p_a - gh\rho_w) = (p'_a - p_a) + gh(\rho_w - \rho_n)$

由此可得出窗孔 b 内外的静压力差的数学表达式，即：$\Delta p_b = \Delta p_a + gh(\rho_w - \rho_n)$

当 $p'_a - p_a = 0$，$\rho_w - \rho_n > 0$ 时，$p'_b - p_b > 0$，这时，将窗孔 b 打开，空气将从 b 流至室外，同时，室内空气压力也将随之降低。

当出现 $p_a > p'_a$ 时，空气由窗孔 a 流入室内，直到进排气量达到平衡，室内静压才能保持稳定。

由于窗孔 a 进风，$\Delta p_a < 0$；窗孔 b 排风，$\Delta p_b > 0$，且有：

$$\Delta p_\mathrm{b} + |-\Delta p_\mathrm{a}| = \Delta p_\mathrm{b} + |\Delta p_\mathrm{a}| = (\rho_\mathrm{w} - \rho_\mathrm{n})gh$$

由上式可以看出，进风窗孔与排风窗孔内外压差绝对值之和与室内外空气密度差 $(\rho_\mathrm{w} - \rho_\mathrm{n})$ 及两窗孔的高差有关，我们把 $(\rho_\mathrm{w} - \rho_\mathrm{n})gh$ 称为热压。如果室内外温度一定，提高热压作用效果的途径是增加进、排风窗孔之间的垂直高度。实际上，如果只有一个窗孔也会形成自然通风，这时窗孔的上部排风，下部进风，相当于两个窗孔连在一起。

19.3.2 风压作用下的自然通风

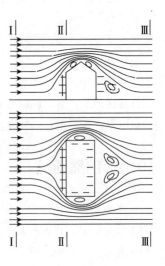

图 19-8 风压作用下的自然通风

当建筑物与室外空气流相遇后，室外气流先冲击建筑物迎风面，然后发生绕流，经过一段距离后，又恢复到未受扰动时的流动状态，如图 19-8 所示。

在 Ⅰ—Ⅰ 断面空气流未受扰动，平行流动。在 Ⅱ—Ⅱ 断面处空气流受到建筑物阻挡，动压降低，静压升高，气流受到建筑物阻挡发生绕流，在建筑物侧面和背面产生局部涡流，静压降低。

这种静压降低或升高统称为风压。静压升高，风压力正，称为正压，反之称为负压。风压为负的区域我们称之为空气动力阴影区。因此，建筑的侧面和背面受的是负压作用，这个负压区一直延伸到恢复平行流动的断面 Ⅲ—Ⅲ 为止。

自然通风计算中风压的大小可由式（19-7）确定。

$$p_\mathrm{f} = K\rho_\mathrm{w} \frac{v_\mathrm{w}^2}{2} \tag{19-7}$$

式中　p_f——风压（Pa）；

　　　K——空气动力系数；

　　　v_w——室外空气流速（m/s）；

　　　ρ_w——室外空气密度（kg/m³）。

19.3.3 热压和风压同时作用下的自然通风

热压与风压同时作用下建筑物的迎风面，当热压、风压同时作用下部窗孔处其作用方向是一致的，这时窗孔进风量要大于热压单独作用时的进风量；当上部窗孔处风压小于热压时，窗孔排气；当风压大于热压时，上部窗孔进气，即形成了倒灌。

对背风面来说，当热压和风压同时作用时，上部窗孔处热压与风压的作用方向一致，而下部窗孔其作用方向相反，因此，上部窗孔的排风量要大于热压单独作用时的排风量，而下部窗孔的进风量将减小甚至在下窗孔排气。

由于室外风速及风向不稳定，经常变化，因此在实际计算时仅考虑热压的作用。对于风压只定性地考虑其对自然通风的影响。

概略计算时可按车间内热源占地面积 f 和车间地面面积 F 的比值来估算，见表 19-2。

根据热源占地面积估算 m 值					表 19-2
f/F	0.05	0.1	0.2	0.3	0.4
m	0.35	0.42	0.53	0.63	0.7

19.4　通风系统的主要设备和构件

19.4.1　室内送、排风口

19.4.1.1　送风口

百叶式送风口：是通风、空调工程中最常用的一种送风口形式，通常由铝合金制成，外形美观，选用方便，调节灵活，安装简单。

侧向送风口：是直接在风道侧壁开孔或在侧壁加装凸出的矩形风口，为控制风量和气流方向，孔口处常设挡板或插板，这种风口结构简单，但各孔口风速不均匀，风量也不易调节均匀。

散流器送风口：通常安装于顶棚上，常用散流器形式见相关手册。

喷射式送风口：就是一个渐缩的短管，这种送风口不装调节叶片或网栅，风速大，射程远。

19.4.1.2　回风口

由于回风口的气流流动对室内气流组织影响不大，因而回风口的构造比较简单。常用的回风口有单层百叶式风口、格栅式风口和网式风口等。

19.4.2　风道

19.4.2.1　风管形式

风管形式一般有圆形或矩形，圆形风管耗材料少、强度大，但加工复杂、不易布置，常用于暗装；矩形风管易布置、易加工，使用较普遍，对于矩形宽高比宜小于6，最大不应超过10。

19.4.2.2　风管材料的选用

一般采用钢板制作，对于洁净度要求高或有特殊要求的工程常采用不锈钢或铝板制作，对于有防腐要求的工程可采用塑料或玻璃钢制作，采用建筑风道时，一般用砖砌，或用加气块、钢筋混凝土制作，但应保证施工时的密封性。

19.4.2.3　风管设计方法

风管水力计算方法有压损平均法、静压复得法、控制流速法等。

压损平均法的特点是将已知总作用压头按干管长度平均分配给每一管段，再根据每管段的风量确定风管断面尺寸。如果系统所用的风机压头已定，或对分支管路进行阻力平衡计算，此法较为简便。

静压复得法的特点是利用风管分支处复得的静压来克服该管段的阻力，根据这一原理确定风管的断面尺寸。此法适用于高速空调系统的水力计算。

控制流速法的特点是根据技术经济比较推荐的风速和已知风管的风量确定断

面尺寸和阻力损失。目前工程中常用的是控制流速法，可参考表19-3选择风速。

风机、风管的风速   表 19-3

名 称	推荐风速（m/s）			最大风速（m/s）		
	居住建筑	公共建筑	工厂	居住建筑	公共建筑	工厂
风机入口	3.5	4.0	5.0	4.5	5.0	7.0
风机出口	5.0~8.0	6.5~10.0	8.0~12.0	8.5	7.5~11.0	8.5~14.0
主风管	3.5~4.5	5.0~6.5	6.0~9.0	4.0~6.0	5.5~8.0	6.5~11.0
水平支风管	3.0	3.0~4.5	4.0~5.0	3.5~5.0	4.0~6.5	5.0~9.0
垂直支风管	2.5	3.0~3.5	4.0	3.25~4.0	4.0~6.0	5.0~8.0

19.4.2.4 风管布置

（1）要短线布置。所谓短线布置就是要求主风管走向要短、支风管要少、避免复杂的局部构件，以节省材料和减小系统阻力，做到少占空间、简洁与隐蔽。

（2）要便于施工安装、调节、维修与管理。恰当处理与空调水、消防水管道系统及其他管道系统在布置上可能遇到的矛盾。

19.4.3 室外进、排风装置

19.4.3.1 进气装置

室外进气装置的作用是采集室外新鲜空气供室内送风系统使用。室外进气装置根据设置位置不同，分为窗口型和进气塔型，两种进气口的设计应符合下列要求：

（1）应设在室外空气比较洁净的地方。降温用的进风口，宜设在建筑物的背阴处。

（2）应尽量设在排风口的上风侧，且低于排风口，并应避免进风口和排风口短路。

（3）进气口的底部距室外地坪不宜低于2m，当设在绿化地带时，不宜低于1m。设于屋顶上的进气口应高出屋面1m以上，以免被雪堵塞。

（4）进气口应设百叶格栅，防止雨、雪、树叶、纸片等杂质被吸入。在百叶格栅里还应设保温门作为冬季关闭进气口之用（适用于北方地区）。

19.4.3.2 排气装置

排气装置的作用是将排风系统中收集到的污浊空气排到室外。排气口形式经常设计成塔式安装于屋面。设计应符合下列要求：

（1）当进排风口都设于屋面时，其水平距离要大于10m，并且进气口要低于排气口。

（2）排风口设于屋面上时应高出屋面1m以上，且出口处应设排风帽或百叶窗。

（3）自然通风系统须在竖排风道的出口处安装风帽以加强排风效果。

19.4.4　风机

通风空调工程中常用的风机有离心式和轴流式两种类型，对其构造及性能参数介绍如下：

19.4.4.1　离心式风机

离心式风机主要由叶轮、吸气口和外壳等组成，如图19-9所示。

离心式风机的工作原理基本上与离心式水泵的工作原理相同，主要借助于叶轮旋转时产生的离心力而使气体获得压能和动能。

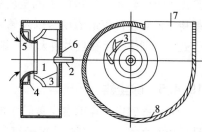

图19-9　离心式风机构
造示意图
1—叶轮；2—机轴；3—叶片；4—扩压环；5—吸气口；6—轮毂；7—出口；8—风机外壳

离心式风机的主要性能参数有如下几项：

（1）风量 L：表明风机在标准状态即大气压力 $B = 101\,325\mathrm{Pa}$ 和温度 $t = 20℃$ 下工作时，单位时间内输送的空气量，单位为 $\mathrm{m^3/h}$。

（2）全压 p：表明在标准状态下工作时，通过风机的每 $1\mathrm{m^3}$ 空气所获得的能量，包括压能与动能，单位为 kPa。

（3）功率 N：消耗在通风机轴上的功率称为风机的轴功率 N_z，而通风机在单位时间内传给空气的能量称为通风机的有效功率 N_y，后者可用式（19-8）表示。

$$N_y = \frac{L \cdot p}{3600} \tag{19-8}$$

式中　L 和 p——风机的风量（$\mathrm{m^3/h}$）和全压（kPa）。

（4）转数 n：叶轮每分钟旋转的转数（r/min）。

（5）效率 η：风机的有效功率与轴功率的比值，即式（19-9）。

$$\eta = \frac{N_y}{N_z} \times 100\% \tag{19-9}$$

当风机的叶轮转数一定时，风机的全压、轴功率和效率均与风量之间存在着一定的制约关系，可用坐标曲线（称为离心风机的性能曲线）或者列成数据表来表示。不同用途的风机，在制作材料及构造上有所不同：例如，用于一般通风换气的普通风机（输送空气的温度不高于80℃，含尘浓度不大于 $150\mathrm{mg/m^3}$），通常用钢板制作，小型的也有用铝板制作的；除尘风机要求耐磨和防止堵塞，因此钢板较厚、叶片较少并呈流线形；防腐风机一般用硬聚氯乙烯板或不锈钢板制作；防爆风机的外壳和叶轮均用铝、铜等有色金属制作，或外壳用钢板而叶轮用有色金属制作等等。

离心式风机的机号，是用叶轮外径的分米数表示的，不论哪一种形式的风机，其机号均与叶轮外径的分米数相等，例如 No6 的风机，叶轮外径等于600mm。

19.4.4.2　轴流风机

轴流风机的构造如图19-10所示，主要由叶轮、电动机和机壳等组成。

轴流风机是借助叶轮的推力作用促使气流流动的，气流的方向与机轴相平行。

轴流风机同样有风量、全压、轴功率、效率和转数等多项性能参数，并且这些参数之间有一定的内在联系，可用性能曲线来表示。此外，机号用叶轮直径的分米数表示。

轴流风机与离心式风机在性能上最主要的差别是，前者产生的全压较小，后者产生的全压较大。因此，轴流风机只能用于无需设置管道的场合以及管道阻力较小的系统，而离心式风机则往往用在阻力较大的系统中。

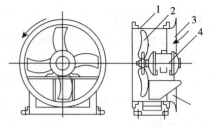

图 19-10　轴流风机的
构造示意图
1—圆筒形机壳；2—叶轮；
3—进口；4—电动机

19.4.5　除尘器

除尘器的作用是把含尘量较大的空气（几十到几百毫克每立方米）经处理后排入大气，对于含尘浓度较高、灰尘分散度及物性差别很大的气体可采用不同类型除尘器进行净化。常用除尘器的分类、特点及适用范围见表19-4。

常用除尘器的分类、特点及适用范围　　　　　　　　表 19-4

类型	种类	名称	适用范围							优缺点
			粉尘（μm）	含尘浓度（g/Nm³）	温度（℃）	压损（mmH₂O）	漏风率（%）	效率（%）	净化程度	
干式	重力除尘	沉降室	>50	不限	<500	5~10	<10	<50	粗净化	结构简单，制作方便，不堵塞，除尘效率低，占地大，压损小
	离心式除尘	旋风除尘器	5~10	<100	<450	50~200	0	60~95	粗净化	结构简单占地小，除尘效率比沉降室高
		旋流式除尘器	1~5	<100	<450	500左右	0	80~95	粗净化	动力消耗大，需二次风除尘，效率高，占地大
	过滤除尘	布袋除尘器	>0.1	5~50	60~	100~300	5~30	90~98	粗净化	效率高，稳定，大型设备动力消耗大，占地大，结构复杂
		电除尘器	>0.1	<10	<450	10~30	10~20	90~98	粗净化	效率高，动力消耗小，投资高，占地大，结构复杂

类型	种类	名称	适用范围							优缺点
			粉尘（μm）	含尘浓度（g/Nm³）	温度（℃）	压损（mmH₂O）	漏风率（%）	效率（%）	净化程度	
湿式		水浴除尘器	1~10	<20	<400	60~120	0~5	80~95	粗净化	结构简单，占地小，效率高，泥浆处理麻烦，腐蚀性气体设备需防腐
	电除尘	湿式电除尘器	>0.1	<5	<80	10~30	0~5	90~98	粗净化	效率高，动力消耗小，结构复杂，占地大，设备需防腐
	筛板除尘	泡沫除尘器	1~5	<10	200	每层筛板60~80	0~5	95	粗净化	结构简单，占地小，效率高，水耗量大，设备需防腐
	凝聚	文丘里除尘器	>0.2	5~50	<400	100~600		90~98	粗净化	结构简单，占地小，效率高，压损大，设备需防腐

19.4.6　空气过滤器

空气过滤器的作用是把含尘量不大的空气（几毫克每立方米）经净化后送入室内。空气过滤器按作用原理可分为浸油金属网格过滤器、干式纤维过滤器和静电过滤器三种。空气过滤器按过滤空气的粒径及浓度可分为粗、中、高效过滤器三种，详见表19-5。

过滤器分类表

表19-5

名称	入口浓度（mg/m³）	过滤空气粒径（μm）	设计滤速（m/s）	阻力（Pa）		清扫更新时间（月计）（8h/月）	效率（%）
				初	终		
粗	<10	>10	50~300	3~5	<10	0.5~1	<90(重量法)
中	1~2	1~10	5~30	5~10	<20	2~4	40~90（比色法）
高	<1	<1	1~3	0~20	21~40	≥12	99.9~99.97（计数法）

19.5 建筑物的防火排烟

19.5.1 防火排烟的控制原则

防火排烟对一些工艺性空调要求很严格，这主要是因为工艺过程中有各种可燃物，有各种火源。而对于建筑工程，高层建筑防火排烟比低层建筑要求高一些。防火排烟的原则是以防为主，以消为辅。在进行高层建筑的防火设计时，应合理地进行防火分区，每层作水平分区，垂直方向也要作分区。力争将火势控制在起火的单元内，并及时加以扑灭，防止向其他区域扩散。每层设防烟分区采取相应的防烟排烟措施。合理地安排自然排风和机械排风的位置，使安全疏散和排烟顺利进行。采用可靠的报警措施，并且报警和排烟连锁。

我国在规范中规定，一类建筑和高度超过 32m 的二类建筑内，其下列部位应设排烟设施：无自然采光、通风且长度超过 20m 的内走道，或两端虽有自然采光、通风，但长度超过 60m 的内走道；面积超过 100m^2，且经常有人停留或可燃物较多的无窗房间和地下室。

19.5.2 防火排烟方式

防火排烟方式有自然排烟方式、机械排烟方式、机械加压方式等。

19.5.2.1 自然排烟

自然排烟即火灾时利用室内热气流的浮力或室外风力的作用进行排烟。其优点是不需要任何动力，投资少，维护管理简单。缺点是极易受室外风力的影响（当火灾处于迎风面时，烟气由于受风压作用不能排出，还会流向背风面有开口的房门，甚至向上蔓延）。

19.5.2.2 机械排烟

机械排烟就是使用排烟风机进行排烟。它可分为局部排烟和集中排烟两种方式。局部排烟即在每个房间内设排烟风机进行排烟；集中排烟即将建筑物划分成几个防烟分区，并在每个防烟区内设置排烟风机进行排烟的方法。机械排烟的组成：由挡烟垂壁、排烟口、防火排烟阀、排烟机、控制设备等组成。

19.5.2.3 机械加压送风

火灾时为保证人员由安全通道进行疏散，常设置楼梯间加压送风系统，即在楼梯间或楼梯间及其前室加压送风使得楼梯间压力大于或等于前室的压力，而前室的压力又大于走道的压力，当着火层人员打开通往前室及楼梯间的防火门时，在门洞断面上保持足够大的气流速度，以便能阻止烟气进入前室和楼梯间。

19.5.3 防排烟设备及部件

19.5.3.1 防排烟风机

防排烟工程所应用的风机按用途分为送风机和排风机。

机械加压送风机可采用轴流风机或中、低压离心风机，风机的位置应根据供电条件、风量分配均衡和新风入口的位置等因素来确定。

排烟风机可采用离心风机或采用排烟专用轴流风机，并应在其机房入口处设有当烟气温度超过280℃时能自动关闭的排烟防火阀。排烟风机应在要求温度280℃时能连续工作30min。试验证明，普通离心风机能达到对排烟风机的耐温要求。

19.5.3.2 排烟口或送风口

排烟口或送风口形式如图19-11所示，用于排烟风道系统在室内的排风口或正压送风风道系统的送风口。其内部为阀门，通过烟感信号联动、手动或温度熔断器使之瞬时开启，外部为百叶窗。

19.5.3.3 防烟、防火调节阀

防烟、防火调节阀有方形和圆形两种，如图19-12所示，主要用于通风空调系统的管道穿越防火分区处。该类阀门平时开启，可用手柄调节开启程度来调节风量；火灾时可通过烟感信号联动、手动或温度熔断器使之关闭，以防止烟、火沿通风空调管道向其他防火区蔓延。

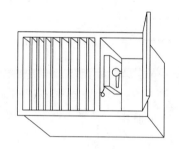

图 19-11 排烟口、送风口外形示意图（左）

图 19-12 防烟、防火调节阀外形示意图(右)

1—壳体；2—阀门；3—易熔片；4—检查口；5—限位开关；6—摇杆

19.5.3.4 排烟防火阀

一般安装在排烟系统的风管上，平时常闭，发生火灾时，烟感探头发出火警信号，控制中心通过DC24V电将阀门迅速打开排烟；也可手动使阀门打开，手动复位。

19.6 空气调节概述

空气调节是采用人工的方法使室内的空气温度、相对湿度、洁净度和气流速度等参数达到一定要求，从而满足生产和生活需要的工程技术，一般分为舒适性空调和工艺性空调。舒适性空调是为满足人的舒适性需要而设置的空气调节，一般保证室内的温度和相对湿度，以及空气流速等几个参数要求。工艺性空调是为满足生产工艺、操作过程或产品储存对空气环境的特定要求而设置的空气调节，工艺性空调的情况是千差万别的，根据不同的使用对象，对某些空气环境参数的调控要求可能远比舒适性空调严格得多。比如，一些精密仪器制造及电子元器件生产等环境，除对室内空气温湿度给出必要的基数外，还对这些基数规定了严格的波动范围。又如，在医院手术治疗过程以及药品、食品生产过程中，对室内空气洁净度的控制要求十分严格。

19.6.1 空调基数

目前空调系统的应用十分普遍，如要求舒适环境的写字楼、宾馆、饭店、汽车及火车站的候车室等等。生产工艺要求空调环境的有各种纺织厂、制药厂、家用电器产品生产厂、集成电路生产厂等等。

对大多数空调系统而言，主要是控制空调房间的温度和相对湿度，例如：$t_n = (20 \pm 0.5)℃$，$\varphi_n = (50 \pm 5)\%$，其中，20℃和50%为空调基数，$\pm 0.5℃$和$\pm 5\%$是空调精度。空调基数是指室内空气所要求的基准温度和基准相对湿度；空调精度是指在空调区内温度和相对湿度允许的波动范围。

舒适性空调系统的室内设计参数，应根据《采暖通风与空气调节设计规范》GB 50019—2003 确定，见表19-6。

舒适性空调室内计算参数　　　　　　　　　表 19-6

参数	冬季	夏季
温度（℃）	18~24	22~28
风速（m/s）	≤0.2	≤0.3
相对湿度（%）	30~60	40~65

工艺性空调的室内空气计算参数是由生产工艺过程的特殊要求决定的，在可能的情况下，应尽量兼顾人体热舒适的要求。

各种建筑空调室内设计参数的确定，可从有关的空气调节设计手册中查取。

19.6.2 空气调节系统的分类

空气调节系统（以下简称空调系统）可按不同的方法进行分类。

19.6.2.1 按空气处理设备的位置情况分类

1. 集中式空调系统

将冷（热）源设备和空气处理设备集中设置，空调房间内只设风口。

2. 半集中式空调系统

将冷（热）源设备等集中设置，空调房间内设有末端处理设备，有空气—水风机盘管系统、空气—水诱导器系统和空气—水辐射板系统三种形式。

3. 分散式空调系统

将冷（热）源设备、空气处理设备和空气输送装置都集中或部分集中在一个空调机组内，组成整体式和分体式等空调机组，按照需要灵活、方便地布置在各个不同的空调房间内，这种系统称为分散式空调系统。

19.6.2.2 按负担室内热湿负荷所用的介质种类分类（图19-13）

1. 全空气系统

空调房间的热、湿负荷全部由经过处理的空气来承担。全空气系统由于空气的比热容较小，需要较多的空气才能达到消除余热、余湿的目的。因此，这种系统要求有较大断面的风道，占用建筑空间较多。

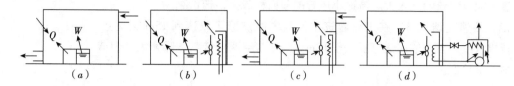

2. 全水系统

空调房间的热、湿负荷全部由水来负担。由于水的比热容比空气大得多，在相同负荷情况下只需要较少的水量，因而输送管道占用的空间较少。但是，由于这种系统靠水来消除空调房间的余热、余湿，解决不了空调房间的通风换气问题，室内空气品质较差，用得较少。

3. 空气—水系统

空调房间的热、湿负荷由空气和水共同负担。根据设在房间内的末端设备形式可分为空气—水风机盘管系统、空气—水诱导器系统和空气—水辐射板系统三种形式。其优点是既可减小全空气系统的风道占用建筑空间较多的矛盾，又可向空调房间提供一定的新风换气，改善空调房间的卫生要求。

4. 制冷剂系统

这种系统是把制冷系统的蒸发器直接放在室内来吸收空调房间的余热、余湿，常用于分散安装的局部空调机组。

19.6.2.3　按所使用空气的来源分类（图 19-14）

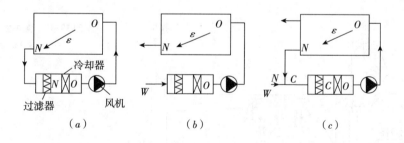

1. 全回风式系统（又称封闭式系统）

全部采用再循环空气的系统，即室内空气经处理后，再送回室内消除室内的热、湿负荷。

2. 全新风系统（又称直流式系统）

全部采用室外新鲜空气（新风）的系统，新风经处理后送入室内，消除室内的热、湿负荷后，再排到室外。

3. 新、回风混合式系统（又称混合式系统）

采用一部分新鲜空气和室内空气（回风）混合的全空气系统，介于上述两种系统之间。新风与回风混合并经处理后，送入室内消除室内的热、湿负荷。

19.6.2.4　按送风管中风速的大小分类

（1）**低速空调系统**：风管中流速一般较小，工业建筑空调系统的风速小

图 19-13　按负担室内负荷所用的介质种类分类的空调系统示意图
（a）全空气系统；
（b）全水系统；
（c）空气—水系统；
（d）制冷剂系统

图 19-14　普通集中式空调系统的三种形式
（a）封闭式系统；
（b）直流式系统；
（c）混合式系统

于 15m/s，民用建筑空调系统的风速一般小于 10m/s。低速空调主要是为了防止风速太大、气流噪声太大。流速小风管的截面积就大，造价高。

（2）高速空调系统：在工业建筑中风管内的流速可以达到 15m/s 以上，在民用建筑中风管内的风速可以大于 12m/s。高速空调空气气流噪声大，但节省管材，造价低。

19.7 空气调节方式和设备的组成

19.7.1 集中式空调系统

集中式空调系统属于典型的全空气系统，其原理示意见图 19-15。根据集中式空调系统的送风量是否变化可分为定风量式空调系统与变风量式空调系统。定风量式空调系统是指送风量全年固定不变，为适应室内负荷的变化，改变其送风温度来满足要求。普通集中式空调系统是指常用的低速单风道全空气空调系统，它就是典型的定风量式空调系统。利用空调设备对空气进行较完善的集中处理后，通过风道系统将具有一定品质的空气送入空调房间，实现其环境控制的目的。除了少数全部采用室内回风和无法或无需使用室外新风的特殊工程采用直流式和循环（封闭）式外，通常大都采用新风和回风相混合的方式。新回风混合式又可分为一次回风方式和二次回风方式。这种系统的基本特征是空气集中处理，风道断面大，占用空间多，适宜于民用与工业建筑中具有较大空间以布置设备、管路的场所。

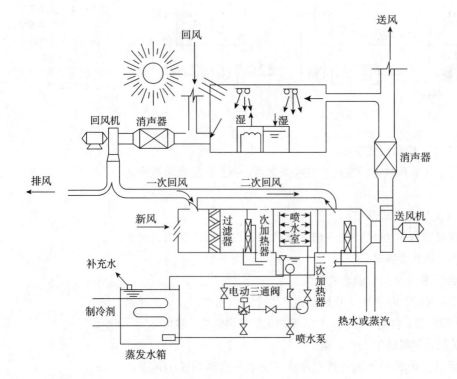

图 19-15 集中式空调系统

变风量式空调系统也称作 VAV（Variable Air Volume）系统，是一种较先进的空调系统，它可根据室内热湿负荷变化自动调节送风量，其送风状态保持不变。变风量式空调系统有单风道、双风道、风机动力箱式和诱导器式四种形式。该系统主要的特点是：由于风量随负荷的变化而变化，因而节省风机能耗，运行经济；可以对同一系统的不同房间进行温度的自动控制。但是，室内相对湿度控制质量差、风量减小时，会影响室内气流分布；变风量末端装置价格高，控制系统较复杂，设备初投资较高；适用于新建的智能化办公大楼。

集中式空调系统的主要优点是空气处理设备集中于空调机房，易于维护管理。在室外空气温度接近室内空气控制参数的过渡季节（如春季与秋季），可以采用改变送风中的新风百分比或利用全新风来达到降低空气处理能耗的目的，还能为室内提供较多的新鲜空气来提高被调房间的空气品质。

19.7.2　半集中式空调系统

19.7.2.1　空气—水风机盘管系统（风机盘管系统加新风系统）

风机盘管是由冷热盘管和风机等组装而成的，其构造如图 19-16 所示。风机盘管按结构形式可分为立式、卧式、卡式和壁挂式；按安装形式可分为暗装和明装；按出口静压可分为低静压型和高静压型（30Pa 和 50Pa）；按特征可分为单盘管和双盘管等。

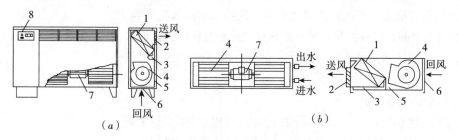

图 19-16　风机盘管构造示意图
(a) 立式；(b) 卧式
1—盘管；2—出风口格栅；3—凝结水盘；4—风机；5—吸声；6—循环风；7—电机；8—控制器

风机盘管的优点是布置灵活、容易与装潢工程配合；各房间可独立调节室温，当房间无人时可方便地关机而不影响其他房间的使用，有利于节约能量；房间之间空气互不串通；系统占用建筑空间少。

风机盘管的缺点是布置分散、维护管理不方便；当机组没有新风系统同时工作时，冬季室内相对湿度偏低，故不能用于全年室内湿度有要求的地方；空气的过滤效果差；必须采用高效低噪声风机；水系统复杂，容易漏水；盘管冷热兼用时，容易结垢，不易清洗。

19.7.2.2　风机盘管机组的新风供给方式（图 19-17）。

1. 靠室内机械排风渗入新风

这种新风供给方式是靠设在室内卫生间、浴室等处的机械排风，在房间内形成负压，使室外新鲜空气渗入室内。这种方法比较经济，但室内卫生条件差。受无组织渗风的影响，室内温度场分布不均匀。

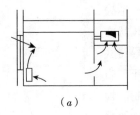 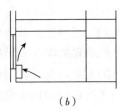 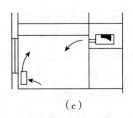 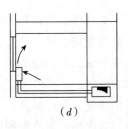

(a) (b) (c) (d)

图 19-17　风机盘管系统的新风供给方式

(a) 靠室内机械排风渗入新风；(b) 外墙洞口引入新风；(c) 独立新风系统(上部送人)；(d) 独立新风系统(送入风机盘管机组)

2. 墙洞引入新风

这种新风供给方式是把风机盘管机组设在外墙窗台下，立式明装，在盘管机组背后的墙上开洞，把室外新风用短管引入机组内。这种新风供给方式能较好地保证新风量，但要使风机盘管适应新风负荷的变化则比较困难，只适用于对室内参数要求不高的场合。它的空气处理过程与一次回风系统类似。

3. 独立新风系统

以上两种新风供给方式的共同特点是：在冬、夏季，新风不但不能承担室内冷热负荷，而且要求风机盘管负担对新风的处理，这就要求风机盘管机组必须具有较大的冷却和加热能力，使风机盘管机组的尺寸增大，为了克服这些不足，引入了独立新风系统。

独立新风系统是把新风处理到一定参数。根据所处理终参数的情况，新风系统可承担新风负荷和部分空调房间的冷、热负荷。具体的做法有两种：

（1）新风管单独接入室内：这时送风口可以紧靠风机盘管的出风口，也可以不在同一地点，从气流组织的角度讲是希望两者混合后再送入工作区。

（2）新风接入风机盘管机组：在这种处理方式下，是新风和回风先混合，再经风机盘管处理后送入房间。这种做法，由于新风经过风机盘管机组，增加了机组风量的负荷，使运行费用增加和噪声增大。此外，由于受热湿比的限制，盘管只能在湿工况下运行。

19.7.2.3　空气—水诱导器系统

图 19-18 所示为空气—水诱导器结构、原理示意图。经过集中空调机处理的新风（一次风）经风管送入各空调房间内的诱导器中，由诱导器的喷嘴高速（20～30m/s）喷出，在喷射气流的引射作用下，诱导器中形成负压，室内空气（二次风）被吸入诱导器。一般在诱导器的二次风进口处装有二次盘管（通入冷水或热水），经过加热或冷却的二次风在诱导器内与一次风混合达到送风状态，经风口送入房间。诱导器是用于空调房间送风的一种特殊设备，它由静压箱、喷嘴和二次盘管等组成。诱导器分立式和卧式两种。卧式诱导器一般装于顶棚上，立式诱导器装在窗台下。诱导器的特点有：

①诱导器不需消耗电功率；②喷嘴速度小的诱导器噪声比风机盘管低；③诱导器无运行部件，设备寿命比较长；④诱导器中二次风盘管的空气流速较低，盘管的制冷能力低，同一

图 19-18　空气—水诱导器结构、原理示意图

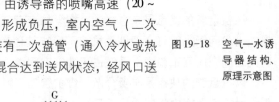 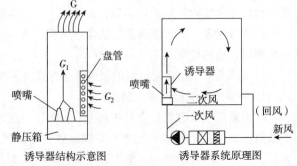

诱导器结构示意图　　诱导器系统原理图

制冷量的诱导器体积比风机盘管大；⑤由于诱导器无风机，盘管前只能用效率低的过滤网，盘管易积灰；⑥一次风停止运行，诱导器就无法正常工作；⑦采用高速喷嘴的诱导器，一次风阻力比风机盘管的新风系统阻力大，功率消耗多。

19.7.2.4　空气—水辐射板系统

辐射板空调系统主要是在吊顶内敷设辐射板，靠冷辐射面提供冷量，使室温下降。利用辐射板供冷可获得舒适的环境，但是它无除湿能力和解决新风供应问题。因此必须与新风系统结合在一起应用，这就是所谓的空气—水辐射板系统，即辐射板加新风系统。空气—水辐射板系统的室内温度控制依靠调节辐射板冷量来实现，房间的通风换气和除湿任务由新风系统来承担。

19.7.3　分散式空调系统

19.7.3.1　窗式空调器

窗式空调器是一种直接安装在窗台上的小型空调机。这种空调机安装简单，噪声小，不需要水源，接上 220V 电源即可。窗式空调器主要由空气处理部分和制冷系统两部分组成。如果在窗式空调器中增加一个四通换向阀，就可变成热泵型空调器，如图 19-19 所示。热泵型窗式空调器由压缩机、冷凝器、风机等组成。通常分体式空调器也有单冷式和热泵式两种。视室内机的不同可分为壁挂式、吊顶式、吸顶式、落地式及柜机等。一般情况下，分体式空调器室内机与室外机之间的距离不大于 5m 为好，最长不得超过 10m；室内机与室外机之间的高度差不超过 5m，如图 19-20 所示。

图 19-19　窗式空调器（热泵型）示意图（左）

图 19-20　分体式空调器原理图（右）

1—离心式风机；2—蒸发器；3—过滤器；4—进风口；5—送风口；6—压缩机；7—冷凝器；8—轴流风机；9—制冷剂配管

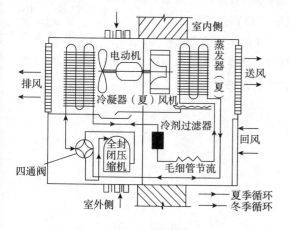

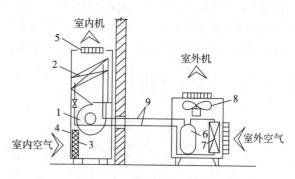

19.7.3.2　恒温恒湿机组

恒温恒湿机组是商业建筑和工业建筑中经常使用的设备。它是由空气处理设备、制冷设备、风机和自控系统组成的一个单元整体式机组。可直接对空气进行加热、冷却、加湿、去湿等处理。单元式空调机组具有结构紧凑、占地面积小、能量调节范围广、安装和使用方便等优点，广泛应用于中小型空调系统中。图 19-21 为 HR—20 恒温恒湿空调机流程图。这种机组有如下特点：用部分冷凝热量作再次加热，既节省了电加热的电能，又节省了冷却水的消耗。实际运行表明，用冷凝热量作再次加热后，机组可以达到 ±1℃ 的恒温要求。热泵空调器在换向时，由于冷凝器转换为蒸发器，而可能引起大量液体返回压缩机，在系统中设有液体分离器，可以防止液击现象发生，增加了系统的安全性。

19.7.4　户式中央空调系统

家用中央空调又称为户式中央空调。它是介于传统集中式空调和家用房间空调器之间的一种新形式。根据空调冷热负荷的输送介质不同，分为风管式空调系统、水管式空调系统、变制冷剂流量空调系统。

19.7.4.1　风管式空调系统

风管式空调系统以空气为输送介质，利用主机直接产生的冷热量，将来自室内的回风或回风与新风的混合风进行处理，再送入室内。风管系统可分为：分体式风管系统和整体式风管系统两种类型。

空调机，空调容量在 12～80kW，空气经室内机处理后直接由风管输送到各个空调房间。室外机有单冷型和热泵型两种。室内机是一个简单的空调箱，机外余压为 80～250Pa。整体式风管系统，其室外机包括压缩机、冷凝器、蒸发器、风管。室内部分只有风管和风口，安装时将室外机的出风口和回风口同室内风口相连即可。风管式系统的特点是初投资较小，便于引入新风，但系统所需建筑空间较大，且用于多房间时室温难以控制。

19.7.4.2　水管式空调系统

水管式空调系统所用介质通常为水，也可用乙二醇溶液，机组容量在 7～40kW。如图 19-22 所示。它通过室外主机生产出空调冷水或热水，由管路系统输送到室内的各末端装置，在末端装置内冷水或热水与室内空气进行热交换，产生冷风或热风，以消除室内空调负荷。冷热水系统的末端装置大多为风机盘管，风机盘管一般通过调节风机的转速来调节室内冷热量。系统可以对每个房间进行单独调节，满足各房间不同的空调需求，节能效果较好；此种系统较难引进新风，对密闭的房间而言，舒适性较差。

图 19-21　HR—20 空调机流程图（左）

1—压缩机；2—水换热器；3—干燥器；4—双向膨胀阀；5—液体分离器；6—空气换热器；7—电磁阀；8—二次加热器；9—风机；10—四通阀；11—过滤器

图 19-22　水管式空调系统（右）

1—冷热水机组；2—高位膨胀水箱(外置)；3—空调末端设备

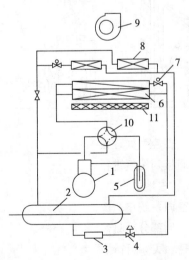

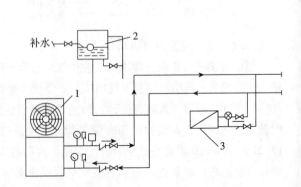

19.7.4.3 变制冷剂流量（Variable Refrigerant Volume，缩写为 VRV）空调系统

VRV 系统也称多联式空调系统，输送介质为制冷剂。如图 19-23 所示。室外主机由压缩机、冷凝器及其他制冷附件组成。室内机则由直接蒸发式换热器和风机组成。一台室外机通过制冷剂管道与若干台室内机相联，采用变频技术和电子膨胀阀控制系统的制冷剂循环量和进入各个室内机换热器的制冷剂流量，以满足室内冷、热负荷要求。在日本大金新一代超级 VRV 系统中，3 台室外机集中使用单一的制冷剂管道，一个系统可连接 30 多台室内机，制冷剂配管总长可达 100m，室内、外机最大高差 50m，室内机之间最大高差 15m。VRV 系统具有节能、

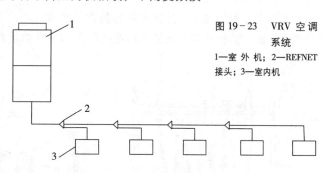

图 19-23　VRV 空调系统
1—室外机；2—REFNET 接头；3—室内机

舒适、运转平稳的特点，各房间温度可独立控制，能够满足不同房间不同室温的要求。该系统控制功能强，对制冷剂管道选择、焊接和机组安装要求非常高，初投资较高。制冷系统可以引进新风，舒适性较好。制冷剂液体和气体管道直径小，占用的空间少。

19.8　空气处理及设备

对空气处理的设备很多，主要的有以下七类：空气加热设备、空气冷却设备、空气加湿和减湿设备、空气净化设备、消声和减振设备等。

19.8.1　空气加热

空气加热器的种类很多，有光管式和肋管式等，肋管式又有绕片管、轧片管、串片管等，如图 19-24 所示。管材有铜管铜片、铝管铝片、钢管钢片等。

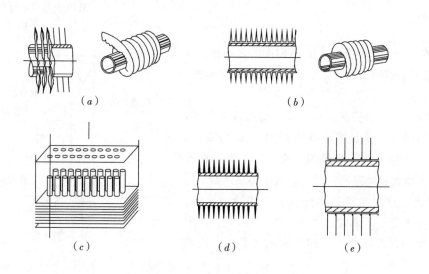

(a)　　　　　　　　　　(b)

(c)　　　　(d)　　　　(e)

图 19-24　各种肋片管的构造
(a) 皱褶绕片；(b) 光滑绕片；(c) 串片；(d) 轧片；(e) 二次翻边片

绕片管是用延展性好的金属带绕在管子上制成的，如图19-24（a）、（b）所示。用轧片机在光滑管子上轧出肋片，如图19-24所示。将事先准备好的带有孔口的肋片与管子串在一起，经胀管之后可制成串片管如图19-24（c）所示，除此之外，还有电加热器，如图19-25所示。电加热器一般用在恒温恒湿机组上，以及集中空调的末端加热上，加热器选择时在已知空气量 G，被加热空气的初温 t_1 和终温 t_2，热媒参数等条件下通过计算选择加热器的型号、台数和组合方式，并计算空气通过加热器的阻力和热水的阻力。

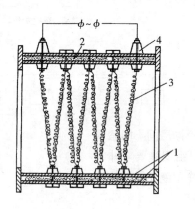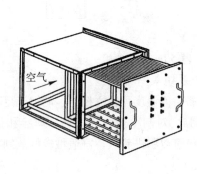

图19-25 电加热器的构造图
1—钢板；2—绝缘层；
3—电热丝；4—瓷绝缘子

19.8.2 空气冷却

空气调节系统对空气的冷却，除用喷水室外，还可以用表面式空气冷却器处理空气。表面式冷却器，分为水冷式和直接蒸发式两种。水冷式表面冷却器内用冷水或冷冻盐水作冷媒，表面式冷却器处理空气的过程只有两种，一是对空气等湿冷却，另一种是对空气冷却干燥。如果对空气进行这两种处理过程，可以采用表面式冷却器。

19.8.2.1 分类

表冷器按肋片管的加工方法不同，分为：绕片式、串片式、镀片式和轧片式等几种。按制作管的材料不同，分为：钢管钢片、铝管铝片、铜管铜片、铜管铝片和钢管铝片等。

19.8.2.2 构造

水冷式表冷器在构造上与加热器相同，有时同一台设备，表冷器又可作为加热器使用，当通冷媒时为冷却，通热媒时为加热。

19.8.2.3 布置与安装

水冷式表面冷却器可以水平安装，也可以垂直或倾斜安装。垂直肋有利于水滴及时流下，保证表冷器良好的工作状态。垂直安装时务必要使肋片保持垂直。这是因为空气中的水分在表冷器外表面结露时，会增大管外空气侧阻力，减小传热系数。

由于表面式冷却器工作时常常有水分从空气中冷凝出来，所以在它们下部应设滴水盘和排水管（图19-26）。目前，大多数厂商生产的空调机组中，表冷器下部均设有集水装置，用户

图19-26 滴水盘和排水管

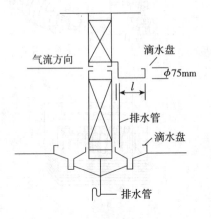

只需将集水引至附近排水处。

表冷器可以并联也可以串联，又可以串并联组合。当被处理的空气量大时，采用并联。当被处理的空气要求温降大时，采用串联。冷水的管路也有并联和串联之分，并联时冷水同时进入每一个换热器，空气与水的换热温差大，水流阻力小，但要求的水量大。串联时冷水顺次进入每个换热器，由于在前面换热器内冷水也吸收了空气的热量，温度有所升高，在末端换热器内和外面空气的温差就相对减小，同时水流阻力也较大，但水力稳定性较好，不至于由于外网工况的波动出现水力失调。空气与冷水两者的流向多数为逆流，逆流传热温差大，有利于提高换热量，减小所需表冷器的面积。

19.8.3 空气的加湿

在空调工程中，有时需要对空气进行加湿处理，以增加空气的含湿量和相对湿度，满足空调房间的设计要求。

对空气的加湿方法很多，有喷水室加湿，还有喷雾加湿和蒸汽加湿等，图19-27是干蒸汽加湿器。喷雾加湿设备有压缩空气喷雾加湿机、电动喷雾机等。蒸汽加湿设备有电热式加湿器和电极式加湿器等。

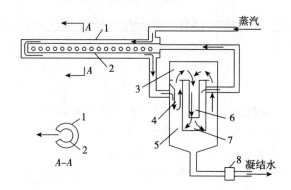

图 19-27　干蒸汽加热器
1—外套；2—喷管；3—导流箱；4—导流片；5—分离室；6—干燥室；7—内筒；8—疏水器

19.8.4 空气的净化

正常的空气中含有大量的灰尘，不能满足工艺的需要，就必须采取措施除掉空气中的灰尘。空气的净化是指除掉空气中的灰尘，达到室内的洁净标准。如电子设备车间、纺织车间、制药车间、胶片洗印厂等的空调都有洁净要求。

19.8.4.1 空气的净化分类

一般净化：只要求一般的净化处理，没有明确的控制指标。

中等净化：要求空气中悬浮微粒的质量浓度不大于 $0.15mg/m^3$。

超级净化：对空气中悬浮微粒的数量和大小均有要求，分别有 1 级、10级、100 级、1000 级、10000 级和 10 万级等。

19.8.4.2 洁净级别的划分

详见表 19-7。

级别名称		粒径(μm)									
		0.1		0.2		0.3		0.5		5	
		单位体积粒子数									
SI	英制	（m^3）	（ft^3）	（m^3）	（ft^3）	（m^3）	（ft^3）	（m^3）	（ft^3）	（m^3）	（ft^3）
M1		350	9.91	75.7	2.14	30.9	0.875	10	0.283	—	—
M1.5	1	1240	35.0	265	7.5	106	3.0	35.3	1.0	—	—
M2		3500	99.1	757	21.4	309	8.75	100	2.83	—	—
M2.5	10	12400	350	2650	75.0	1060	30.0	353	10.0	—	—
M3		35000	991	7570	214	3090	87.5	1000	28.3	—	—
M3.5	100	—	—	26500	750	10600	300	3530	100	—	—
M4		—	—	75700	2140	30900	875	10000	283	—	—
M4.5	1000	—	—	—	—	—	—	35300	1000	247	7.0
M5		—	—	—	—	—	—	100000	2830	618	17.5
M5.5	10000	—	—	—	—	—	—	353000	10000	2470	70.0
M6		—	—	—	—	—	—	1000000	28300	6180	175
M6.5	100000	—	—	—	—	—	—	3530000	100000	24700	700
M7		—	—	—	—	—	—	10000000	283000	61800	1750

19.8.5 组合式空调机组

19.8.5.1 组合式空调机组的构造

组合式空调机组是由各种空气处理段组装而成的不带冷、热源的一种空调设备。机组的功能段是对空气进行一种或几种处理功能的单元体。功能段可包括：空气混合、均流、过滤、冷却、加热、加湿、送风机、回风机、中间段、喷水、消声、热回收等。选用时应根据工程的需要和业主的要求，有选择地选用其中若干功能段。图 19-28 为几个功能段组合成的空调机组示意图。

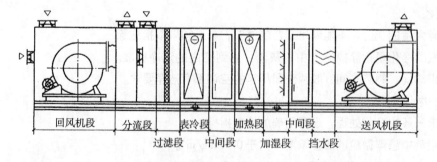

图 19-28 若干功能段组合成的空调机组示意图

回风机段   分流段   表冷段   加热段   中间段   送风机段

过滤段   中间段   加湿段   挡水段

组合式空调机组的规格一般以每小时处理的风量来标定，目前国内生产的风量一般在 $2000 \sim 200000 m^2/h$。空调机组的断面积主要由处理风量决定，其长度主要由所选取的功能段的多少和种类决定。

19.8.5.2 组合式空调机组的分类

组合式空调机组的分类，见表 19-8。

组合式空调机组的分类　　　　　　　表 19-8

分类方式	分类	代号	适用范围
结构形式	立式	L	中小规模集中空调系统，新风机组
	卧式	W	集中空调全空气系统
	吊挂式	D	风量较小的空调系统，新风机组
	混合式	H	全空气系统（机房长度及有限高度允许时）
箱体材料	金属	J	清洁空气，空气湿度不大的环境
	玻璃钢	B	空气湿度大、有喷淋段的场合
	复合	F	
	其他	Q	
用途特征	通用机组	T	工业、民用建筑的全空气空调系统
	新风机组	X	空调系统的新风系统
	变风量机组	B	新风机组，空调系统需变风量的场合
	净化机组	J	微电子、医药行业、医院等空气需净化的场合
	其他	Q	

组合式空调机组的型号标记方法，如型号为 ZKW20 – JBX 表示组合卧式金属的变风量新风机组，额定风量为 20000m³/h。

19.8.6　消声与减振

19.8.6.1　空调系统的消声

空调系统的消声办法是用消声器消除系统中的噪声。消声器种类很多，分阻性消声器、抗性消声器、微穿孔板消声器、干涉消声器等等。阻性消声器是在管道内表面贴附吸声材料，当声波通过时，声波进入吸声材料的孔隙内，小孔内空气振动，消耗声波的能量，声音被消除。图 19-29 所示为 T701 两种阻性管式消声器的结构图。

抗性消声器是通过管道截面积的突变，使部分声波反射回去，不再向前传播，达到消声的目的。其原理图如图 19-30 所示。

图 19-29　T701 阻性管式消声器(左)
图 19-30　抗性消声器的原理图(右)

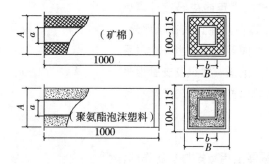
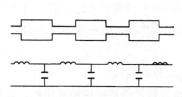

微穿孔板消声器是在管道内设置有微小圆孔的孔板，孔板常用 1mm 厚的金属板，穿孔直径大约 1mm，穿孔率在 1% ~3% 内。当声波在管道内传播时，

声波进入微穿孔板的圆孔内从而使小孔内的空气发生运动，由于空气的摩擦和黏滞作用，使一部分声能变成热能，从而对声能进行了消除。图 19-31 所示为双层微穿孔板消声器的结构图。

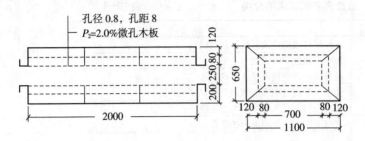

图 19-31 双层微穿孔板消声器结构

干涉消声器是利用声波相互干涉来消除噪声的设备。干涉消声器目前有两种：一种是旁路干涉消声器（图19-32），另一种是电子干涉消声器（图19-33）。

旁路干涉消声器是在管道的侧面接出一旁通管道组成的消声器。当声波在管内传播时一部分声波分叉进入旁路管道，这样从旁路管道出来的声音和直通管道的声音相位发生变化，两者的波峰和波谷相抵消，达到消声的目的。

电子干涉消声器是利用电子设备吸收噪声源发出的噪声，而后经过处理发出一个大小相同、相位不同的声音，这样声源发出的噪声和电子设备发出的噪声，大小相同，但相位不同，两者波峰和波谷相抵消，达到消除噪声的目的。

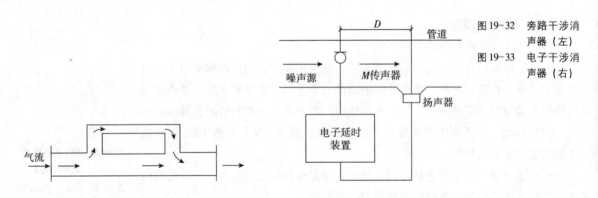

图 19-32 旁路干涉消声器（左）
图 19-33 电子干涉消声器（右）

消声器在空调系统的应用十分普遍，选用什么样的消声器应经过计算确定，消声器一般设置在通风机房和空调房间之间的管道中。并宜放在机房外，如必须经过机房时，消声器的外壳及连接部分都要做好隔声处理。当一个风系统带有多个房间、对噪声有较高要求时，宜在每个房间的送、回风及支管上进行消声处理，以防止房间串声。对于新风进风口、排风口亦应注意防止风机噪声对环境的干扰。

19.8.6.2 空调设备的减振

空调系统中空调设备是通过减振器减振的，减振器是用减振材料制作的，减振材料的品种很多，空调工程中常用的减振材料有橡胶和金属弹簧。图19-34是工程中常用减振器的结构示意图。

1. 橡胶减振垫

如图 19-34（a）所示，它是用橡胶材料剪切成所需要的面积和厚度的块状减振器，可直接垫在机械设备之下。该类减振器由丁腈橡胶制成，耐油性能好，抗老化性能强，使用寿命长；可根据需要割成任意大小，还可多层串联使用，非常方便。

2. 橡胶剪切减振器

如图 19-34（b）所示，它是由丁腈橡胶制成的圆锥形状的减振器，以剪切受力为主。减振体系自振频率低，品种多，应用范围广，结构简单，使用方便，隔振效果好。

3. 弹簧复合减振器

如图 19-34（c）所示，它是由弹簧钢制成的螺旋形构件。静压压缩量大，固有频率低，隔振效果好，结构简单，安装方便；具有良好的耐油性、耐老化性和耐高温性能，使用寿命长。因此应用广泛，但价格较贵。

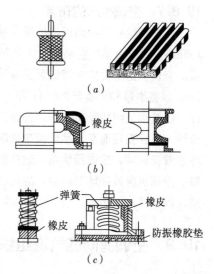

图 19-34　常用减振器的结构示意图

（a）橡胶减振垫；
（b）橡胶剪切减振器；
（c）弹簧复合减振器

固体传声使噪声源产生振动，通过围护结构传至其他房间的顶棚、墙壁、地板等构件，使其振动并向室内辐射噪声。要削弱设备通过基础与建筑结构传递的噪声就要削弱机器传给基础的振动强度。主要方法是消除机器与基础之间的刚性连接，即在振源和基础之间安装减振构件，如弹簧减振器、橡皮、软木等，从而在一定程度上削减振源传到基础的振动。

风机、水泵或制冷压缩机应固定在混凝土或型钢台座上，台座下面安装减振器。图 19-35 是风机的减振安装方法示意。此外风机、水泵、压缩机的进出口应装有软接头，减少振动沿管路的传递。管道吊卡、穿墙处均应作防振处理。图 19-36 是管道隔振的安装示意。

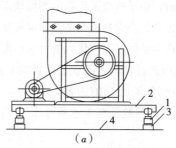

图 19-35　风机的减振安装方法

1—减振器；2—型钢支架；3—混凝土支架；4—支承结构；5—钢筋混凝土板

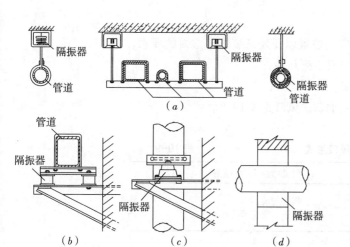

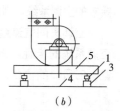

图 19-36　管道隔振的安装方法

（a）水平管道隔振吊架；
（b）水平管道隔振支承；
（c）垂直管道隔振支承；
（d）管道穿墙隔振支承

19.8.7 空调机房的布置

空调机组安装必须保证地面平整，而且空调机组的基础应高于地面 100～150mm。对于大型的空调机组应做防振基础，一般在机组下垫 10mm 厚的橡胶板。空调机组上面接完管道后的净高不小于 0.5m，机组的侧面净间距不小于 1m，以备维修和更换部件时有操作空间。空调机组的出风口上应用帆布软连接，以减小机组的噪声和振动传到后部系统内。空调机房内的管道应符合工艺流程，而且要短而直，尽量和建筑配合，保证美观实用。空调机房内的热水和冷水管及风管，应进行保温，这样既保证减小冷热损失，冷水管表面也不会结露。空调机房设在地下室时，应设机械排风。空调机房内还应设给水和排水设施，以备清洗之用。

19.9 空调房间的气流组织

气流组织，是指在空调房间内为实现某种特定的气流流型，以保证空调效果和提高空调系统的经济性而采取的一些技术措施。气流组织设计的任务是合理地组织室内空气的流动，使工作区空气的温度、湿度、气流速度和洁净度能更好地满足工艺要求及人们舒适感的要求。不同用途的空调工程，对气流组织有着不同的要求。恒温恒湿空调系统，主要是使工作区内保持均匀而又稳定的温、湿度，同时又应满足区域温差、基准温湿度及其允许波动范围的要求。区域温差，是指工作区内无局部热源时，由于气流而引起的不同地点的温差。有高度净化要求的空调系统，主要是使工作区内保持应有的洁净度和室内正压。对空气流速有严格要求的空调系统，则应主要保证工作区内的气流速度符合要求。

空调房间气流组织是否合理，不仅直接影响房间的空调效果，而且也影响空调系统的能耗。影响气流组织的因素很多，如：送风口的形式、数量和位置、回风口的位置、送风参数及室内的各种振动等。

19.9.1 常见送、回风口的形式

19.9.1.1 送风口的形式

根据空调精度、气流形式、送风口安装位置以及建筑装饰等方面的要求，可选用不同形式的送风口，常用的送风口有下列几种：

1. 侧送风口

此类风口向房间横向送出气流，常用的侧送风口见表 19-9。

常用侧送风口形式 表 19-9

风口名称	风口图式	射流特点及应用范围
格栅送风口		属圆射流； 用于一般空调工程

风口名称	风口图式	射流特点及应用范围
单层百叶送风口	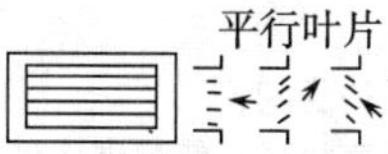 平行叶片	属圆射流； 叶片可活动，可根据冷、热射流调节送风的上下倾角； 用于一般空调工程
双层百叶送风口	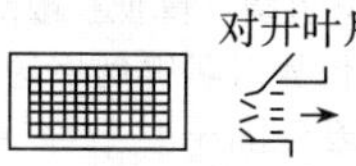 对开叶片	属圆射流； 叶片可活动，内层对开叶片用以调节风量； 用于较高精度空调工程
三层百叶送风口	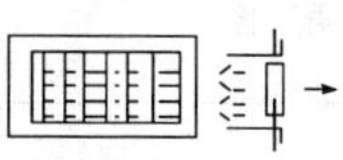	属圆射流； 叶片可活动，有对开叶片可调风量，又有水平、垂直叶片可调上下倾角和射流扩散角； 用于高精度空调工程
带调节板活动百叶送风口	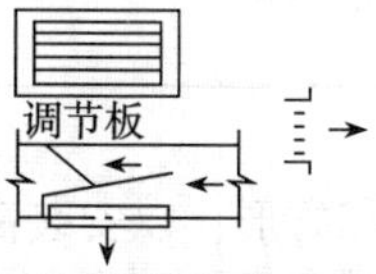 调节板	属圆射流； 通过调节板调整风量； 用于较高精度空调工程
带出口隔板的条缝形送风口	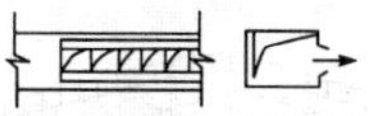	属平面射流； 常用于工业车间的截面变化均匀送风管道上； 用于一般精度的空调工程
条缝形送风口		属平面射流； 常配合静压箱（兼作吸声箱）使用，可作为风机盘管、诱导器的出风口； 适用于一般精度的民用建筑空调工程

侧送风口由于各孔口的送风速度不够均匀，风量也不易调节均匀，因此多用于一般精度要求的空调工程中。

2. 散流器

散流器是由上向下送风的一种送风口，一般都暗装在顶棚上。散流器一般装在送风管道的端头，根据房间的大小不同，可装一个或几个散流器。散流器种类很多，按气流流态与作用不同，可分为两类：

（1）平送散流器：气流从散流器出来后贴附着顶棚向四周流入室内，使气流与室内空气更好地混合后进入工作区，一般要求建筑层高较小。

（2）下送散流器：气体从散流器出来后直接向下扩散进入室内，这种下送气流可以使工作区被罩在送风气流之中，一般要求建筑层高较大。

常用的散流器见表 19-10。

风口名称	风口图式	气流流型及应用范围
盘式散流器		属平送流型； 用于层高较低的房间； 挡板上可贴吸声材料，能起消声作用
直片式散流器	调节板　风管 均流器 扩散圈	平送流型或下送流型（降低扩散圈在散流器中的相对位置时可得到平送流型，反之则可得下送流型）
流线形散流器		属下送流型； 适用于净化空调工程
送吸式散流器		属平送流型； 可将送、回风口结合在一起

散流器的结构形式有多种：以外形分有圆形、矩形和方形；以安装高度分有底部与顶棚平齐或突出顶棚；以扩散角度分为可调的或固定的。

3. 孔板送风口

空气经过圆形或条缝形小孔的孔板而进入室内，此种风口称为孔板送风口。其特点是送风均匀、流速衰减快。图 19-37 所示为具有起稳压作用的送风顶棚的孔板送风口，空气由风管进入稳压层后，再靠稳压层内的静压作用经孔口均匀送入空调房间。

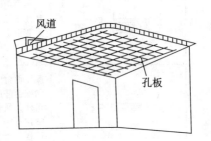

图 19-37　孔板送风口

孔板可用胶合板、硬塑料板或铝板制作。

4. 喷射式送风口

大型的生产车间、体育馆、电影院通常采用喷射式送风口。图 19-38（a）所示为圆形喷口，此喷口噪声低、射程长。为提高喷射送风口的灵活性，可使用如图 19-38（b）所示的既能调方向又能调风量的喷口。

图 19-38　喷射式送风口和球形转动风口

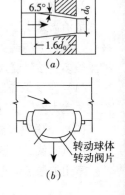

6.5°　　　d₀

1.6d₀

(a)

转动球体
转动阀片

(b)

19.9.1.2　回风口的形式

由于回风口的气流流动对室内气流组织影响不大，因而回风口的构造比较简单。常用的回风口有单层百叶风口、格栅风口、网式风口及活动箅板式回风口。回风口的形状和位置根据气流组织要求而定。若设在房间下部时，为避免灰尘和杂物吸入，风口下缘离地面至少 0.15m。在空调工程中，风口均应能进行风量调节，若风口上无调节装置时，则应在支风管上加以考虑。

19.9.2　气流组织的形式

按照送风口位置的相互关系和气流方向，气流组织的形式一般可分为：

19.9.2.1　上送下回方式

这是最基本的气流组织形式。空调送风由位于房间上部的送风口送入室内，而回风口设在房间的下部。图19-39（a）、（b）所示为单侧和双侧的上侧送风，下侧回风。图19-39（c）所示为散流器上送风，下侧回风。图19-39（d）为孔板顶棚送风，下侧回风。上送风、下回风方式的送风在进入工作区前已经与室内空气充分混合，易于形成均匀的温度场和速度场，能够有较大的送风温差，从而降低送风量。

图 19-39　上送风下回风气流流型

  （a）   （b）   （c）   （d）

19.9.2.2　上送上回方式

图19-40是上送上回的几种常见布置方式。图19-40（a）所示为单侧上送上回形式，送回风管叠置在一起，明装在室内。气流由上部送下，经过工作区后回风向上进入回风管。如房间进深较大，可采用双侧外送或双侧内送式，如图19-40（b）、（c）所示。若房间净高足够，可设吊顶把风管暗装，或采用送吸式散流器，这两种布置用于有一定美观要求的民用建筑。

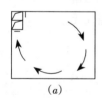 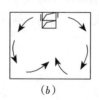 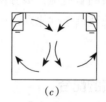

图 19-40　上送风上回风气流流型

  （a）   （b）   （c）

19.9.3　中送风

某些高大空间的空调房间，如采用上述的方式则要大量送风，耗冷（热）量也大，因此采用在房间高度上的中部位置上，用侧送风口或喷口送风。图19-41（a）是中送风下回风方式，图19-41（b）加顶部排风。中送风方式是把房间下部作为空调区，上部为非空调区，这种方式有显著的节能效果。

19.9.4　下送风

图19-42（a）为地面均匀送风，上部集中排风。此种方式送风直接进入工作区，它常用于空调精度不高、人员暂时停留的场所，如会场和影剧院等。图19-42（b）为送风口设在窗台下垂直上送风的方式，这样在工作区造成均匀的气流流动，又避免了送风口过于分散的缺点。

图 19-41 中送风气流流型(左)

图 19-42 下送风气流流型(右)

(a)   (b)   (a)   (b)

综上所述，空调房间的气流组织有很多种，在实际使用时应综合灵活运用。此外，虽然回风口对气流组织影响较小，但对局部地区仍有一些影响，在对净化、温湿度及噪声无特殊要求的情况下，可利用中间走廊回风，以简化回风系统。

19.10 空气调节系统与建筑的配合

19.10.1 管道与建筑的配合

空调管道布置应尽可能和建筑协调一致，保证使用美观。管道走向及管道交叉处，要考虑房屋的高度，对于大型建筑，井字梁用得比较多，而且有时井字梁的高度达 700～800mm。对管道的布置带来很大的不方便。同理，当管道在走廊布置时，走廊的高度和宽度都限制管道的布置和安装，设计和施工时都要加以考虑。特别是当使用吊顶作回风静压箱时，各房间的吊顶不能互相串通，否则各房间的回风量得不到保证，很难使设计参数达到要求。

管道"打架"问题在空调工程中也很重要，冷热水管、空调通风管道、给水排水管道在设计时各专业之间应配合好。而且管道与装修、结构之间的矛盾也应处理好。往往是先安装的管道施工很方便，后来施工时就很困难。为解决这个矛盾，设计和施工时应遵循下列原则：小管道让大管道，有压管道让无压管道。

19.10.2 空调设备与建筑的配合

空调机在空调机房内布置有以下几个要求：

（1）中央机房应尽量靠近冷负荷的中心布置。高层建筑有地下室时宜设在地下室。

（2）中央机房应采用二级耐火材料或不燃材料建造，并有良好的隔声性能。

（3）空调用制冷机多采用氟利昂压缩式冷水机组，机房净高不应低于3.6m。若采用溴化锂吸收式制冷机，设备顶部距屋顶或楼板的距离，不小于1.2m。

（4）中央机房内压缩机间宜与水泵间、控制室隔开，并根据具体情况，设置维修间及厕所等。尽量设置电话，并应考虑事故照明。

（5）机组应做防振基础，机组出水方向应符合工艺的要求。

（6）对于溴化锂机组还要考虑排烟的方向及预留孔洞。

（7）对于大型的空调机房还应作隔声处理，包括门、顶棚等。

（8）空调机房应设控制室和休息间，控制室和机房之间应用玻璃隔断。

19.11　蒸汽压缩式制冷循环的基本原理

实现人工制冷的方法结构有很多种，按物理过程的不同有：液体气化法、气体膨胀法、热电法等；空气调节用制冷技术属于普通制冷范围，主要采用液体气化制冷法，其中包括蒸汽压缩式制冷、吸收式制冷以及蒸汽喷射式制冷。本教材主要讲述单级蒸汽压缩式制冷循环。

19.11.1　液体气化制冷原理

液体气化制冷是利用某些低沸点物质的液体，在汽化时能维持温度不变而吸收热量的性质来实现制冷。

液体气化制冷可以用日常生活中的现象来说明，人们都有这样的经验：在皮肤上擦一些酒精，酒精很快蒸发，皮肤就产生凉爽的感觉。又如盛夏，在屋顶上喷水，由于水的蒸发，屋内会凉快一些。这些现象都说明，液体蒸发时要吸收周围物体的热量，使周围物体温度下降。

19.11.2　逆卡诺循环

逆卡诺循环是理想制冷循环，它的循环过程是可逆过程，因此，制冷系数最大。下面我们用温—熵（T—S 图）来分析逆卡诺循环。

逆卡诺循环原理如图 19-43 所示，它是由两个等温过程和两个绝热过程交替组成的循环。

逆卡诺循环假设如下条件：

（1）被冷却物体温度为 T_0，环境介质温度为 T_1，均为常数。

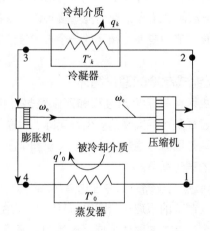

图 19-43　逆卡诺循环原理图

（2）在吸热过程中制冷剂的温度与被冷却物体的温度 T_0 相等，在放热过程中制冷剂的温度与环境介质的温度 T_1 相等，即吸热过程、放热过程中均无温差。

（3）压缩过程、膨胀过程都是在理想绝热情况下进行的，没有任何损失。

在这样的假设条件下，逆卡诺循环 12341 由下列四个过程组成：

过程 1—2 为绝热等熵压缩过程，外界对制冷剂做压缩功；制冷剂温度从 T_0 升高到 T_1，压力升高。

过程 2—3 为等温放热过程。制冷剂放出热量 q_1。

过程 3—4 为绝热等熵膨胀过程。制冷剂对外界做膨胀功，制冷剂温度从

T_1 降低为 T_0，压力下降。

过程 4—1 为等温吸热过程。制冷剂吸取热量 q_0。

将逆卡诺循环表示在 T－S 图上，如图 19-44 所示，从图中可以看出，在逆卡诺循环中，每千克制冷剂从被冷却物体吸取的热量为：

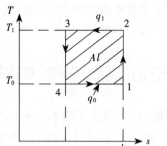

图 19-44　逆卡诺循环在 T－S 图上的表示

$$q_0 = T_0 \ (s_1 - s_4) = \text{面积 } ab14a$$

每千克制冷剂向环境介质放出热量为：

$$q_1 = T_1 \ (s_2 - s_3) = \text{面积 } ab23a$$

根据热力学第一定律，每千克制冷剂循环消耗功 Al（绝对值）为：

$$Al = q_1 - q_0 = (T_1 - T_0)(s_1 - s_4)$$
$$= \text{面积 } 12341$$

逆卡诺循环的制冷系数［式（19-10）］：

$$\varepsilon_k = \frac{q_0}{Al} = \frac{q_0}{q_1 - q_0} = \frac{T_0}{T_1 - T_0} = \frac{1}{\dfrac{T_1}{T_0} - 1} \qquad (19\text{-}10)$$

由式（19-10）可知：

（1）逆卡诺循环的制冷系数与制冷剂的性质无关，只取决于被冷却物体（低温物体）的温度 T_0 和环境介质（高温物体）的温度 T_1。

（2）T_0 越低，T_1 越高，制冷系数 ε 越小。反之，T_0 越高，T_1 越低，制冷系数 ε 越大。

逆卡诺循环只是一个理想循环，实际制冷循环的制冷系数 ε 是无法达到逆卡诺循环数值的。热力学第二定律证明，工作在同样的温度界限 T_1 和 T_0 之间的所有制冷循环，以逆卡诺循环的制冷系数 ε_k 为最高。通常将同样 T_1 与 T_0 的实际制冷循环的制冷系数 ε 与逆卡诺循环的制冷系数 ε_k 之比称为制冷循环的热力完善度，用 $\eta = \varepsilon / \varepsilon_k$ 来表示。热力完善度可以用来说明实际制冷循环接近于逆卡诺循环的程度，它也是制冷循环的一个技术经济指标。

19.11.3　蒸汽压缩式制冷的理论循环

逆卡诺循环是由两个等温换热过程和两个绝热过程组成的。从理论上来讲，两个等温换热过程是可以实现的。但是实际上，逆卡诺循环的两个绝热过程是难以实现的。这是因为：绝热膨胀难于实现和湿压缩比较危险，由此形成了蒸汽压缩式制冷的理论循环。

19.11.3.1　单级蒸汽压缩式制冷理论循环系统

单级蒸汽压缩式制冷的原理图如图 19-45 所示。它由制冷压缩机、冷凝器、节流阀和蒸发器四个最基本的部件组成，这当中，蒸发器是吸收热量的设备，制冷剂在其中吸收被冷却物体的热量实现制冷；压缩机是系统的心脏，起着吸入、压缩、输送制冷剂蒸汽的作用；冷凝器是放出热量的设备，将蒸发器中吸收的热量连同压缩功所转化的热量一起传递给冷却介质带走；节流阀对制冷剂起节流降压作用，同时控制和调节流入蒸发器中制冷剂液体的数量，并将系统分为高压侧和低压侧两大部分。它们之间用管道依次连接，形成一个密闭的系统。制冷剂在系统中不断循环流动，发生状态变化，与外界进行热量交换，其工作过程是：低温液体制冷剂在蒸发器中吸收被冷却物体的热量之后，气化成低压低温的蒸汽，被压缩机吸入，压缩成高压高温的蒸汽后排入冷凝器，在冷凝器中向冷却介质（水或空气）放热，冷凝为高压液体，经

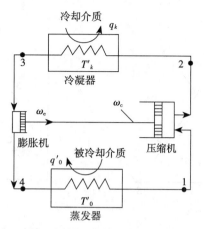

图 19-45　蒸汽压缩式制冷的原理图

节流阀节流为低压低温的制冷剂，再次进入蒸发器吸热气化，达到循环制冷的目的。这样，制冷剂在系统中经过蒸发、压缩、冷凝、节流四个基本过程完成一个制冷循环。

实际的制冷系统中，除了上述的四大件之外，常常有一些辅助设备。

19.11.3.2　单级蒸汽压缩式制冷理论循环图19-46所示为单级蒸汽压缩式制冷的理论循环在温—熵图上的表示，图中1、2、3、4、1为单级蒸汽压缩制冷的理论循环，它也由四个过程组成：

过程1—2为绝热等熵压缩过程，压缩机消耗电能对制冷剂做压缩功，制冷剂的温度由 T_0 升高到 T_2'，压力由 p_0 升高到 p_1，成为 p_1 压力下的过热蒸汽。过程2—3为等压冷凝放热过程，其中2—2′为制冷剂在冷凝器中从过热蒸汽冷却到干饱和蒸汽放出显热的过程。过程 2—3 为干饱和蒸汽在冷凝器中等压等温凝结为饱和液体放出凝结潜热的过程。过程 3—4 为等焓节流过程，制冷剂在节流装置中节流后温度从 T_1 降到 T_0，压力从 p 降到 p_0，但焓值不变，$h_3 = h_4$。过程4—1为等压等温气化吸热过程，制冷剂在蒸发器中由液体（含少部分蒸气）吸热气化变成干饱和蒸汽。用温—熵图来分析制冷循环，虽然有很多方便之处，但由于温—熵图上需用面积来表示热量，仍觉得不够简便。制冷工程上常用压—焓图（1gp – h 图）来分析蒸汽压缩制冷循环，在压—焓图上热量可用直线距离来表示，故显得更加直观、简便。

19.11.3.3　单级蒸汽压缩制冷理论循环在压—焓图上的表示

如图 19-47 所示为单级蒸汽压缩式制冷理论循环在压—焓图上的表示，循环的过程为12341，其中：

点 1：制冷剂进入压缩的状态，在理想情况下该点的状态是等压线 p_0 与干饱和蒸汽线（即 $x = 1$ 的等干度线）相交点的状态。

点 2：制冷剂排出压缩机、进入冷凝器时的状态。过程1—2表示制冷剂在压缩机汽缸中的压缩过程。在理想情况下，这一过程为等熵过程，即制冷剂在过程中与外界没有热量交换。所以，点 2 应是等压线 p_k 与过点 1 的等熵线相交点的状态。

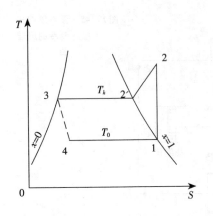
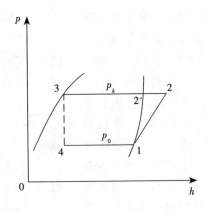

图19-46 单级蒸气压缩制冷循环在 $T—S$ 图上的表示(左)

图19-47 单级蒸气压缩制冷循环在压—焓图上的表示(右)

点3：制冷剂在冷凝器中凝结成饱和液体的状态。过程2-3表示制冷剂在冷凝器中冷却和冷凝的过程。在理想情况下，这一过程为等压过程，制冷剂过热蒸汽进入冷凝器后先冷却成饱和蒸汽，然后在温度不变的情况下冷凝成饱和液体。所以，点3应是等压线 p_k 与饱和液体线（即 $x=0$ 的等干度线）相交点的状态。

点4：制冷剂出节流阀，进入蒸发器时的状态，过程3—4为节流过程，在理想情况下，节流前后，制冷剂的焓值不变，而压力、温度同时降低（压力由 p_k 降至 p_0，温度由 T_1 降至 T_0），有部分液体制冷剂转化为蒸汽，进入两相区。所以，点4应是等压线 p_0 与过点3的等焓线相交点的状态。

过程4—1表示制冷剂在蒸发器内的气化过程，在理想情况下，这一过程中的制冷剂压力和温度保持不变，不断从被冷却物体吸取热量变为干饱和蒸汽。

19.11.4　蒸气压缩式制冷的实际循环

前面分析了逆卡诺循环及蒸汽压缩式制冷理论循环，这些循环都是在一些理想化的假设条件下进行研究的。在实际使用中，这些假设是难以实现的。所以，单级蒸汽压缩式制冷的实际循环与理论循环是有不少差别的。其主要区别在于：

（1）压缩机的实际工作过程是多变压缩过程，而不是等熵压缩过程。

（2）实际循环在冷凝器、蒸发器中存在着传热温差，致使冷凝温度 T_1 高于环境介质的温度，蒸发温度 T_0 低于被冷却介质的温度。

（3）实际循环中，冷凝器出口状态一般不是饱和状态，多是过冷液体状态。称为液体过冷。

（4）实际循环中，压缩机的吸气状态一般不是饱和蒸汽状态，多是过热蒸汽状态。称为蒸汽过热。

实际循环的上述情况会影响制冷循环的制冷量和耗功率，其影响如下：

（1）制冷压缩机的非等熵压缩过程使压缩机耗功增大。

（2）传热温差的存在使冷凝温度提高，蒸发温度降低，增大了耗功率，减小了制冷量。

（3）液体过冷使循环制冷量增大，由于循环耗功不变，制冷系数提高，因此，制冷系统尽量提高过冷度。

（4）若蒸汽的过热是因为管道等吸收了外界热量引起的，则蒸汽过热称为有害过热，它使制冷机耗功增大，制冷系数降低。

鉴于以上原因，实际制冷系统在设计上要尽量采用效率高的压缩机，减小冷凝器和蒸发器的传热温差，提高液体过冷度，做好低温管道的保温。运行中要维护好压缩机；保持冷凝器和蒸发器传热面的清洁，尽量减少或消除水垢、灰尘等影响传热的因素；水冷冷凝器保持足够的冷却水量，风冷冷凝器保持通风畅通；及时检修保温不好的管道等。这些都是制冷系统设计上和运行中最基本的要求。

19.12 空调冷源系统

19.12.1 冷源系统的形式

冷却水系统、冷冻水系统与制冷机组构成空调冷源系统。

19.12.1.1 按布置方式分有开式和闭式系统两类

开式系统的特点是与大气相通。因此，外界空气中的氧气、污染物等极易进入水循环系统，管道、设备等易腐蚀、易堵塞，与闭式系统相比开式系统的水泵不仅要克服系统的沿程阻力及局部阻力损失，而且还要克服系统的静水压头，水泵能耗较大。现今在空调工程中，特别是冷冻水系统中，已经很少采用开式循环系统。

闭式系统由于管道及设备腐蚀小、水泵能耗小，在空调工程中已被广泛应用。

19.12.1.2 按水泵的设置方法分为单级泵系统及复式泵系统两类

单级泵系统即在空调冷热源侧（制冷机、换热器、锅炉）和负荷侧（末端设备或风机盘管）合用水泵的循环供水方式，适用于中小型建筑。

复式泵系统即在空调水系统的冷热源侧（制冷机、换热器、锅炉）和负荷侧（末端设备或风机盘管）分别设置水泵的循环供水方式。复式泵系统特别适用于空调分区负荷变化大，或作用半径相对悬殊的场合。

空调冷源的常用系统形式是定流量和变流量系统。

19.12.1.3 按调节方式分有定流量系统和变流量系统两种方式

定流量系统的特点是系统水量不变，通过改变供回水温度差满足空调建筑的要求。定流量系统通常在末端设备或风机盘管侧采用双位控制的三通阀进行调节，即室温超出设计值时，室温控制器发出信号使三通阀的直通阀座部分关闭，使供水经旁通阀座全部流入回水干管中。当室温没有达到设计值时，室温控制器作用使三通阀直通部分打开，旁通阀关闭，供水全部流入末端设备或风机盘管以满足室温要求。

变水量系统中，供回水温度不变，要求空调末端设备或风机盘管侧的供水量随负荷的增减而改变，故系统输送能耗也随之变化。要求变水量系统中水泵的设置和流量的控制必须采取相应的措施。

19.12.2 冷源的主要设备

19.12.2.1 冷却塔（图19-48）

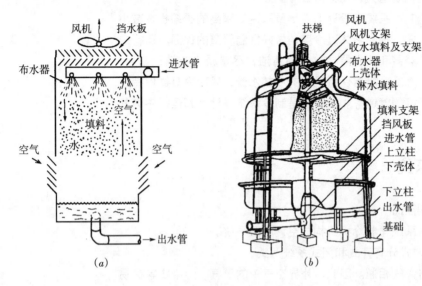

图19-48　机械通风式
　　　　　冷却塔
(*a*) 工作原理；
(*b*) 外形结构

空调工程中使用的冷却塔主要有开放式冷却塔和密闭式冷却塔两种。开放式冷却塔分为逆流式和斜交叉式两种，逆流式冷却塔特点是安装面积小，但高度大，适用于安装高度不受限制的场合；斜交叉式冷却塔，安装面积比逆流式大，但焓移动系数由于比逆流式小，且高度小，适用于高层建筑屋顶等高度受限制的场合。对于密闭式冷却塔，通常用于空气污染严重地区或者闭式水热源、热泵空调系统。空调用冷却塔进出口的水温差（称为冷幅），通常为5℃左右。

空调冷却塔的布置应按下列原则进行：

（1）冷却塔应在空气流畅、风机出口无障碍物的地方，当冷却塔必须用百叶窗遮挡时，则百叶窗净孔面积处风速为2m/s。

（2）冷却塔应设置在允许水滴飞溅的地方，当对噪声有特殊要求时，应选择低噪声或超低噪声冷却塔，并采取隔声措施。

（3）冷却塔不应布置在有高温空气或烟气出口的地方，否则应留有足够的距离。

（4）当冷却塔布置在楼板上或屋面上时，应保证其足够的承载能力。

冷却塔的补水量通常取其循环水量的1%～3%，冷却水和补给水的水质可按有关要求执行。

19.12.2.2 冷却水泵

冷却水泵是冷却水循环系统中的动力源，确定水泵扬程按式（19-11）计算。

$$H = H_1 + H_2 + H_3 + H_4 \qquad (19-11)$$

式中　H——冷却水泵的扬程（mH_2O）；

　　　H_1——冷却水系统的沿程及局部阻力损失（mH_2O）；

H_2——冷凝器内部阻力（mH_2O）；

H_3——冷却塔中水的提升高度（mH_2O）；

H_4——冷却塔的喷嘴喷雾压力，常取 $5mH_2O$。

19.12.2.3 冷冻水泵

冷冻水泵是冷冻水循环系统中的动力源，水泵扬程选择按式（19-12）、式（19-13）计算确定。

对于开式系统：

$$H_k = H_1 + H_2 + H_3 + H_4 \qquad (19\text{-}12)$$

对于闭式系统：

$$H_b = H_1 + H_2 + H_3 \qquad (19\text{-}13)$$

式中　H_k——开式系统冷冻水泵的扬程（mH_2O）；

H_b——闭式系统冷冻水泵的扬程（mH_2O）；

H_1、H_2——水系统的沿程和局部阻力损失（mH_2O）；

H_3——设备内部的阻力损失（mH_2O）；

H_4——开式系统的静水压力（mH_2O）。

设备阻力损失可参照表 19-11 选取。

<table>
<tr><td colspan="4" align="center">设备阻力损失　　　　　　　　　　　　　　　　表 19-11</td></tr>
<tr>
<th>序号</th>
<th>名称</th>
<th>内部阻力损失（mH_2O）</th>
<th>注释</th>
</tr>
<tr>
<td rowspan="3">1</td>
<td>吸收式冷冻机</td>
<td></td>
<td></td>
</tr>
<tr>
<td>蒸发器</td>
<td>4 ~ 10</td>
<td>根据产品不同而定</td>
</tr>
<tr>
<td>冷凝器</td>
<td>5 ~ 14</td>
<td>根据产品不同而定</td>
</tr>
<tr>
<td rowspan="3">2</td>
<td>离心式冷冻机</td>
<td></td>
<td></td>
</tr>
<tr>
<td>蒸发器</td>
<td>3 ~ 8</td>
<td>根据产品不同而定</td>
</tr>
<tr>
<td>冷凝器</td>
<td>5 ~ 8</td>
<td>根据产品不同而定</td>
</tr>
<tr>
<td>3</td>
<td>冷热盘管</td>
<td>2 ~ 5</td>
<td>$V = 0.8 ~ 1.5m/s$ 时</td>
</tr>
<tr>
<td>4</td>
<td>冷却塔</td>
<td>2 ~ 8</td>
<td>不同喷雾压力时</td>
</tr>
<tr>
<td>5</td>
<td>风机盘管</td>
<td>1 ~ 2</td>
<td>容量越大，阻力越大</td>
</tr>
<tr>
<td>6</td>
<td>热交换器</td>
<td>2 ~ 5</td>
<td></td>
</tr>
<tr>
<td>7</td>
<td>自动控制阀</td>
<td>3 ~ 5</td>
<td></td>
</tr>
</table>

19.12.2.4 膨胀水箱

膨胀水箱是水系统中用来收贮水的膨胀量和补充水的冷却收缩量，容积是由系统中水容量和最大水温变化范围决定的。

经计算确定有效容积后，即可从现行《采暖通风标准图集 T905》——（一）、（二）选择膨胀水箱的规格、型号。

19.12.2.5 过滤器

系统中安装除污器或水过滤器主要是清除、过滤水中杂质及管道脱落下来的水垢，从而避免系统堵塞，保证各类设备、阀门的正常工作。

19.12.2.6 除污器

通常除污器、过滤器安装在水泵吸入口、热交换器的进水管上；对于除污器有立式、卧式和卧式角通式三种，可根据建筑平面适当选型。

除污器和过滤器都是按连接管的管径选择的。

阻力计算时，除污器的局部阻力系数常取 4~6；水过滤器的阻力系数常取 2。

除污器、过滤器前后应设闸阀，以备检修与系统切断时用（平时常开），安装必须注意水流方向。

19.12.2.7 分、集水器

作用是便于系统流量分配，便于系统的调节。

确定分、集水器管径是使水通过的流速控制在 0.5~0.88m/s，分水器集水器配管要有一定的间距。

分、集水器应采用无缝钢管制作，选用的管壁和封头板厚度以及焊缝做法应按耐压要求确定。

19.12.3 保温

为防止空调冷水管道表面结露（热水管道散热损失），保证进入末端设备（空调机组或风机盘管等）的供水温度，对于管道及其附件均应采取保温措施，保温层的经济厚度的确定与很多因素有关。如需详细计算时，可参阅《供热工程》或有关设计手册。目前，空调工程中常用的保温材料详见表19-12。

常用保温材料特性表　　　　　　　　　　　　　　　表 19-12

名称	导热系数 [W/（m·K）]	使用温度范围 （℃）	密度 （kg/m³）	特点
软质聚氨酯泡沫塑料	0.040	-30~30	30~36	可现场发泡成型，强度高、但造价高
玻璃棉管壳	0.035~0.058	≤250	120~150	耐火、耐腐蚀、吸水性小、化学稳定性好，缺点是刺激皮肤
岩棉管壳	0.052~0.058	-268~350	100~200	施工方便，温度适用范围大，需注意岩棉对人体的危害
可发性聚苯乙烯塑料板（管壳）	0.041~0.044	-40~70	18~25	有自熄型和非自熄型两种

空调工程中保温层厚度常按表19-13 估取。

空调工程中保温层厚度（mm）　　　　　　　　　表 19-13

保温层厚度δ　　公称直径　　保温材料	≤32	40~65	80~150	200~300	7300
玻璃棉	35	40	45	50	50
（自熄型）聚苯乙烯	40~45	45~50	55~60	60~65	70

19.12.4 制冷机房主要设备布置要求

1）制冷机房内设备的布置应保证操作方便、检修的需要，尽量节省建筑面积。

2）大中型冷水机组（离心式、螺杆式、吸收式制冷机）间距为 1.5 ~ 2.0m，蒸发器和冷凝器一端应留有检修空间，长度按厂家要求确定。

3）对分离式制冷系统，其分离设备的布置应符合下列要求。

（1）风冷冷水机组，分体机室外机应设在室外（屋顶）。按厂家要求布置设备，满足出风口到上面楼板的允许高度。当设在阳台或转换层时应防止进排气短路。

（2）风冷冷凝器、蒸发式冷凝器安在室外应尽量缩短与制冷机的距离，当多台布置时，间距一般为 0.8 ~ 1.2m。

（3）贮液器离墙距离为 0.2 ~ 0.3m，端部离墙 0.2 ~ 0.5m，间距 $d +$ （$0.2 ~ 0.3m$）（d 为贮液器外径），贮液器不得露天放置。

4）压缩机的主要通道及压缩机凸出部分到配电盘的通道宽度不小于 1.5m；两台压缩机凸出部分间距大于 1.0m；制冷机与墙壁间距离以及非主要通道不小于 0.8m。

5）制冷机房净高：对活塞式、小型螺杆式制冷机高度一般为 3 ~ 4.5m；对于离心式制冷机，中、大型螺杆式制冷机，高度一般为 4.5 ~ 5.0m（有布置起吊设备时还应考虑起吊设备工作高度）；对吸收式制冷机，设备最高点到梁下距离不小于 1.5m，设备间净高不应小于 3m。

6）大型制冷机房应设值班室、卫生间、修理间，同时要考虑设备安装口。

7）寒冷地区的制冷机房室内温度不应低于 15℃，设备停运期间不得低于 5℃。

8）制冷机房应有通风措施，其通风系统不得与其他通风系统联合，必须独立设置。

复习思考题

1. 简述自然通风与机械通风的分类及工作原理。
2. 通风系统的主要设备和构件有哪些？
3. 局部排风的特点和方法有哪些？
4. 简述空调系统的组成。
5. 简述风机盘管空调系统的组成和特点。
6. 试述空气处理的基本手段有哪些？
7. 空调房间气流组织的一般形式有哪些？
8. 试述蒸气压缩式制冷循环的基本原理。
9. 空调工程中常用的制冷机种类有哪些？
10. 空调冷却塔的布置原则是什么？

附　录

常用材料结构吸声系数表

附录 A₁

名称及构造	吸声系数α					
	125Hz	250Hz	500Hz	1000Hz	2000Hz	4000Hz
砖墙（抹灰）	0.02	0.02	0.02	0.03	0.03	0.04
砖墙（勾缝）	0.03	0.03	0.04	0.05	0.06	0.06
抹灰砖墙涂油漆	0.01	0.01	0.02	0.02	0.02	0.03
砖墙、拉毛水泥	0.04	0.04	0.05	0.06	0.07	0.05
混凝土未油漆毛面	0.01	0.02	0.02~0.04	0.02~0.06	0.02~0.08	0.03~0.10
混凝土油漆	0.01	0.01	0.01	0.02	0.02	0.02
拉毛（小拉毛）油漆	0.04	0.03	0.03	0.10	0.05	0.07
拉毛（大拉毛）油漆	0.04	0.04	0.07	0.02	0.09	0.05
水泥砂浆（熟石灰＋粉煤灰＋水泥＋细骨材），厚17mm	0.21	0.16	0.25	0.40	0.42	0.48
水泥砂浆（石膏＋粉煤灰＋水泥＋细骨材），厚21mm	0.38	0.21	0.11	0.30	0.42	0.77
大理石	0.01	0.01	0.01	0.01	0.02	0.02
水磨石地面	0.01	0.01	0.02	0.02	0.02	0.02
混凝土地面	0.01	0.01	0.02	0.02	0.02	0.04
板条抹灰	0.15	0.10	0.05	0.05	0.05	0.05
木搁栅地板	0.15	0.10	0.10	0.07	0.06	0.07
实铺木地板	0.05	0.05	0.05	0.05	0.05	0.05
厚地毡铺在混凝土上	0.02~0.10	0.06~0.10	0.15~0.20	0.25~0.35	0.30~0.60	0.35~0.65
丝绒纺织品（0.31kg/m³），挂墙上	0.03	0.04	0.11	0.17	0.24	0.35
丝绒纺织品（0.43kg/m³），折叠面积一半	0.07	0.31	0.49	0.75	0.70	0.60
丝绒纺织品（0.56kg/m³），折叠面积一半	0.14	0.35	0.55	0.72	0.70	0.65
丝绒帷幔（0.77kg/m³）	0.05	0.12	0.35	0.45	0.38	0.36
棉布帷幔折叠面积为50%	0.07	0.31	0.49	0.81	0.66	0.54
棉布帷幔折叠面积为75%	0.04	0.23	0.40	0.57	0.53	0.40
棉布帷幔紧贴墙（0.5kg/m²）	0.04	0.07	0.13	0.22	0.32	0.35
丝、罗、缎窗帘	0.23	0.24	0.28	0.39	0.37	0.15
绸窗帘	0.28	0.34	0.41	0.42	0.38	0.33
毛绸（0.127kg/m²）	0.23	0.24	0.28	0.39	0.37	0.15
布景	0.73	0.59	0.75	0.71	0.76	0.70
橡皮，厚5mm，铺在混凝土上	0.04	0.04	0.08	0.12	0.03	0.10
玻璃窗（12.5cm×35cm），玻璃厚3mm	0.35	0.25	0.18	0.12	0.07	0.04
水表面	0.08	0.08	0.013	0.015	0.02	0.025
干燥沙子，厚102mm，176kg/m²	0.15	0.35	0.40	0.50	0.55	0.80

名称及构造	吸声系数 α					
	125Hz	250Hz	500Hz	1000Hz	2000Hz	4000Hz
干燥沙子，厚203mm，352kg/m²	0.15	0.30	0.45	0.50	0.55	0.75
皮面门	0.10	0.11	0.11	0.09	0.09	0.11
木门	0.16	0.15	0.10	0.10	0.10	0.10
通风洞	0.30	0.40	0.50	0.50	0.50	0.60
舞台口	0.4	0.4	0.4	0.4	0.4	0.4
挑台口（挑台进深/挑台口高度 = 2.5m）	0.3	—	0.5	—	0.6	—
挑台口（挑台进深/挑台口高度 = 3m）	0.4	—	0.65	—	0.75	—
木夹板（厚6mm，后空45mm）	0.18	0.33	0.16	0.07	0.07	0.08
木夹板（厚6mm，后空90mm）	0.25	0.20	0.10	0.07	0.07	0.08
木夹板（厚9mm，后空45mm）	0.11	0.23	0.09	0.07	0.07	0.08
木夹板（厚9mm，后空90mm）	0.26	0.15	0.08	0.07	0.07	0.08
石膏板（厚9~12mm，后空45mm）	0.26	0.13	0.08	0.06	0.06	0.06
铝塑板（厚6mm）	0.03	0.04	0.03	0.03	0.06	0.08
岩棉喷涂（厚12mm）	0.05	0.12	0.37	0.55	0.68	0.70
岩棉喷涂（厚25~30mm）	0.13	0.35	0.85	0.90	0.88	0.88
超细玻璃棉（厚50mm，密度20kg/m³）	0.15	0.35	0.85	0.85	0.86	0.86
超细玻璃棉（厚100mm，密度20kg/m³）	0.25	0.60	0.85	0.87	0.87	0.85
超细玻璃棉（厚150mm，密度20kg/m³）	0.50	0.80	0.85	0.85	0.86	0.80
毛毡（厚15mm，密度150kg/m³）	0.03	0.06	0.17	0.42	0.65	0.73
毛毡（厚15mm，密度80kg/m³）	0.04	0.06	0.14	0.36	0.63	0.92
毛毡（厚13mm，密度230kg/m³）	0.07	0.17	0.32	0.45	0.56	0.69
毛毡（厚300mm，密度80kg/m³）	0.04	0.17	0.56	0.65	0.81	0.91
树脂玻璃棉毡（厚50mm，密度100kg/m³）	0.09	0.26	0.60	0.92	0.98	0.99
树脂玻璃棉毡（厚100mm，密度100kg/m³）	0.30	0.66	0.90	0.91	0.98	0.99
树脂玻璃棉毡（厚50mm，密度200kg/m³）	0.20	0.46	0.69	0.78	0.91	0.93
矿渣棉（厚50mm，密度150kg/m³）	0.18	0.44	0.75	0.81	0.87	—
矿渣棉（厚90mm，密度150kg/m³）	0.44	0.59	0.67	0.77	0.85	—
矿渣棉（厚50mm，密度200kg/m³）	0.21	0.42	0.56	0.70	0.80	—
矿渣棉（厚90mm，密度200kg/m³）	0.33	0.42	0.58	0.70	0.88	—
吊顶：预制水泥板（厚16mm）	0.12	0.10	0.08	0.05	0.05	0.05
厚9.5mm，穿孔率8%，空腔50mm 石膏板后贴桑皮纸	0.17	0.48	0.92	0.75	0.31	0.13
厚9.5mm，穿孔率8%，空腔360mm 石膏板后贴桑皮纸	0.58	0.91	0.75	0.64	0.52	0.46
厚9.5mm，开槽缝，开槽率8%，空腔50mm 石膏板后贴桑皮纸	0.14	0.35	0.78	0.52	0.30	0.28

名称及构造	吸声系数α					
	125Hz	250Hz	500Hz	1000Hz	2000Hz	4000Hz
厚9.5mm，开槽缝，开槽率8%，空腔360mm 石膏板后贴桑皮纸	0.48	0.76	0.48	0.34	0.33	0.27
厚12mm，穿孔率8%，空腔50mm 石膏板后贴无纺布	0.14	0.39	0.79	0.60	0.40	0.25
厚12mm，穿孔率8%，空腔360mm 石膏板后贴无纺布	0.56	0.85	0.58	0.56	0.43	0.33
聚氨酯泡沫塑料（聚醚型）厚20mm	0.04	0.07	0.11	0.18	0.38	0.72
聚氨酯泡沫塑料（聚醚型）厚40mm	0.07	0.13	0.24	0.43	0.80	0.74
聚氨酯泡沫塑料（聚醚型）厚60mm	0.10	0.19	0.40	0.80	0.83	0.97
岩棉吸声板（厚25mm，密度80kg/m³）	0.04	0.09	0.24	0.57	0.93	0.97
岩棉吸声板（厚25mm，密度150kg/m³）	0.04	0.10	0.32	0.65	0.95	0.95
岩棉吸声板（厚50mm，密度80kg/m³）	0.08	0.22	0.60	0.93	0.98	0.99
岩棉吸声板（厚50mm，密度100kg/m³）	0.13	0.33	0.64	0.83	0.89	0.95
岩棉吸声板（厚50mm，密度150kg/m³）	0.11	0.33	0.73	0.90	0.89	0.96
岩棉吸声板（厚75mm，密度80kg/m³）	0.31	0.59	0.87	0.83	0.91	0.97
岩棉吸声板（厚75mm，密度150kg/m³）	0.31	0.58	0.82	0.81	0.91	0.96
岩棉吸声板（厚100mm，密度80kg/m³）	0.35	0.64	0.89	0.90	0.96	0.98
岩棉吸声板（厚100mm，密度100kg/m³）	0.38	0.53	0.77	0.78	0.87	0.95
岩棉吸声板（厚100mm，密度150kg/m³）	0.43	0.62	0.73	0.82	0.90	0.95
听众包括座椅和1m宽走道（按每平方米听众席面积计算的吸声系数）	0.54	0.66	0.75	0.85	0.83	0.75
坐在软椅听众，按地板面积的吸声	0.60	0.74	0.88	0.96	0.93	0.85
坐在木椅听众，按地板面积的吸声	0.57	0.61	0.75	0.86	0.91	0.86
蒙布软椅，按地板面积的吸声	0.49	0.66	0.80	0.88	0.82	0.70
皮软椅，按地板面积的吸声	0.44	0.64	0.60	0.62	0.58	0.50
金属或木软椅，每个吸声量（m²）	0.014	0.018	0.020	0.036	0.035	0.028
人造革座椅的吸声量（每个座椅）	0.21	0.18	0.30	0.28	0.15	0.10
听众（包括座椅）（座椅较拥挤，0.45m²/人以下时，取较小值）	0.15 ~ 0.22	0.33 ~ 0.36	0.37 ~ 0.42	0.40 ~ 0.45	0.42 ~ 0.50	0.45 ~ 0.51
座椅（木板椅，人造革罩面软垫椅；软垫椅用较高值）	0.02 ~ 0.09	0.02 ~ 0.13	0.03 ~ 0.15	0.04 ~ 0.15	0.04 ~ 0.11	0.04 ~ 0.07
观众坐在人造革座椅上每座的吸声	0.23	0.34	0.37	0.33	0.34	0.31

常用墙板空气声隔声量及计权隔声量 R_W

序号	面密度（kg/m³）	空气声隔声量（dB）						R_W
		125	250	500	1000	2000	4000	
1	11	16.3	24.3	27.3	31.6	34.7	35	31
2	17.1	29.1	26.1	28.9	25.8	30.2	34.9	28
3	13.8	22	25	28	34	29	34	31
4	8.8	14	21	26	31	30	30	28
5	15.4	21	22	24	32	35	35	31
6	—	26	31	30	29	36	40	32
7	50	30	28	27	33	41	45	33
8	8.7	18	19	22	29	34	32	29
9	23	20	27	33	37	37	37	35
10	30	18	23	23	23	33	35	28
11	70	30	30	30	40	50	56	38
12	140	29	36	39	46	54	55	44
13	160	31	37	41	45	51	55	46
14	220	34	37	38	45	46	56	44
15	450	35	41	49	51	58	60	52
16	300	37.2	44	46.2	49.2	53.7	52.3	50
17	210	33	38	41	46	53	52	46
18	160	26	30	30	34	41	40	35
19	240	37	34	41	48	55	53	47
20	480	42	43	49	57	64	62	55
21	700	40	48	52	60	63	60	57
22	833	45	58	61	65	66	68	62
23	180	31	40	39	47	52	55	46
24	298	21	21	31	33	42	46	33
25	238	32	31	40	43	49	45	42
26	27.6	37	34	42	47	47	58	45
27	46	36	44	59	57	60	61	55
28	25	27	29	35	43	42	44	38
29	45	35	35	43	51	58	51	46
30	40	34	34	41	48	56	54	45
31	24	30	40	48	57	58	59	50
32	92	35.8	36.5	40.3	46.5	57.5	66	45

序号	面密度（kg/m³）	空气声隔声量（dB）						R_W
		125	250	500	1000	2000	4000	
33	140	39	49	49	56	66	70	54
34	140	40	50	50	57	65	70	55
35	140	40	52	51	59	71	76	58
36	258	25	28	33	47	50	47	38
37	800	50	51	58	71	78	86	63
38	960	46	55	65	80	95	103	68
39	1400	61	79	80	89	89	—	85
40	720	37	45	47	67	66	78	52
41	1660	51	61	69	81	95	—	73
42	48	37	42	38	46	58	65	45
43	200	38	45	47	58	63	62	52
44	22	22	36	45	52	56	55	46
45	11.2	21	31	40	57	61	60	42
46	12.8	24	31	45	56	61	64	43
47	8.7	17	29	40	55	60	56	39
48	8.0	21	26	36	56	64	61	38
49	13.3	24	36	48	58	63	63	46
50	12.6	21	39	41	55	61	66	41
51	21.7	27	40	49	57	58	60	48
52	23.2	30	42	50	58	61	64	51
53	31.1	31	41	44	50	50	58	48
54	29	34	40	48	51	57	49	49
55	62	40	51	58	63	64	57	52
56	42	36	47	51	58	62	52	55
57	86	38	42	38	46	57	67	46
58	35.6	27	36	39	45	51	51	44
59	500	44	52	58	75	84	72	63
60	1158	40	55	70	79	82	—	64
61	1158	47	59	73	82	82	—	70
62	1206	53	65	69	78	81	—	74
63	966	45	60	60	74	83	—	67
64	966	51	63	72	76	82	—	74
65	378	40	62	73	84	—	—	65

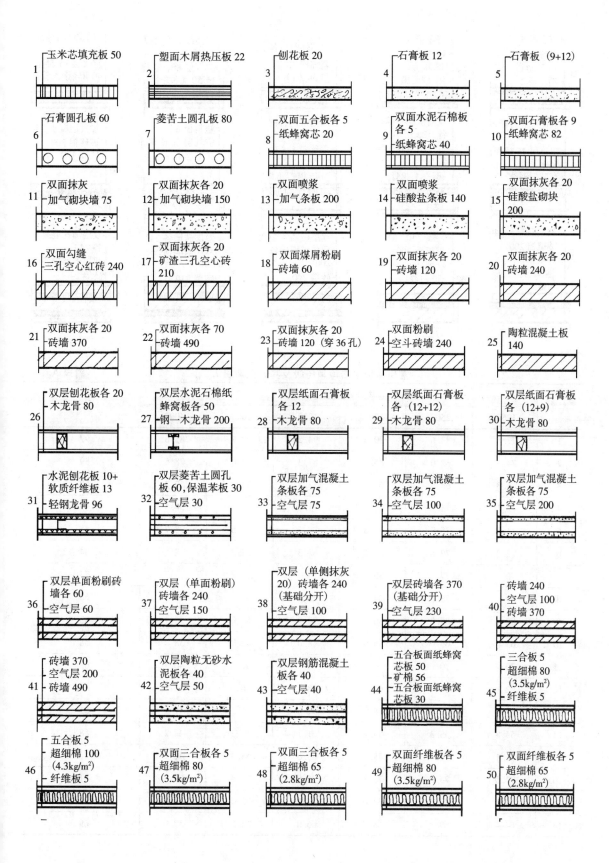

1　玉米芯填充板 50

2　塑面木屑热压板 22

3　刨花板 20

4　石膏板 12

5　石膏板（9+12）

6　石膏圆孔板 60

7　菱苦土圆孔板 80

8　双面五合板各 5　纸蜂窝芯 20

9　双面水泥石棉板各 5　纸蜂窝芯 40

10　双面石膏板各 9　纸蜂窝芯 82

11　双面抹灰　加气砌块墙 75

12　双面抹灰各 20　加气砌块墙 150

13　双面喷浆　加气条板 200

14　双面喷浆　硅酸盐条板 140

15　双面抹灰各 20　硅酸盐砌块 200

16　双面勾缝　三孔空心红砖 240

17　双面抹灰各 20　矿渣三孔空心砖 210

18　双面煤屑粉刷　砖墙 60

19　双面抹灰各 20　砖墙 120

20　双面抹灰各 20　砖墙 240

21　双面抹灰各 20　砖墙 370

22　双面抹灰各 70　砖墙 490

23　双面抹灰各 20　砖墙 120（穿 36 孔）

24　双面粉刷　空斗砖墙 240

25　陶粒混凝土板 140

26　双层刨花板各 20　木龙骨 80

27　双层水泥石棉纸蜂窝板各 50　钢—木龙骨 200

28　双层纸面石膏板各 12　木龙骨 80

29　双层纸面石膏板各（12+12）　木龙骨 80

30　双层纸面石膏板各（12+9）　木龙骨 80

31　水泥刨花板 10+软质纤维板 13　轻钢龙骨 96

32　双层菱苦土圆孔板 60，保温苯板 30　空气层 30

33　双层加气混凝土条板各 75　空气层 75

34　双层加气混凝土条板各 75　空气层 100

35　双层加气混凝土条板各 75　空气层 200

36　双层单面粉刷砖墙各 60　空气层 60

37　双层（单面粉刷）砖墙各 240　空气层 150

38　双层（单侧抹灰 20）砖墙各 240（基础分开）　空气层 100

39　双层砖墙各 370（基础分开）　空气层 230

40　砖墙 240　空气层 100　砖墙 370

41　砖墙 370　空气层 200　砖墙 490

42　双层陶粒无砂水泥板各 40　空气层 50

43　双层钢筋混凝土板各 40　空气层 40

44　五合板面纸蜂窝芯板 50　矿棉 56　五合板面纸蜂窝芯板 30

45　三合板 5　超细棉 80（3.5kg/m²）　纤维板 5

46　五合板 5　超细棉 100（4.3kg/m²）　纤维板 5

47　双面三合板各 5　超细棉 80（3.5kg/m²）

48　双面三合板各 5　超细棉 65（2.8kg/m²）

49　双面纤维板各 5　超细棉 80（3.5kg/m²）

50　双面纤维板各 5　超细棉 65（2.8kg/m²）

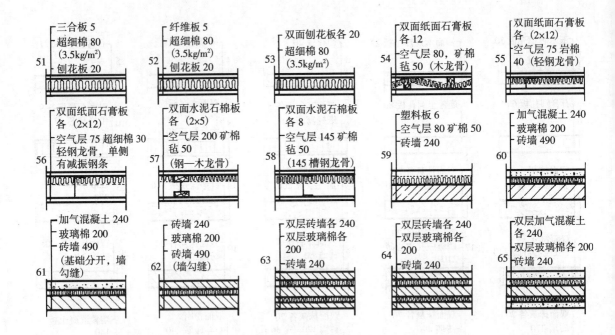

常用楼板撞击声声压级及其计权声级 $L_{pn.w}$ 附录 A₃

序号	撞击声声压级（dB）						$L_{pn.w}$
	125	250	500	1000	2000	4000	
1	77.6	83.6	90.0	94.2	90.7	85.8	97
2	74.3	82.0	85.3	87.3	83.0	78.5	89
3	65.3	68.5	62.4	53.3	53.4	52.3	62
4	72.1	74.4	76.5	71.3	62.5	58.5	69
5	71.5	75.7	78.3	78.5	77.5	73.7	85
6	72.2	79.8	81.6	81.3	77.2	72	84
7	70	77	80	75	62	—	74
8	59	73	74	73	59	53	60
9	82.7	85.0	86.0	79.3	68.0	56.1	83
10	63.0	65.0	56.0	48.0	42.0	38	58
11	70	70	70	60	56	40	68
12	62	61	63	58	46	32	58
13	61	59	66	59	52	47	61
14	54.8	55.3	59.4	61.1	50.3	48.2	58
15	71.1	74.4	75.5	64.6	53.3	47.1	72
16	71.0	75.0	75.3	75.8	70.5	73.8	81
17	67.6	70.3	72.0	74.7	75.4	72.0	82
18	64.4	69.0	68.7	66.0	61.7	52.9	69

序号	撞击声声压级（dB）						$L_{pn.w}$
	125	250	500	1000	2000	4000	
19	69.5	73.3	76.0	70.5	62.0	56.8	72
20	70.5	75.2	80.2	81.4	82.8	84.3	90
21	71.2	74.5	73.4	70.3	65.3	56.6	74
22	68.7	75.9	79.4	78.1	76.8	72.0	84
23	66.3	72.9	77.4	81.6	74.7	71.1	83
24	65	72	72	59	43	40	67
25	73.6	77.7	80.2	81.9	80.2	78.5	87
26	64.6	61.5	54.8	45.5	34.2	26	58
27	71	66	60	54	43	37	64
28	46	55	62	54	47	44	57
29	57	58.1	58.9	60.2	54	46	61
30	74.0	76.0	76.5	78.5	70.0	68.0	77
31	74.7	79.0	78.6	77.4	70.1	62.5	77
32	65.0	70.5	70.5	65.0	48.0	40.0	66
33	70.1	74.6	71.1	65.2	58.9	55.0	69
34	74.0	81.0	86.0	88.5	87.0	83	94
35	83.9	80.9	81.2	78.3	72.1	67	80
36	79.7	74.2	75.2	69.1	59	50.5	73
37	70	70	68	66	58	50	67
38	71.3	70.2	69.6	69.8	64.2	60.5	71
39	65.6	66.5	63.2	52.0	41.7	35.5	61
40	71.5	72.5	69.0	65.0	50.0	36.5	67
41	79.1	78.2	78.4	73.0	65.5	59	65
42	69.0	69.0	66.0	61.0	63.0	64.5	70
43	80.0	84.8	92.5	96.5	95.7	91.8	103
44	76.7	79.5	81.0	80.7	78.0	72.8	85
45	77.5	77.8	77.9	80.6	81.0	79.2	88
46	74.5	77.5	75.5	69.0	52.0	37.5	72
47	69.9	74.7	77.8	79	77.2	—	84
48	74.1	76.4	76.6	77.0	75.1	—	82
49	71.8	77.5	79.2	81.8	79.0	—	86
50	72.0	76.8	83.0	86.7	86.8	80	94
51	73.8	80.3	86.3	87.8	85.3	76	92

下图为相应各楼板结构图。

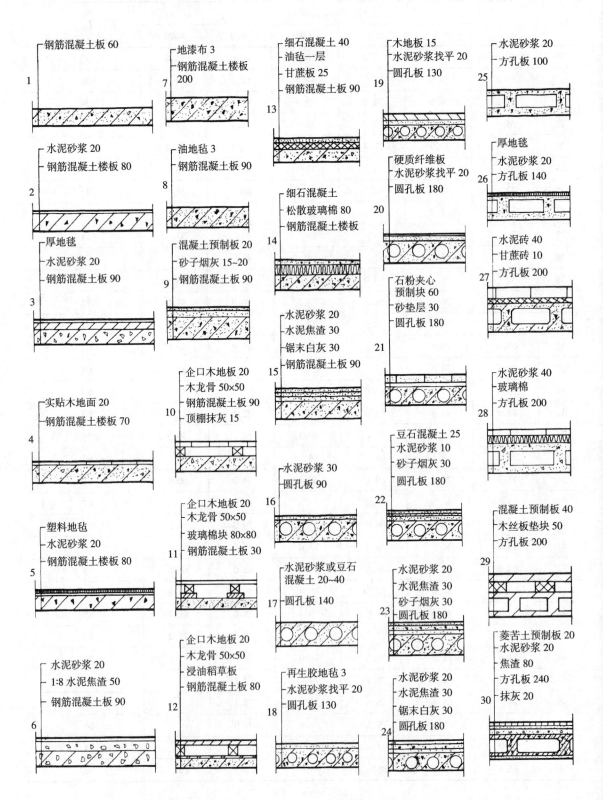

1　钢筋混凝土板 60

2　水泥砂浆 20
　　钢筋混凝土楼板 80

3　厚地毯
　　水泥砂浆 20
　　钢筋混凝土板 90

4　实贴木地面 20
　　钢筋混凝土楼板 70

5　塑料地毡
　　水泥砂浆 20
　　钢筋混凝土楼板 80

6　水泥砂浆 20
　　1:8 水泥焦渣 50
　　钢筋混凝土板 90

7　地漆布 3
　　钢筋混凝土楼板 200

8　油地毡 3
　　钢筋混凝土板 90

9　混凝土预制板 20
　　砂子烟灰 15~20
　　钢筋混凝土板 90

10　企口木地板 20
　　木龙骨 50×50
　　钢筋混凝土板 90
　　顶棚抹灰 15

11　企口木地板 20
　　木龙骨 50×50
　　玻璃棉块 80×80
　　钢筋混凝土板 30

12　企口木地板 20
　　木龙骨 50×50
　　浸油稻草板
　　钢筋混凝土板 80

13　细石混凝土 40
　　油毡一层
　　甘蔗板 25
　　钢筋混凝土板 90

14　细石混凝土
　　松散玻璃棉 80
　　钢筋混凝土楼板

15　水泥砂浆 20
　　水泥焦渣 30
　　锯末白灰 30
　　钢筋混凝土板 90

16　水泥砂浆 30
　　圆孔板 90

17　水泥砂浆或豆石混凝土 20~40
　　圆孔板 140

18　再生胶地毡 3
　　水泥砂浆找平 20
　　圆孔板 130

19　木地板 15
　　水泥砂浆找平 20
　　圆孔板 130

20　硬质纤维板
　　水泥砂浆找平 20
　　圆孔板 180

21　石粉夹心预制块 60
　　砂垫层 30
　　圆孔板 180

22　豆石混凝土 25
　　水泥砂浆 10
　　砂子烟灰 30
　　圆孔板 180

23　水泥砂浆 20
　　水泥焦渣 30
　　砂子烟灰 30
　　圆孔板 180

24　水泥砂浆 20
　　水泥焦渣 30
　　锯末白灰 30
　　圆孔板 180

25　水泥砂浆 20
　　方孔板 100

26　厚地毯
　　水泥砂浆 20
　　方孔板 140

27　水泥砖 40
　　甘蔗砖 10
　　方孔板 200

28　水泥砂浆 40
　　玻璃棉
　　方孔板 200

29　混凝土预制板 40
　　木丝板垫块 50
　　方孔板 200

30　菱苦土预制板 20
　　水泥砂浆 20
　　焦渣 80
　　方孔板 240
　　抹灰 20

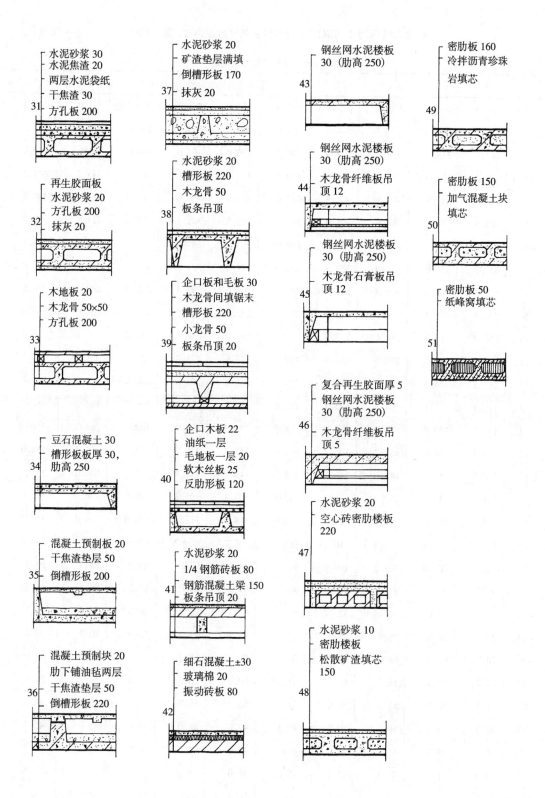

31　水泥砂浆 30　水泥焦渣 20　两层水泥袋纸　干焦渣 30　方孔板 200

32　再生胶面板　水泥砂浆 20　方孔板 200　抹灰 20

33　木地板 20　木龙骨 50×50　方孔板 200

34　豆石混凝土 30　槽形板板厚 30，肋高 250

35　混凝土预制板 20　干焦渣垫层 50　倒槽形板 200

36　混凝土预制块 20　肋下铺油毡两层　干焦渣垫层 50　倒槽形板 220

37　水泥砂浆 20　矿渣垫层满填　倒槽形板 170　抹灰 20

38　水泥砂浆 20　槽形板 220　木龙骨 50　板条吊顶

39　企口板和毛板 30　木龙骨间填锯末　槽形板 220　小龙骨 50　板条吊顶 20

40　企口木板 22　油纸一层　毛地板一层 20　软木丝板 25　反肋形板 120

41　水泥砂浆 20　1/4 钢筋砖板 80　钢筋混凝土梁 150　板条吊顶 20

42　细石混凝土±30　玻璃棉 20　振动砖板 80

43　钢丝网水泥楼板 30（肋高 250）

44　钢丝网水泥楼板 30（肋高 250）　木龙骨纤维板吊顶 12

45　钢丝网水泥楼板 30（肋高 250）　木龙骨石膏板吊顶 12

46　复合再生胶面厚 5　钢丝网水泥楼板 30（肋高 250）　木龙骨纤维板吊顶 5

47　水泥砂浆 20　空心砖密肋楼板 220

48　水泥砂浆 10　密肋楼板　松散矿渣填芯 150

49　密肋板 160　冷拌沥青珍珠岩填芯

50　密肋板 150　加气混凝土块填芯

51　密肋板 50　纸峰窝填芯

a. 温度 –40~0℃（与冰面接触）

t（℃）	0.0	0.1	0.2	0.3	0.4	0.5	0.6	0.7	0.8	0.9
0	610.6	605.3	601.3	595.9	590.6	586.6	581.3	576.0	572.0	566.6
–1	562.6	557.3	553.3	548.0	544.0	540.0	534.6	530.6	526.6	521.3
–2	517.3	513.3	509.3	504.0	500.0	496.0	492.0	488.0	484.0	480.0
–3	476.0	472.0	468.0	464.0	460.0	456.0	452.0	448.0	445.3	441.3
–4	437.3	433.3	429.3	422.6	422.6	418.6	416.0	412.0	408.0	405.3
–5	401.3	398.3	394.6	392.0	388.0	385.3	381.3	378.6	374.6	372.0
–6	368.0	365.3	362.8	358.6	356.0	353.3	349.3	346.6	344.0	341.3
–7	337.3	334.6	332.0	329.3	326.6	324.0	321.3	318.6	314.7	312.0
–8	309.3	306.6	304.3	301.3	298.6	296.0	293.3	292.0	289.3	286.6
–9	284.0	281.3	278.6	276.0	273.3	272.0	269.3	266.6	264.0	262.6
–10	260.0	257.3	254.6	253.3	250.6	248.0	246.6	244.0	241.3	240.0
–11	237.3	236.0	233.3	232.0	229.3	226.6	225.3	222.6	221.3	218.6
–12	217.3	216.0	213.3	212.0	209.3	208.0	205.3	204.0	202.6	200.0
–13	198.6	197.3	194.7	193.3	192.0	189.3	188.0	186.7	184.0	182.7
–14	181.3	180.0	177.3	176.0	174.7	173.3	172.0	169.3	168.0	166.7
–15	165.3	164.0	162.7	161.3	160.0	157.3	156.0	154.7	153.3	152.0
–16	150.7	149.3	148.0	146.7	145.3	144.0	142.7	141.3	140.0	138.7
–17	137.3	136.0	134.7	133.3	132.0	130.7	129.3	128.0	126.7	126.0
–18	125.3	124.0	122.7	121.3	120.0	118.7	117.3	116.6	116.0	114.7
–19	113.3	112.0	111.3	110.7	109.3	108.7	106.7	106.0	105.3	104.0
–20	102.7	102.0	101.3	100.0	99.3	98.7	97.3	96.0	95.3	94.7
–21	93.3	93.3	92.0	90.7	90.7	89.3	88.0	88.0	86.7	85.3
–22	85.3	84.0	84.0	82.7	81.3	81.3	80.0	80.0	78.7	77.3
–23	77.3	76.0	76.0	74.7	74.7	73.3	73.3	72.30	70.7	70.7
–24	70.7	68.0	68.0	68.0	66.7	66.7	65.3	65.3	64.0	64.0
–25	62.7	61.3	61.3	61.3	61.3	60.0	60.0	58.7	58.7	57.3
–26	57.3	56.0	56.0	56.0	54.7	53.3	53.3	53.3	53.3	52.0
–27	52.0	50.7	50.7	50.7	49.3	49.3	48.0	48.0	48.0	46.7
–28	46.7	45.3	45.3	45.3	45.3	44.0	44.0	44.0	42.7	42.7
–29	42.7	41.3	41.3	41.3	40.0	40.0	40.0	38.7	38.7	38.7
–30	37.3	37.3	37.3	37.3	36.0	36.0	36.0	34.7	34.7	34.7
–31	34.3	33.3	33.3	33.3	33.3	32.0	32.0	32.0	32.0	30.7

t（℃）	0.0	0.1	0.2	0.3	0.4	0.5	0.6	0.7	0.8	0.9
-32	30.7	30.7	30.7	29.3	29.3	29.3	29.3	28.0	28.0	28.0
-33	28.0	26.7	26.7	26.7	26.7	26.7	25.3	25.3	25.3	25.3
-34	25.3	24.0	24.0	24.0	24.0	24.0	22.7	22.7	22.7	22.7
-35	22.7	21.3	21.3	21.3	21.3	21.3	21.3	20.0	20.2	20.2
-36	20.0	20.0	18.7	18.7	18.7	18.7	18.7	18.7	18.7	18.7
-37	17.3	17.3	17.3	17.3	17.3	17.3	17.3	16.0	16.0	16.0
-38	16.0	16.0	16.0	16.0	14.7	14.7	14.7	14.7	14.7	14.7
-39	14.7	13.3	13.3	13.3	13.3	13.3	13.3	13.3	13.3	13.3
-40	13.3	12.0	12.0	12.0	12.0	12.0	12.0	12.0	12.0	12.0

b. 温度 0～40℃ （与水面接触）

t（℃）	0.0	0.1	0.2	0.3	0.4	0.5	0.6	0.7	0.8	0.9
0	610.6	615.9	619.9	623.9	629.3	633.3	638.6	642.6	647.9	651.9
1	657.3	661.3	666.6	670.6	675.9	681.3	685.3	690.6	695.9	699.9
2	705.3	710.6	715.9	721.3	726.6	730.6	735.9	741.3	746.6	751.9
3	757.3	762.6	767.9	773.3	779.9	785.3	790.6	791.9	801.3	807.9
4	813.3	818.6	823.9	830.36	835.9	842.6	847.9	853.3	859.9	866.6
5	871.9	878.6	883.9	890.6	897.3	902.6	909.3	915.9	921.3	927.9
6	934.6	941.3	847.9	954.6	961.3	967.9	974.6	981.2	987.9	994.6
7	1001.2	1007.9	1014.9	1002.6	1029.2	1035.9	1043.9	1050.6	1057.2	1065.2
8	1071.9	1079.9	1086.6	1094.6	1101.2	1109.2	1117.2	1123.9	1131.9	1139.2
9	1147.9	1155.9	1162.6	1170.6	1178.6	1186.6	1194.6	1202.6	1210.6	1218.6
10	1227.9	1235.9	1243.9	1251.9	1259.9	1269.2	1277.2	1286.6	1294.6	1303.9
11	1311.9	1321.2	1329.2	1338.6	1347.9	1355.9	1365.2	1374.5	1383.9	1393.2
12	1401.2	1410.5	1419.9	1429.2	1438.5	1449.2	1458.5	1467.9	1477.2	1486.5
13	1497.2	1506.5	1517.2	1526.5	1537.2	1546.5	1557.2	1566.5	1577.2	1587.9
14	1597.2	1607.9	1618.5	1629.2	1639.9	1650.5	1661.2	1671.9	1682.5	1693.2
15	1703.9	1715.9	1726.5	1737.2	1749.2	1759.9	1771.8	1782.5	1794.5	1805.2
16	1817.2	1829.2	1841.2	1851.8	1863.8	1875.8	1887.8	1899.8	1911.8	1925.2
17	1937.2	1949.2	1961.2	1974.5	1986.5	1998.5	2011.8	2023.8	2037.2	2050.5
18	2062.5	2075.8	2089.2	2102.5	2115.8	2129.2	2142.5	2155.8	2169.1	2182.5
19	2195.8	2210.5	2223.8	2238.5	2251.8	2266.5	2279.8	2294.5	2309.1	2322.5
20	2337.1	2351.8	2366.5	2381.1	2395.8	2410.5	2425.1	2441.1	2455.8	2470.5
21	2486.5	2501.1	2517.1	2531.8	2547.8	2563.8	2579.8	2594.4	2610.4	2626.4

t (℃)	0.0	0.1	0.2	0.3	0.4	0.5	0.6	0.7	0.8	0.9
22	2642.4	2659.8	2675.8	2691.8	2707.8	2725.1	2741.1	2758.4	2774.4	2791.8
23	2809.1	2825.1	2842.4	2859.8	2877.1	2894.4	2911.8	2930.4	2947.7	2965.1
24	2983.7	3001.1	3019.7	3037.1	3055.7	3074.4	3091.7	2110.4	3129.1	3147.7
25	3167.7	3186.4	3205.1	3223.7	3243.7	3262.4	3282.4	3301.1	3321.1	3341.0
26	3361.0	3381.0	3401.0	3421.0	3441.0	3461.0	3482.4	3502.4	3523.7	3543.7
27	3565.0	3586.4	3607.7	3627.7	3649.0	3670.4	3693.0	3714.4	3735.7	3757.0
28	3779.7	3802.3	3823.7	3846.3	3869.0	3891.7	3914.3	3937.0	3959.7	3982.3
29	4005.0	4029.0	4051.7	4075.7	4099.7	4122.3	4146.3	4170.3	4194.3	4218.3
30	4243.6	4267.6	4291.6	4317.0	4341.0	4366.3	4391.7	4417.0	4442.3	4467.6
31	4493.0	4518.3	4543.7	4570.3	4595.6	4622.3	4648.9	4675.6	4702.3	4728.9
32	4755.6	47820.3	4808.9	4836.9	4863.6	4891.6	4918.2	4946.2	4974.2	5002.2
33	5030.2	5059.6	5087.6	5115.6	5144.9	5174.2	5202.2	5231.6	5260.9	5290.2
34	5319.5	5350.2	5379.5	5410.2	5439.5	5470.2	5500.9	5531.5	5562.2	5592.9
35	5623.5	5655.5	5686.2	5718.2	5748.8	5780.8	5812.8	5844.8	5876.8	5910.2
36	5942.2	5975.5	6007.5	6040.8	6074.2	6107.5	6140.8	6174.1	6208.8	6442.1
37	6276.8	6310.1	6344.8	6379.5	6414.1	6448.8	6484.8	6519.4	6555.4	6590.1
38	6626.1	6662.1	6698.1	6734.1	6771.4	6807.4	6844.8	6882.1	6918.1	6955.4
39	6999.1	7031.4	7068.7	7107.4	7144.7	7183.4	7222.1	7260.7	7299.4	7338.0
40	7378.0	7416.7	7456.7	7496.7	7536.7	7576.7	7616.7	7658.0	7698.0	7739.3

建筑材料的热物理性能计算参数　　　　附录 B₂

材料名称	干密度 ρ_0 [kg/m³]	导热系数 λ [W/(m·K)]	蓄热系数 S (周期24h) [W/(m²·K)]	比热容 c [kJ/(kg·K)]	蒸汽渗透系数 μ g/(m²·h·Pa)
1. 混凝土					
钢筋混凝土	2500	1.74	17.20	0.92	0.0000158 *
碎石、卵石混凝土	2300	1.51	15.36	0.92	0.0000173 *
碎石、卵石混凝土	2100	1.28	13.57	0.92	0.0000173 *
膨胀矿渣珠混凝土	2000	0.77	10.49	0.96	—
膨胀矿渣珠混凝土	1800	0.63	9.05	0.96	—
膨胀矿渣珠混凝土	1600	0.53	7.87	0.96	—
自然煤矸石、矿渣混凝土	1700	1.00	11.68	1.05	0.0000548 *
自然煤矸石、矿渣混凝土	1500	0.76	9.54	1.05	0.0000900
自然煤矸石、矿渣混凝土	1300	0.56	7.63	1.05	0.0001050
粉煤灰陶粒混凝土	1700	0.95	11.40	1.05	0.0000188

材料名称	干密度 ρ_0 [kg/m³]	导热系数 λ [W/(m·K)]	蓄热系数 S （周期24h） [W/(m²·K)]	比热容 c [kJ/(kg·K)]	蒸汽渗透系数 μ g/(m²·h·Pa)
粉煤灰陶粒混凝土	1500	0.70	9.16	1.05	0.0000975
粉煤灰陶粒混凝土	1300	0.57	7.78	1.05	0.0001050
粉煤灰陶粒混凝土	1100	0.44	6.30	1.05	0.0001350
黏土陶粒混凝土	1600	0.84	10.36	1.05	0.0000315 *
黏土陶粒混凝土	1400	0.70	8.93	1.05	0.0000390 *
黏土陶粒混凝土	1200	0.53	7.25	1.05	0.0000405 *
页岩陶粒混凝土	1500	0.77	9.65	1.05	0.0000315 *
页岩陶粒混凝土	1300	0.63	8.16	1.05	0.0000390 *
页岩陶粒混凝土	1100	0.50	6.70	1.05	0.0000435 *
火山灰渣、砂、水泥混凝土	1700	0.57	6.30	0.57	0.0000395 *
浮石混凝土	1500	0.67	9.09	1.05	—
浮石混凝土	1300	0.53	7.54	1.05	0.0000188 *
浮石混凝土	1100	0.42	6.13	1.05	0.0000353 *
加气混凝土、泡沫混凝土	700	0.22	3.59	1.05	0.0000998 *
加气混凝土、泡沫混凝土	500	0.19	2.81	1.05	0.0001110 *
2. 砂浆和砌体					
水泥砂浆	1800	0.93	11.37	1.05	0.0000210 *
石灰水泥砂浆	1700	0.87	10.75	1.05	0.0000975 *
石灰砂浆	1600	0.81	10.07	1.05	0.0000443 *
石灰石膏砂浆	1500	0.76	9.44	1.05	—
保温砂浆	800	0.29	4.44	1.05	—
重砂浆砌筑黏土砌体	1800	0.81	10.63	1.05	0.0001050 *
轻砂浆砌筑黏土砌体	1700	0.76	9.96	1.05	0.0001200
灰砖砌体	1900	1.10	12.72	1.05	0.0001050
硅酸盐砖砌体	1700	0.81	11.11	1.05	0.0001050
炉渣砖砌体	1400	0.58	10.43	1.05	0.0001050
重砂浆砌筑26、33及36孔黏土空心砖砌体	1400	0.58	7.92	1.05	0.0000158
3. 热绝缘材料					
矿棉、岩棉、玻璃棉板	80以下	0.050	0.59	1.22	—
矿棉、岩棉、玻璃棉板	80~120	0.045	0.75	1.22	0.0004880
矿棉、岩棉、玻璃棉毡	70以下	0.050	0.58	1.34	—
矿棉、岩棉、玻璃棉毡	70~120	0.045	0.77	1.34	0.0004880
矿棉、岩棉、玻璃棉松散料	70以下	0.050	0.46	0.84	—

材料名称	干密度 ρ_0 [kg/m³]	导热系数 λ [W/(m·K)]	蓄热系数 S（周期24h）[W/(m²·K)]	比热容 c [kJ/(kg·K)]	蒸汽渗透系数 μ g/(m²·h·Pa)
矿棉、岩棉、玻璃棉松散料	70~120	0.045	0.51	0.84	0.0004880
麻刀	150	0.070	1.34	2.10	—
水泥膨胀珍珠岩	800	0.26	4.37	1.17	0.0000420*
水泥膨胀珍珠岩	600	0.21	3.44	1.17	0.0000900*
水泥膨胀珍珠岩	400	0.16	2.49	1.17	0.0001910*
沥青、乳化沥青膨胀珍珠岩	400	0.12	2.28	1.55	0.0000293*
沥青、乳化沥青膨胀珍珠岩	300	0.093	1.77	1.55	0.0000675*
水泥膨胀蛭石	350	0.14	1.99	1.05	—
聚乙烯泡沫塑料	100	0.047	0.70	1.38	—
聚苯乙烯泡沫塑料	30	0.042	0.36	1.38	0.0000162
聚氨酯硬泡沫塑料	30	0.033	0.36	1.38	0.00000234
聚氯乙烯硬泡沫塑料	130	0.048	0.79	1.38	—
钙塑	120	0.049	0.83	1.59	—
泡沫玻璃	140	0.058	0.70	0.84	0.0000225
泡沫石灰	300	0.116	1.70	1.05	—
炭化泡沫石灰	400	0.14	2.33	1.05	—
泡沫石膏	500	0.19	2.78	1.05	0.0000375
4. 木材、建筑板材					
橡木、枫树（热流方向垂直木纹）	700	0.17	4.90	2.51	0.0000562
橡木、枫树（热流方向顺木纹）	700	0.35	6.93	2.51	0.0003000
松、木、云杉（热流方向垂直木纹）	500	0.14	3.85	2.51	0.000345
松、木、云杉（热流方向顺木纹）	500	0.29	5.55	2.51	0.0001680
胶合板	600	0.17	4.57	2.51	0.0000225
软木板	300	0.093	1.95	1.89	0.0000255*
软木板	150	0.058	1.09	1.89	0.0000285*
纤维板	1000	0.34	8.13	2.51	0.0001200*
纤维板	600	0.23	5.28	2.51	0.0001130
石棉水泥板	1800	0.52	8.52	1.05	0.0000135*
石棉水泥隔热板	500	0.16	2.58	1.05	0.0003900
稻草板	1050	0.13	2.33	1.68	0.0003000
石膏板	1050	0.33	5.28	1.05	0.0000790
水泥刨花板	1000	0.34	7.27	2.01	0.0000240*

材料名称	干密度 ρ_0 [kg/m³]	导热系数 λ [W/(m·K)]	蓄热系数 S（周期24h）[W/(m²·K)]	比热容 c [kJ/(kg·K)]	蒸汽渗透系数 μ g/(m²·h·Pa)
水泥刨花板	700	0.19	4.56	2.01	0.0001050
木屑板	200	0.065	1.54	2.10	0.0002630
5. 松散材料					
5.1 无机材料					
锅炉渣	1000	0.29	4.40	0.92	0.0001930
粉煤灰	1000	0.23	3.93	0.92	—
高炉炉渣	900	0.26	3.92	0.92	0.0002030
浮石、凝灰岩	600	0.23	3.05	0.92	0.0002630
膨胀蛭石	300	0.14	1.79	1.05	—
膨胀蛭石	200	0.10	1.24	1.05	—
硅藻土	200	0.076	1.00	0.92	—
膨胀珍珠岩	120	0.07	0.84	1.17	—
膨胀珍珠岩	80	0.058	0.63	1.17	—
5.2 有机材料					
木屑	250	0.093	1.84	2.01	0.0002630
稻壳	120	0.06	1.02	2.01	—
干草	100	0.047	0.83	2.01	—
6. 其他材料					
夯实黏土	2000	1.16	12.99	1.01	—
夯实黏土	1800	0.93	11.03	1.01	—
加草黏土	1600	0.76	9.37	1.01	—
加草黏土	1400	0.58	7.69	1.01	—
轻质黏土	1200	0.47	6.36	1.01	—
建筑用砂	1600	0.58	8.36	1.01	—
花岗石、玄武石	2800	3.49	25.49	0.92	0.0000113
大理石	2800	2.91	23.27	0.92	0.0000113
砾石、石灰石	2400	2.04	18.03	0.92	0.0000375
石灰石	2400	1.16	12.56	0.92	0.0000600
沥青油毡、油毡纸	600	0.17	3.33	1.47	—
沥青混凝土	2100	1.05	16.39	1.68	0.0000075
石油沥青	1400	0.27	6.73	1.68	—
石油沥青	1050	0.17	4.71	1.68	0.0000075
平板玻璃	2500	0.76	10.69	0.84	—
玻璃钢	1800	0.52	9.25	1.26	—
建筑钢材	7850	58.2	126	0.48	—
铝	2700	203	191	0.92	—

注：＊为测定值。

城市名称	夏季室外计算温度			城市名称	夏季室外计算温度		
	平均值 $\bar{t}_e$	最高值 $t_{e \cdot max}$	波幅值 A_{te}		平均值 $\bar{t}_e$	最高值 $t_{e \cdot max}$	波幅值 A_{te}
西 安	32.3	38.4	6.1	武 汉	32.4	36.9	4.5
汉 中	29.5	35.8	6.3	宜 昌	32.0	38.2	6.2
北 京	30.2	36.3	6.1	黄 石	33.0	37.9	4.9
天 津	30.4	35.4	5.0	长 沙	32.7	37.9	5.2
石家庄	31.7	38.3	6.6	藏 江	30.4	36.3	5.9
济 南	33.0	37.3	4.3	岳 阳	32.5	35.9	3.4
青 岛	28.1	31.1	3.0	株 洲	34.4	39.9	5.5
上 海	31.2	36.1	4.9	衡 阳	32.8	38.3	5.5
南 京	32.0	37.1	5.1	广 州	31.1	35.6	4.5
常 州	32.3	36.4	4.1	海 口	30.7	36.3	5.6
徐 州	31.5	36.7	5.2	汕 头	30.6	35.2	4.6
东 台	31.1	35.8	4.7	韶 关	31.5	36.3	4.8
合 肥	32.3	36.8	4.5	德 庆	31.2	36.6	5.4
芜 湖	32.5	36.9	4.4	湛 江	30.9	35.5	4.6
阜 阳	32.1	37.1	5.2	南 宁	31.0	36.7	5.7
杭 州	32.1	37.2	5.1	桂 林	30.9	36.2	5.3
衢 县	32.1	37.6	5.5	百 色	31.8	37.6	5.8
温 州	30.3	35.7	5.4	梧 州	30.9	37.0	6.1
南 昌	32.9	37.8	4.9	柳 州	32.9	38.8	5.9
赣 州	32.2	37.8	5.6	桂 平	32.4	37.5	5.1
九 江	32.8	37.4	4.6	成 都	29.2	34.4	5.2
景德镇	31.6	37.2	5.6	重 庆	33.2	38.9	5.7
福 州	30.9	37.2	6.3	达 县	33.2	38.6	5.4
建 阳	30.5	37.3	6.8	南 充	34.0	39.3	5.3
南 平	30.8	37.4	6.6	贵 阳	26.9	32.7	5.8
永 安	30.8	37.3	6.5	同 仁	31.2	37.8	6.6
漳 州	31.3	37.1	5.8	遵 义	28.5	34.1	5.6
厦 门	30.8	35.5	4.7	思 南	31.4	36.8	5.4
郑 州	32.5	38.8	6.3	昆 明	23.3	29.3	6.0
信 阳	31.9	36.6	4.7	元 江	33.7	40.3	6.6

室外计算参数

围护结构冬季室外计算参数及最冷月平均温度

| 地名 | 冬季室外计算温度 t_e（℃） | | | | 设计计算计算参数采暖期 | | | | 冬季室外平均风速（m/s） | 最冷月平均温度（℃） | 最热月平均温度（℃） |
	I型	II型	III型	IV型	天数 Z(d)	平均温度 $\bar{t}_e$（℃）	平均相对湿度 φ_e（%）	度日数 D_{di}（℃·d）			
北 京	-9	-12	-14	-16	125(129)	-1.6	50	2450	2.8	-4.5	25.9
天 津	-9	-11	-12	-13	119(122)	-1.2	57	2285	2.9	-4.0	26.5
上 海	-2	-4	-6	-7	54(62)	3.7	76	772	3.0	3.5	27.8
石家庄	-8	-12	-14	-17	112(117)	-0.6	56	2083	1.8	-2.9	26.6
郑 州	-5	-7	-9	-11	98(102)	1.4	58	1627	3.4	-0.3	27.2
太 原	-12	-14	-16	-18	135(144)	-2.7	53	2795	2.4	-6.5	23.5
济 南	-7	-10	-12	-14	101(106)	0.6	52	1157	3.1	-1.4	27.4
呼和浩特	-19	-21	-23	-25	166(171)	-6.2	53	4017	1.6	-12.9	21.9
沈 阳	-19	-21	-23	-25	152	-5.7	58	3602	3.0	-12.0	24.6
长 春	-23	-26	-28	-30	170(174)	-8.3	63	4471	4.2	-16.4	23.0
哈尔滨	-26	-29	-31	-33	176(179)	-10.0	66	4928	3.6	-19.4	22.8
南 京	-3	-5	-7	-9	75(83)	3.0	74	1125	2.6	1.9	27.9
杭 州	-1	-3	-5	-6	51(61)	4.0	80	714	2.3	3.7	28.5
合 肥	-3	-7	-10	-13	70(75)	2.9	73	1057	2.6	2.0	28.2
南 昌	0	-2	-4	-6	17(35)	4.7	74	226	3.6	4.9	29.5
武 汉	-2	-6	-8	-11	58(67)	3.4	77	847	2.6	3.0	28.7
长 沙	0	-3	-5	-7	30(45)	4.6	81	402	2.7	4.6	29.3
昆 明	13	11	10	9	0	—	—	—	2.5	7.7	19.8
广 州	7	5	4	3	0	—	—	—	2.2	13.3	28.4
南 宁	7	5	4	3	0	—	—	—	1.7	12.7	28.3
成 都	2	5	3	2	0	—	—	—	0.9	5.4	25.5
贵 阳	-1	-2	-4	-6	20(42)	5.0	78	260	2.2	4.9	24.1
拉 萨	-6	-8	-9	-10	142(149)	0.5	35	2485	2.2	-2.3	15.5
西 安	-5	-8	-10	-12	100(101)	0.9	66	1710	1.7	-0.9	26.4
兰 州	-11	-13	-15	-16	132(135)	-2.8	60	2746	0.5	-6.7	22.2
银 川	-15	-18	-20	-23	145(149)	-3.8	57	3161	1.7	-8.9	23.4
西 宁	-13	-18	-18	-20	162(165)	-3.3	50	3451	1.7	-8.2	17.2

全国主要城市夏季太阳辐射照度（W/m²）

附录 B_5

城市名称	朝向	地方太阳时													日总量	昼夜平均
		6	7	8	9	10	11	12	13	14	15	16	17	18		
北京	S	30	65	116	245	352	423	447	423	352	245	116	65	30	2909	121.2
	W (E)	30	65	95	118	136	147	151	364	543	662	697	629	441	4078	169.9
	N	148	137	95	118	136	147	151	147	136	118	95	137	148	1471	71.4
	H	139	336	543	730	878	972	1003	972	878	730	543	336	139	8199	341.6
上海	S	18	50	79	134	217	273	291	273	217	134	79	50	18	1833	76.4
	W (E)	18	50	79	102	119	130	133	336	505	615	640	558	353	3638	151.6
	N	125	148	118	102	119	130	133	130	119	102	118	148	125	1617	67.4
	H	88	276	487	681	836	933	967	933	836	681	487	276	88	7569	315.4
武汉	S	17	47	76	125	207	261	280	261	207	125	76	47	17	1746	72.8
	W (E)	17	47	76	100	117	127	131	332	501	609	633	551	345	3586	149.4
	N	123	147	120	100	117	127	131	127	117	100	120	147	123	1599	66.6
	H	83	369	480	675	829	928	961	928	829	675	480	269	83	7489	312.0
西安	S	24	60	94	180	267	325	345	325	267	180	94	60	24	2245	93.5
	W (E)	24	60	94	122	141	153	157	344	496	591	607	523	332	3644	151.8
	N	119	139	11	122	141	153	157	153	141	122	111	139	119	1727	72.0
	H	98	282	486	672	819	914	945	914	819	672	486	282	98	7487	312.0
重庆	S	16	47	79	119	200	252	270	252	200	119	79	47	17	1696	70.7
	W (E)	16	47	79	104	122	133	138	340	509	617	640	555	255	3645	151.9
	N	124	153	131	104	122	133	138	133	122	104	131	153	100	1672	69.7
	H	81	270	487	686	844	945	980	945	844	686	487	270	60	7606	316.9
南宁	S	17	60	98	129	150	182	196	182	150	129	98	60	15	1468	61.2
	W (E)	17	60	98	129	150	162	166	352	502	591	594	483	265	3559	148.3
	N	100	168	186	176	157	162	166	162	157	176	186	168	101	2064	86.0
	H	60	251	473	678	838	942	976	942	838	678	473	251	58	7462	310.9
广州	S	15	53	89	118	138	151	154	151	138	118	89	53	16	1365	56.9
	W (E)	15	53	89	118	138	151	154	341	494	586	591	487		3482	145.1
	N	101	163	176	162	143	151	154	151	143	162	176	163	101	1946	81.1
	H	58	244	462	664	824	926	962	926	824	664	462	244	58	7318	304.9
福州	S	16	52	86	112	163	211	227	211	163	112	86	52	16	1507	62.8
	W (E)	16	52	86	112	131	143	146	344	508	609	624	528		3604	150.2

城市名称	朝向	地方太阳时													日总量	昼夜平均
		6	7	8	9	10	11	12	13	14	15	16	17	18		
福州	N	113	162	159	131	131	143	146	143	131	131	159	162	113	1824	76.0
	H	70	261	481	685	845	949	983	949	845	685	481	261	70	7565	315.2
	S	20	56	110	145	205	255	273	255	205	145	110	67	20	1877	78.2
	W (E)	20	67	110	145	169	184	189	375	524	608	603	489	267	3750	156.3
贵阳	N	103	163	174	158	169	184	189	184	169	158	174	163	103	2091	87.1
	H	73	269	496	708	876	983	1021	983	876	708	496	269	73	7831	326.3
	S	16	48	79	106	184	236	254	236	184	106	79	48	16	1592	66.3
	W (E)	16	48	79	104	123	134	138	345	518	629	651	561	341	368	153.6
长沙	N	124	159	141	104	123	134	138	134	123	104	141	159	124	1708	71.2
	H	77	272	493	697	860	964	1000	964	860	697	493	272	77	7726	321.9
	S	18	53	84	131	209	261	279	261	209	131	84	53	18	1791	74.6
	W (E)	18	53	84	109	127	138	143	333	490	590	608	521	318	3532	147.2
杭州	N	116	147	127	109	127	138	143	138	127	109	127	147	116	1671	69.6
	H	82	266	473	664	815	910	944	910	815	664	473	266	82	7364	306.8

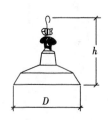

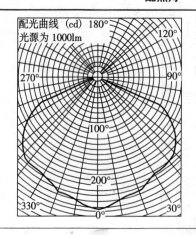

配光曲线（cd）180°
光源为 1000lm

型 号		一
规格	D	360
（mm）	h	290
光源		白炽灯 100W
保护角		21.1°
灯具效率		77.3%
上射光通比		0
下射光通比		77.3%
最大允许 L/h		1.4
灯头形式		E27

发光强度值（cd）

$\theta(°)$	I_θ	$\theta(°)$	I_θ
0	253	50	197
5	249	55	174
10	241	60	161
15	235	65	141
20	235	70	30
25	223	75	0
30	216	80	
35	215	85	
40	215	90	
45	210		

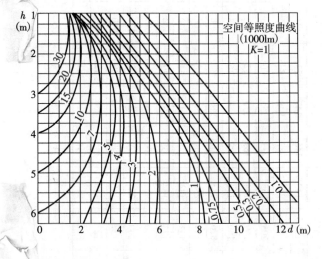

空间等照度曲线
（1000lm）
$K=1$

利 用 系 数 表 $L/h = 0.7$

有效顶棚反射率（%）	70				50				30				10				0
墙反射率（%）	70	50	30	10	70	50	30	10	70	50	30	10	70	50	30	10	0
室空间比																	
1	0.81	0.78	0.75	0.72	0.77	0.74	0.72	0.69	0.74	0.71	0.69	0.67	0.70	0.69	0.67	0.65	0.64
2	0.75	0.70	0.65	0.61	0.72	0.67	0.63	0.60	0.68	0.65	0.61	0.59	0.65	0.62	0.60	0.57	0.56
3	0.69	0.62	0.57	0.52	0.66	0.60	0.55	0.52	0.63	0.58	0.54	0.51	0.60	0.56	0.53	0.50	0.48
4	0.64	0.56	0.50	0.45	0.61	0.54	0.49	0.45	0.58	0.52	0.48	0.44	0.55	0.50	0.47	0.43	0.42
5	0.59	0.50	0.43	0.39	0.56	0.48	0.43	0.38	0.53	0.47	0.42	0.38	0.51	0.45	0.41	0.37	0.36
6	0.54	0.44	0.38	0.33	0.51	0.43	0.37	0.33	0.48	0.42	0.36	0.33	0.46	0.40	0.36	0.32	0.31
7	0.49	0.39	0.33	0.28	0.46	0.38	0.32	0.28	0.44	0.37	0.32	0.28	0.42	0.36	0.31	0.28	0.26
8	0.45	0.35	0.29	0.25	0.43	0.34	0.29	0.24	0.41	0.33	0.28	0.24	0.39	0.32	0.28	0.24	0.23
9	0.42	0.32	0.26	0.21	0.40	0.31	0.25	0.21	0.38	0.30	0.25	0.21	0.36	0.29	0.25	0.21	0.20
10	0.39	0.29	0.23	0.18	0.37	0.28	0.22	0.19	0.35	0.27	0.22	0.19	0.34	0.27	0.22	0.18	0.17

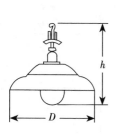

广照灯

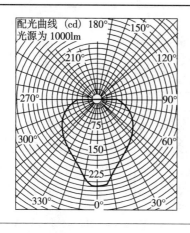

配光曲线（cd）180°
光源为1000lm

型　号		—
规格 （mm）	D	305
	h	275
光源		白炽灯 100W
保护角		—
灯具效率		83%
上射光通比		3%
下射光通比		80%
最大允许 L/h		1.0
灯头形式		E27

发光强度值（cd）

$\theta(°)$	I_θ	$\theta(°)$	I_θ
0	259	70	106
5	248	75	99
10	235	80	92
15	207	85	85
20	189	90	52
25	177	95	37
30	175	100	0
35	161	105	
40	157	110	
45	146	115	
50	136	120	
55	127	125	
60	118	130	
65	114	135	

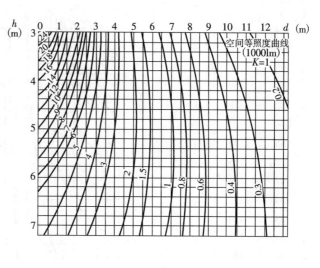

空间等照度曲线（1000lm）K=1

利 用 系 数 表　　　　L/h = 0.7

有效顶棚反射率（%）	70				50				30				10				0
墙反射率（%）	70	50	30	10	70	50	30	10	70	50	30	10	70	50	30	10	0
室空间比																	
1	0.83	0.78	0.73	0.69	0.77	0.73	0.69	0.66	0.73	0.69	0.66	0.63	0.68	0.66	0.63	0.61	0.58
2	0.74	0.66	0.60	0.54	0.69	0.63	0.57	0.53	0.65	0.59	0.55	0.51	0.61	0.56	0.53	0.49	0.47
3	0.67	0.58	0.50	0.44	0.62	0.55	0.48	0.43	0.58	0.52	0.46	0.42	0.54	0.49	0.45	0.41	0.39
4	0.62	0.51	0.44	0.38	0.57	0.49	0.42	0.37	0.53	0.46	0.41	0.36	0.50	0.44	0.39	0.35	0.33
5	0.56	0.46	0.38	0.32	0.53	0.43	0.37	0.31	0.49	0.41	0.35	0.31	0.46	0.39	0.34	0.30	0.28
6	0.52	0.41	0.33	0.28	0.48	0.39	0.32	0.27	0.45	0.37	0.31	0.27	0.42	0.35	0.30	0.26	0.24
7	0.48	0.36	0.29	0.24	0.45	0.35	0.28	0.23	0.42	0.33	0.27	0.23	0.39	0.32	0.27	0.22	0.21
8	0.44	0.33	0.26	0.21	0.42	0.32	0.25	0.21	0.39	0.30	0.25	0.20	0.37	0.29	0.24	0.20	0.18
9	0.41	0.30	0.23	0.18	0.39	0.29	0.23	0.18	0.36	0.28	0.22	0.18	0.34	0.27	0.21	0.18	0.16
10	0.39	0.28	0.21	0.16	0.36	0.26	0.20	0.16	0.34	0.25	0.20	0.16	0.32	0.24	0.19	0.16	0.14

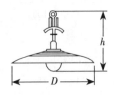

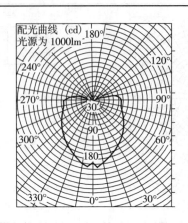

配光曲线（cd）光源为1000lm

型 号		—
规格（mm）	D	305
	h	270
光源		白炽灯100W
保护角		—
灯具效率		90%
上射光通比		13%
下射光通比		77%
最大允许 L/h		1.26
灯头形式		E27

发光强度值（cd）

θ(°)	I_θ	θ(°)	I_θ
0	194	70	102
5	201	75	94
10	195	80	88
15	191	85	84
20	182	90	89
25	176	95	94
30	166	100	78
35	158	105	16
40	147	110	0
45	136	115	
50	128	120	
55	121	125	
60	116	130	
65	110	135	

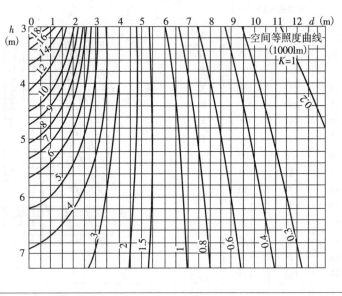

空间等照度曲线（1000lm）K=1

利 用 系 数 表   L/h = 0.7

有效顶棚反射率（%）	70				50				30				10				0
墙反射率（%）	70	50	30	10	70	50	30	10	70	50	30	10	70	50	30	10	0
室空间比																	
1	0.86	0.81	0.76	0.72	0.79	0.75	0.71	0.67	0.72	0.69	0.66	0.63	0.66	0.64	0.61	0.59	0.56
2	0.77	0.69	0.63	0.57	0.71	0.64	0.58	0.54	0.64	0.59	0.54	0.50	0.59	0.55	0.51	0.47	0.45
3	0.70	0.60	0.53	0.46	0.64	0.56	0.49	0.44	0.58	0.51	0.46	0.42	0.53	0.48	0.43	0.39	0.37
4	0.64	0.54	0.46	0.39	0.58	0.50	0.43	0.37	0.53	0.46	0.40	0.36	0.48	0.43	0.38	0.34	0.31
5	0.59	0.47	0.39	0.33	0.54	0.44	0.37	0.32	0.49	0.41	0.35	0.30	0.44	0.38	0.33	0.29	0.26
6	0.54	0.42	0.34	0.29	0.49	0.39	0.33	0.27	0.45	0.37	0.31	0.26	0.41	0.34	0.29	0.25	0.23
7	0.50	0.38	0.30	0.25	0.45	0.35	0.29	0.24	0.41	0.33	0.27	0.23	0.38	0.31	0.26	0.22	0.19
8	0.46	0.34	0.27	0.22	0.42	0.32	0.26	0.21	0.39	0.30	0.24	0.20	0.35	0.28	0.23	0.19	0.17
9	0.43	0.31	0.24	0.19	0.39	0.29	0.23	0.18	0.36	0.27	0.22	0.18	0.33	0.26	0.21	0.17	0.15
10	0.40	0.29	0.22	0.17	0.37	0.27	0.21	0.16	0.34	0.25	0.20	0.16	0.31	0.24	0.19	0.15	0.13

搪瓷深照灯 附表 C-4

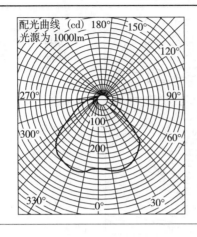

型　号		一
规格	D	345
（mm）	h	400
光源		GGY125
保护角		30.5°
灯具效率		71%
上射光通比		0
下射光通比		71%
最大允许 L/h		1.5
灯头形式		E27

发光强度值（cd）

$\theta(°)$	I_θ	$\theta(°)$	I_θ
0	283	50	110
5	285	55	80
10	301	60	60
15	303	65	47
20	305	70	33
25	303	75	0
30	290	80	
35	275	85	
40	255	90	
45	225		

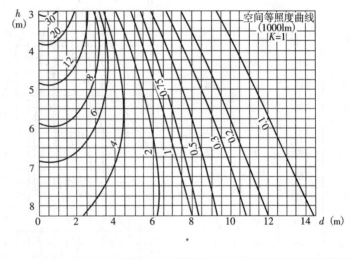

利 用 系 数 表																	$L/h = 0.7$
有效顶棚反射率（%）	70				50				30				10				0
墙反射率（%）	70	50	30	10	70	50	30	10	70	50	30	10	70	50	30	10	0
室空间比																	
1	0.75	0.72	0.69	0.66	0.71	0.69	0.66	0.64	0.68	0.66	0.64	0.62	0.65	0.63	0.62	0.60	0.59
2	0.70	0.66	0.62	0.59	0.67	0.63	0.60	0.57	0.64	0.61	0.59	0.56	0.62	0.59	0.57	0.55	0.54
3	0.66	0.60	0.56	0.52	0.63	0.58	0.54	0.51	0.60	0.56	0.53	0.50	0.58	0.55	0.52	0.50	0.48
4	0.62	0.55	0.50	0.46	0.59	0.53	0.49	0.46	0.56	0.52	0.48	0.45	0.54	0.50	0.47	0.45	0.43
5	0.57	0.50	0.45	0.41	0.55	0.49	0.44	0.41	0.53	0.48	0.44	0.41	0.51	0.46	0.43	0.40	0.39
6	0.53	0.46	0.41	0.37	0.51	0.45	0.40	0.37	0.49	0.44	0.40	0.36	0.47	0.43	0.39	0.36	0.35
7	0.50	0.42	0.37	0.33	0.48	0.41	0.36	0.33	0.46	0.40	0.36	0.32	0.44	0.39	0.35	0.32	0.31
8	0.46	0.38	0.33	0.29	0.44	0.37	0.33	0.29	0.43	0.36	0.32	0.29	0.41	0.36	0.32	0.29	0.28
9	0.43	0.35	0.30	0.26	0.41	0.34	0.29	0.26	0.40	0.33	0.29	0.26	0.38	0.33	0.29	0.26	0.25
10	0.40	0.32	0.27	0.23	0.38	0.31	0.26	0.23	0.37	0.30	0.26	0.23	0.36	0.30	0.26	0.23	0.22

防水防尘灯

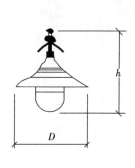

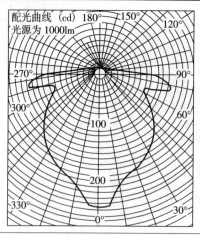

配光曲线（cd）180°
光源为 1000lm

型　　号		FSC – 200 – 4
规格	D	380
（mm）	h	360
光源		白炽灯 100W
保护角		磨砂罩
灯具效率		71.6%
上射光通比		0
下射光通比		71.6%
最大允许 L/h		1.05
灯头形式		E27

发光强度值（cd）

θ(°)	I_θ	θ(°)	I_θ
0	248	50	114
5	243	55	104
10	205	60	88
15	197	65	90
20	192	70	122
25	184	75	121
30	173	80	99
35	160	85	27
40	145	90	0
45	134		

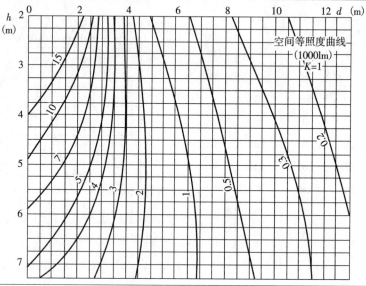

空间等照度曲线（1000lm）K=1

利用系数表　　　　　L/h = 0.9

有效顶棚反射率（%）	70				50				30				10				0
墙反射率（%）	70	50	30	10	70	50	30	10	70	50	30	10	70	50	30	10	0
室空间比																	
1	0.73	0.69	0.65	0.61	0.69	0.66	0.62	0.59	0.65	0.63	0.60	0.58	0.62	0.60	0.58	0.56	0.54
2	0.66	0.59	0.54	0.49	0.62	0.56	0.52	0.48	0.58	0.54	0.50	0.47	0.55	0.52	0.48	0.46	0.44
3	0.59	0.51	0.45	0.40	0.56	0.49	0.44	0.39	0.53	0.47	0.43	0.39	0.50	0.45	0.41	0.38	0.36
4	0.54	0.46	0.39	0.34	0.51	0.44	0.38	0.33	0.48	0.42	0.37	0.33	0.46	0.40	0.36	0.32	0.31
5	0.50	0.41	0.34	0.29	0.47	0.39	0.33	0.29	0.44	0.38	0.33	0.29	0.42	0.36	0.32	0.28	0.27
6	0.46	0.37	0.30	0.26	0.44	0.36	0.30	0.25	0.41	0.34	0.29	0.25	0.39	0.33	0.29	0.25	0.23
7	0.43	0.34	0.27	0.23	0.41	0.32	0.27	0.23	0.39	0.31	0.26	0.22	0.37	0.30	0.26	0.22	0.21
8	0.40	0.30	0.24	0.20	0.38	0.29	0.24	0.20	0.36	0.28	0.23	0.20	0.34	0.28	0.23	0.20	0.18
9	0.37	0.28	0.22	0.18	0.35	0.27	0.22	0.18	0.34	0.26	0.21	0.18	0.32	0.25	0.21	0.18	0.16
10	0.35	0.25	0.20	0.16	0.33	0.25	0.19	0.16	0.31	0.24	0.19	0.16	0.30	0.23	0.19	0.16	0.14

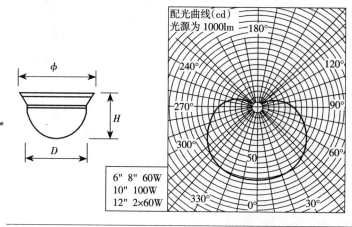

半圆顶棚灯

附表 C-6

配光曲线(cd)
光源为 1000lm

6" 8" 60W
10" 100W
12" 2×60W

型 号		60 TP－2－100 2×60
规格 （mm）	D	150、200、250、300
	H	130、155、180、210
	φ	265、315、365、420
光源		白炽灯 60W
保护角		－
灯具效率		40%
上射光通比		7%
下射光通比		33%
最大允许 L/h		1.54
灯头形式		E27

发光强度值（cd）

θ(°)	I_θ	θ(°)	I_θ
0	71	70	47
5	71	75	43
10	70	80	41
15	69	85	37
20	68	90	33
25	67	95	28
30	65	100	26
35	64	105	22
40	62	110	18
45	60	115	14
50	58	120	9
55	55	125	2
60	53	130	0
65	50	135	

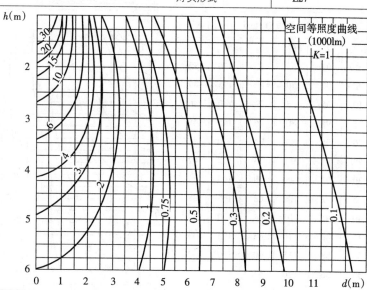

空间等照度曲线
（1000lm）
K=1

利 用 系 数 表

L/h = 1.0

有效顶棚 反射率（%）	80				70				50				30				0
墙反射率 （%）	70	50	30	10	70	50	30	10	70	50	30	10	70	50	30	10	0
室空间比																	
1	0.40	0.37	0.35	0.33	0.38	0.36	0.33	0.31	0.34	0.33	0.31	0.29	0.31	0.30	0.28	0.27	0.23
2	0.36	0.32	0.29	0.26	0.34	0.30	0.27	0.25	0.31	0.28	0.25	0.23	0.28	0.25	0.23	0.22	0.19
3	0.33	0.28	0.24	0.21	0.31	0.27	0.23	0.20	0.28	0.24	0.21	0.19	0.25	0.22	0.20	0.18	0.15
4	0.30	0.24	0.20	0.17	0.28	0.23	0.20	0.17	0.25	0.21	0.18	0.16	0.23	0.20	0.17	0.15	0.13
5	0.27	0.22	0.18	0.15	0.26	0.21	0.17	0.14	0.23	0.19	0.16	0.14	0.21	0.17	0.15	0.13	0.11
6	0.25	0.19	0.15	0.13	0.24	0.18	0.15	0.12	0.21	0.17	0.14	0.12	0.19	0.16	0.13	0.11	0.09
7	0.23	0.17	0.14	0.11	0.22	0.17	0.13	0.11	0.20	0.15	0.12	0.10	0.18	0.14	0.12	0.10	0.08
8	0.21	0.16	0.12	0.10	0.20	0.15	0.12	0.09	0.18	0.14	0.11	0.09	0.17	0.13	0.10	0.08	0.07
9	0.20	0.14	0.11	0.08	0.19	0.14	0.10	0.08	0.17	0.13	0.10	0.08	0.15	0.12	0.09	0.07	0.06
10	0.18	0.13	0.09	0.07	0.17	0.12	0.09	0.07	0.16	0.11	0.08	0.06	0.14	0.10	0.08	0.06	0.05

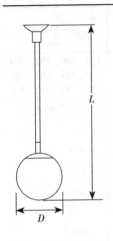

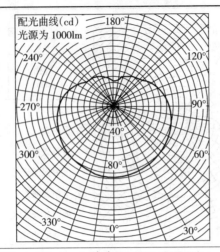

配光曲线(cd)
光源为 1000lm

型　号		DH – 30
规格	D	250
(mm)	L	800
光源		白炽灯 100W
保护角		—
灯具效率		88.1%
上射光通比		35.3%
下射光通比		52.8%
最大允许 L/h		1.4
灯头形式		E27

发光强度值（cd）

θ(°)	I_θ	θ(°)	I_θ	θ(°)	I_θ
0	97	65	82	130	52
5	97	70	80	135	49
10	95	75	79	140	46
15	95	80	76	145	45
20	95	85	74	150	43
25	94	90	73	155	42
30	93	95	70	160	39
35	92	100	68	165	38
40	91	105	64	170	37
45	88	110	63	175	33
50	88	115	60	180	33
55	86	120	57		
60	84	125	54		

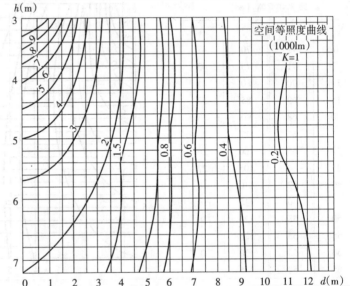

空间等照度曲线
(1000lm)
K=1

利　用　系　数　表　　　　　　　　　　L/h = 1.0

有效顶棚反射率(%)	80				70				50				30				0
墙反射率(%)	70	50	30	10	70	50	30	10	70	50	30	10	70	50	30	10	0
室空间比																	
1	0.84	0.79	0.74	0.69	0.78	0.73	0.69	0.64	0.67	0.63	0.59	0.56	0.56	0.53	0.51	0.48	0.36
2	0.76	0.67	0.60	0.54	0.70	0.62	0.56	0.51	0.59	0.54	0.49	0.44	0.50	0.45	0.42	0.38	0.28
3	0.68	0.58	0.51	0.44	0.63	0.54	0.47	0.42	0.53	0.47	0.41	0.36	0.45	0.39	0.35	0.31	0.23
4	0.62	0.51	0.43	0.37	0.57	0.47	0.40	0.34	0.48	0.41	0.35	0.30	0.40	0.34	0.30	0.26	0.19
5	0.57	0.45	0.37	0.31	0.53	0.42	0.34	0.29	0.44	0.36	0.30	0.25	0.37	0.31	0.26	0.22	0.16
6	0.52	0.40	0.32	0.26	0.48	0.37	0.30	0.25	0.41	0.32	0.26	0.22	0.34	0.27	0.23	0.19	0.13
7	0.48	0.36	0.28	0.23	0.44	0.33	0.26	0.21	0.38	0.29	0.23	0.19	0.31	0.25	0.20	0.16	0.12
8	0.44	0.32	0.25	0.20	0.41	0.30	0.23	0.18	0.35	0.26	0.20	0.16	0.29	0.22	0.18	0.14	0.10
9	0.41	0.29	0.22	0.17	0.38	0.27	0.21	0.16	0.32	0.24	0.18	0.14	0.27	0.20	0.16	0.12	0.09
10	0.38	0.26	0.19	0.14	0.35	0.24	0.18	0.14	0.30	0.21	0.16	0.12	0.25	0.18	0.14	0.10	0.07

明月罩灯 　　　　　　　　　　　　　　　　　　　　　　　　附表 C-8

型　号		1 DH－22－1 3
规格 （mm）	L H D	按工程设计 255、305、356
光源		白炽灯 100W
保护角		—
灯具效率		86%
上射光通比		41%
下射光通比		45%
最大允许 L/h		1.3
灯头形式		E27

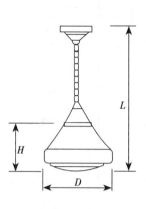

配光曲线 I/（cd）
光源为 1000lm

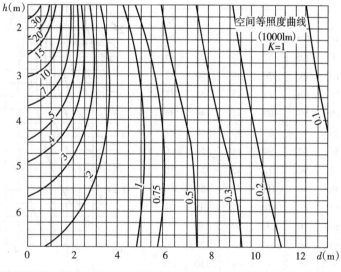

发光强度值（cd）

θ(°)	I_θ	θ(°)	I_θ	θ(°)	I_θ
0	96	65	66	130	68
5	95	70	64	135	68
10	94	75	63	140	68
15	93	80	62	145	68
20	91	85	62	150	69
25	89	90	62	155	69
30	87	95	62	160	68
35	84	100	63	165	66
40	80	105	63	170	62
45	77	110	65	175	61
50	74	115	66	180	63
55	72	120	67		
60	69	125	68		

空间等照度曲线
（1000lm）
K=1

利　用　系　数　表　　　　　　　　　　L/h＝0.9

有效顶棚 反射率(%)	80				70				50				30				0
墙反射率 （%）	70	50	30	10	70	50	30	10	70	50	30	10	70	50	30	10	0
室空间比																	
1	0.82	0.77	0.72	0.68	0.75	0.71	0.67	0.63	0.63	0.60	0.56	0.54	0.52	0.49	0.47	0.45	0.32
2	0.74	0.66	0.59	0.54	0.68	0.61	0.55	0.50	0.56	0.51	0.47	0.43	0.46	0.42	0.39	0.36	0.25
3	0.67	0.57	0.50	0.44	0.61	0.53	0.46	0.41	0.51	0.44	0.39	0.35	0.41	0.37	0.33	0.29	0.20
4	0.61	0.50	0.43	0.37	0.56	0.46	0.40	0.34	0.46	0.39	0.34	0.29	0.38	0.32	0.28	0.25	0.17
5	0.56	0.45	0.37	0.31	0.51	0.41	0.34	0.29	0.42	0.35	0.29	0.25	0.34	0.29	0.24	0.21	0.14
6	0.51	0.40	0.32	0.27	0.47	0.37	0.30	0.25	0.39	0.31	0.26	0.21	0.32	0.26	0.21	0.18	0.12
7	0.47	0.37	0.28	0.23	0.43	0.33	0.26	0.22	0.36	0.28	0.23	0.19	0.29	0.23	0.20	0.16	0.11
8	0.44	0.32	0.25	0.20	0.40	0.30	0.23	0.19	0.33	0.25	0.20	0.16	0.27	0.21	0.17	0.14	0.09
9	0.40	0.29	0.22	0.17	0.37	0.27	0.21	0.16	0.31	0.23	0.18	0.14	0.25	0.19	0.15	0.12	0.08
10	0.38	0.26	0.20	0.15	0.34	0.24	0.18	0.14	0.29	0.21	0.16	0.12	0.24	0.17	0.13	0.11	0.07

棱形罩吊灯 附表 C-9

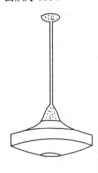

棱形罩吊灯

白炽灯 100W

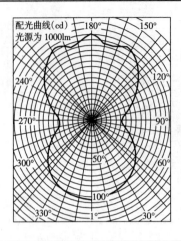

配光曲线(cd)
光源为 1000lm

型　　号		JDD12
规格 （mm）	ϕ	90
	D	360
	H	480
保护角		—
灯具效率		85%
上射光通比		44%
下射光通比		41%
最大允许 L/h		1.33
灯头形式		E27

发光强度值（cd）

$\theta(°)$	I_θ	$\theta(°)$	I_θ	$\theta(°)$	I_θ
0	105	60	62	120	69
5	105	65	55	125	75
10	102	70	49	130	82
15	101	75	45	135	87
20	99	80	41	140	93
25	97	85	40	145	97
30	94	90	41	150	102
35	90	95	43	155	105
40	86	100	47	160	102
45	81	105	51	165	97
50	76	110	57	170	99
55	69	115	63	175	107
—	—	—	—	180	112

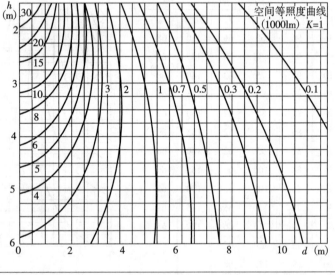

空间等照度曲线
(1000lm) $K=1$

利 用 系 数　　　　　$L/h = 1.0$

有效顶棚 反射率(%)	80				70				50				30				0
墙反射率 （%）	70	50	30	10	70	50	30	10	70	50	30	10	70	50	30	10	0
室空间比																	
1	0.81	0.77	0.73	0.69	0.74	0.70	0.67	0.64	0.61	0.59	0.56	0.54	0.50	0.48	0.46	0.44	0.31
2	0.74	0.66	0.61	0.56	0.67	0.61	0.56	0.52	0.55	0.51	0.47	0.44	0.45	0.41	0.39	0.36	0.25
3	0.67	0.58	0.52	0.46	0.61	0.54	0.48	0.43	0.50	0.45	0.40	0.37	0.41	0.37	0.33	0.30	0.21
4	0.61	0.51	0.44	0.39	0.56	0.47	0.41	0.36	0.46	0.39	0.35	0.31	0.37	0.32	0.29	0.26	0.17
5	0.56	0.45	0.38	0.33	0.51	0.42	0.35	0.30	0.42	0.35	0.30	0.26	0.34	0.29	0.25	0.22	0.15
6	0.51	0.41	0.33	0.28	0.47	0.37	0.31	0.26	0.39	0.31	0.26	0.23	0.31	0.26	0.22	0.19	0.13
7	0.47	0.36	0.29	0.24	0.43	0.33	0.27	0.23	0.36	0.28	0.23	0.20	0.29	0.23	0.19	0.16	0.11
8	0.44	0.33	0.26	0.21	0.40	0.30	0.24	0.20	0.33	0.25	0.20	0.17	0.27	0.21	0.17	0.14	0.10
9	0.40	0.30	0.23	0.18	0.37	0.27	0.21	0.17	0.31	0.23	0.18	0.15	0.25	0.19	0.15	0.13	0.08
10	0.37	0.26	0.20	0.16	0.34	0.24	0.19	0.15	0.28	0.21	0.16	0.13	0.23	0.17	0.13	0.11	0.07

简式荧光灯 附表 C-10

简式荧光灯

1×40W

配光曲线(cd) 180°
光源为 1000lm

型 号		YG$_{1-1}$
规格 （mm）	L	1280
	b	70
	h	45（未包括灯管）
保护角		—
灯具效率		80%
上射光通比		21%
下射光通比		59%
最大允许 L/h		A—A 1.62
		B—B 1.22
灯具质量		2.6kg

发光强度值（cd）	A—A	θ(°)	0	5	10	15	20	25	30	35	40	45	50	55	60	65	70	75	
		I_θ	140	140	141	142	142	144	146	149	150	151	152	151	149	145	141	136	
		θ(°)	80	85	90	95	100	105	110	115	120	125	130	135	140	145	150	155	160
		I_θ	129	124	121	121	122	122	116	103	88	75	60	45	18	19	6.4	0.8	0
	B—B	θ(°)	0	5	10	15	20	25	30	35	40	45	50	55	60	65	70	75	80
		I_θ	124	122	120	116	112	107	101	94	85	77	68	58	47	37	27	17	9
		θ(°)	85	90															
		I_θ	2.8	0															

利 用 系 数 表   L/h = 1.0

有效顶棚反射率(%)	80				70				50				30				0
墙反射率（%）	70	50	30	10	70	50	30	10	70	50	30	10	70	50	30	10	0
室空间比																	
1	0.75	0.71	0.67	0.63	0.67	0.63	0.60	0.57	0.59	0.56	0.54	0.52	0.52	0.50	0.48	0.46	0.43
2	0.68	0.61	0.55	0.50	0.60	0.54	0.50	0.46	0.53	0.48	0.45	0.41	0.46	0.43	0.40	0.37	0.34
3	0.61	0.53	0.46	0.41	0.54	0.47	0.42	0.38	0.47	0.42	0.38	0.34	0.41	0.37	0.34	0.31	0.28
4	0.56	0.46	0.39	0.34	0.49	0.41	0.36	0.31	0.43	0.37	0.32	0.28	0.37	0.33	0.29	0.26	0.23
5	0.51	0.41	0.34	0.29	0.45	0.37	0.31	0.26	0.39	0.33	0.28	0.24	0.34	0.29	0.25	0.22	0.20
6	0.47	0.37	0.30	0.25	0.41	0.33	0.27	0.23	0.36	0.29	0.25	0.21	0.32	0.26	0.22	0.19	0.17
7	0.43	0.33	0.26	0.21	0.38	0.30	0.24	0.20	0.33	0.26	0.22	0.18	0.29	0.24	0.20	0.16	0.14
8	0.40	0.29	0.23	0.18	0.35	0.27	0.21	0.17	0.31	0.19	0.24	0.16	0.27	0.21	0.17	0.14	0.12
9	0.37	0.27	0.20	0.16	0.33	0.24	0.19	0.15	0.29	0.22	0.17	0.14	0.25	0.19	0.15	0.12	0.11
10	0.34	0.24	0.17	0.13	0.30	0.21	0.16	0.12	0.26	0.19	0.15	0.11	0.23	0.17	0.13	0.10	0.09

简式荧光灯

1×40W

配光曲线 I(cd)
光源为 1000lm

型 号		YG$_{2-1}$
规格 （mm）	L	1280
	b	168
	h	90
保护角		4.6°
灯具效率		88%
上射光通比		0
下射光通比		88%
最大允许 L/h		$A—A$ 1.46
		$B—B$ 1.28
灯具质量		4.9kg

发光强度值（cd）

$A—A$	θ(°)	0	5	10	15	20	25	30	35	40	45	50	55	60	65
	I_θ	269	268	267	267	266	264	260	254	247	234	214	196	173	139
	θ(°)	70	75	80	85	90									
	I_θ	102	65	31	6.7										
$B—B$	θ(°)	0	5	10	15	20	25	30	35	40	45	50	55	60	65
	I_θ	260	258	255	250	243	233	224	208	194	176	156	141	120	99
	θ(°)	70	75	80	85	90									
	I_θ	77	54	31	8.8	0									

利 用 系 数 表 $L/h = 1.0$

有效顶棚反射率(%)	80				70				50				30				0
墙反射率(%)	70	50	30	10	70	50	30	10	70	50	30	10	70	50	30	10	0
室空间比																	
1	0.93	0.89	0.86	0.83	0.89	0.85	0.83	0.80	0.85	0.82	0.80	0.78	0.81	0.79	0.77	0.75	0.73
2	0.85	0.79	0.73	0.69	0.81	0.75	0.71	0.67	0.77	0.73	0.69	0.65	0.73	0.70	0.67	0.64	0.62
3	0.78	0.70	0.63	0.58	0.74	0.67	0.61	0.57	0.70	0.65	0.67	0.56	0.67	0.62	0.58	0.55	0.53
4	0.71	0.61	0.54	0.49	0.67	0.59	0.53	0.48	0.64	0.57	0.52	0.47	0.61	0.55	0.51	0.47	0.45
5	0.65	0.55	0.47	0.42	0.62	0.53	0.46	0.41	0.59	0.51	0.45	0.41	0.56	0.49	0.44	0.40	0.39
6	0.60	0.49	0.42	0.36	0.57	0.48	0.41	0.36	0.54	0.46	0.40	0.36	0.52	0.45	0.40	0.35	0.34
7	0.55	0.44	0.37	0.32	0.52	0.43	0.36	0.31	0.50	0.42	0.36	0.31	0.48	0.40	0.35	0.31	0.29
8	0.51	0.40	0.33	0.27	0.48	0.39	0.32	0.27	0.46	0.37	0.32	0.27	0.44	0.36	0.31	0.27	0.25
9	0.47	0.36	0.29	0.24	0.45	0.35	0.29	0.24	0.43	0.34	0.28	0.24	0.41	0.33	0.28	0.24	0.22
10	0.43	0.32	0.25	0.20	0.41	0.31	0.24	0.20	0.39	0.30	0.24	0.20	0.37	0.29	0.24	0.20	0.18

简式荧光灯　　　　　　　　　　　　　附表 C-12

简式荧光灯

2×40W

配光曲线(cd)
光源为1000lm

型　　　号		YG$_{2-2}$
规格 （mm）	L	1300
	b	300
	h	150
保护角		12.5°
灯具效率		97%
上射光通比		0
下射光通比		97%
最大允许 L/h		A—A　1.33
		B—B　1.28
灯具质量		7.2kg

发光强度值（cd）															
	A—A	θ(°)	0	5	10	15	20	25	30	35	40	45	50	55	60	65
		I_θ	316	315	314	311	306	303	293	283	270	242	226	193	159	116
		θ(°)	70	75	80	85	90	95	100							
		I_θ	78	35	14	6.7	0.9	0.4	0							
	B—B	θ(°)	0	5	10	15	20	25	30	35	40	45	50	55	60	65
		I_θ	315	314	310	303	295	283	270	255	237	217	197	174	150	123
		θ(°)	70	75	80	85	90	95	100							
		I_θ	91	66	38	14	1.2	0.3	0							

利　用　系　数　表　　　　　　　　　　L/h = 1.0

有效顶棚反射率(%)	80				70				50				30				0
墙反射率（%）	70	50	30	10	70	50	30	10	70	50	30	10	70	50	30	10	0
室空间比																	
1	0.14	1.00	0.96	0.93	0.99	0.96	0.93	0.90	0.94	0.92	0.89	0.87	0.90	0.88	0.86	0.85	0.83
2	0.95	0.88	0.83	0.78	0.91	0.85	0.80	0.76	0.86	0.82	0.78	0.74	0.83	0.79	0.76	0.73	0.71
3	0.87	0.79	0.72	0.67	0.83	0.76	0.70	0.65	0.79	0.73	0.68	0.64	0.76	0.71	0.67	0.63	0.61
4	0.80	0.70	0.62	0.57	0.76	0.67	0.61	0.56	0.72	0.65	0.60	0.55	0.69	0.63	0.58	0.54	0.52
5	0.74	0.63	0.55	0.49	0.70	0.60	0.54	0.48	0.67	0.59	0.52	0.48	0.64	0.57	0.51	0.47	0.45
6	0.68	0.56	0.48	0.43	0.65	0.55	0.48	0.42	0.62	0.53	0.47	0.42	0.59	0.52	0.46	0.42	0.40
7	0.63	0.51	0.43	0.37	0.60	0.49	0.42	0.37	0.57	0.48	0.41	0.37	0.54	0.47	0.41	0.36	0.34
8	0.58	0.46	0.38	0.32	0.55	0.44	0.37	0.32	0.53	0.43	0.37	0.32	0.50	0.42	0.36	0.32	0.30
9	0.54	0.42	0.34	0.29	0.51	0.40	0.33	0.29	0.49	0.39	0.33	0.28	0.47	0.38	0.33	0.28	0.26
10	0.49	0.36	0.29	0.24	0.46	0.35	0.28	0.24	0.44	0.34	0.28	0.23	0.42	0.34	0.28	0.23	0.22

嵌入式格栅荧光灯

附表 C-13

嵌入式格栅荧光灯
（带凸式塑料格栅）
3×40W

配光曲线(cd) 180° 150°
光源为 1000lm

型　　　号		YG$_{701-3}$
规格 （mm）	L	1320
	b	300
	h	250
保护角		32.5°
灯具效率		46%
上射光通比		0
下射光通比		46%
最大允许 L/h		A—A　1.12
		B—B　1.05
灯具质量		14.2kg

发光强度值（cd）	A—A	θ(°)	0	5	10	15	20	25	30	35	40	45	50	55	60	65
		$I_θ$	238	236	230	224	209	191	176	159	130	108	85	62	48	37
		θ(°)	70	75	80	85	90	95								
		$I_θ$	28	19	11	4.9	0.6	0								
	B—B	θ(°)	0	5	10	15	20	25	30	35	40	45	50	55	60	65
		$I_θ$	228	224	217	205	192	177	159	145	127	107	88	67	51	39
		θ(°)	70	75	80	85	90	95								
		$I_θ$	29	20	12	5.6	0.4	0								

利用系数表　　　　　　　　　L/h = 0.7

有效顶棚反射率(%)	80				70				50				30				0
墙反射率（%）	70	50	30	10	70	50	30	10	70	50	30	10	70	50	30	10	0
室空间比																	
1	0.51	0.49	0.48	0.46	0.50	0.48	0.47	0.45	0.48	0.46	0.45	0.44	0.46	0.44	0.43	0.43	0.40
2	0.47	0.44	0.42	0.40	0.46	0.43	0.41	0.39	0.44	0.42	0.40	0.38	0.42	0.40	0.39	0.37	0.36
3	0.44	0.40	0.37	0.34	0.43	0.39	0.36	0.34	0.41	0.38	0.35	0.33	0.39	0.37	0.34	0.33	0.31
4	0.41	0.36	0.33	0.30	0.40	0.36	0.32	0.30	0.38	0.34	0.32	0.29	0.36	0.33	0.31	0.29	0.28
5	0.38	0.33	0.29	0.26	0.37	0.32	0.29	0.26	0.35	0.31	0.28	0.26	0.34	0.30	0.28	0.26	0.25
6	0.35	0.30	0.26	0.23	0.34	0.29	0.26	0.23	0.33	0.28	0.25	0.23	0.31	0.28	0.25	0.23	0.22
7	0.32	0.27	0.23	0.21	0.32	0.26	0.23	0.20	0.30	0.26	0.23	0.20	0.29	0.25	0.22	0.20	0.19
8	0.30	0.25	0.21	0.18	0.30	0.24	0.21	0.18	0.23	0.24	0.20	0.18	0.27	0.23	0.20	0.18	0.17
9	0.28	0.22	0.19	0.16	0.28	0.22	0.19	0.16	0.26	0.22	0.18	0.16	0.25	0.21	0.18	0.16	0.15
10	0.26	0.20	0.17	0.15	0.26	0.20	0.17	0.15	0.25	0.20	0.17	0.15	0.24	0.19	0.17	0.15	0.14

嵌入式格栅荧光灯

附表 C-14

嵌入式荧光灯
带铝格栅 2×40W

配光曲线（cd）
光源为 1000lm

型　号		YG$_{15-2}$
规格 （mm）	L	1300
	b	300
	h	180
保护角		31°
灯具效率		63%
上射光通比		0
下射光通比		63%
最大允许 L/h		A—A　1.25
		B—B　1.20
灯具质量		12.6kg

发光强度值（cd）															
	A—A	$\theta(°)$	0	5	10	15	20	25	30	35	40	45	50	55	60	65
		I_θ	247	243	236	232	226	221	210	199	186	173	155	136	114	85
		$\theta(°)$	70	75	80	85	90									
		I_θ	61	34	15	3.6	0									
	B—B	$\theta(°)$	0	5	10	15	20	25	30	35	40	45	50	55	60	65
		I_θ	239	237	231	224	215	204	192	178	162	145	126	107	84	63
		$\theta(°)$	70	75	80	85	90									
		I_θ	45	28	13	3.4	0									

利 用 系 数 表

L/h＝0.7

有效顶棚反射率(%)	80				70				50				30				0
墙反射率（%）	70	50	30	10	70	50	30	10	70	50	30	10	70	50	30	10	0
室空间比																	
1	0.69	0.67	0.64	0.62	0.68	0.65	0.63	0.61	0.65	0.63	0.61	0.59	0.62	0.60	0.59	0.57	0.55
2	0.64	0.59	0.56	0.52	0.62	0.58	0.55	0.52	0.59	0.56	0.53	0.51	0.57	0.54	0.52	0.49	0.47
3	0.59	0.53	0.48	0.44	0.57	0.52	0.47	0.44	0.54	0.50	0.46	0.43	0.52	0.48	0.45	0.42	0.40
4	0.54	0.47	0.42	0.38	0.53	0.46	0.42	0.38	0.50	0.45	0.41	0.38	0.48	0.43	0.40	0.37	0.35
5	0.50	0.42	0.37	0.33	0.49	0.42	0.37	0.33	0.46	0.40	0.36	0.33	0.44	0.39	0.35	0.32	0.31
6	0.46	0.38	0.32	0.29	0.45	0.37	0.32	0.29	0.43	0.36	0.32	0.28	0.41	0.35	0.31	0.28	0.27
7	0.42	0.34	0.28	0.25	0.41	0.33	0.28	0.25	0.39	0.32	0.28	0.24	0.37	0.31	0.27	0.24	0.23
8	0.39	0.31	0.25	0.22	0.38	0.30	0.25	0.22	0.36	0.29	0.25	0.22	0.35	0.29	0.24	0.21	0.20
9	0.36	0.28	0.23	0.19	0.35	0.27	0.22	0.19	0.34	0.27	0.22	0.19	0.32	0.26	0.22	0,19	0.18
10	0.33	0.25	0.20	0.17	0.33	0.25	0.20	0.17	0.31	0.24	0.20	0.17	0.30	0.24	0.20	0.17	0.16

搪瓷配照卤钨灯

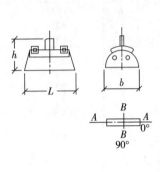

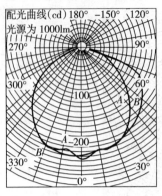

型　号		LTP – 1000 – 1
规格（mm）	L	370
	h	230
	b	270
光源		卤钨灯 1000W
保护角		26.4°
灯具效率		71.7%
上射光通比		0
下射光通比		71.7%
最大允许 L/h		A—A　1.2
		B—B　1.3

发光强度值（cd）

A—A			B—B				
θ(°)	I_θ	θ(°)	I_θ	θ(°)	I_θ	θ(°)	I_θ
0	239	70	43	0	239	70	0
5	226	75	21	5	233	75	
10	218	80	0	10	220	80	
15	226	85		15	231	85	
20	220	90		20	220	90	
25	207			25	217		
30	196			30	206		
35	182			35	198		
40	161			40	191		
45	143			45	176		
50	121			50	169		
55	99			55	154		
60	79			60	148		
65	64			65	140		

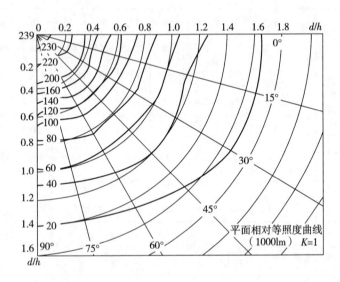

平面相对等照度曲线（1000lm）K=1

利 用 系 数 表　　　　　　L/h = 0.9

有效顶棚反射率(%)	70				50				30				10				0
墙反射率(%)	70	50	30	10	70	50	30	10	70	50	30	10	70	50	30	10	0
室空间比																	
1	0.74	0.71	0.67	0.64	0.71	0.68	0.65	0.62	0.67	0.65	0.62	0.60	0.64	0.62	0.60	0.59	0.57
2	0.68	0.62	0.58	0.54	0.65	0.60	0.56	0.52	0.61	0.58	0.54	0.51	0.58	0.55	0.53	0.50	0.48
3	0.62	0.55	0.50	0.45	0.59	0.53	0.48	0.45	0.56	0.51	0.47	0.44	0.53	0.49	0.46	0.43	0.41
4	0.57	0.49	0.43	0.39	0.54	0.48	0.42	0.38	0.52	0.46	0.41	0.38	0.49	0.44	0.40	0.37	0.36
5	0.53	0.44	0.38	0.34	0.50	0.43	0.37	0.33	0.48	0.41	0.37	0.33	0.45	0.40	0.36	0.33	0.31
6	0.49	0.40	0.34	0.29	0.46	0.39	0.33	0.29	0.44	0.37	0.33	0.29	0.42	0.36	0.32	0.29	0.27
7	0.45	0.36	0.30	0.26	0.43	0.35	0.30	0.26	0.41	0.34	0.29	0.26	0.39	0.33	0.29	0.25	0.24
8	0.42	0.33	0.27	0.23	0.40	0.32	0.26	0.22	0.38	0.31	0.26	0.22	0.36	0.30	0.25	0.22	0.21
9	0.39	0.30	0.24	0.20	0.37	0.29	0.24	0.20	0.35	0.28	0.23	0.20	0.34	0.27	0.23	0.20	0.18
10	0.36	0.27	0.21	0.18	0.34	0.26	0.21	0.18	0.33	0.26	0.21	0.17	0.31	0.25	0.21	0.17	0.16

搪瓷深照卤钨灯

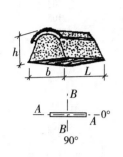

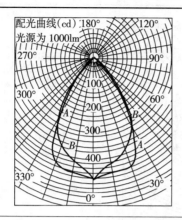

配光曲线(cd)180° 120°
光源为 1000lm

型号名称		LTS－1000－1
规格 （mm）	L	529
	h	420
	b	520
光源		卤钨灯 1000W
保护角		54.6°
灯具效率		55.1%
上射光通比		0
下射光通比		55.1%
最大允许 L/h		A—A 1.06
		B—B 1.0

发光强度值 （cd）

	A—A				B—B		
$\theta(°)$	I_θ	$\theta(°)$	I_θ	$\theta(°)$	I_θ	$\theta(°)$	I_θ
0	487	70		0	487	70	
5	477	75		5	442	75	
10	473	80		10	432	80	
15	468	85		15	417	85	
20	461	90		20	383	90	
25	410			25	355		
30	310			30	317		
35	173			35	191		
40	115			40	101		
45	71			45	70		
50	51			50	21		
55	20			55	0		
60	0			60			
65				65			

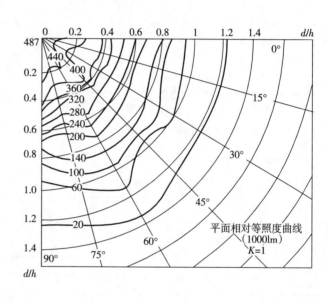

平面相对等照度曲线
（1000lm）
K=1

利 用 系 数 表   L/h = 0.9

有效顶棚反射率(%)	70				50				30				10				0
墙反射率（%）	70	50	30	10	70	50	30	10	70	50	30	10	70	50	30	10	0
室空间比																	
1	0.58	0.56	0.54	0.52	0.55	0.53	0.52	0.50	0.53	0.51	0.50	0.48	0.51	0.49	0.48	0.47	0.46
2	0.56	0.53	0.50	0.48	0.54	0.51	0.49	0.47	0.51	0.49	0.48	0.46	0.49	0.48	0.46	0.45	0.44
3	0.54	0.50	0.47	0.45	0.52	0.49	0.46	0.44	0.50	0.47	0.45	0.43	0.48	0.46	0.44	0.43	0.42
4	0.51	0.47	0.44	0.42	0.49	0.46	0.43	0.41	0.48	0.45	0.43	0.41	0.46	0.44	0.42	0.40	0.39
5	0.49	0.45	0.42	0.39	0.48	0.44	0.41	0.39	0.46	0.43	0.41	0.39	0.45	0.42	0.40	0.38	0.37
6	0.47	0.42	0.39	0.37	0.46	0.42	0.39	0.37	0.44	0.41	0.38	0.36	0.43	0.40	0.38	0.36	0.35
7	0.45	0.40	0.37	0.35	0.44	0.40	0.37	0.35	0.43	0.39	0.36	0.35	0.41	0.38	0.36	0.34	0.34
8	0.43	0.38	0.35	0.33	0.42	0.38	0.35	0.33	0.41	0.37	0.34	0.33	0.40	0.36	0.34	0.32	0.32
9	0.41	0.36	0.33	0.31	0.40	0.36	0.33	0.31	0.39	0.35	0.32	0.31	0.38	0.35	0.32	0.31	0.30
10	0.39	0.34	0.31	0.29	0.38	0.34	0.31	0.29	0.37	0.33	0.31	0.29	0.36	0.33	0.30	0.29	0.28

简式双层卤钨灯
卤钨灯 1000W

配光曲线(cd)
光源为 1000lm

型　号		DD6－1000
规格 （mm）	L	300
	b	105
	h	110
保护角		39.4°
灯具效率		79%
上射光通比		0
下射光通比		79%
最大允许 L/h		A—A　0.62
		B—B　1.33
灯具质量		0.4kg

发光强度值（cd）	A—A	$\theta(°)$	0	5	10	15	20	25	30	35	40	45
		I_θ	469	849	803	352	191	162	143	133	115	0
	B—B	$\theta(°)$	0	5	10	15	20	25	30	35	40	45
		I_θ	469	449	440	458	455	434	423	406	374	344
		$\theta(°)$	50	55	60	65	70	75	80	85		
		I_θ	303	263	232	189	141	58	46	0		

利　用　系　数　表　　　　　　　　　　L/h＝0.4

有效顶棚反射率(%)	70				50				30				10				0
墙反射率（%）	70	50	30	10	70	50	30	10	70	50	30	10	70	50	30	10	0
室空间比																	
1	0.88	0.85	0.83	0.82	0.84	0.82	0.81	0.79	0.81	0.79	0.78	0.71	0.78	0.76	0.75	0.74	0.73
2	0.83	0.79	0.75	0.72	0.79	0.76	0.73	0.71	0.76	0.73	0.71	0.69	0.73	0.71	0.69	0.68	0.66
3	0.78	0.72	0.68	0.65	0.75	0.70	0.67	0.64	0.72	0.68	0.65	0.63	0.69	0.66	0.64	0.62	0.60
4	0.73	0.67	0.62	0.58	0.70	0.65	0.61	0.58	0.68	0.63	0.60	0.57	0.65	0.62	0.59	0.56	0.55
5	0.68	0.61	0.56	0.52	0.66	0.60	0.55	0.52	0.63	0.58	0.54	0.51	0.61	0.57	0.54	0.51	0.50
6	0.64	0.57	0.52	0.48	0.62	0.56	0.51	0.48	0.60	0.54	0.50	0.47	0.58	0.53	0.50	0.47	0.46
7	0.60	0.52	0.47	0.44	0.58	0.51	0.47	0.43	0.56	0.50	0.46	0.43	0.55	0.49	0.46	0.43	0.41
8	0.56	0.48	0.43	0.39	0.55	0.47	0.43	0.39	0.53	0.46	0.42	0.39	0.51	0.46	0.42	0.39	0.38
9	0.53	0.45	0.40	0.36	0.51	0.44	0.39	0.36	0.50	0.43	0.39	0.36	0.48	0.43	0.39	0.36	0.35
10	0.49	0.41	0.36	0.32	0.48	0.40	0.35	0.32	0.46	0.40	0.35	0.32	0.45	0.39	0.35	0.32	0.31

吸顶式荧光灯
2×40W

配光曲线(cd)
光源为 1000lm

型　　　号		YG$_{6-2}$
规格 （mm）	L	1334
	b	230
	h	120
保护角		—
灯具效率		86%
上射光通比		22%
下射光通比		64%
最大允许 L/h		A—A　1.48
		B—B　1.22
灯具质量		8.5kg

发光强度值（cd）

	θ(°)	0	5	10	15	20	25	30	35	40	45	50	55	60	65	70	75	80
A—A	I_θ	173	173	173	173	173	172	171	166	157	146	135	125	115	108	105	104	102
	θ(°)	85	90	95	100	105	110	115	120	125	130	135	140	145	150	155	160	165
	I_θ	99	95	92	90	88	84	81	77	73	69	65	55	40	25	9.5	0.9	0
B—B	θ(°)	0	5	10	15	20	25	30	35	40	45	50	55	60	65	70	75	80
	I_θ	165	164	162	158	153	146	138	128	118	107	94	81	67	52	39	26	14
	θ(°)	85	90															
	I_θ	48	0															

利 用 系 数 表   L/h = 1.0

有效顶棚反射率(%)	80				70				50				30				0
墙反射率（%）	70	50	30	10	70	50	30	10	70	50	30	10	70	50	30	10	0
室空间比																	
1	0.87	0.82	0.77	0.73	0.82	0.78	0.74	0.70	0.73	0.70	0.67	0.64	0.65	0.63	0.60	0.58	0.49
2	0.79	0.71	0.64	0.59	0.74	0.67	0.62	0.57	0.66	0.61	0.56	0.52	0.59	0.54	0.51	0.48	0.40
3	0.72	0.62	0.55	0.49	0.68	0.59	0.53	0.47	0.60	0.53	0.48	0.44	0.53	0.48	0.44	0.40	0.34
4	0.65	0.55	0.47	0.41	0.62	0.52	0.45	0.40	0.55	0.47	0.41	0.37	0.49	0.43	0.38	0.34	0.28
5	0.60	0.49	0.41	0.35	0.56	0.46	0.39	0.34	0.50	0.42	0.36	0.31	0.45	0.38	0.33	0.29	0.24
6	0.55	0.44	0.36	0.30	0.52	0.42	0.35	0.29	0.46	0.38	0.32	0.27	0.41	0.34	0.29	0.25	0.21
7	0.51	0.39	0.32	0.26	0.48	0.37	0.30	0.25	0.43	0.34	0.28	0.24	0.38	0.31	0.26	0.22	0.18
8	0.47	0.35	0.28	0.23	0.44	0.34	0.27	0.22	0.40	0.31	0.25	0.21	0.35	0.28	0.23	0.19	0.16
9	0.44	0.32	0.25	0.20	0.41	0.31	0.24	0.19	0.37	0.28	0.22	0.18	0.33	0.26	0.21	0.17	0.14
10	0.40	0.28	0.21	0.17	0.38	0.27	0.21	0.16	0.34	0.25	0.19	0.15	0.30	0.22	0.18	0.14	0.11

建筑物名称	高度 h (m)、层数、体积 V (m³) 或座位数 N(个)		消火栓用水量 (L/s)	同时使用 水枪数量 (支)	每根竖管最小 流量 (L/s)
厂房	$h \leqslant 24$	$V \leqslant 10000$	5	2	5
		$V > 10000$	10	2	10
	$24 < h \leqslant 50$		25	5	15
	$h > 50$		30	6	15
仓库	$h \leqslant 24$	$V \leqslant 5000$	5	1	5
		$V > 5000$	10	2	10
	$24 < h \leqslant 50$		30	6	15
	$h > 50$		40	8	15
科研楼、试验楼	$h \leqslant 24$，$V \leqslant 10000$		10	2	10
	$h \leqslant 24$，$V > 10000$		15	3	10
车站、码头、机场的候车（船、机）楼和展览建筑等	$5000 < V \leqslant 25000$		10	2	10
	$25000 < V \leqslant 50000$		15	3	10
	$V > 50000$		20	4	15
剧院、电影院、会堂、礼堂、体育馆等	$800 < N \leqslant 1200$		10	2	10
	$1200 < N \leqslant 5000$		15	3	10
	$5000 < N \leqslant 10000$		20	4	15
	$N > 10000$		30	6	15
商店、旅馆等	$5000 < V \leqslant 10000$		10	2	10
	$10000 < V \leqslant 25000$		15	3	10
	$V > 25000$		20	4	15
病房楼、门诊楼等	$5000 < V \leqslant 10000$		5	2	5
	$10000 < V \leqslant 25000$		10	2	10
	$V > 25000$		15	3	10
办公楼、教学楼等其他民用建筑	层数不小于 6 层或 $V > 10000$		15	3	10
国家级文物保护单位的重点砖木或木结构的古建筑	$V \leqslant 10000$		20	4	10
	$V > 10000$		25	5	15
住宅	层数不小于 8		5	2	5

注：（1）丁、戊类高层厂房（仓库）室内消火栓的用水量可按本表减少 10L/s。同时使用水枪数量可按本表减少两支。

　　（2）消防软管卷盘或轻便消防水龙头及住宅楼梯间中的干式消防竖管上设置的消火栓，其消防用水量可不计入室内消防用水量。

名称	一类	二类
居住建筑	十九层及十九层以上的住宅	十层至十八层的住宅
公共建筑	1. 医院 2. 高级旅馆 3. 建筑高度超过 50m 或 24m 以上部分的任一楼层的建筑面积超过 1000m² 的商业楼、展览楼、综合楼、电信楼、财贸金融楼	1. 除一类建筑以外的商业楼、展览楼、综合楼、电信楼、财贸金融楼、商住楼、图书馆、书库

名称	一类	二类
公共建筑	4. 建筑高度超过 50m 或 24m 以上部分的任一楼层的建筑面积超过 1500m² 的商住楼 5. 中央级和省级（含计划单列市）广播电视楼 6. 网局级和省级（含计划单列市）电力调度楼 7. 省级（含计划单列市）邮政楼、防灾指挥调度楼 8. 藏书超过 100 万册的图书馆、书库 9. 重要的办公楼、科研楼、档案楼 10. 建筑高度超过 50m 的教学楼和普通的旅馆、办公楼、科研楼、档案楼等	2. 省级以下的邮政楼、防灾指挥调度楼、广播电视楼、电力调度楼 3. 建筑高度不超过 50m 的教学楼和普通的旅馆、办公楼、科研楼、档案楼等

水带比阻 A_d 值

附表 D-3

水带口径 （mm）	比阻值	
	麻质水带	衬胶水带
50	0.1501	0.0667
65	0.0430	0.0172

水枪水流特性系数 B 值

附表 D-4

喷嘴直径（mm）	13	16	19	22	25
B	0.0346	0.0793	0.1577	0.2834	0.4727

水枪充实水柱、压力和流量

附表 D-5

充实水柱 （m）	不同口径喷嘴的压力和流量					
	13mm		16mm		19mm	
	压力（kPa）	流量（L/s）	压力（kPa）	流量（L/s）	压力（kPa）	流量（L/s）
7.0	94.18	1.8	90.25	2.7	88.29	3.8
8.0	109.87	2.0	103.01	2.9	103.01	4.1
9.0	127.53	2.1	122.67	3.1	117.72	4.3
10.0	147.15	2.3	137.34	3.3	132.44	4.6
11.0	166.77	2.4	156.96	3.5	147.15	4.9
12.0	186.39	2.6	171.68	3.8	166.77	5.2
13.0	235.44	2.9	215.82	4.2	201.11	5.7
14.0	290.38	3.2	259.97	4.6	240.35	6.2
15.0	323.73	3.4	284.49	4.8	264.87	6.5

消防竖管流量分配

附表 D-6

室内消防 计算流量 （L/s）	最不利消防 竖管分配流量 （L/s）	相邻消防竖管 分配流量（L/s）	室内消防 计算流量 （L/s）	最不利消防竖管 分配流量（L/s）	相邻消防竖管 分配流量（L/s）
5	5		20	15	5
10	10		30	20	10
15	10	5			

参考文献

[1] 韦课常编著. 电气照明技术基础与设计. 北京：中国水利水电出版社，1983.

[2] 施淑文编著. 色彩设计建筑环境. 北京：中国建筑工业出版社，1995.

[3] 李树阁，张书鸿编写. 灯光装饰艺术. 沈阳：辽宁科学技术出版社，1995.

[4] 陈一才编著. 装饰与艺术照明设计安装手册. 北京：中国建筑工业出版社，1991.

[5] 戴瑜兴主编. 高层建筑设计及电气设备选择手册. 长沙：湖南科学技术出版社，1994.

[6] 电气工程标准规范综合应用手册（上册）. 北京：中国建筑工业出版社，1994.

[7] 陈晓丰编著. 建筑设备与装饰照明手册. 北京：中国建筑工业出版社，1995.

[8] 陈一才编著. 智能建筑电气设计手册. 北京：中国建筑工业出版社，1999.

[9] 最新建筑高级装饰实用全书. 北京：中国建筑工业出版社，1998.

[10] 区世强主编. 电气照明. 北京：中国建筑工业出版社，1993.

[11] 谢忠钧主编. 电气安装实际操作. 北京：中国建筑工业出版社，2000.

[12] 万恒祥. 电工与电气设备. 北京：中国建筑工业出版社，1993.

[13] 朱林根主编. 21 世纪建筑电气设计手册（上册）. 北京：中国建筑工业出版社，2001.

[14] 柳涌主编. 建筑安装工程施工图集. 第二版. 北京：中国建筑工业出版社，2002.

[15] 樊伟梁，赵连玺编. 建筑应用电工. 第三版. 北京：中国建筑工业出版社，1992.

[16] 张弓波，李云鹏，宋玉峰编著. 用电安全必读. 第一版. 北京：中国电力出版社，2004.

[17] 陈志新，李英姿编著. 现代建筑技术与应用. 第一版. 北京：机械工业出版社，2005.

[18] 蔡秀丽主编. 建筑设备工程. 第二版. 北京：科学出版社，2004.

[19] 张健主编. 建筑给水排水工程. 第二版. 北京：中国建筑工业出版社，2004.

[20] 建筑给水排水设计规范 GB 50015—2003. 北京：中国计划出版社，2003.

[21] 自动喷水灭火系统设计规范 GB 50084—2001（2005 版）. 北京：中国计划出版社，2005.

[22] 建筑设计防火规范 GB 50016—2006. 北京：中国计划出版社，2006.

[23] 高层民用建筑设计防火规范 GB 50045—95（2005 年修订版）. 北京：中国计划出版社，2005.

[24] 刘加平等. 建筑物理（第三版）. 北京：中国建筑工业出版社，2000.

[25] 建筑隔声评价标准. 北京：中国建筑工业出版社，2005.

[26] 民用建筑隔声设计规范. 北京：中国计划出版社，1989.

[27] 民用建筑设计通则. 北京：中国建筑工业出版社，2005.

[28] 体育馆声学设计及测量规程. 北京：中国建筑工业出版社，2001.

[29] 剧场建筑设计规范. 北京：中国建筑工业出版社，2001.

[30] 《建筑设计资料集》编委会. 建筑设计资料集（第二版）第 2 集. 北京：中国建筑工业出版社，1994.

[31] 《建筑设计资料集》编委会. 建筑设计资料集（第二版）第 4 集. 北京：中国建筑工业出版社，1994.

[32] 《建筑设计资料集》编委会. 建筑设计资料集（第二版）第 7 集. 北京：中国建筑工业出版社，1995.

[33] 人民教育出版社物理室. 全日制普通高级中学教科书（必修）物理第一册. 北京：人民教育出版社，2003.

[34] 《新世纪中学生百科全书》编委会. 新世纪中学生百科全书. 北京：中国大百科全书出版社，1997.

[35] 刘加平. 建筑物理（第三版）. 北京：中国建筑工业出版社，2000.

[36] 建设部就业资格注册中心. 注册建筑师. 济南：山东科学技术出版社，1999.

[37] 建设部建筑节能办公室. 建筑节能技术标准汇编. 北京：中国建筑工业出版社，2003.

[38] 民用建筑热工设计规范. 北京：中国计划出版社，1993.

[39] 民用建筑节能设计标准（采暖居住建筑部分）. 北京：中国建筑工业出版社，1996.

[40] 《民用建筑节能设计技术》编委会. 民用建筑节能设计技术. 北京：中国建材工业出版社，2006.

[41] 《建筑设计资料集》编委会. 建筑设计资料集（第二版）. 北京：中国建筑工业出版社，1994.

[42] 陆业庆主编. 自动喷水灭火系统设计规范.

[43] 崔莉主编. 建筑设备. 北京：机械工业出版社，2001.

[44] 许让主编. 房屋卫生设备技术. 北京：中国建筑工业出版社，1997.

[45] 王继明，卜城，屠峥嵘，朱颖心编. 建筑设备. 北京：中国建筑工业出版社，1997.

[46] 王东萍主编. 建筑设备工程. 哈尔滨：哈尔滨工业大学出版社，2002.

[47] 韦节廷主编. 建筑设备工程. 武汉：武汉工业大学出版社，1999.

[48] 陆耀庆主编. 实用供热空调设计手册. 北京：中国建筑工业出版社，1993.

[49] 采热通风与空气调节设计规范 GB 50019—2003. 北京：中国计划出版社，2003.

[50] 吴光林，宇掌玄主编. 房屋设备. 北京：煤炭工业出版社，2004.

[51] 徐勇主编. 通风与空调调节工程. 北京：机械工业出版社，2006.

[52] 杨惠君，徐勇主编. 通风空调与制冷技术. 北京：科学出版社，2006.

[53] 马最良，姚杨主编. 民用建筑空调设计. 北京：化学工业出版社，2003.

[54] 王付全，杨师斌主编. 建筑设备. 北京：科学出版社，2004.